Irreguläre Abtastung - Signaltheorie und Signalverarbeitung

Springer-Verlag Berlin Heidelberg GmbH

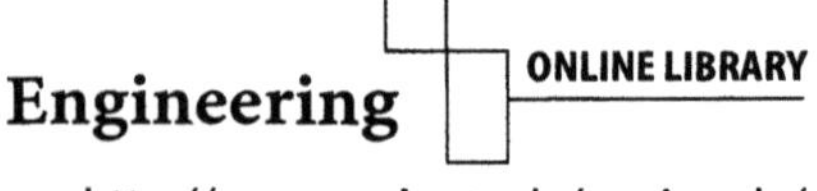

A. Neubauer

# Irreguläre Abtastung

## Signaltheorie und Signalverarbeitung

Mit 128 Abbildungen und 9 Tabellen

Springer

Dr. André Neubauer

Infineon Technologies AG
Design Center Düsseldorf
Wacholderstraße 7
40489 Düsseldorf

*E-mail: andre.neubauer@infineon.com*

ISBN 978-3-642-62436-0    ISBN 978-3-642-55579-4 (eBook)
DOI 10.1007/978-3-642-55579-4

Bibliografische Information Der Deutschen Bibliothek.
Die Deutsche Bibliothek verzeichnet diese Publikation in der Deutschen Nationalbibliografie;
detaillierte bibliografische Daten sind im Internet über <http://dnb.ddb.de> abrufbar.



http://www.springer.de

© Springer-Verlag Berlin Heidelberg 2003
Ursprünglich erschienen bei Springer-Verlag Berlin Heidelberg New York 2003
Softcover reprint of the hardcover 1st edition 2003



Satz: Reproduktionsfertige Daten vom Autor
Einbandgestaltung: Medio, Berlin
Gedruckt auf säurefreiem Papier   62/3020hu - 5 4 3 2 1 0

Meinem Sohn FABIAN und meiner Frau HEIKE gewidmet.

# Geleitwort

Seit nunmehr etwa vierzig Jahren folgt die Technologie der mikroelektronischen Schaltungen dem MOOREschen Gesetz, nach dem sich die Komplexität integrierter Schaltungen – gemessen zum Beispiel anhand der Zahl der integrierten Transistoren – alle 18 Monate verdoppelt. Die Milliarden-Transistoren-Grenze wurde in ersten Mustern schon überschritten. Dieser Fortschritt in der modernen Mikroelektronik erlaubt die Implementierung einer immer größeren Funktionalität. Diese zunehmende Funktionalität wird zum Beispiel in modernen drahtlosen Kommunikationssystemen wie GSM, UMTS, WLAN oder Bluetooth unter anderem für die Implementierung leistungsfähigerer Methoden der digitalen Signalverarbeitung genutzt, wodurch die je nach Applikation notwendige Übertragungsfunktionalität und -qualität oder die gesetzten Kostenziele erreicht werden. Kreativität und Innovation sind hier die wesentlichen Treiber bei der Entwicklung moderner System- und Signalverarbeitungsarchitekturen.

In diesem Zusammenhang stellen Signalverarbeitungsmethoden auf der Basis nichtäquidistanter Abtastwerte eine interessante Alternative zur herkömmlichen digitalen Signalverarbeitung dar, die nahezu ausschließlich auf dem klassischen Abtasttheorem von SHANNON und der Verwendung äquidistanter Abtastwerte beruht. Für die Entwicklung von leistungsfähigen Algorithmen sowie die Implementierung von effizienten Architekturen der irregulären Abtastung – und nicht nur dieser – sind jedoch in zunehmendem Maße Kenntnisse fortgeschrittener Konzepte der Signaltheorie und Signalverarbeitung notwendig. Das vorliegende Buch liefert hierfür eine ausführliche und fundierte Einführung in die Signaltheorie sowie die zugehörige Signalverarbeitung innerhalb dieses interessanten Themenfeldes. Es schlägt damit eine Brücke zu der für Ingenieure meist nur mühevoll zugänglichen Literatur der angewandten Mathematik. Des Weiteren werden entsprechende effiziente Algorithmen sowie wichtige Anwendungsbeispiele vorgestellt und damit die zugrunde liegende Signaltheorie mit der für die praktische Anwendung wichtigen Signalverarbeitung verknüpft.

Es freut mich besonders, dass dieses Buch über ein solch spannendes Themengebiet von Herrn DR. NEUBAUER veröffentlicht wird, den ich in vielen interessanten Diskussionen unter anderem über signaltheoretische Probleme und fortgeschrittene Signalverarbeitungsarchitekturen als ausgewiesenen Experten auf dem Gebiet der mikroelektronischen Systeme sowie der Signaltheorie und -verarbeitung kennen gelernt habe. Seine Kreativität und Innovationsfähigkeit steht stellvertretend für die durch 30.000 Patente dokumentierte Innovationskraft der Mitarbeiter der Infineon Technologies AG, die Grundlage ist für unsere gemeinsame Vision Halbleiterlösungen zu schaffen, die den Technologie-Lebensstil des Menschen im 21. Jahrhundert ermöglichen. Ich wünsche dem Buch daher eine weite Verbreitung.

*Never stop thinking!*

München, Januar 2003

*Dr. Sönke Mehrgardt*
*Chief Technology Officer*
*Infineon Technologies AG*

# Vorwort


*Nullus est liber tam malus,*
*ut non aliqua parte prosit.*
— PLINIUS MINOR

Eine wesentliche Fragestellung in der Signaltheorie befasst sich mit der Repräsentation von deterministischen und stochastischen Signalen. Ein klassisches und für die Anwendungen in der modernen digitalen Signalverarbeitung wichtiges Beispiel stellt die durch das Abtasttheorem von SHANNON, WHITTAKER und KOTEL'NIKOV beschriebene Darstellung von exakt Frequenzbandbegrenzten Signalen mittels der zugehörigen äquidistanten Signalabtastwerte dar. Ein weiteres Beispiel sind die FOURIER-Reihen, die zur Repräsentation periodischer Signale mithilfe der FOURIER-Koeffizienten geeignet sind. Der für die Anwendbarkeit der digitalen Signalverarbeitung in beiden Fällen wichtige Aspekt der Signalrepräsentation besteht in der Darstellung zeitkontinuierlicher Signale durch eine abzählbare Folge von Entwicklungskoeffizienten – äquidistante Abtastwerte im Falle exakt Frequenzband-begrenzter Signale sowie FOURIER-Koeffizienten im Falle der FOURIER-Reihen. Erst diese Repräsentation mittels einer abzählbaren Folge von Zahlen macht ein gegebenes Signal den leistungsfähigen Methoden und Algorithmen der digitalen Signalverarbeitung zugänglich.

Trotz des großen Erfolges der Signaltheorie auf der Basis des SHANNON-WHITTAKER-KOTEL'NIKOV-Abtasttheorems sowohl in der Signal- und insbesondere linearen Systemtheorie als auch in den praktischen Anwendungen existiert eine Reihe von Problemen, die je nach Anwendung mehr oder weniger stark zu berücksichtigen sind. So stellt die Voraussetzung einer regulären Folge exakt äquidistanter Abtastwerte eine aufgrund von Nichtidealitäten in den verwendeten Analog-Digital-Wandlern häufig nur näherungsweise realisierbare Eigenschaft dar. Ferner liegen in manchen Anwendungen lediglich irreguläre Folgen nichtäquidistanter Abtastwerte eines als Frequenzband-begrenzt vorausgesetzten Signals vor, aus denen das unbekannte Signal rekonstruiert werden soll. Des Weiteren existieren Problemstellungen, die sich nach dem ersten Augenschein nicht als Abtastproblem zu erkennen geben, sich jedoch als irreguläres Abtastproblem formulieren lassen – zum Beispiel die Rekonstruktion von Augenblicksphasen und Augenblicksfrequenzen aus den Nulldurchgängen des zugehörigen winkelmodulierten Bandpass-Signals.

Es stellt sich somit die Frage, ob bei Vorgabe der Frequenzband-Begrenztheit eines Signals eine Erweiterung des für reguläre Folgen äquidistanter Abtastwerte formulierten SHANNON-WHITTAKER-KOTEL'NIKOV-Abtasttheorems auf irreguläre Folgen nichtäquidistanter Abtastwerte entwickelt werden kann. Hierbei spielt nicht nur die Existenz und Eindeutigkeit einer entsprechenden Signaldarstellung eine Rolle, sondern auch die Verfügbarkeit geeigneter numerisch stabiler Rekonstruktionsalgorithmen.

So wurden in der digitalen Signalverarbeitung Verfahren auf der Basis der irregulären Abtastung unter Verwendung nichtäquidistanter Abtastwertefolgen in der Vergangenheit kaum eingesetzt. Grund hierfür ist neben dem Vorherrschen der in den Ingenieurwissenschaften gelehrten Signaltheorie auf der Basis des klassischen SHANNON-WHITTAKER-KOTEL'NIKOV-Abtasttheorems die aufwändigere mathematische Behandlung der irregulären Abtastung, die Kenntnisse insbesondere der Funktionalanalysis und der zugehörigen Signalräume erfordert. Des Weiteren sind für den praktischen Einsatz der irregulären Abtastung in der modernen digitalen Signalverarbeitung auch effiziente Verfahren der Signalrepräsentation und Signalrekonstruktion notwendig. In der jüngeren Vergangenheit wurden daher Signalrepräsentationen und effiziente Rekonstruktionsalgorithmen unter Verwendung der so genannten Rahmentheorie – die auch in der Theorie der *Wavelets* eine überragende Rolle spielt – gewonnen. Diese modernen Verfahren zeichnen sich durch eine Vielzahl wünschenswerter Eigenschaften aus. So ist die Interpretation der gewonnenen Signaldarstellung sowie der Bedingung für die Existenz des Rekonstruktionsalgorithmus mit den Begriffen des SHANNON-WHITTAKER-KOTEL'NIKOV-Abtasttheorems – wie zum Beispiel der NYQUIST-Rate – möglich; diese Resultate sind somit als Erweiterung des SHANNON-WHITTAKER-KOTEL'NIKOV-Abtasttheorems auch für die digitale Signalverarbeitung intuitiv nutzbar. Des Weiteren besitzen diese modernen Methoden bessere Konvergenzeigenschaften der Rekonstruktionsalgorithmen als die schon länger bekannten, der LAGRANGE-Interpolation nahestehenden Verfahren, was aufgrund der größeren numerischen Effizienz die Anwendbarkeit dieser Algorithmen in der digitalen Signalverarbeitung erleichtert.

Das vorliegende Buch hat das Ziel, in die grundlegenden mathematischen und signaltheoretischen Aspekte der Signalverarbeitung auf der Basis nichtäquidistanter Abtastung einzuführen, deren Leistungsfähigkeit anhand von praktischen Anwendungsbeispielen zu demonstrieren und somit die irreguläre Abtastung für Anwendungen in der modernen digitalen Signalverarbeitung zugänglich zu machen. Der Schwerpunkt liegt auf den signaltheoretischen Aspekten der Signalrekonstruktion exakt Frequenzband-begrenzter Signale und den hiermit zusammenhängenden Fragen der Signalrepräsentation und Signalrekonstruktion. Die klassischen und insbesondere in der Approximations- und Interpolationstheorie wichtigen Resultate der Signalrekonstruktion – wie zum Beispiel die Eigenschaften ganzer Funktionen vom exponentiellen Typ sowie spezielle Interpolations- und Approximationsverfahren – werden nur behandelt, insofern sie für unsere Zwecke wichtig sind. Dieses Buch wendet sich an Studenten der Ingenieurwissenschaften, Informatik und der angewandten Mathematik sowie an in der Praxis arbeitende Ingenieure, die sich das für die Anwendung der irregulären Abtastung in der digitalen Signalverarbeitung notwendige signaltheoretische Rüstzeug aneignen wollen. Vorausgesetzt werden grundlegende Kenntnisse aus dem Bereich der Signaltheorie sowie der Signalverarbeitung wie sie an deutschen Hochschulen und Universitäten in den Ingenieurwissenschaften wie der Elektrotechnik gelehrt werden. Aufgrund der vollständig aufgeführten signaltheoretischen Herleitungen ist es gut zum Selbststudium geeignet. Anspruch auf Vollständigkeit oder Abgeschlossenheit kann aufgrund des sich in der jüngsten Vergangenheit stark entwickelnden Forschungsgebiets nicht erhoben werden – und wird auch nicht erhoben.

Das Buch gliedert sich in die folgenden Kapitel. Nach einer einleitenden Einführung und einem kurzen historischen Abriss in das Gebiet der irregulären Abtastung beziehungsweise der Signaltheorie und Signalverarbeitung auf Basis nichtäquidistanter Abtastung in Kapitel 1 werden in Kapitel 2 die für das Verständnis notwendigen signaltheoretischen und funktionalanalytischen Zusammenhänge dargestellt. Es wird darauf Wert gelegt, trotz einer weitgehend mathematisch exakten Darstellung die Verbindungen zur Signaltheorie und zu den Anwendungen in der digitalen Signalverarbeitung durchscheinen zu lassen. Kapitel 3 widmet sich dem wichtigen Werkzeug der FOURIER-Transformation, wobei auf die eingeführten funktionalanalytischen Begriffe zurückgegriffen wird. Der Signaltheorie der klassischen regulären Abtastung auf Basis des SHANNON-WHITTAKER-KOTEL'NIKOV-Abtasttheorems ist Kapitel 4 gewidmet. Auf die hier zusammengestellten Ergebnisse wird bei der Behandlung der irregulären Abtastung häufig Bezug genommen. Als Vorbereitung für die Signaltheorie der irregulären Abtastung wird in Kapitel 5 die Theorie der Rahmen eingeführt; hier werden auch die in der Signalrekonstruktion verwendeten Algorithmen hergeleitet. Die signaltheoretischen Aspekte der irregulären Abtastung stellen den Fokus dieses Buches dar; sie werden in Kapitel 6 ausführlich diskutiert. Hier wenden wir all die in den vorbereitenden Kapiteln zusammengefassten funktionalanalytischen und signaltheoretischen Konzepte an. In Kapitel 7 behandeln wir die Signalverarbeitung auf der Basis nichtäquidistanter Abtastung; wir geben hier auch die exakte Form der in der digitalen Signalverarbeitung einsetzbaren Rekonstruktionsalgorithmen an. Im abschließenden Kapitel 8 werden mehrere Anwendungsbeispiele der zuvor behandelten theoretischen Zusammenhänge und Signalverarbeitungsalgorithmen aus dem Bereich der modernen Signalverarbeitung diskutiert. Die für das Verständnis der im Text verwendeten statistischen Konzepte notwendigen Grundbegriffe der statistischen Signaltheorie sind im Anhang kurz zusammengefasst.

Ähnlich wie die Theorie der Rahmen die Redundanz in Signaldarstellungen nutzbar macht, werden auch wir nicht vor einer gewissen Redundanz –

sprich Ausführlichkeit der Darstellung – zurückschrecken. Es ist die Überzeugung des Autors, dass dies zur Erleichterung des Verständnisses beiträgt. Mit der Beschränkung auf die Betrachtung Frequenzband-begrenzter Signale – so lassen wir solch interessante Themen wie die Signalrepräsentation mittels *Wavelets* und *Splines* außen vor – folgen wir dem von ADAM formulierten Prinzip der „Konzentration auf das Wesentliche, auf Klassisches und Exemplarisches, um möglichst viel an möglichst wenig zu erkennen und zu lernen."

An dieser Stelle danke ich all jenen, die zur Verwirklichung des vorliegenden Buches beigetragen haben. Die Beschäftigung mit der Signaltheorie und Signalverarbeitung der irregulären Abtastung wurde angeregt durch die fruchtbaren Diskussionen, die ich mit Herrn DR. RER. NAT. SÖNKE MEHRGARDT, CTO (*Chief Technology Officer*) der Infineon Technologies AG, führen durfte. Ihm gilt mein besonderer Dank. Meinem Doktorvater Herrn PROF. DR.-ING. HEINZ LUCK danke ich für seine stete Unterstützung sowie seine wertvollen Hinweise zum Manuskript. Umfangreiche Literatur zum SHANNON-WHITTAKER-KOTEL'NIKOV-Abtasttheorem wurde mir von Herrn PROF. DR. RER. NAT. WOLFGANG SPLETTSTÖSSER zur Verfügung gestellt. Herr PRIV.-DOZENT DR. RER. NAT. ROBERT DENK bewahrte mich durch seinen (funktional)analytischen Sachverstand vor einigen Unsauberkeiten in mathematischen Ausführungen. Hilfreiche Anmerkungen und Verbesserungsvorschläge erhielt ich ferner von Herrn PRIV.-DOZENT DR.-ING. THOMAS KAISER sowie Herrn DR.-ING. MARKUS HAMMES. Ihnen gebührt ebenfalls mein Dank. Für die Unterstützung und das anregende Umfeld innerhalb der Infineon Technologies AG bedanke ich mich insbesondere bei den Herren DR.-ING. JOSEF HAUSNER, ULRICH BOETZEL, JOHANNES VAN DEN BOOM sowie HUBERT CHRISTL.

Nicht zuletzt danke ich meiner Frau HEIKE und meinem Sohn FABIAN für ihr liebevolles Verständnis und ihre Geduld während der langen Abende, an denen dieses Manuskript entstand. Ihnen widme ich dieses Buch.

Krefeld, Dezember 2002                                                    *André Neubauer*

# Inhaltsverzeichnis

**Teil II  Thema**

**Teil III  Kontrapunkt**

# Teil I

Präludium

# 1. Einleitung



*Hinc omne principium,*
*huc refer exitum.*
– HORAZ

Die moderne digitale Signalverarbeitung stellt in Kombination mit der Mikroelektronik eine der grundlegenden Technologien für eine Vielzahl von Systemen der Hochtechnologie wie der Kommunikations- und Informationstechnik dar. So sind zum Beispiel zellulare Mobilfunksysteme der zweiten und dritten Generation oder bildgebende Verfahren in der Medizintechnik ohne die Verfügbarkeit leistungsfähiger Konzepte und Algorithmen der digitalen Signalverarbeitung undenkbar. Die Verarbeitung von Signalen mittels digitaler Architekturen – sei es in einem allgemein anwendbaren Mikroprozessorsystem ($\mu P$ – *micro processor*), einem speziell auf die digitale Signalverarbeitung zugeschnittenen digitalen Signalprozessor (*DSP* – *digital signal processor*) oder in einem speziell entwickelten Datenpfad (*data path*) innerhalb eines kundenspezifischen Bausteins (*ASIC* – *application specific integrated circuit*) oder applikationsspezifischen Standardprodukts (*ASSP* – *application specific standard product*) erfordert die Repräsentation von je nach Applikation zeit- und/oder ortkontinuierlichen Signalen durch eine zeitdiskrete, also abzählbare Folge von Signalkoeffizienten. Eine grundlegende Aufgabe der Signaltheorie ist somit die Bereitstellung geeigneter Darstellungsformen für Signale sowie die Entwicklung zugehöriger Rekonstruktionsalgorithmen. Diese Darstellungsformen und Rekonstruktionsalgorithmen werden die für bestimmte Anwendungen zu beachtenden Signaleigenschaften – wie zum Beispiel Frequenzband-Begrenztheit – berücksichtigen müssen. Dies geschieht durch die Definition geeigneter Signalklassen und der auf ihnen definierten Operationen sowie von Maßstäben zur Bewertung von Signalen.

## 1.1 Reguläre und irreguläre Abtastung in der Signalverarbeitung

Die eindeutige Darstellbarkeit Frequenzband-begrenzter Signale durch die in hinreichend kleinem Abstand genommenen äquidistanten Abtastwerte ist grundlegend für die digitale Signalverarbeitung und somit für eine Vielzahl von Anwendungsgebieten zum Beispiel in der Kommunikationstechnik im Bereich der Telekommunikation, der Informationstechnologie, der Steuer- und Regelungstechnik und vielen Weiteren mehr. Auf der Basis der digitalen Signalverarbeitung wird die Implementierung fortgeschrittener Algorithmen für technische Systeme ermöglicht, die mit den Mitteln der analogen Signalverarbeitung nicht oder nur näherungsweise realisierbar sind – zum Beispiel im Bereich der modernen Nachrichtentechnik, der Detektion von Symbolen und Symbolfolgen, der Estimation beziehungsweise Schätzung von unbekannten Parametern oder Signalen, der optimalen und adaptiven Filter, der Sprachsignal- und Bildsignalverarbeitung, der Signalkompression et cetera. Der grundlegende signaltheoretische Zusammenhang zwischen Frequenzband-begrenzten Signalen und den zugehörigen äquidistanten Abtastwerten wird durch das berühmte und die moderne Nachrichtentechnik beherrschende SHANNON-WHITTAKER-KOTEL'NIKOV-Abtasttheorem formuliert. Hiernach wird ein mit der Frequenzgrenze $\Omega$ Frequenzband-begrenztes (Zeit-)Signal $f = f(t)$ eindeutig durch die im äquidistanten Abstand von $T \leq \pi/\Omega$ gewonnene Abtastwertefolge $\{f(j \cdot T)\}_{j \in \mathbb{Z}}$ bestimmt.[1] Diese reguläre

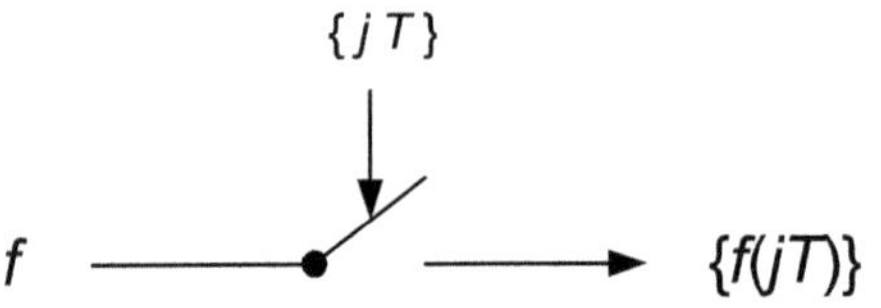


**Abb. 1.1.** Der ideale Abtaster als System zur Gewinnung der regulären Folge $\{f(j \cdot T)\}_{j \in \mathbb{Z}}$ äquidistanter Abtastwerte.

Folge $\{f(j \cdot T)\}_{j \in \mathbb{Z}}$ äquidistanter Abtastwerte wird mithilfe des in Abbildung 1.1 gezeigten so genannten *idealen Abtasters* gewonnen. Die zugehörige Signaldarstellung

$$f(t) = \sum_{j=-\infty}^{\infty} f(j \cdot T) \cdot \frac{\Omega \cdot T}{\pi} \cdot \mathrm{sinc}\frac{\Omega}{\pi}(t - j \cdot T)$$

des zugrunde liegenden Signals $f$ auf der Basis der regulären Folge $\{f(j \cdot T)\}_{j \in \mathbb{Z}}$ der äquidistanten Abtastwerte geschieht mit einer unendlichen Reihe – der so genannten *Kardinalreihe* – unter Verwendung verschobener und mit den Abtastwerten $f(j \cdot T)$ gewichteter sinc-Funktionen, wie wir noch in aller Ausführlichkeit besprechen werden. Der konzeptionell einfache aber nichtsdestoweniger bedeutende signaltheoretische Zusammenhang – immerhin gelingt unter Verwendung einer abzählbaren Abtastwertefolge die eindeutige Darstellung

---

[1] Hier und im weiteren Verlauf des Textes nehmen wir als unabhängige Variable kontinuierlicher Signale die Zeitvariable $t$ an. Die Ergebnisse lassen sich jedoch ohne Schwierigkeiten auch auf zum Beispiel vom Ort abhängende Signale erweitern.

von in der praktischen Anwendung wichtigen Signalen, die von einer kontinuierlichen Variablen aus einer überabzählbar unendlichen Menge abhängen – beherrscht die Signaltheorie in der modernen digitalen Signalverarbeitung.

Die Signaldarstellung des SHANNON-WHITTAKER-KOTEL'NIKOV-Abtasttheorems garantiert die Existenz eines eindeutig bestimmten Frequenzbandbegrenzten Signals $f$, das bei gegebener äquidistanter Abtastwertefolge $\{f(j \cdot T)\}_{j \in \mathbb{Z}}$ an den äquidistanten Abtastzeitpunkten $\{j \cdot T\}_{j \in \mathbb{Z}}$ mit $\{f(j \cdot T)\}_{j \in \mathbb{Z}}$ übereinstimmt. Das gesuchte Frequenzband-begrenzte Signal $f$ kann ausgehend von der Abtastwertefolge $\{f(j \cdot T)\}_{j \in \mathbb{Z}}$ für alle Zeiten $t \in \mathbb{R}$ fehlerfrei interpoliert werden; die Kardinalreihe entspricht damit einer idealen Signalinterpolation ohne Rekonstruktionsfehler. Des Weiteren liefert das SHANNON-WHITTAKER-KOTEL'NIKOV-Abtasttheorem beziehungsweise die zugehörige reguläre Abtastung einen im Sinne von HADAMARD stabilen Rekonstruktionsalgorithmus zur Rekonstruktion des Frequenzband-begrenzten Signals, so dass ein Wechsel von der zeitkontinuierlichen in die zeitdiskrete Signaldarstellung theoretisch prinzipiell ohne Fehler möglich ist. Dies ist die Grundlage der in Abbildung 1.2 veranschaulichten zeitdiskreten Signalverarbeitung.[2]

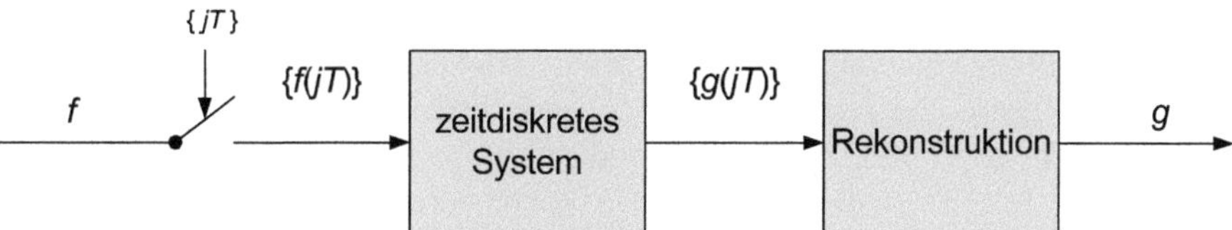


**Abb. 1.2.** Die grundlegende Systemarchitektur eines zeitdiskreten Signalverarbeitungssystems.

In vielen praktisch relevanten Anwendungsfeldern der Signaltheorie und Signalverarbeitung, wie zum Beispiel in der [35, 36]

1. Systemidentifikation in der Regelungstechnik
2. Analog-Digital-Wandlung in der Signalverarbeitung
3. Demodulation in der Kommunikationstechnik
4. Datenkompression in der Sprachsignal- und Bildsignalverarbeitung
5. Signalverarbeitung in biomedizinischen Anwendungen

kann jedoch der Fall eintreten, dass anstelle äquidistanter Abtastwertefolgen irreguläre Folgen nichtäquidistanter Abtastwerte vorliegen – insbesondere dann, wenn der Abtastprozess nicht zeitlich kontinuierlich verläuft oder aufgrund des Fehlens von Daten nicht vollständig beeinflussbar ist. Ferner lassen sich viele Signalverarbeitungsaufgaben als Abtastproblem auf der Basis nichtäquidistanter Abtastung formulieren, auch wenn sie sich zunächst nicht

---

[2] Die in der digitalen Signalverarbeitung neben der Zeitdiskretisierung noch erforderliche Quantisierung ist nicht Gegenstand dieses Buches und daher nicht in Abbildung 1.2 dargestellt.

als Abtastproblem zu erkennen geben – wie wir später noch an einem Beispiel zur so genannten *impliziten Abtastung* aus der Kommunikationstechnik sehen werden.

Wie muss nun die Signaltheorie für den Fall der so genannten *irregulären Abtastung* erweitert werden, wenn wie in Abbildung 1.3 gezeigt anstelle der regulären Folge $\{f(j \cdot T)\}_{j\in\mathbb{Z}}$ äquidistanter Abtastwerte eine irreguläre Folge $\{f(t_j)\}_{j\in\mathbb{Z}}$ nichtäquidistanter Abtastwerte an den nichtäquidistanten Abtastzeitpunkten $\{t_j\}_{j\in\mathbb{Z}}$ vorliegt? Zumindest fordern wir für die sinnvolle An-

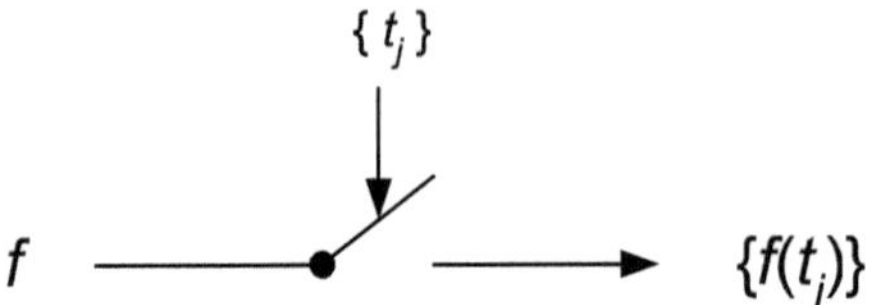


**Abb. 1.3.** Der ideale Abtaster als System zur Gewinnung der irregulären Folge $\{f(t_j)\}_{j\in\mathbb{Z}}$ nichtäquidistanter Abtastwerte.

wendbarkeit der irregulären Abtastung die Existenz eines eindeutig bestimmten Frequenzband-begrenzten Signals $f = f(t)$, welches an den nichtäquidistanten Abtastzeitpunkten $\{t_j\}_{j\in\mathbb{Z}}$ mit der irregulären Abtastwertefolge $\{f(t_j)\}_{j\in\mathbb{Z}}$ übereinstimmt. Dies entspricht wiederum der eindeutigen und fehlerfreien Interpolierbarkeit eines gegebenen Frequenzband-begrenzten Signals $f$ aus der irregulären Abtastwertefolge $\{f(t_j)\}_{j\in\mathbb{Z}}$. Ähnlich wie bei dem SHANNON-WHITTAKER-KOTEL'NIKOV-Abtasttheorem für mit der Frequenzgrenze $\Omega$ Frequenzband-begrenzte Signale die Abtastperiode der Bedingung $T \leq \pi/\Omega$ genügen muss, wird auch im Falle der irregulären Abtastung die irreguläre Folge $\{t_j\}_{j\in\mathbb{Z}}$ nichtäquidistanter Abtastzeitpunkte einer entsprechenden Bedingung genügen müssen, wie wir noch im weiteren Verlauf unserer Diskussion sehen werden. Neben der Existenz eines eindeutig zu rekonstruierenden Signals $f$ ist das Vorhandensein stabiler Rekonstruktionsalgorithmen erforderlich, so dass nach der zeitdiskreten Signalverarbeitung auf der Basis der nichtäquidistanten Abtastung das der irregulären Abtastwertefolge $\{f(t_j)\}_{j\in\mathbb{Z}}$ entsprechende Signal $f$ wiedergewonnen werden kann.

In diesem Buch werden wir uns ausführlich mit diesen beiden Problemstellungen der irregulären Abtastung befassen. Wir werden hierbei ausgehend von funktionalanalytischen Zusammenhängen das irreguläre Abtastproblem als Signalrekonstruktionsproblem auffassen und uns dabei der so genannten Theorie der Rahmen bedienen. Am Ende werden wir nicht nur die Signaltheorie auf der Basis der irregulären Abtastung kennen gelernt – und im gleichen Zuge auch die Signaltheorie der regulären Abtastung durch eine funktionalanalytische Sicht vertieft – haben, sondern auch eine Vielzahl von praktischen Rekonstruktionsalgorithmen für die Signalverarbeitung auf der Basis der irregulären Abtastung in Händen halten.

### 1.1.1 Ein einführendes Beispiel

Als einführendes Beispiel betrachten wir das in Abbildung 1.4 dargestellte
Signal $f = f(t)$. Wir nehmen an, dass dieses Signal zeitbegrenzt auf das In-

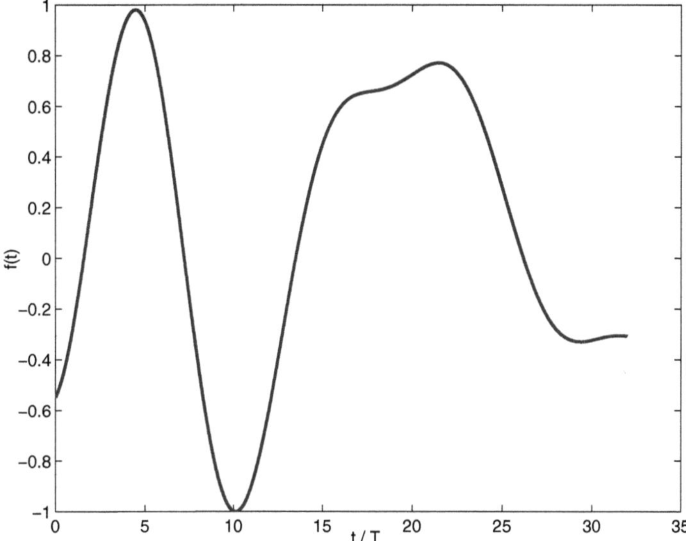


**Abb. 1.4.** Das zeitkontinuierliche Signal $f = f(t)$ ist zeitbegrenzt auf das Intervall
$[0, 32 \cdot T]$; seine periodische Fortsetzung ist Frequenzband-begrenzt mit $\Omega = \pi/T \cdot 7/32$.

tervall $[0, 32 \cdot T]$ ist und seine periodische Fortsetzung Frequenzband-begrenzt
mit der Frequenzgrenze

$$\Omega = \frac{\pi}{T} \cdot \frac{7}{32}$$

ist. Aufgrund des noch ausführlich zu besprechenden klassischen SHANNON-
WHITTAKER-KOTEL'NIKOV-Abtasttheorems 4.1 auf Seite 124 wissen wir, dass
dieses Signal eindeutig durch seine äquidistant im Abstand von $\leq 32/7 \cdot T$ genommenen Abtastwerte repräsentiert werden kann. Abbildung 1.5 zeigt beispielhaft die reguläre Folge der im Abstand von $4 \cdot T$ gewonnenen äquidistanten Abtastwerte. Die irreguläre Abtastung befasst sich nun allgemein mit der
Signaltheorie und Signalverarbeitung auf der Basis nichtäquidistanter Abtastung. So lautet eine typische Fragestellung, ob und auf welche Weise das
zeitkontinuierliche Signal $f = f(t)$ aus der in Abbildung 1.6 dargestellten
irregulären Folge $\{f(t_j)\}_{j \in \mathbb{J}}$ nichtäquidistanter Abtastwerte mit der abzählbaren Indexmenge $\mathbb{J}$ rekonstruiert werden kann. Hierzu sind ähnlich wie beim
SHANNON-WHITTAKER-KOTEL'NIKOV-Abtasttheorem Bedingungen an die irreguläre Abtastwertefolge – zum Beispiel hinsichtlich des maximalen Abstands

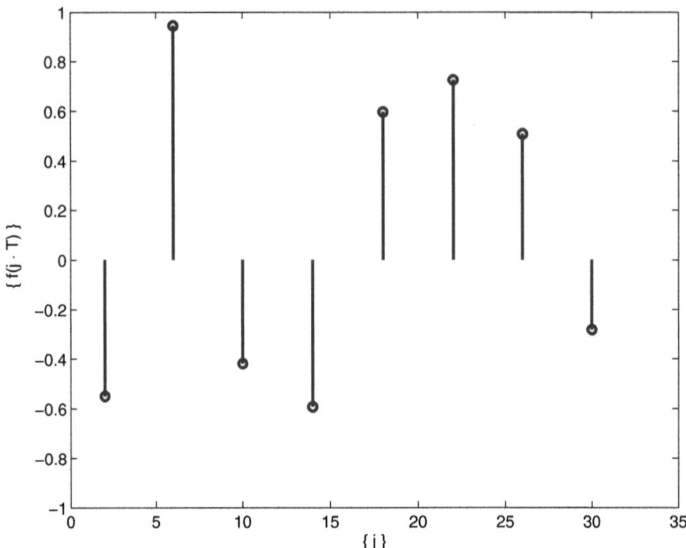

**Abb. 1.5.** Die reguläre Folge äquidistanter Abtastwerte des zeitkontinuierlichen Signals $f = f(t)$.

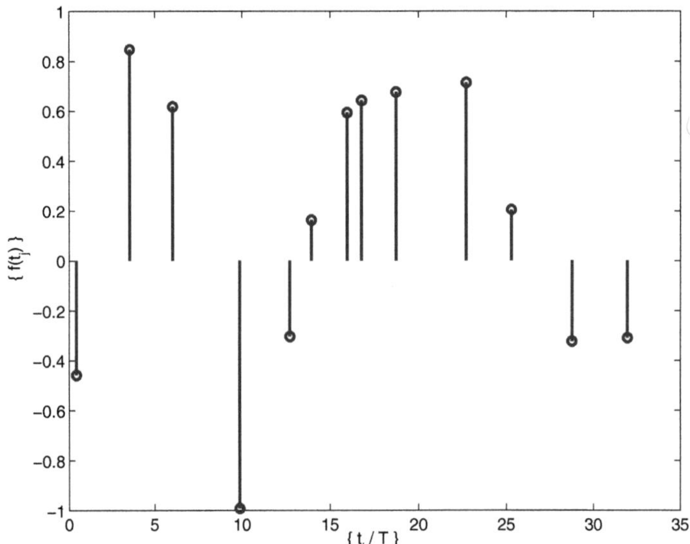

**Abb. 1.6.** Die irreguläre Folge $\{f(t_j)\}_{j \in \mathbb{J}}$ nichtäquidistanter Abtastwerte des zeitkontinuierlichen Signals $f = f(t)$.

aufeinander folgender Abtastwerte – zu stellen. Wir werden im weiteren Verlauf dieses Buches auf eine Vielzahl möglicher Signalrepräsentationen und den zugehörigen Rekonstruktionsalgorithmen für Frequenzband-begrenzte Signale aus verschiedenen Signalräumen stoßen. So gelingt zum Beispiel die Rekonstruktion des in Abbildung 1.4 gezeigten zeitkontinuierlichen Signals aus der in Abbildung 1.6 dargestellten irregulären Folge nichtäquidistanter Abtastwerte mithilfe des in Algorithmus 7.8 auf Seite 363 angegebenen iterativen Rekonstruktionsalgorithmus. Die Abbildungen 1.7 und 1.8 zeigen das rekonstruierte Signal beziehungsweise die rekonstruierten nichtäquidistanten Abtastwerte zusammen mit dem Originalsignal $f = f(t)$. Des Weiteren sind

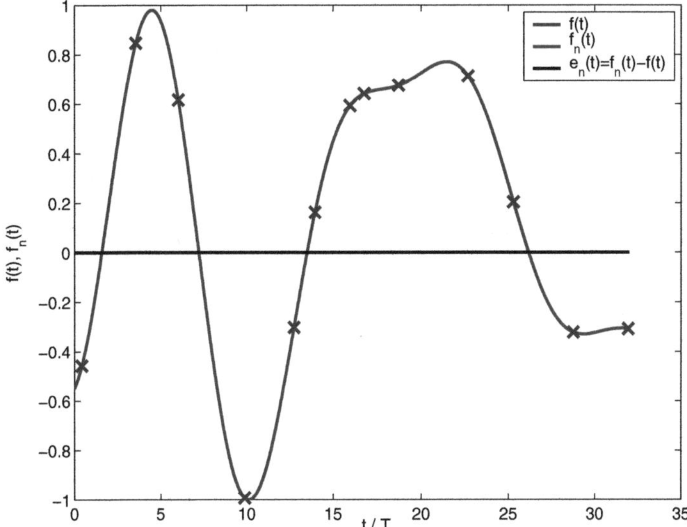


**Abb. 1.7.** Das aus der irregulären Folge $\{f(t_j)\}_{j\in\mathbb{J}}$ nichtäquidistanter Abtastwerte rekonstruierte zeitkontinuierliche Signal $f = f(t)$.

in den Abbildungen 1.9 und 1.10 die relativen Normen des zeitkontinuierlichen Rekonstruktionsfehlersignals beziehungsweise der Rekonstruktionsfehlersignalfolge der rekonstruierten irregulären Abtastwerte als Funktion der Schrittzahl $n$ des verwendeten iterativen Rekonstruktionsalgorithmus gezeigt.
Diese Abbildungen veranschaulichen, dass die noch zu besprechenden iterativen Rekonstruktionsalgorithmen unter geeigneten Bedingungen an die irreguläre Folge $\{f(t_j)\}_{j\in\mathbb{J}}$ nichtäquidistanter Abtastwerte eine im Rahmen der numerischen Genauigkeit exakte Rekonstruktion des zugrunde liegenden zeitkontinuierlichen Frequenzband-begrenzten Signals erlauben und sich durch eine exponentielle Konvergenz auszeichnen.

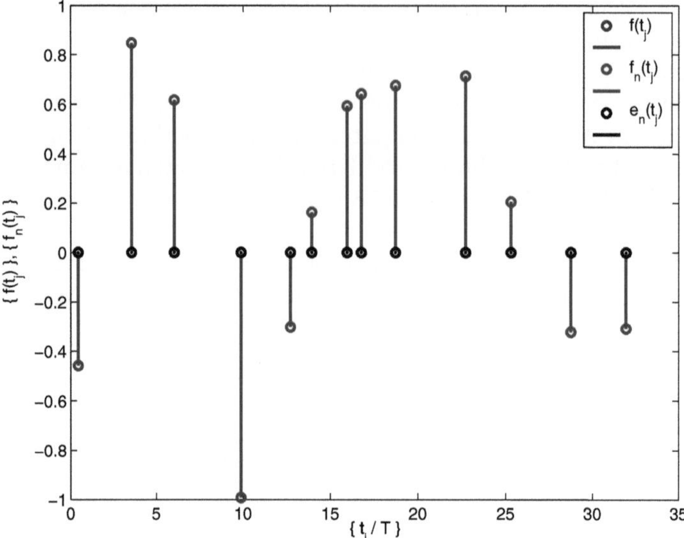

**Abb. 1.8.** Die rekonstruierte irreguläre Folge $\{f(t_j)\}_{j\in\mathbb{J}}$ nichtäquidistanter Abtastwerte des zeitkontinuierlichen Signals $f = f(t)$.

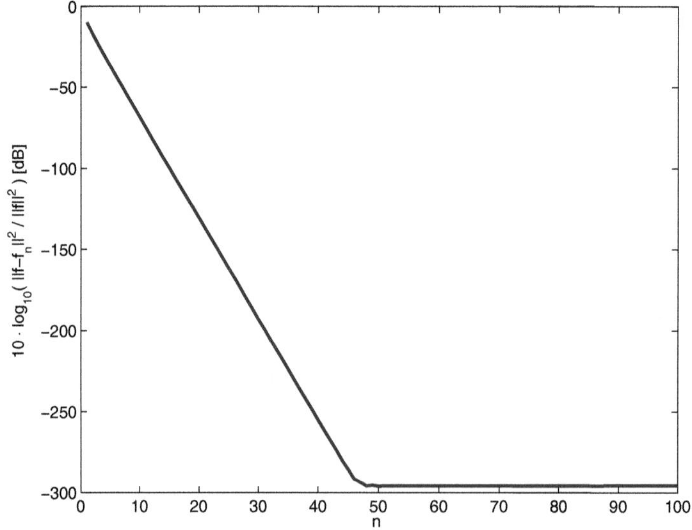

**Abb. 1.9.** Die relative Norm des zeitkontinuierlichen Rekonstruktionsfehlersignals als Funktion der Iterationszahl $n$ des iterativen Rekonstruktionsalgorithmus.

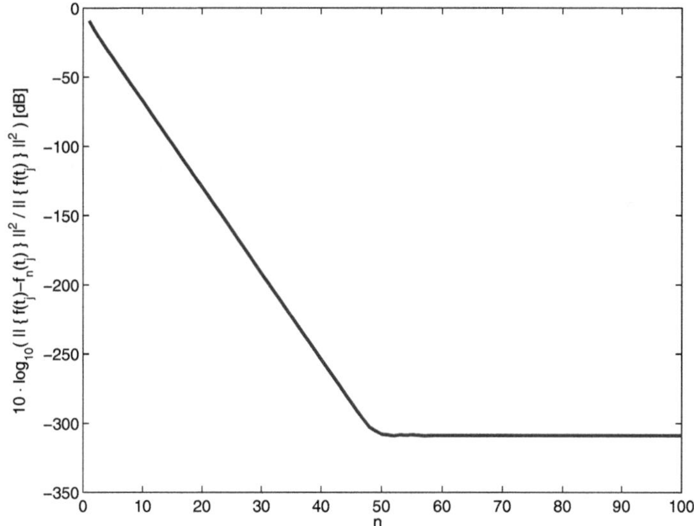

**Abb. 1.10.** Die relative Norm der Fehlerfolge der rekonstruierten irregulären Abtastwerte als Funktion der Iterationszahl $n$ des iterativen Rekonstruktionsalgorithmus.

## 1.2 Eine kurze Geschichte der regulären und irregulären Abtastung

Am Ende dieses einführenden Kapitels geben wir einen kurzen Abriss über die Geschichte der regulären und irregulären Abtastung. Wir folgen hierbei den Darstellungen in [31] und [36], wobei jedoch Anspruch auf Vollständigkeit nicht erhoben wird. Viele der hier aufscheinenden Konzepte werden wir später genauer untersuchen oder in exakter Form erhalten.

Die Interpolation von kontinuierlichen Signalen beziehungsweise Funktionen $f = f(t)$ aus einer gegebenen Folge von Stützstellen $\{t_j\}_{j \in \mathbb{J}}$ und zugehörigen Funktionswerten $\{f(t_j)\}_{j \in \mathbb{J}}$ mit der Indexmenge $\mathbb{J}$ der Kardinalität $|\mathbb{J}| = J$ stellt ein Problem dar, das bereits im achtzehnten Jahrhundert von WARING und LAGRANGE betrachtet und mithilfe der heute als so genannte LAGRANGEsche Interpolationsformel bekannten Beziehung

$$f(t) = \sum_{j=1}^{J} f(t_j) \cdot p_j(t) = \sum_{j \in \mathbb{J}} f(t_j) \cdot p_j(t)$$

mit den Interpolationspolynomen

$$p_j(t) \stackrel{\triangle}{=} \frac{\displaystyle\prod_{i \in \mathbb{J} \setminus \{j\}} (t - t_i)}{\displaystyle\prod_{i \in \mathbb{J} \setminus \{j\}} (t_j - t_i)}$$

gelöst wurde. Mit dem Polynom

$$g(t) \overset{\triangle}{=} \prod_{j \in \mathbb{J}} (t - t_j)$$

und der zugehörigen Ableitung $g'(t) = \frac{\mathrm{d}}{\mathrm{d}t} g(t)$ lauten die Interpolationspolynome

$$p_j(t) = \frac{g(t)}{(t - t_j) \cdot g'(t_j)} \;,$$

woraus das interpolierte Signal

$$f(t) = \sum_{j \in \mathbb{J}} f(t_j) \cdot \frac{g(t)}{(t - t_j) \cdot g'(t_j)} \tag{1.1}$$

folgt. Das entsprechende ebenfalls von LAGRANGE untersuchte trigonometrische Interpolationsproblem fußt auf den so genannten trigonometrischen Polynomen

$$p_n(t) \overset{\triangle}{=} \frac{a_0}{2} + \sum_{j=1}^{n} [a_j \cdot \cos(2\pi j t) + b_j \cdot \sin(2\pi j t)] = \sum_{j=-n}^{n} c_j \cdot \mathrm{e}^{\mathrm{i}2\pi j t} \;.$$

Zu Beginn des zwanzigsten Jahrhunderts wurde von WHITTAKER das Problem betrachtet Signale beziehungsweise Funktionen zu konstruieren, welche die reguläre Folge $\{f(t_j)\}_{j \in \mathbb{Z}}$ äquidistanter Funktionswerte mit $t_j = \tau + j \cdot T$ interpolieren. Aus der Menge der Funktionen – dem so genannten *cotabular set* – wählte WHITTAKER die spezielle *Kardinalfunktion*

$$f_{\mathrm{card}}(t) = \sum_{j=-\infty}^{\infty} f(\tau + j \cdot T) \cdot \mathrm{sinc}\left( \frac{t - \tau - j \cdot T}{T} \right)$$

aus. Seine besondere Wahl beruhte darauf, dass die zugehörige komplexe Funktion $f(z)$ mit $z \in \mathbb{C}$ im Sinne der Funktionentheorie ganz, also analytisch beziehungsweise holomorph in der gesamten komplexen Ebene $\mathbb{C}$ ist. OGURA erkannte, dass die Kardinalfunktion $f_{\mathrm{card}}$ mit der den Abtastwerten $\{f(\tau + j \cdot T)\}_{j \in \mathbb{Z}}$ zugrunde liegenden Funktion $f$ übereinstimmt, sofern $f$ eine mit der Frequenzgrenze $\Omega = \pi/T$ Frequenzband-begrenzte Funktion darstellt. Von PALEY und WIENER wurde in den dreißiger Jahren ferner gezeigt, dass eine ganze Funktion vom so genannten exponentiellen Typ, deren Betrag also nicht schneller als exponentiell anwächst, Frequenzband-begrenzt sind. DUFFIN und SCHAFFER verallgemeinerten im Rahmen ihrer Betrachtung so genannter nichtharmonischer FOURIER-Reihen die Untersuchung ganzer Funktionen vom exponentiellen Typ auf den Fall der irregulären Abtastung. Des Weiteren begründeten sie in ihrer Veröffentlichung die uns im weiteren Verlauf der Diskussion noch sehr nützliche Theorie der Rahmen.

Einzug in die Ingenieurwissenschaften – insbesondere die Elektrotechnik und Nachrichtentechnik – nahm das Abtasttheorem in der Mitte des zwanzigsten Jahrhunderts durch Veröffentlichungen von KOTEL'NIKOV in Russland, SHANNON in den Vereinigten Staaten von Amerika, RAABE in Deutschland sowie SOMEYA in Japan. Diesen Arbeiten gingen insbesondere in der Nachrichtenübertragungstechnik und Kommunikationstechnik im Rahmen der Untersuchungen zu Mehrfachzugriffssystemen auf der Basis des Zeitmultiplex Überlegungen zu der Rekonstruktion von Signalen aus in hinreichend kleinem Abstand gewonnenen Abtastwerten voraus – ohne jedoch eine mathematisch strenge und signaltheoretisch befriedigende Grundlage zu haben. Erst die Veröffentlichung von SHANNON machte das Abtasttheorem in den Ingenieurwissenschaften bekannt und lieferte somit die Grundlage für die stürmische Entwicklung der digitalen Signalverarbeitung.

Weitere Einzelheiten der Geschichte der regulären und irregulären Abtastung, in der noch so berühmte Namen wie GAUSS, FOURIER, POISSON et cetera auftauchen, sind in [36] samt den zugehörigen Literaturverweisen zu finden. Neueren Arbeiten und Entdeckungen sowie Anwendungen der irregulären Abtastung zum Beispiel von MARVASTI, BENEDETTO, FEICHTINGER und GRÖCHENIG werden wir im Verlauf dieses Textes begegnen. Wir begnügen uns daher mit diesem kurzen historischen Abriss der regulären und irregulären Abtastung. Es sei noch erwähnt, dass neben der irregulären Abtastung derzeit ferner noch Signaldarstellungen nicht Frequenzband-begrenzter Signale zum Beispiel in *Spline*- oder *Wavelet*-Signalräumen [49, 50] untersucht werden. Diese interessanten Entwicklungen werden wir in diesem Buch jedoch nicht weiter betrachten, um den ohnehin schon beachtlichen Umfang des Textes nicht zu sprengen.

Wir beginnen nun zur Stärkung unserer signaltheoretischen Sinne mit einem Ausflug in die Funktionalanalysis. Der in diesem Zweig der Mathematik bewanderte Leser möge sich mit einem kurzen Durchblättern zum kennen lernen unserer Nomenklatur begnügen und in dem übernächsten Kapitel auf unseren Diskussionszug aufspringen.

# 2. Ein Ausflug in die Funktionalanalysis

*Condicio impossibilis, cui natura*
*impedimento est, quo minus existat.*
– INSTITUTIONES IUSTINIANI

Wenn Signale und ihre zugehörigen Repräsentationen betrachtet werden, so ist zunächst die Festlegung der wesentlichen Signaleigenschaften notwendig, die bei der Signalrepräsentation berücksichtigt werden müssen. Beispiele für derartige Signaleigenschaften sind Frequenzband-Begrenztheit, Periodizität et cetera. Hierzu werden Signale als Elemente eines Signalraums $S$ aufgefasst; die für die Repräsentation der Signale innerhalb des Signalraums $S$ zu berücksichtigenden Eigenschaften lassen sich dann durch die geeignet gewählten Eigenschaften von $S$ fassen.

Die Funktionalanalysis befasst sich mit der Beschreibung allgemeiner Funktionenräume und den auf ihnen definierten Operationen. Wir werden daher im Folgenden die wesentlichen Konzepte und Definitionen von Funktionenräumen aus der Funktionalanalysis übernehmen, sofern sie für die von uns verfolgten Ziele bei der Behandlung von Signalräumen notwendig sind. Hierzu wagen wir einen Ausflug in die Funktionalanalysis – in dem wir uns im Wesentlichen von [18], [21] und [53] leiten lassen.

## 2.1 Metrische Räume

Das erste Konzept eines Signalraums, das uns begegnet, ist der so genannte metrische Raum.

### 2.1.1 Definition metrischer Räume

Ein wesentliches Merkmal von Signalen in einem Signalraum $S$ ist der Abstand oder die Distanz zweier Elemente $x, y \in S$. Die folgende Definition führt den zugehörigen Begriff der *Metrik* ein.

**Definition 2.1.** *Eine Funktion d, die je zwei Elementen $x, y$ eines Raums $S$ eine reelle Zahl $d(x, y)$ zuordnet, heißt Metrik auf dem Raum $S$ genau dann, wenn sie die folgenden Eigenschaften besitzt:*

*M1)*    $d(x,y) \geq 0$   *und*   $d(x,y) = 0 \Leftrightarrow x = y$.
*M2)*    $d(x,y) = d(y,x)$ *(Symmetrieeigenschaft)*,
*M3)*    $d(x,y) \leq d(x,z) + d(z,y)$ *(Dreiecksungleichung)*.

Hieraus ergibt sich die Definition eines metrischen Raums:

**Definition 2.2.** *Ein metrischer Raum* $(\mathcal{S}, d)$ *ist eine (nichtleere) Menge* $\mathcal{S}$, *auf der eine Metrik* $d$ *erklärt ist.*

Die Bedingungen *M1*, *M2* und *M3* heißen auch die Axiome des metrischen Raums. In Abbildung 2.1 ist die Dreiecksungleichung veranschaulicht. Im

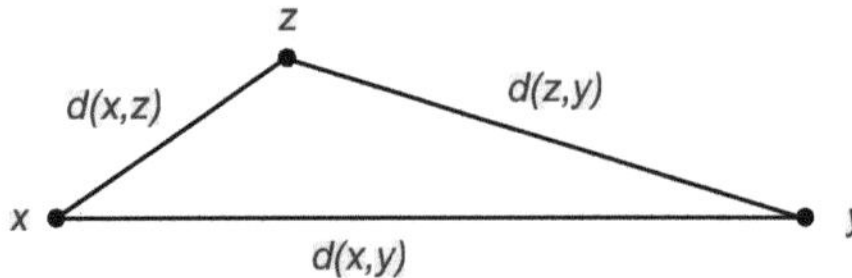

**Abb. 2.1.** Die Dreiecksungleichung $d(x,y) \leq d(x,z) + d(z,y)$ in dem metrischen Raum $(\mathcal{S}, d)$ mit der Metrik $d$.

Folgenden werden wir für den metrischen Raum anstelle der ausführlichen Schreibweise $(\mathcal{S}, d)$ vereinfachend $\mathcal{S}$ schreiben.

### 2.1.2 Konvergenz in metrischen Räumen

Mithilfe des durch die Metrik gefundenen Abstandsbegriffs lässt sich das wichtige Problem der Konvergenz von Folgen $\{x_n\}_{n \in \mathbb{N}} \subseteq \mathcal{S}$ mit $x_n \in \mathcal{S}$ genauer betrachten. Das Konvergenzproblem entsteht bei der Betrachtung der Repräsentation von Signalen aus der Frage, ob eine gefundene Signalrepräsentation und der zugehörige – eventuell iterative – Rekonstruktionsalgorithmus das gegebene Signal tatsächlich darstellt.

**Definition 2.3.** *Die Folge* $\{x_n\}_{n \in \mathbb{N}} \subseteq \mathcal{S}$ *konvergiert gegen das Element* $x \in \mathcal{S}$, *in Zeichen* $x_n \to x$ *oder* $\lim_{n \to \infty} x_n = x$, *wenn* $d(x_n, x) \to 0$ *strebt, das heißt wenn es zu jedem* $\varepsilon > 0$ *einen Index* $n_0 = n_0(\varepsilon)$ *gibt, so dass* $d(x_n, x) < \varepsilon$ *für alle* $n \geq n_0$ *ist.* $x$ *heißt Grenzwert der Folge* $\{x_n\}_{n \in \mathbb{N}}$.

Der Grenzwert $x$ ist eindeutig bestimmt.

In der von uns betrachteten Anwendung der Funktionalanalysis, der Signaltheorie, stellen die Elemente $x$

- zeitkontinuierliche Signale $x = x(t)$ mit $t \in \mathbb{R}$, also Funktionen $x : \mathbb{R} \to \mathbb{C}$ oder
- zeitdiskrete Signale $x = \{x_j\}_{j \in \mathbb{Z}}$ mit $j \in \mathbb{Z}$, also Folgen $x : \mathbb{Z} \to \mathbb{C}$

dar. Für zeitdiskrete Signale $x$ werden wir anstelle von $x = \{x_j\}_{j \in \mathbb{Z}}$ auch die häufig benutzte Bezeichnung $x = \{x(k)\}_{k \in \mathbb{Z}}$ verwenden. So zum Beispiel jetzt: Bezeichnen wir mit $\xi \in \mathbb{X}$ je nach Betrachtung zeitkontinuierlicher Signale ($\xi = t \in \mathbb{X} = \mathbb{R}$) oder zeitdiskreter Signale ($\xi = k \in \mathbb{X} = \mathbb{Z}$) die zugehörige unabhängige Variable, so können für Signale die folgenden Konvergenzbegriffe unterschieden werden.

**Definition 2.4.** *Die Folge $\{x_n\}_{n\in\mathbb{N}} \subseteq \mathcal{S}$ konvergiert punktweise auf $\mathbb{X}$ gegen das Element $x \in \mathcal{S}$, wenn $x_n(\xi) \to x(\xi)$ strebt für jedes $\xi \in \mathbb{X}$.*

**Definition 2.5.** *Die Folge $\{x_n\}_{n\in\mathbb{N}} \subseteq \mathcal{S}$ konvergiert gleichmäßig auf $\mathbb{X}$ gegen das Element $x \in \mathcal{S}$, wenn es zu jedem $\varepsilon > 0$ einen Index $n_0 = n_0(\varepsilon)$ gibt, so dass $|x_n(\xi) - x(\xi)| < \varepsilon$ für alle $n \geq n_0$ und $\xi \in \mathbb{X}$ gilt.*

Der wesentliche Unterschied zwischen der punktweisen und der gleichmäßigen Konvergenz besteht somit darin, dass bei letzterer eine gemeinsame Schranke $\varepsilon$ für alle $\xi = t \in \mathbb{R}$ oder $\xi = k \in \mathbb{Z}$ gilt – somit die Konvergenz also gleichmäßig für alle $\xi$ erfolgt. Ein bei Konvergenzbetrachtungen in metrischen Räumen häufig eingesetztes Werkzeug ist die so genannte CAUCHY-Folge.

**Definition 2.6.** *Die Folge $\{x_n\}_{n\in\mathbb{N}} \subseteq \mathcal{S}$ in einem metrischen Raum $\mathcal{S}$ heißt CAUCHY-Folge, wenn es zu jedem $\varepsilon > 0$ einen Index $n_0 = n_0(\varepsilon)$ gibt, so dass für alle $m, n \geq n_0$ stets $d(x_m, x_n) < \varepsilon$ bleibt.*

Anschaulich beschreibt eine CAUCHY-Folge somit eine Folge, deren Komponenten sich beliebig nahekommen. Wie leicht mithilfe der Dreiecksungleichung gezeigt werden kann, ist jede konvergente Folge eine CAUCHY-Folge; die Umkehrung gilt jedoch nicht. Eine CAUCHY-Folge ist nicht immer konvergent. Dies stellt bei vielen Untersuchungen einen schwerwiegenden Mangel dar, so dass man die Betrachtung häufig auf Räume einschränkt, in denen CAUCHY-Folgen immer konvergieren. Diese Räume werden gemäß der folgenden Definition vollständig genannt.

**Definition 2.7.** *Ein metrischer Raum $\mathcal{S}$ heißt vollständig, wenn jede CAUCHY-Folge in $\mathcal{S}$ gegen ein Element von $\mathcal{S}$ konvergiert.*

### 2.1.3 Teilmengen metrischer Räume

Bei der Repräsentation von Signalen werden wir uns häufig mit der Frage beschäftigen, ob eine gefundene Signaldarstellung jedes Signal innerhalb des gegebenen Signalraums exakt widerspiegelt oder ob nur gewisse Teilmengen des Signalraums dargestellt werden können. In diesem Zusammenhang sind die folgenden funktionalanalytischen Konzepte hilfreich, die einige topologische Grundbegriffe in unsere Betrachtungen einführen.

**Definition 2.8.** *Die Menge*

$$K_\rho(x_0) \stackrel{\triangle}{=} \{x \in \mathcal{S} \mid d(x, x_0) < \rho\}$$

*heißt offene Kugel mit Mittelpunkt $x_0$ und Radius $\rho > 0$; entsprechend heißt*

$$\overline{K}_\rho(x_0) \stackrel{\triangle}{=} \{x \in \mathcal{S} \mid d(x, x_0) \leq \rho\}$$

*abgeschlossene Kugel mit Mittelpunkt $x_0$ und Radius $\rho > 0$.*

Mit diesem einfachen Konzept können wir bereits eine erste Charakterisierung von Teilmengen des metrischen Raums angeben.

**Definition 2.9.** *Eine Teilmenge $\mathcal{X} \subseteq \mathcal{S}$ heißt beschränkt genau dann, wenn sie innerhalb einer (offenen oder abgeschlossenen) Kugel liegt.*

Eine weitere wichtige Eigenschaft ist die so genannte Abgeschlossenheit.

**Definition 2.10.** *Eine Teilmenge $\mathcal{X} \subseteq \mathcal{S}$ heißt abgeschlossen genau dann, wenn der Grenzwert jeder konvergenten Folge aus $\mathcal{X}$ selbst wieder in $\mathcal{X}$ liegt.*

Eine abgeschlossene Kugel ist somit – *nomen est omen* – tatsächlich gemäß dieser Definition abgeschlossen, während eine offene Kugel nicht abgeschlossen ist. Letzteres sieht man leicht, wenn eine gegen einen Randpunkt $x$ mit $d(x, x_0) = \rho$ der offenen Kugel $K_\rho(x_0)$ konvergente Folge betrachtet wird. Werden die Grenzwerte aller konvergenten Folgen in $\mathcal{X}$ zu der Teilmenge $\mathcal{X}$ hinzugefügt, so gelangt man zu der Definition der abgeschlossenen Hülle.

**Definition 2.11.** *Die Abschließung oder abgeschlossene Hülle $\overline{\mathcal{X}}$ einer Teilmenge $\mathcal{X} \subseteq \mathcal{S}$ ist der Durchschnitt aller abgeschlossenen Teilmengen von $\mathcal{S}$, die $\mathcal{X}$ enthalten. $\overline{\mathcal{X}}$ ist die Menge aller Grenzwerte konvergenter Folgen aus $\mathcal{X}$.*

Dieses Konzept ist wichtig für die Signalrepräsentation in Signalräumen $\mathcal{S}$, da uns der Fall begegnen wird, dass eine gefundene Signaldarstellung zwar die beliebig genaue Approximation aller Signale innerhalb des Signalraums ermöglicht, jedoch nicht alle Signale aus $\mathcal{S}$ exakt durch die gefundene Signaldarstellung erfasst sind.

**Definition 2.12.** *Die Teilmenge $\mathcal{X} \subseteq \mathcal{S}$ liegt dicht in $\mathcal{S}$, wenn $\overline{\mathcal{X}} = \mathcal{S}$ ist.*

Liegt eine Teilmenge $\mathcal{X}$ dicht in $\mathcal{S}$, so lassen sich alle Elemente in $\mathcal{S}$ beliebig genau durch Elemente von $\mathcal{X}$ annähern. Ein bekanntes Beispiel stellt die Menge $\mathbb{Q}$ der rationalen Zahlen dar, die dicht in der Menge $\mathbb{R}$ der reellen Zahlen liegt.

### 2.1.4 Beispiele

#### Der metrische Raum $\mathcal{S} = \mathbb{R}$

Es sei $\mathcal{S} = \mathbb{R}$. Der so genannte EUKLID*ische Abstand* ist definiert durch

$$d(x, y) \overset{\triangle}{=} |x - y| \ . \tag{2.1}$$

Wie leicht nachgeprüft werden kann, besitzt der EUKLIDische Abstand die Eigenschaften *M1*, *M2* und *M3*; der EUKLIDische Abstand ist somit eine Metrik. $(\mathbb{R}, d)$ somit ein metrischer Raum.

## Der metrische Raum $\mathcal{S} = \mathbb{R}^n$ oder $\mathcal{S} = \mathbb{C}^n$

Wird der $n$-dimensionale Raum $\mathcal{S} = \mathbb{R}^n$ oder $\mathcal{S} = \mathbb{C}^n$ bestehend aus den Vektoren $x = (x_1, x_2, \ldots, x_n)$ mit $x_j \in \mathbb{R}$ oder $x_j \in \mathbb{C}$ für $j = 1, 2, \ldots, n$ betrachtet, so wird dieser mit der Metrik

$$d(x, y) \stackrel{\triangle}{=} \sqrt[p]{\sum_{j=1}^{n} |x_j - y_j|^p} = \left( \sum_{j=1}^{n} |x_j - y_j|^p \right)^{\frac{1}{p}} \tag{2.2}$$

mit $1 \leq p < \infty$ zu einem metrischen Raum, wie mithilfe der so genannten MINKOWSKI-Ungleichung

$$\left( \sum_{j=1}^{n} |x_j + y_j|^p \right)^{\frac{1}{p}} \leq \left( \sum_{j=1}^{n} |x_j|^p \right)^{\frac{1}{p}} + \left( \sum_{j=1}^{n} |y_j|^p \right)^{\frac{1}{p}} \tag{2.3}$$

mit $x_j, y_j \in \mathbb{C}$ und $1 \leq p < \infty$ gezeigt werden kann. Für $n = 2$ erhalten wir die EUKLIDische Metrik

$$d(x, y) = \sqrt{\sum_{j=1}^{n} |x_j - y_j|^2} \ . \tag{2.4}$$

## Der metrische Raum $\mathcal{S} = \ell^p(\mathbb{J})$

Es sei $\mathcal{S} = \ell^p(\mathbb{J})$ der Raum bestehend aus den abzählbaren endlichen oder unendlichen Folgen $x = \{x_j\}_{j \in \mathbb{J}}$ mit $x_j \in \mathbb{R}$ oder $x_j \in \mathbb{C}$, $j \in \mathbb{J}$, für die die endlichen oder unendlichen Reihen

$$\sum_{j \in \mathbb{J}} |x_j|^p < \infty$$

konvergieren. $\mathbb{J}$ bezeichnet hierbei eine abzählbare endliche oder unendliche Indexmenge. Mittels

$$d(x, y) \stackrel{\triangle}{=} \sqrt[p]{\sum_{j \in \mathbb{J}} |x_j - y_j|^p} = \left( \sum_{j \in \mathbb{J}} |x_j - y_j|^p \right)^{\frac{1}{p}} \tag{2.5}$$

mit $1 \leq p < \infty$ erhalten wir einen metrischen Raum $(\mathcal{S}, d)$.

## Der metrische Raum $\mathcal{S} = \ell^2(\mathbb{N})$

Wird im vorausgegangenen Beispiel insbesondere $\mathbb{J} = \mathbb{N}$ und $p = 2$ gewählt, so bezeichnet $\mathcal{S} = \ell^2(\mathbb{N})$ den so genannten HILBERTschen Folgenraum bestehend aus den Elementen $x = \{x_j\}_{j \in \mathbb{N}} = (x_1, x_2, \ldots)$ mit $x_j \in \mathbb{R}$ oder $x_j \in \mathbb{C}$, $j \in \mathbb{J}$ mit der Metrik

$$d(x, y) \stackrel{\triangle}{=} \sqrt{\sum_{j=1}^{\infty} |x_j - y_j|^2} = \left( \sum_{j=1}^{\infty} |x_j - y_j|^2 \right)^{\frac{1}{2}} . \tag{2.6}$$

## Der metrische Raum $\mathcal{S} = \ell^\infty(\mathbb{N})$

Die Menge aller beschränkten unendlichen Folgen $x = \{x_j\}_{j \in \mathbb{N}}$ mit $x_j \in \mathbb{R}$ oder $x_j \in \mathbb{C}$, $j \in \mathbb{N}$, wird mit $\mathcal{S} = \ell^\infty(\mathbb{N})$ bezeichnet. Die zugehörige Supremum-Metrik wird definiert durch

$$d_\infty(x, y) \stackrel{\triangle}{=} \sup_{j \in \mathbb{N}} |x_j - y_j| . \tag{2.7}$$

## Der metrische Raum $\mathcal{S} = C([a, b])$

Betrachten wir nun die Menge der auf dem Intervall $[a, b]$ stetigen, reell- oder komplexwertigen Funktionen $x = x(t)$; dieser Raum wird mit $C([a, b])$ bezeichnet ($C$ steht für ḇontinuous, also stetig). Für $1 \leq p < \infty$ wird $\mathcal{S} = C([a, b])$ mit der Integral-Metrik

$$d_p(x, y) \stackrel{\triangle}{=} \sqrt[p]{\int_a^b |x(t) - y(t)|^p \, \mathrm{d}t} = \left( \int_a^b |x(t) - y(t)|^p \, \mathrm{d}t \right)^{\frac{1}{p}} \tag{2.8}$$

zu einem metrischen Raum, wie erneut mithilfe der nun für Integrale formulierten MINKOWSKI-Ungleichung

$$\left( \int_a^b |x(t) + y(t)|^p \, \mathrm{d}t \right)^{\frac{1}{p}} \leq \left( \int_a^b |x(t)|^p \, \mathrm{d}t \right)^{\frac{1}{p}} + \left( \int_a^b |y(t)|^p \, \mathrm{d}t \right)^{\frac{1}{p}} \tag{2.9}$$

nachgeprüft werden kann. Eine andere gebräuchliche Metrik für $\mathcal{S} = C([a, b])$, die so genannte Maximum-Metrik, lautet

$$d_\infty(x, y) \stackrel{\triangle}{=} \max_{a \leq t \leq b} |x(t) - y(t)| . \tag{2.10}$$

Für die beiden Metriken $d_p$ und $d_\infty$ gelten die beiden folgenden Hilfssätze, in denen der Bezug zur gleichmäßigen Konvergenz beziehungsweise Konvergenz im $p$-ten Mittel hergestellt wird.

**Definition 2.13.** *Die Folge $\{x_n\}_{n \in \mathbb{N}} \subseteq \mathcal{S} = C([a, b])$ konvergiert im $p$-ten Mittel auf $C([a, b])$ gegen das Element $x \in \mathcal{S}$, wenn*

$$\lim_{n \to \infty} \int_a^b |x_n(t) - x(t)|^p \, \mathrm{d}t = 0$$

*gilt.*

Damit folgt

**Lemma 2.14.** *Die Konvergenz im metrischen Raum $(\mathcal{S}, d) = (C([a,b]), d_p)$ ist gleichbedeutend mit der Konvergenz im p-ten Mittel auf dem Intervall $[a, b]$.*

und

**Lemma 2.15.** *Die Konvergenz im metrischen Raum $(\mathcal{S}, d) = (C([a,b]), d_\infty)$ ist gleichbedeutend mit der gleichmäßigen Konvergenz auf dem Intervall $[a, b]$.*

Hinsichtlich der Vollständigkeit zeigt sich, dass $\mathcal{S} = C([a,b])$ versehen mit der Maximum-Metrik $d_\infty$ vollständig ist; dagegen ist $\mathcal{S} = C([a,b])$ versehen mit der Integral-Metrik $d_p$ <u>nicht</u> vollständig.

## 2.2 Lineare Räume

Nachdem im letzten Abschnitt Signale und Signalräume basierend auf dem Abstand der Signale innerhalb des Signalraums untersucht wurden, müssen wir enttäuscht feststellen, dass wir noch gar nicht in diesem Signalraum rechnen können, uns somit algebraische Eigenschaften des Signalraums fehlen. Wir holen daher schleunigst die Definition geeigneter grundlegender algebraischer Operationen nach und werden dabei auf den Begriff des Vektorraums beziehungsweise linearen Raums geführt.

### 2.2.1 Definition von linearen Räumen

Ausgehend von den grundlegenden Operationen der Addition von Elementen des Signalraums $\mathcal{S}$ sowie der Multiplikation von Elementen in $\mathcal{S}$ mit Skalaren (also komplexen Zahlen $\alpha \in \mathbb{C}$) gelangen wir zur Definition des Vektorraums beziehungsweise linearen Raums.[1]

**Definition 2.16.** *Eine nichtleere Menge $\mathcal{S}$ heißt Vektorraum oder linearer Raum über einem Körper $\mathbb{K}$ (hier $\mathbb{K} = \mathbb{C}$, dem Körper der komplexen Zahlen), wenn für je zwei Elemente $x, y$ aus $\mathcal{S}$ und jede komplexe Zahl $\alpha \in \mathbb{C}$ eine Summe $x + y \in \mathcal{S}$ und ein (skalares) Produkt $\alpha \cdot x \in \mathcal{S}$ definiert sind, wobei die folgenden Eigenschaften gelten:*

*V1)    $x + (y + z) = (x + y) + z$ (Assoziativitätsgesetz),*
*V2)    $x + y = y + x$ (Kommutativitätsgesetz),*

---

[1] Zu beachten ist, dass mit dem Symbol „0" sowohl das skalare Nullelement aus $\mathbb{R}$ beziehungsweise $\mathbb{C}$ als auch das Nullelement des Signalraums $\mathcal{S}$ bezeichnet wird.

$V3)$    $\exists 0 \in \mathcal{S}: \quad \forall\, x \in \mathcal{S}: \quad x + 0 = x,$
$V4)$    $\forall\, x \in \mathcal{S}: \quad \exists -x \in \mathcal{S}: x + (-x) = 0,$
$V5)$    $\alpha \cdot (x + y) = \alpha \cdot x + \alpha \cdot y$ *(Distributivitätsgesetz)*,
$V6)$    $(\alpha + \beta) \cdot x = \alpha \cdot x + \beta \cdot x$ *(Distributivitätsgesetz)*,
$V7)$    $(\alpha \cdot \beta) \cdot x = \alpha \cdot (\beta \cdot x),$
$V8)$    $1 \cdot x = x.$

Für den Ausdruck $x + (-y)$ schreiben wir abkürzend $x - y$. Im Folgenden werden wir ähnlich wie bei metrischen Räumen wichtige Eigenschaften von Teilmengen linearer Räume studieren.

**Lemma 2.17.** *Für alle Elemente $x \in \mathcal{S}$ über dem Körper $\mathbb{K} = \mathbb{C}$ gilt mit $\alpha \in \mathbb{C}$*

$a)$    $0 \cdot x = 0 \quad und \quad \alpha \cdot 0 = 0,$
$b)$    $\alpha \cdot x = 0 \quad \Rightarrow \quad \alpha = 0 \vee x = 0,$
$c)$    $(-\alpha) \cdot x = \alpha \cdot (-x) = -\alpha \cdot x.$

### 2.2.2 Teilmengen linearer Räume

Wir beginnen mit der Definition von linearen Unterräumen.

**Definition 2.18.** *Eine nichtleere Teilmenge $\mathcal{X} \subseteq \mathcal{S}$ heißt linearer Unterraum von $\mathcal{S}$, wenn die Addition und skalare Multiplikation von Elementen aus $\mathcal{X}$ stets wieder in $\mathcal{X}$ liegen. Der lineare Unterraum $\mathcal{X}$ ist selbst ein linearer Raum.*

Die Linearkombinationen $\alpha_1 \cdot x_1 + \alpha_2 \cdot x_2 + \ldots + \alpha_n \cdot x_n$ der Elemente $x_1, x_2, \ldots, x_n$ des linearen Unterraums $\mathcal{X}$ mit $\alpha_1, \alpha_2, \ldots, \alpha_n \in \mathbb{C}$ und $n \in \mathbb{N}$ erzeugen einen $\mathcal{X}$ umfassenden Raum, der mit dem Symbol Span$\{\mathcal{X}\}$ bezeichnet wird:

$$\mathrm{Span}\{\mathcal{X}\} \overset{\triangle}{=} \big\{\alpha_1 \cdot x_1 + \alpha_2 \cdot x_2 + \ldots + \alpha_n \cdot x_n \,\big|$$
$$x_1, x_2, \ldots, x_n \in \mathcal{X} \wedge \alpha_1, \alpha_2, \ldots, \alpha_n \in \mathbb{C}\big\} \, . \qquad (2.11)$$

Dieser Raum heißt die lineare Hülle von $\mathcal{X}$.

**Definition 2.19.** *Der von $\mathcal{X} \subseteq \mathcal{S}$ aufgespannte Unterraum $\mathrm{Span}\{\mathcal{X}\}$ heißt die lineare Hülle von $\mathcal{X}$ und ist der Durchschnitt aller linearen Unterräume, die die nichtleere Teilmenge $\mathcal{X} \subseteq \mathcal{S}$ umfassen.*

Ein weiteres wichtiges Konzept ist das der linearen Unabhängigkeit.

**Definition 2.20.** *Eine endliche Teilmenge $\{x_1, x_2, \ldots, x_n\}$ mit $n \in \mathbb{N}$ des linearen Raums $\mathcal{S}$ heißt linear unabhängig, wenn aus $\alpha_1 \cdot x_1 + \alpha_2 \cdot x_2 + \ldots + \alpha_n \cdot x_n = 0$ stets $\alpha_1 = \alpha_2 = \ldots = \alpha_n = 0$ folgt; andernfalls heißt sie linear abhängig. Eine unendliche Teilmenge $\mathcal{X}$ des linearen Raums $\mathcal{S}$ heißt linear unabhängig, wenn jede endliche Teilmenge von $\mathcal{X}$ linear unabhängig ist; andernfalls heißt sie linear abhängig.*

Diejenigen linear unabhängigen Teilräume von $\mathcal{S}$, die den ganzen linearen Raum $\mathcal{S}$ selbst erzeugen, sind besonders mächtig und verdienen daher einen eigenen Namen.

**Definition 2.21.** *Eine linear unabhängige Teilmenge $\mathcal{X} \subseteq \mathcal{S}$ heißt algebraische oder* HAMEL-*Basis des linearen Raums $\mathcal{S}$, wenn für die lineare Hülle* $\mathrm{Span}\{\mathcal{X}\} = \mathcal{S}$ *gilt.*

Mithilfe des Begriffs der linearen Unabhängigkeit können wir nun auch die Dimension eines linearen Unterraums konkreter fassen.

**Definition 2.22.** *Ein linearer Unterraum $\mathcal{X} \subseteq \mathcal{S}$ besitzt die Dimension* $\dim \mathcal{X} = n$ *genau dann, wenn es $n$ linear unabhängige Elemente von $\mathcal{X}$ gibt, aber $n + 1$ Elemente von $\mathcal{X}$ stets linear abhängig sind.*

Besitzt ein Raum $\mathcal{S}$ keine HAMEL-Basis $\mathcal{X}$ mit endlicher Dimension $\dim \mathcal{X} < \infty$ so wird $\mathcal{S}$ unendlich-dimensional genannt, also $\dim \mathcal{S} = \infty$. Im weiteren Verlauf wollen wir von der folgenden abkürzenden Schreibweise Gebrauch machen.

**Definition 2.23.** *Die Summe $\mathcal{X} + \mathcal{Y}$ zweier Räume $\mathcal{X}$ und $\mathcal{Y}$ ist definiert als die Menge, für die gilt*

$$\mathcal{X} + \mathcal{Y} \stackrel{\triangle}{=} \{x + y \mid x \in \mathcal{X}, y \in \mathcal{Y}\} \ .$$

Daraus ergibt sich für lineare Unterräume das folgende

**Lemma 2.24.** *Die Summe $\mathcal{X} + \mathcal{Y}$ zweier linearer Unterräume $\mathcal{X}, \mathcal{Y} \subseteq \mathcal{S}$ ist selbst ein linearer Unterraum.*

Ist der Durchschnitt zweier linearer Unterräume gleich der Menge $\{0\}$ bestehend aus dem Nullelement $0 \in \mathcal{S}$, so definieren wir[2]

**Definition 2.25.** *Wenn $\mathcal{X} \cap \mathcal{Y} = \{0\}$ für zwei lineare Unterräume $\mathcal{X}, \mathcal{Y} \subseteq \mathcal{S}$ ist, dann heißt die Summe $\mathcal{X} + \mathcal{Y}$ direkt und wird mit $\mathcal{X} \oplus \mathcal{Y}$ bezeichnet. Ist des Weiteren $\mathcal{X} \oplus \mathcal{Y} = \mathcal{S}$, so heißt $\mathcal{Y}$ der (algebraische) Komplementärraum von $\mathcal{X}$ in $\mathcal{S}$.*

Mittels der in Abbildung 2.2 veranschaulichten direkten Summe zweier linearer Unterräume kann somit ein Element aus dem linearen Raum $z \in \mathcal{S}$ eindeutig in die Komponenten $x \in \mathcal{X}$ und $y \in \mathcal{Y}$ zerlegt werden: $z = x + y$. Dies wird bei der Untersuchung der Repräsentation und Approximationen von Signalen eines gegebenen Signalraums in einem linearen Unterraum – zum Beispiel dem Signalraum der Frequenzband-begrenzten Signale – hilfreich sein, indem sowohl die Signalapproximation selbst als auch das bei der Approximation entstehende Fehlersignal eindeutig bestimmt werden kann.

---

[2] Das Nullelement 0 ist Element jedes linearen Unterraums.

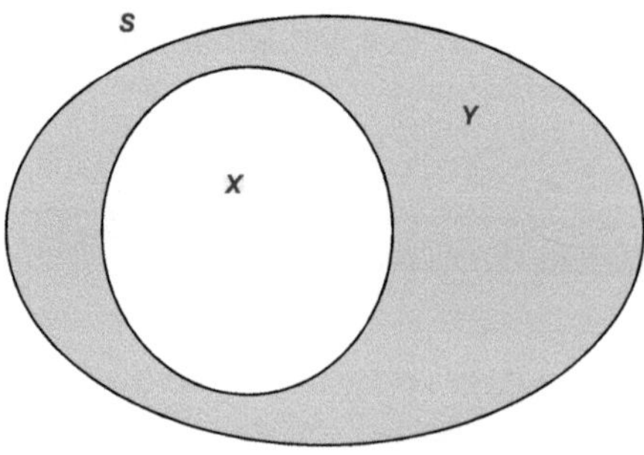



**Abb. 2.2.** Die direkte Summe $\mathcal{X} \oplus \mathcal{Y} = \mathcal{S}$ zweier (algebraisch) komplementärer Unterräume $\mathcal{X}, \mathcal{Y} \subseteq \mathcal{S}$.

### 2.2.3 Beispiele

**Der lineare Raum $\mathcal{S} = \mathbb{R}^n$ oder $\mathcal{S} = \mathbb{C}^n$**

Die Vektorräume $\mathcal{S} = \mathbb{R}^n$ und $\mathcal{S} = \mathbb{C}^n$ über $\mathbb{R}$ beziehungsweise $\mathbb{C}$ sind lineare Räume. Für sie gelten die bekannten Regeln der Vektorrechnung, die der allgemeinen Definition linearer Räume in abstrakter Form zugrunde gelegt wurden. So gilt zum Beispiel für die durch komponentenweise Addition definierte Summe

$$x + y \stackrel{\triangle}{=} (x_1 + y_1, x_2 + y_2, \ldots, x_n + y_n)$$

zweier Vektoren $x = (x_1, x_2, \ldots, x_n)$ und $y = (y_1, y_2, \ldots, y_n)$ mit $x_j, y_j \in \mathbb{R}$ oder $x_j, y_j \in \mathbb{C}$ für $j = 1, 2, \ldots, n$ sowohl das Assoziativitätsgesetz *V1* als auch das Kommutativitätsgesetz *V2*. Ebenso können mit der ebenfalls komponentenweise definierten skalaren Multiplikation

$$\alpha \cdot x \stackrel{\triangle}{=} (\alpha \cdot x_1, \alpha \cdot x_2, \ldots, \alpha \cdot x_n)$$

die restlichen Axiome *V3* bis *V8* des linearen Raums nachgeprüft werden.

**Der lineare Raum $\mathcal{S} = \ell^p(\mathbb{N})$**

Es sei $\mathcal{S} = \ell^p(\mathbb{N})$ wiederum der Raum bestehend aus den abzählbar unendlichen Folgen $x = \{x_j\}_{j \in \mathbb{N}} = (x_1, x_2, \ldots)$ über $\mathbb{R}$ beziehungsweise $\mathbb{C}$ – also mit $x_j \in \mathbb{R}$ oder $x_j \in \mathbb{C}$, $j \in \mathbb{N}$ – , für die die unendlichen Reihen $\sum_{j=1}^{\infty} |x_j|^p < \infty$ konvergieren. Mittels der komponentenweise definierten Addition

$$x + y = \{x_j\}_{j \in \mathbb{N}} + \{y_j\}_{j \in \mathbb{N}} \stackrel{\triangle}{=} \{x_j + y_j\}_{j \in \mathbb{N}}$$

sowie der komponentenweise definierten skalaren Multiplikation

$$\alpha \cdot x = \alpha \cdot \{x_j\}_{j \in \mathbb{N}} \stackrel{\triangle}{=} \{\alpha \cdot x_j\}_{j \in \mathbb{N}}$$

wird $\mathcal{S} = \ell^p(\mathbb{N})$ mit $1 \leq p < \infty$ zu einem linearen Raum. Für $p = 2$ bezeichnet $\ell^2(\mathbb{N})$ wiederum den HILBERTschen Folgenraum.

**Der lineare Raum $\mathcal{S} = C([a,b])$**

Die Menge $C([a,b])$ der auf dem Intervall $[a,b]$ stetigen, reell- oder komplex-wertigen Funktionen $x = x(t)$ auf dem Intervall $[a,b]$ bildet einen linearen Raum, wenn die Addition und die skalare Multiplikation gemäß

$$(x+y)(t) \overset{\triangle}{=} x(t) + y(t)$$

und

$$(\alpha \cdot x)(t) \overset{\triangle}{=} \alpha \cdot x(t)$$

für jeden Zeitpunkt $t \in [a,b]$ definiert werden. Das Nullelement $0(t) \overset{\triangle}{=} 0$ ist gegeben durch die konstante Funktion 0; ferner gilt $(-x)(t) = -x(t)$.


## 2.3 Normierte Räume

Wie von der Vektoranalysis bekannt, kann $n$-dimensionalen Vektoren aus dem Vektorraum $\mathbb{R}^n$ beziehungsweise $\mathbb{C}^n$ eine Größe oder Länge zugeordnet werden, indem der Abstand des Vektors vom Nullpunkt 0 bestimmt wird. Dieses Konzept kann auf allgemeine lineare Räume übertragen werden durch Einführen der so genannten Norm.


### 2.3.1 Definition normierter Räume

Ausgegangen wird von einem linearen Raum $\mathcal{S}$, auf dem eine Metrik $d$ definiert ist.

**Definition 2.26.** *Gegeben sei der metrische lineare Raum $(\mathcal{S}, d)$, das heißt der lineare Raum $\mathcal{S}$, auf dem die Metrik $d$ definiert ist. Die Metrik $d$ besitze für alle $x, y, z \in \mathcal{S}$ und $\alpha \in \mathbb{C}$ die folgenden beiden Eigenschaften*

*i)*     $d(x+z, y+z) = d(x,y)$ *(Translationsinvarianz),*
*ii)*    $d(\alpha \cdot x, \alpha \cdot y) = |\alpha| \cdot d(x,y)$ *(Homogenität).*

*Dann heißt $\mathcal{S}$ normierter Raum mit der Norm*

$$\|x\| \overset{\triangle}{=} d(x, 0) \quad \forall \, x \in \mathcal{S} \ .$$

Für die mittels der Metrik $d$ definierten Norm $\| \cdot \|$ gelten somit die folgenden Eigenschaften.

**Lemma 2.27.** *Sei $\mathcal{S}$ ein normierter Raum. Die Norm $\| \cdot \|$ besitzt für alle $x, y \in \mathcal{S}$ und $\alpha \in \mathbb{C}$ die folgenden Eigenschaften*

*N1)*    $\|x\| \geq 0$ *und* $\|x\| = 0 \Leftrightarrow x = 0$.
*N2)*    $\|\alpha \cdot x\| = |\alpha| \cdot \|x\|$ *(Homogenität),*
*N3)*    $\|x + y\| \leq \|x\| + \|y\|$ *(Dreiecksungleichung).*

Aus der Dreiecksungleichung lässt sich die wichtige *Vierecksungleichung*

$$\big|\,\|x\| - \|y\|\,\big| \le \|x - y\| \tag{2.12}$$

ableiten. Die durch

$$d(x,y) \overset{\triangle}{=} \|x - y\| \tag{2.13}$$

definierte Metrik heißt auch *kanonische Metrik*. Vielfach werden die genannten Norm-Eigenschaften zur Definition eines normierten Raums ohne Rückgriff auf metrische Räume verwendet. Da wir jedoch auf bereits bei metrischen Räumen Erlerntes zurückgreifen können, fallen uns die folgenden Betrachtungen nahezu in den Schoss.

### 2.3.2 Konvergenz in normierten Räumen

Wie bei metrischen Räumen definieren wir den Begriff der Konvergenz durch Verwendung der kanonischen Metrik $d(x,y) = \|x - y\|$.

**Definition 2.28.** *Die Folge $\{x_n\}_{n\in\mathbb{N}} \subseteq S$ konvergiert gegen das Element $x \in S$, in Zeichen $x_n \to x$ oder $\lim_{n\to\infty} x_n = x$, wenn $\|x_n - x\| \to 0$ strebt, das heißt wenn es zu jedem $\varepsilon > 0$ einen Index $n_0 = n_0(\varepsilon)$ gibt, so dass $\|x_n - x\| < \varepsilon$ für alle $n \ge n_0$ ist. $x$ heißt Grenzwert der Folge $\{x_n\}_{n\in\mathbb{N}}$.*

Der Grenzwert $x$ ist wiederum eindeutig bestimmt. Ebenso können die Begriffe der punktweisen und gleichmäßigen Konvergenz von den metrischen Räumen übernommen werden. Normierte Räume besitzen die folgenden Stetigkeitseigenschaften.

**Lemma 2.29.** *In einem normierten Raum $S$ sind die Addition, die skalare Multiplikation sowie die Norm stetig, das heißt aus $\lim_{n\to\infty} x_n = x$, $\lim_{n\to\infty} y_n = y$ und $\lim_{n\to\infty} \alpha_n = \alpha$ folgt:*

*a)*      $\displaystyle \lim_{n\to\infty} \{x_n + y_n\} = x + y,$

*b)*      $\displaystyle \lim_{n\to\infty} \{\alpha_n \cdot x_n\} = \alpha \cdot x,$

*c)*      $\displaystyle \lim_{n\to\infty} \{\|x_n\|\} = \|x\|.$

Für die bereits eingeführten Cauchy-Folgen gilt den metrischen Räumen entsprechend die

**Definition 2.30.** *Die Folge $\{x_n\}_{n\in\mathbb{N}} \subseteq S$ in einem metrischen Raum $S$ heißt Cauchy-Folge, wenn es zu jedem $\varepsilon > 0$ einen Index $n_0 = n_0(\varepsilon)$ gibt, so dass für alle $m, n \ge n_0$ stets $\|x_m - x_n\| < \varepsilon$ bleibt.*

Wie bei metrischen Räumen definieren wir den Begriff der Vollständigkeit durch Betrachtung der Konvergenz von Cauchy-Folgen.

**Definition 2.31.** *Ein normierter Raum $S$ heißt vollständig, wenn jede Cauchy-Folge in $S$ gegen ein Element von $S$ konvergiert.*

### 2.3.3 Banach-Räume

Vollständige normierte Räume stellen eine berühmte Klasse von Signalräumen dar, die einen eigenen Namen verdienen.

**Definition 2.32.** *Ein vollständiger normierter Raum $S$ heißt* BANACH-*Raum.*

Wir werden uns in den folgenden Betrachtungen mit nichts weniger als BANACH-Räumen befassen. Insbesondere gilt der folgende Hilfssatz.

**Lemma 2.33.** *Jeder endlich-dimensionale normierte Raum ist ein* BANACH-*Raum, also vollständig.*

Für BANACH-Räume wollen wir nun die Signalrepräsentation mittels einer so genannten SCHAUDER-Basis definieren.

**Definition 2.34.** *Eine Folge $\{x_j\}_{j \in \mathbb{N}} = \{x_1, x_2, \dots\}$ in einem* BANACH-*Raum $S$ heißt* SCHAUDER-*Basis genau dann, wenn zu jedem $x \in S$ eine eindeutig bestimme Folge von Zahlen $\{c_j\}_{j \in \mathbb{N}} = \{c_1, c_2, \dots\}$ existiert mit*

$$x = \sum_{j=1}^{\infty} c_j \cdot x_j \ ,$$

*das heißt*

$$\lim_{n \to \infty} \left\| x - \sum_{j=1}^{n} c_j \cdot x_j \right\| = 0 \ .$$

Im Folgenden werden wir häufig aus Bequemlichkeit einfach von einer *Basis* sprechen und meinen dann eine SCHAUDER-Basis. Wichtig für den Begriff der SCHAUDER-Basis sind sowohl die *Existenz* als auch die *Eindeutigkeit* einer Koeffizientenfolge $\{c_j\}_{j \in \mathbb{N}}$ zur Darstellung eines gegebenen Elements $x \in S$; die Forderung der Eindeutigkeit werden wir bei der Diskussion der so genannten *Rahmen* beziehungsweise *Frames* aufgeben. Ferner definieren wir die Vollständigkeit einer Folge $\{x_j\}_{j \in \mathbb{N}} = \{x_1, x_2, \dots\}$ im BANACH-Raum $S$.

**Definition 2.35.** *Eine Folge $\{x_j\}_{j \in \mathbb{N}} = \{x_1, x_2, \dots\}$ in dem* BANACH-*Raum $S$ ist vollständig genau dann, wenn ihre lineare Hülle* Span$\{x_j\}_{j \in \mathbb{N}}$ *dicht in $S$ liegt, das heißt wenn es zu jedem Element $x$ und jeder Zahl $\varepsilon > 0$ eine endliche Linearkombination $\alpha_1 \cdot x_1 + \alpha_2 \cdot x_2 + \dots + \alpha_n \cdot x_n$ der Elemente $x_1, x_2, \dots, x_n$ gibt, so dass gilt*

$$\left\| x - \sum_{j=1}^{n} c_j \cdot x_j \right\| < \varepsilon \ .$$

Das folgende Theorem von PALEY-WIENER macht eine Aussage über die Stabilität einer SCHAUDER-Basis [53].

**Theorem 2.36.** *Es sei* $\{x_j\}_{j\in\mathbb{N}} = \{x_1, x_2, \ldots\}$ *eine* SCHAUDER-*Basis in dem* BANACH-*Raum* $\mathcal{S}$. *Für eine Folge* $\{y_j\}_{j\in\mathbb{N}} = \{y_1, y_2, \ldots\} \subset \mathcal{S}$ *gelte*

$$\left\| \sum_{j=1}^{n} c_j \cdot (x_j - y_j) \right\| \leq \alpha \cdot \left\| \sum_{j=1}^{n} c_j \cdot x_j \right\|$$

*mit einer Konstanten* $\alpha \in \mathbb{R}$, $0 \leq \alpha < 1$, *und beliebige Folgen* $\{c_1, c_2, \ldots, c_n\}$ *mit* $c_j \in \mathbb{C}$. *Dann ist* $\{y_j\}_{j\in\mathbb{N}}$ *eine zu* $\{x_j\}_{j\in\mathbb{N}}$ *äquivalente* SCHAUDER-*Basis.*

Die Stabilität wird hier durch eine Untersuchung der „Nähe" der beiden Folgen $\{x_j\}_{j\in\mathbb{N}}$ und $\{y_j\}_{j\in\mathbb{N}}$ – gemessen durch die komponentenweise Differenz $x_j - y_j$ – erfasst. Ein ähnliches Resultat stammt von KREIN, MILMAN und RUTMAN [53].

**Theorem 2.37.** *Es sei* $\{x_j\}_{j\in\mathbb{N}} = \{x_1, x_2, \ldots\}$ *eine* SCHAUDER-*Basis in dem* BANACH-*Raum* $\mathcal{S}$. *Dann existieren Zahlen* $\varepsilon_j > 0$ *mit der folgenden Eigenschaft. Wenn für eine Folge* $\{y_j\}_{j\in\mathbb{N}} = \{y_1, y_2, \ldots\} \subset \mathcal{S}$

$$\|x_j - y_j\| < \varepsilon_j \quad \forall\, j \in \mathbb{N}$$

*gilt, dann ist* $\{y_j\}_{j\in\mathbb{N}}$ *eine zu* $\{x_j\}_{j\in\mathbb{N}}$ *äquivalente* SCHAUDER-*Basis.*

Wir holen nun die Definition von äquivalenten Basen nach.

**Definition 2.38.** *Es seien* $\{x_j\}_{j\in\mathbb{N}} = \{x_1, x_2, \ldots\}$ *und* $\{y_j\}_{j\in\mathbb{N}} = \{y_1, y_2, \ldots\}$ *zwei* SCHAUDER-*Basen in dem* BANACH-*Raum* $\mathcal{S}$. $\{x_j\}_{j\in\mathbb{N}}$ *und* $\{y_j\}_{j\in\mathbb{N}}$ *sind äquivalent genau dann, wenn ein beschränkter invertierbarer Operator* $T :$ $\mathcal{S} \to \mathcal{S}$ *existiert mit* $Tx_j = y_j$ *für alle* $j \in \mathbb{N}$.

Die Definition von Operatoren verschieben wir auf später.

### 2.3.4 Teilmengen normierter Räume

Völlig entsprechend wie im Falle metrischer Räume können nun noch weitere wichtige Teilmengen normierter Räume definiert werden. Wir wenden uns zunächst dem bereits bei metrischen Räumen eingeführten Begriff der Kugel zu.

**Definition 2.39.** *Die Menge*

$$K_\rho(x_0) \stackrel{\triangle}{=} \{x \in \mathcal{S} \mid \|x - x_0\| < \rho\}$$

*heißt offene Kugel mit Mittelpunkt* $x_0$ *und Radius* $\rho > 0$; *entsprechend heißt*

$$\overline{K}_\rho(x_0) \stackrel{\triangle}{=} \{x \in \mathcal{S} \mid \|x - x_0\| \leq \rho\}$$

*abgeschlossene Kugel mit Mittelpunkt* $x_0$ *und Radius* $\rho > 0$.

Ebenso kann der Begriff der Beschränktheit einer Teilmenge von metrischen Räumen übernommen werden. Dies wollen wir für Folgen $\{x_n\}_{n\in\mathbb{N}}$ nun tun.

**Definition 2.40.** *Eine Folge* $\{x_n\}_{n\in\mathbb{N}}$ *heißt beschränkt genau dann, falls es eine reelle Zahl* $\rho \geq 0$ *gibt, so dass* $\|x_n\| \leq \rho$ *für alle* $n \in \mathbb{N}$ *gilt.*

### 2.3.5 Beispiele

**Der normierte Raum $\mathcal{S} = \mathbb{R}^n$ oder $\mathcal{S} = \mathbb{C}^n$**

Die $n$-dimensionalen Räume $\mathcal{S} = \mathbb{R}^n$ oder $\mathcal{S} = \mathbb{C}^n$ bestehend aus den Vektoren $x = (x_1, x_2, \ldots, x_n)$ mit $x_j \in \mathbb{R}$ oder $x_j \in \mathbb{C}$ für $j = 1, 2, \ldots, n$ versehen mit der Norm

$$\|x\| \overset{\triangle}{=} \sqrt[p]{\sum_{j=1}^{n} |x_j|^p} \ . \tag{2.14}$$

mit $1 \le p < \infty$ sind vollständige, normierte Räume – also BANACH-Räume. Für $p = 2$ ergibt sich die bekannte EUKLIDische Norm als Betrag oder Länge der $n$-dimensionalen Vektoren $x = (x_1, x_2, \ldots, x_n)$.

**Der normierte Raum $\mathcal{S} = \ell^p(\mathbb{N})$**

Wird dem linearen Raum $\mathcal{S} = \ell^p(\mathbb{N})$ bestehend aus den abzählbar unendlichen Folgen $x = \{x_j\}_{j \in \mathbb{N}} = (x_1, x_2, \ldots)$ über $\mathbb{R}$ beziehungsweise $\mathbb{C}$ – also mit $x_j \in \mathbb{R}$ oder $x_j \in \mathbb{C}$, $j \in \mathbb{N}$ – , für die die unendlichen Reihen $\sum_{j=1}^{\infty} |x_j|^p < \infty$ konvergieren, die Norm

$$\|x\| \overset{\triangle}{=} \sqrt[p]{\sum_{j \in \mathbb{N}} |x_j|^p} = \left( \sum_{j \in \mathbb{N}} |x_j|^p \right)^{\frac{1}{p}} \tag{2.15}$$

mit $1 \le p < \infty$ verliehen, so erhalten wir einen vollständigen normierten Raum – also einen BANACH-Raum. Die übliche Definition der *Energie E* eines zeitdiskreten Signals $x = \{x_j\}_{j \in \mathbb{N}}$ entspricht bis auf die Quadratwurzel dem Ausdruck der Norm für $p = 2$.

$$E \overset{\triangle}{=} \sum_{j \in \mathbb{N}} |x_j|^2 \ . \tag{2.16}$$

**Der normierte Raum $\mathcal{S} = \ell^\infty(\mathbb{N})$**

Der lineare Raum $\mathcal{S} = \ell^\infty(\mathbb{N})$ der beschränkten unendlichen Folgen $x = \{x_j\}_{j \in \mathbb{N}}$ mit $x_j \in \mathbb{R}$ oder $x_j \in \mathbb{C}$, $j \in \mathbb{N}$ mit der Supremum-Norm

$$\|x\|_\infty \overset{\triangle}{=} \sup_{j \in \mathbb{N}} |x_j| \tag{2.17}$$

ist ein BANACH-Raum, also vollständig.

## Der normierte Raum $\mathcal{S} = C([a, b])$

Der lineare Raum $\mathcal{S} = C([a,b])$ der auf dem Intervall $[a,b]$ stetigen, reell- oder komplexwertigen Funktionen $x = x(t)$ wird mit der Maximum-Norm

$$\|x\|_\infty \stackrel{\triangle}{=} \max_{a \leq t \leq b} |x(t)| \tag{2.18}$$

ein BANACH-Raum. Dagegen ist $\mathcal{S} = C([a,b])$ bezüglich der Integral-Norm

$$\|x\|_p \stackrel{\triangle}{=} \sqrt[p]{\int_a^b |x(t)|^p \, \mathrm{d}t} = \left( \int_a^b |x(t)|^p \, \mathrm{d}t \right)^{\frac{1}{p}} \tag{2.19}$$

mit $1 \leq p < \infty$ kein vollständiger normierter Raum, also <u>kein</u> BANACH-Raum.

## Der normierte Raum $\mathcal{S} = L^p([a, b])$

Als abschließendes und für Anwendungen in der Signaltheorie außerordentlich wichtiges Beispiel wird nun die Menge der auf dem Intervall $[a,b]$ messbaren, reell- oder komplexwertigen Funktionen $x = x(t)$ betrachtet, für die das Integral $\int_a^b |x(t)|^p \, \mathrm{d}t$ für $1 \leq p < \infty$ im LEBESGUEschen Sinne konvergiert – der so genannte LEBESGUE-Raum $L^p([a,b])$. Dieser Raum stellt einen linearen Raum dar, wie aus der LEBESGUEschen Integrationstheorie folgt. Wir definieren

$$\|x\|_{L^p([a,b])} \stackrel{\triangle}{=} \sqrt[p]{\int_a^b |x(t)|^p \, \mathrm{d}t} = \left( \int_a^b |x(t)|^p \, \mathrm{d}t \right)^{\frac{1}{p}} . \tag{2.20}$$

Für $p = 2$ erhalten wir die übliche Definition der *Energie E* des zeitkontinuierlichen Signals $x = x(t)$ im Intervall $[a,b]$.

$$E \stackrel{\triangle}{=} \int_a^b |x(t)|^2 \, \mathrm{d}t = \|x\|_{L^2([a,b])}^2 \tag{2.21}$$

$\|x\|_{L^p([a,b])}$ besitzt alle Eigenschaften einer Norm bis auf die Eigenschaft *N1*. Aus $\|x\|_{L^p([a,b])} = 0$ folgt nicht $x = 0$ für alle $t \in [a,b]$, sondern nur „fast überall" (*a.e.* – *almost everywhere*). Dies bedeutet, dass sich die zwei Funktionen $x = x(t)$ und $y = y(t)$ mit $\|x - y\|_{L^p([a,b])} = 0$ nur auf einer Menge vom Maß 0 unterscheiden. Da diese Mengen vom Maß 0 für unsere Anwendungen in der Signalverarbeitung ohne Belang sind[3], werden wir uns der üblichen Konvention anschließen und Signale $x = x(t)$ und $y = y(t)$, die fast überall miteinander übereinstimmen, identifizieren. Mit diesem Kunstgriff, der mathematisch durch Definition geeigneter Äquivalenzklassen sauber begründet werden kann, wird $\mathcal{S} = L^p([a,b])$ zu einem normierten Raum. Dieser normierte Raum ist sogar vollständig – also ein BANACH-Raum.

---

[3] Für $p = 2$ haben Signale $x \in L^2([a,b])$, die „fast überall" 0 sind, die Energie $E = 0$.

## Der normierte Raum $\mathcal{S} = L^p(\mathbb{R})$

Wird anstelle des Intervalls $[a, b]$ die Menge der reellen Zahlen $\mathbb{R}$ zugrunde gelegt, so wird die Menge der auf $\mathbb{R}$ messbaren, reell- oder komplexwertigen Funktionen $x = x(t)$, für die das Integral $\int_{-\infty}^{\infty} |x(t)|^p \, dt$ für $1 \leq p < \infty$ im LEBESGUEschen Sinne konvergiert, mit

$$\|x\|_{L^p(\mathbb{R})} \stackrel{\triangle}{=} \sqrt[p]{\int_{-\infty}^{\infty} |x(t)|^p \, dt} = \left( \int_{-\infty}^{\infty} |x(t)|^p \, dt \right)^{\frac{1}{p}} \tag{2.22}$$

zu einem BANACH-Raum, wenn wir wieder Signale $x = x(t)$ und $y = y(t)$, die fast überall miteinander übereinstimmen, identifizieren. Dieser Raum heißt LEBESGUE-Raum $L^p(\mathbb{R})$. Die Energie $E$ des zeitkontinuierlichen Signals $x = x(t)$ erhalten wir wiederum für $p = 2$ aus

$$E \stackrel{\triangle}{=} \int_{-\infty}^{\infty} |x(t)|^2 \, dt = \|x\|_{L^2(\mathbb{R})}^2 \ . \tag{2.23}$$

Für $p = 1$ erhalten wir mit $\mathcal{S} = L^1(\mathbb{R})$ die Menge der absolut integrierbaren Signale mit

$$\|x\|_{L^1(\mathbb{R})} = \int_{-\infty}^{\infty} |x(t)| \, dt < \infty \ ; \tag{2.24}$$

die Menge der quadratisch integrierbaren Signale $\mathcal{S} = L^2(\mathbb{R})$ ergibt sich für $p = 2$ mit

$$\|x\|_{L^2(\mathbb{R})} = \sqrt{\int_{-\infty}^{\infty} |x(t)|^2 \, dt} < \infty \ . \tag{2.25}$$

## 2.4 Hilbert-Räume

Wir werden nun linearen Räumen und BANACH-Räumen noch mehr Struktur verleihen, so dass das Problem der Approximation und Repräsentation von Signalen eindeutig gelöst werden kann. Hierzu tasten wir uns über Prä-HILBERT- beziehungsweise Innenprodukträume zu den HILBERT-Räumen vor; die von uns betrachteten Signalräume werden allesamt HILBERT-Räume sein.

### 2.4.1 Definition von Hilbert-Räumen

Einen wichtigen geometrischen Begriff in Vektorräumen $\mathbb{R}^n$ beziehungsweise $\mathbb{C}^n$ stellt die Orthogonalität zweier $n$-dimensionaler Vektoren dar. Zur algebraischen Formulierung der Orthogonalität wird in Vektorräumen $\mathbb{R}^n$ beziehungsweise $\mathbb{C}^n$ ein Skalarprodukt beziehungsweise Innenprodukt herangezogen, das wir nun auf allgemeine lineare Räume verallgemeinern. Zur Erinnerung: Das Skalarprodukt oder Innenprodukt zweier Vektoren $x = (x_1, x_2, \ldots, x_n)$ und $y = (y_1, y_2, \ldots, y_n)$ in dem $n$-dimensionalen Vektorraum $\mathbb{R}^n$ mit $x_j, y_j \in \mathbb{R}$ für $j = 1, 2, \ldots, n$ lautet

$$\langle x, y \rangle \overset{\triangle}{=} \sum_{j=1}^{n} x_j \cdot y_j \; ;$$

für den $n$-dimensionalen Vektorraum $\mathbb{C}^n$ mit $x_j, y_j \in \mathbb{C}$ gilt entsprechend

$$\langle x, y \rangle \overset{\triangle}{=} \sum_{j=1}^{n} x_j \cdot \overline{y_j} \; .$$

Als Verallgemeinerung auf allgemeine lineare Räume erhalten wir die

**Definition 2.41.** *Ein linearer Raum $S$ über dem Körper $\mathbb{K}$ (hier $\mathbb{K} = \mathbb{C}$ dem Körper der komplexen Zahlen) heißt Prä-*HILBERT*-Raum oder Innenproduktraum, wenn je zwei Elementen $x, y$ aus $S$ eine komplexe Zahl $\langle x, y \rangle \in \mathbb{C}$ zugeordnet ist, wobei die folgenden Eigenschaften gelten:*

*P1)*    $\langle x, x \rangle \geq 0 \quad und \quad \langle x, x \rangle = 0 \Leftrightarrow x = 0.$
*P2)*    $\langle x, y \rangle = \overline{\langle y, x \rangle},$
*P3)*    $\langle \alpha \cdot x, y \rangle = \alpha \cdot \langle x, y \rangle,$
*P4)*    $\langle x + y, z \rangle = \langle x, z \rangle + \langle y, z \rangle.$

*$\langle x, y \rangle$ heißt Skalarprodukt oder Innenprodukt.*

Das Skalarprodukt ist wegen der Eigenschaften *P3* und *P4* additiv und homogen – und somit linear – in der ersten Komponente. Aus den vorausgesetzten Eigenschaften *P2*, *P3* und *P4* des Skalarprodukts $\langle x, y \rangle$ lassen sich auf einfache Weise die folgenden Eigenschaften herleiten.

**Lemma 2.42.** *Es sei $S$ ein Prä-*HILBERT*-Raum mit dem Skalarprodukt $\langle x, y \rangle$. Für beliebige $x, y, z \in S$ und $\alpha \in \mathbb{C}$ gilt*

*i)*    $\langle x, \alpha \cdot y \rangle = \overline{\alpha} \cdot \langle x, y \rangle,$
*ii)*    $\langle x, y + z \rangle = \langle x, y \rangle + \langle x, z \rangle.$

Mithilfe des Skalarprodukts kann eine Norm definiert werden, welche die Normeigenschaften *N1*, *N2* und *N3* erfüllt.

**Definition 2.43.** *In einem Prä-*HILBERT*-Raum $S$ ist die durch das Skalarprodukt $\langle x, y \rangle \in \mathbb{C}$ induzierte Norm $\|x\|$ definiert durch*

$$\|x\| \overset{\triangle}{=} \sqrt{\langle x, x \rangle} \; .$$

Hinsichtlich dieser induzierten Norm ist das Skalarprodukt $\langle x, y \rangle$ stetig.

**Lemma 2.44.** *In einem Prä-*HILBERT*-Raum $S$ ist das Skalarprodukt $\langle x, y \rangle \in$ $\mathbb{C}$ stetig, das heißt aus $\lim_{n \to \infty} x_n = x$ und $\lim_{n \to \infty} y_n = y$ folgt:*

$$\lim_{n \to \infty} \langle x_n, y_n \rangle = \langle x, y \rangle \ .$$

Wir können somit Grenzwertbildungen und Skalarprodukte vertauschen. Wie bei den Vektorräumen $\mathbb{R}^n$ beziehungsweise $\mathbb{C}^n$ definieren wir nun den alles beherrschenden Begriff der *Orthogonalität*.

**Definition 2.45.** *Zwei beliebige Elemente $x, y$ eines Prä-*HILBERT*-Raums $S$ mit dem Skalarprodukt $\langle x, y \rangle$ heißen orthogonal oder senkrecht zueinander – in Symbolen $x \perp y$ – genau dann, wenn*

$$\langle x, y \rangle = 0 \ .$$

Eine wichtige Abschätzung des Betrages eines Skalarproduktes liefert die so genannte CAUCHY-SCHWARZ-BUNJAKOWSKI-Ungleichung .

**Lemma 2.46.** *Für den Betrag des Skalarprodukt $\langle x, y \rangle$ zweier beliebiger Elemente $x, y$ eines Prä-*HILBERT*-Raums $S$ gilt die* CAUCHY-SCHWARZ-BUNJA-KOWSKI-*Ungleichung*

$$\left| \langle x, y \rangle \right| \leq \sqrt{\langle x, x \rangle} \cdot \sqrt{\langle y, y \rangle} \ .$$

Mit der durch das Skalarprodukt induzierten Norm $\|x\| = \sqrt{\langle x, x \rangle}$ lautet die CAUCHY-SCHWARZ-BUNJAKOWSKI-Ungleichung

$$\left| \langle x, y \rangle \right| \leq \|x\| \cdot \|y\| \ . \tag{2.26}$$

Für orthogonale Elemente $x \perp y$ kann aus der Bedingung $\langle x, y \rangle = 0$ der bekannte und nützliche Satz des PYTHAGORAS hergeleitet werden, der in Abbildung 2.3 veranschaulicht ist.

**Lemma 2.47.** *Für zwei beliebige orthogonale Elemente $x \perp y$ eines Prä-*HIL-BERT*-Raums $S$ gilt der Satz des* PYTHAGORAS

$$\|x + y\|^2 = \|x\|^2 + \|y\|^2 \ .$$

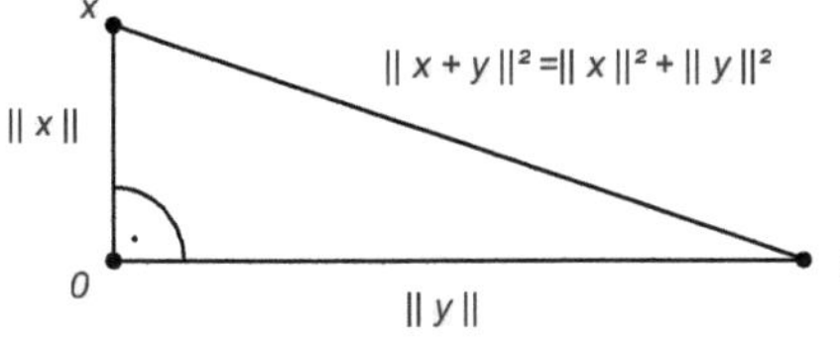


**Abb. 2.3.** Der Satz des PYTHAGORAS $\|x + y\|^2 = \|x\|^2 + \|y\|^2$ für zwei orthogonale Elemente $x \perp y$ des Prä-HILBERT-Raums $S$.

Das folgende Lemma gibt eine notwendige und hinreichende Bedingung dafür, dass die Norm $\| \cdot \|$ durch ein Skalarprodukt $\langle \cdot, \cdot \rangle$ induziert wird.

**Lemma 2.48.** *Die Norm $\|x\|$ ist genau dann durch ein Skalarprodukt $\langle x, y\rangle$ durch $\|x\| = \sqrt{\langle x, x\rangle}$ induziert, wenn die Parallelogramm-Gleichung*

$$\|x + y\|^2 + \|x - y\|^2 = 2 \cdot \left(\|x\|^2 + \|y\|^2\right)$$

*gilt.*

Abbildung 2.4 zeigt die zugehörigen Abstände. Zur Berechnung der Norm ist

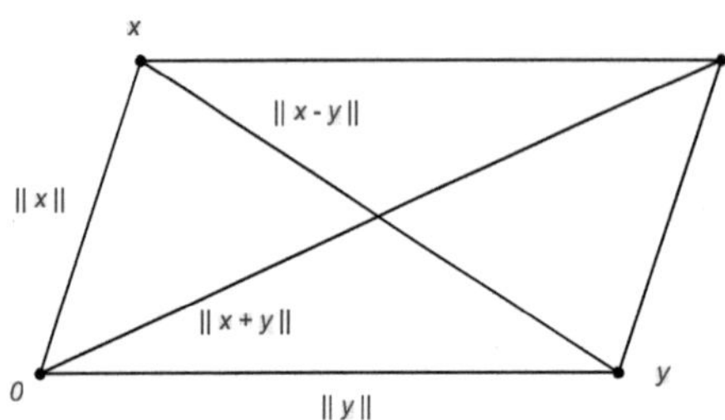


**Abb. 2.4.** Die Parallelogramm-Gleichung $\|x + y\|^2 + \|x - y\|^2 = 2 \cdot \left(\|x\|^2 + \|y\|^2\right)$.

gelegentlich das folgende Lemma nützlich.

**Lemma 2.49.** *Für die Norm eines beliebigen Elements $x \in S$ aus einem Prä-HILBERT-Raum $S$ gilt mit $y \in S$*

$$\|x\| = \sup_{\|y\|=1} \big| \langle x, y\rangle \big| \ .$$

*Beweis.* Aufgrund der CAUCHY-SCHWARZ-BUNJAKOWSKI-Ungleichung gilt mit $\|y\| = 1$

$$\big| \langle x, y\rangle \big| \leq \|x\| \cdot \|y\| = \|x\| \ .$$

Da das Gleichheitszeichen für $x \neq 0$ dann gilt, wenn $y = \pm x/\|x\|$ ist, gilt somit

$$\|x\| = \sup_{\|y\|=1} \big| \langle x, y\rangle \big| \ .$$

$\square$

Der Prä-HILBERT-Raum $S$ ausgestattet mit der Norm $\|x\|$ stellt einen normierten Raum dar. So wie vollständige normierte Räume aufgrund ihrer Bedeutung den eigenen Namen „BANACH-Raum" erhalten haben, definieren wir nun die so genannten HILBERT-Räume.

**Definition 2.50.** *Der bezüglich der durch das Skalarprodukt $\langle x, y\rangle$ induzierten Norm $\|x\| = \sqrt{\langle x, x\rangle}$ vollständige Prä-HILBERT-Raum oder Innenprodukttraum $S$ heißt HILBERT-Raum.*

Wir werden von nun an HILBERT-Räume mit dem Symbol $\mathcal{H}$ bezeichnen. Es wird sich im Verlauf unserer Betrachtungen zeigen, dass HILBERT-Räume

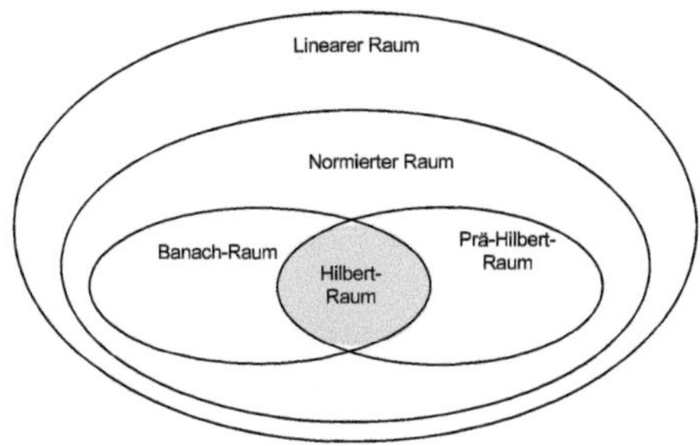


**Abb. 2.5.** Die funktionalanalytischen Signalräume.

für die Signaltheorie außerordentlich wichtig sind, da die von uns betrachteten Signalräume allesamt HILBERT-Räume sind. Die Beziehungen der bisher definierten Räume sind in Abbildung 2.5 dargestellt. Da wir des öfteren zwischen verschiedenen HILBERT-Räumen wechseln werden – zum Beispiel zwischen dem HILBERT-Raum $L^2(\mathbb{R})$ der quadratisch integrierbaren zeitkontinuierlichen Signale $f = f(t)$ und dem HILBERT-Raum $\ell^2(\mathbb{Z})$ der quadratisch summierbaren Koeffizientenfolgen $c = \{c_j\}_{j\in\mathbb{Z}}$ – werden wir dort, wo die Verwechslungsgefahr hoch ist, das Skalarprodukt in einem HILBERT-Raum $\mathcal{H}$ auch mit $\langle\cdot,\cdot\rangle_{\mathcal{H}}$ – zum Beispiel $\langle\cdot,\cdot\rangle_{L^2(\mathbb{R})}$ oder $\langle\cdot,\cdot\rangle_{\ell^2(\mathbb{Z})}$ – sowie die induzierte Norm mit $\|\cdot\|_{\mathcal{H}}$ – zum Beispiel $\|\cdot\|_{L^2(\mathbb{R})}$ oder $\|\cdot\|_{\ell^2(\mathbb{Z})}$ – bezeichnen.

### 2.4.2 Optimale Approximation in Hilbert-Räumen

Wir wenden uns nun dem Problem der Approximation von Elementen eines gegebenen HILBERT-Raums $\mathcal{H}$ durch Elemente eines Teilraums $\mathcal{X} \in \mathcal{H}$ zu. Die Lösung dieses Approximationsproblems ist Grundlage für die optimale Signalrepräsentation gegebener Signale in einem Signalraum. Es gilt das folgende wichtige Theorem.

**Theorem 2.51.** *Es sei $\mathcal{X} \in \mathcal{H}$ ein abgeschlossener Unterraum des HILBERT-Raums $\mathcal{H}$. Für ein beliebiges Element $y \in \mathcal{H}$ existiert ein eindeutiges Element $x_{\mathrm{opt}} \in \mathcal{X}$, das $y$ gemäß*

$$\|y - x_{\mathrm{opt}}\| = \min_{x\in\mathcal{X}} \|y - x\|$$

*optimal approximiert, das heißt zu diesem den minimalen Abstand besitzt.*

„Optimal" ist im Sinne dieses Theorems also gleichbedeutend mit „minimaler Abstand". Die Definition des Skalarprodukts $\langle x,y\rangle$ und der mit diesem induzierten Norm $\|x\|$ haben somit Einfluss auf den hier gewählten Optimalitätsbegriff. Abbildung 2.6 veranschaulicht die optimale Approximation in HILBERT-Räumen. Es drängt sich nach der Existenzaussage des vorangegangenen Theorems sofort die Frage auf, wie eine optimale Approximation $x_{\mathrm{opt}}$ gefunden werden kann. Hier leistet das so genannte *Orthogonalitätsprinzip* einen wichtigen Beitrag.

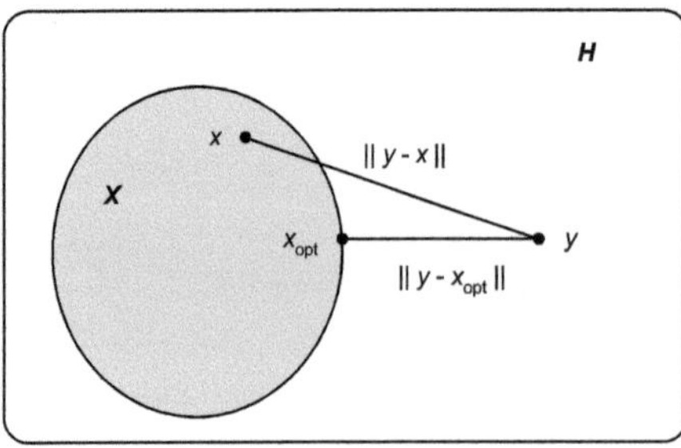


**Abb. 2.6.** Die optimale Approximation in HILBERT-Räumen im Sinne der minimalen Abstandsnorm.

**Theorem 2.52.** *Es sei* $\mathcal{X} \in \mathcal{H}$ *wiederum ein abgeschlossener Unterraum des* HILBERT-*Raums* $\mathcal{H}$. *Das Element* $x_{\text{opt}} \in \mathcal{X}$ *ist genau dann die optimale Approximation eines Elements* $y \in \mathcal{H}$, *wenn gilt*

$$\langle y - x_{\text{opt}}, x \rangle = 0 \quad \forall\, x \in \mathcal{X} \ .$$

Mit dem Approximationsfehler

$$e \overset{\triangle}{=} y - x \tag{2.27}$$

gilt somit: $x_{\text{opt}}$ ist genau dann die optimale Approximation eines Elements $y$, wenn der zugehörige Approximationsfehler $e_{\text{opt}} \overset{\triangle}{=} y - x_{\text{opt}}$ senkrecht auf allen Elementen $x \in \mathcal{X}$ steht, das heißt $e_{\text{opt}} \perp x \quad \forall\, x \in \mathcal{X}$. Abbildung 2.7 veranschaulicht das Orthogonalitätsprinzip. Für den Fall, dass das zu appro-

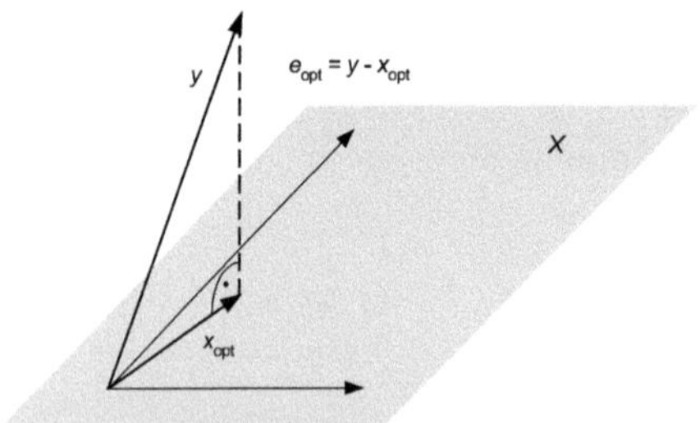


**Abb. 2.7.** Das Orthogonalitätsprinzip $e_{\text{opt}} \perp x$ für alle $x \in \mathcal{X}$ in dem HILBERT-Raum $\mathcal{H}$.

ximierende Element $y$ in dem Unterraum $\mathcal{X}$ liegt, kann mithilfe des Orthogonalitätsprinzips eine exakte Repräsentation für $y$ gewonnen werden.

Das nachfolgende Beispiel zeigt die Nützlichkeit des Orthogonalitätsprinzips zur Bestimmung einer optimalen Approximation. Es sei $\mathcal{X} \subseteq \mathcal{H}$ nun ein $n$-dimensionaler Unterraum des HILBERT-Raums $\mathcal{H}$ mit der HAMEL-Basis $\{x_1, x_2, \ldots, x_n\}$. Jedes Element $x \in \mathcal{X}$ lässt sich als Linearkombination der Basiselemente $x_j$ mit $j = 1, 2, \ldots, n$ darstellen, also auch die optimale Approximation $x_{\text{opt}} \in \mathcal{X}$ eines Elements $y \in \mathcal{H}$.

$$x_{\text{opt}} = \sum_{j=1}^{n} \alpha_j \cdot x_j$$

Der Approximationsfehler $e_{\text{opt}} \stackrel{\triangle}{=} y - x_{\text{opt}}$ muss senkrecht auf allen Elementen von $\mathcal{X}$ stehen, somit auch auf den Basiselementen $x_j$ mit $j = 1, 2, \ldots, n$. Hieraus folgen die Bestimmungsgleichungen für die Koeffizienten $\alpha_j$

$$\langle y - x_{\text{opt}}, x_j \rangle = \langle y, x_j \rangle - \langle x_{\text{opt}}, x_j \rangle =$$

$$\langle y, x_j \rangle - \left\langle \sum_{i=1}^{n} \alpha_i \cdot x_i, x_j \right\rangle = \langle y, x_j \rangle - \sum_{i=1}^{n} \alpha_i \cdot \langle x_i, x_j \rangle = 0$$

beziehungsweise

$$\sum_{i=1}^{n} \langle x_i, x_j \rangle \cdot \alpha_i = \langle y, x_j \rangle$$

für $j = 1, 2, \ldots, n$. Diese Bestimmungsgleichungen können zusammengefasst als Gleichungssystem geschrieben werden.

$$\begin{pmatrix} \langle x_1, x_1 \rangle & \langle x_2, x_1 \rangle & \cdots & \langle x_n, x_1 \rangle \\ \langle x_1, x_2 \rangle & \langle x_2, x_2 \rangle & \cdots & \langle x_n, x_2 \rangle \\ \vdots & \vdots & \ddots & \vdots \\ \langle x_1, x_n \rangle & \langle x_2, x_n \rangle & \cdots & \langle x_n, x_n \rangle \end{pmatrix} \cdot \begin{pmatrix} \alpha_1 \\ \alpha_2 \\ \vdots \\ \alpha_n \end{pmatrix} = \begin{pmatrix} \langle y, x_1 \rangle \\ \langle y, x_2 \rangle \\ \vdots \\ \langle y, x_n \rangle \end{pmatrix}$$

Aufgrund der linearen Unabhängigkeit der Basiselemente – $\{x_1, x_2, \ldots, x_n\}$ war als HAMEL-Basis vorausgesetzt worden – ist die so genannte GRAMsche Determinante

$$\begin{vmatrix} \langle x_1, x_1 \rangle & \langle x_2, x_1 \rangle & \cdots & \langle x_n, x_1 \rangle \\ \langle x_1, x_2 \rangle & \langle x_2, x_2 \rangle & \cdots & \langle x_n, x_2 \rangle \\ \vdots & \vdots & \ddots & \vdots \\ \langle x_1, x_n \rangle & \langle x_2, x_n \rangle & \cdots & \langle x_n, x_n \rangle \end{vmatrix} \neq 0$$

und damit das Gleichungssystem eindeutig lösbar. Stehen die Basiselemente $x_j$ wechselseitig aufeinander senkrecht und haben die Basiselemente $x_j$ die Norm $\|x_j\| = 1$ – ist $\{x_1, x_2, \ldots, x_n\}$ also eine so genannte *Orthonormalbasis* – , so gilt

$$\langle x_i, x_j \rangle = \delta_{i,j} = \begin{cases} 1, & i = j \\ 0, & i \neq j \end{cases} \quad \forall\, i, j \in \{1, 2, \ldots, n\}$$

mit dem KRONECKER-Symbol $\delta_{i,j}$. Dann ist die Bestimmung der Koeffizienten $\alpha_j$ besonders einfach. Für eine Orthonormalbasis gilt

$$\begin{pmatrix} 1 & 0 & \cdots & 0 \\ 0 & 1 & \cdots & 0 \\ \vdots & \vdots & \ddots & \vdots \\ 0 & 0 & \cdots & 1 \end{pmatrix} \cdot \begin{pmatrix} \alpha_1 \\ \alpha_2 \\ \vdots \\ \alpha_n \end{pmatrix} = \begin{pmatrix} \langle y, x_1 \rangle \\ \langle y, x_2 \rangle \\ \vdots \\ \langle y, x_n \rangle \end{pmatrix}$$

und damit

$$\boxed{\alpha_j = \langle y, x_j \rangle}$$

für $j = 1, 2, \ldots, n$. Dieses Beispiel ist bereits ein Vorgeschmack für den allgemeinen Fall der FOURIER-Entwicklung in HILBERT-Räumen. Wir geben nun eine Reihe von Beispielen an, bevor wir noch einige weitere Eigenschaften von HILBERT-Räumen zusammenfassen.

### 2.4.3 Beispiele

**Der HILBERT-Raum $\mathcal{H} = \mathbb{R}^n$ oder$\mathcal{H} = \mathbb{C}^n$**

Die $n$-dimensionalen Räume $\mathbb{R}^n$ oder $\mathbb{C}^n$ bestehend aus den Vektoren $x = (x_1, x_2, \ldots, x_n)$ mit $x_j \in \mathbb{R}$ oder $x_j \in \mathbb{C}$ für $j = 1, 2, \ldots, n$ waren unser begrifflicher Ausgangspunkt für die Definition der HILBERT-Räume. Das Skalarprodukt für den $n$-dimensionalen Vektorraum $\mathbb{C}^n$ mit $x_j, y_j \in \mathbb{C}$

$$\langle x, y \rangle \stackrel{\triangle}{=} \sum_{j=1}^{n} x_j \cdot \overline{y_j} \tag{2.28}$$

induziert die bereits bekannte EUKLIDische Norm

$$\|x\| \stackrel{\triangle}{=} \sqrt{\sum_{j=1}^{n} |x_j|^2} \; . \tag{2.29}$$

Zwei Vektoren $x$ und $y$ aus $\mathbb{C}^n$ sind orthogonal, das heißt $x \perp y$, wenn das Skalarprodukt 0 ist.

$$\langle x, y \rangle = \sum_{j=1}^{n} x_j \cdot \overline{y_j} \stackrel{!}{=} 0 \tag{2.30}$$

Die $n$-dimensionalen normierten Räume $\mathcal{H} = \mathbb{R}^n$ und $\mathcal{H} = \mathbb{C}^n$ sind vollständig, also HILBERT-Räume.

**Der HILBERT-Raum $\mathcal{H} = \ell^2(\mathbb{N})$**

Dem linearen Raum $\ell^2(\mathbb{N})$ bestehend aus den abzählbar unendlichen Folgen $x = \{x_j\}_{j \in \mathbb{N}} = (x_1, x_2, \ldots)$ über $\mathbb{R}$ beziehungsweise $\mathbb{C}$ – also mit $x_j \in \mathbb{R}$ oder $x_j \in \mathbb{C}$, $j \in \mathbb{N}$ – und endlicher Energie

$$E \stackrel{\triangle}{=} \sum_{j=1}^{\infty} |x_j|^2 < \infty \tag{2.31}$$

wird das Skalarprodukt

$$\langle x, y \rangle \stackrel{\triangle}{=} \sum_{j \in \mathbb{N}} x_j \cdot \overline{y_j} = \sum_{j=1}^{\infty} x_j \cdot \overline{y_j} \tag{2.32}$$

zugeordnet. Die durch das Skalarprodukt $\langle x, y \rangle$ induzierte Norm $\|x\|$ lautet

$$\|x\| \overset{\triangle}{=} \sqrt{\sum_{j=1}^{\infty} |x_j|^2} = \left( \sum_{j=1}^{\infty} |x_j|^2 \right)^{\frac{1}{2}} . \tag{2.33}$$

Es gilt somit für die Energie $E = \|x\|^2$. Zwei Folgen $x$ und $y$ aus $\ell^2(\mathbb{N})$ sind orthogonal, das heißt $x \perp y$, wenn

$$\langle x, y \rangle = \sum_{j \in \mathbb{N}} x_j \cdot \overline{y_j} = \sum_{j=1}^{\infty} x_j \cdot \overline{y_j} \overset{!}{=} 0 \tag{2.34}$$

gilt. Da der mit $\|x\|$ normierte Raum $\ell^2(\mathbb{N})$ ein BANACH-Raum ist, ist $\mathcal{H} = \ell^2(\mathbb{N})$ versehen mit dem Skalarprodukt $\langle x, y \rangle$ ein HILBERT-Raum, der so genannte HILBERTsche Folgenraum. Dagegen kann dem mit der Supremum-Norm $\|x\|_\infty \overset{\triangle}{=} \sup_{j \in \mathbb{N}} |x_j|$ versehenen normierten Raum $\mathcal{S} = \ell^\infty(\mathbb{N})$ kein Skalarprodukt $\langle x, y \rangle$ zugeordnet werden, da die Supremum-Norm $\|x\|_\infty$ die Parallelogramm-Gleichung nicht erfüllt.

## Der HILBERT-Raum $\mathcal{H} = \ell^2(\mathbb{Z})$

Wir nehmen nun an dem HILBERTschen Folgenraum $\mathcal{H} = \ell^2(\mathbb{N})$ die einfache Erweiterung vor, dass nicht nur einseitige, abzählbar unendliche Folgen $x = \{x_j\}_{j \in \mathbb{N}} = (x_1, x_2, \ldots)$ betrachtet werden, sondern zweiseitige Folgen $x = \{x_j\}_{j \in \mathbb{Z}} = (\ldots, x_{-2}, x_{-1}, x_0, x_1, x_2, \ldots)$ über $\mathbb{R}$ beziehungsweise $\mathbb{C}$ – also mit $x_j \in \mathbb{R}$ oder $x_j \in \mathbb{C}$, $j \in \mathbb{Z}$ – mit endlicher Energie

$$E \overset{\triangle}{=} \sum_{j=-\infty}^{\infty} |x_j|^2 < \infty . \tag{2.35}$$

Das Skalarprodukt wird ganz entsprechend definiert durch

$$\langle x, y \rangle \overset{\triangle}{=} \sum_{j \in \mathbb{Z}} x_j \cdot \overline{y_j} = \sum_{j=-\infty}^{\infty} x_j \cdot \overline{y_j} . \tag{2.36}$$

Die durch das Skalarprodukt $\langle x, y \rangle$ induzierte Norm $\|x\|$ lautet nun

$$\|x\| \overset{\triangle}{=} \sqrt{\sum_{j=-\infty}^{\infty} |x_j|^2} = \left( \sum_{j=-\infty}^{\infty} |x_j|^2 \right)^{\frac{1}{2}} ; \tag{2.37}$$

für die Energie gilt also wiederum $E = \|x\|^2$. Die zweiseitigen Folgen $x$ und $y$ aus $\ell^2(\mathbb{Z})$ sind orthogonal ($x \perp y$), wenn

$$\langle x, y \rangle = \sum_{j \in \mathbb{Z}} x_j \cdot \overline{y_j} = \sum_{j=-\infty}^{\infty} x_j \cdot \overline{y_j} \overset{!}{=} 0 \ . \tag{2.38}$$

Auch $\mathcal{H} = \ell^2(\mathbb{Z})$ ist mit dem Skalarprodukt $\langle x, y \rangle$ ein HILBERT-Raum. Wir werden im Folgenden die folgende abkürzende Schreibweise für den HILBERT-Raum $\ell^2(\mathbb{Z})$ verwenden

$$\boxed{\ell^2(\mathbb{Z}) \overset{\triangle}{=} \left\{ c = \{c_j\}_{j \in \mathbb{Z}} \ \middle| \ \sum_{j=-\infty}^{\infty} |c_j|^2 < \infty \right\}} \ , \tag{2.39}$$

wobei wir in weiser Vorausschau bereits die Notation $c = \{c_j\}_{j \in \mathbb{Z}}$ eingeführt haben, da uns quadratisch summierbare Folgen bei der Repräsentation von zeitkontinuierlichen Signalen $x = x(t)$ zum Beispiel aus den nun betrachteten HILBERT-Räumen $L^2([a, b])$ oder $L^2(\mathbb{R})$ als Koeffizientenfolgen (_coefficient sequences_) begegnen werden.

## Der HILBERT-Raum $\mathcal{H} = L^2([a, b])$

Es wird nun wieder der lineare Raum $L^2([a, b])$ der auf dem Intervall $[a, b]$ messbaren, reell- oder komplexwertigen Funktionen $x = x(t)$ betrachtet, für die die Energie

$$E \overset{\triangle}{=} \int_a^b |x(t)|^2 \, \mathrm{d}t < \infty \tag{2.40}$$

in dem Intervall $[a, b]$ endlich ist, das Integral somit im LEBESGUEschen Sinne konvergiert. Wir ordnen $L^2([a, b])$ das Skalarprodukt

$$\langle x, y \rangle \overset{\triangle}{=} \int_a^b x(t) \cdot \overline{y(t)} \, \mathrm{d}t \tag{2.41}$$

zu, welches die Norm

$$\|x\| \overset{\triangle}{=} \sqrt{\langle x, x \rangle} = \sqrt{\int_a^b |x(t)|^2 \, \mathrm{d}t} = \left( \int_a^b |x(t)|^2 \, \mathrm{d}t \right)^{\frac{1}{2}} \tag{2.42}$$

induziert. Es gilt somit wiederum $E = \|x\|^2$. Die zeitkontinuierlichen Signale $x = x(t)$ und $y = y(t)$ aus $L^2([a, b])$ sind orthogonal, also $x \perp y$, wenn das Skalarprodukt 0 ist.

$$\langle x, y \rangle = \int_a^b x(t) \cdot \overline{y(t)} \, \mathrm{d}t \overset{!}{=} 0 \tag{2.43}$$

Wie vorher identifizieren wir Signale $x = x(t)$ und $y = y(t)$, die fast überall miteinander übereinstimmen, deren Differenzsignal $(x - y)(t) = x(t) - y(t)$ somit die Energie 0 besitzt. Dadurch wird der durch die induzierte Norm $\|x\|$ normierte Raum $L^2([a, b])$ vollständig – also zu einem HILBERT-Raum, dem so genannten LEBESGUE-Raum.[4]

## Der HILBERT-Raum $\mathcal{H} = L^2(\mathbb{R})$

Wird wiederum anstelle des Intervalls $[a, b]$ die Menge der reellen Zahlen $\mathbb{R}$ zugrunde gelegt, so wird der lineare Raum der auf $\mathbb{R}$ messbaren, reell- oder komplexwertigen Funktionen $x = x(t)$, für die die Energie

$$E \stackrel{\triangle}{=} \int_{-\infty}^{\infty} |x(t)|^2 \, \mathrm{d}t < \infty \tag{2.44}$$

endlich ist, das Integral also wieder im LEBESGUEschen Sinne konvergiert, mit dem Skalarprodukt

$$\langle x, y \rangle \stackrel{\triangle}{=} \int_{-\infty}^{\infty} x(t) \cdot \overline{y(t)} \, \mathrm{d}t \tag{2.45}$$

ausgestattet. Für zwei orthogonale Signale $x \perp y$ aus $L^2(\mathbb{R})$ gilt

$$\langle x, y \rangle = \int_{-\infty}^{\infty} x(t) \cdot \overline{y(t)} \, \mathrm{d}t \stackrel{!}{=} 0 \; . \tag{2.46}$$

Die durch $\langle x, y \rangle$ induzierte Norm lautet damit

$$\|x\| \stackrel{\triangle}{=} \sqrt{\langle x, x \rangle} = \sqrt{\int_{-\infty}^{\infty} |x(t)|^2 \, \mathrm{d}t} = \left( \int_{-\infty}^{\infty} |x(t)|^2 \, \mathrm{d}t \right)^{\frac{1}{2}} \; . \tag{2.47}$$

Wir identifizieren wieder Signale $x = x(t)$ und $y = y(t)$, die fast überall miteinander übereinstimmen, wodurch $L^2(\mathbb{R})$ hinsichtlich der induzierten Norm

---

[4] Eine elegante funktionalanalytische Herleitung des HILBERT-Raums $L^2([a, b])$ definiert diesen als den *Dualraum* $(C^\infty([a, b]), \| \cdot \|)'$ des mit der Quadratnorm $\|x\| = \sqrt{\int_a^b |x(t)|^2 \, \mathrm{d}t}$ ausgestatteten HILBERT-Raums $C^\infty([a, b])$ der auf dem Intervall $[a, b]$ unendlich oft stetig differenzierbaren Funktionen $x = x(t)$. Da in diesen Dualraum durch eine geeignete Definition des Skalarprodukts unter Berücksichtigung des noch folgenden FRÉCHET-RIESZschen Darstellungssatzes die Funktionen aus $C^\infty([a, b])$ – als auch die temperierten Distributionen – normerhaltend oder *isonorm* eingebettet werden können, wird dieser Dualraum mit dem so erhaltenen Funktionenraum identifiziert.

$\|x\|$ vollständig wird. Für den HILBERT-Raum $\mathcal{H} = L^2(\mathbb{R})$ der quadratisch (LEBESGUE-)integrierbaren Signale schreiben wir etwas verkürzt

$$L^2(\mathbb{R}) \stackrel{\triangle}{=} \left\{ x = x(t) \ \middle| \ \int\limits_{-\infty}^{\infty} |x(t)|^2 \, \mathrm{d}t < \infty \right\} . \tag{2.48}$$

Den HILBERT-Raum beziehungsweise LEBESGUE-Raum $L^2(\mathbb{R})$ werden wir unseren signaltheoretischen Betrachtungen über die Repräsentation zeitkontinuierlicher Signale $x = x(t)$ zugrunde legen.

### 2.4.4 Struktur von Hilbert-Räumen

In diesem Abschnitt wenden wir uns der allgemeinen Struktur von HILBERT-Räumen zu, das heißt wir fragen nach der Beziehung der Elemente und Teilmengen eines HILBERT-Raums zueinander sowie nach der Repräsentation der Elemente durch so genannte Basen. Wir beginnen mit der Definition wichtiger Teilmengen.

### Teilmengen in Hilbert-Räumen

Aufgrund der starken durch das Skalarprodukt und den Orthogonalitätsbegriff erzeugten Struktureigenschaften von HILBERT-Räumen lassen sich in diesen mannigfache Teilräume definieren.

**Definition 2.53.** *Zwei Teilmengen $\mathcal{X}$ und $\mathcal{Y}$ eines HILBERT-Raums $\mathcal{H}$ heißen orthogonal – in Symbolen $\mathcal{X} \perp \mathcal{Y}$ – genau dann, wenn*

$$\langle x, y \rangle = 0 \quad \forall\, x \in \mathcal{X}, y \in \mathcal{Y} .$$

Die Elemente $x \in \mathcal{X}, y \in \mathcal{Y}$ zweier orthogonaler Teilräume $\mathcal{X}$ und $\mathcal{Y}$ stehen somit senkrecht aufeinander: $x \perp y$.

**Definition 2.54.** *Es sei $\mathcal{X} \subseteq \mathcal{H}$ eine Teilmenge des HILBERT-Raums $\mathcal{H}$. Die Teilmenge*

$$\mathcal{X}^\perp \stackrel{\triangle}{=} \{ y \in \mathcal{H} \mid \langle x, y \rangle = 0 \ \forall\, x \in \mathcal{X} \}$$

*heißt Orthogonalraum von $\mathcal{X}$.*

Es gilt also $\mathcal{X} \perp \mathcal{X}^\perp$.

**Definition 2.55.** *Es sei $\mathcal{X} \subseteq \mathcal{H}$ ein abgeschlossener Unterraum des HILBERT-Raums $\mathcal{H}$. Die Teilmenge $\mathcal{Y}$ heißt orthogonales Komplement von $\mathcal{X}$ genau dann, wenn*

$$\mathcal{X} \perp \mathcal{Y} \quad und \quad \mathcal{X} \oplus \mathcal{Y} = \mathcal{H} .$$

Die Funktionalanalysis zeigt, dass das orthogonale Komplement eindeutig bestimmt ist.

## Projektionen in Hilbert-Räumen

Elemente eines HILBERT-Raums $\mathcal{H}$ können eindeutig zerlegt werden in eine Komponente aus einem abgeschlossenen Unterraum $\mathcal{X}$ sowie in eine dazu senkrechte Komponente aus dem zugehörigen orthogonalen Komplement $\mathcal{X}^{\perp}$.

**Theorem 2.56.** *Es sei $\mathcal{X} \subseteq \mathcal{H}$ ein abgeschlossener Unterraum des* HILBERT-*Raums $\mathcal{H}$. Dann lässt sich jedes Element $z \in \mathcal{H}$ eindeutig durch die Zerlegung*

$$z = x + y$$

*darstellen mit den zueinander orthogonalen Komponenten $x \in \mathcal{X}$ und $y \in \mathcal{X}^{\perp}$.*

$x$ und $y$ heißen *Projektionen* und die Abbildung – im Vorgriff auf die später noch erfolgende genauere Definition von Operatoren – von $z$ auf $x$ beziehungsweise $y$ *Projektionsoperator*. In Abbildung 2.8 wird diese Zerlegung von $z$ in $x$ und $y \perp x$ veranschaulicht. Anstelle eines einzigen Unterraums $\mathcal{X}$ be-

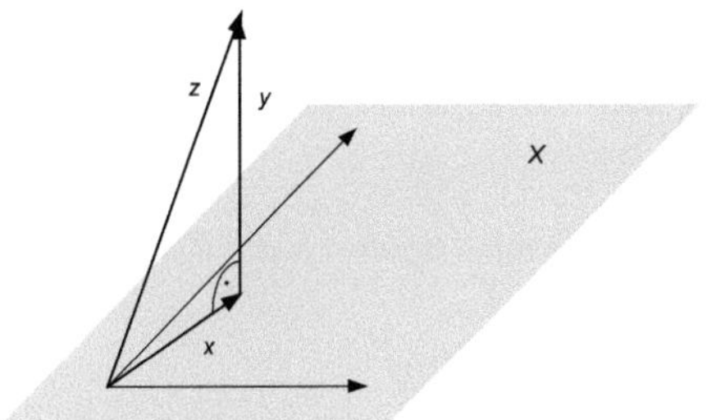


**Abb. 2.8.** Die eindeutige Zerlegung $z = x + y$ im HILBERT-Raum $\mathcal{H}$ in die zueinander orthogonalen Komponenten $x \in \mathcal{X}$ und $y \in \mathcal{X}^{\perp}$.

trachten wir nun eine unendliche Folge von Unterräumen $\{\mathcal{X}_j\}_{j \in \mathbb{N}}$. In Verallgemeinerung der in Definition 2.23 auf Seite 23 eingeführten Summe zweier Unterräume schreiben wir nun

$$\mathcal{H} \stackrel{\triangle}{=} \sum_{j \in \mathbb{N}} \mathcal{X}_j = \sum_{j=1}^{\infty} \mathcal{X}_j \stackrel{\triangle}{=} \mathrm{Span}\left\{ \bigcup_{j \in \mathbb{N}} \mathcal{X}_j \right\} = \mathrm{Span}\left\{ \bigcup_{j=1}^{\infty} \mathcal{X}_j \right\} , \qquad (2.49)$$

wobei $\mathrm{Span}\{\cdot\}$ erneut die in Definition 2.19 auf Seite 22 angegebene lineare Hülle bedeutet. Wenn als Verallgemeinerung der Definition 2.25 auf Seite 23 weiterhin gilt

$$\mathcal{X}_i \cap \sum_{j \in \mathbb{N}\setminus\{i\}} \mathcal{X}_j = \mathcal{X}_i \cap \sum_{j=1,j\neq i}^{\infty} \mathcal{X}_j = \{0\} , \qquad (2.50)$$

so heißt die Summe $\sum_{j \in \mathbb{N}} \mathcal{X}_j$ direkt:

$$\mathcal{H} \stackrel{\triangle}{=} \bigoplus_{j \in \mathbb{N}} \mathcal{X}_j = \bigoplus_{j=1}^{\infty} \mathcal{X}_j \stackrel{\triangle}{=} \mathrm{Span}\left\{ \bigcup_{j \in \mathbb{N}} \mathcal{X}_j \right\} = \mathrm{Span}\left\{ \bigcup_{j=1}^{\infty} \mathcal{X}_j \right\} . \qquad (2.51)$$

Die Bedingung $\mathcal{X}_i \cap \sum\limits_{j \neq i} \mathcal{X}_j = \{0\}$ bedeutet, dass jedes Element $x \in \mathcal{H}$ als Verallgemeinerung des Theorems 2.56 zerlegt werden kann in die Komponenten $x_j \in \mathcal{X}_j$, so dass die Darstellung

$$x = \sum_{j \in \mathbb{N}} x_j = \sum_{j=1}^{\infty} x_j \tag{2.52}$$

eindeutig bestimmt ist. Des Weiteren folgt die paarweise Beziehung

$$\mathcal{X}_i \cap \mathcal{X}_j = \{0\} \quad \forall\, i \neq j \; . \tag{2.53}$$

Die Unterräume $\mathcal{X}_j$ mit $j \in \mathbb{N}$ sind also paarweise orthogonal. Mit diesen Bezeichnungen ergeben sich die berühmten BESSELsche Ungleichung sowie die PARSEVALsche Gleichung in ihrer allgemeinen funktionalanalytischen Form.

**Theorem 2.57.** *Es sei $\{\mathcal{X}_j\}_{j \in \mathbb{N}} \subseteq \mathcal{H}$ eine Folge von paarweise orthogonalen und abgeschlossenen Unterräumen des HILBERT-Raums $\mathcal{H}$. Die Abschließung der direkten Summe laute*

$$\mathcal{X} \overset{\triangle}{=} \overline{\bigoplus_{j \in \mathbb{N}} \mathcal{X}_j} \; .$$

*Nach Theorem 2.56 kann jedes Element $z \in \mathcal{H}$ eindeutig durch die Zerlegungen*

$$z = x_j + y_j \quad mit \quad x_j \in \mathcal{X}_j, y_j \in \mathcal{X}_j^{\perp}$$

*und*

$$z = x + y \quad mit \quad x \in \mathcal{X}, y \in \mathcal{X}^{\perp}$$

*dargestellt werden. Für $n \in \mathbb{N}$ gilt die BESSELsche Ungleichung*

$$\sum_{j=1}^{n} \|x_j\|^2 \leq \|x\|^2 \; ;$$

*Für $n \to \infty$ gilt*

$$x = \sum_{j=1}^{\infty} x_j = \sum_{j \in \mathbb{N}} x_j$$

*sowie die PARSEVALsche Gleichung*

$$\sum_{j=1}^{\infty} \|x_j\|^2 = \|x\|^2 \; .$$

## Orthonormalsysteme

Wir haben bereits bei der Lösung des Approximationsproblems in einem $n$-dimensionalen Unterraum eines HILBERT-Raums $\mathcal{H}$ mithilfe des Orthogonalitätsprinzips die Nützlichkeit orthogonaler (Basis-)Elemente gesehen. Wir geben nun eine allgemeine Definition eines Orthogonalsystems an mit der zusätzlichen Bedingung, dass die einzelnen Elemente auf 1 normiert sind.[5]

**Definition 2.58.** *Die Folge* $\{x_j\}_{j\in\mathbb{N}}$ *heißt Orthonormalsystem – kurz ONS – genau dann, wenn*

$$\langle x_i, x_j \rangle = \delta_{i,j} = \begin{cases} 1, & i = j \\ 0, & i \neq j \end{cases}$$

*für alle* $i, j \in \mathbb{N}$ *gilt.*

Mithilfe des GRAM-SCHMIDTschen Orthonormalisierungsverfahrens kann aus einer abzählbaren Folge $\{y_j\}_{j\in\mathbb{J}}$ linear unabhängiger Elemente – $\mathbb{J}$ bezeichnet eine endliche oder abzählbar unendliche Indexmenge – ein Orthonormalsystem rekursiv abgeleitet werden. Im Initialisierungsschritt wird das erste Element $y_1 \neq 0$ normiert und als erstes Element des zu erzeugenden Orthogonalsystems übernommen.

$$x_1 \overset{\triangle}{=} \frac{y_1}{\|y_1\|} \tag{2.54}$$

Im $j$-ten Iterationsschritt mit $j > 1$ wird zunächst der Approximationsfehler

$$e_j \overset{\triangle}{=} y_j - \sum_{i=1}^{j-1} \langle y_j, x_i \rangle \cdot x_i \tag{2.55}$$

der Approximation des Elements $y_j$ in dem von dem bisher erzeugten Orthonormalsystem aufgespannten Unterraum Span$\{x_1, x_2, \ldots, x_{j-1}\}$ berechnet und dann auf 1 normiert.

$$x_j \overset{\triangle}{=} \frac{e_j}{\|e_j\|} \tag{2.56}$$

Das erzeugte Orthonormalsystem hängt von der Sortierung der Folge $\{y_j\}_{j\in\mathbb{J}}$ ab, das heißt die permutierte Folge $\{y_{\pi(j)}\}_{j\in\mathbb{J}}$ mit der Permutation $\pi : \mathbb{J} \to \mathbb{J}$ erzeugt im Allgemeinen ein anderes Orthonormalsystem. In Abbildung 2.9 ist das GRAM-SCHMIDTsche Orthonormalisierungsverfahren für den Schritt $j = 3$ veranschaulicht. Von besonderer Bedeutung sind vollständige Orthonormalsysteme.

**Definition 2.59.** *Das Orthonormalsystem* $\{x_j\}_{j\in\mathbb{N}}$ *in einem* HILBERT-*Raum* $\mathcal{H}$ *heißt vollständig genau dann, wenn*

$$\bigoplus_{j\in\mathbb{N}} \overline{\text{Span}\{x_j\}} = \mathcal{H} \ ,$$

---

[5] Ist die Orthogonalitätsbedingung, aber nicht die Normierungsbedingung erfüllt, so wird von einem *Orthogonalsystem* gesprochen.

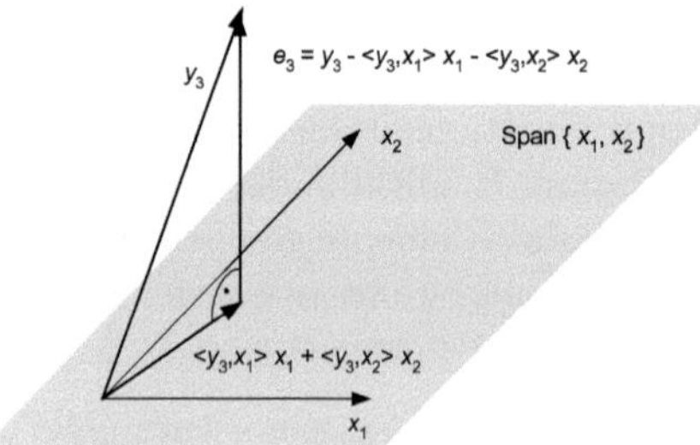


**Abb. 2.9.** Das GRAM-SCHMIDTsche Orthonormalisierungsverfahren zur Berechnung eines Orthonormalsystems mithilfe des Approximationsfehlers $e_j \stackrel{\triangle}{=} y_j - \sum_{i=1}^{j-1}\langle y_j, x_i\rangle \cdot x_i$ für den Schritt $j = 3$.

*das heißt wenn das Orthonormalsystem den gesamten* HILBERT-*Raum* $\mathcal{H}$ *aufspannt.*

Eine notwendige und hinreichende Bedingung gibt das folgende Theorem.

**Theorem 2.60.** *Das Orthonormalsystem* $\{x_j\}_{j\in\mathbb{N}}$ *in einem* HILBERT-*Raum* $\mathcal{H}$ *ist vollständig genau dann, wenn die* PARSEVAL*sche Gleichung*

$$\sum_{j=1}^{\infty} |\langle x, x_j\rangle|^2 = \|x\|^2$$

*für alle* $x \in \mathcal{H}$ *gilt.*

## Fourier-Entwicklung in Hilbert-Räumen

Als Verallgemeinerung für das bereits betrachtete endlich-dimensionale Beispiel geben wir nun die genaue Definition der allgemeinen FOURIER-Entwicklung in HILBERT-Räumen an. Vorab definieren wir noch separable HILBERT-Räume.

**Definition 2.61.** *Ein* HILBERT-*Raum* $\mathcal{H}$ *heißt separabel genau dann, wenn eine abzählbare Teilmenge* $\mathcal{X} \subseteq \mathcal{H}$ *existiert, welche dicht in* $\mathcal{H}$ *liegt, das heißt für deren abgeschlossene Hülle* $\overline{\mathcal{X}} = \mathcal{H}$ *gilt.*

Separable HILBERT-Räume stellen also genau die HILBERT-Räume dar, deren Elemente durch eine abzählbare Teilmenge beliebig genau approximiert werden können – so wie die in der Menge $\mathbb{R}$ der reellen Zahlen dicht liegende abzählbare Menge $\mathbb{Q}$ der rationalen Zahlen jedes Element in $\mathbb{R}$ beliebig genau approximiert.

**Theorem 2.62.** *Das Orthonormalsystem* $\{x_j\}_{j\in\mathbb{N}}$ *in dem separablen* HILBERT-*Raum* $\mathcal{H}$ *sei vollständig. Dann gilt für alle* $x \in \mathcal{H}$ *die* FOURIER-*Entwicklung*

$$x = \sum_{j=1}^{\infty} \langle x, x_j\rangle_{\mathcal{H}} \cdot x_j$$

*mit der Folge der* FOURIER-*Koeffizienten* $\{\langle x, x_j\rangle_{\mathcal{H}}\}_{j\in\mathbb{N}} \in \ell^2(\mathbb{N})$ *sowie der* PARSEVAL*schen Gleichung*

$$\|x\|_{\mathcal{H}}^2 = \sum_{j=1}^{\infty} \left| \langle x, x_j \rangle_{\mathcal{H}} \right|^2 = \left\| \{ \langle x, x_j \rangle_{\mathcal{H}} \}_{j \in \mathbb{N}} \right\|_{\ell^2(\mathbb{N})}^2 \; .$$

Da jeder separable HILBERT-Raum mindestens ein vollständiges Orthonormal-system besitzt und für vollständige Orthonormalsysteme die PARSEVALsche Gleichung gilt, ist jeder separable HILBERT-Raum $\mathcal{H}$ *normisomorph* zu dem HILBERTschen Folgenraum $\ell^2(\mathbb{N})$. Ferner gilt mit

$$x = \sum_{j=1}^{\infty} \langle x, x_j \rangle_{\mathcal{H}} \cdot x_j \quad \text{und} \quad y = \sum_{j=1}^{\infty} \langle y, x_j \rangle_{\mathcal{H}} \cdot x_j$$

für das Skalarprodukt $\langle x, y \rangle_{\mathcal{H}}$ der Elemente $x, y \in \mathcal{H}$

$$\langle x, y \rangle_{\mathcal{H}} = \sum_{j=1}^{\infty} \langle x, x_j \rangle_{\mathcal{H}} \cdot \overline{\langle y, x_j \rangle_{\mathcal{H}}}$$

$$= \left\langle \{ \langle x, x_j \rangle_{\mathcal{H}} \}_{j \in \mathbb{N}}, \{ \langle y, x_j \rangle_{\mathcal{H}} \}_{j \in \mathbb{N}} \right\rangle_{\ell^2(\mathbb{N})} \; . \qquad (2.57)$$

## Basen in Hilbert-Räumen

Im Zusammenhang mit linearen Räumen hatten wir bereits den Begriff der algebraischen oder HAMEL-Basis kennen gelernt. Wir werden uns nun nach der Betrachtung der Orthonormalsysteme einige allgemeinere Basis-Klassen anschauen; diese unterscheiden sich im Wesentlichen hinsichtlich so wichtiger Eigenschaften wie Existenz und Eindeutigkeit sowie bezüglich der Beziehungen der Basiselemente untereinander. Von den BANACH-Räumen übernehmen wir wörtlich die Definition der SCHAUDER-Basis [53].

**Definition 2.63.** *Eine Folge* $\{x_j\}_{j \in \mathbb{N}} = \{x_1, x_2, \ldots\}$ *in einem* HILBERT-*Raum* $\mathcal{S}$ *heißt* SCHAUDER-*Basis genau dann, wenn zu jedem* $x \in \mathcal{S}$ *eine eindeutig bestimme Folge von Zahlen* $\{c_j\}_{j \in \mathbb{N}} = \{c_1, c_2, \ldots\}$ *existiert mit*

$$x = \sum_{j \in \mathbb{N}} c_j \cdot x_j = \sum_{j=1}^{\infty} c_j \cdot x_j \; ,$$

*das heißt*

$$\lim_{n \to \infty} \left\| x - \sum_{j=1}^{n} c_j \cdot x_j \right\| = 0 \; .$$

Die Konvergenz von (CAUCHY-)Folgen wurde schon als wichtiges Kriterium zur Unterscheidung von Signalräumen erkannt. Für die Konvergenz der unendlichen Reihe $\sum_{j=1}^{\infty} c_j \cdot x_j$ ist es entsprechend wichtig, ob $\sum_{j=1}^{\infty} c_j \cdot x_j$ unabhängig von der Anordnung der Koeffizienten $c_j$ konvergiert.

**Definition 2.64.** *Eine* SCHAUDER-*Basis* $\{x_j\}_{j\in\mathbb{N}} = \{x_1, x_2, \ldots\}$ *in einem* HILBERT-*Raum* $\mathcal{H}$ *heißt unbedingte Basis, wenn die Darstellung*

$$x = \sum_{j\in\mathbb{N}} c_j \cdot x_j = \sum_{j=1}^{\infty} c_j \cdot x_j$$

*unbedingt konvergiert, das heißt wenn jede Umordnung der Reihe konvergiert.*

Eine besonders wichtige Klasse von SCHAUDER-Basen sind die bereits kennen gelernten Orthonormalbasen.

**Definition 2.65.** *Eine* SCHAUDER-*Basis* $\{x_j\}_{j\in\mathbb{N}} = \{x_1, x_2, \ldots\}$ *in einem separablen* HILBERT-*Raum* $\mathcal{H}$ *heißt Orthonormalbasis genau dann, wenn*

$$\langle x_i, x_j \rangle = \delta_{i,j} = \begin{cases} 1, & i = j \\ 0, & i \neq j \end{cases} \quad \forall\, i, j$$

*gilt.*

$\delta_{i,j}$ bezeichnet das KRONECKER-Symbol. Die Elemente $x_j$ einer Orthonormalbasis sind somit orthogonal zueinander, da $\langle x_i, x_j \rangle = 0$ für $i \neq j$, und auf 1 normiert, da $\|x_j\| = \sqrt{\langle x_j, x_j \rangle} = 1$. Die Orthonormalität stellt in manchen Anwendungen in der Signaltheorie und der Signalverarbeitung eine zu starke und restriktive Forderung dar, so dass wir uns später nochmals diesem Thema ausführlicher widmen werden. Hier sei der Vollständigkeit halber bereits die Definition der so genannten RIESZ-Basis angegeben – auch wenn lineare Operatoren erst im nächsten Abschnitt behandelt werden.

**Definition 2.66.** *Eine* SCHAUDER-*Basis* $\{x_j\}_{j\in\mathbb{N}} = \{x_1, x_2, \ldots\}$ *in einem separablen* HILBERT-*Raum* $\mathcal{H}$ *heißt* RIESZ-*Basis genau dann, wenn sie das Bild einer Orthonormalbasis unter einem beschränkten und invertierbaren linearen Operator ist.*

Die Elemente einer RIESZ-Basis sind zwar nicht orthonormal, kommen dieser jedoch sehr nahe, da sie aus einer Orthonormalbasis durch eine mathematisch sehr gut handhabbare – nämlich lineare – Operation gewonnen werden. Insbesondere ist die RIESZ-Basis $\{x_j\}_{j\in\mathbb{N}}$ äquivalent zu der entsprechenden Orthonormalbasis im Sinne der Definition 2.38 auf Seite 28. Das folgende Theorem gibt ein notwendiges und hinreichendes Kriterium für eine RIESZ-Basis.

**Theorem 2.67.** *Eine Menge* $\{x_j\}_{j\in\mathbb{N}} = \{x_1, x_2, \ldots\}$ *in einem* HILBERT-*Raum* $\mathcal{H}$ *ist genau dann eine* RIESZ-*Basis, wenn die folgenden Bedingungen gelten:*

a) *Zu jedem Element* $x \in \mathcal{H}$ *existieren eindeutig bestimmte Koeffizienten* $\{c_j\}_{j\in\mathbb{N}}$ *derart, dass*

$$x = \sum_{j\in\mathbb{N}} c_j \cdot x_j = \sum_{j=1}^{\infty} c_j \cdot x_j$$

*gilt, wobei die Reihe unbedingt konvergiert, das heißt wenn jede Umordnung der Reihe konvergiert.*

*b) Es existieren positive Konstanten $0 < A \leq B < \infty$, so dass für jedes Element $x \in \mathcal{H}$ mit $x = \sum_{j \in \mathbb{N}} c_j \cdot x_j$ gilt*

$$A \cdot \sum_{j \in \mathbb{N}} |c_j|^2 \leq \|x\|^2 \leq B \cdot \sum_{j \in \mathbb{N}} |c_j|^2 \ .$$

*Die Konstanten $A$ und $B$ heißen* RIESZ-*Schranken.*

In dem Theorem 2.36 von PALEY-WIENER auf Seite 28 hatten wir die Stabilität einer SCHAUDER-Basis $\{x_j\}_{j \in \mathbb{N}}$ in einem BANACH-Raum durch Betrachtung der „Nähe" dieser Basis $\{x_j\}_{j \in \mathbb{N}}$ zu einer weiteren Folge $\{y_j\}_{j \in \mathbb{N}}$ aus dem BANACH-Raum untersucht. Dies schneiden wir auf HILBERT-Räume zu und erhalten das folgende Theorem, das eine weitere Verbindung zwischen einer Orthonormalbasis und einer RIESZ-Basis herstellt.

**Theorem 2.68.** *Es sei $\{x_j\}_{j \in \mathbb{N}} = \{x_1, x_2, \ldots\}$ eine Orthonormalbasis in einem* HILBERT-*Raum $\mathcal{H}$. Ferner gelte für die Folge $\{y_j\}_{j \in \mathbb{N}} = \{y_1, y_2, \ldots\}$*

$$\left\| \sum_{j=1}^{n} \alpha_j \cdot (x_j - y_j) \right\| \leq \beta \cdot \sqrt{\sum_{j=1}^{n} |\alpha_j|^2}$$

*mit einer Konstanten $\beta \in \mathbb{R}$ mit $0 \leq \beta < 1$ und einer beliebigen Koeffizientenfolge $\{\alpha_j\}_{j \in \{1, 2, \ldots, n\}} = \{\alpha_1, \alpha_2, \ldots \alpha_n\}$ mit $n \in \mathbb{N}$. Dann ist $\{y_j\}_{j \in \mathbb{N}}$ eine* RIESZ-*Basis in dem* HILBERT-*Raum $\mathcal{H}$.*

Ferner existiert zu der RIESZ-Basis $\{x_j\}_{j \in \mathbb{N}} = \{x_1, x_2, \ldots\}$ eine eindeutig bestimmte Folge $\{y_j\}_{j \in \mathbb{N}} = \{y_1, y_2, \ldots\}$, die biorthogonal zu $\{x_j\}_{j \in \mathbb{N}} = \{x_1, x_2, \ldots\}$ ist.

**Theorem 2.69.** *Es sei $\{x_j\}_{j \in \mathbb{N}} = \{x_1, x_2, \ldots\}$ eine* RIESZ-*Basis in dem* HILBERT-*Raum $\mathcal{H}$. Dann existiert eine eindeutig bestimmte Folge $\{y_j\}_{j \in \mathbb{N}} = \{y_1, y_2, \ldots\}$ mit den folgenden Eigenschaften.*

*a) Die Folge $\{y_j\}_{j \in \mathbb{N}}$ ist eine* RIESZ-*Basis in dem* HILBERT-*Raum $\mathcal{H}$.*
*b) Die Folgen $\{x_j\}_{j \in \mathbb{N}}$ und $\{y_j\}_{j \in \mathbb{N}}$ sind biorthogonal, das heißt*

$$\langle x_i, y_j \rangle = \delta_{i,j} = \begin{cases} 1, & i = j \\ 0, & i \neq j \end{cases} \ .$$

Mithilfe der biorthogonalen RIESZ-Basen $\{x_j\}_{j \in \mathbb{N}}$ und $\{y_j\}_{j \in \mathbb{N}}$ kann ein Element $x \in \mathcal{H}$ des HILBERT-Raums $\mathcal{H}$ dargestellt werden als

$$x = \sum_{j \in \mathbb{N}} \langle x, y_j \rangle \cdot x_j = \sum_{j \in \mathbb{N}} \langle x, x_j \rangle \cdot y_j \ . \tag{2.58}$$

## 2.5 Lineare Operatoren

Der von uns unternommene Ausflug in die Funktionalanalysis hat uns bisher verschiedene Definitionen von Signalräumen geliefert; der Schwerpunkt lag hierbei auf der Untersuchung so wichtiger Konzepte wie den Folgenden:

- Metrik („Wie weit sind Elemente des Signalraums voneinander entfernt?"),
- Algebra („Wie wird mit den Elementen des Signalraums gerechnet?"),
- Konvergenz („Wie nahe kommen sich Folgen von Elementen des Signalraums?"),
- Norm („Wie groß sind die Elemente eines Signalraums?"),
- Orthogonalität („Wie stehen Elemente eines Signalraums zueinander?").

Wir wollen uns nun mit der Frage beschäftigen, wie auf Elementen des Signalraums $\mathcal{X}$ operiert werden kann – wie also Elemente eines Signalraums $\mathcal{X}$ auf Elemente desselben oder eines anderen Signalraums $\mathcal{Y}$ abgebildet werden. Dies entspricht einer abstrakten Sichtweise der Signalverarbeitung zum Beispiel unter Verwendung linearer und zeitinvarianter Systeme (*LTI* – *linear time invariant*), bei denen ein gegebenes Eingangssignal in ein zugehöriges Ausgangssignal überführt oder abgebildet wird. Den Begriff der Abbildung beziehungsweise des Operators werden wir nun aufgrund seiner durchschlagenden Bedeutung in den folgenden Betrachtungen formaler fassen und uns einige wichtige Definitionen und Konzepte genauer anschauen.

Wir erinnern uns hierzu an den bekannten Begriff der linearen Abbildung aus der linearen Algebra. Hier wird dem Spaltenvektor

$$x = \begin{pmatrix} x_1 \\ x_2 \\ \vdots \\ x_n \end{pmatrix}$$

aus dem $n$-dimensionalen Vektorraum $\mathbb{R}^n$ beziehungsweise $\mathbb{C}^n$ mit $x_j \in \mathbb{R}$ oder $\mathbb{C}$ für $j = 1, 2, \ldots, n$ durch die lineare Abbildung $Tx = y$ ein Spaltenvektor

$$y = \begin{pmatrix} y_1 \\ y_2 \\ \vdots \\ y_m \end{pmatrix}$$

aus dem $m$-dimensionalen Vektorraum $\mathbb{R}^m$ beziehungsweise $\mathbb{C}^m$ mit $y_j \in \mathbb{R}$ oder $\mathbb{C}$ für $j = 1, 2, \ldots, m$ zugeordnet. Der lineare Operator $T$ entspricht in diesem Falle einer Matrix-Vektor-Multiplikation mit der $m \times n$-Matrix

$$T \triangleq \begin{pmatrix} t_{1,1} & t_{1,2} & \cdots & t_{1,n} \\ t_{2,1} & t_{2,2} & \cdots & t_{2,n} \\ \vdots & \vdots & \ddots & \vdots \\ t_{m,1} & t_{m,2} & \cdots & t_{m,n} \end{pmatrix}$$

gemäß der Beziehung

$$\begin{pmatrix} y_1 \\ y_2 \\ \vdots \\ y_m \end{pmatrix} = \begin{pmatrix} t_{1,1} & t_{1,2} & \cdots & t_{1,n} \\ t_{2,1} & t_{2,2} & \cdots & t_{2,n} \\ \vdots & \vdots & \ddots & \vdots \\ t_{m,1} & t_{m,2} & \cdots & t_{m,n} \end{pmatrix} \cdot \begin{pmatrix} x_1 \\ x_2 \\ \vdots \\ x_n \end{pmatrix}$$

$$= \begin{pmatrix} t_{1,1} \cdot x_1 + t_{1,2} \cdot x_2 + \cdots + t_{1,n} \cdot x_n \\ t_{2,1} \cdot x_1 + t_{2,2} \cdot x_2 + \cdots + t_{2,n} \cdot x_n \\ \vdots \\ t_{m,1} \cdot x_1 + t_{m,2} \cdot x_2 + \cdots + t_{m,n} \cdot x_n \end{pmatrix}$$

beziehungsweise kürzer

$$y_i = \sum_{j=1}^{n} t_{i,j} \cdot x_j \quad \text{für} \quad i = 1, 2, \ldots, m \ .$$

Von diesen in der linearen Algebra diskutierten Begriffen wollen wir uns bei der Definition linearer Abbildungen auf und zwischen (metrischen, linearen, normierten, BANACH- oder HILBERT-)Räumen leiten lassen.

### 2.5.1 Definition linearer Operatoren

Wir beginnen mit der Definition allgemeiner Operatoren zwischen zwei Räumen $\mathcal{R}$ und $\mathcal{S}$ und den sie kennzeichnenden Eigenschaften.

**Definition 2.70.** *Ein Operator (Transformation, Abbildung) $T : \mathcal{R} \to \mathcal{S}$ ordnet Elementen $x \in \mathcal{R}$ (Bild-)Elemente $Tx \in \mathcal{S}$ zu.*

$$x \mapsto Tx$$

- *Der Operator $T$ heißt injektiv genau dann, wenn unter $T$ verschiedene Elemente $x \neq y$ aus $\mathcal{R}$ verschiedene Bildelemente $Tx \neq Ty$ aus $\mathcal{S}$ haben.*
- *Der Operator $T$ heißt surjektiv genau dann, wenn unter $T$ jedes Element aus $\mathcal{S}$ Bild eines Elements aus $\mathcal{R}$ ist.*
- *Der Operator $T$ heißt bijektiv genau dann, wenn $T$ injektiv und surjektiv ist.*
- *Der Operator $T$ heißt homogen genau dann, wenn für alle $x \in \mathcal{R}$ und $\alpha \in \mathbb{C}$ gilt*

$$T(\alpha \cdot x) = \alpha \cdot (Tx) = \alpha \cdot Tx \ .$$

- *Der Operator $T$ heißt additiv genau dann, wenn für alle $x, y \in \mathcal{R}$ gilt*

$$T(x + y) = (Tx) + (Ty) = Tx + Ty \ .$$

- *Der Operator $T$ heißt linear genau dann, wenn $T$ homogen und additiv ist.*

Für lineare Operatoren gilt mit $n \in \mathbb{N}$ somit das *Superpositionsgesetz*

$$T(\alpha_1 \cdot x_1 + \alpha_2 \cdot x_2 + \ldots + \alpha_n \cdot x_n) = \alpha_1 \cdot Tx_1 + \alpha_2 \cdot Tx_2 + \ldots + \alpha_n \cdot Tx_n \tag{2.59}$$

mit $x_1, x_2, \ldots, x_n \in \mathcal{R}$ und $\alpha_1, \alpha_2, \ldots, \alpha_n \in \mathbb{C}$. Der *Bildraum* wird mit

$$T(\mathcal{R}) \triangleq \{ Tx \in \mathcal{S} \,|\, x \in \mathcal{R} \}$$

bezeichnet; der *Nullraum*

$$N(T) \triangleq \{ x \in \mathcal{R} \,|\, Tx = 0 \}$$

besteht aus allen Elementen, die auf das Nullelement $0 \in \mathcal{S}$ abgebildet werden. Der spezielle Operator $Id : \mathcal{H} \to \mathcal{H}$ ist der so genannte *Identitätsoperator*, der jedem Element $x \in \mathcal{H}$ das Bild $x$ zuordnet, das heißt $Id\,x = x$. Entsprechend ordnet der so genannte *Nulloperator* $O$ jedem Element $x \in \mathcal{H}$ das Bild $0$ zu, das heißt $O\,x = 0$. Abbildung 2.10 veranschaulicht den Operator $T$ als System, welches für das Eingangssignal $x$ das zugehörige Ausgangssignal $y = Tx$ erzeugt. Des Weiteren zeigt Abbildung 2.11 eine systemtheoretische Deutung

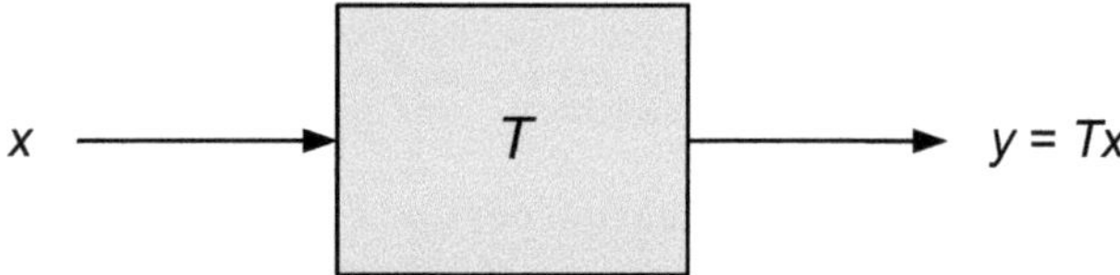


**Abb. 2.10.** Systemtheoretische Deutung des Operators $T$ mit dem Eingangssignal $x$ und dem zugehörigen Ausgangssignal $y = Tx$.

des Superpositionsgesetzes. Eine wichtige Eigenschaft eines Operators ist seine Stetigkeit, die wir in der folgenden Definition für metrische und damit auch für HILBERT-Räume genauer fassen werden.

**Definition 2.71.** *Der Operator* $T : \mathcal{R} \to \mathcal{S}$ *auf den metrischen Räumen* $(\mathcal{R}, d_\mathcal{R})$ *und* $(\mathcal{S}, d_\mathcal{S})$ *heißt stetig im Punkt* $x_0 \in \mathcal{R}$ *genau dann, wenn es zu jedem* $\varepsilon > 0$ *eine reelle Zahl* $\delta = \delta(\varepsilon, x_0)$ *gibt, so dass für alle* $x \in \mathcal{R}$ *mit* $d_\mathcal{R}(x, x_0) < \delta$

$$d_\mathcal{S}(Tx, Tx_0) < \varepsilon$$

*gilt.* $T$ *heißt stetig in* $\mathcal{R}$ *genau dann, wenn* $T$ *stetig ist für alle* $x \in \mathcal{R}$.

Wir werden in den folgenden Betrachtungen zumeist HILBERT-Räume voraussetzen, sofern nichts anderes gesagt wird. Bei der Betrachtung von Operatoren und Abbildungen ist wichtig, wie sich die Norm eines Elements unter dem Operator verändert.

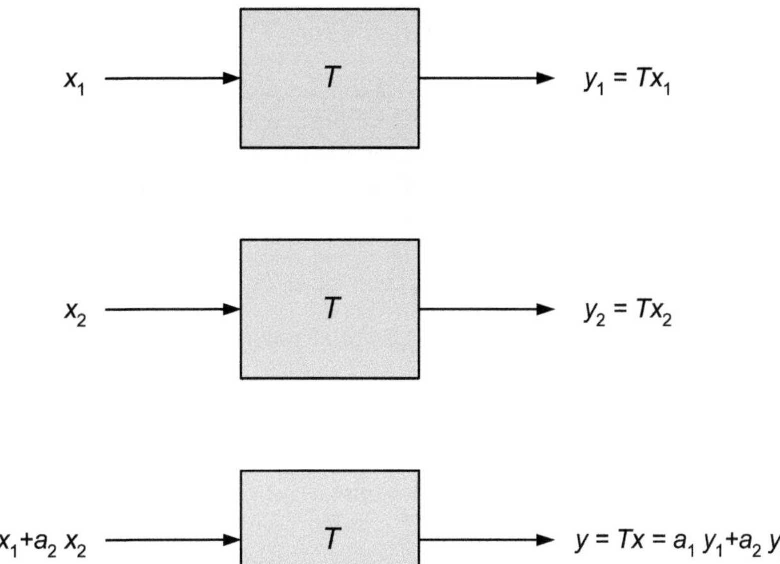



**Abb. 2.11.** Das Superpositionsgesetz $T(\alpha_1 \cdot x_1 + \alpha_2 \cdot x_2) = \alpha_1 \cdot Tx_1 + \alpha_2 \cdot Tx_2$ für lineare Operatoren $T$ mit $y_1 = Tx_1$ und $y_2 = Tx_2$.

**Definition 2.72.** *Eine Abbildung $T : \mathcal{H} \to \mathcal{K}$ von dem* HILBERT-*Raum $\mathcal{H}$ in den* HILBERT-*Raum $\mathcal{K}$ heißt beschränkt, wenn für alle Elemente $x \in \mathcal{H}$ eine Konstante $\alpha$ existiert, so dass*

$$\|Tx\|_{\mathcal{K}} \le \alpha \cdot \|x\|_{\mathcal{H}} \ .$$

Es gilt, dass jeder lineare stetige Operator auch beschränkt ist und umgekehrt. Für beschränkte Abbildungen beziehungsweise Operatoren kann eine Operatornorm definiert werden, die den größten Verstärkungsfaktor kennzeichnet, mit dem die der Norm entsprechende Signalenergie verstärkt wird; diese Operatornorm werden wir bei der Behandlung von Abbildungen in Signalräumen häufig verwenden.

**Definition 2.73.** *Ein beschränkter Operator $T : \mathcal{H} \to \mathcal{K}$ besitzt die Norm*

$$\|T\| \stackrel{\triangle}{=} \sup_{x \in \mathcal{H} \setminus \{0\}} \frac{\|Tx\|_{\mathcal{K}}}{\|x\|_{\mathcal{H}}} \ .$$

Der Ausdruck für $\|T\|$ erfüllt alle Eigenschaften *N1*, *N2* und *N3* einer Norm auf dem linearen Raum[6]

---

[6] Die Funktionalanalysis betrachtet Räume und ihre Eigenschaften in abstrakter Form. Es ist daher nicht verwunderlich, dass das bei Funktionen und Folgen so erfolgreiche Vorgehen der Untersuchung abstrakter Funktionen- und Folgenräume auch auf Operatoren ausgedehnt wird.

$$\mathcal{L}(\mathcal{H}, \mathcal{K}) \stackrel{\triangle}{=} \{ T \mid T : \mathcal{H} \to \mathcal{K} \text{ linear} \} \tag{2.60}$$

aller linearen Operatoren $T : \mathcal{H} \to \mathcal{K}$; es ist somit gerechtfertigt, von einer „Norm" zu sprechen. Damit $\mathcal{L}(\mathcal{H}, \mathcal{K})$ ein linearer Raum ist, muss entsprechend den Axiomen *V1* bis *V8* des linearen Raums die Addition und die skalare Multiplikation von Operatoren definiert werden. Unter der Addition $S + T$ zweier linearer Operatoren $S$ und $T$ wird der punktweise definierte Ausdruck

$$(S + T)x \stackrel{\triangle}{=} Sx + Tx \tag{2.61}$$

verstanden; ebenso gilt für die skalare Multiplikation $\alpha \cdot T$

$$(\alpha \cdot T)x \stackrel{\triangle}{=} \alpha \cdot Tx \ . \tag{2.62}$$

Über die Anforderungen eines linearen Raums hinaus kann auch die Verkettung oder (im Allgemeinen nicht kommutative) „Multiplikation" $S \circ T = ST$ zweier linearer Operatoren $S$ und $T$ punktweise definiert werden.

$$(S \circ T)(x) = (ST)(x) \stackrel{\triangle}{=} S(Tx) \tag{2.63}$$

Für die Norm der Verkettung zweier linearer Operatoren $S$ und $T$ gilt

**Lemma 2.74.** *Die Norm der Verkettung $S \circ T = ST$ zweier linearer Operatoren $S, T : \mathcal{H} \to \mathcal{H}$ ist*

$$\|ST\| \leq \|S\| \cdot \|T\| \ .$$

Damit ist für die Norm der Potenz $T^n$ eines linearen Operators, die rekursiv durch $T^0 = Id$ und $T^n = T^{n-1}T$ definiert ist, die Beziehung

$$\|T^n\| \leq \|T\|^n \tag{2.64}$$

gültig. Für Operatoren $T$, deren Norm $\|T\| < 1$ ist, strebt die Potenzfolge $\{T^n\}_{n \in \mathbb{N}}$ somit – im Sinne der unten definierten Normkonvergenz – gegen den Nulloperator $O$. Die Norm $\|T\|$ kann auch über die folgenden Beziehungen bestimmt werden.

**Lemma 2.75.** *Für die Norm $\|T\|$ eines beschränkten Operators $T : \mathcal{H} \to \mathcal{K}$ gilt*

$$\|T\| = \sup_{x \in \mathcal{H} \setminus \{0\}} \frac{\|Tx\|_{\mathcal{K}}}{\|x\|_{\mathcal{H}}} = \sup_{\|x\|_{\mathcal{H}} = 1} \|Tx\|_{\mathcal{K}}$$

$$= \sup_{\|x\|_{\mathcal{H}} \leq 1} \|Tx\|_{\mathcal{K}} = \sup_{\|x\|_{\mathcal{H}} < 1} \|Tx\|_{\mathcal{K}} \ .$$

Nachdem wir für beschränkte Operatoren erfolgreich eine Verbindung der Operatornorm $\|T\|$ zu den induzierten Normen $\|x\|_{\mathcal{H}}$ und $\|Tx\|_{\mathcal{K}}$ auf den HILBERT-Räumen $\mathcal{H}$ und $\mathcal{K}$ gefunden haben, wenden wir uns nun den Skalarprodukten $\langle x, y \rangle$ auf den HILBERT-Räumen $\mathcal{H}$ und $\mathcal{K}$ zu. Betrachtet werde das Skalarprodukt $\langle Tx, y\rangle_\mathcal{K}$ auf dem HILBERT-Raum $\mathcal{K}$ zwischen dem Bild-Element $Tx \in \mathcal{K}$ und dem Element $y \in \mathcal{K}$. Kann diesem Skalarprodukt ein entsprechendes Innenprodukt auf dem HILBERT-Raum $\mathcal{H}$ zugeordnet werden, indem wir den Operator $T$ geeignet von links nach rechts „durchschieben"? Die Antwort gibt die folgende

**Definition 2.76.** *Die Adjungierte $T^*$ eines linearen Operators $T : \mathcal{H} \to \mathcal{K}$ ist der eindeutig bestimmte Operator $T^* : \mathcal{K} \to \mathcal{H}$, für den für alle $x \in \mathcal{H}$ und $y \in \mathcal{K}$ gilt*

$$\langle Tx, y\rangle_\mathcal{K} = \langle x, T^*y\rangle_\mathcal{H} \ .$$

Die Adjungierte $T^*$ eines linearen Operators $T$ ist selbst ein linearer Operator. Es kann leicht nachgeprüft werden, dass

$$(T^*)^* = T \tag{2.65}$$

gilt. Mittels des adjungierten Operators $T^*$ können wir den Operator $T$ durch das Skalarprodukt „durchschieben". Mit seiner Hilfe können insbesondere für den Fall $\mathcal{H} = \mathcal{K}$ für den Operator $T : \mathcal{H} \to \mathcal{H}$ weitere Eigenschaften definiert werden.

**Definition 2.77.** *Der lineare Operator $T : \mathcal{H} \to \mathcal{H}$ auf dem HILBERT-Raum $\mathcal{H}$ heißt selbst-adjungiert genau dann, wenn für die Adjungierte gilt*

$$T^* = T \ .$$

Für selbst-adjungierte Operatoren gilt[7]

$$\langle Tx, y\rangle = \langle x, Ty\rangle \ ; \tag{2.66}$$

Operatoren, die diese Gleichung erfüllen, werden auch *symmetrisch* genannt. Da mit $x = y$ die Gleichung $\langle Tx, x\rangle = \langle x, T^*x\rangle = \langle x, Tx\rangle = \overline{\langle Tx, x\rangle}$ gilt, ist für selbst-adjungierte Operatoren $\langle Tx, x\rangle \in \mathbb{R}$ reell.

**Definition 2.78.** *Der lineare symmetrische Operator $T : \mathcal{H} \to \mathcal{H}$ auf dem HILBERT-Raum $\mathcal{H}$ heißt positiv genau dann, wenn gilt*

$$\langle Tx, x\rangle \geq 0 \quad \forall\, x \in \mathcal{H} \ .$$

Des Weiteren gilt für die Norm symmetrischer Operatoren das folgende Lemma.

**Lemma 2.79.** *Für die Norm eines linearen symmetrischen Operators $T : \mathcal{H} \to \mathcal{H}$ auf dem HILBERT-Raum $\mathcal{H}$ gilt*

$$\|T\| = \sup_{\|x\|=1} \big|\langle Tx, x\rangle\big| \ .$$

---

[7] Da selbst-adjungierte Operatoren notwendigerweise Selbstabbildungen des HILBERT-Raums $\mathcal{H}$ in sich sind, kann die spezielle Kennzeichnung des Skalarprodukts $\langle \cdot, \cdot\rangle_\mathcal{H}$ entfallen.

Für die Adjungierte eines beschränkten linearen Operators gilt hinsichtlich seiner Norm das Lemma

**Lemma 2.80.** *Die Norm der Adjungierten $T^* : \mathcal{K} \to \mathcal{H}$ eines linearen Operators $T : \mathcal{H} \to \mathcal{K}$ lautet*

$$\|T^*\| = \|T\| \ .$$

Die Adjungierte $T^*$ besitzt somit dieselbe Norm wie $T$.

**Definition 2.81.** *Der lineare Operator $T : \mathcal{H} \to \mathcal{H}$ auf dem* HILBERT-*Raum $\mathcal{H}$ heißt unitär genau dann, wenn für die Adjungierte gilt*

$$T^*T = TT^* = Id \ .$$

Für unitäre Operatoren $T : \mathcal{H} \to \mathcal{H}$ gilt somit für alle $x, y \in \mathcal{H}$

$$\langle Tx, Ty \rangle = \langle x, y \rangle \tag{2.67}$$

und damit auch

$$\|Tx\| = \|x\| \ . \tag{2.68}$$

Unitäre Operatoren sind somit normerhaltend oder *isonorm*. Weiterhin folgt mit

$$\|T\| = \sup_{\|x\|=1} \|Tx\|$$

für die Norm eines unitären Operators

$$\|T\| = 1 \ . \tag{2.69}$$

Der Vollständigkeit halber werden nun noch die bereits aus der linearen Algebra bekannten Eigenwerte und Eigenvektoren auf Prä-HILBERT-Räume verallgemeinert.

**Definition 2.82.** *Es sei $T : \mathcal{S} \to \mathcal{S}$ ein linearer Operator auf dem Prä-*HILBERT-*Raum $\mathcal{S}$. Das Element $x \in \mathcal{S} \setminus \{0\}$ mit*

$$Tx = \lambda \cdot x$$

*heißt Eigenelement des Operators $T$ zum Eigenwert $\lambda \in \mathbb{C}$.*

Eigenelemente $x$ eines linearen Operators $T$ werden somit durch die Abbildung $T$ lediglich mit einem konstanten Faktor – dem Eigenwert $\lambda$ – multipliziert, ansonsten aber nicht verändert. Auf zeitkontinuierliche Signale $x = x(t) \in L^2(\mathbb{R})$ übertragen bedeutet dies, dass die Form des Signals $x = x(t)$ nicht verändert wird. Wie in der linearen Algebra gilt für symmetrische Operatoren das folgende

**Lemma 2.83.** *Es sei $T : \mathcal{S} \to \mathcal{S}$ ein linearer symmetrischer Operator auf dem Prä-*HILBERT-*Raums $\mathcal{S}$. Die Eigenelemente $x$ und $x'$ zu den verschiedenen Eigenwerten $\lambda \neq \lambda'$ sind zueinander orthogonal: $\langle x, x' \rangle = 0$ beziehungsweise $x \perp x'$.*

### 2.5.2 Beispiele

### Der Identitätsoperator

Der bereits vorgestellte Operator $Id : \mathcal{H} \to \mathcal{H}$ auf dem HILBERT-Raum $\mathcal{H}$ heißt *Identitätsoperator*; $Id$ ordnet jedem Element $x \in \mathcal{H}$ das Bild $x$ zu, das heißt

$$Id\,x \overset{\triangle}{=} x \ . \tag{2.70}$$

### Der Nulloperator

Der ebenfalls schon eingeführte *Nulloperator* $O$ weist jedem Element $x \in \mathcal{H}$ das Bild 0 zu, also

$$O\,x \overset{\triangle}{=} 0 \ . \tag{2.71}$$

### Lineare Algebra

Wir betrachten nun erneut das eingangs angegebene Beispiel aus der linearen Algebra mit dem linearen Operator $T : \mathbb{C}^n \to \mathbb{C}^m$ gegeben durch die $m \times n$-Matrix

$$T \overset{\triangle}{=} \begin{pmatrix} t_{1,1} & t_{1,2} & \cdots & t_{1,n} \\ t_{2,1} & t_{2,2} & \cdots & t_{2,n} \\ \vdots & \vdots & \ddots & \vdots \\ t_{m,1} & t_{m,2} & \cdots & t_{m,n} \end{pmatrix}$$

und der Matrix-Vektor-Multiplikation

$$(Tx)_i = \sum_{j=1}^{n} t_{i,j} \cdot x_j \quad \text{für} \quad i = 1, 2, \ldots, m \ .$$

Da uns die Adjungierte $T^*$ linearer Operatoren im weiteren Verlauf häufig begegnen wird, wollen wir $T^*$ nun ausgehend von der Definitionsgleichung

$$\langle Tx, y \rangle_{\mathbb{C}^m} = \langle x, T^* y \rangle_{\mathbb{C}^n}$$

bestimmen. Hierzu schreiben wir das Skalarprodukt auf $\mathbb{C}^m$

$$\langle Tx, y \rangle_{\mathbb{C}^m} = \sum_{i=1}^{m} (Tx)_i \cdot \overline{y_i}$$

$$= \sum_{i=1}^{m} \left( \sum_{j=1}^{n} t_{i,j} \cdot x_j \right) \cdot \overline{y_i}$$

$$= \sum_{j=1}^{n} x_j \cdot \underbrace{\overline{\left( \sum_{i=1}^{m} \overline{t_{i,j}} \cdot y_i \right)}}_{=(*)} \ .$$

Der in Klammern stehende Ausdruck $(*)$ kann als Matrix-Vektor-Multiplikation mit der $n \times m$-Matrix

$$\check{T} \stackrel{\triangle}{=} \begin{pmatrix} \overline{t_{1,1}} & \overline{t_{2,1}} & \cdots & \overline{t_{m,1}} \\ \overline{t_{1,2}} & \overline{t_{2,2}} & \cdots & \overline{t_{m,2}} \\ \vdots & \vdots & \ddots & \vdots \\ \overline{t_{1,n}} & \overline{t_{2,n}} & \cdots & \overline{t_{m,n}} \end{pmatrix}$$

mit den zugehörigen Elementen $\check{t}_{j,i} = \overline{t_{i,j}}$ für $i = 1, 2, \ldots, m$ und $j = 1, 2, \ldots, n$ identifiziert werden. Diese Matrix-Vektor-Multiplikation entspricht einem linearen Operator $\check{T} : \mathbb{C}^m \to \mathbb{C}^n$, der den $m$-dimensionalen Vektor $y$ auf den $n$-dimensionalen Vektor $\check{T}y$ abbildet gemäß

$$(\check{T}y)_j = \sum_{i=1}^{m} \check{t}_{j,i} \cdot y_i \quad \text{für} \quad j = 1, 2, \ldots, n \ .$$

Damit folgt

$$\begin{aligned} \langle Tx, y \rangle_{\mathbb{C}^m} &= \sum_{j=1}^{n} x_j \cdot \overline{\left( \sum_{i=1}^{m} \check{t}_{j,i} \cdot y_i \right)} \\ &= \sum_{j=1}^{n} x_j \cdot \overline{(\check{T}y)_j} \\ &= \langle x, \check{T}y \rangle_{\mathbb{C}^n} \\ &\stackrel{!}{=} \langle x, T^*y \rangle_{\mathbb{C}^n} \ . \end{aligned}$$

Die Adjungierte $T^*$ entspricht gerade der Abbildung durch die $n \times m$-Matrix $\check{T}$ und damit wegen

$$T^* = \begin{pmatrix} \overline{t_{1,1}} & \overline{t_{2,1}} & \cdots & \overline{t_{m,1}} \\ \overline{t_{1,2}} & \overline{t_{2,2}} & \cdots & \overline{t_{m,2}} \\ \vdots & \vdots & \ddots & \vdots \\ \overline{t_{1,n}} & \overline{t_{2,n}} & \cdots & \overline{t_{m,n}} \end{pmatrix}$$

der transponierten und konjugiert komplexen – beziehungsweise HERMITE-schen – Matrix von $T$.

### Der Projektionsoperator

Der *Projektionsoperator* $P$ war uns in Theorem 2.56 auf Seite 43 bei der eindeutigen Zerlegung von Elementen eines HILBERT-Raums $\mathcal{H}$ in zwei zueinander orthogonale Komponenten aus einem abgeschlossenen Unterraum $\mathcal{X}$ und dem zugehörigen orthogonalen Komplement $\mathcal{X}^\perp$ begegnet. Zur Erinnerung mit nun angepasster Nomenklatur: Durch die eindeutige Zerlegung des

Elements $x = Px + e \in \mathcal{H}$ in die zueinander orthogonalen Komponenten $Px \in \mathcal{X} \subseteq \mathcal{H}$ und $e \in \mathcal{X}^\perp$ wird ein zugehöriger Projektionsoperator

$$P : \mathcal{H} \to \mathcal{X}$$

des HILBERT-Raums $\mathcal{H}$ auf den Unterraum $\mathcal{X} \subseteq \mathcal{H}$ definiert.

**Definition 2.84.** *Es sei $\mathcal{X} \subseteq \mathcal{H}$ ein abgeschlossener Unterraum des* HILBERT-*Raums $\mathcal{H}$. Der lineare Operator*

$$P : \mathcal{H} \to \mathcal{X}$$

*auf dem* HILBERT-*Raum $\mathcal{H}$ heißt Projektionsoperator genau dann, wenn*

$$Px \in \mathcal{X} \quad \forall\, x \in \mathcal{H}$$

*und*

$$Px = x \quad \forall\, x \in \mathcal{X}\ .$$

*Der Projektionsoperator $P$ heißt orthogonal genau dann, wenn*

$$\langle x - Px, y \rangle = 0 \quad \forall\, x \in \mathcal{H},\, \forall\, y \in \mathcal{X}\ .$$

Es gilt somit

$$Px = x \quad \forall\, x \in \mathcal{X}$$

und

$$Pe = 0 \quad \forall\, e \in \mathcal{X}^\perp\ .$$

Abbildung 2.12 stellt die Projektion des Elements $x \in \mathcal{H}$ auf den Unterraum $\mathcal{X}$ dar. Der Projektionsoperator ist *idempotent*, das heißt es gilt

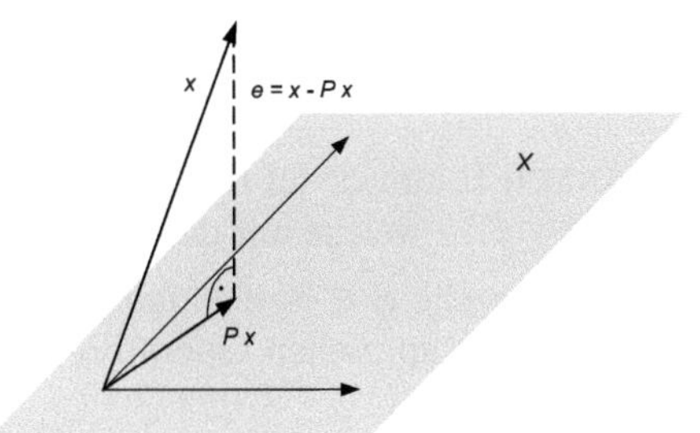


**Abb. 2.12.** Die Projektion $Px \in \mathcal{X}$ des Elements $x \in \mathcal{H}$ auf den Unterraum $\mathcal{X}$ mit zugehörigem Projektionsfehler $e = x - Px \perp \mathcal{X}$.

$$P^2 = PP = P\ ; \tag{2.72}$$

für die Norm des Projektionsoperators $P$ ergibt sich

$$\|P\| = 1\ . \tag{2.73}$$

Mit der Definitionsgleichung $\langle Px, y\rangle_{\mathcal{H}} = \langle x, P^*y\rangle_{\mathcal{H}}$ gilt für die Adjungierte $P^*$ des Projektionsoperators $P$ unter Berücksichtigung der gemäß Theorem 2.56 eindeutigen Zerlegungen $x = Px + x'$ und $y = Py + y'$ mit $Px \perp x'$, $Px \perp y'$, $Py \perp y'$ und $Py \perp x'$

$$
\begin{aligned}
\langle Px, y\rangle_{\mathcal{H}} &= \langle Px, Py + y'\rangle_{\mathcal{H}} \\
&= \langle Px, Py\rangle_{\mathcal{H}} + \underbrace{\langle Px, y'\rangle_{\mathcal{H}}}_{=0 \text{ da } Px \perp y'} \\
&= \langle x - x', Py\rangle_{\mathcal{H}} \\
&= \langle x, Py\rangle_{\mathcal{H}} - \underbrace{\langle x', Py\rangle_{\mathcal{H}}}_{=0 \text{ da } Py \perp x'} \\
&= \langle x, Py\rangle_{\mathcal{H}} \\
&\overset{!}{=} \langle x, P^*y\rangle_{\mathcal{H}} \ .
\end{aligned}
$$

Die Adjungierte $P^*$ des Projektionsoperators $P$ lautet somit

$$
P^* = P \ ,
$$

der Projektionsoperator ist also selbst-adjungiert. Ist die Folge $\{x_j\}_{j \in \mathbb{N}}$ eine Orthonormalbasis für $\mathcal{X}$ – gilt also insbesondere $\langle x_i, x_j\rangle = \delta_{i,j}$ für alle $i, j \in \mathbb{N}$ – , so kann der Projektionsoperator $P : \mathcal{H} \to \mathcal{X}$ ausgedrückt werden durch

$$
Px = \sum_{j=1}^{\infty} \langle x, x_j\rangle_{\mathcal{H}} \cdot x_j \ . \tag{2.74}
$$

Entsprechend dem in Theorem 2.52 auf Seite 36 aufgestellten Orthogonalitätsprinzip stellt das Element $Px \in \mathcal{X}$ die optimale Approximation des Elements $x \in \mathcal{H}$ dar.

**Lineare Funktionale**

Werden Operatoren betrachtet, die den BANACH-Raum $\mathcal{S}$ auf den Körper $\mathbb{K}$ der reellen ($\mathbb{K} = \mathbb{R}$) oder komplexen Zahlen ($\mathbb{K} = \mathbb{C}$) – welche mit den üblichen Operationen und der Betragsnorm $\|\alpha\| \overset{\triangle}{=} |\alpha|$ für alle $\alpha \in \mathbb{K}$ ebenfalls einen BANACH-Raum darstellt – abbilden, so heißen diese speziellen Operatoren

$$
T : \mathcal{S} \to \mathbb{K} \tag{2.75}
$$

*lineare Funktionale* auf $\mathcal{S}$. Für den Spezialfall der linearen Funktionale auf HILBERT-Räumen $\mathcal{H}$ gilt der berühmte FRÉCHET-RIESZsche Darstellungssatz.

**Theorem 2.85.** *Es sei $T : \mathcal{H} \to \mathbb{K}$ ein lineares Funktional auf dem HILBERT-Raum $\mathcal{H}$. Dann existiert ein eindeutig bestimmtes Element $y \in \mathcal{H}$, so dass $T$ für alle $x \in \mathcal{H}$ die Darstellung*

$$Tx = \langle x, y \rangle_{\mathcal{H}}$$

*besitzt.*

Die Operatornorm $\|T\|$ des linearen Funktionals $T$ mit dem zugehörigen Element $y$ lautet dann

$$\|T\| = \|y\|_{\mathcal{H}} \; . \tag{2.76}$$

Für den Raum der linearen Funktionale auf normierten Räumen wurde ein eigener Name vergeben.

**Definition 2.86.** *Der lineare Raum*

$$\mathcal{L}(\mathcal{S}, \mathbb{K}) \stackrel{\triangle}{=} \{ T \mid T : \mathcal{S} \to \mathbb{K} \; linear \}$$

*der linearen Funktionale $T$ auf dem normierten Raum $\mathcal{S}$ heißt der Dualraum des normierten Raums $\mathcal{S}$ und wird mit $\mathcal{S}'$ bezeichnet.*

In HILBERT-Räumen ist der Dualraum $\mathcal{H}'$ aufgrund des FRÉCHET-RIESZschen Darstellungssatzes und der Normidentität in Gleichung 2.76 isomorph zum HILBERT-Raum $\mathcal{H}$.

## Die Dirac-Distribution

Wichtige Beispiele linearer Funktionale stellen die so genannten *temperierten Distributionen* dar; diesen werden wir uns zum Ende dieses Kapitels ausführlicher zuwenden. So ist die DIRAC-Distribution $\delta$ auf dem Raum $C_0^\infty(\mathbb{R})$ der auf ganz $\mathbb{R}$ unendlich oft stetig differenzierbaren, reell- oder komplexwertigen Funktionen mit kompaktem Träger (siehe Seite 72) definiert durch die Zuordnung[8]

$$\langle x, \delta \rangle_{C_0^\infty(\mathbb{R})} \stackrel{\triangle}{=} x(0) \; , \tag{2.77}$$

welche dem Signal $x = x(t) \in C_0^\infty(\mathbb{R})$ den Signalwert an der Stelle $t = 0$ zuordnet. Dieses Verhalten wird als *Ausblendeigenschaft* bezeichnet. Es entspricht einem linearen Funktional

$$T_\delta : C_0^\infty(\mathbb{R}) \to \mathbb{C}$$

mit

$$T_\delta x \stackrel{\triangle}{=} x(0)$$

für alle $x = x(t) \in C_0^\infty(\mathbb{R})$. Symbolisch schreiben wir in Einklang mit Gleichung 2.45 auf Seite 41 auch

---

[8] Der Raum $C_0^\infty(\mathbb{R})$ der unendlich oft stetig differenzierbaren, reell- oder komplexwertigen Funktionen mit kompaktem Träger schränkt uns in der Signaltheorie und Signalverarbeitung zu stark ein; wir werden daher später den in Definition 2.100 auf Seite 76 eingeführten SCHWARTZ-Raum $S(\mathbb{R})$ betrachten. Dieser liegt gemäß Theorem 2.101 dicht in dem LEBESGUE-Raum $L^2(\mathbb{R})$ – es gilt also $\overline{S(\mathbb{R})} = L^2(\mathbb{R})$.

$$\langle x, \delta \rangle_{C_0^\infty(\mathbb{R})} = \int\limits_{-\infty}^{\infty} x(t) \cdot \delta(t)\,\mathrm{d}t = x(0) \ .$$

Die DIRAC-Distribution $\delta$ ist keine Funktion im üblichen Sinne, sondern eine verallgemeinerte Funktion. Dennoch wird – wie in der Signaltheorie üblich – das Symbol $\delta = \delta(t)$ wie eine Funktion verwendet, dabei wird jedoch die Herkunft der DIRAC-Distribution $\delta$ aus dem Reich der Distributionen im Gedächtnis behalten. In Signaldarstellungen werden wir die DIRAC-Distribution $\delta$ daher wie in Abbildung 2.13 gezeigt als Pfeil veranschaulichen; die Höhe des Pfeils gibt das so genannte Gewicht an. So gilt – wiederum symbolisch geschrieben – mit $\alpha \in \mathbb{C}$

$$\int\limits_{-\infty}^{\infty} \alpha \cdot \delta(t)\,\mathrm{d}t = \alpha \ ;$$

das Gewicht ist hier $\alpha$. In diesem Sinne definieren wir die „um $\tau$ verschobene"

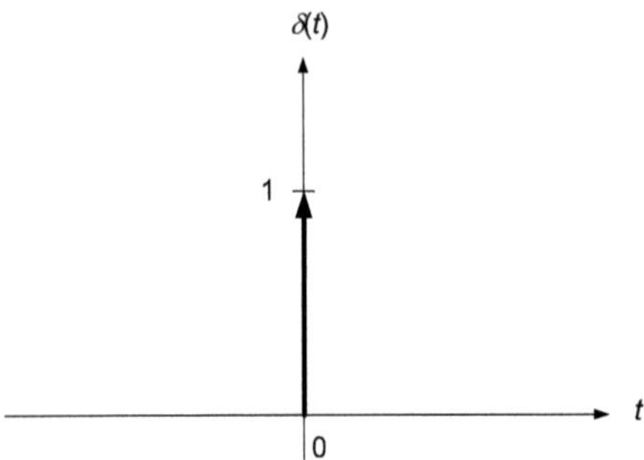


**Abb. 2.13.** Die symbolische Veranschaulichung der DIRAC-Distribution $\delta$ als Pfeil an der Stelle $t = 0$ mit dem Gewicht 1.

DIRAC-Distribution $\delta_\tau$

$$\langle x, \delta_\tau \rangle_{C_0^\infty(\mathbb{R})} \overset{\triangle}{=} x(\tau) \tag{2.78}$$

auf der Basis des linearen Funktionals

$$T_{\delta_\tau} : C_0^\infty(\mathbb{R}) \to \mathbb{C}$$

mit

$$T_{\delta_\tau} x \overset{\triangle}{=} x(\tau)$$

für alle $x = x(t) \in C_0^\infty(\mathbb{R})$. Symbolisch schreiben wir auch hier $\delta_\tau = \delta_\tau(t) = \delta(t - \tau)$ und

$$\langle x, \delta_\tau \rangle_{C_0^\infty(\mathbb{R})} = \langle x, \delta(\cdot - \tau) \rangle_{C_0^\infty(\mathbb{R})} = \int\limits_{-\infty}^{\infty} x(t) \cdot \delta(t - \tau)\,\mathrm{d}t = x(\tau) \ .$$

Entsprechend der oben angegebenen Interpretation wird die verschobene DIRAC-Distribution $\delta_\tau$ wie in Abbildung 2.14 als Pfeil veranschaulicht.

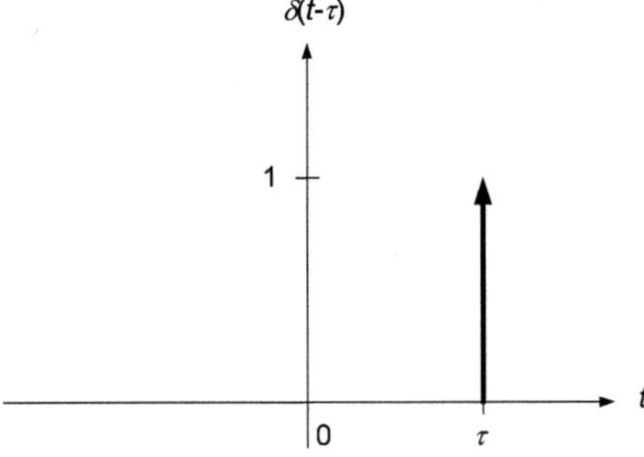


**Abb. 2.14.** Die symbolische Veranschaulichung der verschobenen DIRAC-Distribution $\delta_\tau$ als Pfeil an der Stelle $t = \tau$ mit dem Gewicht 1.

## Die Faltung im $\ell^2(\mathbb{Z})$

Für zeitdiskrete Signale $x = \{x_j\}_{j\in\mathbb{Z}}$ kann in dem HILBERT-Raum $\ell^2(\mathbb{Z})$ das so genannte Faltungsprodukt – oder kurz *Faltung* – definiert werden.

**Definition 2.87.** *Die Faltung*

$$Tx \stackrel{\triangle}{=} x \star h : \ell^2(\mathbb{Z}) \to \ell^2(\mathbb{Z})$$

*des quadratisch summierbaren Signals* $x = \{x_j\}_{j\in\mathbb{Z}}$ *aus dem HILBERT-Raum* $\ell^2(\mathbb{Z})$ *mit* $h = \{h_j\}_{j\in\mathbb{Z}} \in \ell^2(\mathbb{Z})$ *ist definiert durch*

$$(Tx)_j = (x \star h)_j \stackrel{\triangle}{=} \sum_{i\in\mathbb{Z}} x_i \cdot h_{j-i} = \sum_{i=-\infty}^{\infty} x_i \cdot h_{j-i} \ .$$

Es kann leicht gezeigt werden, dass die Faltung $T$ linear, assoziativ und kommutativ ist, das heißt es gilt zum Beispiel $x \star y = y \star x$ und $(x \star y) \star z = x \star (y \star z) = x \star y \star z$. Die Faltungsoperation ist grundlegend für so genannte zeitdiskrete lineare zeitinvariante Systeme (*LTI – linear time-invariant*), welche wie in Abbildung 2.15 gezeigt einer zeitdiskreten Eingangssignalfolge $x = \{x_j\}_{j\in\mathbb{Z}}$ eine Ausgangssignalfolge $y = \{y_j\}_{j\in\mathbb{Z}}$ zuordnet. Die Folge

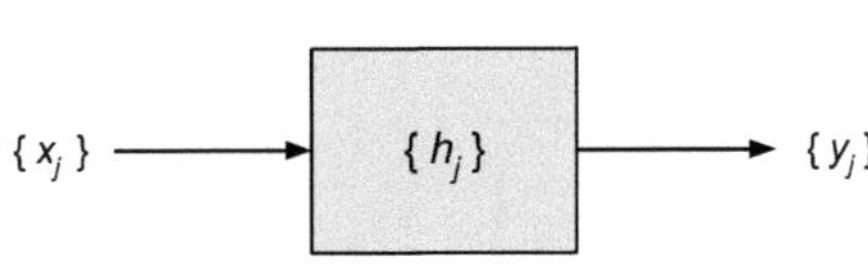


**Abb. 2.15.** Das lineare zeitinvariante System im HILBERT-Raum $\ell^2(\mathbb{Z})$ wird beschrieben durch den linearen Faltungsoperator $Tx \stackrel{\triangle}{=} x \star h : \ell^2(\mathbb{Z}) \to \ell^2(\mathbb{Z})$ mit der Impulsantwort $h = \{h_j\}_{j\in\mathbb{Z}} \in \ell^2(\mathbb{Z})$.

$h = \{h_j\}_{j\in\mathbb{Z}} \in \ell^2(\mathbb{Z})$ heißt *Impulsantwort*, da sie die Antwort des Systems auf eine *Impulsfolge* $\{\delta_{j,0}\}_{j\in\mathbb{Z}}$ mit

$$\delta_{j,0} = \begin{cases} 1, & j = 0 \\ 0, & j \neq 0 \end{cases}$$

– für das KRONECKER-Symbol gilt $\delta_{i,j} = 1$ für $i = j$ und 0 für $i \neq j$ – am Eingang des Systems liefert.

Das Faltunsprodukt hängt eng mit dem Skalarprodukt zusammen. Definieren wir für die zweiseitige Folge $h = \{h_j\}_{j \in \mathbb{Z}}$ die reflektierte und komplex konjugierte Folge

$$\check{h} = \{\check{h}_j\}_{j \in \mathbb{Z}} \stackrel{\triangle}{=} \{\overline{h_{-j}}\}_{j \in \mathbb{Z}} \ , \tag{2.79}$$

so ergibt sich das Skalarprodukt $\langle x, h \rangle$ in dem HILBERT-Raum $\ell^2(\mathbb{Z})$ aus dem Faltungsprodukt zwischen $x$ und $\check{h}$ gemäß der Beziehung

$$\langle x, h \rangle = (x \star \check{h})_0 \ . \tag{2.80}$$

Das Skalarprodukt $\langle x, h \rangle$ kann somit aus einer Filterung durch ein lineares zeitinvariantes System mit der zeitdiskreten Impulsantwort $\check{h} = \{\overline{h_{-j}}\}_{j \in \mathbb{Z}}$ und anschließender Abtastung der Folge $x \star \check{h} = \{(x \star \check{h})_j\}_{j \in \mathbb{Z}}$ zum diskreten Zeitpunkt $j = 0$ gewonnen werden, wie Abbildung 2.16 zeigt. Falls $h$ HERMITEsch

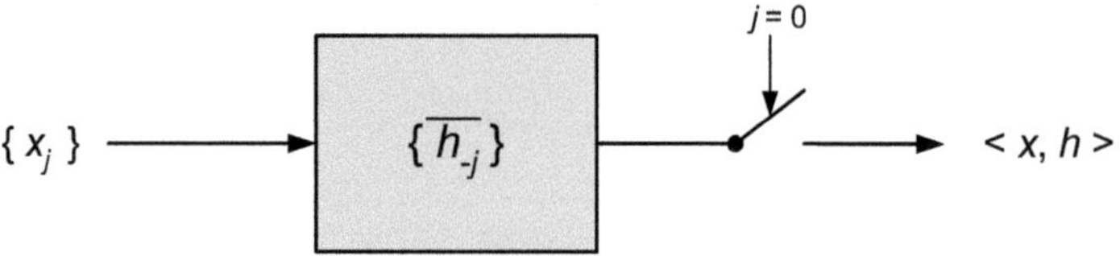


**Abb. 2.16.** Die Bestimmung des Skalarprodukts $\langle x, h \rangle$ durch Filterung mithilfe eines zeitdiskreten linearen zeitinvarianten Systems mit der Impulsantwort $\check{h} = \{\overline{h_{-j}}\}_{j \in \mathbb{Z}}$ und Abtastung zum Zeitpunkt $j = 0$.

ist, das heißt $h = \check{h}$, gilt $\langle x, h \rangle = (x \star h)_0$.

Wir wollen nun die Adjungierte $T^*$ des linearen Faltungsoperators $T$ auf dem HILBERT-Raum $\ell^2(\mathbb{Z})$ ausgehend von der Definitionsgleichung $\langle Tx, y \rangle = \langle x, T^*y \rangle$ bestimmen. Es gilt

$$
\begin{aligned}
\langle Tx, y \rangle &= \sum_{j \in \mathbb{Z}} (Tx)_j \cdot \overline{y_j} \\
&= \sum_{j \in \mathbb{Z}} \left( \sum_{i \in \mathbb{Z}} x_i \cdot h_{j-i} \right) \cdot \overline{y_j} \\
&= \sum_{i \in \mathbb{Z}} x_i \cdot \overline{\left( \sum_{j \in \mathbb{Z}} y_j \cdot \overline{h_{-(i-j)}} \right)} \\
&= \sum_{i \in \mathbb{Z}} x_i \cdot \overline{\left( \sum_{j \in \mathbb{Z}} y_j \cdot \check{h}_{i-j} \right)} \\
&= \sum_{i \in \mathbb{Z}} x_i \cdot \overline{(y \star \check{h})_i}
\end{aligned}
$$

$$= \langle x, y \star \check{h} \rangle$$
$$\overset{!}{=} \langle x, T^* y \rangle \ ,$$

das heißt die Adjungierte

$$T^* y = y \star \check{h} \tag{2.81}$$

des linearen Faltungsoperators $T$ entspricht der Faltung mit der reflektierten und komplex konjugierten Folge $\check{h} = \{\check{h}_j\}_{j \in \mathbb{Z}} = \{\overline{h_{-j}}\}_{j \in \mathbb{Z}}$. Für den Fall $\check{h} = h$, welcher zum Beispiel für gerade reelle Folgen erfüllt ist, gilt $T^* = T$, der Faltungsoperator $T$ ist dann selbst-adjungiert.

## Die Faltung im $L^2(\mathbb{R})$

Ebenso wie für zeitdiskrete Signale $x = \{x_j\}_{j \in \mathbb{Z}}$ in dem HILBERT-Raum $\ell^2(\mathbb{Z})$ lässt sich auch für zeitkontinuierliche Signale $x = x(t)$ aus dem HILBERT-Raum $L^2(\mathbb{R})$ die Faltung definieren.[9]

**Definition 2.88.** *Die Faltung*

$$Tx \overset{\triangle}{=} x \star h : L^2(\mathbb{R}) \to L^2(\mathbb{R})$$

*des quadratisch integrierbaren Signals $x = x(t)$ aus dem HILBERT-Raum $L^2(\mathbb{R})$ mit $h = h(t) \in L^2(\mathbb{R})$ ist definiert durch*

$$(Tx)(t) = (x \star h)(t) \overset{\triangle}{=} \int\limits_{-\infty}^{\infty} x(t') \cdot h(t - t') \, \mathrm{d}t' \ .$$

Die Faltung $T$ im HILBERT-Raum $L^2(\mathbb{R})$ ist wiederum linear, assoziativ und kommutativ ist. Auch für zeitkontinuierliche lineare zeitinvariante Systeme kann die in Abbildung 2.17 gezeigte systemtheoretische Deutung vorgenommen werden. Einem zeitkontinuierlichen Eingangssignal $x = x(t)$ wird ein Ausgangssignal $y = y(t)$ zugeordnet. Das Signal $h = h(t) \in L^2(\mathbb{R})$ heißt

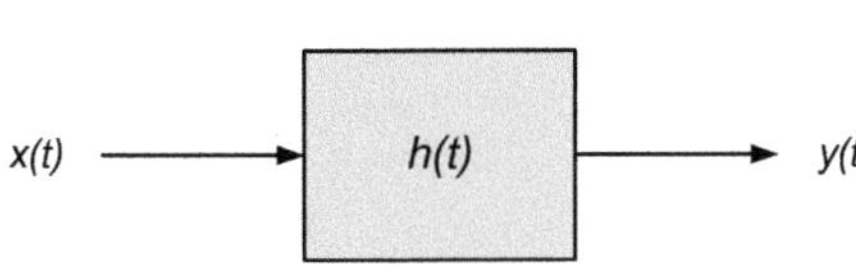


**Abb. 2.17.** Das lineare zeitinvariante System im HILBERT-Raum $L^2(\mathbb{R})$ wird beschrieben durch den linearen Faltungsoperator $Tx \overset{\triangle}{=} x \star h : L^2(\mathbb{R}) \to L^2(\mathbb{R})$ mit der Impulsantwort $h = h(t) \in L^2(\mathbb{R})$.

---

[9] Wie üblich verwenden wir für die Faltungsoperationen in den HILBERT-Räumen $\ell^2(\mathbb{Z})$ und $L^2(\mathbb{R})$ dasselbe Symbol „$\star$". Wenn Verwechslungen auftreten können, werden wir explizit im Text die *zeitdiskrete* Faltung im $\ell^2(\mathbb{Z})$ von der *zeitkontinuierlichen* Faltung im $L^2(\mathbb{R})$ unterscheiden.

wiederum *Impulsantwort*, da es die Antwort des Systems auf einen Impuls – gegeben durch die DIRAC-Distribution $\delta$ – am Eingang des Systems liefert.

Definieren wir auch im Hilbert-Raum $L^2(\mathbb{R})$ das reflektierte und komplex konjugierte Signal

$$\check{h}(t) \stackrel{\triangle}{=} \overline{h(-t)} \ , \tag{2.82}$$

so gilt für das Skalarprodukt $\langle x, h\rangle$ in dem HILBERT-Raum $L^2(\mathbb{R})$ wieder

$$\langle x, h\rangle = (x \star \check{h})(0) \ , \tag{2.83}$$

das heißt erneut, dass das Skalarprodukt $\langle x, h\rangle$ aus einer Filterung durch ein lineares zeitinvariantes System mit der zeitkontinuierlichen Impulsantwort $\check{h} = \check{h}(t) = \overline{h(-t)}$ und anschließender Abtastung des Signals $x \star \check{h} = (x \star \check{h})(t)$ zum Zeitpunkt $t = 0$ entsprechend Abbildung 2.18 erhalten wird. Falls

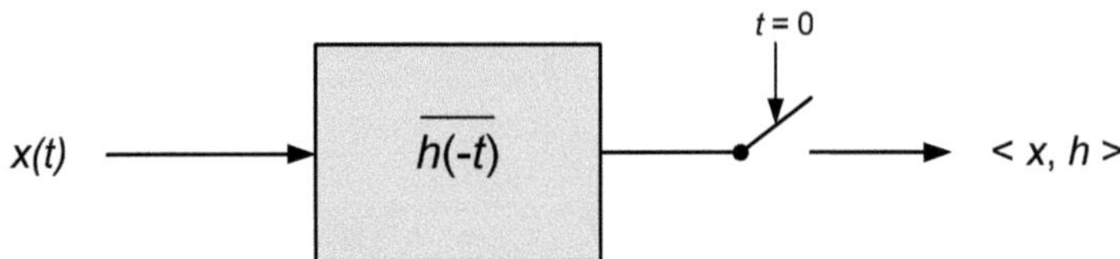


**Abb. 2.18.** Die Bestimmung des Skalarprodukts $\langle x, h\rangle$ durch Filterung mithilfe eines zeitkontinuierlichen linearen zeitinvarianten Systems mit der Impulsantwort $\check{h}(t) = \overline{h(-t)}$ und Abtastung zum Zeitpunkt $t = 0$.

$h = \check{h}$ HERMITEsch ist, ergibt sich wiederum $\langle x, h\rangle = (x \star h)(0)$. Für die Adjungierte $T^*$ des linearen Faltungsoperators $T$ auf dem HILBERT-Raum $L^2(\mathbb{R})$ gilt ähnlich wie für den HILBERT-Raum $\ell^2(\mathbb{Z})$ wiederum ausgehend von der Definitionsgleichung $\langle Tx, y\rangle = \langle x, T^*y\rangle$ die Beziehung

$$T^*y = y \star \check{h} \ , \tag{2.84}$$

das heißt die Adjungierte $T^*$ des linearen Faltungsoperators $T$ entspricht wiederum der Faltung mit dem reflektierten und komplex konjugierten Signal $\check{h}(t) = \overline{h(-t)}$. Ebenso gilt, dass für den Fall $\check{h} = h$ der Faltungsoperator $T$ selbst-adjungiert ist.

### 2.5.3 Banachscher Fixpunktsatz

Wir wenden uns nun Problemen der Form

$$Tx = x \tag{2.85}$$

zu, wobei $T : \mathcal{S} \to \mathcal{S}$ eine (nicht notwendigerweise lineare) Selbstabbildung des metrischen Raums $(\mathcal{S}, d)$ sei; die zugehörige Metrik lautet $d$. Dieser Operator zeichne sich durch die folgende Eigenschaft aus.

**Definition 2.89.** *Ein Operator $T : \mathcal{S} \to \mathcal{S}$ auf dem metrischen Raum $(\mathcal{S}, d)$ heißt kontrahierend genau dann, wenn für zwei beliebige Elemente $x, y \in \mathcal{S}$*

$$d(Tx, Ty) \leq \alpha \cdot d(x, y)$$

*mit der reellen Konstanten $0 \leq \alpha < 1$ gilt.*

Für kontrahierende Operatoren können so genannte Fixpunkte mit einem einfachen Iterationsverfahren bestimmt werden.

**Definition 2.90.** *Sei $T : \mathcal{S} \to \mathcal{S}$ ein Operator auf dem metrischen Raum $(\mathcal{S}, d)$. Ein Element $x \in \mathcal{S}$ heißt Fixpunkt genau dann, wenn*

$$Tx = x \ .$$

Fixpunkte eines Operators $T$ werden somit durch den Operator $T$ nicht verändert. Mit diesen Begriffen kann der BANACHsche Fixpunktsatz angegeben werden; dieser Fixpunktsatz ist konstruktiv, das heißt er liefert einen geeigneten Algorithmus zur Bestimmung des einzigen Fixpunktes.

**Theorem 2.91.** *Sei $T : \mathcal{S} \to \mathcal{S}$ ein kontrahierender Operator auf dem vollständigen metrischen Raum $(\mathcal{S}, d)$, das heißt $d(Tx, Ty) \leq \alpha \cdot d(x, y)$ mit $0 \leq \alpha < 1$ für alle Elemente $x, y \in \mathcal{S}$. Dann hat $T$ genau einen Fixpunkt $x^\star$. Für einen beliebigen Startpunkt $x_0 \in \mathcal{S}$ konvergiert die Iteration*

$$x_n = Tx_{n-1}$$

*für $n \to \infty$ gegen $x^\star$:*

$$\lim_{n \to \infty} x_n = x^\star \ .$$

Die Iterationsvorschrift heißt auch *sukzessive Approximation*. In Abbildung 2.19 ist die zur Bestimmung des Fixpunkts verwendete Iterationsvorschrift verdeutlicht; der aus der Theorie der $z$-Transformation resultierende Term $z^{-1}$ beschreibt wie in der digitalen Signalverarbeitung üblich den Verzögerungsoperator um einen (Takt-)Schritt. Für die Iteration kann die folgende

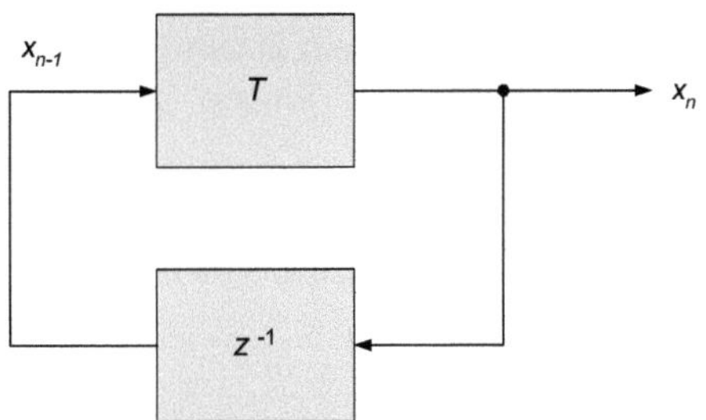


**Abb. 2.19.** Die iterative Bestimmung des durch $Tx = x$ bestimmten Fixpunktes auf der Basis des BANACHschen Fixpunktsatzes.

Fehlerabschätzung abgeleitet werden.

$$d(x_n, x^\star) = d(Tx_{n-1}, Tx^\star) \leq \alpha \cdot d(x_{n-1}, x^\star) \leq \ldots \leq \alpha^n \cdot d(x_0, x^\star)$$

$$(2.86)$$

Für $0 \leq \alpha < 1$ konvergiert das Iterationsverfahren wegen des Faktors $\alpha^n$ exponentiell gegen den eindeutig bestimmten Fixpunkt $x^\star$. Des Weiteren kann eine Fehlerabschätzung angegeben werden, die von dem Abstand der ersten Iterierten $x_1 = Tx_0$ von dem Startpunkt $x_0$ ausgeht.

$$d(x_n, x^\star) \leq \frac{\alpha^n}{1 - \alpha} \cdot d(Tx_0, x_0) \tag{2.87}$$

Für den Fall eines vollständigen normierten Raums – also eines BANACH-Raums – kann anstelle der Metrik $d(\cdot, \cdot)$ die Norm $\| \cdot \|$ verwendet werden. Die Bedingung $d(Tx, Ty) \leq \alpha \cdot d(x, y)$ mit $0 \leq \alpha < 1$ geht dann über in $\|Tx\| \leq \alpha \cdot \|x\|$ beziehungsweise $\|T\| < 1$. Für BANACH-Räume gilt somit das folgende Theorem.

**Theorem 2.92.** *Sei $T : \mathcal{S} \to \mathcal{S}$ ein kontrahierender Operator auf dem BANACH-Raum $\mathcal{S}$, das heißt $\|T\| < 1$. Dann hat $T$ genau einen Fixpunkt $x^\star$. Für einen beliebigen Startpunkt $x_0 \in \mathcal{S}$ konvergiert die Iteration*

$$x_n = Tx_{n-1}$$

*für $n \to \infty$ gegen $x^\star$:*

$$\lim_{n \to \infty} x_n = x^\star \ .$$

### 2.5.4 Neumannsche Reihe

Nachdem wir uns im letzten Abschnitt mit Problemen der Form $Tx = x$ in metrischen Räumen beschäftigt haben, wenden wir uns nun dem allgemeineren Problem

$$Tx = y \tag{2.88}$$

zu, das die Bestimmung von $x$ bei vorgegebener Abbildung $T$ und rechter Seite $y$ erfordert. Um dieses Problem angehen zu können, werden wir annehmen, dass $T : \mathcal{S} \to \mathcal{S}$ ein linearer Operator auf dem BANACH-Raum $\mathcal{S}$ ist. Zur Lösung der Operatorgleichung $Tx = y$ muss $T$ geeignet invertiert werden.

**Definition 2.93.** *Gilt für einen Operator $T : \mathcal{S} \to \mathcal{S}$ auf dem BANACH-Raum $\mathcal{S}$ die Beziehung $ST = TS = Id$, so heißt $S = T^{-1}$ der zu $T$ inverse Operator.*

Die Bestimmung des inversen Operators $T$ kann iterativ erfolgen; es ist somit notwendig, Folgen von Operatoren und deren Konvergenz zu betrachten. Mit dem Raum

$$\mathcal{L}(\mathcal{R}, \mathcal{S}) = \{\, T \mid T : \mathcal{R} \to \mathcal{S} \text{ linear} \,\} \tag{2.89}$$

aller linearen Operatoren $T$, die den BANACH-Raum $\mathcal{R}$ in den BANACH-Raum $\mathcal{S}$ abbilden, erhalten wir die folgende Definition für die Normkonvergenz einer Operatorfolge.

**Definition 2.94.** *Die Operatorfolge $\{T_n\}_{n\in\mathbb{N}} \in \mathcal{L}(\mathcal{R},\mathcal{S})$ heißt normkonvergent gegen $T$ genau dann, wenn*

$$\lim_{n\to\infty} \|T_n - T\| = 0 \ .$$

Eine schwächere Form der Konvergenz ist die punktweise Konvergenz.

**Definition 2.95.** *Die Operatorfolge $\{T_n\}_{n\in\mathbb{N}} \in \mathcal{L}(\mathcal{R},\mathcal{S})$ konvergent punktweise gegen $T$ genau dann, wenn für alle $x \in \mathcal{R}$*

$$\lim_{n\to\infty} \|T_n x - Tx\| = 0 \ .$$

Anstelle der für die Normkonvergenz verwendeten Operatornorm wird die punktweise Konvergenz auf Basis der Elementnorm auf dem BANACH-Raum $\mathcal{S}$ definiert. Mit diesen Vorüberlegungen kann die so genannte NEUMANNsche Reihe zur Lösung der Operatorgleichung $Tx = y$ verwendet werden.

**Theorem 2.96.** *Es sei $T : \mathcal{S} \to \mathcal{S}$ ein linearer Operator auf dem BANACH-Raum $\mathcal{S}$ mit $\|Id - T\| < 1$. Dann existiert der zu $T$ inverse Operator $T^{-1}$ und kann mithilfe der normkonvergenten NEUMANNschen Reihe*

$$T^{-1} = \sum_{j=0}^{\infty} (Id - T)^j$$

*mit $(Id - T)^0 = Id$ berechnet werden.*

Die NEUMANNsche Reihe entspricht formal der so genannten unendlichen *geometrischen Reihe*, die für ein Skalar $q \in \mathbb{C}$ mit $|q| < 1$ lautet

$$\sum_{j=0}^{\infty} q^j = \frac{1}{1-q} \ ,$$

beziehungsweise wenn $q$ durch $1 - q$ mit $|1 - q| < 1$ ersetzt wird

$$\sum_{j=0}^{\infty} (1 - q)^j = \frac{1}{q} = q^{-1} \ .$$

Mithilfe der NEUMANNschen Reihe folgt somit für die Lösung der Operatorgleichung $Tx = y$

$$x = T^{-1}y = \sum_{j=0}^{\infty} (Id - T)^j y \ . \tag{2.90}$$

Bei Abbruch nach dem $n$-ten Glied der unendlichen Reihe erhalten wir die Approximation

$$x_n = \sum_{j=0}^{n} (Id - T)^j y = y + \sum_{j=1}^{n} (Id - T)^j y$$

$$= y + (Id - T) \sum_{j=0}^{n-1} (Id - T)^j y = y + (Id - T)x_{n-1}$$

$$= y + x_{n-1} - Tx_{n-1} \ ,$$

die für $n \to \infty$ gegen die Lösung $x$ konvergiert, das heißt $\lim_{n\to\infty} x_n = x$. Für den Startpunkt $x_0 = 0$ erhalten wir somit die Iteration

$$\boxed{x_n = (Id - T)x_{n-1} + y} \tag{2.91}$$

zur Lösung der Operatorgleichung $Tx = y$. Abbildung 2.20 veranschaulicht die

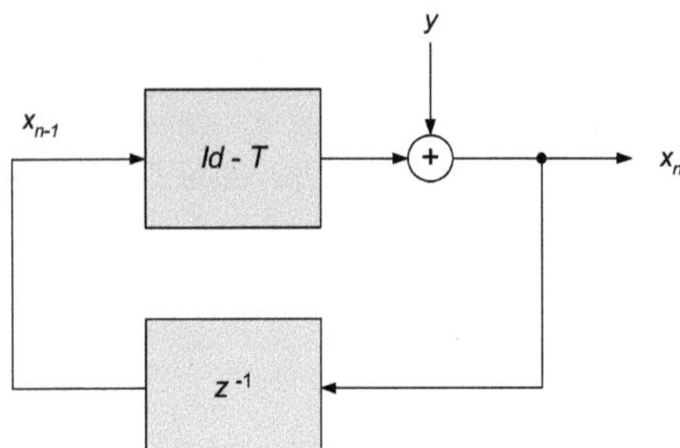


**Abb. 2.20.** Die iterative Lösung der Operatorgleichung $Tx = y$ mithilfe der NEUMANNschen Reihe. Der Initialisierungsschritt lautet $x_0 = 0$.

Iteration; $z^{-1}$ beschreibt wiederum eine Verzögerung um einen (Takt-)Schritt. Mit

$$x = \sum_{j=0}^{\infty} (Id - T)^j Tx$$

und

$$x_n = \sum_{j=0}^{n} (Id - T)^j Tx$$

ergibt sich für die Abweichung des gesuchten Elements $x$ von der $n$-ten iterierten Approximation

$$x - x_n = \sum_{j=0}^{\infty} (Id - T)^j Tx - \sum_{j=0}^{n} (Id - T)^j Tx$$

$$= \sum_{j=n+1}^{\infty} (Id - T)^j Tx$$

$$= (Id - T)^{n+1} \underbrace{\sum_{j=0}^{\infty} (Id - T)^j}_{=T^{-1}} Tx$$

$$= (Id - T)^{n+1} \underbrace{T^{-1}T}_{=Id} x$$

$$= (Id - T)^{n+1}x \; ;$$

daraus ergibt sich die folgende Fehlerabschätzung für die Fehlernorm in der $n$-ten Iteration

$$\begin{aligned}
\|x_n - x\| &= \|(Id - T)^{n+1}x\| \\
&\leq \|(Id - T)^{n+1}\| \cdot \|x\| \\
&\leq \|Id - T\|^{n+1} \cdot \|x\| \quad,
\end{aligned}$$

beziehungsweise

$$\boxed{\dfrac{\|x_n - x\|}{\|x\|} \leq \|Id - T\|^{n+1} \; .} \tag{2.92}$$

Für $0 \leq \|Id - T\| < 1$ konvergiert das Iterationsverfahren ähnlich wie beim BANACHschen Fixpunktsatz exponentiell gegen die gesuchte Lösung $x$.

Die in Theorem 2.96 gegebene Bedingung $\|Id - T\| < 1$ ist hinreichend für die Existenz des inversen Operators $T^{-1}$. Das folgende Lemma gibt eine notwendige Bedingung für die Invertierbarkeit des linearen Operators $T : \mathcal{S} \to \mathcal{S}$ auf dem BANACH-Raum $\mathcal{S}$.

**Lemma 2.97.** *Es sei $T : \mathcal{S} \to \mathcal{S}$ ein linearer Operator auf dem BANACH-Raum $\mathcal{S}$. $T$ besitzt einen auf dem Bildraum $T(\mathcal{S})$ erklärten beschränkten inversen Operator $T^{-1}$ genau dann, wenn*

$$A \cdot \|x\| \leq \|Tx\|$$

*mit $A > 0$ für alle $x \in \mathcal{S}$ gilt.*

Die Ungleichung $\|Tx\| \geq A \cdot \|x\|$ besagt, dass durch Anwendung des Operators $T$ die Norm des Elements $y = Tx$ – und damit zum Beispiel im Falle der HILBERT-Räume $\ell^2(\mathbb{Z})$ und $L^2(\mathbb{R})$ die Energie des Signals $y$ — bei vorgegebener Norm des Elements $x$ nicht beliebig klein werden kann, so dass im Umkehrschluss der auf dem Bildraum $T(\mathcal{S})$ erklärte inverse Operator $T^{-1}$ die Norm des Bildelements $y$ nicht beliebig vergrößern kann. $T^{-1}$ ist somit beschränkt mit $\|T^{-1}\| < \infty$.

## 2.6 Distributionentheorie

Die DIRAC-Distribution $\delta$ wurde bereits als etwas merkwürdiges Beispiel eines linearen Funktionals eingeführt. Wir wollen nun das Konzept der Distributionen durch einen kurzen Ausflug in die Distributionentheorie auf festeren Grund stellen. Eine gute und leicht verständliche Einführung ist in [48] gegeben. Wir verwenden hier wieder das Symbol $\mathbb{K}$ für den Körper der reellen Zahlen ($\mathbb{K} = \mathbb{R}$) beziehungsweise den Körper der komplexen Zahlen ($\mathbb{K} = \mathbb{C}$).

### 2.6.1 Definition der Distributionen

Bei der Behandlung metrischer Räume hatten wir bereits die Menge $C([a,b])$ der auf dem Intervall $[a,b]$ stetigen, reell- oder komplexwertigen Funktionen $f = f(t) \in \mathbb{K}$ kennen gelernt. Entsprechend bezeichnet $C(\mathbb{R})$ die Menge der auf ganz $\mathbb{R}$ stetigen, reell- oder komplexwertigen Funktionen $f = f(t) \in \mathbb{K}$. Zur genaueren Erfassung der Glattheitseigenschaften einer Funktion ist die Betrachtung der Ableitungen

$$f^{(j)}(t) \triangleq \frac{\mathrm{d}^j}{\mathrm{d}t^j}\, f(t)$$

mit $j \in \mathbb{N} \cup \{0\}$ sinnvoll.[10] Man fasst daher unter der Bezeichnung $C^j(\mathbb{R})$ die Menge der auf ganz $\mathbb{R}$ $j$-mal stetig differenzierbaren, reell- oder komplexwertigen Funktionen $f = f(t) \in \mathbb{K}$ zusammen. Entsprechend kennzeichnet $C^\infty(\mathbb{R})$ die Menge der auf ganz $\mathbb{R}$ unendlich oft stetig differenzierbaren, reell- oder komplexwertigen Funktionen $f = f(t) \in \mathbb{K}$. Fordert man zusätzlich, dass die Funktionen $f$ auf ein endliches und abgeschlossenes Zeitintervall begrenzt sind – also einen so genannten kompakten Träger (*compact support*)

$$\operatorname{supp}\{f\} \triangleq \overline{\{t \in \mathbb{R} \mid f(t) \neq 0\}} \tag{2.93}$$

besitzen – , so erhält man die Menge $C_0^\infty(\mathbb{R})$ der auf ganz $\mathbb{R}$ unendlich oft stetig differenzierbaren, reell- oder komplexwertigen Funktionen $f = f(t) \in \mathbb{K}$ mit kompaktem Träger $\operatorname{supp}\{f\}$. Dieser lineare Raum hat eine enge Beziehung zu dem bereits eingeführten LEBESGUE-Raum $L^p(\mathbb{R})$, wie das nachfolgende Theorem zeigt.

**Theorem 2.98.** *Der lineare Raum* $C_0^\infty(\mathbb{R})$ *liegt dicht in dem* LEBESGUE-*Raum* $L^p(\mathbb{R})$ *für* $1 \leq p < \infty$ *– also*

$$\overline{C_0^\infty(\mathbb{R})} = L^p(\mathbb{R}) \ .$$

Mithilfe des linearen Raums $C_0^\infty(\mathbb{R})$ können wir nun Distributionen als stetige lineare Funktionale definieren.[11]

**Definition 2.99.** *Ein stetiges lineares Funktional*

$$T : C_0^\infty(\mathbb{R}) \to \mathbb{K}$$

*auf dem linearen Raum* $C_0^\infty(\mathbb{R})$ *heißt Distribution.*

Im Reich der Distributionentheorie heißen die Elemente des linearen Raums $C_0^\infty(\mathbb{R})$ auch *Testfunktionen*; sie werden häufig mit $\varphi$ bezeichnet. Als lineare Funktionale besitzen Distributionen die folgenden bereits bei linearen Abbildungen kennen gelernten Eigenschaften. Für alle Distributionen $S, T$, reelle oder komplexe Zahlen $\alpha \in \mathbb{K}$ sowie beliebig oft differenzierbare Funktionen $f \in C^\infty(\mathbb{R})$ und Testfunktionen $\varphi \in C_0^\infty(\mathbb{R})$ gilt

---

[10] Für $j = 0$ erhalten wir $\frac{\mathrm{d}^0}{\mathrm{d}t^0}\, f(t) = f(t)$.

[11] Die zur vollständigen Definition im Hinblick auf die geforderte Stetigkeit des linearen Funktionals notwendige Topologie setzen wir als geeignet gegeben voraus.

$a)$ $\qquad (S + T)\varphi = S\varphi + T\varphi \quad$ *(Additivität)*

$b)$ $\qquad (\alpha \cdot T)\varphi = T(\alpha \cdot \varphi) \quad$ *(Homogenität)*

$c)$ $\qquad (f \cdot T)\varphi = T(f \cdot \varphi)$

$d)$ $\qquad T^{(j)}\varphi = (-1)^j \cdot T\varphi^{(j)} \quad$ *(j-te distributionelle Differentiation)*[12]

In den folgenden Abschnitten werden wir verschiedene Klassen von Distributionen kennen lernen und uns somit dem Ziel unserer Mühen – der DIRAC-Distribution $\delta$ – schrittweise nähern.

## 2.6.2 Reguläre und singuläre Distributionen

Lineare Funktionale auf dem linearen Raum $C_0^\infty(\mathbb{R})$ – und damit Distributionen – können unter Verwendung gewöhnlicher Funktionen $f$ erzeugt werden. So kann jeder so genannten lokal integrierbaren Funktion $f$ aus dem LEBESGUE-Raum $L^1(\mathbb{R})$ eine Distribution

$$T_f\varphi \triangleq \int\limits_{-\infty}^{\infty} f(t) \cdot \varphi(t)\, \mathrm{d}t$$

mit der Testfunktion $\varphi \in C_0^\infty(\mathbb{R})$ zugeordnet werden. $T_f$ heißt dann *reguläre Distribution*. Jede Distribution, die nicht regulär ist, heißt *singulär*.

## 2.6.3 Dirac-Distribution

Die für uns wichtigste singuläre Distribution ist die so genannte DIRAC-Distribution $\delta$. Diese entspricht dem linearen Funktional

$$T_\delta : C_0^\infty(\mathbb{R}) \to \mathbb{C}\ ,$$

welches der Testfunktion $\varphi \in C_0^\infty(\mathbb{R})$ im Sinne der *Ausblendeigenschaft* den Wert $\varphi(0)$ an der Stelle $t = 0$ zuordnet.

$$T_\delta\varphi \triangleq \varphi(0) \tag{2.94}$$

Die von uns auf Seite 62 gewählte, an den klassischen Funktionenbegriff angelehnte symbolische Schreibweise $\delta(t)$ sowie die grafische Darstellung als Pfeil

---

[12] Mit dieser Definition der distributionellen Differentiation oder der verallgemeinerten Ableitung wälzen wir die Ableitung einer Distribution $T$ auf die Ableitung der Testfunktion $\varphi$ ab. Da Testfunktionen $\varphi \in C_0^\infty(\mathbb{R})$ unendlich oft differenzierbar sind, sind auch Distributionen $T$ unendlich oft differenzierbar. Des Weiteren steht die gewählte Definition der distributionellen Differentiation für reguläre Distributionen, die – wie unten gezeigt – auf der Basis klassischer Funktionen definiert werden, im Einklang mit der bekannten Definition der Ableitung für klassische Funktionen.

an der Stelle $t = 0$ ist mathematisch im Sinne klassischer Funktionen inkorrekt; sie lässt sich jedoch aufgrund der folgenden Argumentation mathematisch sauber rechtfertigen. Betrachten wir die (nicht nur lokal) integrierbare Funktion [16]

$$f_\varepsilon(t) \overset{\triangle}{=} \frac{1}{\pi} \cdot \frac{\varepsilon}{t^2 + \varepsilon^2}$$

mit $\varepsilon > 0$, so konvergiert diese für $\varepsilon \to 0$ gegen

$$\lim_{\varepsilon \to 0} f_\varepsilon(t) = \begin{cases} 0\,, & t \neq 0 \\ \infty, & t = 0 \end{cases} .$$

Die Funktion $f_\varepsilon$ zeigt Abbildung 2.21. Dieser lokal integrierbaren Funktion $f_\varepsilon$

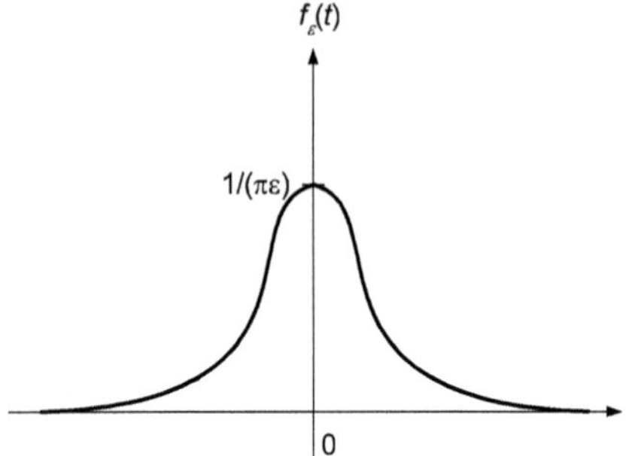


**Abb. 2.21.** Die zur Definition der regulären Distribution $T_{f_\varepsilon}$ verwendete Funktion $f_\varepsilon$.

kann nun eine reguläre Distribution

$$T_{f_\varepsilon}\varphi = \int\limits_{-\infty}^{\infty} f_\varepsilon(t) \cdot \varphi(t)\, \mathrm{d}t$$

mit der Testfunktion $\varphi \in C_0^\infty(\mathbb{R})$ zugeordnet werden. Es gilt mit der Stammfunktion $\frac{1}{\pi} \cdot \arctan\left(\frac{t}{\varepsilon}\right)$ von $f_\varepsilon(t)$ sowie unter Verwendung der partiellen Integration

$$T_{f_\varepsilon}\varphi = \int\limits_{-\infty}^{\infty} \frac{1}{\pi} \cdot \frac{\varepsilon}{t^2 + \varepsilon^2} \cdot \varphi(t)\, \mathrm{d}t$$

$$= \underbrace{\left[\frac{1}{\pi} \cdot \arctan\left(\frac{t}{\varepsilon}\right) \cdot \varphi(t)\right]_{-\infty}^{\infty}}_{=0 \text{ für } \varphi \in C_0^\infty(\mathbb{R})} - \int\limits_{-\infty}^{\infty} \frac{1}{\pi} \cdot \arctan\left(\frac{t}{\varepsilon}\right) \cdot \varphi'(t)\, \mathrm{d}t$$

$$= - \int\limits_{-\infty}^{\infty} \frac{1}{\pi} \cdot \arctan\left(\frac{t}{\varepsilon}\right) \cdot \varphi'(t)\, \mathrm{d}t \ .$$

Mit

$$\lim_{\varepsilon \to 0} \arctan\left(\frac{t}{\varepsilon}\right) = \left\{ \begin{array}{ll} \frac{\pi}{2}, & t > 0 \\ -\frac{\pi}{2}, & t < 0 \end{array} \right.$$

folgt unter Ausnutzung des so genannten LEBESGUEschen Theorems von der dominierten Konvergenz zur Vertauschung der Reihenfolge der Grenzwertbildung und der Integration

$$\lim_{\varepsilon \to 0} T_{f_\varepsilon} \varphi$$

$$= - \int_{-\infty}^{\infty} \frac{1}{\pi} \cdot \lim_{\varepsilon \to 0} \arctan\left(\frac{t}{\varepsilon}\right) \cdot \varphi'(t) \, \mathrm{d}t$$

$$= - \int_{-\infty}^{0} \frac{1}{\pi} \cdot \lim_{\varepsilon \to 0} \arctan\left(\frac{t}{\varepsilon}\right) \cdot \varphi'(t) \, \mathrm{d}t - \int_{0}^{\infty} \frac{1}{\pi} \cdot \lim_{\varepsilon \to 0} \arctan\left(\frac{t}{\varepsilon}\right) \cdot \varphi'(t) \, \mathrm{d}t$$

$$= \int_{-\infty}^{0} \frac{1}{2} \cdot \varphi'(t) \, \mathrm{d}t - \int_{0}^{\infty} \frac{1}{2} \cdot \varphi'(t) \, \mathrm{d}t$$

$$= \frac{1}{2} \cdot [\varphi(t)]_{-\infty}^{0} - \frac{1}{2} \cdot [\varphi(t)]_{0}^{\infty}$$

$$= \frac{1}{2} \cdot \varphi(0) + \frac{1}{2} \cdot \varphi(0)$$

$$= \varphi(0) \ .$$

Da wir zwei Distributionen $S$ und $T$ im Sinne der so genannten *schwachen Konvergenz* als gleich ansehen, wenn $S\varphi = T\varphi$ für jede Testfunktion $\varphi \in C_0^\infty(\mathbb{R})$ gilt, geht die reguläre Distribution $T_{f_\varepsilon} \varphi$ somit im Grenzfall $\varepsilon \to 0$ über in die singuläre DIRAC-Distribution $T_\delta$

$$\lim_{\varepsilon \to 0} T_{f_\varepsilon} \varphi = T_\delta \varphi = \varphi(0)$$

beziehungsweise

$$\lim_{\varepsilon \to 0} T_{f_\varepsilon} = T_\delta \ .$$

In diesem Sinne können wir $\delta$ als Grenzwert $\lim_{\varepsilon \to 0} f_\varepsilon$ der klassischen Funktion $f_\varepsilon$ auffassen – und damit die Schreibweise $\delta = \delta(t)$ für die verallgemeinerte Funktion $\delta$ rechtfertigen. Ferner ergibt sich aus der Definition regulärer Distributionen mit der reellwertigen Funktion $f_\varepsilon$ die bereits eingeführte Schreibweise

$$\lim_{\varepsilon \to 0} T_{f_\varepsilon} \varphi = \lim_{\varepsilon \to 0} \int_{-\infty}^{\infty} \varphi(t) \cdot f_\varepsilon(t) \, \mathrm{d}t \stackrel{\triangle}{=} \int_{-\infty}^{\infty} \varphi(t) \cdot \delta(t) \, \mathrm{d}t = \varphi(0) \ ,$$

beziehungsweise

$$\lim_{\varepsilon \to 0} T_{f_\varepsilon} \varphi = \lim_{\varepsilon \to 0} \langle \varphi, f_\varepsilon \rangle_{C_0^\infty(\mathbb{R})} \stackrel{\triangle}{=} \langle \varphi, \delta \rangle_{C_0^\infty(\mathbb{R})} = \varphi(0) \ .$$

In diesem Abschnitt hatten wir Distributionen als lineare Funktionale auf dem linearen Raum $C_0^\infty(\mathbb{R})$ der unendlich oft stetig differenzierbaren Testfunktionen $\varphi$ definiert. Für die Zwecke der Signaltheorie und Signalverarbeitung ist der Raum $C_0^\infty(\mathbb{R})$ jedoch zu einschränkend. Wir wenden uns daher den so genannten temperierten Distributionen zu.

## 2.7 Schwartz-Raum und Temperierte Distributionen

Für die weiteren Betrachtungen im Rahmen der Distributionentheorie definieren wir nun mithilfe der $j$-ten Ableitung $f^{(j)} = f^{(j)}(t)$ den folgenden Unterraum von $C^\infty(\mathbb{R})$.

**Definition 2.100.** *Der lineare Raum*

$$S(\mathbb{R}) \stackrel{\triangle}{=} \left\{ f \in C^\infty(\mathbb{R}) \ \middle| \ \sup_{t \in \mathbb{R}} \left\{ \left| t^i \cdot f^{(j)}(t) \right| \right\} < \infty \quad \forall \, i, j \in \mathbb{N} \cup \{0\} \right\}$$

*der so genannten temperierten Funktionen heißt* Schwartz-*Raum.*

Der Schwartz-Raum $S(\mathbb{R})$ besteht aus allen beliebig oft stetig differenzierbaren Funktionen $f$, die samt ihren Ableitungen $f^{(j)}$ für $t \to \pm\infty$ stärker als $t^i$ gegen 0 gehen. Es gilt das folgende wichtige Theorem.

**Theorem 2.101.** *Der* Schwartz-*Raum $S(\mathbb{R})$ liegt dicht in dem* Lebesgue-*Raum $L^p(\mathbb{R})$ für $1 \leq p < \infty$ – also*

$$\overline{S(\mathbb{R})} = L^p(\mathbb{R}) \ .$$

So wie jede reelle Zahl aus der Menge $\mathbb{R}$ durch ein Element aus der in $\mathbb{R}$ dicht liegenden Menge $\mathbb{Q}$ der rationalen Zahlen angenähert werden kann, so kann jedes Signal $f \in L^p(\mathbb{R})$ beliebig genau durch ein Signal innerhalb des Schwartz-Raums $S(\mathbb{R})$ approximiert werden. Den Distributionen, die auf dem Schwartz-Raum erklärt sind, weisen wir einen eigenen Namen zu.

**Definition 2.102.** *Ein stetiges lineares Funktional*

$$T : S(\mathbb{R}) \to \mathbb{K}$$

*auf dem* Schwartz-*Raum $S(\mathbb{R})$ heißt temperierte Distribution.*

Wie im Falle des linearen Raums $C_0^\infty(\mathbb{R})$ können wir wieder reguläre und singuläre Distributionen unterscheiden, wobei nun jedoch Testfunktionen $\varphi \in S(\mathbb{R})$ mit $\overline{S(\mathbb{R})} = L^p(\mathbb{R})$ für $1 \leq p < \infty$ zugrunde gelegt werden. Es zeigt sich, dass die Dirac-Distribution $\delta$ – nun definiert durch das lineare Funktional

$$T_\delta : S(\mathbb{R}) \to \mathbb{C}$$

auf dem Schwartz-Raum $S(\mathbb{R})$ – mit

$$T_\delta \varphi \stackrel{\triangle}{=} \varphi(0)$$

eine temperierte Distribution ist.

## 2.8 Operationen auf der Dirac-Distribution

In diesem Abschnitt stellen wir einige wichtige Operationen auf Distributionen zusammen. Unser Schwerpunkt liegt besonders auf der DIRAC-Distribution sowie auf dem LEBESGUE-Raum $L^2(\mathbb{R})$. Hier verwenden wir die symbolische Schreibweise für die DIRAC-Distribution

$$T_\delta f = \langle f, \delta \rangle = \int_{-\infty}^{\infty} f(t) \cdot \delta(t)\, \mathrm{d}t = f(0) \; . \tag{2.95}$$

### 2.8.1 Linearität

Die DIRAC-Distribution ist als lineares Funktional natürlich linear, das heißt für (Test-)Funktionen $f_1, f_2, \ldots, f_n \in S(\mathbb{R})$ mit $\overline{S(\mathbb{R})} = L^2(\mathbb{R})$ und Faktoren $\alpha_1, \alpha_2, \ldots, \alpha_n \in \mathbb{K}$ sowie $n \in \mathbb{N}$ gilt

$$\langle \alpha_1 \cdot f_1 + \alpha_2 \cdot f_2 + \ldots + \alpha_n \cdot f_n, \delta \rangle = \alpha_1 \cdot f_1(0) + \alpha_2 \cdot f_2(0) + \ldots + \alpha_n \cdot f_n(0) \; . \tag{2.96}$$

### 2.8.2 Zeitverschiebung

Die zeitverschobene DIRAC-Distribution $\delta_\tau$ ergibt sich aus

$$T_{\delta_\tau} f = \langle f, \delta_\tau \rangle = f(\tau) \; . \tag{2.97}$$

Da dies in unserer symbolischen Schreibweise auch aus

$$\langle f, \delta_\tau \rangle = \int_{-\infty}^{\infty} f(t) \cdot \delta_\tau(t)\, \mathrm{d}t = \int_{-\infty}^{\infty} f(t) \cdot \delta(t - \tau)\, \mathrm{d}t$$

$$= \int_{-\infty}^{\infty} f(t + \tau) \cdot \delta(t)\, \mathrm{d}t = f(\tau)$$

gewonnen werden kann, indem $\delta$ wie eine gewöhnliche Funktion behandelt wird, schreiben wir in Zukunft auch

$$\delta_\tau(t) = \delta(t - \tau) \; . \tag{2.98}$$

### 2.8.3 Skalierung

Wir treiben die formale Behandlung der DIRAC-Distribution als gewöhnliche Funktion noch weiter und betrachten den Ausdruck $\delta(\alpha \cdot t)$ mit $\alpha \in \mathbb{R} \setminus \{0\}$. Der Rechnung

$$\int\limits_{-\infty}^{\infty} f(t) \cdot \delta(\alpha \cdot t)\, \mathrm{d}t = \frac{1}{|\alpha|} \int\limits_{-\infty}^{\infty} f\left(\frac{t}{\alpha}\right) \cdot \delta(t)\, \mathrm{d}t$$

$$= \frac{1}{|\alpha|} \cdot f(0) = \frac{1}{|\alpha|} \cdot \int\limits_{-\infty}^{\infty} f(t) \cdot \delta(t)\, \mathrm{d}t$$

entnehmen wir

$$\delta(\alpha \cdot t) = \frac{1}{|\alpha|} \cdot \delta(t) \ . \tag{2.99}$$

Mit $\alpha = -1$ folgt die gerade Symmetrie

$$\delta(-t) = \delta(t) \ . \tag{2.100}$$

### 2.8.4 Faltung

Die Faltung zweier Funktionen $f$ und $g$ hatten wir für den LEBESGUE-Raum $L^2(\mathbb{R})$ der quadratisch integrierbaren Funktionen bereits kennen gelernt.

$$(f \star g)(t) = \int\limits_{-\infty}^{\infty} f(t') \cdot g(t - t')\, \mathrm{d}t'$$

Hieraus folgt formal für die verschobene DIRAC-Distribution

$$(f \star \delta_\tau)(t)$$
$$= \int\limits_{-\infty}^{\infty} f(t') \cdot \delta_\tau(t - t')\, \mathrm{d}t' = \int\limits_{-\infty}^{\infty} f(t') \cdot \delta(t - \tau - t')\, \mathrm{d}t'$$
$$= \int\limits_{-\infty}^{\infty} f(t') \cdot \delta(-t + \tau + t')\, \mathrm{d}t' = \int\limits_{-\infty}^{\infty} f(t' + t - \tau) \cdot \delta(t')\, \mathrm{d}t'$$
$$= f(t - \tau) \ .$$

Die Faltung einer Funktion $f$ mit der verschobenen DIRAC-Distribution $\delta_\tau$ entspricht somit einer Verschiebung der Funktion $f$ um $\tau$ gemäß

$$(f \star \delta_\tau)(t) = f(t - \tau) \ . \tag{2.101}$$

Für $\tau = 0$ ergibt sich

$$(f \star \delta)(t) = f(t) \ .$$

### 2.8.5 Multiplikation

Wir fragen nun nach der Bedeutung eines Ausdrucks der Form $f \cdot \delta$. Da wir zwei Distributionen $S$ und $T$ als gleich ansehen, wenn $S\varphi = T\varphi$ für jede Testfunktion $\varphi \in C_0^\infty(\mathbb{R})$ beziehungsweise $\varphi \in S(\mathbb{R})$ gilt, berechnen wir

$$T_{f \cdot \delta}\varphi = \langle \varphi, f \cdot \delta \rangle = \int\limits_{-\infty}^{\infty} \varphi(t) \cdot (f(t) \cdot \delta(t)) \, \mathrm{d}t$$

$$= \int\limits_{-\infty}^{\infty} (\varphi(t) \cdot f(t)) \cdot \delta(t) \, \mathrm{d}t = \langle f \cdot \varphi, \delta \rangle = f(0) \cdot \varphi(0)$$

$$= f(0) \cdot \int\limits_{-\infty}^{\infty} \varphi(t) \cdot \delta(t) \, \mathrm{d}t = \langle \varphi, f(0) \cdot \delta \rangle = T_{f(0) \cdot \delta}\varphi \; .$$

Es gilt daher $T_{f \cdot \delta} = T_{f(0) \cdot \delta}$ und somit

$$f(t) \cdot \delta(t) = f(0) \cdot \delta(t) \; . \tag{2.102}$$

Diese Eigenschaft wird auch manchmal als *Ausblendeigenschaft* bezeichnet. Entsprechend gilt

$$f(t) \cdot \delta_\tau(t) = f(t) \cdot \delta(t - \tau) = f(\tau) \cdot \delta(t - \tau) = f(\tau) \cdot \delta_\tau(t) \; . \tag{2.103}$$

### 2.8.6 Differentiation

Auf Seite 72 hatten wir bereits die distributionelle Differentiation kennen gelernt. Für die $j$-te Ableitung der DIRAC-Distribution gilt

$$T_\delta^{(j)} f = (-1)^j \cdot T_\delta f^{(j)} = (-1)^j \cdot f^{(j)}(0) \tag{2.104}$$

beziehungsweise in unserer Kurzschreibweise

$$\langle f, \delta^{(j)} \rangle = (-1)^j \cdot f^{(j)}(0) \; . \tag{2.105}$$

### 2.8.7 Heavisidesche Sprungfunktion

Die so genannte HEAVIDIDEsche Sprungfunktion

$$\theta(t) \stackrel{\triangle}{=} \begin{cases} 1, & t \geq 0 \\ 0, & t < 0 \end{cases} \tag{2.106}$$

ist das verallgemeinerte Integral über die DIRAC-Distribution, das heißt es gilt

$$\int\limits_{-\infty}^{t} \delta(t') \, \mathrm{d}t' = \theta(t) \; . \tag{2.107}$$

**Abb. 2.22.** Die HEAVISIDEsche Sprungfunktion $\theta = \theta(t)$.

In Abbildung 2.22 ist die HEAVISIDEsche Sprungfunktion dargestellt. Entsprechend gilt für die zeitliche Ableitung der HEAVIDIDEschen Sprungfunktion

$$\theta'(t) = \delta(t) \ . \tag{2.108}$$

Diese Kurzschreibweise entspricht wieder der allgemeinen Definition der distributionellen Differentiation, indem der regulären Distribution $T_\theta$ die Ableitung $T_{\theta'} = T_\delta$ zugeordnet wird.

Mit diesen Betrachtungen beenden wir unseren kurzen Ausflug in das Reich der Distributionentheorie und wenden uns nun der FOURIER-Transformation zu.

# Teil II

## Thema

# 3. Die Fourier-Transformation

*Ut sementem feceris, ita metes.*
– CICERO

In diesem Abschnitt werden wir die grundlegenden Eigenschaften der FOURIER-Transformation zusammenstellen. Wir setzen dabei voraus, dass wir uns im HILBERT-Raum beziehungsweise LEBESGUE-Raum $L^2(\mathbb{R})$ befinden, so dass alle Skalarprodukte und Normen entsprechend den Gleichungen 2.45 beziehungsweise 2.47 auf Seite 41 berechnet werden. Wie schon im letzten Kapitel bei der Diskussion der Distributionentheorie praktiziert werden wir zeitkontinuierliche Signale mit $f$ bezeichnen, da diese Signale Funktionen (*function*) des LEBESGUE-Raums $L^2(\mathbb{R})$ darstellen. Koeffizientenfolgen (*coefficient*) im HILBERTschen Folgenraum $\ell^2(\mathbb{Z})$ werden entsprechend mit $c = \{c_j\}_{j \in \mathbb{Z}}$ bezeichnet. Wir verlassen somit die im letzten Kapitel verwendete allgemeine Bezeichnungsweise mit dem Symbol $x$, um das Verständnis zu erleichtern.

## 3.1 Definition der Fourier-Transformation

Wir beginnen mit der Definition der FOURIER-Transformation.

**Definition 3.1.** *Die* FOURIER-*Transformation ordnet dem Signal* $f = f(t) \in L^2(\mathbb{R})$ *das Spektrum* $\widehat{f} = \widehat{f}(\omega) \in L^2(\mathbb{R})$ *eineindeutig zu.*

$$\widehat{f}(\omega) = \int\limits_{-\infty}^{\infty} f(t) \cdot \mathrm{e}^{-\mathrm{i}\omega t}\, \mathrm{d}t \quad \bullet\!\!-\!\!\circ \quad f(t) = \frac{1}{2\pi} \int\limits_{-\infty}^{\infty} \widehat{f}(\omega) \cdot \mathrm{e}^{\mathrm{i}\omega t}\, \mathrm{d}\omega$$

Die FOURIER-Transformation stellt eine lineare Transformation des Zeitbereichs – Originalbereich – in den Frequenzbereich – Bildbereich – dar. Für diese Transformation verwenden wir das Symbol „ $\circ\!\!-\!\!\bullet$ " – in Worten „korrespondiert" –, wobei der offene Kreis dem (hellen) Zeitbereich und der gefüllte Kreis dem (dunklen) Frequenzbereich entspricht. Hinsichtlich der Glattheit eines Signals – gemessen an der Zahl der stetigen Ableitungen – gilt das

**Lemma 3.2.** *Ein Signal* $f = f(t) \in L^2(\mathbb{R})$ *ist beschränkt und* $j$*-mal stetig differenzierbar mit beschränkten Ableitungen wenn*

$$\int\limits_{-\infty}^{\infty} |\widehat{f}(\omega)| \cdot \left(1 + |\omega|^j\right) \, \mathrm{d}\omega < \infty \ .$$

Ferner können wir eine Aussage über den Träger eines Signals machen [32].

**Lemma 3.3.** *Es sei* $f \neq 0$ *ein Signal mit einem kompakten Träger* $\mathrm{supp}\{f\}$. *Dann kann* $\widehat{f}$ *auf einem ganzen Intervall nicht gleich* $0$ *sein. Entsprechend gilt: Es sei* $\widehat{f} \neq 0$ *ein Spektrum mit einem kompakten Träger* $\mathrm{supp}\{\widehat{f}\}$. *Dann kann* $f$ *auf einem ganzen Intervall nicht gleich* $0$ *sein.*

Weitere Eigenschaften stellen wir im nun folgenden Abschnitt zusammen.

## 3.2 Eigenschaften der Fourier-Transformation

Wir betrachten nun einige Eigenschaften der FOURIER-Transformation, die für unsere weiteren Betrachtungen wichtig sind. Hierbei setzen wir voraus, dass $f(t) \circ\!\!-\!\!\bullet \widehat{f}(\omega)$, $f_i(t) \circ\!\!-\!\!\bullet \widehat{f_i}(\omega)$ sowie $\alpha, \alpha_i \in \mathbb{C}$ und $\beta \in \mathbb{R}$ gilt. Des Weiteren wird die Gültigkeit des Theorems von FUBINI angenommen, nach dem bei Mehrfachintegralen die Integration komponentenweise erfolgt sowie die Integrationsreihenfolge vertauscht werden kann.

### 3.2.1 Linearität

Die FOURIER-Transformation ist linear.

$$\alpha_1 \cdot f_1(t) + \alpha_2 \cdot f_2(t) + \ldots + \alpha_n \cdot f_n(t) \quad \circ\!\!-\!\!\bullet \quad \alpha_1 \cdot \widehat{f_1}(\omega) + \alpha_2 \cdot \widehat{f_2}(\omega) + \ldots + \alpha_n \cdot \widehat{f_n}(\omega) \tag{3.1}$$

### 3.2.2 Dualität

Unter der Annahme, dass $f(t) \circ\!\!-\!\!\bullet \widehat{f}(\omega)$ gilt, erhalten wir aus der Definition der FOURIER-Transformation die folgende Dualitätsbeziehung

$$\widehat{f}(t) \quad \circ\!\!-\!\!\bullet \quad 2\pi \cdot f(-\omega) \ . \tag{3.2}$$

### 3.2.3 Komplexe Konjugation

Für das Spektrum des konjugiert komplexen Signals $\overline{f} = \overline{f(t)}$ gilt

$$\overline{f(t)} \quad \circ\!\!-\!\!\bullet \quad \overline{\widehat{f}(-\omega)} \ . \tag{3.3}$$

Aus dieser Eigenschaft folgt sogleich, dass für reelle Signale $f = \overline{f} \in \mathbb{R}$ die FOURIER-Transformierte HERMITEsche Symmetrie besitzt, das heißt $\widehat{f}(\omega) = \overline{\widehat{f}(-\omega)}$.

### 3.2.4 Symmetrie

Das Spektrum eines Signals mit gerader Symmetrie $f(t) = f(-t)$ ist gerade;
es ergibt sich aus der Cosinus-Transformation

$$\widehat{f}(\omega) = 2 \int\limits_{0}^{\infty} f(t) \cdot \cos(\omega t)\, \mathrm{d}t \ . \tag{3.4}$$

Ist das Signal zudem gerade und reell, das heißt $f(t) = f(-t) \in \mathbb{R}$, so ist das
Spektrum ebenfalls gerade und reell. Entsprechend ist das Spektrum eines
Signals mit ungerader Symmetrie $f(t) = -f(-t)$ ungerade; es ergibt sich aus
der Sinus-Transformation

$$\widehat{f}(\omega) = \frac{2}{\mathrm{i}} \int\limits_{0}^{\infty} f(t) \cdot \sin(\omega t)\, \mathrm{d}t \ . \tag{3.5}$$

Ist das Signal zudem ungerade und imaginär, das heißt $f(t) = -f(-t) \in \mathbb{C}$,
so ist das Spektrum ungerade und reell.

### 3.2.5 Zeitverschiebung

Die FOURIER-Transformation eines um $\tau$ zeitlich verschobenen Signals entspricht im Frequenzbereich einer Multiplikation mit einem komplexen Drehfaktor $\mathrm{e}^{-\mathrm{i}\omega\tau}$.

$$f(t - \tau) \ \circ\!\!-\!\!\bullet \ \mathrm{e}^{-\mathrm{i}\omega\tau} \cdot \widehat{f}(\omega) \tag{3.6}$$

### 3.2.6 Frequenzverschiebung

Die FOURIER-Transformation eines mit einem komplexen Drehfaktor $\mathrm{e}^{\mathrm{i}\Omega t}$ mo-
dulierten Signals entspricht der Verschiebung des Spektrums um $\Omega$.

$$\mathrm{e}^{\mathrm{i}\Omega t} \cdot f(t) \ \circ\!\!-\!\!\bullet \ \widehat{f}(\omega - \Omega) \tag{3.7}$$

### 3.2.7 Skalierung

Die FOURIER-Transformation eines mit $\beta \in \mathbb{R} \setminus \{0\}$ zeitlich skalierten Signals
entspricht einer Skalierung mit $\beta^{-1}$ im Frequenzbereich.

$$f(\beta \cdot t) \ \circ\!\!-\!\!\bullet \ \frac{1}{|\beta|} \cdot \widehat{f}\left(\frac{\omega}{\beta}\right) \tag{3.8}$$

### 3.2.8 Faltung

Die FOURIER-Transformation der Faltung $f \star g$ zweier Signale $f$ und $g$ im Zeitbereich entspricht der Multiplikation $\widehat{f} \cdot \widehat{g}$ der zugehörigen Spektren $\widehat{f}$ und $\widehat{g}$ im Frequenzbereich.

$$(f \star g)(t) \quad \circ\!\!-\!\!\bullet \quad \widehat{f}(\omega) \cdot \widehat{g}(\omega) \tag{3.9}$$

Dies ist ersichtlich aus

$$
\begin{aligned}
(f \star g)(t) &= \int_{-\infty}^{\infty} f(t') \cdot g(t - t') \, \mathrm{d}t' \\
&= \int_{-\infty}^{\infty} f(t') \cdot \left( \frac{1}{2\pi} \int_{-\infty}^{\infty} \widehat{g}(\omega) \cdot \mathrm{e}^{\mathrm{i}\omega(t-t')} \, \mathrm{d}\omega \right) \mathrm{d}t' \\
&= \frac{1}{2\pi} \int_{-\infty}^{\infty} \int_{-\infty}^{\infty} f(t') \cdot \widehat{g}(\omega) \cdot \mathrm{e}^{\mathrm{i}\omega t} \cdot \mathrm{e}^{-\mathrm{i}\omega t'} \, \mathrm{d}\omega \, \mathrm{d}t' \\
&= \frac{1}{2\pi} \int_{-\infty}^{\infty} \left( \int_{-\infty}^{\infty} f(t') \cdot \mathrm{e}^{-\mathrm{i}\omega t'} \, \mathrm{d}t' \right) \cdot \widehat{g}(\omega) \cdot \mathrm{e}^{\mathrm{i}\omega t} \, \mathrm{d}\omega \\
&= \frac{1}{2\pi} \int_{-\infty}^{\infty} \left( \widehat{f}(\omega) \cdot \widehat{g}(\omega) \right) \cdot \mathrm{e}^{\mathrm{i}\omega t} \, \mathrm{d}\omega \\
&\overset{!}{=} \frac{1}{2\pi} \int_{-\infty}^{\infty} \widehat{f \star g}(\omega) \cdot \mathrm{e}^{\mathrm{i}\omega t} \, \mathrm{d}\omega \ ;
\end{aligned}
$$

der letzte Ausdruck stellt die FOURIER-Rücktransformation des Spektrums $\widehat{f} \cdot \widehat{g} = \widehat{f \star g}$ dar.

### 3.2.9 Multiplikation

Als Umkehrung der Faltungseigenschaft der FOURIER-Transformation entspricht die Multiplikation zweier Signale $f \cdot g$ im Zeitbereich bis auf den Faktor $1/2\pi$ der Faltung $\widehat{f} \star \widehat{g}$ der zugehörigen Spektren im Frequenzbereich.

$$f(t) \cdot g(t) \quad \circ\!\!-\!\!\bullet \quad \frac{1}{2\pi} \cdot (\widehat{f} \star \widehat{g})(\omega) \tag{3.10}$$

Aufgrund der Dualität der FOURIER-Transformation gilt wie für die Faltung

$$\int_{-\infty}^{\infty} (f(t) \cdot g(t)) \cdot \mathrm{e}^{-\mathrm{i}\omega t} \, \mathrm{d}t$$

$$= \int\limits_{-\infty}^{\infty} f(t) \cdot \left( \frac{1}{2\pi} \int\limits_{-\infty}^{\infty} \widehat{g}(\omega') \cdot e^{i\omega' t}\, d\omega' \right) \cdot e^{-i\omega t}\, dt$$

$$= \frac{1}{2\pi} \int\limits_{-\infty}^{\infty} \int\limits_{-\infty}^{\infty} f(t) \cdot \widehat{g}(\omega') \cdot e^{i\omega' t} \cdot e^{-i\omega t}\, d\omega'\, dt$$

$$= \frac{1}{2\pi} \int\limits_{-\infty}^{\infty} \left( \int\limits_{-\infty}^{\infty} f(t) \cdot e^{-i(\omega-\omega')t}\, dt \right) \cdot \widehat{g}(\omega')\, d\omega'$$

$$= \frac{1}{2\pi} \int\limits_{-\infty}^{\infty} \widehat{f}(\omega - \omega') \cdot \widehat{g}(\omega')\, d\omega'$$

$$= \frac{1}{2\pi} \cdot (\widehat{f} \star \widehat{g})(\omega) \ .$$

### 3.2.10 Differentiation

Die FOURIER-Transformierte der zeitlichen Ableitung $f' = \frac{df}{dt} \in L^2(\mathbb{R})$ wird aus der Multiplikation des Spektrums mit dem Faktor $i\omega$ gewonnen.

$$f'(t) \ \circ\!\!-\!\bullet \ i\omega \cdot \widehat{f}(\omega) \tag{3.11}$$

Dies wird ersichtlich aus

$$f'(t) = \frac{df}{dt}(t)$$

$$= \frac{d}{dt} \left( \frac{1}{2\pi} \int\limits_{-\infty}^{\infty} \widehat{f}(\omega) \cdot e^{i\omega t}\, d\omega \right)$$

$$= \frac{1}{2\pi} \int\limits_{-\infty}^{\infty} \frac{\partial}{\partial t} \left( \widehat{f}(\omega) \cdot e^{i\omega t} \right)\, d\omega$$

$$= \frac{1}{2\pi} \int\limits_{-\infty}^{\infty} \left( i\omega \cdot \widehat{f}(\omega) \right) \cdot e^{i\omega t}\, d\omega \ ;$$

der letzte Ausdruck entspricht der FOURIER-Rücktransformation des Spektrums $i\omega \cdot \widehat{f}(\omega)$.

### 3.2.11 Theorem von Plancherel

Für die FOURIER-Transformation gilt das nützliche Theorem von PLANCHEREL.

**Theorem 3.4.** *Es seien* $\widehat{f} = \widehat{f}(\omega) \in L^2(\mathbb{R})$ *und* $\widehat{g} = \widehat{g}(\omega) \in L^2(\mathbb{R})$ *die* FOURIER-*Transformierten der Signale* $f = f(t) \in L^2(\mathbb{R})$ *und* $g = g(t) \in L^2(\mathbb{R})$. *Dann gilt für das Skalarprodukt im Zeit- und Frequenzbereich*

$$\langle f, g \rangle_{L^2(\mathbb{R})} = \frac{1}{2\pi} \cdot \langle \widehat{f}, \widehat{g} \rangle_{L^2(\mathbb{R})} \ .$$

Dies sieht man mithilfe der folgenden Rechnung.

$$\langle f, g \rangle_{L^2(\mathbb{R})} = \int\limits_{-\infty}^{\infty} f(t) \cdot \overline{g(t)}\, \mathrm{d}t$$

$$= \int\limits_{-\infty}^{\infty} f(t) \cdot \overline{\frac{1}{2\pi} \int\limits_{-\infty}^{\infty} \widehat{g}(\omega) \cdot \mathrm{e}^{\mathrm{i}\omega t}\, \mathrm{d}\omega}\, \mathrm{d}t$$

$$= \frac{1}{2\pi} \int\limits_{-\infty}^{\infty} \int\limits_{-\infty}^{\infty} f(t) \cdot \overline{\widehat{g}(\omega)} \cdot \mathrm{e}^{-\mathrm{i}\omega t}\, \mathrm{d}\omega\, \mathrm{d}t$$

$$= \frac{1}{2\pi} \int\limits_{-\infty}^{\infty} \left( \int\limits_{-\infty}^{\infty} f(t) \cdot \mathrm{e}^{-\mathrm{i}\omega t}\, \mathrm{d}t \right) \cdot \overline{\widehat{g}(\omega)}\, \mathrm{d}\omega$$

$$= \frac{1}{2\pi} \int\limits_{-\infty}^{\infty} \widehat{f}(\omega) \cdot \overline{\widehat{g}(\omega)}\, \mathrm{d}\omega$$

$$= \frac{1}{2\pi} \cdot \langle \widehat{f}, \widehat{g} \rangle_{L^2(\mathbb{R})}$$

Mithilfe des Theorems von PLANCHEREL kann das Skalarprodukt sowohl im Zeitbereich als auch im Frequenzbereich berechnet werden. Die Formel

$$\langle \widehat{f}, \widehat{\varphi} \rangle_{L^2(\mathbb{R})} \overset{\triangle}{=} 2\pi \cdot \langle f, \varphi \rangle_{L^2(\mathbb{R})}$$

kann zur Definition der FOURIER-Transformation für Distributionen $f$ mit der Testfunktion $\varphi$ verwendet werden [48]. Die FOURIER-Transformation heißt auch FOURIER-PLANCHEREL-Transformation.

### 3.2.12 Parsevalsche Gleichung

Für $f = g$ erhalten wir die PARSEVALsche Gleichung für die FOURIER-Transformation entsprechend Theorem 2.60 auf Seite 46.

**Theorem 3.5.** *Es sei* $\widehat{f} = \widehat{f}(\omega) \in L^2(\mathbb{R})$ *die* FOURIER-*Transformierte des Signals* $f = f(t) \in L^2(\mathbb{R})$. *Dann gilt für die zugehörige Norm*

$$\|f\|^2_{L^2(\mathbb{R})} = \langle f, f \rangle_{L^2(\mathbb{R})} = \frac{1}{2\pi} \cdot \|\widehat{f}\|^2_{L^2(\mathbb{R})} = \frac{1}{2\pi} \cdot \langle \widehat{f}, \widehat{f} \rangle_{L^2(\mathbb{R})} \ .$$

Die PARSEVALsche Gleichung besagt, dass die Berechnung der Signalenergie

$$E \stackrel{\triangle}{=} \int\limits_{-\infty}^{\infty} |f(t)|^2 \, \mathrm{d}t = \|f\|_{L^2(\mathbb{R})}^2 = \frac{1}{2\pi} \cdot \|\widehat{f}\|_{L^2(\mathbb{R})}^2$$

sowohl im Zeitbereich als auch im Frequenzbereich durchgeführt werden kann.[1]

### 3.2.13 Poissonsche Summenformel

Die so genannte POSSIONsche Summenformel besagt für die FOURIER-Transformation, dass die unendliche Summe der äquidistanten Abtastwerte $f(j)$ durch eine entsprechende unendliche Summe der im Frequenzbereich gewonnen Abtastwerte $\widehat{f}(2\pi j)$ berechnet werden kann.

$$\sum_{j=-\infty}^{\infty} f(j) = \sum_{j=-\infty}^{\infty} \widehat{f}(2\pi j) \tag{3.12}$$

### 3.2.14 Basen in $L^2(\mathbb{R})$

Mithilfe der FOURIER-Transformation kann die folgende notwendige und hinreichende Bedingung für eine RIESZ-Basis gemäß Theorem 2.67

$$\{\varphi_j\}_{j\in\mathbb{Z}} = \{\ldots, \varphi_{-2}, \varphi_{-1}, \varphi_0, \varphi_1, \varphi_2, \ldots\}$$

mit

$$\varphi_j = \varphi_j(t) \stackrel{\triangle}{=} \varphi(t - j)$$

in einem HILBERT-Raum $\mathcal{H} \subseteq L^2(\mathbb{R})$ angegeben werden.

**Theorem 3.6.** *Eine Menge $\{\varphi_j\}_{j\in\mathbb{Z}}$ in einem* HILBERT-*Raum $\mathcal{H} \subseteq L^2(\mathbb{R})$ mit $\varphi_j(t) \stackrel{\triangle}{=} \varphi(t - j)$ ist genau dann eine* RIESZ-*Basis mit den* RIESZ-*Schranken $0 < A \leq B < \infty$, wenn gilt:*[2]

$$0 < A \leq \sum_{j\in\mathbb{Z}} |\widehat{\varphi}(\omega + 2\pi j)|^2 \leq B < \infty \quad a.e.$$

---

[1] In der Literatur werden die Bezeichnungen Theorem von PLANCHEREL und PARSEVALsche Gleichung nicht einheitlich verwendet.

[2] Das Symbol *a.e.* steht erneut für *almost everywhere* und kennzeichnet den Fall, dass zwei Funktionen auf dem HILBERT-Raum $L^2(\mathbb{R})$ fast überall – also bis auf Mengen mit dem Maß 0 – übereinstimmen.

## 3.3 Lineare zeitinvariante Systeme

Bei der Definition der Faltung im HILBERT-Raum beziehungsweise LEBESGUE-Raum $L^2(\mathbb{R})$ gemäß Definition 2.88 auf Seite 65 hatten wir bereits die in Abbildung 2.17 gezeigte systemtheoretische Deutung mithilfe linearer zeitinvarianter Systeme vorgenommen: Einem zeitkontinuierlichen Eingangssignal $f = f(t)$ wird ein Ausgangssignal

$$\boxed{g = g(t) = (h \star f)(t)}$$

durch Faltung mit der Impulsantwort $h = h(t)$ zugeordnet. Diese Beschreibung können wir nun entsprechend Abbildung 3.1 mithilfe der Faltungseigenschaft der FOURIER-Transformation gemäß Gleichung 3.9 auf Seite 86 auf den Frequenzbereich ausdehnen: Das Spektrum des Ausgangssignals $g = g(t) \circ\!\!-\!\!\bullet \widehat{g} = \widehat{g}(\omega)$ eines linearen zeitinvarianten Systems ergibt sich aus der Multiplikation des Spektrums des zeitkontinuierlichen Eingangssignals $f = f(t) \circ\!\!-\!\!\bullet \widehat{f} = \widehat{f}(\omega)$ mit der FOURIER-Transformierten $\widehat{h} = \widehat{h}(\omega)$ der Impulsantwort $h = h(t)$.

$$\boxed{\widehat{g}(\omega) = \widehat{h}(\omega) \cdot \widehat{f}(\omega)}$$

Die FOURIER-Transformierte $\widehat{h} = \widehat{h}(\omega)$ der Impulsantwort $h = h(t)$ heißt

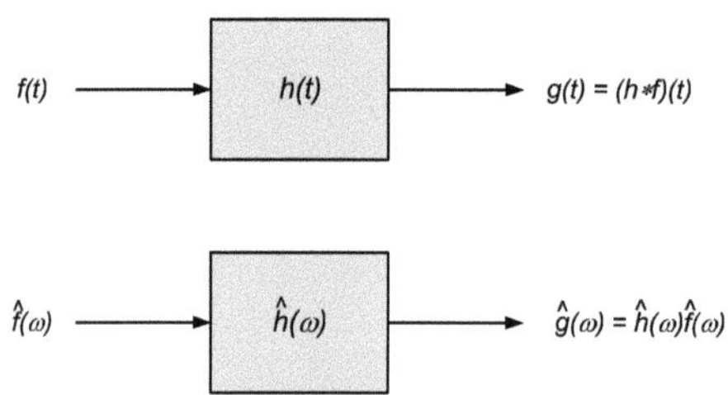


**Abb. 3.1.** Das lineare zeitinvariante System wird im Zeitbereich beschrieben durch die Faltung des Eingangssignals $f = f(t)$ mit der Impulsantwort $h = h(t)$, das heißt $g(t) = (h \star f)(t)$. Im Frequenzbereich gilt $\widehat{g}(\omega) = \widehat{h}(\omega) \cdot \widehat{f}(\omega)$.

Übertragungsfunktion oder Transferfunktion. Sie beschreibt, welche Frequenzanteile des Eingangssignals durch das lineare zeitinvariante Systeme gedämpft oder verstärkt werden gemäß

$$g(t) = \frac{1}{2\pi} \int\limits_{-\infty}^{\infty} \widehat{h}(\omega) \cdot \widehat{f}(\omega) \cdot \mathrm{e}^{\mathrm{i}\omega t} \, \mathrm{d}\omega \ .$$

Betrachten wir das spezielle Eingangssignal

$$f(t) = \mathrm{e}^{\mathrm{i}\Omega t}$$

– die später etwas genauer in Augenschein genommene harmonische Exponentialfunktion – , so berechnet sich das Ausgangssignal zu

$$g(t) = (h \star f)(t) = \int\limits_{-\infty}^{\infty} h(t') \cdot e^{i\Omega(t-t')} \, dt'$$

$$= e^{i\Omega t} \cdot \underbrace{\int\limits_{-\infty}^{\infty} h(t') \cdot e^{-i\Omega t'} \, dt'}_{=\widehat{h}(\Omega)} = e^{i\Omega t} \cdot \widehat{h}(\Omega) \ ;$$

wird somit als Eingangssignal die harmonische Exponentialfunktion gewählt, so ist auch das Ausgangssignal – bis auf einen komplexen von der Zeit $t$ unabhängigen Faktor $\widehat{h}(\Omega)$ – eine harmonische Exponentialfunktion.

$$e^{i\Omega t} \mapsto e^{i\Omega t} \cdot \widehat{h}(\Omega) \tag{3.13}$$

Die harmonische Exponentialfunktion $e^{i\Omega t}$ ist somit entsprechend Definition 2.82 auf Seite 56 ein Eigenelement des durch die Faltung beschriebenen linearen Operators $T$. Die Übertragungsfunktion $\widehat{h}(\Omega)$ entspricht dem zugehörigen Eigenwert.

Ein *verzerrungsfreies System* ist definiert als ein System, welches das Eingangssignal $f = f(t)$ lediglich mit einem konstanten Faktor $\alpha \in \mathbb{C}$ multipliziert und um die Verzögerungszeit $\tau$ verzögert.

$$g(t) = \alpha \cdot f(t - \tau)$$

Da $f(t - \tau) = (f \star \delta_\tau)(t)$ gilt, lautet die zugehörige Impulsantwort

$$h(t) = \alpha \cdot \delta_\tau(t) = \alpha \cdot \delta(t - \tau) \ .$$

## 3.4 Beispiele der Fourier-Transformation

In diesem Abschnitt stellen wir einige Beispiele für die FOURIER-Transformation zusammen. Nebenbei definieren wir Signale, die in unserer weiteren Diskussion wichtig sein werden. Wann immer Distributionen – insbesondere DIRAC-Distributionen und ihre Verwandten – erscheinen, erinnern wir uns an unseren Ausflug in die Distributionentheorie und die dort eingeführte Kurzschreibweise.

### 3.4.1 Rechteck-Funktion

Die so genannte *Rechteck-Funktion* rect $= \text{rect}(t)$ stellt ein Signal zur Modellierung impulsförmiger Signale dar, wie Abbildung 3.2 zeigt. Die Definition der Rechteck-Funktion lautet

$$\text{rect}(t) \triangleq \begin{cases} 1, & -\frac{1}{2} \leq t \leq \frac{1}{2} \\ 0, & \text{sonst} \end{cases} \ .$$

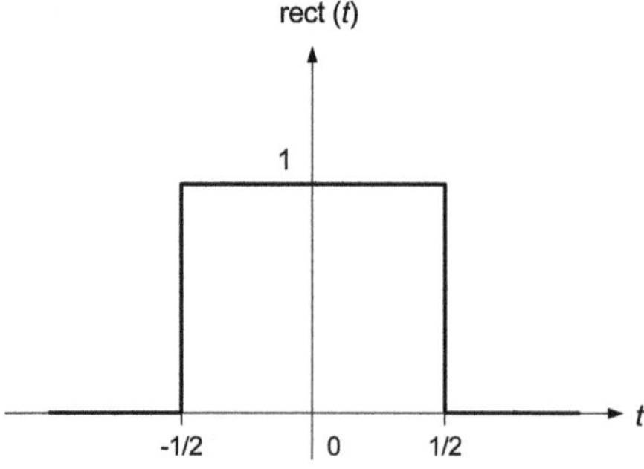

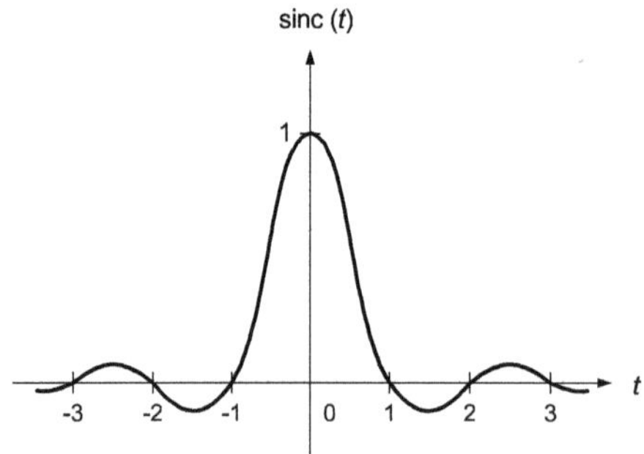

**Abb. 3.2.** Die Rechteck-Funktion $\text{rect} = \text{rect}(t)$.

Die zugehörige FOURIER-Transformation berechnet sich zu

$$\int\limits_{-\infty}^{\infty} \text{rect}(t) \cdot e^{-i\omega t}\, dt = \int\limits_{-\frac{1}{2}}^{\frac{1}{2}} e^{-i\omega t}\, dt$$

$$= 2 \cdot \int\limits_{0}^{\frac{1}{2}} \cos(\omega t)\, dt = 2 \cdot \left[\frac{\sin(\omega t)}{\omega}\right]_{0}^{\frac{1}{2}} = \frac{\sin\left(\frac{\omega}{2}\right)}{\frac{\omega}{2}}\ .$$

Definieren wir die alles Weitere beherrschende und in Abbildung 3.3 gezeigte Spalt- oder sinc-Funktion

$$\boxed{\ \text{sinc}(t) \overset{\triangle}{=} \frac{\sin(\pi t)}{\pi t}\ ,\ }\tag{3.14}$$

so erhalten wir

$$\text{rect}(t) \ \circ\!\!-\!\!\bullet\ \text{sinc}\left(\frac{\omega}{2\pi}\right)\ .\tag{3.15}$$

Aufgrund der in Gleichung 3.2 auf Seite 84 ausgedrückten Dualität der

**Abb. 3.3.** Die Spalt- oder sinc-Funktion $\text{sinc} = \text{sinc}(t) = \frac{\sin(\pi t)}{\pi t}$.

FOURIER-Transformation erhalten wir ebenso

$$\text{sinc}(t) \;\circ\!\!-\!\!\bullet\; \text{rect}\left(\frac{\omega}{2\pi}\right) \;. \tag{3.16}$$

Durch Ausnutzen der Skalierungseigenschaft der FOURIER-Transformation in Gleichung 3.8 auf Seite 85 ergibt sich ferner

$$\boxed{\frac{\Omega}{\pi} \cdot \text{sinc}\left(\frac{\Omega \cdot t}{\pi}\right) \;\circ\!\!-\!\!\bullet\; \text{rect}\left(\frac{\omega}{2\Omega}\right) \;.} \tag{3.17}$$

Ein lineares zeitinvariantes System mit der Impulsantwort

$$h(t) = \frac{\Omega}{\pi} \cdot \text{sinc}\left(\frac{\Omega \cdot t}{\pi}\right)$$

besitzt somit das rechteckförmige Spektrum

$$\widehat{h}(\omega) = \text{rect}\left(\frac{\omega}{2\Omega}\right) \;;$$

ein solches System wird daher *idealer Tiefpass* genannt, da alle Frequenzanteile des Eingangssignals für $|\omega| > \Omega$ herausgefiltert werden. Abbildung 3.4 veranschaulicht die Übertragungsfunktion $\widehat{h}(\omega)$ des idealen Tiefpasses.

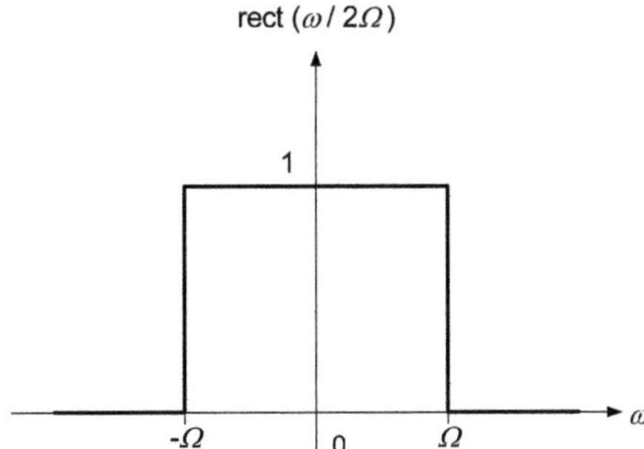


**Abb. 3.4.** Die Übertragungsfunktion $\widehat{h}(\omega) = \text{rect}\left(\frac{\omega}{2\Omega}\right)$ des idealen Tiefpasses.

### 3.4.2 Gauß-Funktion

Ein anderes impulsförmiges Signal stellt die so genannte GAUSS-Funktion in Abbildung 3.5 dar, deren Spektrum ebenfalls eine GAUSS-Funktion ist.

$$e^{-\pi t^2} \;\circ\!\!-\!\!\bullet\; e^{-\omega^2/4\pi} \tag{3.18}$$

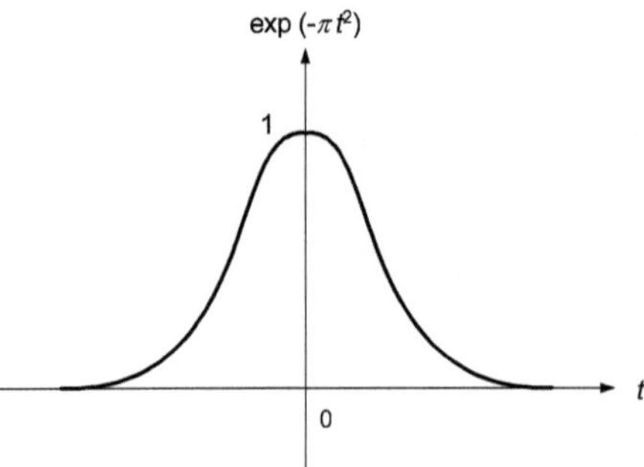


**Abb. 3.5.** Die GAUSS-Funktion $e^{-\pi t^2}$.

### 3.4.3 Dirac-Distribution

Mit der Ausblendeigenschaft der DIRAC-Distribution $\delta$ erhalten wir formal

$$\widehat{\delta}(\omega) \;=\; \int\limits_{-\infty}^{\infty} \delta(t)\cdot e^{-i\omega t}\,\mathrm{d}t \;=\; e^{-i\omega t}\Big|_{t=0} \;=\; 1 \;,$$

also

$$\delta(t) \;\circ\!\!-\!\!\bullet\; 1 \;. \tag{3.19}$$

Entsprechend gilt für die verschobene DIRAC-Distribution $\delta_\tau$

$$\widehat{\delta}_\tau(\omega) \;=\; \int\limits_{-\infty}^{\infty} \delta_\tau(t)\cdot e^{-i\omega t}\,\mathrm{d}t \;=\; e^{-i\omega t}\Big|_{t=\tau} \;=\; e^{-i\omega\tau} \;,$$

kurz

$$\delta_\tau(t) \;\circ\!\!-\!\!\bullet\; e^{-i\omega\tau} \;. \tag{3.20}$$

### 3.4.4 Harmonische Exponentialfunktion

Was geschieht, wenn wir die DIRAC-Distribution nicht im Zeitbereich, sondern im Frequenzbereich betrachten? Zur Beantwortung dieser Frage berechnen wir formal die Rücktransformierte der FOURIER-Transformation

$$\frac{1}{2\pi} \int\limits_{-\infty}^{\infty} \delta(\omega)\cdot e^{i\omega t}\,\mathrm{d}\omega \;=\; \frac{1}{2\pi}\cdot e^{i\omega t}\Big|_{\omega=0} \;=\; \frac{1}{2\pi}$$

und erhalten

$$1 \;\circ\!\!-\!\!\bullet\; 2\pi\cdot\delta(\omega) \;. \tag{3.21}$$

Entsprechend gilt unter Verwendung der verschobenen DIRAC-Distribution $\delta_\Omega(\omega) = \delta(\omega - \Omega)$

$$\frac{1}{2\pi} \int\limits_{-\infty}^{\infty} \delta_{\Omega}(\omega) \cdot \mathrm{e}^{\mathrm{i}\omega t}\,\mathrm{d}\omega \;=\; \frac{1}{2\pi} \cdot \mathrm{e}^{\mathrm{i}\omega t}\Big|_{\omega=\Omega} \;=\; \frac{1}{2\pi} \cdot \mathrm{e}^{\mathrm{i}\Omega t} \; .$$

Es ergibt sich die so genannte *harmonische Exponentialfunktion*

$$\mathrm{e}^{\mathrm{i}\Omega t} \; \circ\!\!-\!\!\bullet \; 2\pi \cdot \delta_{\Omega}(\omega) = 2\pi \cdot \delta(\omega - \Omega) \; . \tag{3.22}$$

Für Cosinus-Funktion $\cos(\Omega t) = \Re\{\mathrm{e}^{\mathrm{i}\Omega t}\}$ und Sinus-Funktion $\sin(\Omega t) = \Im\{\mathrm{e}^{\mathrm{i}\Omega t}\}$ lauten die zugehörigen FOURIER-Transformierten

$$\cos(\Omega t) \; \circ\!\!-\!\!\bullet \; \pi \cdot \{\delta(\omega + \Omega) + \delta(\omega - \Omega)\} \; , \tag{3.23}$$

$$\sin(\Omega t) \; \circ\!\!-\!\!\bullet \; \mathrm{i}\pi \cdot \{\delta(\omega + \Omega) - \delta(\omega - \Omega)\} \; . \tag{3.24}$$

### 3.4.5 Signum-Funktion

Wie wir bereits gesehen haben stellt die DIRAC-Distribution $\delta$ die verallgemeinerte Ableitung der HEAVISIDEschen Sprungfunktion $\theta$ dar, das heißt $\theta' = \delta$. Entsprechend ist die verallgemeinerte Ableitung der in Abbildung 3.6 gezeigten Vorzeichen- oder Signum-Funktion

$$\operatorname{sgn}(t) \stackrel{\triangle}{=} \begin{cases} -1, & t < 0 \\ \phantom{-}0 \;, & t = 0 \\ \phantom{-}1 \;, & t > 0 \end{cases} \tag{3.25}$$

gegeben durch $\operatorname{sgn}' = 2 \cdot \delta$. Entsprechend gilt

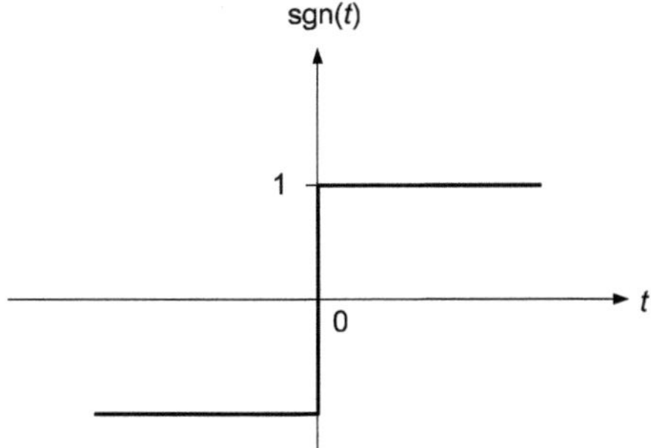


**Abb. 3.6.** Die Vorzeichen- oder Signum-Funktion $\operatorname{sgn} = \operatorname{sgn}(t)$.

$$\frac{\mathrm{d}}{\mathrm{d}t}\left(\operatorname{sgn}(t) + \alpha\right) = 2 \cdot \delta(t) \; .$$

mit einer Konstanten $\alpha \in \mathbb{C}$. Daher erhalten wir mit der Differentiationseigenschaft der FOURIER-Transformation $f'(t) \; \circ\!\!-\!\!\bullet \; \mathrm{i}\omega \cdot \widehat{f}(\omega)$ und mit $\delta(t) \; \circ\!\!-\!\!\bullet \; 1$ sowie $1 \; \circ\!\!-\!\!\bullet \; 2\pi \cdot \delta(\omega)$

$$\mathrm{i}\omega \cdot (\widehat{\mathrm{sgn}}(\omega) + 2\pi \cdot \alpha \cdot \delta(\omega)) \overset{!}{=} 2$$

$$\Leftrightarrow \quad \widehat{\mathrm{sgn}}(\omega) \overset{!}{=} \frac{2}{\mathrm{i}\omega} - 2\pi \cdot \alpha \cdot \delta(\omega) \ .$$

Da $\mathrm{sgn}(t)$ eine reelle ungerade Funktion ist, muss das Spektrum $\widehat{\mathrm{sgn}}(\omega)$ eine imaginäre ungerade Funktion sein; hieraus folgt $\alpha = 0$ und somit

$$\mathrm{sgn}(t) \ \circ\!\!\!-\!\!\bullet \ \frac{2}{\mathrm{i}\omega} \ . \tag{3.26}$$

### 3.4.6 Heavisidesche Sprungfunktion

Die HEAVISIDEsche Sprungfunktion $\theta = \theta(t)$ kann mithilfe der Signum-Funktion $\mathrm{sgn} = \mathrm{sgn}(t)$ geschrieben werden als[3]

$$\theta(t) = \frac{1}{2} + \frac{1}{2} \cdot \mathrm{sgn}(t) \quad \text{a.e.}$$

Hieraus erhalten wir die FOURIER-Transformierte der HEAVISIDEschen Sprungfunktion

$$\theta(t) \ \circ\!\!\!-\!\!\bullet \ \pi \cdot \delta(\omega) + \frac{1}{\mathrm{i}\omega} \ . \tag{3.27}$$

### 3.4.7 Dirac-Kamm

Wir berechnen nun die FOURIER-Transformierte des so genannten DIRAC-Kamms

$$\mathrm{III}(t) \overset{\triangle}{=} \sum_{j=-\infty}^{\infty} \delta_j(t) \tag{3.28}$$

oder etwas ausführlicher mit $\delta_j(t) = \delta(t - j)$

$$\mathrm{III}(t) \overset{\triangle}{=} \sum_{j=-\infty}^{\infty} \delta(t - j) \ .$$

Der DIRAC-Kamm III stellt eine unendlich ausgedehnte Folge von äquidistanten DIRAC-Distributionen im Abstand 1 und somit natürlich selbst eine Distribution dar. Abbildung 3.7 zeigt die übliche Darstellung des DIRAC-Kamms entsprechend Abbildung 2.13 auf Seite 62. Zur Berechnung der FOURIER-Transformierte verwenden wir die der POISSONschen Summenformel in Gleichung 3.12 auf Seite 89 formal ähnliche Beziehung

$$\sum_{j=-\infty}^{\infty} \mathrm{e}^{\mathrm{i}\omega j} = 2\pi \sum_{j=-\infty}^{\infty} \delta(\omega - 2\pi j) \ , \tag{3.29}$$

---

[3] Da wir uns im LEBESGUE-Raum $L^2(\mathbb{R})$ befinden, identifizieren wir Signale, die fast überall – oder $a.e.$ – übereinstimmen. Die mögliche Abweichung an der Sprungstelle bei $t = 0$ ist in diesem Sinne ohne Belang.

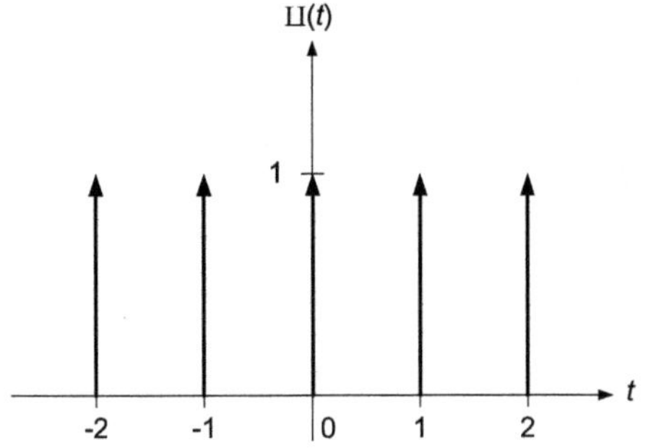

Abb. **3.7.** Der Dirac-Kamm $\text{III} = \text{III}(t)$.

die Poissonsche Formel genannt wird – und natürlich im distributionellen Sinne zu verstehen ist [32]. Mit $\delta_\tau(t) = \delta(t - \tau)$ $\circ\!\!-\!\!\bullet$ $e^{-i\omega\tau}$ sowie der Skalierungseigenschaft der Dirac-Distribution erhalten wir

$$\widehat{\text{III}}(\omega) = \sum_{j=-\infty}^{\infty} \widehat{\delta}_j(\omega) = \sum_{j=-\infty}^{\infty} e^{-i\omega j}$$

$$= 2\pi \sum_{j=-\infty}^{\infty} \delta(\omega - 2\pi j) = \sum_{j=-\infty}^{\infty} \delta\left(\frac{\omega}{2\pi} - j\right)$$

$$= \text{III}\left(\frac{\omega}{2\pi}\right) \ .$$

Mit

$$\text{III}(t) \ \circ\!\!-\!\!\bullet \ \text{III}\left(\frac{\omega}{2\pi}\right) \tag{3.30}$$

ergibt sich die Fourier-Transformierte des Dirac-Kamms ebenfalls als mit $2\pi$ skalierter Dirac-Kamm. Entsprechend gilt

$$\frac{1}{T} \cdot \text{III}\left(\frac{t}{T}\right) = \sum_{j=-\infty}^{\infty} \delta(t - j \cdot T)$$

$$\circ\!\!-\!\!\bullet \quad \frac{2\pi}{T} \sum_{j=-\infty}^{\infty} \delta\left(\omega - \frac{2\pi j}{T}\right) = \text{III}\left(\frac{\omega \cdot T}{2\pi}\right) \ . \tag{3.31}$$

Der Dirac-Kamm $\text{III} = \text{III}(t)$ stellt ein periodisches verallgemeinertes Signal dar; periodischen Signalen wenden wir uns nun im nächsten Abschnitt zu.


## 3.5 Fourier-Transformation periodischer Signale

Das in diesem Abschnitt verfolgte Konzept besteht in der Erkenntnis, dass praktische Signale $f = f(t)$ eine endliche Länge – das heißt einen kompakten Träger $\text{supp}\{f\} \subseteq [0, N \cdot T]$ – besitzen. Um in Anbetracht des Lemmas 3.3 auf Seite 84 keine Einschränkung hinsichtlich der von uns später gemachten Voraussetzung der exakten Frequenzband-Begrenztheit hinnehmen zu müssen, ist uns der Weg, das Signal außerhalb des Intervalls gleich 0 anzunehmen, versagt. Stattdessen setzen wir das Signal in geeigneter Weise periodisch fort. Aus diesem Grund betrachten wir nun die FOURIER-Transformation periodischer Signale.

### 3.5.1 Periodische Fortsetzung

Periodische Signale $f_{1-\mathrm{per}} = f_{1-\mathrm{per}}(t)$ sind gekennzeichnet durch die Eigenschaft[4]

$$f_{1-\mathrm{per}}(t) = f_{1-\mathrm{per}}(t + N \cdot T) \tag{3.32}$$

mit der Periode $N \cdot T \in \mathbb{R}$. Man kann sich ein periodisches Signal durch periodische Fortsetzung eines auf das Intervall $[0, N \cdot T]$ zeitbegrenzten Signals $f = f(t) \in L^2(\mathbb{R})$ – also eines Signals $f$ mit kompaktem Träger

$$\mathrm{supp}\{f\} \subseteq [0, N \cdot T]$$

– entstanden denken.

$$f_{1-\mathrm{per}}(t) = \sum_{j=-\infty}^{\infty} f(t - j \cdot N \cdot T) \tag{3.33}$$

Dies ist in Abbildung 3.8 veranschaulicht. Mithilfe der Ausblendeigenschaft der DIRAC-Distribution und der Faltungseigenschaft $(f \star \delta_\tau)(t) = f(t-\tau)$ gilt

$$f_{1-\mathrm{per}}(t) = \sum_{j=-\infty}^{\infty} f(t - j \cdot N \cdot T) = \sum_{j=-\infty}^{\infty} (f \star \delta_{j \cdot N \cdot T})(t)$$

$$= \left( f \star \sum_{j=-\infty}^{\infty} \delta_{j \cdot N \cdot T} \right)(t) = f \star \sum_{j=-\infty}^{\infty} \delta(t - j \cdot N \cdot T)$$

$$\widehat{f}_{1-\mathrm{per}}(\omega) = \widehat{f}(\omega) \cdot \frac{2\pi}{N \cdot T} \sum_{j=-\infty}^{\infty} \delta_{\frac{2\pi}{T} \cdot \frac{j}{N}}(\omega)$$

$$= \sum_{j=-\infty}^{\infty} \frac{2\pi}{N \cdot T} \cdot \widehat{f}(\omega) \cdot \delta\left( \omega - \frac{2\pi}{T} \cdot \frac{j}{N} \right)$$

$$= \sum_{j=-\infty}^{\infty} \frac{2\pi}{N \cdot T} \cdot \widehat{f}\left( \frac{2\pi}{T} \cdot \frac{j}{N} \right) \cdot \delta\left( \omega - \frac{2\pi}{T} \cdot \frac{j}{N} \right)$$

$$f_{1-\mathrm{per}}(t) = \sum_{j=-\infty}^{\infty} \left[ \frac{1}{N \cdot T} \cdot \widehat{f}\left( \frac{2\pi}{T} \cdot \frac{j}{N} \right) \right] \cdot \mathrm{e}^{\mathrm{i}2\pi jt/NT} \quad .$$

---

[4] Wir schreiben $_{1-\mathrm{per}}$ zur Kennzeichnung der hier durchgeführten periodischen Fortsetzung mit Periode $N \cdot T$.

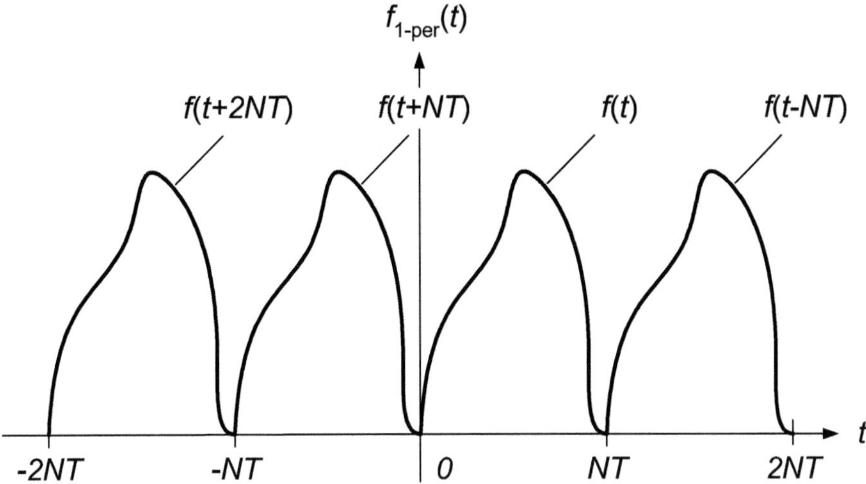


**Abb. 3.8.** Die periodische Fortsetzung eines auf das Intervall $[0, N{\cdot}T]$ zeitbegrenzten Signals $f = f(t)$ führt auf das mit der Periode $N \cdot T$ periodische Signal $f_{1-\mathrm{per}} = f_{1-\mathrm{per}}(t)$.

Definieren wir die Koeffizientenfolge $c = \{c_j\}_{j\in\mathbb{Z}}$ durch

$$c_j \stackrel{\triangle}{=} \frac{1}{N \cdot T} \cdot \widehat{f}\left(\frac{2\pi}{T} \cdot \frac{j}{N}\right) \;, \tag{3.34}$$

so erhalten wir die für periodische Signale besonders geeignete Signaldarstellung basierend auf der so genannten FOURIER-Reihe.

**Definition 3.7.** *Die* FOURIER-*Reihe des mit der Periode* $N \cdot T$ *periodischen Signals* $f_{1-\mathrm{per}} = f_{1-\mathrm{per}}(t) = f_{1-\mathrm{per}}(t + N \cdot T)$ *lautet*

$$f_{1-\mathrm{per}}(t) = \sum_{j=-\infty}^{\infty} c_j \cdot \mathrm{e}^{\mathrm{i}2\pi jt/NT}$$

*mit den* FOURIER-*Koeffizienten*

$$c_j = \frac{1}{N \cdot T} \int\limits_{0}^{N{\cdot}T} f_{1-\mathrm{per}}(t) \cdot \mathrm{e}^{-\mathrm{i}2\pi jt/NT} \, \mathrm{d}t \;.$$

Die Formel für die FOURIER-Koeffizienten kann direkt über die FOURIER-Transformation überprüft werden.

$$c_j = \frac{1}{N \cdot T} \int\limits_{0}^{N{\cdot}T} f_{1-\mathrm{per}}(t) \cdot \mathrm{e}^{-\mathrm{i}2\pi jt/NT} \, \mathrm{d}t = \frac{1}{N \cdot T} \int\limits_{0}^{N{\cdot}T} f(t) \cdot \mathrm{e}^{-\mathrm{i}2\pi jt/NT} \, \mathrm{d}t$$

$$= \frac{1}{N \cdot T} \int\limits_{-\infty}^{\infty} f(t) \cdot \mathrm{e}^{-\mathrm{i}\omega t}\, \mathrm{d}t \bigg|_{\omega = \frac{2\pi}{T} \cdot \frac{j}{N}} = \frac{1}{N \cdot T} \cdot \widehat{f}\left(\frac{2\pi}{T} \cdot \frac{j}{N}\right) \ .$$

Die FOURIER-Koeffizienten des periodischen Signals $f_{1-\mathrm{per}}$ entsprechen somit bis auf einen Faktor $1/NT$ den äquidistanten Abtastwerten des Spektrums $\widehat{f}$ des Grundsignals $f$ an den Stellen $\omega_j = 2\pi j/NT$. Das Spektrum

$$\widehat{f}_{1-\mathrm{per}}(\omega) = 2\pi \sum_{j=-\infty}^{\infty} c_j \cdot \delta\left(\omega - \frac{2\pi}{T} \cdot \frac{j}{N}\right)$$

besteht aus diskreten Spektrallinien an den Stellen $\omega_j = 2\pi j/NT$ – es ist ein so genanntes *Linienspektrum*. Die Periodizität im Zeitbereich korrespondiert somit mit einem frequenzdiskreten Spektrum, wie in Abbildung 3.9 veranschaulicht. Die FOURIER-Reihe stellt somit ein für die Praxis wichtiges Beispiel dar,

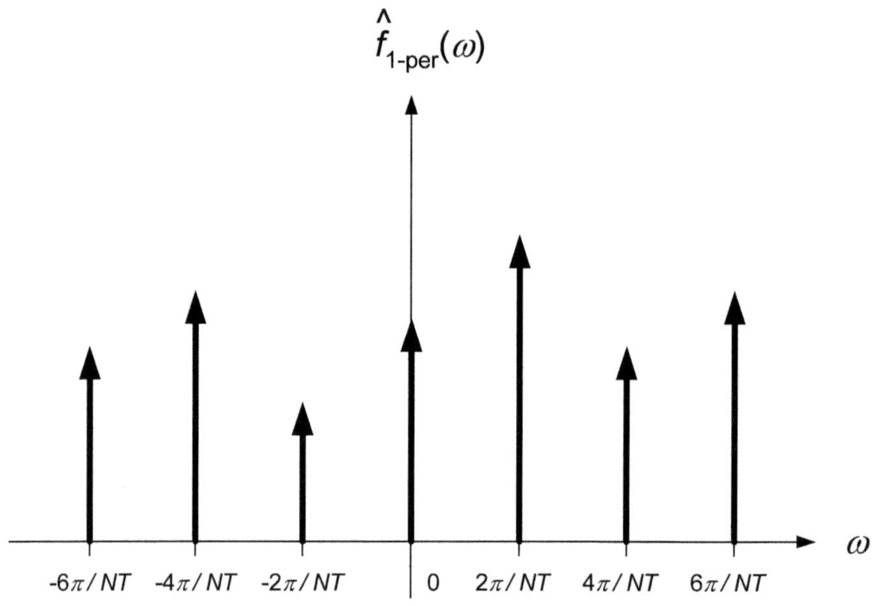


**Abb. 3.9.** Das frequenzdiskrete Spektrum $\widehat{f}_{1-\mathrm{per}} = \widehat{f}_{1-\mathrm{per}}(\omega)$ eines periodischen Signals $f_{1-\mathrm{per}} = f_{1-\mathrm{per}}(t) = f_{1-\mathrm{per}}(t + N \cdot T)$.

in dem zeitkontinuierliche Signale aus einem Signalraum – hier $L^2([0, N \cdot T])$ – durch eine Reihenentwicklung mit einer abzählbaren Basisfunktionenfolge – in diesem Falle

$$\left\{\varphi_j(t)\right\}_{j \in \mathbb{Z}} = \left\{\mathrm{e}^{\mathrm{i}2\pi jt/NT}\right\}_{j \in \mathbb{Z}}$$

– repräsentiert werden können. Ein anderes und aufgrund der Dualität der
FOURIER-Transformation entsprechendes Beispiel ist das alles Weitere be-
herrschende und im nächsten Kapitel ausführlich besprochene SHANNON-
WHITTAKER-KOTEL'NIKOV-Abtasttheorem.

**Symmetrie**

Besitzt das Signal $f_{1-\text{per}}$ gerade Symmetrie, das heißt $f_{1-\text{per}}(t) = f_{1-\text{per}}(-t)$,
so kann die Folge der FOURIER-Koeffizienten berechnet werden aus

$$c_j = \frac{2}{N \cdot T} \int\limits_0^{N \cdot T/2} f_{1-\text{per}}(t) \cdot \cos\left(\frac{2\pi j}{N} \cdot \frac{t}{T}\right) \, dt \ .$$

In diesem Fall gilt $c_j = c_{-j}$, das heißt die Koeffizientenfolge $c = \{c_j\}_{j\in\mathbb{Z}}$ ist
gerade; die zugehörige FOURIER-Reihe lautet

$$f_{1-\text{per}}(t) = c_0 + 2 \sum_{j=1}^\infty c_j \cdot \cos\left(\frac{2\pi j}{N} \cdot \frac{t}{T}\right) \ .$$

Bei ungerader Symmetrie des Signals $f_{1-\text{per}}$, also $f_{1-\text{per}}(t) = -f_{1-\text{per}}(-t)$,
kann die Folge der FOURIER-Koeffizienten berechnet werden aus

$$c_j = \frac{2}{iN \cdot T} \int\limits_0^{N \cdot T/2} f_{1-\text{per}}(t) \cdot \sin\left(\frac{2\pi j}{N} \cdot \frac{t}{T}\right) \, dt \ .$$

Hier ist die Koeffizientenfolge $c = \{c_j\}_{j\in\mathbb{Z}}$ ungerade, also $c_j = -c_{-j}$, mit der
entsprechenden FOURIER-Reihe

$$f_{1-\text{per}}(t) = 2i \sum_{j=1}^\infty c_j \cdot \sin\left(\frac{2\pi j}{N} \cdot \frac{t}{T}\right) \ .$$

**Skalarprodukt und Norm**

Für periodische Signale wollen wir nun ebenfalls ein Skalarprodukt und eine
hiervon induzierte Norm definieren. Es tritt jedoch die Schwierigkeit auf, dass
periodische Signale im Allgemeinen keine endliche Energie haben, das heißt
nicht Elemente des LEBESGUE-Raums $L^2(\mathbb{R})$ sind. Da periodische Signale mit
der Periode $N \cdot T$ vollständig durch den Verlauf innerhalb eines Zeitintervalls der Länge $N \cdot T$ bestimmt sind, definieren wir für periodische Signale
das Skalarprodukt über ein solches Zeitintervall, zum Beispiel $[0, N \cdot T]$. Das
einer Periode entsprechende Teilsignal sei über dieses Intervall quadratisch
integrierbar, also Element des LEBESGUE-Raums $L^2([0, N \cdot T])$. Somit gilt für
das Skalarprodukt zweier periodischer Signale $f_{1-\text{per}}$ und $g_{1-\text{per}}$, die durch

periodische Fortsetzung der Signale $f$ und $g$ mit der Periode $N \cdot T$ gewonnen wurden,[5]

$$\langle f, g \rangle_{L^2([0, N \cdot T])} \stackrel{\triangle}{=} \int_0^{N \cdot T} f(t) \cdot \overline{g(t)} \, \mathrm{d}t \ . \tag{3.35}$$

Die durch dieses Skalarprodukt $\langle f, g \rangle_{L^2([0, N \cdot T])}$ induzierte Norm lautet

$$\|f\|_{L^2([0, N \cdot T])} \stackrel{\triangle}{=} \sqrt{\langle f, f \rangle_{L^2([0, N \cdot T])}} = \sqrt{\int_0^{N \cdot T} |f(t)|^2 \, \mathrm{d}t} \ . \tag{3.36}$$

Für die aus den Signalen $f$ und $g$ durch periodische Fortsetzung gewonnenen periodischen Signale $f_{1-\mathrm{per}}$ und $g_{1-\mathrm{per}}$ mit den zugehörigen FOURIER-Koeffizientenfolgen $c = \{c_j\}_{j \in \mathbb{Z}} \in \ell^2(\mathbb{Z})$ beziehungsweise $d = \{d_j\}_{j \in \mathbb{Z}} \in \ell^2(\mathbb{Z})$ kann ferner eine dem Theorem von PLANCHEREL entsprechende Beziehung hergeleitet werden.

$$
\begin{aligned}
\langle f, g &\rangle_{L^2([0, N \cdot T])} \\
&= \left\langle \sum_{i=-\infty}^{\infty} c_i \cdot \mathrm{e}^{\mathrm{i}2\pi it/NT}, \sum_{j=-\infty}^{\infty} d_j \cdot \mathrm{e}^{\mathrm{i}2\pi jt/NT} \right\rangle_{L^2([0, N \cdot T])} \\
&= \sum_{i=-\infty}^{\infty} \sum_{j=-\infty}^{\infty} c_i \cdot \overline{d_j} \cdot \left\langle \mathrm{e}^{\mathrm{i}2\pi it/NT}, \mathrm{e}^{\mathrm{i}2\pi jt/NT} \right\rangle_{L^2([0, N \cdot T])} \\
&= \sum_{i=-\infty}^{\infty} \sum_{j=-\infty}^{\infty} c_i \cdot \overline{d_j} \cdot \int_0^{N \cdot T} \mathrm{e}^{\mathrm{i}2\pi it/NT} \cdot \mathrm{e}^{-\mathrm{i}2\pi jt/NT} \, \mathrm{d}t \\
&= \sum_{i=-\infty}^{\infty} \sum_{j=-\infty}^{\infty} c_i \cdot \overline{d_j} \cdot \int_0^{N \cdot T} \mathrm{e}^{\mathrm{i}2\pi (i-j)t/NT} \, \mathrm{d}t \\
&= \sum_{i=-\infty}^{\infty} \sum_{j=-\infty}^{\infty} c_i \cdot \overline{d_j} \cdot N \cdot T \cdot \delta_{i,j} \\
&= N \cdot T \sum_{j=-\infty}^{\infty} c_j \cdot \overline{d_j} \\
&= N \cdot T \cdot \langle c, d \rangle_{\ell^2(\mathbb{Z})}
\end{aligned}
$$

Hier bedeutet $\langle c, d \rangle_{\ell^2(\mathbb{Z})}$ das bereits eingeführte Skalarprodukt im HILBERT-schen Folgenraum $\ell^2(\mathbb{Z})$. Zusammengefasst haben wir

---

[5] Tatsächlich können wir aufgrund der Periodizität der Signale das betrachtete Zeitintervall der Länge $N \cdot T$ um $\tau$ verschieben, also über $[\tau, \tau + N \cdot T]$ integrieren.

**Theorem 3.8.** *Es seien* $c = \{c_j\}_{j\in\mathbb{Z}} \in \ell^2(\mathbb{Z})$ *und* $d = \{d_j\}_{j\in\mathbb{Z}} \in \ell^2(\mathbb{Z})$ *die* FOURIER-*Koeffizientenfolgen der mit der Periode* $N{\cdot}T$ *periodisch fortgesetzten Signale* $f = f(t) \in L^2([0, N \cdot T])$ *und* $g = g(t) \in L^2([0, N \cdot T])$. *Dann gilt für das Skalarprodukt im Zeit- und Frequenzbereich*

$$\langle f, g\rangle_{L^2([0,N{\cdot}T])} = N \cdot T \sum_{j=-\infty}^{\infty} c_j \cdot \overline{d_j} = N \cdot T \cdot \langle c, d\rangle_{\ell^2(\mathbb{Z})} \ .$$

Des Weiteren gilt mit $f = g$ für periodische Signale ebenfalls eine PARSE-VALsche Gleichung.

**Theorem 3.9.** *Es sei* $c = \{c_j\}_{j\in\mathbb{Z}} \in \ell^2(\mathbb{Z})$ *die* FOURIER-*Koeffizientenfolge des mit der Periode* $N{\cdot}T$ *periodisch fortgesetzten Signals* $f = f(t) \in L^2([0, N \cdot T])$. *Dann gilt für die zugehörige Norm*

$$\|f\|^2_{L^2([0,N{\cdot}T])} = N \cdot T \sum_{j=-\infty}^{\infty} |c_j|^2 = N \cdot T \cdot \|c\|^2_{\ell^2(\mathbb{Z})} \ .$$

Mithilfe der PARSEVALschen Gleichung kann die folgende im weiteren Verlauf unserer Diskussion wichtige Gleichung hergeleitet werden.

$$\frac{1}{\sin^2(t)} = \sum_{j=-\infty}^{\infty} \frac{1}{(t + \pi j)^2} \tag{3.37}$$

*Beweis.* Mit $N \cdot T = 2\pi$ und der Funktion $f \in L^2([0, 2\pi])$ gegeben durch

$$f(t) = \text{rect}\left(\frac{t - \pi}{2\pi}\right) \cdot e^{-i\Omega t}$$

$$\circ\!\!-\!\!\bullet \quad \widehat{f}(\omega) = 2\pi \cdot \text{sinc}(\omega + \Omega) \cdot e^{-i(\omega+\Omega)\pi}$$

ergeben sich die zugehörigen FOURIER-Koeffizienten aus

$$c_j = \frac{1}{2\pi} \cdot \widehat{f}(j) = \text{sinc}(j + \Omega) \cdot e^{-i\pi(j+\Omega)} \ .$$

Daraus erhalten wir mithilfe der PARSEVALschen Gleichung

$$\frac{1}{2\pi} \cdot \|f\|^2_{L^2([0,2\pi])} = \frac{1}{2\pi} \cdot \int_0^{2\pi} |f(t)|^2 \, \mathrm{d}t = 1$$

$$= \|c\|^2_{\ell^2(\mathbb{Z})} = \sum_{j=-\infty}^{\infty} |c_j|^2$$

$$= \sum_{j=-\infty}^{\infty} \text{sinc}^2(j + \Omega) = \sum_{j=-\infty}^{\infty} \frac{\sin^2(\pi\Omega)}{(\pi j + \pi\Omega)^2} \ .$$

Mit der Ersetzung $\pi\Omega = t$ ergibt sich

$$1 = \sin^2(t) \sum_{j=-\infty}^{\infty} \frac{1}{(\pi j + t)^2}$$

und daraus Gleichung 3.37.

$\square$

### 3.5.2 Symmetrische periodische Fortsetzung

Die an den Rändern des Intervalls $[0, N\cdot T]$ durch die im letzten Abschnitt vorgenommene periodische Fortsetzung möglichen Sprungstellen führen zu hohen Frequenzanteilen und somit zu einem entsprechend breiten, langsam abfallenden Linienspektrum. Entsprechend führt eine Beschränkung des Spektrums mit einer Frequenzgrenze $\Omega$ zu dem bekannten GIBBschen Phänomen. Das Auftreten von Sprungstellen durch die periodische Fortsetzung ist in Abbildung 3.10 veranschaulicht. Um diese Sprungstellen zu vermeiden, können wir

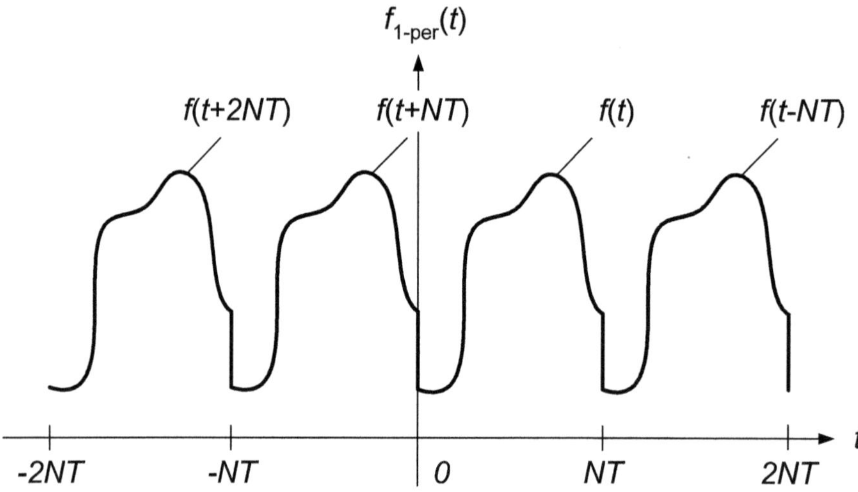


**Abb. 3.10.** Das Auftreten von Sprungstellen durch die periodische Fortsetzung eines auf das Intervall $[0, N \cdot T]$ zeitbegrenzten Signals $f = f(t)$.

die periodische Fortsetzung unter Einhaltung einer geraden Symmetrie vornehmen. Dieses Vorgehen – und die beiden damit zusammenhängenden Varianten der periodischen Fortsetzung – entsprechen dem Ansatz bei der so genannten Diskreten Cosinus-Transformation ($DCT$ – $\underline{d}iscrete$ $\underline{c}osine$ $\underline{t}ransform$) [32]. Wir machen daher für die periodische Fortsetzung des auf das Zeitintervall $[0, N \cdot T]$ begrenzten Signals $f = f(t) \in L^2(\mathbb{R})$ mit kompaktem Träger

$\mathrm{supp}\{f\} \subseteq [0, N \cdot T]$ den Ansatz[6]

$$f_{2-\mathrm{per}}(t) = \begin{cases} f(t), & 0 \leq t < N \cdot T \\ f(-t), & -N \cdot T \leq t < 0 \end{cases} \tag{3.38}$$

und

$$f_{2-\mathrm{per}}(t) = f_{2-\mathrm{per}}(t + 2 \cdot N \cdot T) \ .$$

Es gilt also wie gewünscht

$$f_{2-\mathrm{per}}(t) = f_{2-\mathrm{per}}(-t) \ ;$$

dies ist in Abbildung 3.11 veranschaulicht. Für die mit der Periode $2 \cdot N \cdot T$

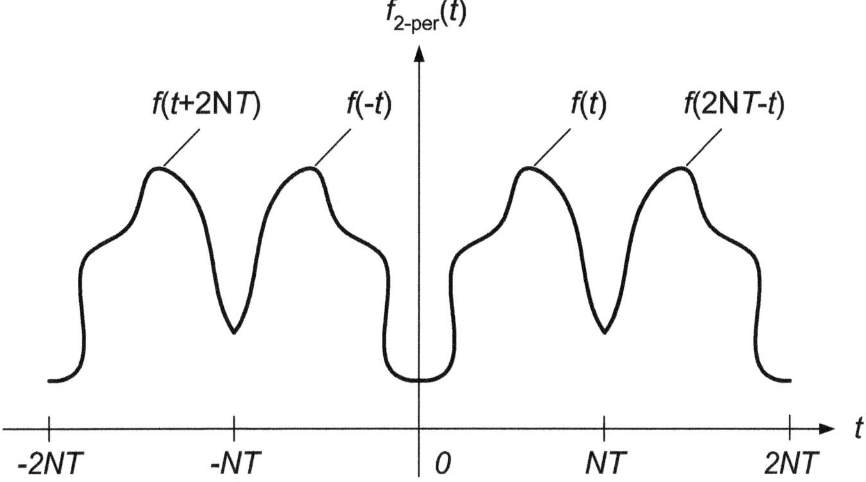


**Abb. 3.11.** Die symmetrische periodische Fortsetzung eines auf das Intervall $[0, N \cdot T]$ zeitbegrenzten Signals $f = f(t)$ führt auf das mit der Periode $2 \cdot N \cdot T$ periodische Signal $f_{2-\mathrm{per}} = f_{2-\mathrm{per}}(t)$.

periodische FOURIER-Reihe ergibt sich nun aufgrund der geraden Symmetrie

$$f_{2-\mathrm{per}}(t) = \sum_{j=-\infty}^{\infty} c_j \cdot \mathrm{e}^{\mathrm{i}\pi jt/NT} = c_0 + 2\sum_{j=1}^{\infty} c_j \cdot \cos\left(\frac{\pi j}{N} \cdot \frac{t}{T}\right)$$

mit der geraden Folge der FOURIER-Koeffizienten $c = \{c_j\}_{j \in \mathbb{Z}} = \{c_{-j}\}_{j \in \mathbb{Z}}$

---

[6] Wir schreiben nun $_{2-\mathrm{per}}$, um die symmetrische periodische Fortsetzung mit Periode $2 \cdot N \cdot T$ von der periodischen Fortsetzung mit Periode $N \cdot T$ deutlich zu unterscheiden.

$$c_j = \frac{1}{N \cdot T} \int\limits_0^{N \cdot T} f_{2-\mathrm{per}}(t) \cdot \cos\left(\frac{\pi j}{N} \cdot \frac{t}{T}\right) \, \mathrm{d}t$$

$$= \frac{1}{N \cdot T} \int\limits_0^{N \cdot T} f(t) \cdot \cos\left(\frac{\pi j}{N} \cdot \frac{t}{T}\right) \, \mathrm{d}t \ .$$

Das Linienspektrum errechnet sich nun aus

$$\widehat{f}_{2-\mathrm{per}}(\omega)$$

$$= 2\pi \cdot c_0 \cdot \delta(\omega) + 2\pi \sum_{j=1}^{\infty} c_j \cdot \left\{ \delta\left(\omega - \frac{\pi}{T} \cdot \frac{j}{N}\right) + \delta\left(\omega + \frac{\pi}{T} \cdot \frac{j}{N}\right) \right\} \ .$$

### Skalarprodukt und Norm

Auch für den Fall der symmetrischen periodischen Fortsetzung des auf das Zeitintervall $[0, N \cdot T]$ begrenzten Signals $f = f(t) \in L^2(\mathbb{R})$ mit kompaktem Träger $\mathrm{supp}\{f\} \subseteq [0, N \cdot T]$ definieren wir nun ein Skalarprodukt und die durch dieses Skalarprodukt induzierte Norm. Da das periodisch fortgesetzte Signal $f_{2-\mathrm{per}} = f_{2-\mathrm{per}}(t)$ mit der Periode $2 \cdot N \cdot T$ aufgrund der erzwungenen Symmetrie $f_{2-\mathrm{per}}(t) = f_{2-\mathrm{per}}(-t)$ wiederum vollständig durch den Verlauf innerhalb des Zeitintervalls der Länge $N \cdot T$ bestimmt wird, definieren wir auch hier das Skalarprodukt über ein solches Zeitintervall $[0, N \cdot T]$, welches jedoch nun einer halben Periode $\frac{1}{2} \cdot 2 \cdot N \cdot T$ entspricht. Für das Skalarprodukt zweier mit der Periode $2 \cdot N \cdot T$ periodischer Signale $f_{2-\mathrm{per}}$ und $g_{2-\mathrm{per}}$, die durch symmetrische periodische Fortsetzung der Signale $f$ und $g$ mit den kompakten Trägern $\mathrm{supp}\{f\} \subseteq [0, N \cdot T]$ und $\mathrm{supp}\{g\} \subseteq [0, N \cdot T]$ gewonnen wurden, schreiben wir somit

$$\langle f, g \rangle_{L^2([0, N \cdot T])} \stackrel{\triangle}{=} \int\limits_0^{N \cdot T} f(t) \cdot \overline{g(t)} \, \mathrm{d}t \ . \tag{3.39}$$

Die durch dieses Skalarprodukt $\langle f, g \rangle_{L^2([0, N \cdot T])}$ induzierte Norm lautet

$$\|f\|_{L^2([0, N \cdot T])} \stackrel{\triangle}{=} \sqrt{\langle f, f \rangle_{L^2([0, N \cdot T])}} = \sqrt{\int\limits_0^{N \cdot T} |f(t)|^2 \, \mathrm{d}t} \ . \tag{3.40}$$

Wie oben kann für die aus den Signalen $f$ und $g$ durch symmetrische periodische Fortsetzung gewonnenen Signale $f_{2-\mathrm{per}}$ und $g_{2-\mathrm{per}}$ mit den FOURIER-Koeffizientenfolgen $c = \{c_j\}_{j\in\mathbb{Z}} \in \ell^2(\mathbb{Z})$ beziehungsweise $d = \{d_j\}_{j\in\mathbb{Z}} \in \ell^2(\mathbb{Z})$ eine Beziehung ähnlich dem Theorem von PLANCHEREL gewonnen werden. Wir berechnen zunächst das Integral über eine Periode $2 \cdot N \cdot T$

$$\int\limits_{0}^{2 \cdot N \cdot T} f_{2-\mathrm{per}}(t) \cdot \overline{g_{2-\mathrm{per}}(t)} \, \mathrm{d}t$$

$$= \int\limits_{0}^{2 \cdot N \cdot T} \left( \sum_{i=-\infty}^{\infty} c_i \cdot \mathrm{e}^{\mathrm{i}\pi it/NT} \right) \cdot \overline{\left( \sum_{j=-\infty}^{\infty} d_j \cdot \mathrm{e}^{\mathrm{i}\pi jt/NT} \right)} \, \mathrm{d}t$$

$$= \sum_{i=-\infty}^{\infty} \sum_{j=-\infty}^{\infty} c_i \cdot \overline{d_j} \cdot \int\limits_{0}^{2 \cdot N \cdot T} \mathrm{e}^{\mathrm{i}\pi it/NT} \cdot \mathrm{e}^{-\mathrm{i}\pi jt/NT} \, \mathrm{d}t$$

$$= \sum_{i=-\infty}^{\infty} \sum_{j=-\infty}^{\infty} c_i \cdot \overline{d_j} \cdot \int\limits_{0}^{2 \cdot N \cdot T} \mathrm{e}^{\mathrm{i}\pi(i-j)t/NT} \, \mathrm{d}t$$

$$= \sum_{i=-\infty}^{\infty} \sum_{j=-\infty}^{\infty} c_i \cdot \overline{d_j} \cdot 2 \cdot N \cdot T \cdot \delta_{i,j}$$

$$= 2 \cdot N \cdot T \sum_{j=-\infty}^{\infty} c_j \cdot \overline{d_j}$$

und berücksichtigen, dass aufgrund der geraden Symmetrie

$$\int\limits_{0}^{2 \cdot N \cdot T} f_{2-\mathrm{per}}(t) \cdot \overline{g_{2-\mathrm{per}}(t)} \, \mathrm{d}t = 2 \cdot \int\limits_{0}^{N \cdot T} f(t) \cdot \overline{g(t)} \, \mathrm{d}t$$

gilt. Mit Gleichung 3.39 ergibt sich daher wie im obigen Fall der periodischen Fortsetzung das folgende Theorem.

**Theorem 3.10.** *Es seien* $c = \{c_j\}_{j\in\mathbb{Z}} = \{c_{-j}\}_{j\in\mathbb{Z}} \in \ell^2(\mathbb{Z})$ *und* $d = \{d_j\}_{j\in\mathbb{Z}} = \{d_{-j}\}_{j\in\mathbb{Z}} \in \ell^2(\mathbb{Z})$ *die* FOURIER-*Koeffizientenfolgen der mit der Periode* $2 \cdot N \cdot T$ *symmetrisch periodisch fortgesetzten Signale* $f = f(t) \in L^2([0, N \cdot T])$ *und* $g = g(t) \in L^2([0, N \cdot T])$. *Dann gilt für das Skalarprodukt im Zeit- und Frequenzbereich*

$$\langle f, g \rangle_{L^2([0,N\cdot T])} = N \cdot T \sum_{j=-\infty}^{\infty} c_j \cdot \overline{d_j} = N \cdot T \cdot \langle c, d \rangle_{\ell^2(\mathbb{Z})}$$

$$= N \cdot T \cdot \left( c_0 \cdot \overline{d_0} + 2 \sum_{j=1}^{\infty} c_j \cdot \overline{d_j} \right) .$$

Für $f = g$ folgt ferner wieder eine PARSEVALsche Gleichung.

**Theorem 3.11.** *Es sei* $c = \{c_j\}_{j\in\mathbb{Z}} = \{c_{-j}\}_{j\in\mathbb{Z}} \in \ell^2(\mathbb{Z})$ *die* FOURIER-*Koeffizientenfolge des mit der Periode* $2 \cdot N \cdot T$ *symmetrisch periodisch fortgesetzten Signals* $f = f(t) \in L^2([0, N \cdot T])$. *Dann gilt für die zugehörige Norm*

$$\|f\|_{L^2([0,N\cdot T])}^2 = N \cdot T \sum_{j=-\infty}^{\infty} |c_j|^2 = N \cdot T \cdot \|c\|_{\ell^2(\mathbb{Z})}^2$$

$$= N \cdot T \cdot \left( |c_0|^2 + 2 \sum_{j=1}^{\infty} |c_j|^2 \right) .$$

### 3.5.3 Verschobene symmetrische periodische Fortsetzung

Im nächsten Kapitel werden wir sehen, dass ein Signal $f$ unter einer geeigneten Voraussetzung – nämlich der exakten Frequenzband-Begrenztheit – fehlerfrei durch die im äquidistanten Abstand $T$ gewonnenen Abtastwerte $f(j \cdot T)$ repräsentiert werden kann. Werden zeitbegrenzte Signale $f$ mit kompaktem Träger $\mathrm{supp}\{f\} \subseteq [0, N \cdot T]$ beziehungsweise die durch periodische Fortsetzung mit der Periode $N \cdot T$ gewonnenen periodischen Signale $f_{1-\mathrm{per}}$ betrachtet, so reichen daher $N$ Abtastwerte zur vollständigen Beschreibung des Signals aus. Wird jedoch die im letzten Abschnitt beschriebene symmetrische periodische Fortsetzung zugrunde gelegt, so ist neben den Abtastwerten $f(0 \cdot T), f(1 \cdot T), \ldots, f((N-1) \cdot T)$ noch der Abtastwert $f(N \cdot T)$ frei verfügbar. Zur Darstellung des Signals $f$ beziehungsweise $f_{2-\mathrm{per}}$ ist somit die Kenntnis von $N+1$ Abtastwerten erforderlich. Diese Eigenschaft stellt aber ein Artefakt der von uns zur Vermeidung von Sprungstellen an den Zeitpunkten $i \cdot N \cdot T$ mit $i \in \mathbb{Z}$ eingesetzten symmetrischen periodischen Fortsetzung dar.

Zur Vermeidung dieses Verhaltens des periodisch fortgesetzten Signals mit der Periode $2 \cdot N \cdot T$ – also

$$f_{2-\mathrm{per}}(t) = f_{2-\mathrm{per}}(t + 2 \cdot N \cdot T)$$

– wählen wir anstelle der im letzten Abschnitt zugrunde gelegten geraden Symmetrie zur Ordinate bei $t = 0$

$$f_{2-\mathrm{per}}(t) = \begin{cases} f(t), & 0 \le t < N \cdot T \\ f(-t), & -N \cdot T \le t < 0 \end{cases}$$

nun eine gerade Symmetrie zur Achse bei $t = -T/2$ parallel zur Ordinate

$$f_{2-\mathrm{per}}(t) = \begin{cases} f(t), & -\frac{T}{2} \le t < N \cdot T - \frac{T}{2} \\ f(-t-T), & -N \cdot T - \frac{T}{2} \le t < -\frac{T}{2} \end{cases} . \tag{3.41}$$

Damit gilt[7]

---

[7] Wir verzichten an dieser Stelle auf eine besondere Kennzeichnung für die verschobene symmetrische periodische Fortsetzung. Dies deshalb, weil die wesentlichen Resultate wie das Theorem von PLANCHEREL, die PARSEVALsche Gleichung sowie die BERNSTEINsche Ungleichung (siehe unten) wörtlich von dem Fall der symmetrischen periodischen Fortsetzung übernommen werden können. Ferner wird aus dem Zusammenhang hervorgehen, ob das zugrunde gelegte zeitlich begrenzte Signal um $-T/2$ verschoben angenommen wird.

$$f_{2-\mathrm{per}}(t) = f_{2-\mathrm{per}}(2 \cdot N \cdot T - t - T) \ . \qquad (3.42)$$

Anders ausgedrückt nehmen wir an, dass das zeitlich auf einen Träger der Länge $N \cdot T$ begrenzte Signal $f$ in dem Zeitintervall $[-T/2, N \cdot T - T/2]$ liegt, für den Träger also gilt

$$\mathrm{supp}\{f\} \subseteq \left[ -\frac{T}{2}, N \cdot T - \frac{T}{2} \right] \ . \qquad (3.43)$$

Diese in Abbildung 3.12 veranschaulichte Art der periodischen Fortsetzung findet man auch bei Varianten der Diskreten Cosinus-Transformation (*DCT* – *discrete cosine transform*) [32]. Für die mit der Periode $2 \cdot N \cdot T$ periodische

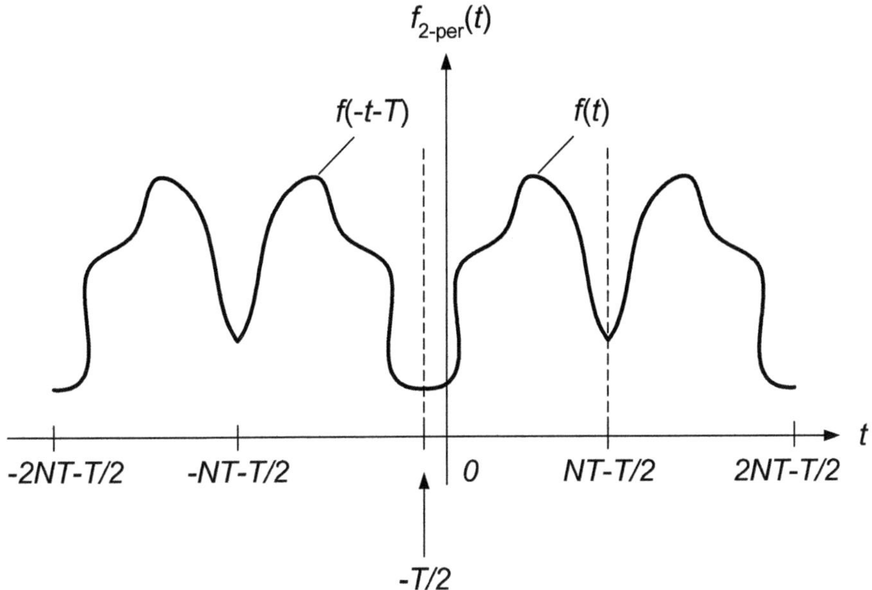


**Abb. 3.12.** Die um $-T/2$ verschobene symmetrische periodische Fortsetzung eines auf das Intervall $[-T/2, N \cdot T - T/2]$ zeitbegrenzten Signals $f = f(t)$ führt auf das mit der Periode $2 \cdot N \cdot T$ periodische Signal $f_{2-\mathrm{per}} = f_{2-\mathrm{per}}(t)$.

FOURIER-Reihe ergibt sich nun aufgrund der verschobenen Symmetrie

$$f_{2-\mathrm{per}}(t) = \sum_{j=-\infty}^{\infty} c_j \cdot e^{\mathrm{i}\pi j(t+T/2)/NT} = c_0 + 2 \sum_{j=1}^{\infty} c_j \cdot \cos\left( \frac{\pi j}{N} \cdot \frac{t + \frac{T}{2}}{T} \right)$$

mit der – aufgrund der in die zeitliche Darstellung eingebauten verschobenen Symmetrie – geraden Folge der FOURIER-Koeffizienten $c = \{c_j\}_{j \in \mathbb{Z}} = \{c_{-j}\}_{j \in \mathbb{Z}}$

$$c_j = \frac{1}{2 \cdot N \cdot T} \int\limits_{-\frac{T}{2}}^{2 \cdot N \cdot T - \frac{T}{2}} f_{2-\mathrm{per}}(t) \cdot \mathrm{e}^{-\mathrm{i}\pi j(t+T/2)/NT}\, \mathrm{d}t$$

$$= \frac{1}{N \cdot T} \int\limits_{-\frac{T}{2}}^{N \cdot T - \frac{T}{2}} f_{2-\mathrm{per}}(t) \cdot \cos\left(\frac{\pi j}{N} \cdot \frac{t+\frac{T}{2}}{T}\right)\, \mathrm{d}t$$

$$= \frac{1}{N \cdot T} \int\limits_{-\frac{T}{2}}^{N \cdot T - \frac{T}{2}} f(t) \cdot \cos\left(\frac{\pi j}{N} \cdot \frac{t+\frac{T}{2}}{T}\right)\, \mathrm{d}t \ .$$

Das Linienspektrum errechnet sich nun aus

$$\widehat{f}_{2-\mathrm{per}}(\omega) = 2\pi \cdot c_0 \cdot \delta(\omega) +$$

$$2\pi \sum_{j=1}^{\infty} c_j \cdot \left\{ \mathrm{e}^{\mathrm{i}\pi j/2N} \cdot \delta\left(\omega - \frac{\pi}{T} \cdot \frac{j}{N}\right) + \mathrm{e}^{-\mathrm{i}\pi j/2N} \cdot \delta\left(\omega + \frac{\pi}{T} \cdot \frac{j}{N}\right) \right\} \ .$$

## Skalarprodukt und Norm

Für den hier betrachteten Fall der um $-T/2$ verschobenen symmetrischen periodischen Fortsetzung wird das Skalarprodukt sowie die durch dieses induzierte Norm unter Verwendung des auf das Zeitintervall $[-T/2, N \cdot T - T/2]$ zeitlich begrenzten Signals $f = f(t) \in L^2(\mathbb{R})$ mit kompaktem Träger $\mathrm{supp}\{f\} \subseteq [-T/2, N \cdot T - T/2]$ definiert. Es gilt

$$\langle f, g \rangle_{L^2([-T/2,\, N \cdot T - T/2])} \stackrel{\triangle}{=} \int\limits_{-\frac{T}{2}}^{N \cdot T - \frac{T}{2}} f(t) \cdot \overline{g(t)}\, \mathrm{d}t \qquad (3.44)$$

und mit $\|f\|_{L^2([-T/2,\, N \cdot T - T/2])} = \sqrt{\langle f, f \rangle_{L^2([-T/2,\, N \cdot T - T/2])}}$

$$\|f\|_{L^2([-T/2,\, N \cdot T - T/2])} \stackrel{\triangle}{=} \sqrt{\int\limits_{-\frac{T}{2}}^{N \cdot T - \frac{T}{2}} |f(t)|^2\, \mathrm{d}t} \ . \qquad (3.45)$$

Zur Herleitung eines Analogons zum Theorem von PLANCHEREL berechnen wir wie oben mit den durch verschobene symmetrische periodische Fortsetzung aus den Signalen $f$ und $g$ gewonnenen periodischen Signale $f_{2-\mathrm{per}}$ und $g_{2-\mathrm{per}}$ mit den FOURIER-Koeffizientenfolgen $c = \{c_j\}_{j \in \mathbb{Z}} \in \ell^2(\mathbb{Z})$ beziehungsweise $d = \{d_j\}_{j \in \mathbb{Z}} \in \ell^2(\mathbb{Z})$

$$\int\limits_{-\frac{T}{2}}^{2\cdot N\cdot T-\frac{T}{2}} f_{2-\mathrm{per}}(t)\cdot\overline{g_{2-\mathrm{per}}(t)}\,dt$$

$$= \int\limits_{-\frac{T}{2}}^{2\cdot N\cdot T-\frac{T}{2}} \left(\sum_{i=-\infty}^{\infty} c_i\cdot \mathrm{e}^{\mathrm{i}\pi i(t+T/2)/NT}\right)\cdot \overline{\left(\sum_{j=-\infty}^{\infty} d_j\cdot \mathrm{e}^{\mathrm{i}\pi j(t+T/2)/NT}\right)}\,dt$$

$$= \int\limits_{0}^{2\cdot N\cdot T} \left(\sum_{i=-\infty}^{\infty} c_i\cdot \mathrm{e}^{\mathrm{i}\pi i t/NT}\right)\cdot \overline{\left(\sum_{j=-\infty}^{\infty} d_j\cdot \mathrm{e}^{\mathrm{i}\pi j t/NT}\right)}\,dt$$

$$= \sum_{i=-\infty}^{\infty}\sum_{j=-\infty}^{\infty} c_i\cdot \overline{d_j}\cdot \int\limits_{0}^{2\cdot N\cdot T} \mathrm{e}^{\mathrm{i}\pi(i-j)t/NT}\,dt$$

$$= \sum_{i=-\infty}^{\infty}\sum_{j=-\infty}^{\infty} c_i\cdot \overline{d_j}\cdot 2\cdot N\cdot T\cdot \delta_{i,j}$$

$$= 2\cdot N\cdot T \sum_{j=-\infty}^{\infty} c_j\cdot \overline{d_j}\ .$$

Wegen der verschobenen Symmetrie gilt wieder

$$\int\limits_{-\frac{T}{2}}^{2\cdot N\cdot T-\frac{T}{2}} f_{2-\mathrm{per}}(t)\cdot\overline{g_{2-\mathrm{per}}(t)}\,dt = 2\cdot \int\limits_{-\frac{T}{2}}^{N\cdot T-\frac{T}{2}} f(t)\cdot\overline{g(t)}\,dt$$

und damit das

**Theorem 3.12.** *Es seien $c = \{c_j\}_{j\in\mathbb{Z}} = \{c_{-j}\}_{j\in\mathbb{Z}} \in \ell^2(\mathbb{Z})$ und $d = \{d_j\}_{j\in\mathbb{Z}} = \{d_{-j}\}_{j\in\mathbb{Z}} \in \ell^2(\mathbb{Z})$ die* FOURIER-*Koeffizientenfolgen der mit der Periode $2\cdot N\cdot T$ verschoben symmetrisch periodisch fortgesetzten Signale $f = f(t) \in L^2([-T/2, N\cdot T - T/2])$ und $g = g(t) \in L^2([-T/2, N\cdot T - T/2])$. Dann gilt für das Skalarprodukt im Zeit- und Frequenzbereich*

$$\langle f, g\rangle_{L^2([-T/2,\,N\cdot T-T/2])} = N\cdot T \sum_{j=-\infty}^{\infty} c_j\cdot \overline{d_j} = N\cdot T\cdot \langle c, d\rangle_{\ell^2(\mathbb{Z})}$$

$$= N\cdot T\cdot \left(c_0\cdot \overline{d_0} + 2\sum_{j=1}^{\infty} c_j\cdot \overline{d_j}\right)\ .$$

Für $f = g$ folgt ferner das

**Theorem 3.13.** *Es sei $c = \{c_j\}_{j\in\mathbb{Z}} = \{c_{-j}\}_{j\in\mathbb{Z}} \in \ell^2(\mathbb{Z})$ die* FOURIER-*Koeffizientenfolge des mit der Periode $2\cdot N\cdot T$ verschoben symmetrisch periodisch fortgesetzten Signals $f = f(t) \in L^2([-T/2, N\cdot T - T/2])$. Dann gilt für die zugehörige Norm*

$$\|f\|^2_{L^2([-T/2, N\cdot T-T/2])} = N\cdot T \sum_{j=-\infty}^{\infty} |c_j|^2 = N\cdot T \cdot \|c\|^2_{\ell^2(\mathbb{Z})}$$

$$= N\cdot T \cdot \left( |c_0|^2 + 2\sum_{j=1}^{\infty} |c_j|^2 \right) \; .$$

## 3.6 Paley-Wiener-Räume

In diesem Abschnitt definieren wir die Signalräume Frequenzband-begrenzter
Signale, die wir in unseren weiteren Betrachtungen zugrunde legen werden.

### 3.6.1 Aperiodische Signale

Betrachten wir Signale $f = f(t)$, deren Spektren $\widehat{f} = \widehat{f}(\omega)$ außerhalb des
Intervalls $[-\pi, \pi]$ identisch 0 sind, so erhalten wir den so genannten PALEY-
WIENER-Raum $\mathcal{PW}_\pi \subset L^2(\mathbb{R})$.

$$\mathcal{PW}_\pi \triangleq \left\{ f \in L^2(\mathbb{R}) \,\Big|\, \widehat{f}(\omega) = 0 \quad \forall\, |\omega| > \pi \right\} \tag{3.46}$$

Für Signale $f = f(t)$, deren Spektren $\widehat{f} = \widehat{f}(\omega)$ außerhalb des Frequenzinter-
valls $[-\Omega, \Omega]$ identisch 0 sind, definieren wir als Verallgemeinerung entsprechend

$$\boxed{\mathcal{PW}_\Omega \triangleq \left\{ f \in L^2(\mathbb{R}) \,\Big|\, \widehat{f}(\omega) = 0 \quad \forall\, |\omega| > \Omega \right\} \; .} \tag{3.47}$$

Das typische Spektrum eines im Allgemeinen komplexen Signals $f$ ist in Abbildung 3.13 dargestellt.[8] In Anlehnung an die Definition des Skalarprodukts

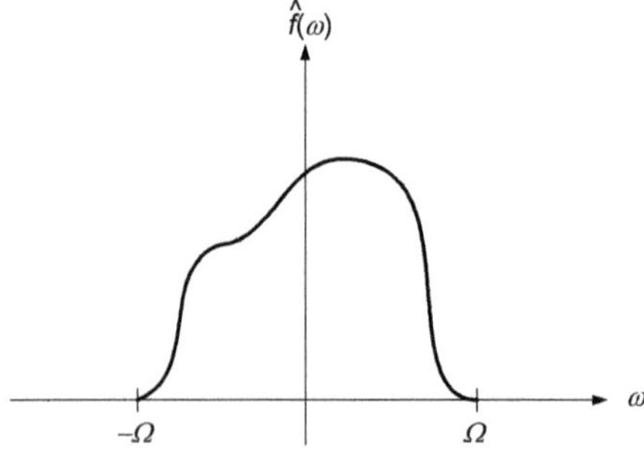


**Abb. 3.13.** Das Spektrum $\widehat{f} = \widehat{f}(\omega)$ eines Signals $f = f(t) \in \mathcal{PW}_\Omega$.

---

[8] In allgemeinen Darstellungen des Spektrums $\widehat{f} = \widehat{f}(\omega)$ eines Signals $f = f(t)$
zeigen wir hier und im Weiteren lediglich einen reellwertigen Verlauf, obwohl das
Spektrum im Allgemeinen komplex ist.

im HILBERT-Raum $L^2(\mathbb{R})$ definieren wir nun das Skalarprodukt $\langle f, g\rangle_{\mathcal{PW}_\Omega}$ zweier Signale $f, g \in \mathcal{PW}_\Omega$ im Zeitbereich entsprechend

$$\langle f, g\rangle_{\mathcal{PW}_\Omega} \stackrel{\triangle}{=} \int\limits_{-\infty}^{\infty} f(t) \cdot \overline{g(t)}\, \mathrm{d}t \; ; \tag{3.48}$$

im Frequenzbereich gilt unter expliziter Berücksichtigung der Frequenzband-Begrenztheit der Signale $f, g \in \mathcal{PW}_\Omega$ auf das Intervall $\omega \in [-\Omega, \Omega]$

$$\langle \widehat{f}, \widehat{g}\rangle_{\mathcal{PW}_\Omega} \stackrel{\triangle}{=} \int\limits_{-\Omega}^{\Omega} \widehat{f}(\omega) \cdot \overline{\widehat{g}(\omega)}\, \mathrm{d}\omega = \langle \widehat{f}, \widehat{g}\rangle_{L^2([-\Omega,\Omega])} \; . \tag{3.49}$$

Im PALEY-WIENER-Raum $\mathcal{PW}_\Omega$ gilt weiterhin das Theorem von PLANCHE-REL.

**Theorem 3.14.** *Es seien $\widehat{f} = \widehat{f}(\omega) \in L^2([-\Omega, \Omega])$ und $\widehat{g} = \widehat{g}(\omega) \in L^2([-\Omega, \Omega])$ die FOURIER-Transformierten der Signale $f = f(t) \in \mathcal{PW}_\Omega$ und $g = g(t) \in \mathcal{PW}_\Omega$. Dann gilt für die Skalarprodukte im Zeit- und Frequenzbereich*

$$\langle f, g\rangle_{\mathcal{PW}_\Omega} = \frac{1}{2\pi} \cdot \langle \widehat{f}, \widehat{g}\rangle_{L^2([-\Omega,\Omega])} \; .$$

Für $f = g$ erhalten wir auch im PALEY-WIENER-Raum $\mathcal{PW}_\Omega$ die PARSE-VALsche Gleichung.

**Theorem 3.15.** *Es sei $\widehat{f} = \widehat{f}(\omega) \in L^2([-\Omega, \Omega])$ die FOURIER-Transformierte des Signals $f = f(t) \in \mathcal{PW}_\Omega$. Dann gilt für die zugehörige Norm*

$$\|f\|^2_{\mathcal{PW}_\Omega} = \frac{1}{2\pi} \cdot \|\widehat{f}\|_{L^2([-\Omega,\Omega])} \; .$$

In $\mathcal{PW}_\Omega$ gilt des Weiteren die so genannte BERNSTEINsche Ungleichung, die eine Beziehung zwischen der Norm der Ableitung $\|f'\|_{\mathcal{PW}_\Omega}$ und der Norm des Signals $\|f\|_{\mathcal{PW}_\Omega}$ herstellt.

**Lemma 3.16.** *Es sei $f \in \mathcal{PW}_\Omega$. Dann gilt für die Norm der Ableitung $f' = \frac{\mathrm{d}f}{\mathrm{d}t} \in \mathcal{PW}_\Omega$*

$$\|f'\|_{\mathcal{PW}_\Omega} \leq \Omega \cdot \|f\|_{\mathcal{PW}_\Omega} \; .$$

Zum Beweis verwenden wir die FOURIER-Transformierte der Ableitung

$$f'(t) \;\; \circ\!\!-\!\!\bullet \;\; \mathrm{i}\omega \cdot \widehat{f}(\omega) \; .$$

Unter Verwendung des Theorems 3.14 von PLANCHEREL gilt für die Ableitung somit unter Berücksichtigung von $|\omega| \leq \Omega$

$$\|f'\|^2_{\mathcal{PW}_\Omega} = \frac{1}{2\pi} \cdot \|\mathrm{i}\omega \cdot \widehat{f}\|^2_{L^2([-\Omega,\Omega])} = \frac{1}{2\pi} \int\limits_{-\Omega}^{\Omega} \left| \mathrm{i}\omega \cdot \widehat{f}(\omega) \right|^2 \, \mathrm{d}\omega$$

$$\leq \frac{1}{2\pi} \int\limits_{-\Omega}^{\Omega} \left| \mathrm{i}\Omega \cdot \widehat{f}(\omega) \right|^2 \, \mathrm{d}\omega = \Omega^2 \cdot \frac{1}{2\pi} \int\limits_{-\Omega}^{\Omega} \left| \widehat{f}(\omega) \right|^2 \, \mathrm{d}\omega$$

$$= \Omega^2 \cdot \frac{1}{2\pi} \cdot \|\widehat{f}\|^2_{L^2([-\Omega,\Omega])} = \Omega^2 \cdot \|f\|^2_{\mathcal{PW}_\Omega} \,,$$

also

$$\|f'\|_{\mathcal{PW}_\Omega} \leq \Omega \cdot \|f\|_{\mathcal{PW}_\Omega} \,.$$

### 3.6.2 Periodische Signale

Auch in diesem Abschnitt unterscheiden wir die im Allgemeinen asymmetrische periodische Fortsetzung mit Periode $N \cdot T$ von der symmetrischen periodischen Fortsetzung mit Periode $2 \cdot N \cdot T$ eines auf das Zeitintervall $[0, N \cdot T]$ begrenzten Signals $f$.

**Periodische Fortsetzung**

Für periodische Signale $f_{1-\mathrm{per}} = f_{1-\mathrm{per}}(t) = f_{1-\mathrm{per}}(t + N \cdot T)$ mit der Periode $N \cdot T$ hatten wir in Definition 3.7 auf Seite 99 eine Signaldarstellung auf Basis der FOURIER-Reihe[9]

$$f_{1-\mathrm{per}}(t) = \sum_{j=-\infty}^{\infty} c_j \cdot \mathrm{e}^{\mathrm{i}2\pi jt/NT}$$

mit den FOURIER-Koeffizienten

$$c_j = \frac{1}{N \cdot T} \int\limits_{0}^{N \cdot T} f(t) \cdot \mathrm{e}^{-\mathrm{i}2\pi jt/NT} \, \mathrm{d}t$$

angegeben. Das zugehörige Spektrum

$$\widehat{f}_{1-\mathrm{per}}(\omega) = 2\pi \sum_{j=-\infty}^{\infty} c_j \cdot \delta\left( \omega - \frac{2\pi}{T} \cdot \frac{j}{N} \right)$$

wurde als ein aus diskreten Spektrallinien an den äquidistanten Stellen $\omega_j = 2\pi j/NT$ bestehendes Linienspektrum bestimmt. Schränken wir die Klasse der

---

[9] Wir schreiben wieder $_{1-\mathrm{per}}$, um die hier durchgeführte periodische Fortsetzung mit Periode $N \cdot T$ von der symmetrischen periodischen Fortsetzung mit Periode $2 \cdot N \cdot T$ deutlicher zu unterscheiden. Für letztere werden wir wieder als Subskript $_{2-\mathrm{per}}$ verwenden.

periodischen Signale durch die Forderung nach Frequenzband-Begrenztheit entsprechend

$$\widehat{f}_{1-\text{per}}(\omega) = 0 \quad \forall \, |\omega| > \Omega$$

weiter ein, so erhalten wir als Verallgemeinerung des mit Gleichung 3.47 auf Seite 112 definierten PALEY-WIENER-Raums den PALEY-WIENER-Raum der mit $\Omega$ Frequenzband-begrenzten und mit der Periode $N \cdot T$ periodischen Signale[10]

$$\boxed{\mathcal{PW}_{\Omega}^{1-\text{per}} \triangleq \left\{ f \in L^2([0, N \cdot T]) \,\middle|\, \widehat{f}_{1-\text{per}}(\omega) = 0 \quad \forall \, |\omega| > \Omega \right\} \, .} \qquad (3.50)$$

Hierbei haben wir entsprechend Gleichung 3.35 und Gleichung 3.36 auf Seite 102 vorausgesetzt – und durch die Schreibweise $f \in L^2([0, N \cdot T])$ angedeutet –, dass wir uns das periodische Signal $f_{1-\text{per}}$ als aus einem Elementarsignal $f$ mit dem Träger $\text{supp}\{f\} \subseteq [0, N \cdot T]$ durch periodische Fortsetzung entstanden denken. Wird berücksichtigt, dass das Linienspektrum $\widehat{f}_{1-\text{per}}(\omega)$ aufgrund der vorausgesetzten Frequenzband-Begrenztheit nur aus Spektrallinien mit dem äquidistanten Abstand $2\pi/NT$ in dem Frequenzintervall $[-\Omega, \Omega]$ bestehen kann, so ergibt sich die ungerade Zahl $M$ der Spektrallinien aus[11]

$$M \triangleq 2 \cdot \left\lfloor \frac{\Omega}{2\pi/NT} \right\rfloor + 1 = 2 \cdot \left\lfloor \frac{\Omega \cdot N \cdot T}{2\pi} \right\rfloor + 1 \, . \qquad (3.51)$$

Hieraus folgt das Linienspektrum

$$\widehat{f}_{1-\text{per}}(\omega) = 2\pi \sum_{j=-\lfloor M/2 \rfloor}^{\lfloor M/2 \rfloor} c_j \cdot \delta\left( \omega - \frac{2\pi}{T} \cdot \frac{j}{N} \right) \qquad (3.52)$$

sowie die FOURIER-Reihe beziehungsweise das *trigonometrische Polynom*

$$f_{1-\text{per}}(t) = \sum_{j=-\lfloor M/2 \rfloor}^{\lfloor M/2 \rfloor} c_j \cdot e^{i2\pi jt/NT} \, . \qquad (3.53)$$

Entsprechend Gleichung 3.35 und Gleichung 3.36 auf Seite 102 definieren wir für das Skalarprodukt der durch periodische Fortsetzung der Signale $f$ und $g$ gewonnenen periodischen Signale $f_{1-\text{per}}$ beziehungsweise $g_{1-\text{per}}$

$$\langle f, g \rangle_{\mathcal{PW}_{\Omega}^{1-\text{per}}} \triangleq \int_{0}^{N \cdot T} f(t) \cdot \overline{g(t)} \, \mathrm{d}t \qquad (3.54)$$

sowie für die durch dieses Skalarprodukt $\langle f, g \rangle_{\mathcal{PW}_{\Omega}^{1-\text{per}}}$ induzierte Norm

---

[10] Hier und im Folgenden sprechen wir verallgemeinernd von einem PALEY-WIENER-Raum, wenn wir zeitkontinuierliche Frequenzband-begrenzte Signale betrachten.

[11] $\lfloor \xi \rfloor$ bezeichnet die größte ganze Zahl, die kleiner oder gleich $\xi$ ist.

$$\|f\|_{\mathcal{PW}_\Omega^{1-\mathrm{per}}} \stackrel{\triangle}{=} \sqrt{\langle f, f\rangle_{\mathcal{PW}_\Omega^{1-\mathrm{per}}}} = \sqrt{\int\limits_0^{N\cdot T} |f(t)|^2\, \mathrm{d}t} \ . \qquad (3.55)$$

Mit diesen Definitionen gilt auch im PALEY-WIENER-Raum $\mathcal{PW}_\Omega^{1-\mathrm{per}}$ das Theorem von PLANCHEREL.[12]

**Theorem 3.17.** *Es seien* $c = \{c_j\}_{j\in\mathbb{J}} \in \ell^2(\mathbb{J})$ *und* $d = \{d_j\}_{j\in\mathbb{J}} \in \ell^2(\mathbb{J})$ *mit der Indexmenge* $\mathbb{J} = \{-\lfloor M/2\rfloor, \ldots, \lfloor M/2\rfloor\}$ *die* FOURIER-*Koeffizientenfolgen der mit der Periode* $N\cdot T$ *periodisch fortgesetzten Signale* $f = f(t) \in \mathcal{PW}_\Omega^{1-\mathrm{per}}$ *und* $g = g(t) \in \mathcal{PW}_\Omega^{1-\mathrm{per}}$. *Dann gilt für das Skalarprodukt im Zeit- und Frequenzbereich*

$$\langle f, g\rangle_{\mathcal{PW}_\Omega^{1-\mathrm{per}}} = N\cdot T \sum_{j=-\lfloor M/2\rfloor}^{\lfloor M/2\rfloor} c_j \cdot \overline{d_j} = N\cdot T \cdot \langle c, d\rangle_{\ell^2(\mathbb{J})}\ .$$

Für $f = g$ erhalten wir auch im PALEY-WIENER-Raum $\mathcal{PW}_\Omega^{1-\mathrm{per}}$ die PARSE-VALsche Gleichung.

**Theorem 3.18.** *Es sei* $c = \{c_j\}_{j\in\mathbb{J}} \in \ell^2(\mathbb{J})$ *mit der Indexmenge* $\mathbb{J} = \{-\lfloor M/2\rfloor, \ldots, \lfloor M/2\rfloor\}$ *die* FOURIER-*Koeffizientenfolge des mit der Periode* $N\cdot T$ *periodisch fortgesetzten Signals* $f = f(t) \in \mathcal{PW}_\Omega^{1-\mathrm{per}}$. *Dann gilt für die zugehörige Norm*

$$\|f\|_{L^2([0,N\cdot T])}^2 = N\cdot T \sum_{j=-\lfloor M/2\rfloor}^{\lfloor M/2\rfloor} |c_j|^2 = N\cdot T \cdot \|c\|_{\ell^2(\mathbb{J})}^2\ .$$

Ebenso wie für aperiodische Signale kann auch für periodische Signale eine BERNSTEINsche Ungleichung hergeleitet werden. Für die Ableitung des periodischen Signals erhalten wir mit

$$f_{1-\mathrm{per}}(t) = \sum_{j=-\lfloor M/2\rfloor}^{\lfloor M/2\rfloor} c_j \cdot \mathrm{e}^{\mathrm{i}2\pi jt/NT}$$

den Ausdruck

$$f'_{1-\mathrm{per}}(t) = \sum_{j=-\lfloor M/2\rfloor}^{\lfloor M/2\rfloor} \mathrm{i}\cdot \frac{2\pi}{T} \cdot \frac{j}{N} \cdot c_j \cdot \mathrm{e}^{\mathrm{i}2\pi jt/NT}\ ,$$

---

[12] Mit $\ell^2(\mathbb{J}) \stackrel{\triangle}{=} \left\{ c = \{c_j\}_{j\in\mathbb{J}} \,\big|\, \sum_{j\in\mathbb{J}} |c_j|^2 < \infty \right\}$ wird entsprechend dem HIL-BERTschen Folgenraum die Menge der quadratisch summierbaren Koeffizientenfolgen $c = \{c_j\}_{j\in\mathbb{J}}$ mit endlicher Energie bezeichnet (siehe Gleichung 5.1 auf Seite 186).

das heißt die FOURIER-Koeffizientenfolge $c' = \{c'_j\}_{j \in \mathbb{J}}$ der Ableitung $f'_{1-\mathrm{per}}$ ergibt sich aus

$$c'_j = \mathrm{i} \cdot \frac{2\pi}{T} \cdot \frac{j}{N} \cdot c_j \; .$$

Unter Verwendung des Theorems 3.17 von PLANCHEREL beziehungsweise der PARSEVALschen Gleichung in Theorem 3.18 gilt für die Ableitung[13] somit unter Berücksichtigung von $|j| \leq \lfloor M/2 \rfloor$

$$\|f'\|^2_{\mathcal{PW}^{1-\mathrm{per}}_\Omega} = N \cdot T \cdot \|c'\|^2_{\ell^2(\mathbb{J})}$$

$$= N \cdot T \sum_{j=-\lfloor M/2 \rfloor}^{\lfloor M/2 \rfloor} \left| \mathrm{i} \cdot \frac{2\pi}{T} \cdot \frac{j}{N} \cdot c_j \right|^2$$

$$\leq N \cdot T \sum_{j=-\lfloor M/2 \rfloor}^{\lfloor M/2 \rfloor} \left| \mathrm{i} \cdot \frac{2\pi}{T} \cdot \frac{\lfloor M/2 \rfloor}{N} \cdot c_j \right|^2$$

$$= \left( \frac{2\pi}{T} \cdot \frac{\lfloor M/2 \rfloor}{N} \right)^2 \cdot N \cdot T \sum_{j=-\lfloor M/2 \rfloor}^{\lfloor M/2 \rfloor} |c_j|^2$$

$$= \left( \frac{2\pi}{T} \cdot \frac{\lfloor M/2 \rfloor}{N} \right)^2 \cdot \|f\|^2_{\mathcal{PW}^{1-\mathrm{per}}_\Omega}$$

$$\leq \left( \frac{\pi}{T} \cdot \frac{M}{N} \right)^2 \cdot \|f\|^2_{\mathcal{PW}^{1-\mathrm{per}}_\Omega} \; .$$

Hier wurde die Beziehung $2 \cdot \lfloor M/2 \rfloor \leq M$ ausgenutzt. Dieses für uns später wichtige Resultat, das der bereits kennen gelernten BERNSTEINschen Ungleichung entspricht, halten wir in einem Lemma fest.

**Lemma 3.19.** *Es sei $f \in \mathcal{PW}^{1-\mathrm{per}}_\Omega$. Dann gilt für die Norm der Ableitung* $f' = \frac{\mathrm{d}f}{\mathrm{d}t} \in \mathcal{PW}^{1-\mathrm{per}}_\Omega$

$$\|f'\|_{\mathcal{PW}^{1-\mathrm{per}}_\Omega} \leq \frac{2\pi}{T} \cdot \frac{\lfloor M/2 \rfloor}{N} \cdot \|f\|_{\mathcal{PW}^{1-\mathrm{per}}_\Omega} \leq \frac{\pi}{T} \cdot \frac{M}{N} \cdot \|f\|_{\mathcal{PW}^{1-\mathrm{per}}_\Omega} \; .$$

## Symmetrische periodische Fortsetzung

Als Alternative zu der mit der Periode $N \cdot T$ gewonnenen periodischen Fortsetzung des auf das Zeitintervall $[0, N \cdot T]$ begrenzten Signals $f = f(t) \in L^2(\mathbb{R})$ mit kompaktem Träger $\mathrm{supp}\{f\} \subseteq [0, N \cdot T]$ betrachten wir nun erneut die symmetrische periodische Fortsetzung in Gleichung 3.38 auf Seite 105 mit der Periode $2 \cdot N \cdot T$. Die Signaldarstellung lautete[14]

---

[13] Auch hier nehmen wir an, dass die periodische Ableitung $f'_{1-\mathrm{per}}$ des periodischen Signals $f_{1-\mathrm{per}}$ durch periodische Fortsetzung des Signals $f'$ gewonnen wird; mögliche Sprungstellen bei $t = 0$ oder $t = N \cdot T$ bleiben unberücksichtigt.

[14] Wir schreiben nun erneut wie angekündigt $_{2-\mathrm{per}}$, um die symmetrische periodische Fortsetzung mit Periode $2 \cdot N \cdot T$ von der periodischen Fortsetzung mit Periode $N \cdot T$ zu unterscheiden.

$$f_{2-\mathrm{per}}(t) = \sum_{j=-\infty}^{\infty} c_j \cdot \mathrm{e}^{\mathrm{i}\pi j t/NT} = c_0 + 2\sum_{j=1}^{\infty} c_j \cdot \cos\left(\frac{\pi j}{N} \cdot \frac{t}{T}\right)$$

mit der geraden Folge der FOURIER-Koeffizienten $c = \{c_j\}_{j\in\mathbb{Z}} = \{c_{-j}\}_{j\in\mathbb{Z}}$

$$c_j = \frac{1}{N\cdot T} \int_0^{N\cdot T} f_{2-\mathrm{per}}(t) \cdot \cos\left(\frac{\pi j}{N} \cdot \frac{t}{T}\right)\,\mathrm{d}t$$

$$= \frac{1}{N\cdot T} \int_0^{N\cdot T} f(t) \cdot \cos\left(\frac{\pi j}{N} \cdot \frac{t}{T}\right)\,\mathrm{d}t \ .$$

Fordern wir erneut, dass das Linienspektrum

$$\widehat{f}_{2-\mathrm{per}}(\omega)$$

$$= 2\pi \cdot c_0 \cdot \delta(\omega) + 2\pi \sum_{j=1}^{\infty} c_j \cdot \left\{ \delta\left(\omega - \frac{\pi}{T}\cdot\frac{j}{N}\right) + \delta\left(\omega + \frac{\pi}{T}\cdot\frac{j}{N}\right) \right\}$$

mit $\Omega$ Frequenzband-begrenzt ist, so erhalten wir den PALEY-WIENER-Raum der mit $\Omega$ Frequenzband-begrenzten und mit der Periode $2\cdot N\cdot T$ periodischen Signale

$$\boxed{\ \mathcal{PW}_\Omega^{2-\mathrm{per}} \stackrel{\triangle}{=} \left\{ f \in L^2([0, N\cdot T]) \,\middle|\, \widehat{f}_{2-\mathrm{per}}(\omega) = 0 \quad \forall\, |\omega| > \Omega \right\} \ . \ } \qquad (3.56)$$

Wie in Gleichung 3.50 auf Seite 115 drücken wir durch die Schreibweise $f \in L^2([0, N\cdot T])$ aus, dass das periodische Signal $f_{2-\mathrm{per}}$ als aus einem Elementarsignal $f$ mit dem Träger $\mathrm{supp}\{f\} \subseteq [0, N\cdot T]$ durch symmetrische periodische Fortsetzung mit der Periode $2\cdot N\cdot T$ entstanden ist. Die ungerade Zahl $M$ der von 0 verschiedenen Spektrallinien ergibt nun aus

$$M \stackrel{\triangle}{=} 2\cdot \left\lfloor \frac{\Omega}{\pi/NT} \right\rfloor + 1 = 2\cdot \left\lfloor \frac{\Omega\cdot N\cdot T}{\pi} \right\rfloor + 1 \ ; \qquad (3.57)$$

die Zahl der zu berücksichtigenden Spektrallinien hat sich gegenüber der mit Periode $N\cdot T$ gewonnenen periodischen Fortsetzung erhöht. Zu beachten ist allerdings, dass nun die Spektrallinien der Symmetriebedingung der FOURIER-Koeffizientenfolge $c = \{c_j\}_{j\in\mathbb{Z}} = \{c_{-j}\}_{j\in\mathbb{Z}}$ genügen müssen. Wir erhalten daher das Linienspektrum

$$\widehat{f}_{2-\mathrm{per}}(\omega)$$

$$= 2\pi \sum_{j=-\lfloor M/2\rfloor}^{\lfloor M/2\rfloor} c_j \cdot \delta\left(\omega - \frac{\pi}{T}\cdot\frac{j}{N}\right)$$

$$= 2\pi \cdot c_0 \cdot \delta(\omega) + 2\pi \sum_{j=1}^{\lfloor M/2\rfloor} c_j \cdot \left\{ \delta\left(\omega - \frac{\pi}{T}\cdot\frac{j}{N}\right) + \delta\left(\omega + \frac{\pi}{T}\cdot\frac{j}{N}\right) \right\}$$

sowie die FOURIER-Reihe

$$f_{2-\text{per}}(t) = \sum_{j=-\lfloor M/2 \rfloor}^{\lfloor M/2 \rfloor} c_j \cdot e^{i\pi j t / NT} = c_0 + 2 \sum_{j=1}^{\lfloor M/2 \rfloor} c_j \cdot \cos\left(\frac{\pi j}{N} \cdot \frac{t}{T}\right) \ .$$

$$(3.58)$$

Das Skalarprodukt der mit Periode $2 \cdot N \cdot T$ symmetrisch periodisch fortgesetzten Signale $f$ und $g$ lautet entsprechend Gleichung 3.39 auf Seite 106

$$\langle f, g \rangle_{\mathcal{PW}_\Omega^{2-\text{per}}} \overset{\triangle}{=} \int_0^{N \cdot T} f(t) \cdot \overline{g(t)} \, dt \ ; \qquad (3.59)$$

für die durch dieses Skalarprodukt $\langle f, g \rangle_{\mathcal{PW}_\Omega^{2-\text{per}}}$ induzierte Norm ergibt sich entsprechend Gleichung 3.40 auf Seite 106

$$\|f\|_{\mathcal{PW}_\Omega^{2-\text{per}}} \overset{\triangle}{=} \sqrt{\langle f, f \rangle_{\mathcal{PW}_\Omega^{2-\text{per}}}} = \sqrt{\int_0^{N \cdot T} |f(t)|^2 \, dt} \ . \qquad (3.60)$$

Wir erhalten auch im Falle des PALEY-WIENER-Raums $\mathcal{PW}_\Omega^{2-\text{per}}$ das Theorem von PLANCHEREL sowie für $f = g$ die PARSEVALsche Gleichung.

**Theorem 3.20.** *Es seien $c = \{c_j\}_{j \in \mathbb{J}} = \{c_{-j}\}_{j \in \mathbb{J}} \in \ell^2(\mathbb{J})$ und $d = \{d_j\}_{j \in \mathbb{J}} = \{d_{-j}\}_{j \in \mathbb{J}} \in \ell^2(\mathbb{J})$ mit der endlichen Indexmenge $\mathbb{J} = \{-\lfloor M/2 \rfloor, \ldots, \lfloor M/2 \rfloor\}$ die FOURIER-Koeffizientenfolgen der mit der Periode $2 \cdot N \cdot T$ symmetrisch periodisch fortgesetzten Signale $f = f(t) \in \mathcal{PW}_\Omega^{2-\text{per}}$ und $g = g(t) \in \mathcal{PW}_\Omega^{2-\text{per}}$. Dann gilt für das Skalarprodukt im Zeit- und Frequenzbereich*

$$\langle f, g \rangle_{\mathcal{PW}_\Omega^{2-\text{per}}} = N \cdot T \sum_{j=-\lfloor M/2 \rfloor}^{\lfloor M/2 \rfloor} c_j \cdot \overline{d_j} = N \cdot T \cdot \langle c, d \rangle_{\ell^2(\mathbb{J})}$$

$$= N \cdot T \cdot \left( c_0 \cdot \overline{d_0} + 2 \sum_{j=1}^{\lfloor M/2 \rfloor} c_j \cdot \overline{d_j} \right) \ .$$

**Theorem 3.21.** *Es sei $c = \{c_j\}_{j \in \mathbb{J}} = \{c_{-j}\}_{j \in \mathbb{J}} \in \ell^2(\mathbb{J})$ mit der Indexmenge $\mathbb{J} = \{-\lfloor M/2 \rfloor, \ldots, \lfloor M/2 \rfloor\}$ die FOURIER-Koeffizientenfolge des mit der Periode $2 \cdot N \cdot T$ symmetrisch periodisch fortgesetzten Signals $f = f(t) \in \mathcal{PW}_\Omega^{2-\text{per}}$. Dann gilt für die zugehörige Norm*

$$\|f\|_{\mathcal{PW}_\Omega^{2-\text{per}}}^2 = N \cdot T \sum_{j=-\lfloor M/2 \rfloor}^{\lfloor M/2 \rfloor} |c_j|^2 = N \cdot T \cdot \|c\|_{\ell^2(\mathbb{J})}^2$$

$$= N \cdot T \cdot \left( |c_0|^2 + 2 \sum_{j=1}^{\lfloor M/2 \rfloor} |c_j|^2 \right) \ .$$

Wir leiten nun noch abschließend in völliger Analogie zur obigen Rechnung die später benötigte BERNSTEINsche Ungleichung her. Ausgehend von

$$f_{2-\mathrm{per}}(t) = \sum_{j=-\lfloor M/2 \rfloor}^{\lfloor M/2 \rfloor} c_j \cdot \mathrm{e}^{\mathrm{i}\pi jt/NT}$$

ergibt sich die Ableitung

$$f'_{2-\mathrm{per}}(t) = \sum_{j=-\lfloor M/2 \rfloor}^{\lfloor M/2 \rfloor} \mathrm{i} \cdot \frac{\pi}{T} \cdot \frac{j}{N} \cdot c_j \cdot \mathrm{e}^{\mathrm{i}\pi jt/NT} \ ;$$

die FOURIER-Koeffizientenfolge $c' = \{c'_j\}_{j \in \mathbb{J}}$ der Ableitung $f'_{2-\mathrm{per}}$ lautet somit

$$c'_j = \mathrm{i} \cdot \frac{\pi}{T} \cdot \frac{j}{N} \cdot c_j \ .$$

Wird erneut das Theorem 3.20 von PLANCHEREL beziehungsweise die PARSEVALsche Gleichung in Theorem 3.21 verwendet, so gilt für die Ableitung unter Berücksichtigung von $|j| \leq \lfloor M/2 \rfloor$[15]

$$\|f'\|^2_{\mathcal{PW}^{2-\mathrm{per}}_{\Omega}} = N \cdot T \cdot \|c'\|^2_{\ell^2(\mathbb{J})}$$

$$= N \cdot T \sum_{j=-\lfloor M/2 \rfloor}^{\lfloor M/2 \rfloor} \left| \mathrm{i} \cdot \frac{\pi}{T} \cdot \frac{j}{N} \cdot c_j \right|^2$$

$$\leq N \cdot T \sum_{j=-\lfloor M/2 \rfloor}^{\lfloor M/2 \rfloor} \left| \mathrm{i} \cdot \frac{\pi}{T} \cdot \frac{\lfloor M/2 \rfloor}{N} \cdot c_j \right|^2$$

$$= \left( \frac{\pi}{T} \cdot \frac{\lfloor M/2 \rfloor}{N} \right)^2 \cdot N \cdot T \sum_{j=-\lfloor M/2 \rfloor}^{\lfloor M/2 \rfloor} |c_j|^2$$

$$= \left( \frac{\pi}{T} \cdot \frac{\lfloor M/2 \rfloor}{N} \right)^2 \cdot \|f\|^2_{\mathcal{PW}^{2-\mathrm{per}}_{\Omega}}$$

$$\leq \left( \frac{\pi}{2T} \cdot \frac{M}{N} \right)^2 \cdot \|f\|^2_{\mathcal{PW}^{2-\mathrm{per}}_{\Omega}} \ .$$

Hier wurde wiederum $2 \cdot \lfloor M/2 \rfloor \leq M$ verwendet. Zum späteren Gebrauch fassen wir diese Entsprechung der BERNSTEINschen Ungleichung wieder in einem Lemma zusammen.

**Lemma 3.22.** *Es sei* $f \in \mathcal{PW}^{2-\mathrm{per}}_{\Omega}$. *Dann gilt für die Norm der Ableitung* $f' = \frac{\mathrm{d}f}{\mathrm{d}t} \in \mathcal{PW}^{2-\mathrm{per}}_{\Omega}$

$$\|f'\|_{\mathcal{PW}^{2-\mathrm{per}}_{\Omega}} \leq \frac{\pi}{T} \cdot \frac{\lfloor M/2 \rfloor}{N} \cdot \|f\|_{\mathcal{PW}^{2-\mathrm{per}}_{\Omega}} \leq \frac{\pi}{2T} \cdot \frac{M}{N} \cdot \|f\|_{\mathcal{PW}^{2-\mathrm{per}}_{\Omega}} \ .$$

---

[15] Wir nehmen wieder an, dass die periodische Ableitung $f'_{2-\mathrm{per}}$ des periodischen Signals $f_{2-\mathrm{per}}$ durch periodische Fortsetzung des Signals $f'$ gewonnen wird.

Hierbei ist erneut zu beachten, dass die Zahl $M$ der Spektrallinien aufgrund der vorausgesetzten Symmetrie höher ist als im obigen Fall der periodischen Fortsetzung mit Periode $N \cdot T$.

## Verschobene symmetrische periodische Fortsetzung

Abschließend betrachten wir noch die verschobene symmetrische periodische Fortsetzung mit der Periode $2 \cdot N \cdot T$ eines auf das Zeitintervall $[-T/2, N \cdot T - T/2]$ begrenzten Signals $f = f(t) \in L^2(\mathbb{R})$ mit kompaktem Träger $\operatorname{supp}\{f\} \subseteq [-T/2, N \cdot T - T/2]$. Mit der nun bekannten Forderung, dass das Linienspektrum des periodisch fortgesetzten Signals mit $\Omega$ Frequenzband-begrenzt ist, erhalten wir den PALEY-WIENER-Raum der mit $\Omega$ Frequenzband-begrenzten und mit der Periode $2 \cdot N \cdot T$ periodischen Signale[16]

$$\mathcal{PW}_{\Omega}^{2-\mathrm{per}} \triangleq$$
$$\left\{ f \in L^2([-T/2, N \cdot T - T/2]) \; \middle| \; \widehat{f}_{2-\mathrm{per}}(\omega) = 0 \quad \forall \, |\omega| > \Omega \right\} \; . \quad (3.61)$$

Die ungerade Zahl $M$ der von 0 verschiedenen Spektrallinien lautet wieder

$$M \triangleq 2 \cdot \left\lfloor \frac{\Omega}{\pi/NT} \right\rfloor + 1 = 2 \cdot \left\lfloor \frac{\Omega \cdot N \cdot T}{\pi} \right\rfloor + 1 \; ; \quad (3.62)$$

damit folgt das zugehörige Linienspektrum

$$\widehat{f}_{2-\mathrm{per}}(\omega) = 2\pi \cdot c_0 \cdot \delta(\omega) +$$
$$2\pi \sum_{j=1}^{\lfloor M/2 \rfloor} c_j \cdot \left\{ \mathrm{e}^{\mathrm{i}\pi j/2N} \cdot \delta\left(\omega - \frac{\pi}{T} \cdot \frac{j}{N}\right) + \mathrm{e}^{-\mathrm{i}\pi j/2N} \cdot \delta\left(\omega + \frac{\pi}{T} \cdot \frac{j}{N}\right) \right\}$$

sowie die FOURIER-Reihe

$$f_{2-\mathrm{per}}(t) = \sum_{j=-\lfloor M/2 \rfloor}^{\lfloor M/2 \rfloor} c_j \cdot \mathrm{e}^{\mathrm{i}\pi j(t+T/2)/NT}$$
$$= c_0 + 2 \sum_{j=1}^{\lfloor M/2 \rfloor} c_j \cdot \cos\left( \frac{\pi j}{N} \cdot \frac{t + \frac{T}{2}}{T} \right) \; . \quad (3.63)$$

Das Theorem von PLANCHEREL sowie für $f = g$ die PARSEVALsche Gleichung übertragen wir beinahe wörtlich unter Verwendung des Skalarprodukts

$$\langle f, g \rangle_{\mathcal{PW}_{\Omega}^{2-\mathrm{per}}} \triangleq \int\limits_{-\frac{T}{2}}^{N \cdot T - \frac{T}{2}} f(t) \cdot \overline{g(t)} \, \mathrm{d}t \quad (3.64)$$

---

[16] Wir verzichten an dieser Stelle erneut auf eine besondere Kennzeichnung für die verschobene symmetrische periodische Fortsetzung.

sowie der zugehörigen induzierten Norm

$$\|f\|_{\mathcal{PW}_\Omega^{2-\mathrm{per}}} \overset{\triangle}{=} \sqrt{\langle f, f\rangle_{\mathcal{PW}_\Omega^{2-\mathrm{per}}}} = \sqrt{\int\limits_{-\frac{T}{2}}^{N\cdot T-\frac{T}{2}} |f(t)|^2\, \mathrm{d}t} \ . \tag{3.65}$$

**Theorem 3.23.** *Es seien $c = \{c_j\}_{j\in\mathbb{J}} = \{c_{-j}\}_{j\in\mathbb{J}} \in \ell^2(\mathbb{J})$ und $d = \{d_j\}_{j\in\mathbb{J}} = \{d_{-j}\}_{j\in\mathbb{J}} \in \ell^2(\mathbb{J})$ mit der endlichen Indexmenge $\mathbb{J} = \{-\lfloor M/2\rfloor, \ldots, \lfloor M/2\rfloor\}$ die* FOURIER-*Koeffizientenfolgen der mit der Periode $2\cdot N\cdot T$ verschoben symmetrisch periodisch fortgesetzten Signale $f = f(t) \in \mathcal{PW}_\Omega^{2-\mathrm{per}}$ und $g = g(t) \in \mathcal{PW}_\Omega^{2-\mathrm{per}}$. Dann gilt für das Skalarprodukt im Zeit- und Frequenzbereich*

$$\langle f, g\rangle_{\mathcal{PW}_\Omega^{2-\mathrm{per}}} = N\cdot T \sum_{j=-\lfloor M/2\rfloor}^{\lfloor M/2\rfloor} c_j \cdot \overline{d_j} = N\cdot T \cdot \langle c, d\rangle_{\ell^2(\mathbb{J})}$$

$$= N\cdot T \cdot \left( c_0 \cdot \overline{d_0} + 2\sum_{j=1}^{\lfloor M/2\rfloor} c_j \cdot \overline{d_j} \right) \ .$$

**Theorem 3.24.** *Es sei $c = \{c_j\}_{j\in\mathbb{J}} = \{c_{-j}\}_{j\in\mathbb{J}} \in \ell^2(\mathbb{J})$ mit der Indexmenge $\mathbb{J} = \{-\lfloor M/2\rfloor, \ldots, \lfloor M/2\rfloor\}$ die* FOURIER-*Koeffizientenfolge des mit der Periode $2\cdot N\cdot T$ verschoben symmetrisch periodisch fortgesetzten Signals $f = f(t) \in \mathcal{PW}_\Omega^{2-\mathrm{per}}$. Dann gilt für die zugehörige Norm*

$$\|f\|_{\mathcal{PW}_\Omega^{2-\mathrm{per}}}^2 = N\cdot T \sum_{j=-\lfloor M/2\rfloor}^{\lfloor M/2\rfloor} |c_j|^2 = N\cdot T \cdot \|c\|_{\ell^2(\mathbb{J})}^2$$

$$= N\cdot T \cdot \left( |c_0|^2 + 2\sum_{j=1}^{\lfloor M/2\rfloor} |c_j|^2 \right) \ .$$

Ebenso gilt die BERNSTEINsche Ungleichung.

**Lemma 3.25.** *Es sei $f \in \mathcal{PW}_\Omega^{2-\mathrm{per}}$. Dann gilt für die Norm der Ableitung $f' = \frac{\mathrm{d}f}{\mathrm{d}t} \in \mathcal{PW}_\Omega^{2-\mathrm{per}}$*

$$\|f'\|_{\mathcal{PW}_\Omega^{2-\mathrm{per}}} \leq \frac{\pi}{T} \cdot \frac{\lfloor M/2\rfloor}{N} \cdot \|f\|_{\mathcal{PW}_\Omega^{2-\mathrm{per}}} \leq \frac{\pi}{2T} \cdot \frac{M}{N} \cdot \|f\|_{\mathcal{PW}_\Omega^{2-\mathrm{per}}} \ .$$

Nach erfolgter Diskussion der FOURIER-Transformation sowie der PALEY-WIENER-Räume Frequenzband-begrenzter aperiodischer und periodischer Signale wenden wir uns nun unserem eigentlichen Anliegen zu – der Abtastung. Wir beginnen mit der Betrachtung der regulären Abtastung unter Verwendung äquidistanter Abtastwertefolgen. Die sich nun anschließende Untersuchung werden wir in einer Weise durchführen, dass uns die Übertragung der Ergebnisse und der zugrunde liegenden Konzepte auf den Fall der irregulären Abtastung auf der Basis nichtäquidistanter Abtastwertefolgen erleichtert wird.

# 4. Die Signaltheorie der regulären Abtastung

*Nulla lex satis commoda omnibus.*
— ALBINUS

Ausgehend von der im letzten Kapitel behandelten FOURIER-Transformation behandeln wir nun die Signaltheorie der regulären Abtastung. Wir beginnen mit der regulären Abtastung im HILBERT-Raum $L^2(\mathbb{R})$ und speziell dem PALEY-WIENER-Raum $\mathcal{PW}_\Omega \subset L^2(\mathbb{R})$.

## 4.1 Das Shannon-Whittaker-Kotel'nikov-Abtasttheorem

Wir setzen für die Abtastung im HILBERT-Raum beziehungsweise LEBESGUE-Raum $L^2(\mathbb{R})$ voraus, dass das betrachtete Signal $f$ entsprechend Abbildung 4.1 Frequenzband-begrenzt ist mit der Frequenzgrenze $\Omega$

$$\widehat{f}(\omega) = 0 \quad \forall\, |\omega| > \Omega \;,$$

das heißt es ist Element des PALEY-WIENER-Raums $\mathcal{PW}_\Omega \subset L^2(\mathbb{R})$. Im

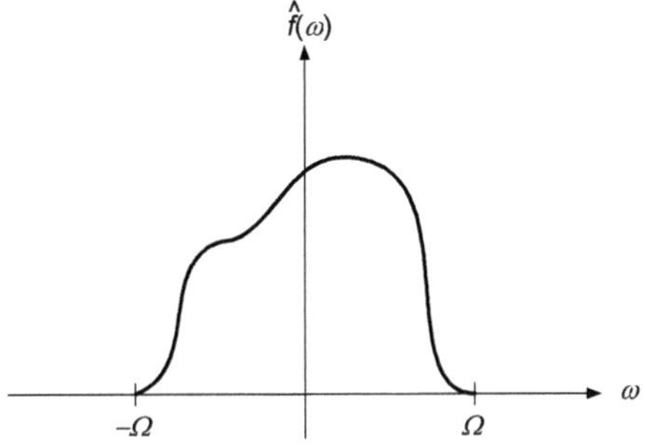

**Abb. 4.1.** Das Spektrum $\widehat{f} = \widehat{f}(\omega)$ eines Frequenzband-begrenzten Signals $f = f(t) \in \mathcal{PW}_\Omega$.

klassischen Fall der regulären oder äquidistanten Abtastung erhalten wir das SHANNON-WHITTAKER-KOTEL'NIKOV-Abtasttheorem.

**Theorem 4.1.** *Es sei $f = f(t) \in \mathcal{PW}_\Omega$ ein exakt Frequenzband-begrenztes Signal aus dem* PALEY-WIENER-*Raum* $\mathcal{PW}_\Omega \subset L^2(\mathbb{R})$ *mit*

$$\widehat{f}(\omega) = 0 \quad \forall \, |\omega| > \Omega \ .$$

*Dann kann $f$ mithilfe seiner regulär im äquidistanten Abstand von*

$$T \overset{\triangle}{=} \frac{\pi}{\Omega}$$

*gewonnenen Abtastwertefolge $\{f(j \cdot T)\}_{j\in\mathbb{Z}}$ dargestellt werden.*

$$f(t) = \sum_{j=-\infty}^{\infty} f\left(j \cdot \frac{\pi}{\Omega}\right) \cdot \operatorname{sinc}\frac{\Omega}{\pi}\left(t - \frac{\pi j}{\Omega}\right)$$

$$= \sum_{j=-\infty}^{\infty} f(j \cdot T) \cdot \operatorname{sinc}\left(\frac{t}{T} - j\right)$$

$T = \pi/\Omega$ heißt NYQUIST-*Periode*, $T^{-1} = \Omega/\pi$ NYQUIST-*Rate.*

*Beweis.* Zum Beweis betrachten wir das mit der Periode $2 \cdot \Omega$ periodisch fortgesetzte Spektrum $\widehat{f}$

$$\widehat{f}_{\mathrm{per}}(\omega) = \sum_{j=-\infty}^{\infty} \widehat{f}(\omega - j \cdot 2 \cdot \Omega) \ .$$

Unter Berücksichtigung der Frequenzband-Begrenztheit mit $\Omega$ überlappen sich die einzelnen Teilspektren $\widehat{f}(\omega - i \cdot 2 \cdot \Omega)$ und $\widehat{f}(\omega - j \cdot 2 \cdot \Omega)$ für $i \neq j$ nicht. Dies veranschaulicht Abbildung 4.2. Unter dieser Bedingung er-

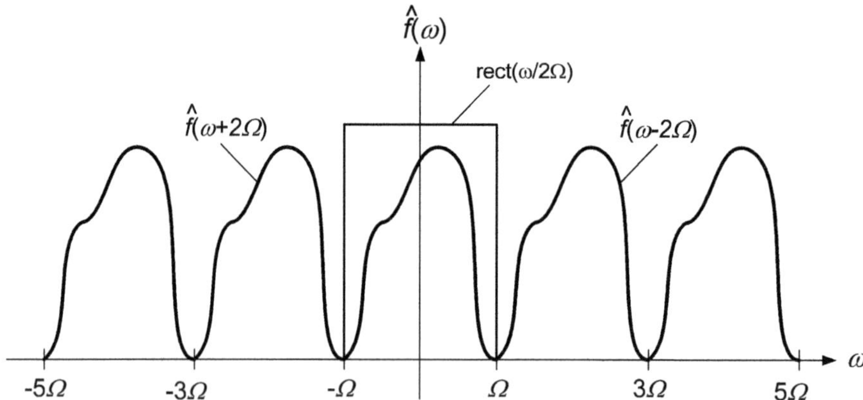


**Abb. 4.2.** Die periodische Fortsetzung des Spektrums $\widehat{f} = \widehat{f}(\omega)$ eines Frequenzband-begrenzten Signals $f = f(t) \in \mathcal{PW}_\Omega$.

halten wir das ursprüngliche Spektrum $\widehat{f}$ durch Multiplikation von $\widehat{f}_{\mathrm{per}}$ mit einer Rechteckfunktion der Breite $2 \cdot \Omega$. Es gilt mit der Faltungseigenschaft $(\widehat{f} \star \delta_\Omega)(\omega) = \widehat{f}(\omega - \Omega)$ der DIRAC-Distribution

$$\begin{aligned}
\widehat{f}(\omega) &= \mathrm{rect}\left(\frac{\omega}{2\Omega}\right) \cdot \widehat{f}_{\mathrm{per}}(\omega) \\[2mm]
&= \mathrm{rect}\left(\frac{\omega}{2\Omega}\right) \cdot \sum_{j=-\infty}^{\infty} \widehat{f}(\omega - j \cdot 2 \cdot \Omega) \\[2mm]
&= \mathrm{rect}\left(\frac{\omega}{2\Omega}\right) \cdot \sum_{j=-\infty}^{\infty} \widehat{f} \star \delta_{j \cdot 2 \cdot \Omega}(\omega) \\[2mm]
&= \mathrm{rect}\left(\frac{\omega}{2\Omega}\right) \cdot \left(\widehat{f} \star \sum_{j=-\infty}^{\infty} \delta_{j \cdot 2 \cdot \Omega}\right)(\omega) \\[2mm]
&= \mathrm{rect}\left(\frac{\omega}{2\Omega}\right) \cdot \left(\widehat{f} \star \sum_{j=-\infty}^{\infty} \delta(\omega - j \cdot 2 \cdot \Omega)\right) \; .
\end{aligned}$$

Mithilfe des DIRAC-Kamms

$$\sum_{j=-\infty}^{\infty} \delta\left(\omega - j \cdot \Omega\right) = \frac{1}{\Omega}\,\mathrm{III}\left(\frac{\omega}{\Omega}\right)$$

$$\bullet\!\!-\!\!\circ \qquad \frac{1}{2\pi} \cdot \mathrm{III}\left(\frac{\Omega \cdot t}{2\pi}\right) = \frac{1}{\Omega} \sum_{j=-\infty}^{\infty} \delta\left(t - j \cdot \frac{2\pi}{\Omega}\right) \; , \qquad (4.1)$$

der Korrespondenz

$$\mathrm{rect}\left(\frac{\omega}{2\Omega}\right) \quad \bullet\!\!-\!\!\circ \quad \frac{\Omega}{\pi} \cdot \mathrm{sinc}\left(\frac{\Omega \cdot t}{\pi}\right) \; ,$$

sowie der Ausblendeigenschaft der DIRAC-Distribution ergibt sich

$$\widehat{f}(\omega) = \mathrm{rect}\left(\frac{\omega}{2\Omega}\right) \cdot \left(\widehat{f} \star \sum_{j=-\infty}^{\infty} \delta(\omega - j \cdot 2 \cdot \Omega)\right)$$

$$\bullet\!\!-\!\!\circ$$

$$\begin{aligned}
f(t) &= \frac{\Omega}{\pi} \cdot \mathrm{sinc}\left(\frac{\Omega \cdot t}{\pi}\right) \star \left(2\pi \cdot f(t) \cdot \frac{1}{2 \cdot \Omega} \sum_{j=-\infty}^{\infty} \delta\left(t - j \cdot \frac{\pi}{\Omega}\right)\right) \\[2mm]
&= \mathrm{sinc}\left(\frac{\Omega \cdot t}{\pi}\right) \star \left(\sum_{j=-\infty}^{\infty} f(t) \cdot \delta\left(t - j \cdot \frac{\pi}{\Omega}\right)\right) \\[2mm]
&= \mathrm{sinc}\left(\frac{\Omega \cdot t}{\pi}\right) \star \sum_{j=-\infty}^{\infty} f\left(j \cdot \frac{\pi}{\Omega}\right) \cdot \delta\left(t - j \cdot \frac{\pi}{\Omega}\right)
\end{aligned}$$

$$= \sum_{j=-\infty}^{\infty} f\left(j \cdot \frac{\pi}{\Omega}\right) \cdot \left(\operatorname{sinc}\left(\frac{\Omega \cdot t}{\pi}\right) \star \delta\left(t - j \cdot \frac{\pi}{\Omega}\right)\right)$$

$$= \sum_{j=-\infty}^{\infty} f\left(j \cdot \frac{\pi}{\Omega}\right) \cdot \operatorname{sinc}\frac{\Omega}{\pi}\left(t - j \cdot \frac{\pi}{\Omega}\right) \ .$$

Mit der NYQUIST-Periode $T = \pi/\Omega$ erhalten wir letztendlich

$$f(t) = \sum_{j=-\infty}^{\infty} f(j \cdot T) \cdot \operatorname{sinc}\left(\frac{t}{T} - j\right) \ .$$

$\square$

### 4.1.1 Funktionalanalytische Deutung des Abtasttheorems

Nach der Herleitung des SHANNON-WHITTAKER-KOTEL'NIKOV-Abtasttheorems betrachten wir nun seine funktionalanalytische Deutung. Es gilt das

**Lemma 4.2.** *Die Signalfolge*

$$\{\varphi_j(t)\}_{j\in\mathbb{Z}} \triangleq \left\{\sqrt{\frac{\Omega}{\pi}} \cdot \operatorname{sinc}\frac{\Omega}{\pi}\left(t - \frac{\pi j}{\Omega}\right)\right\}_{j\in\mathbb{Z}}$$

*bestehend aus äquidistant verschobenen* sinc-*Funktionen stellt eine Orthonormalbasis des* PALEY-WIENER-*Raums* $\mathcal{PW}_\Omega \subset L^2(\mathbb{R})$ *dar.*

Die Orthonormalität der Signalfolge $\{\varphi_j(t)\}_{j\in\mathbb{Z}} = \left\{\sqrt{\frac{\Omega}{\pi}} \cdot \operatorname{sinc}\frac{\Omega}{\pi}\left(t - \frac{\pi j}{\Omega}\right)\right\}_{j\in\mathbb{Z}}$
entspricht – wie bekannt – der folgenden Orthonormalitätsbedingung.

$$\left\langle \sqrt{\frac{\Omega}{\pi}} \cdot \operatorname{sinc}\frac{\Omega}{\pi}\left(t - \frac{\pi i}{\Omega}\right), \sqrt{\frac{\Omega}{\pi}} \cdot \operatorname{sinc}\frac{\Omega}{\pi}\left(t - \frac{\pi j}{\Omega}\right) \right\rangle_{\mathcal{PW}_\Omega}$$

$$= \langle \varphi_i, \varphi_j \rangle_{\mathcal{PW}_\Omega} = \delta_{i,j} = \begin{cases} 1, & i = j \\ 0, & i \neq j \end{cases} \quad \forall\, i,j \in \mathbb{Z}$$

Die Gültigkeit sieht man leicht mithilfe der FOURIER-Transformation unter Verwendung der Rechteck-Funktion und ihrer Transformierten

$$\sqrt{\frac{\pi}{\Omega}} \cdot \operatorname{rect}\left(\frac{\omega}{2\Omega}\right) \cdot e^{-i\pi j\omega/\Omega} \quad \bullet\!\!-\!\!\circ \quad \sqrt{\frac{\Omega}{\pi}} \cdot \operatorname{sinc}\frac{\Omega}{\pi}\left(t - \frac{\pi j}{\Omega}\right) \ ,$$

sowie der folgenden Rechnung unter Benutzung des Theorems 3.14 von PLANCHEREL auf Seite 113

$$\left\langle \sqrt{\frac{\Omega}{\pi}} \cdot \operatorname{sinc}\frac{\Omega}{\pi}\left(t - \frac{\pi i}{\Omega}\right), \sqrt{\frac{\Omega}{\pi}} \cdot \operatorname{sinc}\frac{\Omega}{\pi}\left(t - \frac{\pi j}{\Omega}\right) \right\rangle_{\mathcal{PW}_\Omega}$$

$$= \frac{1}{2\pi} \cdot \left\langle \sqrt{\frac{\pi}{\Omega}} \cdot \mathrm{rect}\left(\frac{\omega}{2\Omega}\right) \cdot \mathrm{e}^{-\mathrm{i}\pi i\omega/\Omega}, \sqrt{\frac{\pi}{\Omega}} \cdot \mathrm{rect}\left(\frac{\omega}{2\Omega}\right) \cdot \mathrm{e}^{-\mathrm{i}\pi j\omega/\Omega} \right\rangle_{L^2([-\Omega,\Omega])}$$

$$= \frac{1}{2\pi} \int_{-\Omega}^{\Omega} \sqrt{\frac{\pi}{\Omega}} \cdot \mathrm{rect}\left(\frac{\omega}{2\Omega}\right) \cdot \mathrm{e}^{-\mathrm{i}\pi i\omega/\Omega} \cdot \overline{\sqrt{\frac{\pi}{\Omega}} \cdot \mathrm{rect}\left(\frac{\omega}{2\Omega}\right) \cdot \mathrm{e}^{-\mathrm{i}\pi j\omega/\Omega}} \, \mathrm{d}\omega$$

$$= \frac{1}{2\pi} \cdot \frac{\pi}{\Omega} \int_{-\Omega}^{\Omega} \mathrm{e}^{\mathrm{i}\pi(j-i)\omega/\Omega} \, \mathrm{d}\omega$$

$$= \delta_{i,j} \ .$$

Mit der Signalfolge $\{\varphi_j(t)\}_{j\in\mathbb{Z}}$ kann das Signal $f$ durch die äquidistanten Abtastwerte geschrieben werden als

$$f = \sum_{j=-\infty}^{\infty} \sqrt{\frac{\pi}{\Omega}} \cdot f\left(j \cdot \frac{\pi}{\Omega}\right) \cdot \varphi_j = \sum_{j=-\infty}^{\infty} \sqrt{T} \cdot f\left(j \cdot T\right) \cdot \varphi_j \ . \qquad (4.2)$$

Es gilt daher für die Abtastwerte als Entwicklungskoeffizienten in der Orthonormalbasis $\{\varphi_j(t)\}_{j\in\mathbb{Z}} = \left\{ \sqrt{\frac{\Omega}{\pi}} \cdot \mathrm{sinc}\frac{\Omega}{\pi}\left(t - \frac{\pi j}{\Omega}\right) \right\}_{j\in\mathbb{Z}}$

$$\sqrt{\frac{\pi}{\Omega}} \cdot f\left(j \cdot \frac{\pi}{\Omega}\right) = \langle f, \varphi_j \rangle_{\mathcal{PW}_\Omega}$$

$$= \left\langle f, \sqrt{\frac{\Omega}{\pi}} \cdot \mathrm{sinc}\frac{\Omega}{\pi}\left(t - \frac{\pi j}{\Omega}\right) \right\rangle_{\mathcal{PW}_\Omega} \ ,$$

beziehungsweise

$$f\left(j \cdot \frac{\pi}{\Omega}\right) = \left\langle f, \frac{\Omega}{\pi} \cdot \mathrm{sinc}\frac{\Omega}{\pi}\left(t - \frac{\pi j}{\Omega}\right) \right\rangle_{\mathcal{PW}_\Omega} \ .$$

Aufgrund der Orthonormalität der Basis

$$\{\varphi_j(t)\}_{j\in\mathbb{Z}} = \left\{ \sqrt{\frac{\Omega}{\pi}} \cdot \mathrm{sinc}\frac{\Omega}{\pi}\left(t - \frac{\pi j}{\Omega}\right) \right\}_{j\in\mathbb{Z}}$$

kann das Signal $f \in \mathcal{PW}_\Omega$ dargestellt werden durch die Reihenentwicklung

$$\boxed{f = \sum_{j=-\infty}^{\infty} \langle f, \varphi_j \rangle_{\mathcal{PW}_\Omega} \cdot \varphi_j \ .} \qquad (4.3)$$

Da $\varphi_j \in \mathcal{PW}_\Omega$ ist, gilt mit

$$\varphi_j(t) = \sqrt{\frac{\Omega}{\pi}} \cdot \operatorname{sinc}\frac{\Omega}{\pi}\left(t - \frac{\pi j}{\Omega}\right)$$

$$\widehat{\varphi}_j(\omega) = \sqrt{\frac{\pi}{\Omega}} \cdot \operatorname{rect}\left(\frac{\omega}{2\Omega}\right) \cdot e^{-i\pi j\omega/\Omega}$$

wegen

$$\langle f, \varphi_j\rangle_{\mathcal{PW}_\Omega} = \frac{1}{2\pi} \cdot \left\langle \widehat{f}, \widehat{\varphi}_j\right\rangle_{\mathcal{PW}_\Omega} = \frac{1}{2\pi} \int\limits_{-\Omega}^{\Omega} \widehat{f}(\omega) \cdot \overline{\widehat{\varphi}_j(\omega)}\,d\omega$$

$$= \frac{1}{2\pi} \int\limits_{-\infty}^{\infty} \widehat{f}(\omega) \cdot \overline{\widehat{\varphi}_j(\omega)}\,d\omega = \frac{1}{2\pi} \cdot \left\langle \widehat{f}, \widehat{\varphi}_j\right\rangle_{L^2(\mathbb{R})} = \langle f, \varphi_j\rangle_{L^2(\mathbb{R})}$$

auch

$$f = \sum_{j=-\infty}^{\infty} \langle f, \varphi_j\rangle_{L^2(\mathbb{R})} \cdot \varphi_j \ .$$

Gemäß Gleichung 2.74 auf Seite 60 entspricht $\sum_{j=-\infty}^{\infty} \langle f, \varphi_j\rangle_{L^2(\mathbb{R})} \cdot \varphi_j$ einem Projektionsoperator

$$P : L^2(\mathbb{R}) \to \mathcal{PW}_\Omega$$

mit

$$Pf \stackrel{\triangle}{=} \sum_{j=-\infty}^{\infty} \langle f, \varphi_j\rangle_{L^2(\mathbb{R})} \cdot \varphi_j \ . \tag{4.4}$$

Ist $f \in L^2(\mathbb{R})$ aber $f \notin \mathcal{PW}_\Omega$, so wird das Signal $f$ durch den Projektionsoperator $P$ orthogonal auf den PALEY-WIENER-Raum projeziert. Wie für Projektionsoperatoren in HILBERT-Räumen diskutiert stellt das Signal $Pf \in \mathcal{PW}_\Omega$ gemäß dem in Theorem 2.52 auf Seite 36 aufgestellten Orthogonalitätsprinzip die optimale Approximation des Signals $f \in L^2(\mathbb{R})$ im PALEY-WIENER-Raum $\mathcal{PW}_\Omega$ dar. Dieses wichtige Ergebnis halten wir in einem Lemma fest.

**Lemma 4.3.** *Es sei*

$$\{\varphi_j(t)\}_{j\in\mathbb{Z}} \stackrel{\triangle}{=} \left\{ \sqrt{\frac{\Omega}{\pi}} \cdot \operatorname{sinc}\frac{\Omega}{\pi}\left(t - \frac{\pi j}{\Omega}\right)\right\}_{j\in\mathbb{Z}}$$

*eine Orthonormalbasis des* PALEY-WIENER-*Raums* $\mathcal{PW}_\Omega \subset L^2(\mathbb{R})$. *Ferner sei*

$$P : L^2(\mathbb{R}) \to \mathcal{PW}_\Omega$$

*der durch*

$$Pf = \sum_{j=-\infty}^{\infty} \langle f, \varphi_j\rangle_{L^2(\mathbb{R})} \cdot \varphi_j$$

*definierte Projektionsoperator auf den* PALEY-WIENER-*Raum* $\mathcal{PW}_\Omega$. *Dann ist das Signal* $Pf \in \mathcal{PW}_\Omega$ *die optimale Approximation des Signals* $f \in L^2(\mathbb{R})$ *im* PALEY-WIENER-*Raum* $\mathcal{PW}_\Omega$ *und es gilt entsprechend dem Orthogonalitäts-prinzip*

$$\langle f - Pf, Pf \rangle_{L^2(\mathbb{R})} = 0 \quad \forall\, f \in L^2(\mathbb{R})\ .$$

Abbildung 4.3 veranschaulicht die Projektion des Signals $f \in L^2(\mathbb{R})$ auf den PALEY-WIENER-Raum $\mathcal{PW}_\Omega$.

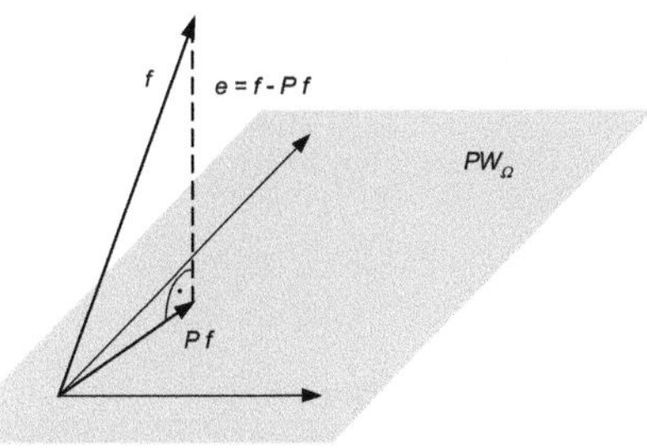


**Abb. 4.3.** Die Projektion $Pf \in \mathcal{PW}_\Omega$ des Signals $f \in L^2(\mathbb{R})$ auf den PALEY-WIENER-Raum $\mathcal{PW}_\Omega$ mit zugehörigem Projektionsfehlersignal $e = f - Pf$ sowie $e \perp \mathcal{PW}_\Omega$.

Kehren wir nun zu Signalen $f \in \mathcal{PW}_\Omega$ in dem PALEY-WIENER-Raum $\mathcal{PW}_\Omega$ zurück, so gilt ferner mit der NYQUIST-Periode $T = \pi/\Omega$

$$f(j \cdot T) = \left\langle f, \frac{1}{T} \cdot \operatorname{sinc}\left(\frac{t}{T} - j\right) \right\rangle_{\mathcal{PW}_\Omega},$$

wie man wiederum leicht – für $\tau = j \cdot \pi/\Omega$ – mithilfe der FOURIER-Transformation unter Berücksichtigung der Frequenzband-Begrenztheit von $f$ durch eine direkte Berechnung sieht.

$$\left\langle f(t), \frac{\Omega}{\pi} \cdot \operatorname{sinc}\frac{\Omega}{\pi}(t - \tau) \right\rangle_{\mathcal{PW}_\Omega}$$

$$= \frac{1}{2\pi} \cdot \left\langle \widehat{f}(\omega), \operatorname{rect}\left(\frac{\omega}{2\Omega}\right) \cdot \mathrm{e}^{-\mathrm{i}\omega\tau} \right\rangle_{L^2([-\Omega,\Omega])}$$

$$= \frac{1}{2\pi} \int_{-\Omega}^{\Omega} \widehat{f}(\omega) \cdot \overline{\operatorname{rect}\left(\frac{\omega}{2\Omega}\right) \cdot \mathrm{e}^{-\mathrm{i}\omega\tau}}\, \mathrm{d}\omega$$

$$= \frac{1}{2\pi} \cdot \int_{-\Omega}^{\Omega} \widehat{f}(\omega) \cdot \mathrm{e}^{\mathrm{i}\omega\tau}\, \mathrm{d}\omega$$

$$= \frac{1}{2\pi} \cdot \int_{-\infty}^{\infty} \widehat{f}(\omega) \cdot \mathrm{e}^{\mathrm{i}\omega\tau}\, \mathrm{d}\omega$$

$$= f(\tau)$$

Dieses Ergebnis halten wir ob seiner Wichtigkeit in einem Lemma fest.

**Lemma 4.4.** *In dem* PALEY-WIENER-*Raum* $\mathcal{PW}_\Omega \subset L^2(\mathbb{R})$ *gilt*

$$f(\tau) = \left\langle f(t), \frac{\Omega}{\pi} \cdot \operatorname{sinc}\frac{\Omega}{\pi}(t-\tau) \right\rangle_{\mathcal{PW}_\Omega} .$$

Der PALEY-WIENER-Raum $\mathcal{PW}_\Omega$ ist ein so genannter HILBERT-Raum mit reproduzierendem Kern (*RKHS – reproducing kernel* HILBERT *space*) [32]. Dies bedeutet, dass mithilfe des so genannten Kerns

$$K(t,\tau) \overset{\triangle}{=} \frac{\Omega}{\pi} \cdot \operatorname{sinc}\frac{\Omega}{\pi}(t-\tau) \tag{4.5}$$

der Signalwert $f(\tau)$ zu dem Zeitpunkt $\tau$ erhalten werden kann durch Bildung des Skalarprodukts

$$f(\tau) = \langle f, K(\cdot,\tau)\rangle_{\mathcal{PW}_\Omega} . \tag{4.6}$$

### 4.1.2 Systemtheoretische Deutung des Abtasttheorems

In Gleichung 2.83 auf Seite 66 hatten wir bereits eine Beziehung zwischen dem Skalarprodukt „$\langle \cdot, \cdot \rangle$" und der Faltung „$\star$" kennen gelernt. Aufgrund der geraden Symmetrie und der Reellwertigkeit der sinc-Funktion erhalten wir hier

$$\left\langle f(t), \frac{\Omega}{\pi} \cdot \operatorname{sinc}\frac{\Omega}{\pi}(t-\tau) \right\rangle_{\mathcal{PW}_\Omega}$$

$$= \int\limits_{-\infty}^{\infty} f(t) \cdot \overline{\frac{\Omega}{\pi} \cdot \operatorname{sinc}\frac{\Omega}{\pi}(t-\tau)} \, \mathrm{d}t$$

$$= \int\limits_{-\infty}^{\infty} f(t) \cdot \frac{\Omega}{\pi} \cdot \operatorname{sinc}\frac{\Omega}{\pi}(\tau-t) \, \mathrm{d}t .$$

Definieren wir das Signal[1]

$$h_{\mathrm{a}}(t) = \frac{\Omega}{\pi} \cdot \operatorname{sinc}\left(\frac{\Omega \cdot t}{\pi}\right) ,$$

welches der Impulsantwort eines idealen Tiefpasses mit der Übertragungsfunktion

$$\widehat{h}_{\mathrm{a}}(\omega) = \operatorname{rect}\left(\frac{\omega}{2\Omega}\right)$$

entspricht, so folgt

---

[1] Der Index „a" steht hier für Analyse.

$$\left\langle f(t), \frac{\Omega}{\pi} \cdot \mathrm{sinc}\frac{\Omega}{\pi}(t - \tau) \right\rangle_{\mathcal{PW}_\Omega}$$

$$= \int\limits_{-\infty}^{\infty} f(t) \cdot h_\mathrm{a}(\tau - t)\, \mathrm{d}t = (f \star h_\mathrm{a})(\tau) \ .$$

Für die Abtastwerte an den Stellen $\tau = j \cdot \pi/\Omega$ gilt somit

$$f\left(j \cdot \frac{\pi}{\Omega}\right) = (f \star h_\mathrm{a})\left(j \cdot \frac{\pi}{\Omega}\right) \ , \tag{4.7}$$

beziehungsweise mit der NYQUIST-Periode $T = \pi/\Omega$

$$f(j \cdot T) = (f \star h_\mathrm{a})(j \cdot T) \ . \tag{4.8}$$

Die Bestimmung der äquidistanten Abtastwerte gemäß

$$f\left(j \cdot \frac{\pi}{\Omega}\right) = \left\langle f(t), \frac{\Omega}{\pi} \cdot \mathrm{sinc}\frac{\Omega}{\pi}\left(t - \frac{\pi j}{\Omega}\right) \right\rangle_{\mathcal{PW}_\Omega}$$

$$\Leftrightarrow \quad f(j \cdot T) = \left\langle f(t), \frac{1}{T} \cdot \mathrm{sinc}\left(\frac{t}{T} - j\right) \right\rangle_{\mathcal{PW}_\Omega}$$

kann somit wie in Abbildung 4.4 gedeutet werden als lineare zeitinvarian-te Filterung mit einem idealen Tiefpass und anschließender äquidistanter Abtastung an den Zeitpunkten $t_j = j \cdot T$. Wie wir später sehen werden,

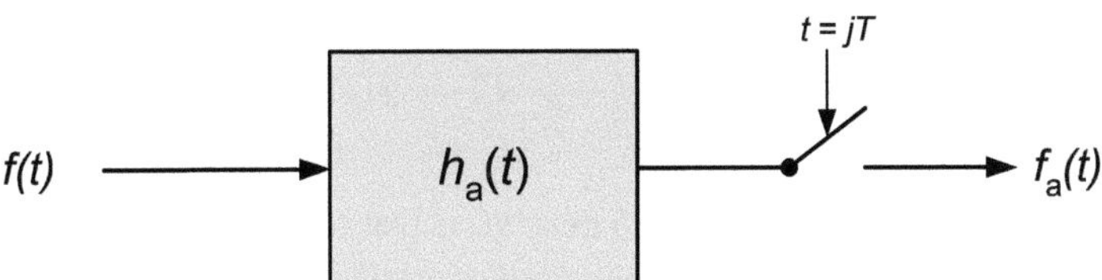


**Abb. 4.4.** Die Bestimmung der äquidistanten Abtastwerte $f(j \cdot T)$ durch lineare zeitinvariante Filterung mithilfe eines idealen Tiefpasses mit der Impulsantwort $h_\mathrm{a}(t) = \frac{\Omega}{\pi} \cdot \mathrm{sinc}\left(\frac{\Omega \cdot t}{\pi}\right)$ und Abtastung zu den äquidistanten Zeitpunkten $t_j = j \cdot T$.

kann diese systemtheoretische Deutung auch auf den Fall der irregulären Abtastung mit nichtäquidistanten Abtastwerten $t_j$ übertragen werden – sofern ein anderes Filter verwendet wird. Der ideale Tiefpass mit der Impulsantwort $h_\mathrm{a}(t) = \frac{\Omega}{\pi} \cdot \mathrm{sinc}\left(\frac{\Omega \cdot t}{\pi}\right)$ beziehungsweise der Übertragungsfunktion $\widehat{h}_\mathrm{a}(\omega) = \mathrm{rect}\left(\frac{\omega}{2\Omega}\right)$ begrenzt das Spektrum des Signals $f$ auf den Frequenzbereich $[-\Omega, \Omega]$. Wird vorausgesetzt, dass das Signal $f = f(t) \in \mathcal{PW}_\Omega$ mit $\Omega$ Frequenzband-begrenzt ist, so ist diese Filterung nicht notwendig. In der praktischen Anwendung der digitalen Signalverarbeitung ist diese Annahme jedoch im Allgemeinen nicht zulässig, da selbst bei geeigneter Frequenzband-Begrenztheit des Nutzsignals die überlagerten Stör- und Rauschsignale nicht notwendigerweise auf den Frequenzbereich $[-\Omega, \Omega]$ begrenzt sind. Die Filterung mithilfe des idealen Tiefpasses mit der Impulsantwort $h_{\mathrm{a}}(t)$ entspricht – bis auf den Faktor $\sqrt{\Omega/\pi}$ – der systemtheoretischen Deutung des in Gleichung 4.4 auf Seite 128 definierten und in Abbildung 4.3 veranschaulichten Projektionsoperators $P : L^2(\mathbb{R}) \to \mathcal{PW}_\Omega$ mit

$$ Pf \overset{\triangle}{=} \sum_{j=-\infty}^{\infty} \langle f, \varphi_j \rangle_{L^2(\mathbb{R})} \cdot \varphi_j \;, $$

der das Signal $f$ auf den PALEY-WIENER-Raum $\mathcal{PW}_\Omega$ orthogonal projeziert. Das so erhaltene Signal $Pf$ stellt gemäß Lemma 4.3 auf Seite 128 die beste Approximation im Sinne minimaler Fehlernorm des Signals $f \in L^2(\mathbb{R})$ im PALEY-WIENER-Raum $\mathcal{PW}_\Omega$ dar.

Eine weitere in der digitalen Signalverarbeitung gebräuchliche systemtheoretische Deutung geht von der Repräsentation der zeitdiskreten Abtastwertefolge $\{f(j \cdot T)\}_{j \in \mathbb{Z}}$ durch einen gewichteten äquidistanten DIRAC-Kamm aus. Das solchermaßen definierte abgetastete Signal $f_{\mathrm{a}} = f_{\mathrm{a}}(t)$ lautet

$$ f_{\mathrm{a}}(t) = \sum_{j=-\infty}^{\infty} f(j \cdot T) \cdot \delta(t - j \cdot T) \;. \tag{4.9} $$

Aufgrund der Ausblendeigenschaft der DIRAC-Distribution kann $f_{\mathrm{a}}$ gewonnen werden aus der Multiplikation des Signals $f$ mit einem DIRAC-Kamm.

$$ f_{\mathrm{a}}(t) = f(t) \cdot \sum_{j=-\infty}^{\infty} \delta(t - j \cdot T) = f(t) \cdot \frac{1}{T} \cdot \mathrm{III}\left(\frac{t}{T}\right) $$

Dies entspricht der in Abbildung 4.5 gezeigten Darstellung. Entsprechend dem

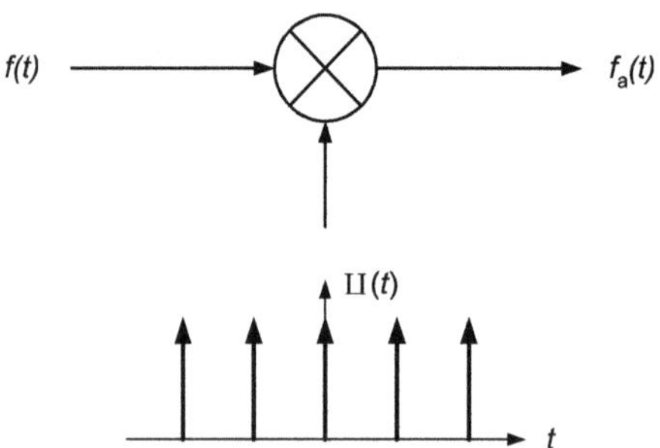


**Abb. 4.5.** Das abgetastete Signal $f_{\mathrm{a}} = f_{\mathrm{a}}(t)$ kann aus der Multiplikation des Signals $f = f(t)$ mit dem DIRAC-Kamm $\frac{1}{T} \cdot \mathrm{III}\left(\frac{t}{T}\right)$ gewonnen werden.

SHANNON-WHITTAKER-KOTEL'NIKOV-Abtasttheorem 4.1 auf Seite 124 kann das Signal $f = f(t)$ dargestellt werden als

$$f(t) = \sum_{j=-\infty}^{\infty} f(j \cdot T) \cdot \operatorname{sinc} \frac{\Omega}{\pi} (t - j \cdot T) \ .$$

Mit dem Signal[2]

$$h_{\mathrm{s}}(t) = \operatorname{sinc}\left(\frac{\Omega \cdot t}{\pi}\right) \ ,$$

welches wiederum der Impulsantwort eines idealen Tiefpasses mit der Übertragungsfunktion

$$\widehat{h}_{\mathrm{s}}(\omega) = \frac{\pi}{\Omega} \cdot \operatorname{rect}\left(\frac{\omega}{2\Omega}\right)$$

entspricht, erhalten wir mit der Faltungseigenschaft der DIRAC-Distribution

$$f(t) = \sum_{j=-\infty}^{\infty} f(j \cdot T) \cdot \operatorname{sinc} \frac{\Omega}{\pi} (t - j \cdot T) = \sum_{j=-\infty}^{\infty} f(j \cdot T) \cdot h_{\mathrm{s}}(t - j \cdot T)$$

$$= h_{\mathrm{s}} \star \sum_{j=-\infty}^{\infty} f(j \cdot T) \cdot \delta(t - j \cdot T) = (h_{\mathrm{s}} \star f_{\mathrm{a}})(t) \ .$$

Wie Abbildung 4.6 zeigt wird das ursprüngliche Signal $f$ durch Filterung des abgetasteten Signals $f_{\mathrm{a}}$ mithilfe eines linearen zeitinvarianten Synthese- beziehungsweise Rekonstruktionstiefpasses mit der Impulsantwort $h_{\mathrm{s}}(t) = \operatorname{sinc}\left(\frac{\Omega \cdot t}{\pi}\right)$ rekonstruiert.

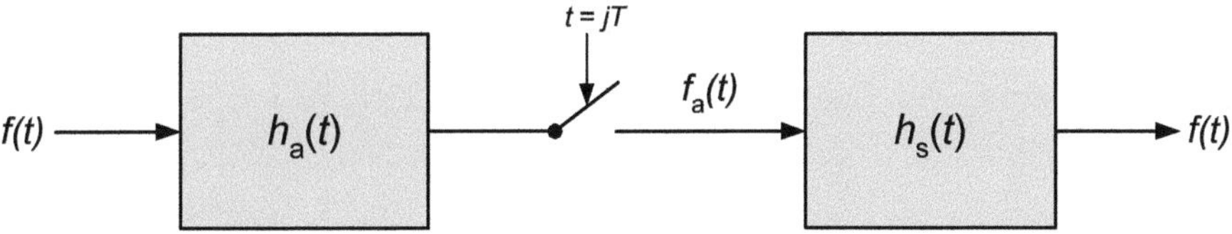


**Abb. 4.6.** Die Rekonstruktion des Signals $f \in \mathcal{PW}_\Omega$ aus dem abgetasteten Signal $f_{\mathrm{a}}$ durch Verwendung eines Synthese- beziehungsweise Rekonstruktionstiefpasses mit der Impulsantwort $h_{\mathrm{s}}(t) = \operatorname{sinc}\left(\frac{\Omega \cdot t}{\pi}\right)$.

Der in Lemma 4.3 auf Seite 128 definierte Projektionsoperator $P : L^2(\mathbb{R}) \to \mathcal{PW}_\Omega$ mit

$$Pf = \sum_{j=-\infty}^{\infty} \langle f, \varphi_j \rangle_{L^2(\mathbb{R})} \cdot \varphi_j$$

kann unter Verwendung des Orthogonalitätsprinzips

$$\langle f - Pf, Pf \rangle_{L^2(\mathbb{R})} = \int_{-\infty}^{\infty} (f(t) - Pf(t)) \cdot \overline{Pf(t)} \, \mathrm{d}t \overset{!}{=} 0 \quad \forall \, f \in L^2(\mathbb{R})$$

---

[2] Der Index „s" steht hier für <u>S</u>ynthese.

mithilfe des Theorems 3.4 auf Seite 88 beziehungsweise des Theorems 3.14 von PLANCHEREL auf Seite 113 systemtheoretisch durch eine Filteroperation gedeutet werden. Hierzu berechnen wir das Skalarprodukt $\langle f - Pf, Pf \rangle_{L^2(\mathbb{R})}$ im Frequenzbereich und erhalten

$$\frac{1}{2\pi} \cdot \langle \widehat{f} - \widehat{Pf}, \widehat{Pf} \rangle_{L^2(\mathbb{R})}$$

$$= \frac{1}{2\pi} \cdot \int_{-\infty}^{\infty} (\widehat{f}(\omega) - \widehat{Pf}(\omega)) \cdot \overline{\widehat{Pf}(\omega)} \, d\omega$$

$$= \frac{1}{2\pi} \cdot \int_{-\Omega}^{\Omega} (\widehat{f}(\omega) - \widehat{Pf}(\omega)) \cdot \overline{\widehat{Pf}(\omega)} \, d\omega$$

$$\stackrel{!}{=} 0 \quad \forall \, \widehat{f} \in L^2(\mathbb{R}) \ .$$

Das Integral ist für ein beliebiges Spektrum $\widehat{f}$ genau dann gleich 0, wenn innerhalb des Intervalls $[-\Omega, \Omega]$ das Spektrum des projezierten Signals $\widehat{Pf}$ mit dem Spektrum $\widehat{f}$ übereinstimmt. Außerhalb des Intervalls $[-\Omega, \Omega]$ ist das Spektrum $\widehat{Pf}$ definitionsgemäß wegen $Pf \in \mathcal{PW}_\Omega$ identisch 0. Der Projektionsoperator $P$ entspricht somit im Frequenzbereich der Multiplikation des Spektrums $\widehat{f}$ mit einer Rechteckfunktion

$$\widehat{f}(\omega) \mapsto \widehat{Pf}(\omega) = \widehat{f}(\omega) \cdot \mathrm{rect}\left(\frac{\omega}{2\Omega}\right) \ ,$$

was der Filterung des Signals $f$ durch den idealen Tiefpass mit der Übertragungsfunktion

$$\widehat{h}_{\mathrm{a}}(\omega) = \mathrm{rect}\left(\frac{\omega}{2\Omega}\right)$$

und der Impulsantwort

$$h_{\mathrm{a}}(t) = \frac{\Omega}{\pi} \cdot \mathrm{sinc}\left(\frac{\Omega \cdot t}{\pi}\right)$$

entspricht, das heißt

$$f \mapsto Pf = f \star h_{\mathrm{a}} \ .$$

Dieser ideale Tiefpass entspricht gerade dem oben eingeführten Analysefilter. Dieses Ergebnis halten wir in dem folgenden Lemma fest.

**Lemma 4.5.** *Es sei*

$$P : L^2(\mathbb{R}) \to \mathcal{PW}_\Omega$$

*der in Lemma 4.3 definierte Projektionsoperator auf den* PALEY-WIENER-*Raum $\mathcal{PW}_\Omega$. Dann gilt für die Projektion $Pf$ eines Signals $f \in L^2(\mathbb{R})$ im Zeitbereich*

$$f(t) \mapsto Pf(t) = f(t) \star \frac{\Omega}{\pi} \cdot \operatorname{sinc}\left(\frac{\Omega \cdot t}{\pi}\right)$$

*sowie im Frequenzbereich*

$$\widehat{f}(\omega) \mapsto \widehat{Pf}(\omega) = \widehat{f}(\omega) \cdot \operatorname{rect}\left(\frac{\omega}{2\Omega}\right) \; .$$

Wir gewinnen sogar noch mehr! Unter erneuter Anwendung des Theorems 3.4 von PLANCHEREL auf Seite 88 folgt für zwei Signale $f \in L^2(\mathbb{R})$ und $g \in L^2(\mathbb{R})$

$$\langle Pf, g \rangle_{L^2(\mathbb{R})} = \frac{1}{2\pi} \cdot \langle \widehat{Pf}, \widehat{g} \rangle_{L^2(\mathbb{R})}$$

$$= \frac{1}{2\pi} \int\limits_{-\infty}^{\infty} \widehat{Pf}(\omega) \cdot \overline{\widehat{g}(\omega)} \, \mathrm{d}\omega = \frac{1}{2\pi} \int\limits_{-\infty}^{\infty} \widehat{f}(\omega) \cdot \operatorname{rect}\left(\frac{\omega}{2\Omega}\right) \cdot \overline{\widehat{g}(\omega)} \, \mathrm{d}\omega$$

$$= \frac{1}{2\pi} \int\limits_{-\infty}^{\infty} \widehat{f}(\omega) \cdot \overline{\widehat{Pg}(\omega)} \, \mathrm{d}\omega = \frac{1}{2\pi} \cdot \langle \widehat{f}, \widehat{Pg} \rangle_{L^2(\mathbb{R})} = \langle f, Pg \rangle_{L^2(\mathbb{R})} \; .$$

Dies halten wir in einem Lemma fest.

**Lemma 4.6.** *Es seien $f \in L^2(\mathbb{R})$ und $g \in L^2(\mathbb{R})$ zwei Signale in dem* LEBESGUE-*Raum $L^2(\mathbb{R})$. Ferner sei*

$$P : L^2(\mathbb{R}) \to \mathcal{PW}_\Omega$$

*der in Lemma 4.3 definierte Projektionsoperator auf den* PALEY-WIENER-*Raum $\mathcal{PW}_\Omega$. Dann gilt*

$$\langle Pf, g \rangle_{L^2(\mathbb{R})} = \langle f, Pg \rangle_{L^2(\mathbb{R})} \; .$$

Es gilt somit

$$P^* = P \; ;$$

hier bemerken wir die bereits festgestellte Selbst-Adjungiertheit des Projektionsoperators $P$. Auf die gleiche Weise beweisen wir

**Lemma 4.7.** *Es seien $f \in \mathcal{PW}_\Omega$ und $g \in \mathcal{PW}_\Omega$ zwei Signale in dem* PALEY-WIENER-*Raum $\mathcal{PW}_\Omega$. Ferner sei*

$$P : L^2(\mathbb{R}) \to \mathcal{PW}_\Omega$$

*der in Lemma 4.3 definierte Projektionsoperator auf den* PALEY-WIENER-*Raum $\mathcal{PW}_\Omega$. Dann gilt*

$$\langle f, g \rangle_{\mathcal{PW}_\Omega} = \langle Pf, g \rangle_{\mathcal{PW}_\Omega} = \langle f, Pg \rangle_{\mathcal{PW}_\Omega} \; .$$

Da wir in der gerade geführten Diskussion bereits im Frequenzbereich angelangt sind, betrachten wir nun die spektrale Deutung des Abtasttheorems.

### 4.1.3 Spektrale Deutung des Abtasttheorems

Das in Gleichung 4.9 auf Seite 132 definierte abgetastete Signal $f_\mathrm{a} = f_\mathrm{a}(t)$ wollen wir nun im Frequenzbereich betrachten. Hierzu berechnen wir die zugehörige FOURIER-Transformierte. Es gilt mit der Ausblendeigenschaft der DIRAC-Distribution

$$f_a(t) = \sum_{j=-\infty}^{\infty} f(j \cdot T) \cdot \delta(t - j \cdot T)$$

$$\widehat{f_\mathrm{a}}(\omega) = \int_{-\infty}^{\infty} f_\mathrm{a}(t) \cdot \mathrm{e}^{-\mathrm{i}\omega t}\, \mathrm{d}t$$

$$= \int_{-\infty}^{\infty} \left( \sum_{j=-\infty}^{\infty} f(j \cdot T) \cdot \delta(t - j \cdot T) \right) \cdot \mathrm{e}^{-\mathrm{i}\omega t}\, \mathrm{d}t$$

$$= \sum_{j=-\infty}^{\infty} f(j \cdot T) \int_{-\infty}^{\infty} \delta(t - j \cdot T) \cdot \mathrm{e}^{-\mathrm{i}\omega t}\, \mathrm{d}t$$

$$= \sum_{j=-\infty}^{\infty} f(j \cdot T) \cdot \mathrm{e}^{-\mathrm{i}\omega j T} \ . \tag{4.10}$$

Entsprechend ergibt sich mit der Multiplikationseigenschaft der FOURIER-Transformation

$$f_\mathrm{a}(t) = f(t) \cdot \sum_{j=-\infty}^{\infty} \delta(t - j \cdot T)$$

$$\widehat{f_\mathrm{a}}(\omega) = \frac{1}{2\pi} \cdot \widehat{f}(\omega) \star \frac{2\pi}{T} \sum_{j=-\infty}^{\infty} \delta\left( \omega - \frac{2\pi j}{T} \right)$$

$$= \frac{1}{T} \sum_{j=-\infty}^{\infty} \widehat{f}\left( \omega - \frac{2\pi j}{T} \right) \ ,$$

das heißt die Abtastung mit der Abtastrate $T^{-1}$ führt zu einer periodischen Fortsetzung des Spektrums $\widehat{f}$ mit der Periode $2\pi/T$. Dies ist in Abbildung 4.7 veranschaulicht. Wir haben hier aufgrund der Dualität das völlige Analogon zur FOURIER-Reihe, bei der ein periodisches Signal ein diskretes Linienspektrum besitzt. Formal halten wir fest

$$\text{diskretes Signal} \ \circ\!\!-\!\!\bullet \ \text{periodisches Spektrum} \ ,$$
$$\text{periodisches Signal} \ \circ\!\!-\!\!\bullet \ \text{diskretes Spektrum} \ .$$

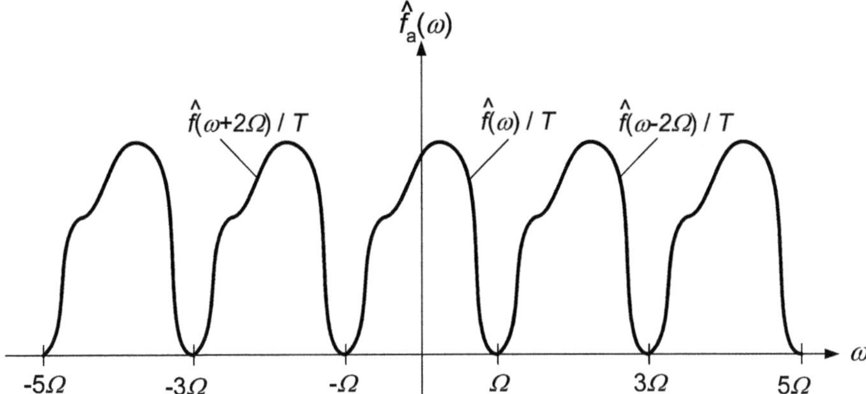


**Abb. 4.7.** Das Spektrum $\widehat{f}_a$ des mit der NYQUIST-Rate $T^{-1} = \Omega/\pi$ abgetasteten Signals $f \in \mathcal{PW}_\Omega$.

## 4.2 Zeitdiskrete Fourier-Transformation

Aufgrund der speziellen Struktur des Spektrums abgetasteter – also zeitdiskreter – Signale wird der zugehörigen Transformation ein eigener Name gegeben, wobei die Abtastwertefolge

$$\boxed{\{f_j\}_{j\in\mathbb{Z}} \triangleq \{f(j \cdot T)\}_{j\in\mathbb{Z}}} \tag{4.11}$$

verwendet wird.

**Definition 4.8.** *Die zeitdiskrete* FOURIER-*Transformation (DTFT – discrete-time* FOURIER *transform) ordnet der Abtastwertefolge* $\{f_j\}_{j\in\mathbb{Z}}$ *das periodische Spektrum* $\widehat{f}_{\mathrm{DTFT}} = \widehat{f}_{\mathrm{DTFT}}(\omega)$ *eineindeutig zu.*

$$\widehat{f}_{\mathrm{DTFT}}(\omega) = \sum_{j=-\infty}^{\infty} f_j \cdot \mathrm{e}^{-\mathrm{i}\omega jT}$$

$$\circ\!\!-\!\!\bullet \quad \{f_j\}_{j\in\mathbb{Z}} = \left\{ \frac{T}{2\pi} \int\limits_{-\pi/T}^{\pi/T} \widehat{f}_{\mathrm{DTFT}}(\omega) \cdot \mathrm{e}^{\mathrm{i}\omega jT} \,\mathrm{d}\omega \right\}_{j\in\mathbb{Z}}$$

Es gilt

$$\int\limits_{-\pi/T}^{\pi/T} \widehat{f}_{\mathrm{DTFT}}(\omega) \cdot \mathrm{e}^{\mathrm{i}\omega jT} \,\mathrm{d}\omega = \int\limits_{-\pi/T}^{\pi/T} \left( \sum_{i=-\infty}^{\infty} f_i \cdot \mathrm{e}^{-\mathrm{i}\omega iT} \right) \cdot \mathrm{e}^{\mathrm{i}\omega jT} \,\mathrm{d}\omega$$

$$= \sum_{i=-\infty}^{\infty} f_i \int\limits_{-\pi/T}^{\pi/T} \mathrm{e}^{\mathrm{i}\omega(j-i)T} \,\mathrm{d}\omega = \sum_{i=-\infty}^{\infty} f_i \cdot \frac{1}{T} \int\limits_{-\pi}^{\pi} \mathrm{e}^{\mathrm{i}\upsilon(j-i)} \,\mathrm{d}\upsilon$$

$$= \sum_{i=-\infty}^{\infty} f_i \cdot \frac{1}{T} \cdot 2\pi \cdot \delta_{i,j} = \frac{2\pi}{T} \cdot f_j \ .$$

Mit der Einführung der Abkürzung

$$z \overset{\triangle}{=} \mathrm{e}^{\mathrm{i}\omega T}$$

erhalten wir sogar die so genannte $z$-Transformation.

**Definition 4.9.** *Die $z$-Transformation ordnet der Abtastwertefolge $\{f_j\}_{j\in\mathbb{Z}}$ die komplexe Funktion $\widehat{f}_z = \widehat{f}_z(z)$ eineindeutig zu.*

$$\widehat{f}_z(z) = \sum_{j=-\infty}^{\infty} f_j \cdot z^{-j} \quad \overset{z}{\bullet\!\!-\!\!\circ} \quad \{f_j\}_{j\in\mathbb{Z}} = \left\{ \frac{1}{2\pi\mathrm{i}} \oint_C \widehat{f}_z(z) \cdot z^{j-1}\, \mathrm{d}z \right\}_{j\in\mathbb{Z}}$$

Hier bezeichnet $C$ eine geschlossene Integrationskurve innerhalb des Konvergenzgebiets der $z$-Transformation.

### 4.2.1 Theorem von Plancherel

Für die zeitdiskrete FOURIER-Transformation gilt ebenso wie für die zeitkontinuierliche FOURIER-Transformation das Theorem von PLANCHEREL.

**Theorem 4.10.** *Es seien $\widehat{f}_{\mathrm{DTFT}} = \widehat{f}_{\mathrm{DTFT}}(\omega)$ und $\widehat{g}_{\mathrm{DTFT}} = \widehat{g}_{\mathrm{DTFT}}(\omega)$ die zeitdiskreten FOURIER-Transformierten der Abtastwertefolgen $\{f_j\}_{j\in\mathbb{Z}} \in \ell^2(\mathbb{Z})$ und $\{g_j\}_{j\in\mathbb{Z}} \in \ell^2(\mathbb{Z})$. Dann gilt für das Skalarprodukt im Zeit- und Frequenzbereich mit $\Omega = \pi/T$*

$$\langle \{f_j\}_{j\in\mathbb{Z}}, \{g_j\}_{j\in\mathbb{Z}} \rangle_{\ell^2(\mathbb{Z})} = \frac{T}{2\pi} \cdot \langle \widehat{f}_{\mathrm{DTFT}}, \widehat{g}_{\mathrm{DTFT}} \rangle_{L^2([-\Omega,\Omega])} \ .$$

*Beweis.* Wir erhalten mit $\Omega = \pi/T$

$$\langle \widehat{f}_{\mathrm{DTFT}}, \widehat{g}_{\mathrm{DTFT}} \rangle_{L^2([-\Omega,\Omega])}$$

$$= \int_{-\Omega}^{\Omega} \widehat{f}_{\mathrm{DTFT}}(\omega) \cdot \overline{\widehat{g}_{\mathrm{DTFT}}(\omega)}\, \mathrm{d}\omega$$

$$= \int_{-\pi/T}^{\pi/T} \widehat{f}_{\mathrm{DTFT}}(\omega) \cdot \overline{\sum_{j=-\infty}^{\infty} g_j \cdot \mathrm{e}^{-\mathrm{i}\omega j T}}\, \mathrm{d}\omega$$

$$= \sum_{j=-\infty}^{\infty} \left( \int_{-\pi/T}^{\pi/T} \widehat{f}_{\mathrm{DTFT}}(\omega) \cdot \mathrm{e}^{\mathrm{i}\omega j T}\, \mathrm{d}\omega \right) \cdot \overline{g_j}$$

$$= \frac{2\pi}{T} \sum_{j=-\infty}^{\infty} f_j \cdot \overline{g_j} = \frac{2\pi}{T} \cdot \langle \{f_j\}_{j\in\mathbb{Z}}, \{g_j\}_{j\in\mathbb{Z}} \rangle_{\ell^2(\mathbb{Z})}$$

$$\square$$

### 4.2.2 Parsevalsche Gleichung

Für $f = g$ erhalten wir die PARSEVALsche Gleichung für die zeitdiskrete FOURIER-Transformation.

**Theorem 4.11.** *Es sei $\widehat{f}_{\mathrm{DTFT}} = \widehat{f}_{\mathrm{DTFT}}(\omega)$ die zeitdiskrete FOURIER-Transformierte der Abtastwertefolge $\{f_j\}_{j\in\mathbb{Z}} \in \ell^2(\mathbb{Z})$. Dann gilt für die zugehörige Norm mit $\Omega = \pi/T$*

$$\|\{f_j\}_{j\in\mathbb{Z}}\|_{\ell^2(\mathbb{Z})}^2 = \langle\{f_j\}_{j\in\mathbb{Z}}, \{f_j\}_{j\in\mathbb{Z}}\rangle_{\ell^2(\mathbb{Z})}$$
$$= \frac{T}{2\pi} \cdot \|\widehat{f}_{\mathrm{DTFT}}\|_{L^2([-\Omega,\Omega])}^2 = \frac{T}{2\pi} \cdot \langle\widehat{f}_{\mathrm{DTFT}}, \widehat{f}_{\mathrm{DTFT}}\rangle_{L^2([-\Omega,\Omega])} \cdot$$

Wir haben bei der bisherigen Betrachtung stillschweigend vorausgesetzt, dass das exakt Frequenzband-begrenzte Signal $f = f(t) \in \mathcal{PW}_\Omega$ mit der NYQUIST-Rate $T^{-1} = \Omega/\pi$ abgetastet wurde. Wir betrachten nun die Fälle, dass die Abtastrate

i)  $T^{-1} < \Omega/\pi$ (Unterabtastung) beziehungsweise
ii) $T^{-1} > \Omega/\pi$ (Überabtastung)

ist.

## 4.3 Nyquist-Rate

Zur Untersuchung der Fälle, dass ein Signal $f = f(t) \in \mathcal{PW}_\Omega$ mit der Frequenzbandbreite $\Omega$ mit einer Abtastrate $T^{-1}$ unterhalb oder oberhalb der NYQUIST-Rate $\Omega/\pi$ abgetastet wird, gehen wir von dem mit der Abtastperiode $T$ abgetasteten Signal

$$f_{\mathrm{a}}(t) = \sum_{j=-\infty}^{\infty} f(j \cdot T) \cdot \delta(t - j \cdot T)$$

gemäß Gleichung 4.9 auf Seite 132 aus. Dies ist entsprechend Abbildung 4.4 in Abbildung 4.8 dargestellt; die lineare Filterung durch den idealen Tiefpass mit der Impulsantwort $h_{\mathrm{a}}(t) = \frac{\Omega}{\pi} \cdot \mathrm{sinc}\left(\frac{\Omega \cdot t}{\pi}\right)$ entfällt hier, da wir den Effekt einer im Vergleich zur NYQUIST-Rate $\Omega/\pi$ zu kleinen Abtastrate $T^{-1}$ untersuchen wollen. Das zugehörige periodische Spektrum lautet

$$\widehat{f}_{\mathrm{a}}(\omega) = \frac{1}{T} \sum_{j=-\infty}^{\infty} \widehat{f}\left(\omega - \frac{2\pi j}{T}\right) , \tag{4.12}$$

das heißt das Spektrum $\widehat{f}$ des Signals $f \in L^2(\mathbb{R})$ wird mit der Periode $2\pi/T$ periodisch fortgesetzt.

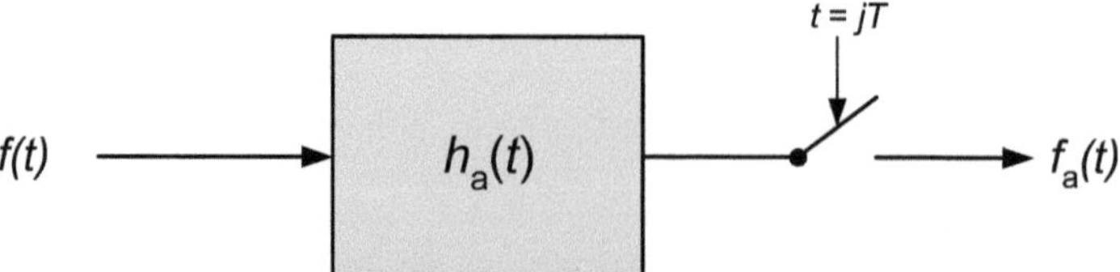


**Abb. 4.8.** Die Bestimmung der äquidistanten Abtastwerte $f(j \cdot T)$ durch lineare zeitinvariante Filterung mithilfe eines idealen Tiefpasses mit der Impulsantwort $h_{\mathrm{a}}(t) = \frac{\Omega}{\pi} \cdot \mathrm{sinc}\left(\frac{\Omega \cdot t}{\pi}\right)$ und Abtastung zu den äquidistanten Zeitpunkten $t_j = j \cdot T$.

### 4.3.1 Unterabtastung

Wird Abbildung 4.7 auf Seite 137 betrachtet, welches die periodische Fortsetzung des Spektrums bei Abtastung mit der NYQUIST-Rate $\Omega/\pi$ zeigt, so wird deutlich, dass für den Fall

$$\frac{2\pi}{T} < 2 \cdot \Omega \Leftrightarrow T^{-1} < \frac{\Omega}{\pi}$$

eine Überlappung der Teilspektren $\widehat{f}\left(\omega - \frac{2\pi j}{T}\right)$ eintreten wird. Dieses bei Unterabtastung auftretende so genannte *Aliasing* ist in Abbildung 4.9 veranschaulicht. Aufgrund der Überlappungen der Teilspektren kann das Signal $f$

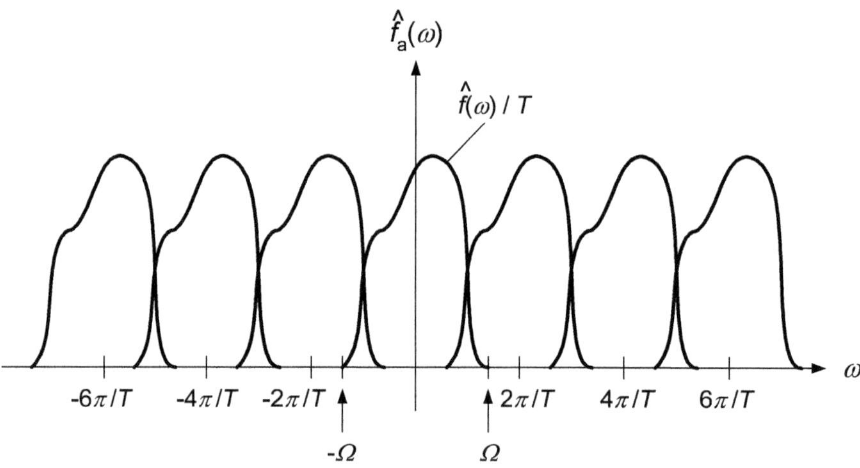


**Abb. 4.9.** Das Spektrum $\widehat{f}_{\mathrm{a}}$ des mit der Abtastrate $T^{-1} < \Omega/\pi$ unterabgetasteten Signals $f \in \mathcal{PW}_\Omega$. Es treten Überlappungen der Teilspektren $\widehat{f}\left(\omega - \frac{2\pi j}{T}\right)$ auf.

nicht mehr fehlerfrei aus dem abgetasteten Signal $f_{\mathrm{a}}$ zurückgewonnen werden. Daher wird entsprechend der oben geführten Diskussion in der digitalen Signalverarbeitung ein so genannter *Anti-Aliasing*-Tiefpass der Abtastung vorgeschaltet, um das Spektrum auf die der Abtastrate $T^{-1}$ entsprechende Frequenzband-Breite $\pi/T$ zu begrenzen. Das auf diese Weise Frequenzband-begrenzte Signal stellt gemäß Lemma 4.3 auf Seite 128 die beste Approximation im Sinne minimaler Fehlernorm des Signals $f \in L^2(\mathbb{R})$ im PALEY-WIENER-Raum $\mathcal{PW}_{\pi/T}$ dar.

### 4.3.2 Überabtastung

Anders liegt der Fall, wenn mit einer Abtastrate $T^{-1}$ oberhalb der NYQUIST-Rate $\Omega/\pi$ – also

$$\frac{2\pi}{T} > 2 \cdot \Omega \Leftrightarrow T^{-1} > \frac{\Omega}{\pi}$$

– abgetastet wird. Die Betrachtung von Abbildung 4.10 zeigt nun, dass die bei der periodischen Fortsetzung des Spektrums auftretenden Teilspektren $\widehat{f}\left(\omega - \frac{2\pi j}{T}\right)$ weiter auseinander treten und sich somit wie im Falle der Abtastung mit der NYQUIST-Rate $\Omega/\pi$ nicht überlappen. Dies ist in Abbildung 4.10 veranschaulicht. Die Abtastung mit der NYQUIST-Rate $\Omega/\pi$ stellt somit

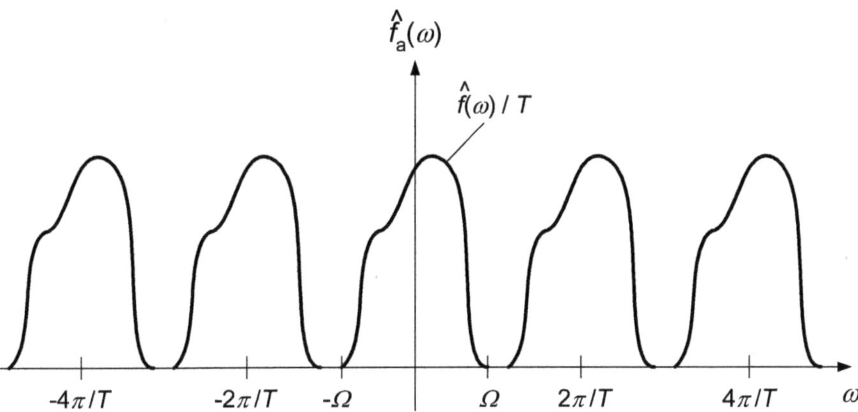


**Abb. 4.10.** Das Spektrum $\widehat{f}_a$ des mit der Abtastrate $T^{-1} > \Omega/\pi$ überabgetasteten Signals $f \in \mathcal{PW}_\Omega$. Es treten keine Überlappungen der Teilspektren $\widehat{f}\left(\omega - \frac{2\pi j}{T}\right)$ auf.

entsprechend Abbildung 4.7 auf Seite 137 den Grenzfall für das Auftreten der Überlappungen und damit des *Aliasing*-Effekts dar.

Da keine Überlappungen auftreten, kann das Signal $f$ beziehungsweise das Spektrum $\widehat{f}$ fehlerfrei entsprechend Abbildung 4.6 auf Seite 133 durch lineare zeitinvariante Filterung mithilfe eines Rekonstruktionstiefpasses zurückgewonnen werden. Es gilt mit der Korrespondenz

$$\text{rect}\left(\frac{\omega}{2\Omega}\right) \cdot e^{-i\omega\tau} \quad \bullet\!\!-\!\!\circ \quad \frac{\Omega}{\pi} \cdot \text{sinc}\frac{\Omega}{\pi}(t - \tau)$$

sowie unter Berücksichtigung des Spektrums $\widehat{f_{\mathrm{a}}}$ und des Faktors $1/T$

$$\widehat{f}(\omega) = T \cdot \operatorname{rect}\left(\frac{\omega}{2\Omega}\right) \cdot \widehat{f_{\mathrm{a}}}(\omega)$$

$$= T \cdot \operatorname{rect}\left(\frac{\omega}{2\Omega}\right) \cdot \frac{1}{T} \sum_{j=-\infty}^{\infty} \widehat{f}\left(\omega - \frac{2\pi j}{T}\right)$$

$$= T \cdot \operatorname{rect}\left(\frac{\omega}{2\Omega}\right) \cdot \sum_{j=-\infty}^{\infty} f(j \cdot T) \cdot \mathrm{e}^{-\mathrm{i}\omega jT}$$

$$= \sum_{j=-\infty}^{\infty} f(j \cdot T) \cdot T \cdot \operatorname{rect}\left(\frac{\omega}{2\Omega}\right) \cdot \mathrm{e}^{-\mathrm{i}\omega jT}$$

$$f(t) = \sum_{j=-\infty}^{\infty} f(j \cdot T) \cdot \frac{\Omega \cdot T}{\pi} \cdot \operatorname{sinc}\frac{\Omega}{\pi}(t - j \cdot T) \ .$$

Dieses Ergebnis halten wir als Verallgemeinerung des SHANNON-WHITTAKER-KOTEL'NIKOV-Abtasttheorems auf den Fall der Überabtastung fest in dem folgenden

**Theorem 4.12.** *Es sei* $f = f(t) \in \mathcal{PW}_\Omega$ *ein exakt Frequenzband-begrenztes Signal aus dem* PALEY-WIENER-*Raum* $\mathcal{PW}_\Omega \subset L^2(\mathbb{R})$ *mit*

$$\widehat{f}(\omega) = 0 \quad \forall\, |\omega| > \Omega \ .$$

*Dann kann* $f$ *mithilfe seiner regulär im äquidistanten Abstand von*

$$T \leq \frac{\pi}{\Omega}$$

*gewonnenen Abtastwertefolge* $\{f(j \cdot T)\}_{j \in \mathbb{Z}}$ *dargestellt werden.*

$$f(t) = \sum_{j=-\infty}^{\infty} f(j \cdot T) \cdot \frac{\Omega \cdot T}{\pi} \cdot \operatorname{sinc}\frac{\Omega}{\pi}(t - j \cdot T)$$

Bemerkenswert ist die Ähnlichkeit des aus Lemma 4.4 auf Seite 130 folgenden *Integral*ausdrucks für das Skalarprodukt

$$f(t) = \int_{-\infty}^{\infty} f(t') \cdot \left(\frac{\Omega}{\pi} \cdot \operatorname{sinc}\frac{\Omega}{\pi}(t - t')\right) \mathrm{d}t'$$

mit dem *Summen*ausdruck in der Verallgemeinerung des SHANNON-WHITTA-KER-KOTEL'NIKOV-Abtasttheorems 4.12

$$f(t) = \sum_{j=-\infty}^{\infty} f(j \cdot T) \cdot \left(\frac{\Omega}{\pi} \cdot \operatorname{sinc}\frac{\Omega}{\pi}(t - j \cdot T)\right) \cdot T \ .$$

Für die NYQUIST-Rate $T = \pi/\Omega$ ergibt sich – wie erwartet – das SHANNON-WHITTAKER-KOTEL'NIKOV-Abtasttheorem 4.1 auf Seite 124. Liegt jedoch der Fall der Überabtastung mit $T^{-1} > \Omega/\pi$ vor, so ist der Vorfaktor der sinc-Funktion $\Omega \cdot T/\pi < 1$ und somit kleiner als der bei Abtastung mit der NYQUIST-Rate auftretende Faktor 1. Zur Kompensation der bei Überabtastung vorliegenden größeren Zahl an Basisfunktionen $\mathrm{sinc}\frac{\Omega}{\pi}(t - j \cdot T)$ wird deren Amplitude gegenüber der Abtastung mit der NYQUIST-Rate erniedrigt. Ferner hatten wir im Falle der Abtastung mit der NYQUIST-Periode $T = \pi/\Omega$ gemäß Lemma 4.2 auf Seite 126 mit der Signalfolge

$$\left\{ \sqrt{\frac{\Omega}{\pi}} \cdot \mathrm{sinc}\frac{\Omega}{\pi}\left(t - \frac{\pi j}{\Omega}\right) \right\}_{j \in \mathbb{Z}}$$

eine Orthonormalbasis des PALEY-WIENER-Raums $\mathcal{PW}_\Omega \subset L^2(\mathbb{R})$ gefunden. Im Falle der Überabtastung erhalten wir mehr Abtastwerte als eigentlich zur Repräsentation des Signals notwendig wären. Wir vermuten daher aufgrund dieser Überbestimmtheit, dass die nun vorliegenden Signale $\frac{\Omega \cdot T}{\pi} \cdot \mathrm{sinc}\frac{\Omega}{\pi}(t - j \cdot T)$ kein Orthogonal- oder Orthonormalsystem darstellen. Aus Lemma 4.4 auf Seite 130 wissen wir, dass

$$\left\langle f(t), \frac{\Omega}{\pi} \cdot \mathrm{sinc}\frac{\Omega}{\pi}(t - \tau) \right\rangle_{\mathcal{PW}_\Omega} = f(\tau)$$

gilt. Mit $\tau = j \cdot T$ erhalten wir daher die Darstellung

$$\begin{aligned}
f(t) &= \sum_{j=-\infty}^{\infty} f(j \cdot T) \cdot \frac{\Omega \cdot T}{\pi} \cdot \mathrm{sinc}\frac{\Omega}{\pi}(t - j \cdot T) \\
&= \sum_{j=-\infty}^{\infty} \left\langle f(t), \frac{\Omega}{\pi} \cdot \mathrm{sinc}\frac{\Omega}{\pi}(t - j \cdot T) \right\rangle_{\mathcal{PW}_\Omega} \\
&\qquad \cdot \frac{\Omega \cdot T}{\pi} \cdot \mathrm{sinc}\frac{\Omega}{\pi}(t - j \cdot T) \\
&= \sum_{j=-\infty}^{\infty} \left\langle f(t), \frac{\Omega \cdot \sqrt{T}}{\pi} \cdot \mathrm{sinc}\frac{\Omega}{\pi}(t - j \cdot T) \right\rangle_{\mathcal{PW}_\Omega} \\
&\qquad \cdot \frac{\Omega \cdot \sqrt{T}}{\pi} \cdot \mathrm{sinc}\frac{\Omega}{\pi}(t - j \cdot T) \, .
\end{aligned}$$

Definieren wir nun die Signalfolge

$$\{\varphi_j(t)\}_{j \in \mathbb{Z}} \overset{\triangle}{=} \left\{ \frac{\Omega \cdot \sqrt{T}}{\pi} \cdot \mathrm{sinc}\frac{\Omega}{\pi}(t - j \cdot T) \right\}_{j \in \mathbb{Z}}, \tag{4.13}$$

so können wir das Signal $f$ wie in Gleichung 4.3 auf Seite 127 darstellen als

$$f = \sum_{j=-\infty}^{\infty} \langle f, \varphi_j \rangle_{\mathcal{PW}_\Omega} \cdot \varphi_j \qquad (4.14)$$

mit

$$\langle f, \varphi_j \rangle_{\mathcal{PW}_\Omega} = \sqrt{T} \cdot f(j \cdot T) \ . \qquad (4.15)$$

Die Signalfolge $\{\varphi_j(t)\}_{j\in\mathbb{Z}}$ stellt nun jedoch im Allgemeinen für $T \neq \pi/\Omega$ kein Orthonormalsystem dar. Es gilt nämlich

$$\langle \varphi_i, \varphi_j \rangle_{\mathcal{PW}_\Omega}$$

$$= \left\langle \frac{\Omega \cdot \sqrt{T}}{\pi} \cdot \mathrm{sinc}\frac{\Omega}{\pi}(t - i \cdot T), \frac{\Omega \cdot \sqrt{T}}{\pi} \cdot \mathrm{sinc}\frac{\Omega}{\pi}(t - j \cdot T) \right\rangle_{\mathcal{PW}_\Omega}$$

$$= \frac{1}{2\pi} \cdot \left\langle \sqrt{T} \cdot \mathrm{rect}\left(\frac{\omega}{2\Omega}\right) \cdot \mathrm{e}^{-\mathrm{i}\omega i T}, \sqrt{T} \cdot \mathrm{rect}\left(\frac{\omega}{2\Omega}\right) \cdot \mathrm{e}^{-\mathrm{i}\omega j T} \right\rangle_{L^2([-\Omega,\Omega])}$$

$$= \frac{T}{2\pi} \int_{-\Omega}^{\Omega} \mathrm{rect}\left(\frac{\omega}{2\Omega}\right) \cdot \mathrm{e}^{-\mathrm{i}\omega i T} \cdot \mathrm{rect}\left(\frac{\omega}{2\Omega}\right) \cdot \mathrm{e}^{\mathrm{i}\omega j T} \, \mathrm{d}\omega$$

$$= \frac{T}{2\pi} \int_{-\Omega}^{\Omega} \mathrm{e}^{\mathrm{i}\omega(j-i)T} \, \mathrm{d}\omega = \frac{1}{2\pi} \int_{-\Omega T}^{\Omega T} \mathrm{e}^{\mathrm{i}v(j-i)} \, \mathrm{d}v$$

$$= \frac{\Omega \cdot T}{\pi} \cdot \mathrm{sinc}\frac{\Omega \cdot T}{\pi}(j - i) \ .$$

Die sinc-Funktion wird zu 0, wenn das Argument eine ganze von 0 verschiedene Zahl ist. Die für eine Orthogonalbasis notwendige Bedingung

$$\langle \varphi_i, \varphi_j \rangle_{\mathcal{PW}_\Omega} \overset{!}{=} 0 \quad \forall\, i \neq j$$

entspricht somit der Forderung

$$\frac{\Omega \cdot T}{\pi} \cdot (j - i) \overset{!}{=} k$$

$$\Rightarrow \frac{\Omega \cdot T}{\pi} \overset{!}{=} k \Leftrightarrow T^{-1} \overset{!}{=} \frac{\Omega}{k \cdot \pi}$$

mit $k \in \mathbb{N}$. Da aber aufgrund des sonst bei Unterabtastung auftretenden *Aliasing*-Effekts $T^{-1} \geq \Omega/\pi$ gelten muss, kommt nur $k = 1$ in Frage. Die Signalfolge $\{\varphi_j(t)\}_{j\in\mathbb{Z}}$ stellt somit nur für die NYQUIST-Rate $T^{-1} = \Omega/\pi$ ein Orthogonalsystem – und dann sogar ein Orthonormalsystem – dar. Dennoch ist augenscheinlich auch für $T^{-1} > \Omega/\pi$ eine fehlerfreie Repräsentation des Signals $f \in \mathcal{PW}_\Omega$ durch die Abtastwertefolge $\{f(j \cdot T)\}_{j\in\mathbb{Z}}$ beziehungsweise durch die Folge der Entwicklungskoeffizienten $\{\langle f, \varphi_j \rangle_{\mathcal{PW}_\Omega}\}_{j\in\mathbb{Z}}$ möglich. Trotz der fehlenden Orthogonalität scheint daher die Signalfolge $\{\varphi_j(t)\}_{j\in\mathbb{Z}}$ hinreichend interessante Rekonstruktionseigenschaften zu besitzen. Wir werden daher im nächsten Kapitel Signalfolgen – so genannte *Rahmen* – betrachten, die im Allgemeinen kein Orthonormalsystem für einen gegebenen HILBERT-Raum $\mathcal{H}$ darstellen, jedoch die Rekonstruktion eines Signals aus der Koeffizientenfolge $\{\langle f, \varphi_j\rangle_{\mathcal{H}}\}_{j \in \mathbb{J}}$ mit der Indexmenge $\mathbb{J}$ gestatten. Vorher wenden wir uns noch einem wichtigen Werkzeug, der diskreten FOURIER-Transformation zu. Zu diesem Zweck betrachten wir die reguläre Abtastung periodischer Signale.

## 4.4 Periodische Signale

### 4.4.1 Periodische Fortsetzung

Ausgehend von dem auf das Zeitintervall $[0, N \cdot T]$ begrenzten Signal

$$f = f(t) \in L^2([0, N \cdot T])$$

mit endlichem Träger $\mathrm{supp}\{f\} \subseteq [0, N \cdot T]$ – dieses Signal $f$ ist Ziel all unserer nun folgenden Untersuchungen – betrachten wir wie bei der im Rahmen der FOURIER-Transformation geführten Diskussion periodischer Signale das periodisch mit der Periode $N \cdot T$ fortgesetzte Signal

$$f_{1-\mathrm{per}}(t) = \sum_{j=-\infty}^{\infty} f(t - j \cdot N \cdot T) \ .$$

Entsprechend der Definition 3.7 auf Seite 99 kann für dieses periodische Signal $f_{1-\mathrm{per}}(t) = f_{1-\mathrm{per}}(t + N \cdot T)$ eine Signaldarstellung auf Basis der FOURIER-Reihe

$$f_{1-\mathrm{per}}(t) = \sum_{j=-\infty}^{\infty} c_j \cdot \mathrm{e}^{\mathrm{i}2\pi jt/NT}$$

mit den FOURIER-Koeffizienten

$$c_j = \frac{1}{N \cdot T} \int_0^{N \cdot T} f(t) \cdot \mathrm{e}^{-\mathrm{i}2\pi jt/NT} \, \mathrm{d}t$$

sowie dem Linienspektrum

$$\widehat{f}_{1-\mathrm{per}}(\omega) = 2\pi \sum_{j=-\infty}^{\infty} c_j \cdot \delta\left(\omega - \frac{2\pi}{T} \cdot \frac{j}{N}\right)$$

angegeben werden. Wir setzen im Folgenden Frequenzband-begrenzte, mit der Periode $N \cdot T$ periodische Signale mit

$$\widehat{f}_{1-\mathrm{per}}(\omega) = 0 \quad \forall \, |\omega| > \Omega$$

und somit den PALEY-WIENER-Raum

$$\mathcal{PW}_{\Omega}^{1-\mathrm{per}} \triangleq \left\{ f \in L^2([0, N \cdot T]) \,\Big|\, \widehat{f}_{1-\mathrm{per}}(\omega) = 0 \quad \forall\, |\omega| > \Omega \right\}$$

als grundlegenden Signalraum voraus. Das Linienspektrum $\widehat{f}_{1-\mathrm{per}}(\omega)$ besteht aufgrund der vorausgesetzten Frequenzband-Begrenztheit nur aus den Spektrallinien mit dem äquidistanten Abstand $2\pi/NT$, die in dem Frequenzintervall $[-\Omega, \Omega]$ liegen. Zur Vereinfachung der Schreibweise nehmen wir an, dass $\Omega$ ein ganzzahliges Vielfaches des halben Spektrallinienabstands $\pi/NT$ ist, das heißt[3]

$$\boxed{\Omega \triangleq \frac{\pi}{T} \cdot \frac{M}{N}\,.}$$
(4.16)

Sollte dies bei gegebener Frequenzgrenze $\Omega$ nicht der Fall sein, so wird statt dieser die erhöhte Frequenzgrenze

$$\Omega \mapsto \frac{\pi}{N \cdot T} \left\lceil \frac{\Omega \cdot N \cdot T}{\pi} \right\rceil$$

gewählt.[4] Die ungerade Zahl der Spektrallinien beträgt dann $2 \cdot \lfloor M/2 \rfloor + 1$. Hieraus folgt das Linienspektrum

$$\widehat{f}_{1-\mathrm{per}}(\omega) = 2\pi \sum_{j=-\lfloor M/2 \rfloor}^{\lfloor M/2 \rfloor} c_j \cdot \delta\left(\omega - \frac{2\pi}{T} \cdot \frac{j}{N}\right)$$

sowie die FOURIER-Reihe

$$f_{1-\mathrm{per}}(t) = \sum_{j=-\lfloor M/2 \rfloor}^{\lfloor M/2 \rfloor} c_j \cdot \mathrm{e}^{\mathrm{i}2\pi jt/NT}\,.$$
(4.17)

Entsprechend Gleichung 3.54 und Gleichung 3.55 auf Seite 116 definieren wir erneut für das Skalarprodukt der durch periodische Fortsetzung der Signale $f$ und $g$ gewonnenen periodischen Signale $f_{1-\mathrm{per}}$ beziehungsweise $g_{1-\mathrm{per}}$

$$\langle f, g \rangle_{\mathcal{PW}_{\Omega}^{1-\mathrm{per}}} \triangleq \int_{0}^{N \cdot T} f(t) \cdot \overline{g(t)}\, \mathrm{d}t$$
(4.18)

sowie für die durch dieses Skalarprodukt $\langle f, g \rangle_{\mathcal{PW}_{\Omega}^{1-\mathrm{per}}}$ induzierte Norm

$$\|f\|_{\mathcal{PW}_{\Omega}^{1-\mathrm{per}}} \triangleq \sqrt{\langle f, f \rangle_{\mathcal{PW}_{\Omega}^{1-\mathrm{per}}}} = \sqrt{\int_{0}^{N \cdot T} |f(t)|^2\, \mathrm{d}t}\,.$$
(4.19)

---

[3] Hieraus wird ersichtlich, dass nun $T$ nicht die dem PALEY-WIENER-Raum zuordenbare NYQUIST-Periode ist.

[4] $\lceil \xi \rceil$ bezeichnet die kleinste ganze Zahl, die größer oder gleich $\xi$ ist.

Ebenso gilt mit der Indexmenge

$$\mathbb{J} \stackrel{\triangle}{=} \{-\lfloor M/2\rfloor, \ldots, \lfloor M/2\rfloor\}$$

das Theorem 3.17 von PLANCHEREL auf Seite 116 für zwei Signale $f = f(t) \in \mathcal{PW}_{\Omega}^{1-\mathrm{per}}$ und $g = g(t) \in \mathcal{PW}_{\Omega}^{1-\mathrm{per}}$

$$\langle f, g\rangle_{\mathcal{PW}_{\Omega}^{1-\mathrm{per}}} = N \cdot T \sum_{j=-\lfloor M/2\rfloor}^{\lfloor M/2\rfloor} c_j \cdot \overline{d_j} = N \cdot T \cdot \langle c, d\rangle_{\ell^2(\mathbb{J})}$$

sowie für $f = g$ die PARSEVALsche Gleichung in Theorem 3.18.

$$\|f\|_{L^2([0, N\cdot T])}^2 = N \cdot T \sum_{j=-\lfloor M/2\rfloor}^{\lfloor M/2\rfloor} |c_j|^2 = N \cdot T \cdot \|c\|_{\ell^2(\mathbb{J})}^2 \ .$$

Gemäß dem SHANNON-WHITTAKER-KOTEL'NIKOV-Abtasttheorem 4.1 auf Seite 124 beziehungsweise seiner Erweiterung in Theorem 4.12 auf Seite 142 für den Fall der Überabtastung mit der Abtastrate $T^{-1} \geq \Omega/\pi$ kann das exakt Frequenzband-begrenzte Signal $f_{1-\mathrm{per}}$ mit $\Omega \cdot T/\pi = M/N$ dargestellt werden durch die unendliche Reihe

$$f_{1-\mathrm{per}}(t) = \sum_{j=-\infty}^{\infty} f_{1-\mathrm{per}}(j \cdot T) \cdot \frac{\Omega \cdot T}{\pi} \cdot \mathrm{sinc}\frac{\Omega}{\pi}(t - j \cdot T)$$

$$= \sum_{j=-\infty}^{\infty} f_{1-\mathrm{per}}(j \cdot T) \cdot \frac{M}{N} \cdot \mathrm{sinc}\frac{M}{N}\left(\frac{t}{T} - j\right) \ .$$

Wird die Periodizität des Signals $f_{1-\mathrm{per}}(t) = f_{1-\mathrm{per}}(t + N \cdot T)$ berücksichtigt, so ergibt sich mit dem Index $i \cdot N + j$ sowie mit $f_{1-\mathrm{per}}(j \cdot T) = f(j \cdot T)$ für $j = 0, 1, \ldots, N - 1$

$$f_{1-\mathrm{per}}(t)$$

$$= \sum_{i=-\infty}^{\infty} \sum_{j=0}^{N-1} f_{1-\mathrm{per}}(i \cdot N \cdot T + j \cdot T) \cdot \frac{M}{N} \cdot \mathrm{sinc}\frac{M}{N}\left(\frac{t}{T} - i \cdot N - j\right)$$

$$= \sum_{j=0}^{N-1} f(j \cdot T) \sum_{i=-\infty}^{\infty} \frac{M}{N} \cdot \mathrm{sinc}\frac{M}{N}\left(\frac{t}{T} - i \cdot N - j\right) \ .$$

Wird das mit der Periode $N$ periodische Signal

$$\phi(t) \stackrel{\triangle}{=} \sum_{i=-\infty}^{\infty} \frac{M}{N} \cdot \mathrm{sinc}\frac{M}{N}(t - i \cdot N) \tag{4.20}$$

definiert, so gilt

$$f_{1-\mathrm{per}}(t) = \sum_{j=0}^{N-1} f(j \cdot T) \cdot \phi\left(\frac{t}{T} - j\right) \tag{4.21}$$

beziehungsweise

$$f(t) = \sum_{j=0}^{N-1} f(j \cdot T) \cdot \phi\left(\frac{t}{T} - j\right) \quad \forall\, t \in [0, N \cdot T] \quad \text{a.e.}$$

Das periodische Frequenzband-begrenzte Signal $f_{1-\mathrm{per}}$ ist somit bei Kenntnis der Abtastrate $T^{-1}$ sowie der Frequenzgrenze $\Omega$ beziehungsweise des Quotienten $M/N$ vollständig durch die Folge $\{f(j \cdot T)\}_{j\in\{0,1,\ldots,N-1\}}$ bestimmt. Aus diesem Grund definieren wir die äquidistante Abtastwertefolge

$$\boxed{\{f_j\}_{j\in\{0,1,\ldots,N-1\}} \stackrel{\triangle}{=} \{f(j \cdot T)\}_{j\in\{0,1,\ldots,N-1\}} \;.} \tag{4.22}$$

Damit ergibt sich

$$f_{1-\mathrm{per}}(t) = \sum_{j=0}^{N-1} f_j \cdot \phi\left(\frac{t}{T} - j\right)$$

und

$$\boxed{f(t) = \sum_{j=0}^{N-1} f_j \cdot \phi\left(\frac{t}{T} - j\right) \quad \forall\, t \in [0, N \cdot T] \quad \text{a.e.}} \tag{4.23}$$

Die unendliche Reihenentwicklung des SHANNON-WHITTAKER-KOTEL'NIKOV-Abtasttheorems reduziert sich somit für den Fall eines periodischen Frequenzband-begrenzten Signals $f_{1-\mathrm{per}}$ unter Verwendung des Signals $\phi$ auf eine endliche Reihe mit $N$ Komponenten. Das Signal $\phi = \phi(t)$ verdient daher eine eingehendere Untersuchung.

### Dirichlet-Kern

Mithilfe der FOURIER-Transformation sowie der Korrespondenz

$$\frac{\Omega}{\pi} \cdot \mathrm{sinc}\left(\frac{\Omega \cdot t}{\pi}\right) \quad \circ\!\!-\!\!\bullet \quad \mathrm{rect}\left(\frac{\omega}{2\Omega}\right)$$

ergibt sich unter Verwendung der endlichen geometrischen Reihe

$$\phi(t) = \sum_{i=-\infty}^{\infty} \frac{M}{N} \cdot \mathrm{sinc}\,\frac{M}{N}\,(t - i \cdot N)$$

$$= \frac{M}{N} \cdot \mathrm{sinc}\left(\frac{M \cdot t}{N}\right) \star \sum_{i=-\infty}^{\infty} \delta\,(t - i \cdot N)$$

$$\widehat{\phi}(\omega) = \mathrm{rect}\left(\frac{\omega}{2\pi M/N}\right) \cdot \frac{2\pi}{N} \sum_{i=-\infty}^{\infty} \delta\left(\omega - \frac{2\pi i}{N}\right)$$

$$= \frac{2\pi}{N} \sum_{i=-\lfloor M/2 \rfloor}^{\lfloor M/2 \rfloor} \delta\left(\omega - \frac{2\pi i}{N}\right)$$

$$\phi(t) = \frac{1}{N} \sum_{i=-\lfloor M/2 \rfloor}^{\lfloor M/2 \rfloor} \mathrm{e}^{\mathrm{i}2\pi it/N}$$

$$= \frac{1}{N} \sum_{i=0}^{2\cdot\lfloor M/2 \rfloor} \mathrm{e}^{\mathrm{i}2\pi(i-\lfloor M/2 \rfloor)t/N}$$

$$= \frac{1}{N} \cdot \mathrm{e}^{-\mathrm{i}2\pi\lfloor M/2 \rfloor t/N} \sum_{i=0}^{2\cdot\lfloor M/2 \rfloor} \mathrm{e}^{\mathrm{i}2\pi it/N}$$

$$= \frac{1}{N} \cdot \mathrm{e}^{-\mathrm{i}2\pi\lfloor M/2 \rfloor t/N} \cdot \frac{1 - \mathrm{e}^{\mathrm{i}2\pi(2\cdot\lfloor M/2 \rfloor+1)t/N}}{1 - \mathrm{e}^{\mathrm{i}2\pi t/N}}$$

$$= \frac{1}{N} \cdot \frac{\mathrm{e}^{\mathrm{i}\pi(2\lfloor M/2 \rfloor+1)t/N} - \mathrm{e}^{-\mathrm{i}\pi(2\cdot\lfloor M/2 \rfloor+1)t/N}}{\mathrm{e}^{\mathrm{i}\pi t/N} - \mathrm{e}^{-\mathrm{i}\pi t/N}}$$

$$= \frac{\sin\left((2\cdot\lfloor M/2 \rfloor+1)\frac{\pi t}{N}\right)}{N\cdot\sin\left(\frac{\pi t}{N}\right)} \,.$$

Zusammengefasst erhalten wir

$$\boxed{\phi(t) = \sum_{i=-\infty}^{\infty} \frac{M}{N}\cdot\mathrm{sinc}\frac{M}{N}(t - i\cdot N) = \frac{\sin\left((2\cdot\lfloor M/2 \rfloor+1)\frac{\pi t}{N}\right)}{N\cdot\sin\left(\frac{\pi t}{N}\right)}} \,.$$

$$(4.24)$$

Bei genauer Betrachtung dieser Beziehung fällt die Ähnlichkeit zu dem so genannten DIRICHLET-Kern

$$d_n(t) \stackrel{\triangle}{=} \frac{\sin(n\pi t)}{n\cdot\sin(\pi t)} \,, \tag{4.25}$$

für den mit der Regel von L'HOSPITAL $\lim_{t\to 0} d_n(t) = d_n(0) = 1$ gilt, als periodisches Analogon zur sinc-Funktion auf. Tatsächlich gilt

$$\phi(t) = \frac{2\cdot\lfloor M/2 \rfloor+1}{N}\cdot d_{2\cdot\lfloor M/2 \rfloor+1}\left(\frac{t}{N}\right) \,.$$

Den DIRICHLET-Kern für $n = 9$ zeigt Abbildung 4.11.

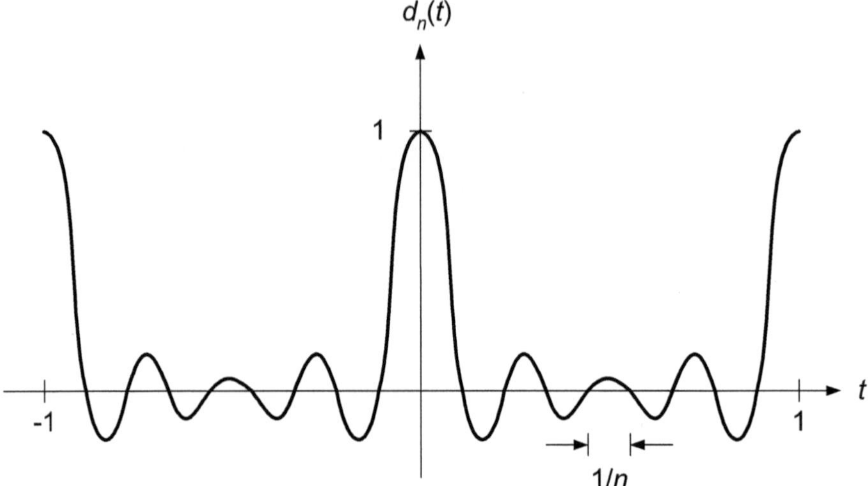

**Abb. 4.11.** Der DIRICHLET-Kern $d_n(t) = \frac{\sin(n\pi t)}{n \cdot \sin(\pi t)}$ für $n = 9$.

### Reguläre Abtastung

Geleitet durch die funktionalanalytische Deutung des Abtasttheorems berechnen wir probeweise das Skalarprodukt $\langle f(t), \phi(t/T - j) \rangle_{\mathcal{PW}_\Omega^{1-\mathrm{per}}}$ zwischen dem Signal $f = f(t) \in \mathcal{PW}_\Omega^{1-\mathrm{per}}$ sowie dem verschobenen skalierten DIRICHLET-Kern $\phi(t/T - j)$. Es gilt mit $\Omega/\pi = M/NT$

$$\left\langle f(t), \phi\left(\frac{t}{T} - j\right) \right\rangle_{\mathcal{PW}_\Omega^{1-\mathrm{per}}} = \int\limits_0^{N \cdot T} f(t) \cdot \overline{\phi\left(\frac{t}{T} - j\right)} \, \mathrm{d}t$$

$$= \int\limits_0^{N \cdot T} f(t) \cdot \overline{\sum_{i=-\infty}^{\infty} \frac{M}{N} \cdot \mathrm{sinc}\frac{M}{N}\left(\frac{t}{T} - i \cdot N - j\right)} \, \mathrm{d}t$$

$$= \sum_{i=-\infty}^{\infty} \int\limits_0^{N \cdot T} f(t) \cdot \frac{M}{N} \cdot \mathrm{sinc}\frac{M}{N}\left(\frac{t - i \cdot N \cdot T}{T} - j\right) \, \mathrm{d}t$$

$$= \sum_{i=-\infty}^{\infty} \int\limits_{-i \cdot N \cdot T}^{-i \cdot N \cdot T + N \cdot T} f_{1-\mathrm{per}}(t) \cdot \frac{M}{N} \cdot \mathrm{sinc}\frac{M}{N}\left(\frac{t}{T} - j\right) \, \mathrm{d}t$$

$$= \int\limits_{-\infty}^{\infty} f_{1-\mathrm{per}}(t) \cdot \frac{M}{N} \cdot \mathrm{sinc}\frac{M}{N}\left(\frac{t}{T} - j\right) \, \mathrm{d}t$$

$$= \int\limits_{-\infty}^{\infty} f_{1-\mathrm{per}}(t) \cdot \frac{\Omega \cdot T}{\pi} \cdot \mathrm{sinc}\frac{\Omega}{\pi}(t - j \cdot T) \, \mathrm{d}t$$

$$= T \cdot \left\langle f_{1-\mathrm{per}}(t), \frac{\Omega}{\pi} \cdot \mathrm{sinc}\frac{\Omega}{\pi}(t - j \cdot T) \right\rangle_{\mathcal{PW}_\Omega} \ .$$

Mit Lemma 4.4 auf Seite 130 erhalten wir daher für $0 \leq j \cdot T < N \cdot T$ – also $0 \leq j < N$ –

$$\left\langle f(t), \phi\left(\frac{t}{T} - j\right) \right\rangle_{\mathcal{PW}_\Omega^{1-\mathrm{per}}} = T \cdot f_{1-\mathrm{per}}(j \cdot T) = T \cdot f(j \cdot T) \ , \qquad (4.26)$$

und damit unter Verwendung von Gleichung 4.21 auf Seite 148

$$f_{1-\mathrm{per}}(t) = \sum_{j=0}^{N-1} \frac{1}{T} \cdot \left\langle f(t), \phi\left(\frac{t}{T} - j\right) \right\rangle_{\mathcal{PW}_\Omega^{1-\mathrm{per}}} \cdot \phi\left(\frac{t}{T} - j\right)$$

beziehungsweise

$$f(t) = \sum_{j=0}^{N-1} \frac{1}{T} \cdot \left\langle f(t), \phi\left(\frac{t}{T} - j\right) \right\rangle_{\mathcal{PW}_\Omega^{1-\mathrm{per}}} \cdot \phi\left(\frac{t}{T} - j\right)$$
$$\forall\, t \in [0, N \cdot T] \quad \text{a.e.} \qquad (4.27)$$

Diese Darstellung erinnert – nicht überraschend – an die funktionalanalytische Deutung des SHANNON-WHITTAKER-KOTEL'NIKOV-Abtasttheorems 4.1 auf Seite 124 beziehungsweise seiner Variante in Theorem 4.12 auf Seite 142 für den Fall der Überabtastung . Definieren wir die Signalfolge

$$\{\varphi_j(t)\}_{j\in\{0,1,\ldots N-1\}} \overset{\triangle}{=} \left\{\frac{1}{\sqrt{T}} \cdot \phi\left(\frac{t}{T} - j\right)\right\}_{j\in\{0,1,\ldots N-1\}} \qquad (4.28)$$

$$= \left\{\frac{1}{\sqrt{T}} \sum_{i=-\infty}^{\infty} \frac{M}{N} \cdot \mathrm{sinc}\frac{M}{N}\left(\frac{t}{T} - i \cdot N - j\right)\right\}_{j\in\{0,1,\ldots N-1\}}$$

$$= \left\{\frac{1}{\sqrt{T}} \cdot \frac{\sin\left((2 \cdot \lfloor M/2 \rfloor + 1)\frac{\pi}{N}\left(\frac{t}{T} - j\right)\right)}{N \cdot \sin\left(\frac{\pi}{N}\left(\frac{t}{T} - j\right)\right)}\right\}_{j\in\{0,1,\ldots N-1\}}$$

so ergibt sich

$$\boxed{f(t) = \sum_{j=0}^{N-1} \langle f, \varphi_j \rangle_{\mathcal{PW}_\Omega^{1-\mathrm{per}}} \cdot \varphi_j \quad \forall\, t \in [0, N \cdot T] \quad \text{a.e.}} \qquad (4.29)$$

mit

$$\boxed{\langle f, \varphi_j \rangle_{\mathcal{PW}_\Omega^{1-\mathrm{per}}} = \sqrt{T} \cdot f(j \cdot T) \ .} \qquad (4.30)$$

Ist $M$ ungerade, so gilt $M = 2 \cdot \lfloor M/2 \rfloor + 1$, und damit für die Signalfolge

$$\{\varphi_j(t)\}_{j\in\{0,1,\dots N-1\}} = \left\{\frac{1}{\sqrt{T}}\cdot\frac{\sin\left(\frac{\pi M}{N}\left(\frac{t}{T}-j\right)\right)}{N\cdot\sin\left(\frac{\pi}{N}\left(\frac{t}{T}-j\right)\right)}\right\}_{j\in\{0,1,\dots N-1\}}$$

$$(4.31)$$

Versuchsweise überprüfen wir in Analogie zu der Rechnung auf Seite 144 die Orthonormalität der Signalfolge $\{\varphi_j\}_{j\in\{0,1,\dots N-1\}}$.

$$\langle\varphi_i,\varphi_j\rangle_{\mathcal{PW}_\Omega^{1-\text{per}}} = \int\limits_0^{N\cdot T}\varphi_i(t)\cdot\overline{\varphi_j(t)}\,\mathrm{d}t$$

$$= \int\limits_0^{N\cdot T}\sum_{k=-\infty}^{\infty}\frac{1}{\sqrt{T}}\cdot\frac{M}{N}\cdot\operatorname{sinc}\frac{M}{N}\left(\frac{t}{T}-k\cdot N-i\right)\cdot$$
$$\overline{\sum_{\ell=-\infty}^{\infty}\frac{1}{\sqrt{T}}\cdot\frac{M}{N}\cdot\operatorname{sinc}\frac{M}{N}\left(\frac{t}{T}-\ell\cdot N-j\right)}\,\mathrm{d}t$$

$$= \sum_{k=-\infty}^{\infty}\sum_{\ell=-\infty}^{\infty}\frac{1}{T}\int\limits_0^{N\cdot T}\frac{M}{N}\cdot\operatorname{sinc}\frac{M}{N}\left(\frac{t-k\cdot N\cdot T}{T}-i\right)\cdot$$
$$\frac{M}{N}\cdot\operatorname{sinc}\frac{M}{N}\left(\frac{t-\ell\cdot N\cdot T}{T}-j\right)\,\mathrm{d}t$$

$$= \sum_{k=-\infty}^{\infty}\sum_{\ell=-\infty}^{\infty}\frac{1}{T}\int\limits_{-k\cdot N\cdot T}^{-k\cdot N\cdot T+N\cdot T}\frac{M}{N}\cdot\operatorname{sinc}\frac{M}{N}\left(\frac{t}{T}-i\right)\cdot$$
$$\frac{M}{N}\cdot\operatorname{sinc}\frac{M}{N}\left(\frac{t-(\ell-k)\cdot N\cdot T}{T}-j\right)\,\mathrm{d}t$$

$$= \sum_{\ell=-\infty}^{\infty}\frac{1}{T}\int\limits_{-\infty}^{\infty}\frac{M}{N}\cdot\operatorname{sinc}\frac{M}{N}\left(\frac{t}{T}-i\right)\cdot$$
$$\frac{M}{N}\cdot\operatorname{sinc}\frac{M}{N}\left(\frac{t}{T}-\ell\cdot N-j\right)\,\mathrm{d}t$$

$$= \sum_{\ell=-\infty}^{\infty}\int\limits_{-\infty}^{\infty}\frac{\Omega\cdot\sqrt{T}}{\pi}\cdot\operatorname{sinc}\frac{\Omega}{\pi}(t-i\cdot T)\cdot$$
$$\frac{\Omega\cdot\sqrt{T}}{\pi}\cdot\operatorname{sinc}\frac{\Omega}{\pi}(t-(\ell\cdot N+j)\cdot T)\,\mathrm{d}t$$

$$= \sum_{\ell=-\infty}^{\infty}\left\langle\frac{\Omega\cdot\sqrt{T}}{\pi}\cdot\operatorname{sinc}\frac{\Omega}{\pi}(t-i\cdot T),\right.$$
$$\left.\frac{\Omega\cdot\sqrt{T}}{\pi}\cdot\operatorname{sinc}\frac{\Omega}{\pi}(t-(\ell\cdot N+j)\cdot T)\right\rangle_{\mathcal{PW}_\Omega}$$

Hier haben wir erneut $\Omega/\pi = M/NT$ verwendet. Mithilfe des Theorems 3.14 von PLANCHEREL auf Seite 113 folgt

$$\left\langle \frac{\Omega \cdot \sqrt{T}}{\pi} \cdot \operatorname{sinc}\frac{\Omega}{\pi}(t - i \cdot T), \frac{\Omega \cdot \sqrt{T}}{\pi} \cdot \operatorname{sinc}\frac{\Omega}{\pi}(t - (k \cdot N + j) \cdot T) \right\rangle_{\mathcal{PW}_\Omega}$$

$$= \frac{1}{2\pi} \cdot \left\langle \sqrt{T} \cdot \operatorname{rect}\left(\frac{\omega}{2\Omega}\right) \cdot e^{-\mathrm{i}\omega i T}, \sqrt{T} \cdot \operatorname{rect}\left(\frac{\omega}{2\Omega}\right) \cdot e^{-\mathrm{i}\omega(k \cdot N + j)T} \right\rangle_{L^2([-\Omega,\Omega])}$$

$$= \frac{T}{2\pi} \int\limits_{-\Omega}^{\Omega} \operatorname{rect}\left(\frac{\omega}{2\Omega}\right) \cdot e^{-\mathrm{i}\omega i T} \cdot \operatorname{rect}\left(\frac{\omega}{2\Omega}\right) \cdot e^{\mathrm{i}\omega(k \cdot N + j)T} \, d\omega$$

$$= \frac{T}{2\pi} \int\limits_{-\Omega}^{\Omega} e^{\mathrm{i}\omega(k \cdot N + j - i)T} \, d\omega = \frac{1}{2\pi} \int\limits_{-\Omega T}^{\Omega T} e^{\mathrm{i}\upsilon(k \cdot N + j - i)} \, d\upsilon$$

$$= \frac{\Omega \cdot T}{\pi} \cdot \operatorname{sinc}\frac{\Omega \cdot T}{\pi}(k \cdot N + j - i) \ ,$$

das heißt

$$\langle \varphi_i, \varphi_j \rangle_{\mathcal{PW}_\Omega^{1\text{-per}}} = \sum_{k=-\infty}^{\infty} \frac{\Omega \cdot T}{\pi} \cdot \operatorname{sinc}\frac{\Omega \cdot T}{\pi}(k \cdot N + j - i)$$

beziehungsweise mit $\Omega \cdot T/\pi = M/N$

$$\langle \varphi_i, \varphi_j \rangle_{\mathcal{PW}_\Omega^{1\text{-per}}} = \sum_{k=-\infty}^{\infty} \frac{M}{N} \cdot \operatorname{sinc}\frac{M}{N}(k \cdot N + j - i) \ .$$

Für den speziellen Fall $\Omega \cdot T/\pi = M/N = 1$ erhalten wir

$$\langle \varphi_i, \varphi_j \rangle_{\mathcal{PW}_\Omega^{1\text{-per}}} = \sum_{k=-\infty}^{\infty} \delta_{i,j+k \cdot N} \ .$$

Werden aufgrund der Periodizität der zugrunde gelegten Signale die Indizes $i$ und $j$ auf die Indexmenge $\{0, 1, \ldots, N - 1\}$ beschränkt, so gilt somit unter der Voraussetzung $\Omega \cdot T/\pi = 1$ die für periodische Signale gültige Orthonormalitätsbedingung

$$\langle \varphi_i, \varphi_j \rangle_{\mathcal{PW}_\Omega^{1\text{-per}}} = \delta_{i,j} \quad \forall \, i, j \in \{0, 1, \ldots, N - 1\} \ . \tag{4.32}$$

Für $M = N$ beziehungsweise $\Omega = \pi/T$ stellt die Signalfolge $\{\varphi_j\}_{j \in \{0,1,\ldots N-1\}}$ bestehend aus zeitlich verschobenen und skalierten DIRICHLET-Kernen daher eine Orthonormalbasis des PALEY-WIENER-Raums $\mathcal{PW}_\Omega^{1\text{-per}}$ dar. Dieses Ergebnis halten wir in dem folgenden Lemma fest.

**Lemma 4.13.** *Die Signalfolge*

$$\{\varphi_j(t)\}_{j \in \{0,1,\dots N-1\}}$$

$$= \left\{ \frac{1}{\sqrt{T}} \sum_{i=-\infty}^{\infty} \operatorname{sinc}\left(\frac{t}{T} - i \cdot N - j\right) \right\}_{j \in \{0,1,\dots N-1\}}$$

$$= \left\{ \frac{1}{\sqrt{T}} \cdot \frac{\sin\left((2 \cdot \lfloor N/2 \rfloor + 1)\frac{\pi}{N}\left(\frac{t}{T} - j\right)\right)}{N \cdot \sin\left(\frac{\pi}{N}\left(\frac{t}{T} - j\right)\right)} \right\}_{j \in \{0,1,\dots N-1\}}$$

*ist eine Orthonormalbasis des* PALEY-WIENER-*Raums* $\mathcal{PW}_{\pi/T}^{1-\mathrm{per}}$ *der mit der Periode* $N \cdot T$ *periodischen und mit* $\Omega = \pi/T$ *Frequenzband-begrenzten Signale, das heißt es gilt*

$$\langle \varphi_i, \varphi_j \rangle_{\mathcal{PW}_{\pi/T}^{1-\mathrm{per}}} = \delta_{i,j} \quad \forall\, i,j \in \{0,1,\dots,N-1\}$$

*sowie für Signale* $f = f(t) \in \mathcal{PW}_{\pi/T}^{1-\mathrm{per}}$

$$f = \sum_{j=0}^{N-1} \langle f, \varphi_j \rangle_{\mathcal{PW}_{\pi/T}^{1-\mathrm{per}}} \cdot \varphi_j \quad \forall\, t \in [0, N \cdot T] \quad a.e.$$

*mit*

$$\langle f, \varphi_j \rangle_{\mathcal{PW}_{\pi/T}^{1-\mathrm{per}}} = \sqrt{T} \cdot f(j \cdot T) \ .$$

Ist in diesem Falle $M = N$ ungerade, so gilt $N = 2 \cdot \lfloor N/2 \rfloor + 1$, woraus sich für die Signalfolge vereinfachend

$$\{\varphi_j(t)\}_{j \in \{0,1,\dots N-1\}} = \left\{ \frac{1}{\sqrt{T}} \cdot \frac{\sin\left(\pi\left(\frac{t}{T} - j\right)\right)}{N \cdot \sin\left(\frac{\pi}{N}\left(\frac{t}{T} - j\right)\right)} \right\}_{j \in \{0,1,\dots N-1\}}$$

ergibt. Aufgrund der Orthonormalität der Signalfolge $\{\varphi_j(t)\}_{j \in \{0,1,\dots N-1\}}$ erhalten wir für die Norm

$$\|f\|_{\mathcal{PW}_{\pi/T}^{1-\mathrm{per}}}^2 = \langle f, f \rangle_{\mathcal{PW}_{\pi/T}^{1-\mathrm{per}}}$$

$$= \left\langle \sum_{i=0}^{N-1} \sqrt{T} \cdot f(i \cdot T) \cdot \varphi_i, \ \sum_{j=0}^{N-1} \sqrt{T} \cdot f(j \cdot T) \cdot \varphi_j \right\rangle_{\mathcal{PW}_{\pi/T}^{1-\mathrm{per}}}$$

$$= T \sum_{i=0}^{N-1} \sum_{j=0}^{N-1} f(i \cdot T) \cdot \overline{f(j \cdot T)} \cdot \langle \varphi_i, \varphi_j \rangle_{\mathcal{PW}_{\pi/T}^{1-\mathrm{per}}}$$

$$= T \sum_{i=0}^{N-1} \sum_{j=0}^{N-1} f(i \cdot T) \cdot \overline{f(j \cdot T)} \cdot \delta_{i,j}$$

$$= T \sum_{j=0}^{N-1} |f(j \cdot T)|^2 \ ,$$

also zusammengefasst

$$\boxed{\;\|f\|^2_{\mathcal{PW}^{1-\mathrm{per}}_{\pi/T}} = T \sum_{j=0}^{N-1} |f(j \cdot T)|^2 \; . \;}$$
(4.33)

Wie im Falle der Überabtastung zeitlich unbegrenzter Signale aus dem PALEY-WIENER-Raum $\mathcal{PW}_\Omega$ ist die in Gleichung 4.28 auf Seite 151 definierte Signalfolge

$$\{\varphi_j(t)\}_{j\in\{0,1,\ldots N-1\}}$$

$$= \left\{ \frac{1}{\sqrt{T}} \sum_{i=-\infty}^{\infty} \frac{M}{N} \cdot \mathrm{sinc}\frac{M}{N}\left(\frac{t}{T} - i \cdot N - j\right) \right\}_{j\in\{0,1,\ldots N-1\}}$$

$$= \left\{ \frac{1}{\sqrt{T}} \cdot \frac{\sin\left((2 \cdot \lfloor M/2 \rfloor + 1)\frac{\pi}{N}\left(\frac{t}{T} - j\right)\right)}{N \cdot \sin\left(\frac{\pi}{N}\left(\frac{t}{T} - j\right)\right)} \right\}_{j\in\{0,1,\ldots N-1\}}$$

beziehungsweise

$$\{\varphi_j(t)\}_{j\in\{0,1,\ldots N-1\}}$$

$$= \left\{ \sum_{i=-\infty}^{\infty} \frac{\Omega \cdot \sqrt{T}}{\pi} \cdot \mathrm{sinc}\frac{\Omega}{\pi}(t - i \cdot N \cdot T - j \cdot T) \right\}_{j\in\{0,1,\ldots N-1\}}$$

für

$$\Omega = \frac{\pi}{T} \cdot \frac{M}{N} < \frac{\pi}{T}$$

– also $M < N$ – keine Orthonormalbasis mehr. Sie stellt aber erneut einen Rahmen dar; der zugehörigen Theorie der Rahmen widmen wir uns im nächsten Kapitel. Zunächst wenden wir uns jedoch der symmetrischen periodischen Fortsetzung zu.

### 4.4.2 Symmetrische periodische Fortsetzung

Wir betrachten nun den PALEY-WIENER-Raum

$$\mathcal{PW}^{2-\mathrm{per}}_\Omega \triangleq \left\{ f \in L^2([0, N \cdot T]) \,\middle|\, \widehat{f}_{2-\mathrm{per}}(\omega) = 0 \quad \forall\, |\omega| > \Omega \right\}$$

der mit

$$\Omega \triangleq \frac{\pi}{T} \cdot \frac{M}{N}$$

Frequenzband-begrenzten und zur Vermeidung von Sprungstellen mit der Periode $2 \cdot N \cdot T$ periodisch fortgesetzten Signale $f \in L^2([0, N \cdot T])$ mit kompaktem Träger $\mathrm{supp}\{f\} \subseteq [0, N \cdot T]$. Wird von dem Linienspektrum

$$\widehat{f}_{2-\mathrm{per}}(\omega)$$

$$= 2\pi \cdot c_0 \cdot \delta(\omega) + 2\pi \sum_{j=1}^{\infty} c_j \cdot \left\{ \delta\left(\omega - \frac{\pi}{T}\cdot\frac{j}{N}\right) + \delta\left(\omega + \frac{\pi}{T}\cdot\frac{j}{N}\right) \right\}$$

ausgegangen, so ergibt sich aufgrund der Frequenzband-Begrenzung mit $\Omega$ das Linienspektrum [5]

$$\widehat{f}_{2-\mathrm{per}}(\omega)$$

$$= 2\pi \cdot c_0 \cdot \delta(\omega) + 2\pi \sum_{j=1}^{M} c_j \cdot \left\{ \delta\left(\omega - \frac{\pi}{T}\cdot\frac{j}{N}\right) + \delta\left(\omega + \frac{\pi}{T}\cdot\frac{j}{N}\right) \right\}$$

sowie die zugehörige FOURIER-Reihendarstellung

$$f_{2-\mathrm{per}}(t) = \sum_{j=-M}^{M} c_j \cdot \mathrm{e}^{\mathrm{i}\pi jt/NT} = c_0 + 2\sum_{j=1}^{M} c_j \cdot \cos\left(\frac{\pi j}{N}\cdot\frac{t}{T}\right) \ .$$

$$(4.34)$$

Entsprechend Gleichung 3.59 und Gleichung 3.60 auf Seite 119 lauten das Skalarprodukt

$$\langle f, g\rangle_{\mathcal{PW}_{\Omega}^{2-\mathrm{per}}} \triangleq \int_{0}^{N\cdot T} f(t) \cdot \overline{g(t)}\, \mathrm{d}t$$

sowie die induzierte Norm

$$\|f\|_{\mathcal{PW}_{\Omega}^{2-\mathrm{per}}} \triangleq \sqrt{\langle f, f\rangle_{\mathcal{PW}_{\Omega}^{2-\mathrm{per}}}} = \sqrt{\int_{0}^{N\cdot T} |f(t)|^2\, \mathrm{d}t} \ .$$

Aus dem Theorem 3.20 von PLANCHEREL auf Seite 119 erhalten wir durch Ersetzung von $\lfloor M/2\rfloor$ durch $M$

$$\langle f, g\rangle_{\mathcal{PW}_{\Omega}^{2-\mathrm{per}}} = N\cdot T \sum_{j=-M}^{M} c_j \cdot \overline{d_j} = N\cdot T\cdot\left( c_0 \cdot \overline{d_0} + 2\sum_{j=1}^{M} c_j \cdot \overline{d_j} \right) \ ;$$

völlig entsprechend ergibt sich aus Theorem 3.21 für die PARSEVALsche Gleichung

$$\|f\|^2_{\mathcal{PW}_{\Omega}^{2-\mathrm{per}}} = N\cdot T \sum_{j=-M}^{M} |c_j|^2 = N\cdot T\cdot\left( |c_0|^2 + 2\sum_{j=1}^{M} |c_j|^2 \right) \ .$$

---

[5] Anstelle der Summationsgrenze $\lfloor M/2\rfloor$ in Gleichung 3.58 auf Seite 119 erhalten wir nun die Summationsgrenze $M$, da wir die Frequenzgrenze $\Omega$ mit dem Parameter $M$ vorgegeben haben.

Aufgrund der exakten Frequenzband-Begrenztheit mit $\Omega \cdot T/\pi = M/N$ kann das mit der Periode $2 \cdot N \cdot T$ periodische Signal $f_{2-\mathrm{per}}$ dargestellt werden durch die dem SHANNON-WHITTAKER-KOTEL'NIKOV-Abtasttheorem 4.12 auf Seite 142 entsprechende unendliche Reihe

$$f_{2-\mathrm{per}}(t)$$
$$= \sum_{j=-\infty}^{\infty} f_{2-\mathrm{per}}(j \cdot T) \cdot \frac{\Omega \cdot T}{\pi} \cdot \mathrm{sinc}\frac{\Omega}{\pi}(t - j \cdot T)$$
$$= \sum_{j=-\infty}^{\infty} f_{2-\mathrm{per}}(j \cdot T) \cdot \frac{M}{N} \cdot \mathrm{sinc}\frac{M}{N}\left(\frac{t}{T} - j\right)$$
$$= \sum_{i=-\infty}^{\infty} \sum_{j=0}^{2 \cdot N-1} f_{2-\mathrm{per}}(i \cdot 2 \cdot N \cdot T + j \cdot T) \cdot$$
$$\frac{M}{N} \cdot \mathrm{sinc}\frac{M}{N}\left(\frac{t}{T} - i \cdot 2 \cdot N - j\right)$$
$$= \sum_{j=0}^{2 \cdot N-1} f_{2-\mathrm{per}}(j \cdot T) \sum_{i=-\infty}^{\infty} \frac{M}{N} \cdot \mathrm{sinc}\frac{M}{N}\left(\frac{t}{T} - i \cdot 2 \cdot N - j\right) \ .$$

Mit der vorausgesetzten Symmetrie $f_{2-\mathrm{per}}(t) = f_{2-\mathrm{per}}(2 \cdot N \cdot T - t)$ und $f_{2-\mathrm{per}}(j \cdot T) = f(j \cdot T)$ für $j = 0, 1, \ldots, N$ erhalten wir[6]

$$f_{2-\mathrm{per}}(t)$$
$$= \sum_{j=0}^{N-1} f_{2-\mathrm{per}}(j \cdot T) \sum_{i=-\infty}^{\infty} \frac{M}{N} \cdot \mathrm{sinc}\frac{M}{N}\left(\frac{t}{T} - i \cdot 2 \cdot N - j\right) +$$
$$\sum_{j=N}^{2 \cdot N-1} f_{2-\mathrm{per}}(j \cdot T) \sum_{i=-\infty}^{\infty} \frac{M}{N} \cdot \mathrm{sinc}\frac{M}{N}\left(\frac{t}{T} - i \cdot 2 \cdot N - j\right)$$
$$= \sum_{j=0}^{N-1} f(j \cdot T) \sum_{i=-\infty}^{\infty} \frac{M}{N} \cdot \mathrm{sinc}\frac{M}{N}\left(\frac{t}{T} - i \cdot 2 \cdot N - j\right) +$$
$$\sum_{j=N}^{2 \cdot N-1} f((2 \cdot N - j) \cdot T) \sum_{i=-\infty}^{\infty} \frac{M}{N} \cdot \mathrm{sinc}\frac{M}{N}\left(\frac{t}{T} - i \cdot 2 \cdot N - j\right)$$
$$= \sum_{j=0}^{N-1} f(j \cdot T) \sum_{i=-\infty}^{\infty} \frac{M}{N} \cdot \mathrm{sinc}\frac{M}{N}\left(\frac{t}{T} - i \cdot 2 \cdot N - j\right) +$$
$$\sum_{j=1}^{N} f(j \cdot T) \sum_{i=-\infty}^{\infty} \frac{M}{N} \cdot \mathrm{sinc}\frac{M}{N}\left(\frac{t}{T} - i \cdot 2 \cdot N + j\right)$$

---

[6] Hier beobachten wir zum ersten Mal den bereits angesprochenen Mangel der unverschobenen symmetrischen periodischen Fortsetzung, dass $N+1$ Abtastwerte $f(j \cdot T)$ zugrunde gelegt werden müssen.

$$= f(0) \sum_{i=-\infty}^{\infty} \frac{M}{N} \cdot \mathrm{sinc}\frac{M}{N}\left(\frac{t}{T} - i \cdot 2 \cdot N\right) +$$

$$\sum_{j=1}^{N-1} f(j \cdot T) \sum_{i=-\infty}^{\infty} \frac{M}{N} \cdot \left\{ \mathrm{sinc}\frac{M}{N}\left(\frac{t}{T} - i \cdot 2 \cdot N - j\right) + \right.$$

$$\left. \mathrm{sinc}\frac{M}{N}\left(\frac{t}{T} - i \cdot 2 \cdot N + j\right) \right\} +$$

$$f(N \cdot T) \sum_{i=-\infty}^{\infty} \frac{M}{N} \cdot \mathrm{sinc}\frac{M}{N}\left(\frac{t}{T} - i \cdot 2 \cdot N - N\right) \ .$$

Wir erkennen, dass nun anstelle von $N$ Abtastwerten insgesamt $N+1$ Abtastwerte $f(j \cdot T)$ für $j = 0, 1, \ldots, N$ zur Repräsentation des periodischen Signals $f_{2-\mathrm{per}}$ beziehungsweise des zeitlich begrenzten Signals $f$ benötigt werden. Die in der gefundenen Signaldarstellung auftretenden Basisfunktionen haben erneut Ähnlichkeit mit dem in Gleichung 4.24 auf Seite 149 angegebenen skalierten DIRICHLET-Kern, welcher bei der periodischen Fortsetzung mit der Periode $N \cdot T$ in Gleichung 4.28 auf Seite 151 als wesentlicher Baustein der zur Signalrepräsentation verwendeten Signalfolge auftrat. Definieren wir das aufgrund der Verschiebungen um Vielfache von $2 \cdot N$ leicht modifizierte Signal

$$\phi(t) \stackrel{\triangle}{=} \sum_{i=-\infty}^{\infty} \frac{M}{N} \cdot \mathrm{sinc}\frac{M}{N}\left(t - i \cdot 2 \cdot N\right) \ ,$$

so gilt für dieses mit einer ähnlichen Rechnung wie zur Herleitung der Gleichung 4.24

$$\phi(t) = \sum_{i=-\infty}^{\infty} \frac{M}{N} \cdot \mathrm{sinc}\frac{M}{N}\left(t - i \cdot 2 \cdot N\right) = \frac{\sin\left((2 \cdot M + 1)\frac{\pi \cdot t}{2 \cdot N}\right)}{2 \cdot N \cdot \sin\left(\frac{\pi \cdot t}{2 \cdot N}\right)} \ .$$

$$(4.35)$$

Damit kann das Signal $f_{2-\mathrm{per}} = f_{2-\mathrm{per}}(t)$ geschrieben werden als

$$f_{2-\mathrm{per}}(t) = f(0) \cdot \phi\left(\frac{t}{T}\right) + f(N \cdot T) \cdot \phi\left(\frac{t}{T} - N\right) +$$

$$\sum_{j=1}^{N-1} f(j \cdot T) \cdot \left\{ \phi\left(\frac{t}{T} - j\right) + \phi\left(\frac{t}{T} + j\right) \right\} \ .$$

Mit einer ähnlichen Rechnung wie oben folgt

$$\int_{0}^{2 \cdot N \cdot T} f(t) \cdot \overline{\phi\left(\frac{t}{T}\right)}\, \mathrm{d}t = 2 \int_{0}^{N \cdot T} f(t) \cdot \overline{\phi\left(\frac{t}{T}\right)}\, \mathrm{d}t$$

$$= T \cdot f(0) \ ,$$

$$\int\limits_{0}^{2\cdot N\cdot T} f(t)\cdot\overline{\phi\left(\frac{t}{T}-N\right)}\,\mathrm{d}t = 2\int\limits_{0}^{N\cdot T} f(t)\cdot\overline{\phi\left(\frac{t}{T}-N\right)}\,\mathrm{d}t$$

$$= T\cdot f(N\cdot T)\ ,$$

sowie für $j = 1, 2, \ldots, N-1$

$$\int\limits_{0}^{2\cdot N\cdot T} f(t)\cdot\overline{\left\{\phi\left(\frac{t}{T}-j\right)+\phi\left(\frac{t}{T}+j\right)\right\}}\,\mathrm{d}t$$

$$= 2\int\limits_{0}^{N\cdot T} f(t)\cdot\overline{\left\{\phi\left(\frac{t}{T}-j\right)+\phi\left(\frac{t}{T}+j\right)\right\}}\,\mathrm{d}t$$

$$= 2\cdot T\cdot f(j\cdot T)\ .$$

Daraus ergibt sich

$$\left\langle f(t),\phi\left(\frac{t}{T}\right)\right\rangle_{\mathcal{PW}_{\Omega}^{2-\mathrm{per}}} = \frac{T}{2}\cdot f(0)\ ,$$

$$\left\langle f(t),\phi\left(\frac{t}{T}-j\right)+\phi\left(\frac{t}{T}+j\right)\right\rangle_{\mathcal{PW}_{\Omega}^{2-\mathrm{per}}} = T\cdot f(j\cdot T)\ ,$$

$$\left\langle f(t),\phi\left(\frac{t}{T}-N\right)\right\rangle_{\mathcal{PW}_{\Omega}^{2-\mathrm{per}}} = \frac{T}{2}\cdot f(N\cdot T)\ ,$$

woraus wir die folgende Signaldarstellung herleiten können.

$$f_{2-\mathrm{per}}(t)$$

$$= \frac{2}{T}\cdot\left\langle f(t),\phi\left(\frac{t}{T}\right)\right\rangle_{\mathcal{PW}_{\Omega}^{2-\mathrm{per}}}\cdot\phi\left(\frac{t}{T}\right) +$$

$$\frac{2}{T}\cdot\left\langle f(t),\phi\left(\frac{t}{T}-N\right)\right\rangle_{\mathcal{PW}_{\Omega}^{2-\mathrm{per}}}\cdot\phi\left(\frac{t}{T}-N\right) +$$

$$\sum_{j=1}^{N-1}\frac{1}{T}\cdot\left\langle f(t),\phi\left(\frac{t}{T}-j\right)+\phi\left(\frac{t}{T}+j\right)\right\rangle_{\mathcal{PW}_{\Omega}^{2-\mathrm{per}}}\cdot$$

$$\left\{\phi\left(\frac{t}{T}-j\right)+\phi\left(\frac{t}{T}+j\right)\right\}$$

Hieraus können die für die Signalrepräsentation

$$\boxed{f = \sum_{j=0}^{N}\langle f,\varphi_j\rangle_{\mathcal{PW}_{\Omega}^{2-\mathrm{per}}}\cdot\varphi_j \quad \forall\,t\in[0,N\cdot T]\quad\text{a.e.}}\qquad(4.36)$$

zu verwendenden $N+1$ Basissignale

$$\varphi_0(t) = \sqrt{\frac{2}{T}} \cdot \phi\left(\frac{t}{T}\right) = \sqrt{\frac{2}{T}} \cdot \frac{\sin\left((2\cdot M+1)\frac{\pi}{2\cdot N}\cdot\frac{t}{T}\right)}{2\cdot N\cdot\sin\left(\frac{\pi}{2\cdot N}\cdot\frac{t}{T}\right)} \ ,$$

$$\varphi_j(t) = \sqrt{\frac{1}{T}} \cdot \phi\left(\frac{t}{T}-j\right) + \sqrt{\frac{1}{T}} \cdot \phi\left(\frac{t}{T}+j\right)$$

$$= \sqrt{\frac{1}{T}} \cdot \frac{\sin\left((2\cdot M+1)\frac{\pi}{2\cdot N}\cdot\left(\frac{t}{T}-j\right)\right)}{2\cdot N\cdot\sin\left(\frac{\pi}{2\cdot N}\cdot\left(\frac{t}{T}-j\right)\right)} +$$

$$\sqrt{\frac{1}{T}} \cdot \frac{\sin\left((2\cdot M+1)\frac{\pi}{2\cdot N}\cdot\left(\frac{t}{T}+j\right)\right)}{2\cdot N\cdot\sin\left(\frac{\pi}{2\cdot N}\cdot\left(\frac{t}{T}+j\right)\right)}$$

$$\text{für}\quad j=1,2,\ldots,N-1\ ,$$

$$\varphi_N(t) = \sqrt{\frac{2}{T}} \cdot \phi\left(\frac{t}{T}-N\right) = \sqrt{\frac{2}{T}} \cdot \frac{\sin\left((2\cdot M+1)\frac{\pi}{2\cdot N}\cdot\left(\frac{t}{T}-N\right)\right)}{2\cdot N\cdot\sin\left(\frac{\pi}{2\cdot N}\cdot\left(\frac{t}{T}-N\right)\right)}$$

$$(4.37)$$

mit den Skalarprodukten

$$\langle f,\varphi_0\rangle_{\mathcal{PW}_\Omega^{2-\mathrm{per}}} = \sqrt{\frac{T}{2}}\cdot f(0)\ ,$$

$$\langle f,\varphi_j\rangle_{\mathcal{PW}_\Omega^{2-\mathrm{per}}} = \sqrt{T}\cdot f(j\cdot T)\quad\text{für}\quad j=1,2,\ldots,N-1\ ,$$

$$\langle f,\varphi_N\rangle_{\mathcal{PW}_\Omega^{2-\mathrm{per}}} = \sqrt{\frac{T}{2}}\cdot f(N\cdot T) \qquad\qquad (4.38)$$

direkt abgelesen werden. Für $j=0$ und $j=N$ werden an den Rändern des Zeitintervalls $[0,N\cdot T]$ die auftretenden Basisfunktionen anders gebildet als in der Mitte des Intervalls für $j=1,2,\ldots,N-1$. Der Spezialfall

$$2\cdot M+1 = 2\cdot N \quad\Leftrightarrow\quad \Omega = \frac{\pi}{T}\cdot\frac{2\cdot N-1}{2\cdot N}\ ,$$

führt zu einer Orthonormalbasis, wie das folgende Lemma zeigt.

**Lemma 4.14.** *Die Signalfolge* $\{\varphi_j\}_{j\in\{0,1,\ldots,N\}}$ *bestehend aus den Signalen*

$$\varphi_0(t) = \sqrt{\frac{2}{T}} \cdot \frac{\sin\left(\pi\cdot\frac{t}{T}\right)}{2\cdot N\cdot\sin\left(\frac{\pi}{2\cdot N}\cdot\frac{t}{T}\right)}\ ,$$

$$\varphi_j(t) = \sqrt{\frac{1}{T}} \cdot \frac{\sin\left(\pi\cdot\left(\frac{t}{T}-j\right)\right)}{2\cdot N\cdot\sin\left(\frac{\pi}{2\cdot N}\cdot\left(\frac{t}{T}-j\right)\right)} +$$

$$\sqrt{\frac{1}{T}} \cdot \frac{\sin\left(\pi\cdot\left(\frac{t}{T}+j\right)\right)}{2\cdot N\cdot\sin\left(\frac{\pi}{2\cdot N}\cdot\left(\frac{t}{T}+j\right)\right)}$$

$$\text{für}\quad j=1,2,\ldots,N-1\ ,$$

$$\varphi_N(t) = \sqrt{\frac{2}{T}} \cdot \frac{\sin\left(\pi\cdot\left(\frac{t}{T}-N\right)\right)}{2\cdot N\cdot\sin\left(\frac{\pi}{2\cdot N}\cdot\left(\frac{t}{T}-N\right)\right)}$$

*ist eine Orthonormalbasis des* PALEY-WIENER-*Raums* $\mathcal{PW}_\Omega^{2-\mathrm{per}}$ *der symmetrisch mit der Periode* $2 \cdot N \cdot T$ *fortgesetzten periodischen und mit*

$$\Omega = \frac{\pi}{T} \cdot \frac{2 \cdot N - 1}{2 \cdot N}$$

*Frequenzband-begrenzten Signale, das heißt es gilt*

$$\langle \varphi_i, \varphi_j \rangle_{\mathcal{PW}_\Omega^{2-\mathrm{per}}} = \delta_{i,j} \quad \forall\, i, j \in \{0, 1, \ldots, N\}$$

*sowie für Signale* $f = f(t) \in \mathcal{PW}_\Omega^{2-\mathrm{per}}$

$$f = \sum_{j=0}^{N} \langle f, \varphi_j \rangle_{\mathcal{PW}_\Omega^{2-\mathrm{per}}} \cdot \varphi_j \quad \forall\, t \in [0, N \cdot T] \quad a.e.$$

*mit*

$$\langle f, \varphi_j \rangle_{\mathcal{PW}_\Omega^{2-\mathrm{per}}} = \sqrt{T} \cdot f(j \cdot T)$$

*für* $j = 1, 2, \ldots, N - 1$ *und*

$$\langle f, \varphi_j \rangle_{\mathcal{PW}_\Omega^{2-\mathrm{per}}} = \sqrt{\frac{T}{2}} \cdot f(j \cdot T)$$

*für* $j = 0$ *und* $j = N$.

Aufgrund der Orthonormalität der Signalfolge $\{\varphi_j\}_{j \in \{0,1,\ldots,N\}}$ ist die Berechnung der Norm des Signals $f = f(t) \in \mathcal{PW}_\Omega^{2-\mathrm{per}}$ einfach. Es gilt

$$\|f\|_{\mathcal{PW}_\Omega^{2-\mathrm{per}}}^2 = \sum_{j=0}^{N} \left| \langle f, \varphi_j \rangle_{\mathcal{PW}_\Omega^{2-\mathrm{per}}} \right|^2 ,$$

also

$$\|f\|_{\mathcal{PW}_\Omega^{2-\mathrm{per}}}^2 = T \cdot \frac{|f(0)|^2 + |f(N \cdot T)|^2}{2} + T \sum_{j=1}^{N-1} |f(j \cdot T)|^2 . \tag{4.39}$$

Die besprochenen Nachteile – Verwendung von $N + 1$ Abtastwerten anstelle von $N$ Abtastwerten sowie uneinheitliche Darstellung der $N + 1$ Basisfunktionen wird durch die bereits diskutierte um $-T/2$ verschobene symmetrische periodische Fortsetzung vermieden; dieser wenden wir uns daher nun zu.

### 4.4.3 Verschobene symmetrische periodische Fortsetzung

Für den PALEY-WIENER-Raum

$$\mathcal{PW}_\Omega^{2-\mathrm{per}} \stackrel{\triangle}{=}$$
$$\left\{ f \in L^2([-T/2, N \cdot T - T/2]) \,\Big|\, \widehat{f}_{2-\mathrm{per}}(\omega) = 0 \quad \forall\, |\omega| > \Omega \right\}$$

der mit

$$\Omega \stackrel{\triangle}{=} \frac{\pi}{T} \cdot \frac{M}{N}$$

Frequenzband-begrenzten, mit der Periode $2 \cdot N \cdot T$ periodisch fortgesetzten Signale $f \in L^2([-T/2, N \cdot T - T/2])$ mit kompaktem Träger $\mathrm{supp}\{f\} \subseteq [-T/2, N \cdot T - T/2]$ erhalten wir wie oben durch Verwendung der Summationsgrenze $M$ anstelle von $\lfloor M/2 \rfloor$ das Linienspektrum

$$\widehat{f}_{2-\mathrm{per}}(\omega) = 2\pi \cdot c_0 \cdot \delta(\omega) +$$

$$2\pi \sum_{j=1}^{M} c_j \cdot \left\{ \mathrm{e}^{\mathrm{i}\pi j/2N} \cdot \delta\left(\omega - \frac{\pi}{T} \cdot \frac{j}{N}\right) + \mathrm{e}^{-\mathrm{i}\pi j/2N} \cdot \delta\left(\omega + \frac{\pi}{T} \cdot \frac{j}{N}\right) \right\}$$

sowie die FOURIER-Reihe

$$f_{2-\mathrm{per}}(t) = \sum_{j=-M}^{M} c_j \cdot \mathrm{e}^{\mathrm{i}\pi j(t+T/2)/NT}$$

$$= c_0 + 2 \sum_{j=1}^{M} c_j \cdot \cos\left( \frac{\pi j}{N} \cdot \frac{t + \frac{T}{2}}{T} \right) \ . \tag{4.40}$$

Das Skalarprodukt lautet wie in Gleichung 3.64 auf Seite 121

$$\langle f, g \rangle_{\mathcal{PW}_\Omega^{2-\mathrm{per}}} \stackrel{\triangle}{=} \int_{-\frac{T}{2}}^{N \cdot T - \frac{T}{2}} f(t) \cdot \overline{g(t)} \, \mathrm{d}t \ ,$$

während die induzierte Norm aus Gleichung 3.65 entnommen werden kann.

$$\|f\|_{\mathcal{PW}_\Omega^{2-\mathrm{per}}} \stackrel{\triangle}{=} \sqrt{\langle f, f \rangle_{\mathcal{PW}_\Omega^{2-\mathrm{per}}}} = \sqrt{\int_{-\frac{T}{2}}^{N \cdot T - \frac{T}{2}} |f(t)|^2 \, \mathrm{d}t}$$

Das Theorem von PLANCHEREL ergibt sich aus Theorem 3.23 auf Seite 122 zu[7]

$$\langle f, g \rangle_{\mathcal{PW}_\Omega^{2-\mathrm{per}}} = N \cdot T \sum_{j=-M}^{M} c_j \cdot \overline{d_j} = N \cdot T \cdot \left( c_0 \cdot \overline{d_0} + 2 \sum_{j=1}^{M} c_j \cdot \overline{d_j} \right) \ ;$$

die PARSEVALsche Gleichung ist wie in Theorem 3.24

$$\|f\|^2_{\mathcal{PW}_\Omega^{2-\mathrm{per}}} = N \cdot T \sum_{j=-M}^{M} |c_j|^2 = N \cdot T \cdot \left( |c_0|^2 + 2 \sum_{j=1}^{M} |c_j|^2 \right) \ .$$

---

[7] Beachte wiederum die Ersetzung von $\lfloor M/2 \rfloor$ durch $M$ aufgrund der Vorgabe von $\Omega$.

Wir stellen in völliger Analogie zur obigen Betrachtung fest, dass das mit der Periode $2 \cdot N \cdot T$ periodische Signal $f_{2-\text{per}}$ wegen der exakten Frequenzband-Begrenztheit mit $\Omega \cdot T/\pi = M/N$ erneut durch die folgende unendliche Reihe dargestellt werden kann.

$$f_{2-\text{per}}(t)$$
$$= \sum_{j=0}^{2 \cdot N-1} f_{2-\text{per}}(j \cdot T) \sum_{i=-\infty}^{\infty} \frac{M}{N} \cdot \text{sinc} \frac{M}{N} \left( \frac{t}{T} - i \cdot 2 \cdot N - j \right) \ .$$

Wir werten nun die Symmetriebedingung $f_{2-\text{per}}(t) = f_{2-\text{per}}(2 \cdot N \cdot T - t - T)$ in Gleichung 3.42 auf Seite 109 aus.

$$f_{2-\text{per}}(t)$$
$$= \sum_{j=0}^{N-1} f_{2-\text{per}}(j \cdot T) \sum_{i=-\infty}^{\infty} \frac{M}{N} \cdot \text{sinc} \frac{M}{N} \left( \frac{t}{T} - i \cdot 2 \cdot N - j \right) +$$
$$\sum_{j=N}^{2 \cdot N-1} f_{2-\text{per}}(j \cdot T) \sum_{i=-\infty}^{\infty} \frac{M}{N} \cdot \text{sinc} \frac{M}{N} \left( \frac{t}{T} - i \cdot 2 \cdot N - j \right)$$
$$= \sum_{j=0}^{N-1} f_{2-\text{per}}(j \cdot T) \sum_{i=-\infty}^{\infty} \frac{M}{N} \cdot \text{sinc} \frac{M}{N} \left( \frac{t}{T} - i \cdot 2 \cdot N - j \right) +$$
$$\sum_{j=N}^{2 \cdot N-1} f_{2-\text{per}}((2 \cdot N - 1 - j) \cdot T) \sum_{i=-\infty}^{\infty} \frac{M}{N} \cdot \text{sinc} \frac{M}{N} \left( \frac{t}{T} - i \cdot 2 \cdot N - j \right)$$
$$= \sum_{j=0}^{N-1} f_{2-\text{per}}(j \cdot T) \sum_{i=-\infty}^{\infty} \frac{M}{N} \cdot \text{sinc} \frac{M}{N} \left( \frac{t}{T} - i \cdot 2 \cdot N - j \right) +$$
$$\sum_{j=0}^{N-1} f_{2-\text{per}}(j \cdot T) \sum_{i=-\infty}^{\infty} \frac{M}{N} \cdot \text{sinc} \frac{M}{N} \left( \frac{t}{T} - i \cdot 2 \cdot N + j + 1 \right)$$

Wird nun noch $f_{2-\text{per}}(j \cdot T) = f(j \cdot T)$ für $j = 0, 1, \ldots, N - 1$ beachtet, so folgt

$$f_{2-\text{per}}(t)$$
$$= \sum_{j=0}^{N-1} f(j \cdot T) \sum_{i=-\infty}^{\infty} \frac{M}{N} \cdot \text{sinc} \frac{M}{N} \left( \frac{t}{T} - i \cdot 2 \cdot N - j \right) +$$
$$\sum_{j=0}^{N-1} f(j \cdot T) \sum_{i=-\infty}^{\infty} \frac{M}{N} \cdot \text{sinc} \frac{M}{N} \left( \frac{t}{T} - i \cdot 2 \cdot N + j + 1 \right)$$
$$= \sum_{j=0}^{N-1} f(j \cdot T) \sum_{i=-\infty}^{\infty} \frac{M}{N} \cdot \left\{ \text{sinc} \frac{M}{N} \left( \frac{t}{T} - i \cdot 2 \cdot N - j \right) + \right.$$

$$\operatorname{sinc}\frac{M}{N}\left(\frac{t}{T}-i\cdot 2\cdot N+j+1\right)\Bigg\}\ .$$

Mit dem skalierten DIRICHLET-Kern

$$\phi(t)=\sum_{i=-\infty}^{\infty}\frac{M}{N}\cdot\operatorname{sinc}\frac{M}{N}\left(t-i\cdot 2\cdot N\right)=\frac{\sin\left((2\cdot M+1)\frac{\pi\cdot t}{2\cdot N}\right)}{2\cdot N\cdot\sin\left(\frac{\pi\cdot t}{2\cdot N}\right)}$$

(4.41)

ergibt sich die gesuchte Signaldarstellung

$$f_{2-\mathrm{per}}(t)=\sum_{j=0}^{N-1}f(j\cdot T)\cdot\left\{\phi\left(\frac{t}{T}-j\right)+\phi\left(\frac{t}{T}+j+1\right)\right\}$$

beziehungsweise

$$f(t)=\sum_{j=0}^{N-1}f(j\cdot T)\cdot\left\{\phi\left(\frac{t}{T}-j\right)+\phi\left(\frac{t}{T}+j+1\right)\right\}$$

$$\forall\, t\in[-T/2,N\cdot T-T/2]\quad\text{a.e.}$$

Mit der Kenntnis der Abtastrate $T^{-1}$ sowie der Frequenzgrenze $\Omega$ beziehungsweise des Quotienten $M/N$ ist das periodische Frequenzband-begrenzte Signal $f_{2-\mathrm{per}}$ vollständig durch die Folge

$$\boxed{\{f_j\}_{j\in\{0,1,\ldots,N-1\}}\overset{\triangle}{=}\{f(j\cdot T)\}_{j\in\{0,1,\ldots,N-1\}}}$$

(4.42)

bestimmt. Somit folgt

$$f_{2-\mathrm{per}}(t)=\sum_{j=0}^{N-1}f_j\cdot\left\{\phi\left(\frac{t}{T}-j\right)+\phi\left(\frac{t}{T}+j+1\right)\right\}\ .$$

und

$$\boxed{f(t)=\sum_{j=0}^{N-1}f_j\cdot\left\{\phi\left(\frac{t}{T}-j\right)+\phi\left(\frac{t}{T}+j+1\right)\right\}}$$

(4.43)

$$\forall\, t\in[-T/2,N\cdot T-T/2]\quad\text{a.e.}$$

Wir haben daher durch den Trick der Verschiebung um $-T/2$ wieder eine Reihendarstellung des periodischen Frequenzband-begrenzten Signals $f_{2-\mathrm{per}}$ mit $N$ Komponenten erhalten. Es gilt ähnlich wie in der obigen Diskussion

$$\left\langle f(t),\phi\left(\frac{t}{T}-j\right)+\phi\left(\frac{t}{T}+j+1\right)\right\rangle_{\mathcal{PW}_{\Omega}^{2-\mathrm{per}}}$$

$$=\int_{-\frac{T}{2}}^{N\cdot T-\frac{T}{2}}f(t)\cdot\left\{\phi\left(\frac{t}{T}-j\right)+\phi\left(\frac{t}{T}+j+1\right)\right\}\mathrm{d}t$$

$$=T\cdot f(j\cdot T)\ .$$

Damit ergibt sich die folgende Signaldarstellung

$$f(t) = \sum_{j=0}^{N-1} \frac{1}{T} \cdot \left\langle f(t), \phi\left(\frac{t}{T} - j\right) + \phi\left(\frac{t}{T} + j + 1\right) \right\rangle_{\mathcal{PW}_\Omega^{2-\text{per}}} \cdot$$

$$\left\{ \phi\left(\frac{t}{T} - j\right) + \phi\left(\frac{t}{T} + j + 1\right) \right\}$$

$$\forall\, t \in [-T/2, N \cdot T - T/2] \quad \text{a.e.} \ ,$$

aus der wiederum die für die Signalrepräsentation

$$\boxed{f = \sum_{j=0}^{N-1} \langle f, \varphi_j \rangle_{\mathcal{PW}_\Omega^{2-\text{per}}} \cdot \varphi_j \quad \forall\, t \in [-T/2, N \cdot T - T/2] \quad \text{a.e.}} \tag{4.44}$$

zu verwendenden Basissignale

$$\varphi_j(t) = \sqrt{\frac{1}{T}} \cdot \phi\left(\frac{t}{T} - j\right) + \sqrt{\frac{1}{T}} \cdot \phi\left(\frac{t}{T} + j + 1\right)$$

$$= \sqrt{\frac{1}{T}} \cdot \frac{\sin\left((2 \cdot M + 1)\frac{\pi}{2 \cdot N} \cdot \left(\frac{t}{T} - j\right)\right)}{2 \cdot N \cdot \sin\left(\frac{\pi}{2 \cdot N} \cdot \left(\frac{t}{T} - j\right)\right)} +$$

$$\sqrt{\frac{1}{T}} \cdot \frac{\sin\left((2 \cdot M + 1)\frac{\pi}{2 \cdot N} \cdot \left(\frac{t}{T} + j + 1\right)\right)}{2 \cdot N \cdot \sin\left(\frac{\pi}{2 \cdot N} \cdot \left(\frac{t}{T} + j + 1\right)\right)}$$

mit den Skalarprodukten

$$\boxed{\langle f, \varphi_j \rangle_{\mathcal{PW}_\Omega^{2-\text{per}}} = \sqrt{T} \cdot f(j \cdot T)} \tag{4.45}$$

abgelesen werden können. Wird erneut der besondere Fall der Frequenzgrenze

$$2 \cdot M + 1 = 2 \cdot N \quad \Leftrightarrow \quad \Omega = \frac{\pi}{T} \cdot \frac{2 \cdot N - 1}{2 \cdot N}$$

betrachtet, so führt uns diese mit der leicht nachprüfbaren Bedingung

$$\langle \varphi_j, \varphi_i \rangle_{\mathcal{PW}_\Omega^{2-\text{per}}} = \sqrt{T} \cdot \varphi_j(i \cdot T) \overset{!}{=} \delta_{i,j}$$

zu einer Orthonormalbasis.

**Lemma 4.15.** *Die Signalfolge* $\{\varphi_j\}_{j \in \{0,1,\dots,N-1\}}$ *bestehend aus den Signalen*

$$\varphi_j(t) = \sqrt{\frac{1}{T}} \cdot \frac{\sin\left(\pi \cdot \left(\frac{t}{T} - j\right)\right)}{2 \cdot N \cdot \sin\left(\frac{\pi}{2 \cdot N} \cdot \left(\frac{t}{T} - j\right)\right)} +$$

$$\sqrt{\frac{1}{T}} \cdot \frac{\sin\left(\pi \cdot \left(\frac{t}{T} + j + 1\right)\right)}{2 \cdot N \cdot \sin\left(\frac{\pi}{2 \cdot N} \cdot \left(\frac{t}{T} + j + 1\right)\right)}$$

*ist eine Orthonormalbasis des* PALEY-WIENER-*Raums* $\mathcal{PW}_{\Omega}^{2-\mathrm{per}}$ *der um* $-T/2$
*verschoben symmetrisch mit der Periode* $2 \cdot N \cdot T$ *fortgesetzten periodischen*
*und mit*

$$\Omega = \frac{\pi}{T} \cdot \frac{2 \cdot N - 1}{2 \cdot N}$$

*Frequenzband-begrenzten Signale, das heißt es gilt*

$$\langle \varphi_i, \varphi_j \rangle_{\mathcal{PW}_{\Omega}^{2-\mathrm{per}}} = \delta_{i,j} \quad \forall\, i, j \in \{0, 1, \ldots, N\}$$

*sowie für Signale* $f = f(t) \in \mathcal{PW}_{\Omega}^{2-\mathrm{per}}$

$$f = \sum_{j=0}^{N-1} \langle f, \varphi_j \rangle_{\mathcal{PW}_{\Omega}^{2-\mathrm{per}}} \cdot \varphi_j \quad \forall\, t \in [-T/2, N \cdot T - T/2] \quad a.e.$$

*mit*

$$\langle f, \varphi_j \rangle_{\mathcal{PW}_{\Omega}^{2-\mathrm{per}}} = \sqrt{T} \cdot f(j \cdot T) \ .$$

Aufgrund der Orthonormalität der Signalfolge $\{\varphi_j\}_{j \in \{0,1,\ldots,N-1\}}$ gilt in diesem Fall für die Norm des Signals $f = f(t) \in \mathcal{PW}_{\Omega}^{2-\mathrm{per}}$

$$\boxed{\ \|f\|_{\mathcal{PW}_{\Omega}^{2-\mathrm{per}}}^2 = \sum_{j=0}^{N-1} \left| \langle f, \varphi_j \rangle_{\mathcal{PW}_{\Omega}^{2-\mathrm{per}}} \right|^2 = T \sum_{j=0}^{N-1} |f(j \cdot T)|^2 \ .\ } \qquad (4.46)$$

## 4.5 Diskrete Fourier-Transformation

In Gleichung 4.9 auf Seite 132 hatten wir die in der digitalen Signalverarbeitung gebräuchliche Darstellung des mit der Abtastperiode $T$ abgetasteten
Signals $f_{\mathrm{a}}$ durch einen gewichteten äquidistanten DIRAC-Kamm eingeführt.
Wir nehmen nun ferner an, dass das zugrunde liegende Signal $f$ periodisch
mit der Periode $N \cdot T$ ist, das heißt $f(t) = f(t + N \cdot T)$. Dann gilt mit
der Faltungseigenschaft der DIRAC-Distribution, die wir hier mutig auf die
DIRAC-Distribution selbst anwenden

$$f_{\mathrm{a}}(t) = \sum_{j=-\infty}^{\infty} f(j \cdot T) \cdot \delta(t - j \cdot T)$$

$$= \sum_{i=-\infty}^{\infty} \sum_{j=0}^{N-1} f(i \cdot N \cdot T + j \cdot T) \cdot \delta(t - i \cdot N \cdot T - j \cdot T)$$

$$= \sum_{i=-\infty}^{\infty} \sum_{j=0}^{N-1} f(j \cdot T) \cdot \delta(t - i \cdot N \cdot T - j \cdot T)$$

$$= \left( \sum_{j=0}^{N-1} f(j \cdot T) \cdot \delta(t - j \cdot T) \right) \star \left( \sum_{i=-\infty}^{\infty} \delta(t - i \cdot N \cdot T) \right) \ .$$

Diese Darstellung entspricht wie erwartet der periodischen Fortsetzung des finiten abgetasteten Signals $\sum_{j=0}^{N-1} f(j \cdot T) \cdot \delta(t - j \cdot T)$ mit der Periode $N \cdot T$. Das abgetastete Signal $f_\mathrm{a}$ ist somit unter Kenntnis der Abtastrate $T^{-1}$ und der Periode $N \cdot T$ vollständig durch die Folge der Abtastwerte

$$\boxed{\{f_j\}_{j \in \mathbb{J}} \stackrel{\triangle}{=} \{f(j \cdot T)\}_{j \in \mathbb{J}}} \tag{4.47}$$

mit der Indexmenge

$$\boxed{\mathbb{J} \stackrel{\triangle}{=} \{0, 1, \ldots, N - 1\}} \tag{4.48}$$

bestimmt. Für die FOURIER-Koeffizienten der zugehörigen FOURIER-Reihe gilt entsprechend Definition 3.7 auf Seite 99 mit der Periode $N \cdot T$ unter Zuhilfenahme der Ausblendeigenschaft der DIRAC-Distribution

$$
\begin{aligned}
c_i &= \frac{1}{N \cdot T} \int\limits_0^{NT} f_\mathrm{a}(t) \cdot \mathrm{e}^{-\mathrm{i}2\pi i t / NT} \, \mathrm{d}t \\
&= \frac{1}{N \cdot T} \int\limits_0^{NT} \left( \sum_{j=0}^{N-1} f_j \cdot \delta(t - j \cdot T) \right) \cdot \mathrm{e}^{-\mathrm{i}2\pi i t / NT} \, \mathrm{d}t \\
&= \frac{1}{N \cdot T} \sum_{j=0}^{N-1} f_j \int\limits_0^{NT} \delta(t - j \cdot T) \cdot \mathrm{e}^{-\mathrm{i}2\pi i t / NT} \, \mathrm{d}t \\
&= \frac{1}{N \cdot T} \sum_{j=0}^{N-1} f_j \cdot \mathrm{e}^{-\mathrm{i}2\pi i j / N} \quad .
\end{aligned}
$$

Mit

$$\widehat{f_i} \stackrel{\triangle}{=} \sum_{j=0}^{N-1} f_j \cdot \mathrm{e}^{-\mathrm{i}2\pi i j / N}$$

ergeben sich die FOURIER-Koeffizienten aus

$$c_i = \frac{1}{N \cdot T} \cdot \widehat{f_i} \quad .$$

Diese FOURIER-Koeffizienten sind aufgrund der $N$-Periodizität der Folge $\left\{ \mathrm{e}^{-\mathrm{i}2\pi i j / N} \right\}_{i \in \mathbb{Z}}$ selbst periodisch mit der Periode $N$, das heißt

$$c_i = c_{i+N} \quad .$$

Es reicht somit auch im Frequenzbereich aus, lediglich die Folge $\{c_i\}_{i \in \mathbb{J}}$ beziehungsweise $\{\widehat{f_i}\}_{i \in \mathbb{J}}$ mit der Indexmenge $\mathbb{J} = \{0, 1, \ldots, N - 1\}$ zu betrachten. Aus der Folge $\{\widehat{f_i}\}_{i \in \mathbb{J}}$ lässt sich – wie nicht anders erwartet – die Abtastwertefolge $\{f_j\}_{j \in \mathbb{J}}$ wiedergewinnen. Hierzu bilden wir mithilfe der endlichen geometrischen Reihe

$$\sum_{i=0}^{N-1} \widehat{f}_i \cdot \mathrm{e}^{\mathrm{i}2\pi ij/N} = \sum_{i=0}^{N-1}\sum_{j'=0}^{N-1} f_{j'} \cdot \mathrm{e}^{-\mathrm{i}2\pi ij'/N} \cdot \mathrm{e}^{\mathrm{i}2\pi ij/N}$$

$$= \sum_{j'=0}^{N-1} f_{j'} \underbrace{\sum_{i=0}^{N-1} \mathrm{e}^{\mathrm{i}2\pi i(j-j')/N}}_{=N\cdot\delta_{j,j'}} = N \cdot f_j \ .$$

Die hier abgeleitete Transformationsbeziehung zwischen zwei Folgen verdient eine eigene

**Definition 4.16.** *Die diskrete* FOURIER-*Transformation ( DFT – $\underline{d}$iscrete* FOURIER *$\underline{t}$ransform) mit der Indexmenge* $\mathbb{J} = \{0, 1, \ldots, N-1\}$ *ordnet der Abtastwertefolge* $\{f_j\}_{j\in\mathbb{J}}$ *die diskrete Spektralwertefolge* $\{\widehat{f}_i\}_{i\in\mathbb{J}}$ *eineindeutig zu.*

$$\{\widehat{f}_i\}_{i\in\mathbb{J}} = \left\{\sum_{j=0}^{N-1} f_j \cdot \mathrm{e}^{-\mathrm{i}2\pi ij/N}\right\}_{i\in\mathbb{J}}$$

$$\bullet\!\!-\!\!\circ \quad \{f_j\}_{j\in\mathbb{J}} = \left\{\frac{1}{N}\sum_{i=0}^{N-1} \widehat{f}_i \cdot \mathrm{e}^{\mathrm{i}2\pi ij/N}\right\}_{j\in\mathbb{J}}$$

Häufig wird ein so genannter Drehfaktor

$$w_N \overset{\triangle}{=} \mathrm{e}^{-\mathrm{i}2\pi/N} \tag{4.49}$$

definiert, mit dessen Hilfe die DFT-Transformationsgleichungen geschrieben werden können als

$$\{\widehat{f}_i\}_{i\in\mathbb{J}} = \left\{\sum_{j=0}^{N-1} f_j \cdot w_N^{ij}\right\}_{i\in\mathbb{J}}$$

$$\bullet\!\!-\!\!\circ \quad \{f_j\}_{j\in\mathbb{J}} = \left\{\frac{1}{N}\sum_{i=0}^{N-1} \widehat{f}_i \cdot w_N^{-ij}\right\}_{j\in\mathbb{J}} \ .$$

Anstelle der Kennzeichnung der diskreten FOURIER-Transformation durch das Symbol „$\widehat{\phantom{x}}$" werden wir auch die Kennzeichnung DFT beziehungsweise IDFT verwenden.

$$\boxed{\{\widehat{f}_i\}_{i\in\mathbb{J}} = \mathrm{DFT}[\{f_j\}_{j\in\mathbb{J}}] \quad \bullet\!\!-\!\!\circ \quad \{f_j\}_{j\in\mathbb{J}} = \mathrm{IDFT}[\{\widehat{f}_i\}_{i\in\mathbb{J}}]} \tag{4.50}$$

Werden die $N \times N$-Matrix

$$W_N \overset{\triangle}{=} \begin{pmatrix} w_N^{1\cdot1} & w_N^{1\cdot2} & \cdots & w_N^{1\cdot N} \\ w_N^{2\cdot1} & w_N^{2\cdot2} & \cdots & w_N^{2\cdot N} \\ \vdots & \vdots & \ddots & \vdots \\ w_N^{N\cdot1} & w_N^{N\cdot2} & \cdots & w_N^{N\cdot N} \end{pmatrix}$$

sowie die $N$-dimensionalen Spaltenvektoren

$$f = \begin{pmatrix} f_1 \\ f_2 \\ \vdots \\ f_N \end{pmatrix} \quad \text{und} \quad \widehat{f} = \begin{pmatrix} \widehat{f}_1 \\ \widehat{f}_2 \\ \vdots \\ \widehat{f}_N \end{pmatrix}$$

definiert, so kann die diskrete FOURIER-Transformation als Matrix-Vektor-Multiplikation geschrieben werden.

$$\widehat{f} = W_N \cdot f$$

$$\Leftrightarrow \quad \begin{pmatrix} \widehat{f}_1 \\ \widehat{f}_2 \\ \vdots \\ \widehat{f}_N \end{pmatrix} = \begin{pmatrix} w_N^{1\cdot1} & w_N^{1\cdot2} & \cdots & w_N^{1\cdot N} \\ w_N^{2\cdot1} & w_N^{2\cdot2} & \cdots & w_N^{2\cdot N} \\ \vdots & \vdots & \ddots & \vdots \\ w_N^{N\cdot1} & w_N^{N\cdot2} & \cdots & w_N^{N\cdot N} \end{pmatrix} \cdot \begin{pmatrix} f_1 \\ f_2 \\ \vdots \\ f_N \end{pmatrix}$$

Aufgrund der reichhaltigen Struktur der Matrix $W_N$ – so gilt zum Beispiel

$$W_N^{-1} = \frac{1}{N} \cdot \overline{W_N}$$

– kann für die Berechnung der DFT ein schneller Algorithmus, die so genannte schnelle FOURIER-Transformation oder *FFT* – *fast* $\underline{\text{F}}$OURIER $\underline{\text{transform}}$, abgeleitet werden. Bevor wir uns dieser zuwenden betrachten wir noch kurz einige weitere Eigenschaften der DFT.

### 4.5.1 Theorem von Plancherel

Für die diskrete FOURIER-Transformation DFT gilt ebenso wie für die zeitkontinuierliche und zeitdiskrete FOURIER-Transformation das Theorem von PLANCHEREL.

**Theorem 4.17.** *Es seien $\{\widehat{f}_i\}_{i\in\mathbb{J}}$ und $\{\widehat{g}_i\}_{i\in\mathbb{J}}$ mit der endlichen Indexmenge $\mathbb{J} = \{0, 1, \ldots, N-1\}$ die diskreten* FOURIER-*Transformierten der Abtastwertefolgen $\{f_j\}_{j\in\mathbb{J}} \in \ell^2(\mathbb{J})$ und $\{g_j\}_{j\in\mathbb{J}} \in \ell^2(\mathbb{J})$. Dann gilt für das Skalarprodukt im Zeit- und Frequenzbereich*

$$\langle \{f_j\}_{j\in\mathbb{J}}, \{g_j\}_{j\in\mathbb{J}} \rangle_{\ell^2(\mathbb{J})} = \frac{1}{N} \cdot \left\langle \{\widehat{f}_i\}_{i\in\mathbb{J}}, \{\widehat{g}_i\}_{i\in\mathbb{J}} \right\rangle_{\ell^2(\mathbb{J})} .$$

*Beweis.* Es gilt

$$\left\langle \{\widehat{f}_i\}_{i\in\mathbb{J}}, \{\widehat{g}_i\}_{i\in\mathbb{J}} \right\rangle_{\ell^2(\mathbb{J})} = \sum_{i=0}^{N-1} \widehat{f}_i \cdot \overline{\widehat{g}_i}$$

$$= \sum_{i=0}^{N-1} \widehat{f}_i \cdot \overline{\sum_{j=0}^{N-1} g_j \cdot \mathrm{e}^{-\mathrm{i}2\pi ij/N}} = \sum_{j=0}^{N-1} \left( \sum_{i=0}^{N-1} \widehat{f}_i \cdot \mathrm{e}^{\mathrm{i}2\pi ij/N} \right) \cdot \overline{g_j}$$

$$= N \sum_{j=0}^{N-1} f_j \cdot \overline{g_j} = N \cdot \langle \{f_j\}_{j\in\mathbb{J}}, \{g_j\}_{j\in\mathbb{J}} \rangle_{\ell^2(\mathbb{J})} \ .$$

$\square$

### 4.5.2 Parsevalsche Gleichung

Für $f = g$ erhalten wir die PARSEVALsche Gleichung für die diskrete FOURIER-Transformation DFT.

**Theorem 4.18.** *Es sei* $\{\widehat{f}_i\}_{i\in\mathbb{J}}$ *mit der Indexmenge* $\mathbb{J} = \{0, 1, \ldots, N-1\}$ *die diskrete* FOURIER-*Transformierte der Abtastwertefolge* $\{f_j\}_{j\in\mathbb{J}} \in \ell^2(\mathbb{J})$*. Dann gilt für die zugehörige Norm*

$$\|\{f_j\}_{j\in\mathbb{J}}\|^2_{\ell^2(\mathbb{J})} = \langle \{f_j\}_{j\in\mathbb{J}}, \{f_j\}_{j\in\mathbb{J}} \rangle_{\ell^2(\mathbb{J})}$$

$$= \frac{1}{N} \cdot \left\| \{\widehat{f}_i\}_{i\in\mathbb{J}} \right\|^2_{\ell^2(\mathbb{J})} = \frac{1}{N} \cdot \left\langle \{\widehat{f}_i\}_{i\in\mathbb{J}}, \{\widehat{f}_i\}_{i\in\mathbb{J}} \right\rangle_{\ell^2(\mathbb{J})} \ .$$

### 4.5.3 Zyklische Faltung

Eine in der Signaltheorie und Signalverarbeitung wichtige Operation auf zeit-diskreten und zeitkontinuierlichen Signalen stellt die Faltung gemäß Definition 2.87 auf Seite 63 beziehungsweise Definition 2.88 auf Seite 65 dar; sie beschreibt in der Systemtheorie das Übertragungsverhalten linearer zeitinvarianter Systeme im Zeitbereich. Für endliche zeitdiskrete Signale – so genannte *finite Signale* – $\{f_j\}_{j\in\mathbb{J}} \in \ell^2(\mathbb{J})$ mit der Indexmenge $\mathbb{J} = \{0, 1, \ldots, N-1\}$ kann ein vergleichbarer Operator angegeben werden – die so genannte *zyklische Faltung* [8].

**Definition 4.19.** *Die zyklische Faltung* $f \star g$ *der finiten Signale* $f = \{f_j\}_{j\in\mathbb{J}} \in \ell^2(\mathbb{J})$ *und* $g = \{g_j\}_{j\in\mathbb{J}} \in \ell^2(\mathbb{J})$ *ist definiert durch*

$$(f \star g)_j = \sum_{i=0}^{N-1} f_i \cdot g_{j-i\,\mathrm{mod}\,N} \ .$$

Hierbei bedeutet $j \bmod N$, dass einem Index $j = a \cdot N + b$ mit $a \in \mathbb{Z}$ und $b \in \{0, 1, \ldots, N-1\}$ die durch den bei Division durch $N$ entstehenden Rest $b$ festgelegte Restklasse entsprechend der bekannten modulo-Arithmetik zugeordnet wird. Für die zyklische Faltung gilt mit der diskreten FOURIER-Transformation

$$
\begin{aligned}
(f \star g)_j &= \sum_{i=0}^{N-1} f_i \cdot g_{j-i \bmod N} \\
&= \sum_{i=0}^{N-1} f_i \cdot \left( \frac{1}{N} \sum_{k=0}^{N-1} \widehat{g}_k \cdot \mathrm{e}^{\mathrm{i}2\pi k(j-i \bmod N)/N} \right) \\
&= \sum_{i=0}^{N-1} f_i \cdot \left( \frac{1}{N} \sum_{k=0}^{N-1} \widehat{g}_k \cdot \mathrm{e}^{\mathrm{i}2\pi k(j-i)/N} \right) \\
&= \frac{1}{N} \sum_{i=0}^{N-1} \sum_{k=0}^{N-1} f_i \cdot \widehat{g}_k \cdot \mathrm{e}^{\mathrm{i}2\pi k(j-i)/N} \\
&= \frac{1}{N} \sum_{k=0}^{N-1} \widehat{g}_k \left( \sum_{i=0}^{N-1} f_i \cdot \mathrm{e}^{-\mathrm{i}2\pi ki/N} \right) \cdot \mathrm{e}^{\mathrm{i}2\pi kj/N} \\
&= \frac{1}{N} \sum_{k=0}^{N-1} \left( \widehat{g}_k \cdot \widehat{f}_k \right) \cdot \mathrm{e}^{\mathrm{i}2\pi kj/N} \\
&\overset{!}{=} \frac{1}{N} \sum_{k=0}^{N-1} \widehat{(f \star g)}_k \cdot \mathrm{e}^{\mathrm{i}2\pi kj/N} \ .
\end{aligned}
$$

Der letzte Ausdruck entspricht der inversen diskreten FOURIER-Transformation. Hieraus erhalten wir die wichtige und uns später nützliche Erkenntnis, dass die dem zyklischen Faltungsprodukt $f \star g$ über die diskrete FOURIER-Transformation zugeordnete Spektralfolge $\widehat{f \star g}$ dem Produkt der Spektralfolgen $\widehat{f}$ und $\widehat{g}$ entspricht – so wie wir es bereits von der zeitkontinuierlichen Faltung kennen. Mit der Indexmenge $\mathbb{J} = \{0, 1, \ldots, N-1\}$ erhalten wir daher

$$
\boxed{\{f_j\}_{j \in \mathbb{J}} \star \{g_j\}_{j \in \mathbb{J}} = \left\{ \sum_{i=0}^{N-1} f_i \cdot g_{j-i \bmod N} \right\}_{j \in \mathbb{J}} \quad \circ\!\!-\!\!\bullet \quad \{\widehat{f}_i \cdot \widehat{g}_i\}_{i \in \mathbb{J}} \ .}
$$

$$(4.51)$$

Mit den Bezeichnungen DFT und IDFT gilt daher

$$
\boxed{\{f_j\}_{j \in \mathbb{J}} \star \{g_j\}_{j \in \mathbb{J}} = \mathrm{IDFT}[\, \mathrm{DFT}[\{f_j\}_{j \in \mathbb{J}}] \cdot \mathrm{DFT}[\{g_j\}_{j \in \mathbb{J}}]\,] \ .} \qquad (4.52)
$$

## 4.6 Schnelle Fourier-Transformation

Wie wir bereits durch Betrachtung der Transformationsmatrix $W_N$ der diskreten FOURIER-Transformation erkennen konnten, besitzen die DFT-Transformationsgleichungen

$$\{\widehat{f}_i\}_{i\in\mathbb{J}} = \left\{\sum_{j=0}^{N-1} f_j \cdot w_N^{ij}\right\}_{i\in\mathbb{J}}$$

$$\bullet\!\!-\!\!\circ \quad \{f_j\}_{j\in\mathbb{J}} = \left\{\frac{1}{N}\sum_{i=0}^{N-1} \widehat{f}_i \cdot w_N^{-ij}\right\}_{j\in\mathbb{J}}$$

mit der Indexmenge $\mathbb{J} = \{0, 1, \ldots, N-1\}$ sowie dem Drehfaktor

$$w_N \overset{\triangle}{=} e^{-\mathrm{i}2\pi/N}$$

reichhaltige Symmetrien, die zur Herleitung eines numerisch effizienten Berechnungsalgorithmus zu Hilfe genommen werden können. Eine direkte Berechnung auf Basis der obigen Summendarstellung erfordert einen Aufwand von $N^2 - N$ komplexen Additionen und $N^2$ komplexen Multiplikationen – also einen Aufwand von $\mathcal{O}(N^2)$ komplexen Additionen und Multiplikationen.[8] In der weiteren Diskussion wird entsprechend der von COOLEY und TUKEY angegebenen Herleitung des so genannten Radix-2-FFT-Algorithmus angenommen, dass die Zahl der Signalkomponenten $N$ eine Zweierpotenz ist, das heißt [8]

$$N = 2^n \ .$$

Als ersten Schritt zur Ausnutzung der Symmetrieeigenschaften teilen wir die zeitdiskrete Folge $\{f_j\}_{j\in\mathbb{J}}$ in zwei Teilfolgen mit geraden beziehungsweise ungeraden Indizes auf. Mit der Bezeichnung

$$\mathbb{J}_\downarrow = \left\{0, 1, \ldots, \frac{N}{2}-1\right\}$$

schreiben wir

$$\{f_j'\}_{j\in\mathbb{J}_\downarrow} \overset{\triangle}{=} \{f_{2j}\}_{j\in\mathbb{J}_\downarrow} \ ,$$

$$\{f_j''\}_{j\in\mathbb{J}_\downarrow} \overset{\triangle}{=} \{f_{2j+1}\}_{j\in\mathbb{J}_\downarrow} \ .$$

Dieser Schritt heißt aufgrund der Verringerung der Komponentenzahl der beiden Teilfolgen Dezimation im Zeitbereich (*decimation in time*).[9] Unter Verwendung der solchermaßen definierten Teilfolgen erhalten wir

$$\widehat{f}_i = \sum_{j=0}^{N-1} f_j \cdot w_N^{ij}$$

---

[8] Die Schreibweise $\mathcal{O}(\rho(N))$ bedeutet, dass die Berechnungskomplexität für $N$ Komponenten – hier gemessen anhand der Zahl der komplexen Additionen und Multiplikationen – höchstens gleich $\alpha \cdot \rho(N)$ mit der Konstanten $\alpha$ ist.

[9] Der entsprechende Ansatz, die Spektralfolge $\{\widehat{f}_i\}_{i\in\mathbb{J}}$ in zwei Teilfolgen halber Länge aufzuspalten, heißt Dezimation im Frequenzbereich (*decimation in frequency*).

$$= \sum_{j=0}^{N/2-1} f_{2j} \cdot w_N^{i2j} + \sum_{j=0}^{N/2-1} f_{2j+1} \cdot w_N^{i(2j+1)}$$

$$= \sum_{j=0}^{N/2-1} f_{2j} \cdot w_N^{2ij} + w_N^i \sum_{j=0}^{N/2-1} f_{2j+1} \cdot w_N^{2ij} \ .$$

Für die auftretenden Drehfaktoren gilt

$$w_N^{2ij} = \left( e^{-i2\pi/N} \right)^{2ij} = e^{-i2\pi 2ij/N}$$

$$= e^{-i2\pi ij/(N/2)} = \left( e^{-i2\pi/(N/2)} \right)^{ij} = w_{N/2}^{ij} \ .$$

Damit folgt

$$\widehat{f_i} = \sum_{j=0}^{N/2-1} f_{2j} \cdot w_{N/2}^{ij} + w_N^i \sum_{j=0}^{N/2-1} f_{2j+1} \cdot w_{N/2}^{ij}$$

$$= \sum_{j=0}^{N/2-1} f_j' \cdot w_{N/2}^{ij} + w_N^i \sum_{j=0}^{N/2-1} f_j'' \cdot w_{N/2}^{ij} \ .$$

Beschränken wir den Index $i$ auf die Menge $\mathbb{J}_\downarrow = \left\{ 0, 1, \ldots, \frac{N}{2} - 1 \right\}$, das heißt $i \in \mathbb{J}_\downarrow = \left\{ 0, 1, \ldots, \frac{N}{2} - 1 \right\}$, so offenbart eine genaue Betrachtung der beiden Summenterme, dass der erste Term der diskreten FOURIER-Transformation der Folge $\{f_j'\}_{j \in \mathbb{J}_\downarrow}$ entspricht, während der zweite Term – bis auf den Drehfaktor $w_N^i$ – die diskrete FOURIER-Transformation der Folge $\{f_j''\}_{j \in \mathbb{J}_\downarrow}$ darstellt.

$$\{f_{2j}\}_{j \in \mathbb{J}_\downarrow} = \{f_j'\}_{j \in \mathbb{J}_\downarrow} \ \circ\!\!-\!\!\bullet \ \{\widehat{f_i'}\}_{i \in \mathbb{J}_\downarrow} = \left\{ \sum_{j=0}^{N/2-1} f_j' \cdot w_{N/2}^{ij} \right\}_{i \in \mathbb{J}_\downarrow} \ ,$$

$$\{f_{2j+1}\}_{j \in \mathbb{J}_\downarrow} = \{f_j''\}_{j \in \mathbb{J}_\downarrow} \ \circ\!\!-\!\!\bullet \ \{\widehat{f_i''}\}_{i \in \mathbb{J}_\downarrow} = \left\{ \sum_{j=0}^{N/2-1} f_j'' \cdot w_{N/2}^{ij} \right\}_{i \in \mathbb{J}_\downarrow} \ .$$

Wir erhalten somit mit $i \in \mathbb{J}_\downarrow = \left\{ 0, 1, \ldots, \frac{N}{2} - 1 \right\}$

$$\widehat{f_i} = \widehat{f_i'} + w_N^i \cdot \widehat{f_i''} \ .$$

Wird probeweise in der Gleichung

$$\widehat{f_i} = \sum_{j=0}^{N/2-1} f_j' \cdot w_{N/2}^{ij} + w_N^i \sum_{j=0}^{N/2-1} f_j'' \cdot w_{N/2}^{ij}$$

der Index $i$ durch $i + \frac{N}{2}$ erneut mit $i \in \mathbb{J}_\downarrow = \left\{ 0, 1, \ldots, \frac{N}{2} - 1 \right\}$ ersetzt, so folgt unter Beachtung von $w_N^{jN} = 1$ sowie $w_N^{N/2} = e^{-i\pi} = -1$

$$\widehat{f}_{i+N/2} = \sum_{j=0}^{N/2-1} f'_j \cdot w_{N/2}^{(i+N/2)j} + w_N^{i+N/2} \sum_{j=0}^{N/2-1} f''_j \cdot w_{N/2}^{(i+N/2)j}$$

$$= \sum_{j=0}^{N/2-1} f'_j \cdot w_{N/2}^{ij} - w_N^i \sum_{j=0}^{N/2-1} f''_j \cdot w_{N/2}^{ij}$$

beziehungsweise unter Verwendung der Spektralfolgen $\{\widehat{f'_i}\}_{i\in\mathbb{J}_\downarrow}$ und $\{\widehat{f''_i}\}_{i\in\mathbb{J}_\downarrow}$

$$\widehat{f}_{i+N/2} = \widehat{f'_i} - w_N^i \cdot \widehat{f''_i} \ .$$

Zusammengefasst erhalten wir mit $i \in \mathbb{J}_\downarrow = \left\{0, 1, \ldots, \frac{N}{2}-1\right\}$

$$\widehat{f}_i = \widehat{f'_i} + w_N^i \cdot \widehat{f''_i}$$
$$\widehat{f}_{i+N/2} = \widehat{f'_i} - w_N^i \cdot \widehat{f''_i}$$

beziehungsweise

$$\boxed{\begin{pmatrix} \widehat{f}_i \\ \widehat{f}_{i+N/2} \end{pmatrix} = \begin{pmatrix} 1 & 1 \\ 1 & -1 \end{pmatrix} \cdot \begin{pmatrix} \widehat{f'_i} \\ w_N^i \cdot \widehat{f''_i} \end{pmatrix}} \qquad (4.53)$$

als Vorschrift zur Berechnung der diskreten FOURIER-Transformation mit der Spektralfolge $\{\widehat{f}_i\}_{i\in\mathbb{J}}$. Die Operation der Matrixmultiplikation mit der Matrix

$$\begin{pmatrix} 1 & 1 \\ 1 & -1 \end{pmatrix}$$

wir als *Butterfly*-Operation bezeichnet, da der zugehörige in Abbildung 4.12 gezeigte Signalflussgraph die Form eines Schmetterlings besitzt. Es ist uns

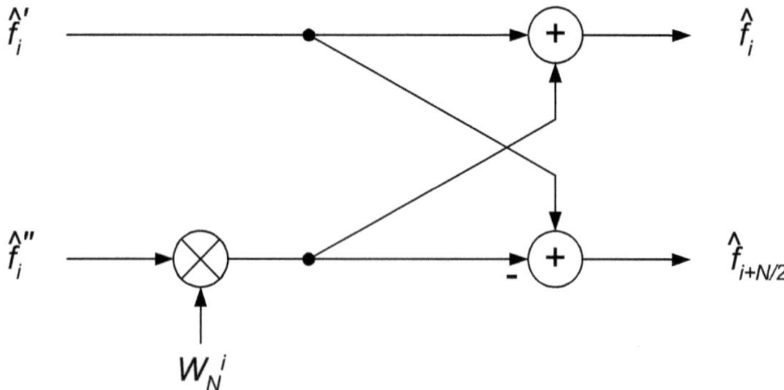


**Abb. 4.12.** Der Signalflussgraph der Butterfly-Operation zur Berechnung der diskreten FOURIER-Transformation.

somit gelungen, die Berechnung einer $N$-Komponenten-DFT auf die Berechnung zweier $N/2$-Komponenten-DFT zurückzuführen. Jede dieser $N/2$-Komponenten-DFTs erfordert einen Aufwand von $(N/2)^2 - N/2$ komplexen Additionen und $(N/2)^2$ komplexen Multiplikationen. Der gesamte Berechnungsaufwand beträgt nun

$$2 \cdot \left[ \left( \frac{N}{2} \right)^2 - \frac{N}{2} \right] + N = \frac{N^2}{2} \qquad \text{komplexe Additionen und}$$

$$2 \cdot \left( \frac{N}{2} \right)^2 + \frac{N}{2} = \frac{N(N+1)}{2} \qquad \text{komplexe Multiplikationen}$$

anstelle von $N^2 - N$ komplexen Additionen und $N^2$ komplexen Multiplikationen für die direkte Berechnung der diskreten FOURIER-Transformation. Der Berechnungsaufwand konnte somit ungefähr um den Faktor 2 verringert werden. Da wir $N = 2^n$ als Zweierpotenz angenommen hatten, können wir dieselbe Vorgehensweise erneut auf die beiden dezimierten Folgen $\{f_j'\}_{j \in \mathbb{J}_\downarrow}$ und $\{f_j''\}_{j \in \mathbb{J}_\downarrow}$ anwenden, bis wir bei 2-Komponenten-DFTs angelangt sind, für die mit den sich für $N = 2$ ergebenden Signal- und Spektralfolgen $\{f_j\}_{j \in \{0,1\}}$ und $\{\widehat{f}_i\}_{i \in \{0,1\}}$ wegen $w_2 = \mathrm{e}^{-\mathrm{i}\pi} = -1$ sowie

$$\begin{aligned} \widehat{f}_0 &= f_0 + f_1 \\ \widehat{f}_1 &= f_0 - f_1 \end{aligned} \quad \Leftrightarrow \quad \begin{pmatrix} \widehat{f}_0 \\ \widehat{f}_1 \end{pmatrix} = \begin{pmatrix} 1 & 1 \\ 1 & -1 \end{pmatrix} \cdot \begin{pmatrix} f_0 \\ f_1 \end{pmatrix}$$

lediglich 2 komplexe Additionen und 1 komplexe Multiplikation notwendig sind.[10] Abbildung 4.13 zeigt den Signalflussgraph der auf diese Weise gewonnenen so genannten schnellen FOURIER-Transformation (*FFT – fast FOURIER transform*) für $N = 2^3 = 8$ mit $\log_2(8) = 3$ Dezimierungsstufen. Zu beachten ist die Umordnung der Spektralfolge $\{\widehat{f}_i\}_{i \in \{0,1,\dots,7\}}$ im Sinne des so genannten *Bit Reversal*.

Zur Herleitung der gesamten Berechnungskomplexität des schnellen FOURIER-Transformations-Algorithmus setzen wir voraus, dass nach dem $\nu$-ten der insgesamt $n = \log_2(N)$ möglichen Dezimierungsschritte $A_\nu$ komplexe Additionen und $M_\nu$ komplexe Multiplikationen auftreten. Dann gilt mit derselben Argumentation wie oben

$$\begin{aligned} A_\nu &= 2 \cdot A_{\nu-1} + 2^\nu & \text{komplexe Additionen} \\ M_\nu &= 2 \cdot M_{\nu-1} + 2^{\nu-1} & \text{komplexe Multiplikationen} \end{aligned}$$

für $\nu = 1, \dots, n$ mit den Anfangsbedingungen $A_1 = 2$ und $M_1 = 0$. Wie durch Einsetzen leicht nachgeprüft werden kann, ergeben sich nach dem $\nu$-ten Dezimierungsschritt $A_\nu = \nu \cdot 2^\nu$ komplexe Additionen und $M_\nu = \frac{1}{2}\nu \cdot 2^\nu$ komplexe Multiplikationen. Für eine $N = 2^n$-Komponenten FFT ergibt sich mit $\nu = n = \log_2(N)$ daher die folgende Berechnungskomplexität

---

[10] Hier haben wir der einfacheren Herleitung der Berechnungskomplexität wegen zur Bildung von $-f_1$ eine – triviale – komplexe Multiplikation angesetzt.

$$N \cdot \log_2(N) \qquad \text{komplexe Additionen und}$$
$$\frac{N}{2} \cdot \log_2(N) \qquad \text{komplexe Multiplikationen.}$$

Wie aus Abbildung 4.13 ersichtlich wird, treten triviale Multiplikationen mit $\pm 1$ auf; werden diese bei der Berechnung der Zahl der komplexen Multiplikationen berücksichtigt, so reduziert sich diese noch gegenüber dem Wert $\frac{N}{2} \cdot \log_2(N)$. Durch die $n = \log_2(N)$-mal durchgeführten Dezimationsschritte reduziert sich somit die Berechnungskomplexität von $\mathcal{O}(N^2)$ für die direkte Berechnung auf $\mathcal{O}(N \cdot \log N)$ für die schnelle FOURIER-Transformation.

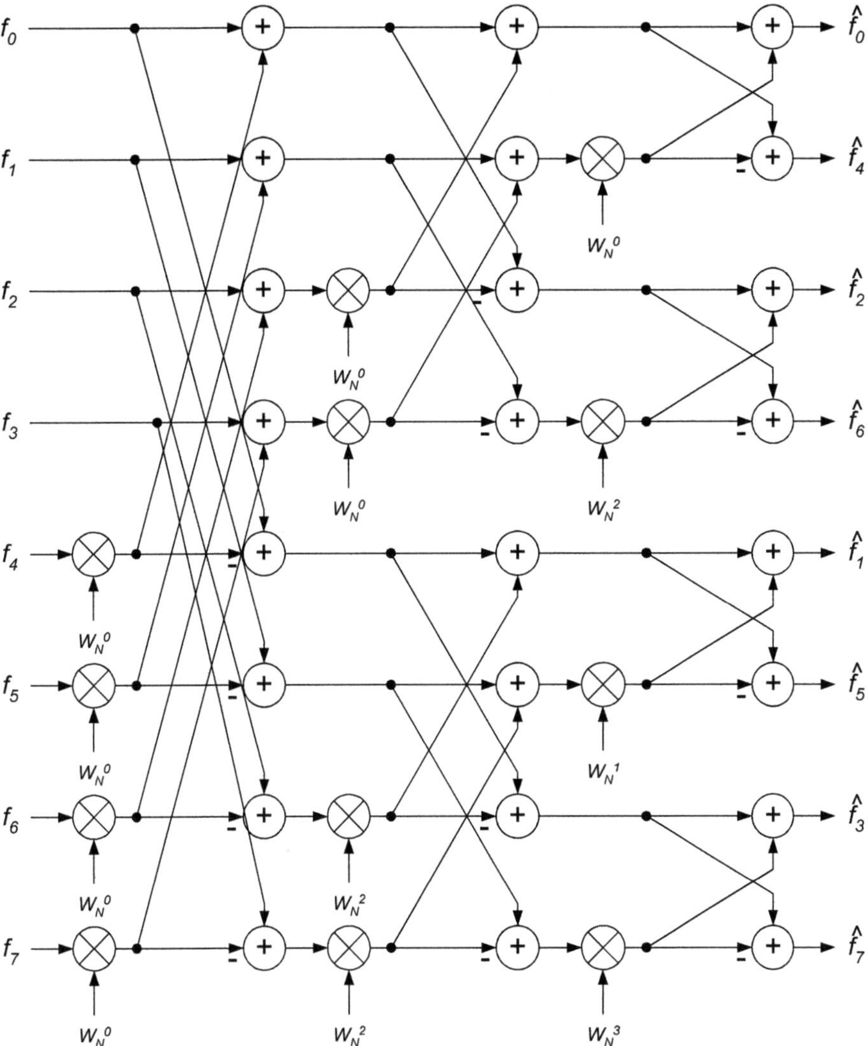

**Abb. 4.13.** Der Signalflussgraph des COOLEY-TUKEY Radix-2-Algorithmus der schnellen FOURIER-Transformation für $N = 2^3 = 8$.

# Kontrapunkt

# 5. Die Theorie der Rahmen



Die Theorie der *Rahmen* oder *Frames* verallgemeinert die Repräsentation von Signalen durch orthonormale Basisfunktionensysteme auf nichtorthogonale und im Allgemeinen überbestimmte Signaldarstellungen. Wesentlich für die praktische Anwendung ist neben der Existenz und eventuellen Eindeutigkeit der Signaldarstellung ferner die numerisch stabile Rekonstruktion aus den das Signal beschreibenden Entwicklungskoeffizienten. Rahmen wurden von DUFFIN und SCHAFFER im Zuge ihrer Betrachtung nichtharmonischer FOURIER-Reihen eingeführt. Sie stellen ein wichtiges theoretisches Werkzeug für die Theorie der irregulären beziehungsweise nicht-äquidistanten Abtastung dar. Im Folgenden werden die wesentlichen Grundzüge der Rahmen-Theorie vorgestellt.

Die Theorie der Rahmen geht von der folgenden Problemstellung aus.[1] Aus einem zum Beispiel zeitkontinuierlichen Signal $f = f(t) \in L^2(\mathbb{R})$ werden Parameter beziehungsweise Koeffizienten

$$c_j \triangleq \langle f, \varphi_j \rangle$$

für $j \in \mathbb{J}$ mit der endlichen oder abzählbar unendlichen Indexmenge $\mathbb{J}$ gewonnen. Entsprechend unseren Betrachtungen zur Faltung in den HILBERT-Räumen $\ell^2(\mathbb{Z})$ und $L^2(\mathbb{R})$ und der gültigen Beziehung $\langle f, g \rangle = (f \star \breve{g})_0$ können wir uns den Koeffizienten $c_j$ aus einer Filteroperation mithilfe eines linearen

---

[1] Historisch lag der Anstoß für die Entwicklung der Theorie der Rahmen in der das SHANNON-WHITTAKER-KOTEL'NIKOV-Abtasttheorem verallgemeinernden Fragestellung, unter welchen Bedingungen und auf welche Weise ein Frequenzbandbegrenztes Signal $f = f(t) \in \mathcal{PW}_\pi$ aus dem PALEY-WIENER-Raum $\mathcal{PW}_\pi$ aus einer Folge von *irregulären* beziehungsweise nicht-äquidistanten Abtastwerten $\{f(t_j)\}_{j\in\mathbb{N}}$ stabil rekonstruiert werden kann. Hiermit korrespondiert das äquivalente Problem, ein periodisches Spektrum $\widehat{f} = \widehat{f}(\omega) \in L^2([-\pi,\pi])$ aus dem LEBESGUE-Raum $L^2([-\pi,\pi])$ durch eine nichtharmonische FOURIER-Reihe mit den Entwicklungsfunktionen $\{e^{i\omega_j t}\}_{j\in\mathbb{N}}$ und im Allgemeinen $\omega_j \neq j$ darzustellen. Dieses Problems nahmen sich DUFFIN und SCHAEFFER in [11] an.

zeitinvarianten Systems mit der Impulsantwort $\check{\varphi}_j(t) = \overline{\varphi_j(-t)}$ sowie einer nachfolgenden Abtastung zum Zeitpunkt $t = 0$ gewonnen denken. Dies verdeutlicht Abbildung 5.1 [49]. Das im Rahmen der Theorie der Rahmen be-

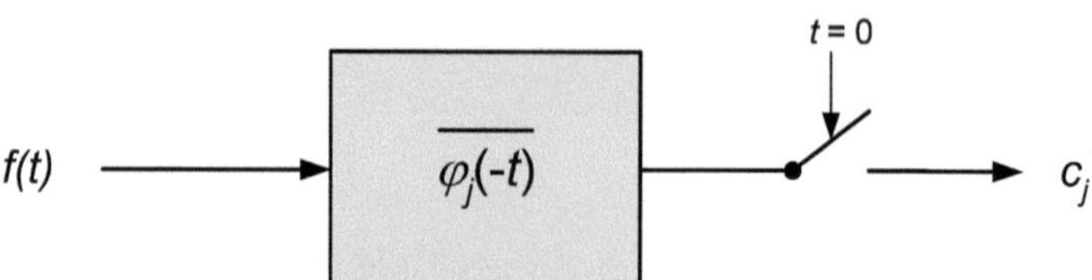


**Abb. 5.1.** Die Bestimmung des Koeffizienten $c_j = \langle f, \varphi_j \rangle$ durch Filterung mithilfe eines linearen zeitinvarianten Systems mit der Impulsantwort $\check{\varphi}_j(t) = \overline{\varphi_j(-t)}$ und Abtastung zum Zeitpunkt $t = 0$.

trachtete so genannte *Momentenproblem* besteht nun in der Frage, unter welchen Voraussetzungen an die Signalfolge $\{\varphi_j\}_{j \in \mathbb{J}}$ das Signal $f$ eindeutig und stabil rekonstruiert werden kann. Hierbei wird im Allgemeinen keine Eineindeutigkeit beziehungsweise Bijektivität hinsichtlich der Signalrepräsentation gefordert, das heißt ein Signal $f$ kann eventuell durch mehrere mögliche Koeffizientenfolgen $\{c_j\}_{j \in \mathbb{J}} = \{\langle f, \varphi_j \rangle\}_{j \in \mathbb{J}}$ dargestellt werden. Die Signalfolgen $\{\varphi_j\}_{j \in \mathbb{J}}$, welche eine derart eindeutige und stabile Rekonstruktion des Signals $f$ aus der Koeffizientenfolge $\{c_j\}_{j \in \mathbb{J}} = \{\langle f, \varphi_j \rangle\}_{j \in \mathbb{J}}$ erlauben, werden Rahmen oder Frames genannt.

## 5.1 Definition der Rahmen

Die folgende Definition fasst nun den Begriff des Rahmens genauer [10]. Hierbei kennzeichnen wir das Skalarprodukt $\langle f, \varphi_j \rangle_{\mathcal{H}}$ ausdrücklich als Skalarprodukt auf dem HILBERT-Raum $\mathcal{H}$.

**Definition 5.1.** *Eine Familie von Signalen $\{\varphi_j\}_{j \in \mathbb{J}}$ in einem HILBERT-Raum $\mathcal{H}$ ist ein Rahmen (frame) genau dann, falls $\forall f \in \mathcal{H}$*

$$A \cdot \|f\|_{\mathcal{H}}^2 \leq \sum_{j \in \mathbb{J}} |\langle f, \varphi_j \rangle_{\mathcal{H}}|^2 \leq B \cdot \|f\|_{\mathcal{H}}^2 \ .$$

*Die Konstanten $0 < A \leq B < \infty$ heißen Rahmengrenzen.*

Signalfolgen $\{\varphi_j\}_{j \in \mathbb{J}} \subseteq \mathcal{H}$ in dem HILBERT-Raum $\mathcal{H}$, für welche die rechte Ungleichung mit der abzählbaren Indexmenge $\mathbb{J} = \mathbb{N}$ – oder auch entsprechend für $\mathbb{J} = \mathbb{Z}$ –

$$\sum_{j \in \mathbb{J}} |\langle f, \varphi_j \rangle_{\mathcal{H}}|^2 \leq B \cdot \|f\|_{\mathcal{H}}^2$$

für alle $f \in \mathcal{H}$ erfüllt ist, heißen BESSEL-Folgen [53]. Die Koeffizientenfolge

$$\{\langle f, \varphi_j \rangle_{\mathcal{H}}\}_{j \in \mathbb{J}}$$

wird *Momentenfolge* bezüglich des Rahmens $\{\varphi_j\}_{j \in \mathbb{J}}$ genannt. Wir betrachten nun ein einfaches Beispiel für den HILBERT-Raum $\mathcal{H} = \mathbb{C}^2$, welches wir aus [10] übernehmen. Abbildung 5.2 zeigt den durch die Einheitsvektoren

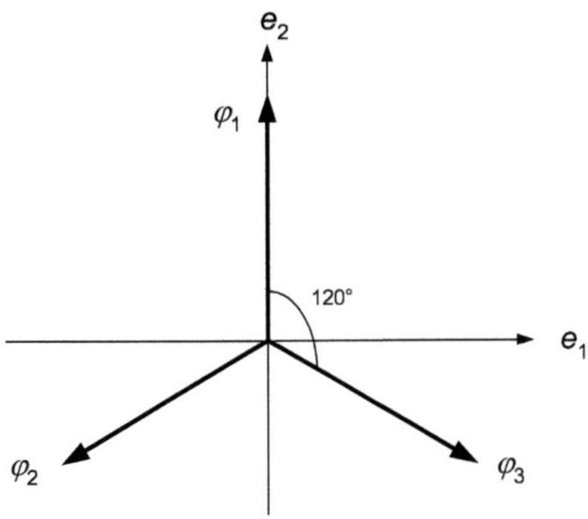


**Abb. 5.2.** Der Beispiel-Rahmen $\{\varphi_j\}_{j \in \{1,2,3\}} \subseteq \mathbb{C}^2$ mit der Orthonormalbasis $\{e_1, e_2\}$.

$$e_1 = \begin{pmatrix} 1 \\ 0 \end{pmatrix} \quad \text{und} \quad e_2 = \begin{pmatrix} 0 \\ 1 \end{pmatrix}$$

aufgespannten, zweidimensionalen Raum $\mathbb{C}^2$; die so genannte Standardbasis $\{e_1, e_2\}$ bildet eine Orthonormalbasis des $\mathbb{C}^2$. In diesem Raum definieren wir die drei um jeweils $120° = 2\pi/3$ gegeneinander rotierten Vektoren

$$\varphi_1 = \begin{pmatrix} 0 \\ 1 \end{pmatrix} \quad , \quad \varphi_2 = \begin{pmatrix} -\frac{\sqrt{3}}{2} \\ -\frac{1}{2} \end{pmatrix} \quad \text{und} \quad \varphi_3 = \begin{pmatrix} \frac{\sqrt{3}}{2} \\ -\frac{1}{2} \end{pmatrix} \; .$$

Es gilt für einen beliebigen Vektor

$$f = \begin{pmatrix} f_1 \\ f_2 \end{pmatrix} \in \mathbb{C}^2$$

mit dem in Gleichung 2.28 auf Seite 38 definierten Skalarprodukt

$$\langle f, \varphi_1 \rangle_{\mathbb{C}^2} = f_2$$
$$\langle f, \varphi_2 \rangle_{\mathbb{C}^2} = -\frac{\sqrt{3}}{2} \cdot f_1 - \frac{1}{2} \cdot f_2$$
$$\langle f, \varphi_3 \rangle_{\mathbb{C}^2} = \frac{\sqrt{3}}{2} \cdot f_1 - \frac{1}{2} \cdot f_2$$

und damit

$$\sum_{j \in \mathbb{J}} |\,\langle f, \varphi_j \rangle_{\mathcal{H}}\,|^2$$

$$= \sum_{j=1}^{3} |\,\langle f, \varphi_j \rangle_{\mathbb{C}^2}\,|^2$$

$$= |f_2|^2 + \left| -\frac{\sqrt{3}}{2} \cdot f_1 - \frac{1}{2} \cdot f_2 \right|^2 + \left| \frac{\sqrt{3}}{2} \cdot f_1 - \frac{1}{2} \cdot f_2 \right|^2$$

$$= |f_2|^2 + \frac{3}{4} \cdot |f_1|^2 + \frac{\sqrt{3}}{2} \cdot \Re\{f_1 \cdot \overline{f_2}\} + \frac{1}{4} \cdot |f_2|^2 +$$

$$\frac{3}{4} \cdot |f_1|^2 - \frac{\sqrt{3}}{2} \cdot \Re\{f_1 \cdot \overline{f_2}\} + \frac{1}{4} \cdot |f_2|^2$$

$$= \frac{3}{2} \cdot |f_1|^2 + \frac{3}{2} \cdot |f_2|^2$$

$$= \frac{3}{2} \cdot \|f\|_{\mathbb{C}^2}^2 \;\; ,$$

das heißt die in Definition 5.1 angegebenen Rahmengrenzen lauten $A = B = \frac{3}{2}$. Die Vektorfamilie $\{\varphi_j\}_{j \in \{1,2,3\}} \subseteq \mathbb{C}^2$ ist somit ein Rahmen, sogar ein ganz spezieller, wie die nachfolgende Definition zeigt.

**Definition 5.2.** *Ein Rahmen* $\{\varphi_j\}_{j \in \mathbb{J}}$ *in einem* HILBERT-*Raum* $\mathcal{H}$ *heißt eng (tight frame) genau dann, wenn die Rahmengrenzen* $A = B$ *übereinstimmen.*

$\{\varphi_j\}_{j \in \{1,2,3\}} \subseteq \mathbb{C}^2$ ist somit ein enger Rahmen. Enge Rahmen ermöglichen eine einfache Rekonstruktion des Signals $f$ aus der Koeffizientenfolge $\{c_j\}_{j \in \mathbb{J}} = \{\langle f, \varphi_j \rangle\}_{j \in \mathbb{J}}$.

**Lemma 5.3.** *Es sei* $\{\varphi_j\}_{j \in \mathbb{J}}$ *ein enger Rahmen in einem* HILBERT-*Raum* $\mathcal{H}$ *mit den Rahmengrenzen* $A = B$. *Dann gilt*

$$f = \frac{1}{A} \cdot \sum_{j \in \mathbb{J}} \langle f, \varphi_j \rangle_{\mathcal{H}} \cdot \varphi_j \;\; .$$

Für den hier betrachteten Beispiel-Rahmen $\{\varphi_j\}_{j \in \{1,2,3\}} \subseteq \mathbb{C}^2$ gilt

$$\langle f, \varphi_1 \rangle_{\mathbb{C}^2} \cdot \varphi_1 = f_2 \cdot e_2$$

$$\langle f, \varphi_2 \rangle_{\mathbb{C}^2} \cdot \varphi_2 = \left( \frac{3}{4} \cdot f_1 + \frac{\sqrt{3}}{4} \cdot f_2 \right) \cdot e_1 + \left( \frac{\sqrt{3}}{4} \cdot f_1 + \frac{1}{4} \cdot f_2 \right) \cdot e_2$$

$$\langle f, \varphi_3 \rangle_{\mathbb{C}^2} \cdot \varphi_3 = \left( \frac{3}{4} \cdot f_1 - \frac{\sqrt{3}}{4} \cdot f_2 \right) \cdot e_1 + \left( -\frac{\sqrt{3}}{4} \cdot f_1 + \frac{1}{4} \cdot f_2 \right) \cdot e_2 \;\; ,$$

woraus folgt

$$\sum_{j\in\mathbb{J}}\langle f,\varphi_j\rangle_{\mathcal{H}}\cdot\varphi_j$$

$$=\sum_{j=1}^{3}\langle f,\varphi_j\rangle_{\mathbb{C}^2}\cdot\varphi_j$$

$$=f_2\cdot e_2+\left(\frac{3}{4}\cdot f_1+\frac{\sqrt{3}}{4}\cdot f_2\right)\cdot e_1+\left(\frac{\sqrt{3}}{4}\cdot f_1+\frac{1}{4}\cdot f_2\right)\cdot e_2+$$

$$\left(\frac{3}{4}\cdot f_1-\frac{\sqrt{3}}{4}\cdot f_2\right)\cdot e_1+\left(-\frac{\sqrt{3}}{4}\cdot f_1+\frac{1}{4}\cdot f_2\right)\cdot e_2$$

$$=\frac{3}{2}\cdot f_1\cdot e_1+\frac{3}{2}\cdot f_2\cdot e_2$$

$$=\frac{3}{2}\cdot f\quad(=A\cdot f)\ .$$

Im Gegensatz zu einem Orthonormalsystem – wie es zum Beispiel die Einheitsvektoren $e_1$ und $e_2$ darstellen – führt der Rahmen $\{\varphi_j\}_{j\in\{1,2,3\}}\subseteq\mathbb{C}^2$ ausgehend von der Koeffizientenfolge $\{c_j\}_{j\in\{1,2,3\}}=\{\langle f,\varphi_j\rangle\}_{j\in\{1,2,3\}}$ zu einem überbestimmten Gleichungssystem zur Rekonstruktion von $f\in\mathbb{C}^2$. Die Rahmengrenze $A=\frac{3}{2}$ gibt in diesem Fall – in dem $\|\varphi_j\|_{\mathcal{H}}=1$ ist – die „Redundanz" des Rahmens an. Es gilt

**Theorem 5.4.** *Es sei $\{\varphi_j\}_{j\in\mathbb{J}}$ ein enger Rahmen in einem* HILBERT-*Raum $\mathcal{H}$ mit*

$$\|\varphi_j\|_{\mathcal{H}}=1\quad\forall\,j\in\mathbb{J}$$

*und den Rahmengrenzen $A=B=1$. Dann ist $\{\varphi_j\}_{j\in\mathbb{J}}$ eine Orthonormalbasis des* HILBERT-*Raums $\mathcal{H}$.*

Was geschieht, wenn aus einem Rahmen $\{\varphi_j\}_{j\in\mathbb{J}}$ ein Element – zum Beispiel $\varphi_i$ – gelöscht wird [53]? Diese Frage beantwortet

**Lemma 5.5.** *Es sei $\{\varphi_j\}_{j\in\mathbb{J}}$ ein Rahmen in einem* HILBERT-*Raum $\mathcal{H}$. Die Wegnahme eines Elements $\varphi_i$ führt zu einer der beiden Alternativen*

*i)*    $\{\varphi_j\}_{j\neq i}$ *ist ein Rahmen oder*
*ii)*   $\{\varphi_j\}_{j\neq i}$ *ist unvollständig.*

Dieses Lemma legt die folgende Definition nahe.

**Definition 5.6.** *Ein Rahmen $\{\varphi_j\}_{j\in\mathbb{J}}$ in einem* HILBERT-*Raum $\mathcal{H}$, der nach Wegnahme eines beliebigen Elements $\varphi_i$ kein Rahmen mehr ist, heißt exakt.*

Hiermit ergibt sich eine Verbindung zu den bereits vorgestellten RIESZ-Basen.

**Theorem 5.7.** *Die Signalfolge $\{\varphi_j\}_{j\in\mathbb{J}}$ ist eine* RIESZ-*Basis in einem* HILBERT-*Raum $\mathcal{H}$ genau dann, wenn $\{\varphi_j\}_{j\in\mathbb{J}}$ ein exakter Rahmen ist.*

Wir können somit Rahmen als Verallgemeinerung von RIESZ-Basen auffassen. Insbesondere gilt

**Lemma 5.8.** *Es sei* $\{\varphi_j\}_{j\in\mathbb{J}}$ *ein exakter Rahmen in dem* HILBERT-*Raum* $\mathcal{H}$. *Dann gilt für die Rahmengrenzen*

$$A \leq 1 \leq B \ .$$

Insbesondere gilt somit, dass für einen Rahmen $\{\varphi_j\}_{j\in\mathbb{J}}$ mit linear unabhängigen Signalen $\varphi_j$ die Rahmengrenzen die Ungleichungskette $A \leq 1 \leq B$ erfüllen. Nachdem wir einige Spezialfälle für Rahmen betrachtet und eine Verknüpfung zu den bereits während unseres Ausflugs in die Funktionalanalysis kennen gelernten Basis-Klassen wie Orthonormalbasis oder RIESZ-Basis hergestellt haben, wenden wir uns nun dem Problem der Signalrekonstruktion für nicht notwendigerweise enge Rahmen zu.

## 5.2 Rahmenoperator

Um die vielfältigen Werkzeuge der Funktionalanalysis zur Untersuchung von Rahmen zur Verfügung zu haben, fassen wir die Abbildung $f \mapsto \{\langle f, \varphi_j\rangle_\mathcal{H}\}_{j\in\mathbb{J}}$ als so genannten *Rahmenoperator* gemäß der nachfolgenden Definition auf. Hierbei bezeichnet

$$\ell^2(\mathbb{J}) \overset{\triangle}{=} \left\{ c = \{c_j\}_{j\in\mathbb{J}} \,\Big|\, \sum_{j\in\mathbb{J}} |c_j|^2 < \infty \right\} \tag{5.1}$$

die Menge der quadratisch summierbaren Koeffizientenfolgen $c = \{c_j\}_{j\in\mathbb{J}}$ mit endlicher Energie $\sum_{j\in\mathbb{J}} |c_j|^2 < \infty$. Für die Indexmengen $\mathbb{J} = \mathbb{N}$ und $\mathbb{J} = \mathbb{Z}$ ergeben sich die bereits bekannten HILBERTschen Folgenräume $\ell^2(\mathbb{N})$ beziehungsweise $\ell^2(\mathbb{Z})$. Das zugehörige Skalarprodukt zweier Koeffizientenfolgen $c = \{c_j\}_{j\in\mathbb{J}}$ und $d = \{d_j\}_{j\in\mathbb{J}}$ im HILBERT-Raum $\ell^2(\mathbb{J})$ lautet

$$\langle c, d\rangle_{\ell^2(\mathbb{J})} \overset{\triangle}{=} \sum_{j\in\mathbb{J}} c_j \cdot \overline{d_j} \tag{5.2}$$

mit der induzierten Norm

$$\|c\|_{\ell^2(\mathbb{J})} = \sqrt{\langle c, c\rangle_{\ell^2(\mathbb{J})}} = \sqrt{\sum_{j\in\mathbb{J}} |c_j|^2} \ . \tag{5.3}$$

**Definition 5.9.** *Es sei* $\{\varphi_j\}_{j\in\mathbb{J}}$ *ein Rahmen in dem* HILBERT-*Raum* $\mathcal{H}$. *Dann wird der Rahmenoperator*

$$F : \mathcal{H} \to \ell^2(\mathbb{J})$$

*definiert durch die Abbildung*

$$f \mapsto \{\langle f, \varphi_j\rangle_\mathcal{H}\}_{j\in\mathbb{J}}$$

*beziehungsweise*

$$(Ff)_j \overset{\triangle}{=} \langle f, \varphi_j\rangle_\mathcal{H} \ .$$

Aufgrund der in Definition 5.2 auf Seite 184 angegebenen Ungleichungskette $A \cdot \|f\|_{\mathcal{H}}^2 \leq \sum_{j \in \mathbb{J}} |\langle f, \varphi_j \rangle_{\mathcal{H}}|^2 \leq B \cdot \|f\|_{\mathcal{H}}^2$ ist der Rahmenoperator injektiv. Seine Restriktion auf den Bildraum $F(\mathcal{H})$ ist somit invertierbar. Die Adjungierte $F^* : \ell^2(\mathbb{J}) \to \mathcal{H}$ des Rahmenoperators $F$ kann aus der Bestimmungsgleichung

$$\langle Ff, c \rangle_{\ell^2(\mathbb{J})} = \langle f, F^*c \rangle_{\mathcal{H}} \tag{5.4}$$

im HILBERT-Raum $\ell^2(\mathbb{J})$ bestimmt werden. Es gilt mit $f \in \mathcal{H}$ und $c \in \ell^2(\mathbb{J})$

$$\begin{aligned}
\langle Ff, c \rangle_{\ell^2(\mathbb{J})} &= \sum_{j \in \mathbb{J}} (Ff)_j \cdot \overline{c_j} \\
&= \sum_{j \in \mathbb{J}} \langle f, \varphi_j \rangle_{\mathcal{H}} \cdot \overline{c_j} \\
&= \left\langle f, \sum_{j \in \mathbb{J}} c_j \cdot \varphi_j \right\rangle_{\mathcal{H}} \\
&\overset{!}{=} \langle f, F^*c \rangle_{\mathcal{H}} \; ,
\end{aligned}$$

das heißt die Adjungierte des Rahmenoperators $F$ ergibt sich aus dem

**Lemma 5.10.** *Es sei $\{\varphi_j\}_{j \in \mathbb{J}}$ ein Rahmen in dem HILBERT-Raum $\mathcal{H}$. Dann ergibt sich die Adjungierte*

$$F^* : \ell^2(\mathbb{J}) \to \mathcal{H}$$

*des Rahmenoperators $F : \mathcal{H} \to \ell^2(\mathbb{J})$ aus*

$$F^*c = \sum_{j \in \mathbb{J}} c_j \cdot \varphi_j \; .$$

Wir kommen nun auf das eingangs gestellte Problem der Rekonstruktion eines Signals $f \in \mathcal{H}$ aus der bekannten Koeffizientenfolge

$$\{c_j\}_{j \in \mathbb{J}} = Ff = \{\langle f, \varphi_j \rangle_{\mathcal{H}}\}_{j \in \mathbb{J}} \in \ell^2(\mathbb{J}) \; .$$

Wir nehmen ferner an, dass die Signalfamilie $\{\varphi_j\}_{j \in \mathbb{J}} \subseteq \mathcal{H}$ bekannt ist und die Rahmen-Bedingung mit den Rahmengrenzen $A$ und $B$ erfüllt. Mit diesen bekannten Informationen kann das Signal

$$g = F^*c = F^*Ff = \sum_{j \in \mathbb{J}} \langle f, \varphi_j \rangle_{\mathcal{H}} \cdot \varphi_j \tag{5.5}$$

bestimmt werden. Die Abbildung $f \mapsto g$ stellt einen Operator

$$T \overset{\triangle}{=} F^*F : \mathcal{H} \to \mathcal{H} \tag{5.6}$$

dar; die Rekonstruktion des Signals $f$ aus der Koeffizientenfolge $\{c_j\}_{j \in \mathbb{J}}$ beziehungsweise dem daraus abgeleiteten Signal $g = Tf = F^*Ff$ ist genau dann erfolgreich, wenn der Operator $T = F^*F$ invertierbar ist. Das bei der Diskussion der NEUMANNschen Reihe gefundene Theorem 2.96 auf Seite 69 gibt uns nun eine hinreichende Bedingung für die Existenz des inversen Operators $T^{-1} = (F^*F)^{-1}$ an. Der Operator $T = F^*F$ ist invertierbar wenn

$$\|Id - F^*F\| < 1 \tag{5.7}$$

gilt. Wir wollen daher nun den Operator $T = F^*F$ einer genaueren Untersuchung unterziehen. Es gilt mit der Definition der Adjungierten $F^*$ sowie unter Verwendung von $(F^*)^* = F$

$$\langle F^*Ff, f \rangle_{\mathcal{H}} = \langle Ff, Ff \rangle_{\ell^2(\mathbb{J})} = \|Ff\|_{\ell^2(\mathbb{J})}^2 = \sum_{j \in \mathbb{J}} |\langle f, \varphi_j \rangle_{\mathcal{H}}|^2 \; ,$$

das heißt die Rahmen-Bedingung aus Definition 5.1 auf Seite 182 kann geschrieben werden als

$$A \cdot \|f\|_{\mathcal{H}}^2 \leq \langle F^*Ff, f \rangle_{\mathcal{H}} = \|Ff\|_{\ell^2(\mathbb{J})}^2 \leq B \cdot \|f\|_{\mathcal{H}}^2 \; . \tag{5.8}$$

Der Operator $T = F^*F$ ist ferner symmetrisch – also $T^* = T$ und wegen

$$\langle F^*Ff, f \rangle_{\mathcal{H}} \geq 0$$

gemäß Definition 2.78 auf Seite 55 positiv. Mit der Konvention, dass die Schreibweise $S < T$, $S \leq T$, $S \geq T$ oder $S > T$ für symmetrische Operatoren $S$ und $T$ auf dem HILBERT-Raum $\mathcal{H}$ bedeutet, dass für alle $f \in \mathcal{H}$ die Ungleichung $\langle Sf, f \rangle_{\mathcal{H}} < \langle Tf, f \rangle_{\mathcal{H}}$, $\langle Sf, f \rangle_{\mathcal{H}} \leq \langle Tf, f \rangle_{\mathcal{H}}$, $\langle Sf, f \rangle_{\mathcal{H}} \geq \langle Tf, f \rangle_{\mathcal{H}}$ beziehungsweise $\langle Sf, f \rangle_{\mathcal{H}} > \langle Tf, f \rangle_{\mathcal{H}}$ gilt, ergibt sich die in dem folgenden Lemma angegebene Kurzform.

**Lemma 5.11.** *Es sei $\{\varphi_j\}_{j \in \mathbb{J}}$ ein Rahmen in dem HILBERT-Raum $\mathcal{H}$ mit den Rahmengrenzen $A$ und $B$. Ferner sei $F$ der zugehörige Rahmenoperator mit der Adjungierten $F^*$. Dann gilt*

$$A \cdot Id \leq F^*F \leq B \cdot Id \; .$$

Bei der Diskussion der NEUMANNschen Reihe haben wir in Theorem 2.96 auf Seite 69 die hinreichende Bedingung

$$\|Id - T\| < 1$$

für die Existenz des inversen Operators $T^{-1}$ kennen gelernt. Mit Lemma 5.11 gilt wegen der Linearität des Skalarprodukts bezüglich der ersten Komponente in der gerade eingeführten Kurzschreibweise

$$\begin{aligned}
& A \cdot Id \leq F^*F \leq B \cdot Id \\
\Leftrightarrow \quad & B^{-1} \cdot A \cdot Id \leq B^{-1} \cdot F^*F \leq Id \\
\Leftrightarrow \quad & -Id \leq -B^{-1} \cdot F^*F \leq -B^{-1} \cdot A \cdot Id \\
\Leftrightarrow \quad & O \leq Id - B^{-1} \cdot F^*F \leq Id - B^{-1} \cdot A \cdot Id \; .
\end{aligned}$$

Bei dieser Rechnung wurde beachtet, dass der Identitätsoperator $Id$ und der Nulloperator $O$ symmetrisch sind und die Summe beziehungsweise Differenz zweier symmetrischer Operatoren sowie die Multiplikation eines symmetrischen Operators mit einer reellen Zahl die Symmetrie nicht beeinflusst. Es gilt somit

$$O \leq Id - B^{-1} \cdot F^*F \leq \left(1 - \frac{A}{B}\right) \cdot Id \ , \tag{5.9}$$

beziehungsweise in ausführlicher Schreibweise

$$0 \leq \left\langle \left(Id - B^{-1} \cdot F^*F\right) f, f \right\rangle_{\mathcal{H}} \leq \left\langle \left(1 - \frac{A}{B}\right) \cdot f, f \right\rangle_{\mathcal{H}}$$

$$\Leftrightarrow \quad 0 \leq \left\langle \left(Id - B^{-1} \cdot F^*F\right) f, f \right\rangle_{\mathcal{H}} \leq \left(1 - \frac{A}{B}\right) \cdot \langle f, f \rangle_{\mathcal{H}}$$

$$\Leftrightarrow \quad 0 \leq \left\langle \left(Id - B^{-1} \cdot F^*F\right) f, f \right\rangle_{\mathcal{H}} \leq \left(1 - \frac{A}{B}\right) \cdot \|f\|_{\mathcal{H}}^2 \ .$$

Die Norm eines symmetrischen Operators $T$ kann gemäß Lemma 2.79 auf Seite 55 bestimmt werden aus

$$\|T\| = \sup_{\|f\|_{\mathcal{H}}=1} \left| \langle Tf, f \rangle_{\mathcal{H}} \right| \ ;$$

daraus folgt für den symmetrischen Operator $Id - B^{-1} \cdot F^*F$ mit $0 < A \leq B < \infty$

$$\left\| Id - B^{-1} \cdot F^*F \right\| \leq \left(1 - \frac{A}{B}\right) < 1 \ . \tag{5.10}$$

Entsprechend Theorem 2.96 auf Seite 69 ist der Operator $B^{-1} \cdot F^*F$ und damit für $B < \infty$ auch der Operator $T = F^*F$ invertierbar. Dieses sehr wichtige Ergebnis halten wir in einem Theorem fest.

**Theorem 5.12.** *Es sei $\{\varphi_j\}_{j \in \mathbb{J}}$ ein Rahmen in dem* HILBERT-*Raum $\mathcal{H}$ mit den Rahmengrenzen $0 < A \leq B < \infty$. Ferner sei $F$ der zugehörige Rahmenoperator mit der Adjungierten $F^*$. Dann existiert zu dem Operator $F^*F$ der inverse Operator $(F^*F)^{-1}$.*

Hiermit haben wir gezeigt, dass das eingangs gestellte Problem der Rekonstruktion eines Signals $f \in \mathcal{H}$ aus der bekannten Koeffizientenfolge oder Momentenfolge

$$\{c_j\}_{j \in \mathbb{J}} = \{\langle f, \varphi_j \rangle_{\mathcal{H}}\}_{j \in \mathbb{J}} \in \ell^2(\mathbb{J})$$

durch die Invertierung des Operators $F^*F$ lösbar ist. Uns fehlt nun noch ein geeigneter Algorithmus zur Invertierung und somit zur Rekonstruktion des Signals $f$. Hierauf kommen wir im nächsten Abschnitt zurück. Zunächst leiten wir jedoch noch einige weitere Eigenschaften des Rahmenoperators $F$ ab.

**Lemma 5.13.** *Es sei* $\{\varphi_j\}_{j\in\mathbb{J}}$ *ein Rahmen in dem* HILBERT*-Raum* $\mathcal{H}$ *mit den Rahmengrenzen* $0 < A \leq B < \infty$ *und* $F$ *der zugehörige Rahmenoperator mit der Adjungierten* $F^*$. *Dann gilt für den inversen Operator*

$$B^{-1} \cdot Id \leq (F^*F)^{-1} \leq A^{-1} \cdot Id \ .$$

Mit einer ähnlichen Rechnung ergibt sich aus Gleichung 5.8 unter Berücksichtigung der Symmetrie von $F^*F$ und damit von

$$\|F^*F\| = \sup_{\|f\|_{\mathcal{H}}=1} \left| \langle F^*Ff, f \rangle_{\mathcal{H}} \right|$$

die folgende Abschätzung der Operatornorm von $F^*F$.

**Lemma 5.14.** *Es sei* $\{\varphi_j\}_{j\in\mathbb{J}}$ *ein Rahmen in dem* HILBERT*-Raum* $\mathcal{H}$ *mit den Rahmengrenzen* $A$ *und* $B$. *Ferner sei* $F$ *der zugehörige Rahmenoperator mit der Adjungierten* $F^*$. *Für den Operator* $F^*F$ *gilt*

$$A \leq \|F^*F\| \leq B \ .$$

Mit

$$A \leq \|F^*F\| \leq \|F^*\| \cdot \|F\| = \|F\|^2$$

und der aus Gleichung 5.8 folgenden Abschätzung

$$\|F\| = \sup_{f\in\mathcal{H}\setminus\{0\}} \frac{\|Ff\|_{\ell^2(\mathbb{J})}}{\|f\|_{\mathcal{H}}} \leq \sqrt{B}$$

gilt des Weiteren für die Operatornorm $\|F\|$ das

**Lemma 5.15.** *Es sei* $\{\varphi_j\}_{j\in\mathbb{J}}$ *ein Rahmen in dem* HILBERT*-Raum* $\mathcal{H}$ *mit den Rahmengrenzen* $0 < A \leq B < \infty$. *Für die Norm des zugehörigen Rahmenoperators* $F$ *gilt*

$$\sqrt{A} \leq \|F\| \leq \sqrt{B} \ .$$

Aufgrund der Beziehung $\|F^*\| = \|F\|$ gilt entsprechend für die Adjungierte $F^*$ des Rahmenoperators ebenso

$$\sqrt{A} \leq \|F^*\| \leq \sqrt{B} \ .$$

## 5.3 Invertierung des Rahmenoperators

Mit Theorem 5.12 haben wir für den Rahmen $\{\varphi_j\}_{j\in\mathbb{J}}$ in dem HILBERT-Raum $\mathcal{H}$ mit

$$F^*F : \mathcal{H} \to \mathcal{H}, \quad F^*Ff \stackrel{\triangle}{=} \sum_{j\in\mathbb{J}} \langle f, \varphi_j \rangle_{\mathcal{H}} \cdot \varphi_j \tag{5.11}$$

die Existenz des inversen Rahmenoperators $(F^*F)^{-1}$ nachgewiesen. Mit dem inversen Operator $(F^*F)^{-1}$ können wir das Problem der Rekonstruktion des Signals $f \in \mathcal{H}$ aus der bekannten Koeffizientenfolge oder Momentenfolge

$$\{c_j\}_{j\in\mathbb{J}} = \{\langle f, \varphi_j\rangle_{\mathcal{H}}\}_{j\in\mathbb{J}} \in \ell^2(\mathbb{J})$$

lösen. In diesem Abschnitt werden wir uns mit geeigneten Algorithmen zur Invertierung des Operators $F^*F$ und damit zur Rekonstruktion des Signals $f$ befassen.

### 5.3.1 Rahmenalgorithmus

Bei der Herleitung des Theorems 5.12 haben wir von der hinreichenden Bedingung

$$\|Id - T\| < 1$$

Gebrauch gemacht, die der Diskussion der NEUMANNschen Reihe zur Berechnung des inversen Operators $T^{-1}$ entnommen wurde. Es liegt nahe, die NEUMANNsche Reihe aus Theorem 2.96 auf Seite 69 nun auch zur Rekonstruktion des Signals $f$ aus dem Signal

$$g \stackrel{\triangle}{=} F^*c = \sum_{j\in\mathbb{J}} c_j \cdot \varphi_j \ , \tag{5.12}$$

welches bei Kenntnis der Koeffizientenfolge $\{c_j\}_{j\in\mathbb{J}} = \{\langle f, \varphi_j\rangle_{\mathcal{H}}\}_{j\in\mathbb{J}} \in \ell^2(\mathbb{J})$ sowie natürlich des Rahmens $\{\varphi_j\}_{j\in\mathbb{J}}$ als bekannt vorausgesetzt werden kann, zu verwenden. Die Rekonstruktion von $f$ entspricht wegen $g = F^*Ff$ der Berechnung von

$$f = (F^*F)^{-1}g \ .$$

In Gleichung 5.10 hatten wir anstelle der Operatornorm $\|Id - F^*F\|$ die Operatornorm $\|Id - B^{-1} \cdot F^*F\|$ mit dem zusätzlichen Faktor $B^{-1}$ abgeschätzt. Obwohl wir hierdurch zeigen konnten, dass der inverse Operator $(F^*F)^{-1}$ existiert – denn mit $B^{-1} \cdot F^*F$ ist auch $F^*F$ invertierbar – , so sind wir für die Anwendung des von der NEUMANNschen Reihe abgeleiteten Iterationsverfahrens in Gleichung 2.91 auf Seite 70 auf die Bedingung $\|Id - T\| < 1$ des zu invertierenden Operators $T$ angewiesen.[2] Somit ist die Konvergenz der Iteration in Gleichung 2.91 für den Operator $F^*F$ nicht garantiert, wohl aber für $B^{-1} \cdot F^*F$. Nun erscheint der Faktor $B^{-1}$ etwas willkürlich.[3] Aus diesem Grund betrachten wir die in Lemma 5.11 auf Seite 188 angegebene Ungleichungskette in der eingeführten Kurzschreibweise

$$A \cdot Id \leq F^*F \leq B \cdot Id$$

genauer und bemerken, dass durch diese Schachtelung $F^*F$ durch das arithmetische Mittel der unteren und oberen Grenze approximiert werden kann

---

[2] Diese Bedingung $\|Id - T\| < 1$ ist zwar lediglich hinreichend für die Existenz des inversen Operators; sie ist jedoch notwendig für die Konvergenz der NEUMANNschen Reihe für beliebige rechte Seiten $g$ der Gleichung $Tf = g$.

[3] So ganz willkürlich ist der Faktor $B^{-1}$ nun doch nicht; dies werden wir in Kürze sehen.

$$F^*F \approx \frac{A+B}{2} \cdot Id \ ,$$

beziehungsweise

$$\frac{2}{A+B} \cdot F^*F \approx Id \ .$$

Durch die Einführung eines „Fehleroperators" oder „Restoperators" $R$ schreiben wir exakter

$$\frac{2}{A+B} \cdot F^*F + R = Id$$

$$\Leftrightarrow \quad R = Id - \frac{2}{A+B} \cdot F^*F \ .$$

Die Operatornorm dieses „Fehleroperators" kann folgendermaßen unter Verwendung der eingeführten Kurzschreibweise abgeschätzt werden.

$$A \cdot Id \leq F^*F \leq B \cdot Id$$

$$\Leftrightarrow \quad \frac{2A}{A+B} \cdot Id \leq \frac{2}{A+B} \cdot F^*F \leq \frac{2B}{A+B} \cdot Id$$

$$\Leftrightarrow \quad -\frac{2B}{A+B} \cdot Id \leq -\frac{2}{A+B} \cdot F^*F \leq -\frac{2A}{A+B} \cdot Id$$

$$\Leftrightarrow \quad Id - \frac{2B}{A+B} \cdot Id \leq \underbrace{Id - \frac{2}{A+B} \cdot F^*F}_{=R} \leq Id - \frac{2A}{A+B} \cdot Id$$

$$\Leftrightarrow \quad -\frac{B-A}{B+A} \cdot Id \leq R \leq \frac{B-A}{B+A} \cdot Id$$

Ausführlich geschrieben gilt

$$-\frac{B-A}{B+A} \cdot \|f\|_{\mathcal{H}}^2 \leq \langle Rf, f \rangle_{\mathcal{H}} \leq \frac{B-A}{B+A} \cdot \|f\|_{\mathcal{H}}^2 \ ,$$

beziehungsweise noch ausführlicher

$$-\frac{B-A}{B+A} \cdot \|f\|_{\mathcal{H}}^2 \leq \left\langle \left( Id - \frac{2}{A+B} \cdot F^*F \right) f, f \right\rangle_{\mathcal{H}} \leq \frac{B-A}{B+A} \cdot \|f\|_{\mathcal{H}}^2 \ .$$

Wie leicht nachgeprüft werden kann, ist $R$ selbst-adjungiert beziehungsweise symmetrisch; für die Operatornorm gilt entsprechend Lemma 2.79 auf Seite 55 mit den Rahmengrenzen $0 < A \leq B < \infty$

$$\|R\| = \sup_{\|f\|_{\mathcal{H}}=1} |\langle Rf, f \rangle_{\mathcal{H}}| \leq \frac{B-A}{B+A} < 1$$

und damit

$$\left\| Id - \frac{2}{A+B} \cdot F^*F \right\| \leq \frac{B-A}{B+A} < 1 \ .$$

Wird nun der Operator $T = Id - R$ oder genauer

$$T \stackrel{\triangle}{=} \frac{2}{A+B} \cdot F^*F : \mathcal{H} \to \mathcal{H}, \quad Tf \stackrel{\triangle}{=} \frac{2}{A+B} \cdot \sum_{j \in \mathbb{J}} \langle f, \varphi_j \rangle_{\mathcal{H}} \cdot \varphi_j \qquad (5.13)$$

definiert, so erfüllt dieser Operator die für die Konvergenz der NEUMANNschen Reihe notwendige Bedingung $\|Id - T\| < 1$. Der gemäß Gleichung 2.91 auf Seite 70 mit $g = Tf$ formulierte Iterationsalgorithmus

$$f_n = (Id - T)f_{n-1} + g = f_{n-1} + T(f - f_{n-1})$$

$$\Leftrightarrow \quad f_n = f_{n-1} + \frac{2}{A+B} \cdot F^*F(f - f_{n-1})$$

mit der Initialisierung $f_0 = 0$ konvergiert für $n \to \infty$ gegen das gesuchte Signal $f$. Hieraus folgt der so genannte *Rahmenalgorithmus (frame algorithm)*

$$f_n = f_{n-1} + \frac{2}{A+B} \cdot \sum_{j \in \mathbb{J}} \left( \langle f, \varphi_j \rangle_{\mathcal{H}} - \langle f_{n-1}, \varphi_j \rangle_{\mathcal{H}} \right) \cdot \varphi_j \ ; \qquad (5.14)$$

dieser entspricht für einen endlich-dimensionalen HILBERT-Raum dem so genannten extrapolierten RICHARDSON-Algorithmus [10, 32]. Die Abschätzung der Fehlernorm entsprechend Gleichung 2.92 auf Seite 71 lautet

$$\frac{\|f_n - f\|_{\mathcal{H}}}{\|f\|_{\mathcal{H}}} \le \|Id - T\|^{n+1} = \|R\|^{n+1} \le \left( \frac{B-A}{B+A} \right)^{n+1} \ .$$

Fordern wir, dass die relative Fehlernorm eine Schranke $\varepsilon$ unterschreitet

$$\frac{\|f_n - f\|_{\mathcal{H}}}{\|f\|_{\mathcal{H}}} \stackrel{!}{\le} \varepsilon \ ,$$

so erhalten wir mit

$$\|R\|^{n+1} \le \left( \frac{B-A}{B+A} \right)^{n+1} \stackrel{!}{\le} \varepsilon$$

die hinreichende Iterationsschrittzahl [4]

$$n \ge \left\lfloor \frac{\log(\varepsilon)}{\log\left( \frac{B-A}{B+A} \right)} \right\rfloor \ . \qquad (5.15)$$

Für die Rekonstruktion des Signals $f$ aus der Koeffizientenfolge $\{c_j\}_{j \in \mathbb{J}} = \{\langle f, \varphi_j \rangle_{\mathcal{H}}\}_{j \in \mathbb{J}} \in \ell^2(\mathbb{J})$ folgt zusammengefasst der

---

[4] $\lfloor \xi \rfloor$ bezeichnet wieder die größte ganze Zahl, die kleiner oder gleich $\xi$ ist.

**Algorithmus 5.1** *Es sei $\{\varphi_j\}_{j\in\mathbb{J}}$ ein Rahmen in dem* HILBERT-*Raum $\mathcal{H}$ mit den Rahmengrenzen $0 < A \leq B < \infty$. Das Signal $f \in \mathcal{H}$ kann aus der Koeffizientenfolge*

$$\{c_j\}_{j\in\mathbb{J}} = \{\langle f, \varphi_j\rangle_{\mathcal{H}}\}_{j\in\mathbb{J}} \in \ell^2(\mathbb{J})$$

*rekursiv mit der Initialisierung $f_0 = 0$ und der Iteration*

$$f_n = f_{n-1} + \frac{2}{A+B} \cdot \sum_{j\in\mathbb{J}} (c_j - \langle f_{n-1}, \varphi_j\rangle_{\mathcal{H}}) \cdot \varphi_j$$

*gewonnen werden. Die Konvergenz ist exponentiell entsprechend*

$$\frac{\|f_n - f\|_{\mathcal{H}}}{\|f\|_{\mathcal{H}}} \leq \left(\frac{B-A}{B+A}\right)^{n+1}.$$

Mit diesem Algorithmus haben wir den gesuchten Algorithmus

$$\{c_j\}_{j\in\mathbb{J}} = \{\langle f, \varphi_j\rangle_{\mathcal{H}}\}_{j\in\mathbb{J}} \mapsto f$$

zur Rekonstruktion des Signal $f$ aus der Koeffizientenfolge $\{c_j\}_{j\in\mathbb{J}}$ gefunden. Dieser Algorithmus wurde bereits von DUFFIN und SCHAEFFER in [11] angegeben. Abbildung 5.3 veranschaulicht den Rahmenalgorithmus mit $\lambda = 2/(A+B)$.

### 5.3.2 Relaxierter Rahmenalgorithmus

Im letzten Abschnitt wurde der in Algorithmus 5.1 angegebene Rahmenalgorithmus ausgehend von der intuitiven Idee hergeleitet, dass der Operator $\frac{2}{A+B} \cdot F^*F$ den Identitätsoperator $Id$ approximiert. Die Konvergenz ist durch den eingeführten Faktor $\frac{2}{A+B}$ gegenüber der Verwendung des ursprünglichen Faktors $B^{-1}$ in Gleichung 5.10 auf Seite 189 beschleunigt worden, da

$$\frac{B-A}{B+A} < 1 - \frac{A}{B},$$

wir wissen aber immer noch nicht, ob dieser Faktor $\frac{2}{A+B}$ optimal im Sinne einer maximalen Konvergenzgeschwindigkeit – oder bei fester Iterationsschrittzahl $n$ minimaler Fehlernorm – ist. Des Weiteren sind in vielen praktischen Situationen, wie wir später leider sehen werden, die Rahmengrenzen $A$ und $B$ nicht bekannt oder nur sehr grob abschätzbar. Da die Operatornorm $\|Id - T\|$ entsprechend der Gleichung 2.92 auf Seite 71 wesentlich für die Konvergenz des Rekursionsverfahrens ist – und wir in der digitalen Signalverarbeitung an numerisch effizienten Algorithmen interessiert sind – , führen wir daher einen *Relaxationsparameter* $\lambda \in \mathbb{R}$ mit $\lambda > 0$ ein und betrachten nun anstelle des Operators $\frac{2}{A+B} \cdot F^*F$ den Operator

$$\boxed{T \stackrel{\triangle}{=} \lambda \cdot F^*F : \mathcal{H} \to \mathcal{H}, \quad Tf \stackrel{\triangle}{=} \lambda \cdot \sum_{j\in\mathbb{J}} \langle f, \varphi_j\rangle_{\mathcal{H}} \cdot \varphi_j.} \tag{5.16}$$

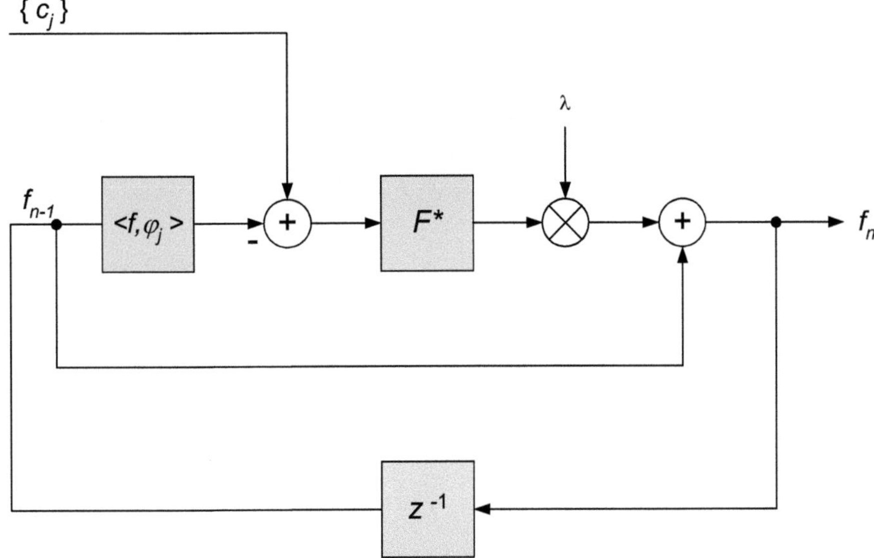


**Abb. 5.3.** Der Rahmenalgorithmus zur iterativen Berechnung des Signals $f \in \mathcal{H}$ in dem HILBERT-Raum $\mathcal{H}$ aus der Momentenfolge $\{c_j\}_{j\in\mathbb{J}} = \{\langle f,\varphi_j\rangle_{\mathcal{H}}\}_{j\in\mathbb{J}} \in \ell^2(\mathbb{J})$. $z^{-1}$ kennzeichnet hier die Verzögerung bezüglich einer Iteration in dem iterativen Rahmenalgorithmus.

Unser Hintergedanke hierbei ist entsprechend der obigen Diskussion durch optimale Wahl des Relaxationsparameters $\lambda$ die Konvergenzgeschwindigkeit zu maximieren sowie bei Unkenntnis der Rahmengrenzen $A$ und $B$ die Konvergenz des Iterationsverfahrens beeinflussen zu können. In unserer Kurzschreibweise erhalten wir

$$A \cdot Id \leq F^*F \leq B \cdot Id$$
$$\Leftrightarrow \quad \lambda \cdot A \cdot Id \leq \lambda \cdot F^*F \leq \lambda \cdot B \cdot Id$$
$$\Leftrightarrow \quad -\lambda \cdot B \cdot Id \leq -\lambda \cdot F^*F \leq -\lambda \cdot A \cdot Id$$
$$\Leftrightarrow \quad Id - \lambda \cdot B \cdot Id \leq Id - \lambda \cdot F^*F \leq Id - \lambda \cdot A \cdot Id$$
$$\Leftrightarrow \quad (1 - \lambda \cdot B) \cdot Id \leq Id - \lambda \cdot F^*F \leq (1 - \lambda \cdot A) \cdot Id \ .$$

Ausführlich geschrieben gilt wiederum

$$(1 - \lambda \cdot B) \cdot \|f\|_{\mathcal{H}}^2 \leq \langle (Id - \lambda \cdot F^*F)f, f\rangle_{\mathcal{H}} \leq (1 - \lambda \cdot A) \cdot \|f\|_{\mathcal{H}}^2 \ .$$

Der Operator $Id - T = Id - \lambda \cdot F^*F$ ist wieder selbst-adjungiert beziehungsweise symmetrisch; für die Operatornorm gilt mit Lemma 2.79 auf Seite 55

$$\|Id - T\| = \sup_{\|f\|_{\mathcal{H}}=1} \left|\langle (Id - T)f, f\rangle_{\mathcal{H}}\right| \leq \max\{|1 - \lambda \cdot A|, |1 - \lambda \cdot B|\}$$

und damit

$$\|Id - \lambda \cdot F^*F\| \leq \gamma(\lambda) \stackrel{\triangle}{=} \max\left\{|1 - \lambda \cdot A|, |1 - \lambda \cdot B|\right\} \stackrel{!}{<} 1 \ .$$

Unter der Bedingung $\gamma(\lambda) \stackrel{!}{<} 1$ konvergiert der Iterationsalgorithmus

$$\begin{aligned} f_n &= (Id - T)f_{n-1} + g = f_{n-1} + T(f - f_{n-1}) \\ &\Leftrightarrow \quad f_n = f_{n-1} + \lambda \cdot F^*F(f - f_{n-1}) \end{aligned}$$

beziehungsweise

$$\boxed{f_n = f_{n-1} + \lambda \cdot \sum_{j \in \mathbb{J}} \left(\langle f, \varphi_j \rangle_{\mathcal{H}} - \langle f_{n-1}, \varphi_j \rangle_{\mathcal{H}}\right) \cdot \varphi_j} \qquad (5.17)$$

mit der Initialisierung $f_0 = 0$ für $n \to \infty$ gegen das gesuchte Signal $f$. Die Abschätzung der Fehlernorm gemäß Gleichung 2.92 auf Seite 71 lautet hier

$$\frac{\|f_n - f\|_{\mathcal{H}}}{\|f\|_{\mathcal{H}}} \leq \|Id - T\|^{n+1} \leq \gamma^{n+1}(\lambda) \ .$$

Fordern wir erneut, dass die relative Fehlernorm eine Schranke $\varepsilon$ unterschreitet

$$\frac{\|f_n - f\|_{\mathcal{H}}}{\|f\|_{\mathcal{H}}} \stackrel{!}{\leq} \varepsilon \ ,$$

so erhalten wir mit

$$\|Id - T\|^{n+1} \leq \gamma^{n+1}(\lambda) \stackrel{!}{\leq} \varepsilon$$

und $\gamma = \gamma(\lambda)$ die hinreichende Iterationsschrittzahl

$$\boxed{n \geq \left\lfloor \frac{\log(\varepsilon)}{\log(\gamma)} \right\rfloor} \ . \qquad (5.18)$$

Unter der Bedingung $\gamma(\lambda) \stackrel{!}{<} 1$ erhalten wir die Rekonstruktion des Signals $f$ aus der Koeffizientenfolge $\{c_j\}_{j \in \mathbb{J}} = \{\langle f, \varphi_j \rangle_{\mathcal{H}}\}_{j \in \mathbb{J}} \in \ell^2(\mathbb{J})$ durch den folgenden ebenfalls in Abbildung 5.3 veranschaulichten relaxierten Rahmenalgorithmus [32].

**Algorithmus 5.2** *Es sei $\{\varphi_j\}_{j \in \mathbb{J}}$ ein Rahmen in dem* HILBERT-*Raum $\mathcal{H}$ mit den Rahmengrenzen $0 < A \leq B < \infty$. Das Signal $f \in \mathcal{H}$ kann aus der Koeffizientenfolge*

$$\{c_j\}_{j \in \mathbb{J}} = \{\langle f, \varphi_j \rangle_{\mathcal{H}}\}_{j \in \mathbb{J}} \in \ell^2(\mathbb{J})$$

*rekursiv mit der Initialisierung $f_0 = 0$ und der Iteration*

$$f_n = f_{n-1} + \lambda \cdot \sum_{j \in \mathbb{J}} \left(c_j - \langle f_{n-1}, \varphi_j \rangle_{\mathcal{H}}\right) \cdot \varphi_j$$

*gewonnen werden, wenn*

$$\gamma(\lambda) \stackrel{\triangle}{=} \max\left\{|1 - \lambda \cdot A|, |1 - \lambda \cdot B|\right\} \stackrel{!}{<} 1$$

*ist. In diesem Fall ist die Konvergenz exponentiell entsprechend*

$$\frac{\|f_n - f\|_{\mathcal{H}}}{\|f\|_{\mathcal{H}}} \leq \gamma^{n+1}(\lambda) \ .$$

Der Konvergenzfaktor $\gamma(\lambda)$ ist in Abhängigkeit des Relaxationsfaktors $\lambda$ in Abbildung 5.4 dargestellt. Die Konvergenzgeschwindigkeit wird maximal bei

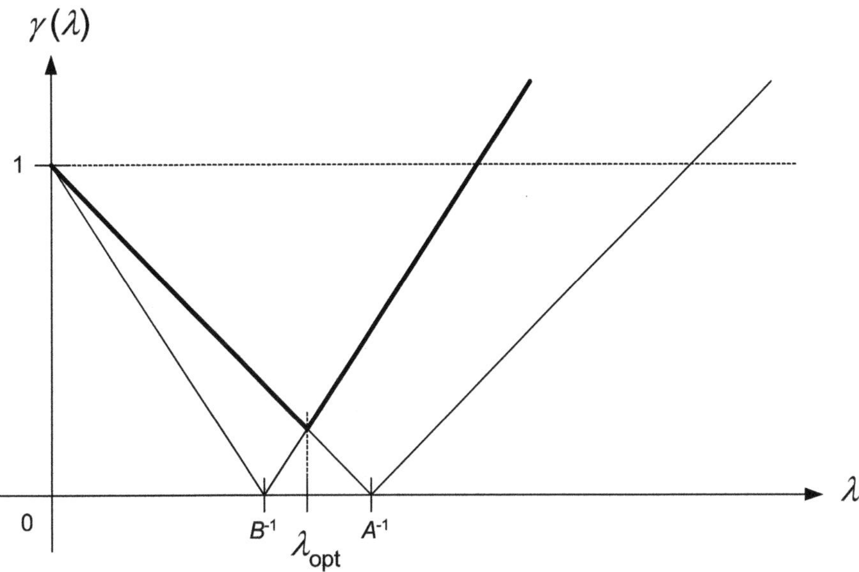


**Abb. 5.4.** Der Konvergenzfaktor $\gamma(\lambda) = \max\{|1 - \lambda \cdot A|, |1 - \lambda \cdot B|\}$ in Abhängigkeit des Relaxationsfaktors $\lambda$.

minimalem Konvergenzfaktor $\gamma(\lambda_{\text{opt}})$. Dieser ergibt sich aus der Bedingung

$$-1 + \lambda_{\text{opt}} \cdot A \stackrel{!}{=} 1 - \lambda_{\text{opt}} \cdot B$$

zu

$$\boxed{\lambda_{\text{opt}} = \frac{2}{A + B}} \ . \tag{5.19}$$

Unsere Intuition im letzten Abschnitt trog uns also nicht! Der Faktor $\lambda = \frac{2}{A+B}$ ist tatsächlich optimal im Sinne maximaler Konvergenzgeschwindigkeit. Ist lediglich die Rahmengrenze $B$ bekannt – sie ist tatsächlich oftmals einfacher abzuschätzen – , so garantiert die Wahl $\lambda = B^{-1}$ entsprechend Abbildung 5.4, dass der Konvergenzfaktor $\gamma(\lambda) < 1$ ist; also ist auch diese ursprüngliche Wahl so schlecht nicht. Im Allgemeinen sind allerdings die Rahmengrenzen

$A$ und $B$ nicht bekannt, so dass ein geeigneter Relaxationsparameter $\lambda$ unter Beachtung von $\gamma \overset{!}{<} 1$ experimentell bestimmt werden muss – ein zumindest unsicheres und aufwändiges Unterfangen. Die Kenntnis der Rahmengrenzen $A$ und $B$ eines Rahmens $\{\varphi_j\}_{j\in\mathbb{J}}$ stellt somit ein wichtiges „Gütemerkmal" eines Rahmens $\{\varphi_j\}_{j\in\mathbb{J}}$ beziehungsweise eines Rekonstruktionsalgorithmus dar.

### 5.3.3 Konjugierter Gradientenalgorithmus

Die in Gleichung 5.5 auf Seite 187 angegebene Abbildung

$$g = F^*Ff = \sum_{j\in\mathbb{J}} \langle f, \varphi_j\rangle_{\mathcal{H}} \cdot \varphi_j$$

stellt die Verallgemeinerung eines linearen Gleichungssystems in der linearen Algebra dar; ferner entspricht die Invertierung des Operator $F^*Ff$ gemäß

$$f = (F^*F)^{-1}g$$

der Lösung dieses linearen Gleichungssystems. Die lineare Algebra stellt eine Vielzahl von Beschleunigungsverfahren zur numerisch effizienten Lösung von Gleichungssystemen bereit. Ein weit verbreitetes Verfahren ist der so genannte *konjugierte Gradientenalgorithmus*. Dieses Verfahren werden wir in Anlehnung an [14] beispielhaft kurz angeben.

**Algorithmus 5.3** *Es sei* $\{\varphi_j\}_{j\in\mathbb{J}}$ *ein Rahmen in dem* HILBERT-*Raum* $\mathcal{H}$ *mit den Rahmengrenzen* $0 < A \leq B < \infty$ *sowie dem Rahmenoperator* $F$ *und der Adjungierten* $F^*$. *Das Signal* $f \in \mathcal{H}$ *kann aus der Koeffizientenfolge*

$$\{c_j\}_{j\in\mathbb{J}} = \{\langle f, \varphi_j\rangle_{\mathcal{H}}\}_{j\in\mathbb{J}} \in \ell^2(\mathbb{J})$$

*rekursiv mithilfe des konjugierten Gradientenalgorithmus bestimmt werden. Mit den Hilfssignalen* $p_n, q_n \in \mathcal{H}$ *geschieht die Initialisierung durch*

$$f_0 = 0 \quad und \quad p_0 = q_0 = F^*Ff \;;$$

*für* $n \geq 1$ *lauten die Iterationsschritte*

$$f_n = f_{n-1} + \frac{\langle p_{n-1}, q_{n-1}\rangle_{\mathcal{H}}}{\langle F^*Fq_{n-1}, q_{n-1}\rangle_{\mathcal{H}}} \cdot q_{n-1} \;,$$

$$p_n = p_{n-1} + \frac{\langle p_{n-1}, q_{n-1}\rangle_{\mathcal{H}}}{\langle F^*Fq_{n-1}, q_{n-1}\rangle_{\mathcal{H}}} \cdot F^*Fq_{n-1} \;,$$

$$q_n = p_n + \frac{\langle p_n, F^*Fq_{n-1}\rangle_{\mathcal{H}}}{\langle F^*Fq_{n-1}, q_{n-1}\rangle_{\mathcal{H}}} \cdot q_{n-1} \;.$$

*Die Konvergenz im Sinne der so genannten* $T = F^*F$-*Norm*

$$\|f\|_T \overset{\triangle}{=} \sqrt{\langle Tf, f\rangle_{\mathcal{H}}} = \sqrt{\langle F^*Ff, f\rangle_{\mathcal{H}}}$$

*ist exponentiell entsprechend*

$$\frac{\|f_n - f\|_T}{\|f\|_T} \leq \left(\frac{\sqrt{B} - \sqrt{A}}{\sqrt{B} + \sqrt{A}}\right)^{n+1} .$$

Mit der Forderung

$$\frac{\|f_n - f\|_T}{\|f\|_T} \overset{!}{\leq} \varepsilon ,$$

dass die relative Fehlernorm eine Schranke $\varepsilon$ unterschreitet, erhalten wir mit

$$\left(\frac{\sqrt{B} - \sqrt{A}}{\sqrt{B} + \sqrt{A}}\right)^{n+1} \overset{!}{\leq} \varepsilon$$

die hinreichende Iterationsschrittzahl

$$\boxed{n \geq \left\lfloor \frac{\log(\varepsilon)}{\log\left(\frac{\sqrt{B}-\sqrt{A}}{\sqrt{B}+\sqrt{A}}\right)} \right\rfloor} . \tag{5.20}$$

Wir wollen den konjugierten Gradientenalgorithmus in diesem Abschnitt nicht vertiefen; dies holen wir bei seiner später noch erfolgenden Anwendung auf die Rekonstruktion irregulär abgetasteter Signale nach.

Nachdem wir nun das Problem der stabilen Rekonstruktion eines Signals $f$ aus der Koeffizientenfolge $\{c_j\}_{j\in\mathbb{J}} = \{\langle f, \varphi_j\rangle_{\mathcal{H}}\}_{j\in\mathbb{J}} \in \ell^2(\mathbb{J})$ befriedigend mittels der Rahmentheorie durch den Nachweis der Existenz des inversen Operators $(F^*F)^{-1}$ sowie durch die Angabe geeigneter Rekonstruktionsalgorithmen gelöst haben stellen wir fest, dass wir noch keine explizite Signalrepräsentation von $f$ im Sinne einer Entwicklung nach Basissignalen haben. Diesen Mangel werden wir sogleich mithilfe des so genannten dualen Rahmens beheben.

## 5.4 Duale Rahmen

Wir stellen uns nun die Frage, welche Signale $f$ bei der Rekonstruktion mithilfe des Rahmenoperators $F$ beziehungsweise $F^*F$ erhalten werden, wenn

$$F^*Ff = \sum_{i\in\mathbb{J}} \langle f, \varphi_i\rangle_{\mathcal{H}} \cdot \varphi_i \overset{!}{=} \varphi_j$$

mit $j \in \mathbb{J}$ vorgegeben wird. Die auf diese Weise erhaltene Signalfamilie bildet den so genannten *dualen Rahmen*, den wir aufgrund der Existenz des inversen Operators $(F^*F)^{-1}$ folgendermaßen definieren können [10, 32].

**Definition 5.16.** *Es sei* $\{\varphi_j\}_{j\in\mathbb{J}}$ *ein Rahmen in dem* HILBERT-*Raum* $\mathcal{H}$ *und* $F$ *der zugehörige Rahmenoperator mit der Adjungierten* $F^*$. *Dann wird der duale Rahmen (dual frame)* $\{\widetilde{\varphi}_j\}_{j\in\mathbb{J}}$ *definiert durch*

$$\widetilde{\varphi}_j \overset{\triangle}{=} (F^*F)^{-1}\varphi_j .$$

Der duale Rahmen gehorcht somit der Beziehung

$$F^*F\widetilde{\varphi}_j = \varphi_j$$

$$\Leftrightarrow \quad \sum_{i\in\mathbb{J}} \langle\widetilde{\varphi}_j,\varphi_i\rangle_{\mathcal{H}} \cdot \varphi_i = \varphi_j \ . \tag{5.21}$$

Umgekehrt gilt

$$\varphi_j = F^*F\widetilde{\varphi}_j$$

für alle $j \in \mathbb{J}$. Der duale Rahmen $\{\widetilde{\varphi}_j\}_{j\in\mathbb{J}}$ ist – *nomen est omen* – ein Rahmen; er genügt der folgenden Rahmen-Ungleichung

$$B^{-1} \cdot \|f\|_{\mathcal{H}}^2 \leq \sum_{j\in\mathbb{J}} |\langle f,\widetilde{\varphi}_j\rangle_{\mathcal{H}}|^2 \leq A^{-1} \cdot \|f\|_{\mathcal{H}}^2 \ . \tag{5.22}$$

Hier bezeichnen $A$ und $B$ die Rahmengrenzen des Rahmens $\{\varphi_j\}_{j\in\mathbb{J}}$ sowie $\widetilde{A} = B^{-1}$ und $\widetilde{B} = A^{-1}$ die Rahmengrenzen des dualen Rahmens $\{\widetilde{\varphi}_j\}_{j\in\mathbb{J}}$. Für den Fall eines exakten Rahmens $\{\varphi_j\}_{j\in\mathbb{J}}$ – also einer RIESZ-Basis bestehend aus linear unabhängigen Basiselementen – sind der Rahmen $\{\varphi_j\}_{j\in\mathbb{J}}$ und der zugehörige duale Rahmen $\{\widetilde{\varphi}_j\}_{j\in\mathbb{J}}$ *biorthogonal* [10].

**Theorem 5.17.** *Es sei* $\{\varphi_j\}_{j\in\mathbb{J}}$ *ein exakter Rahmen in dem* HILBERT-*Raum* $\mathcal{H}$ *und* $\{\widetilde{\varphi}_j\}_{j\in\mathbb{J}}$ *der duale Rahmen. Dann gilt*

$$\langle\varphi_i,\widetilde{\varphi}_j\rangle_{\mathcal{H}} = \delta_{i,j} = \begin{cases} 1, & i = j \\ 0, & i \neq j \end{cases} \ ,$$

*das heißt der Rahmen* $\{\varphi_j\}_{j\in\mathbb{J}}$ *und der duale Rahmen* $\{\widetilde{\varphi}_j\}_{j\in\mathbb{J}}$ *sind biorthogonal.*

Hier bezeichnet $\delta_{i,j}$ wiederum das KRONECKER-Symbol. Dieses Theorem ist für uns nicht neu. Da ein exakter Rahmen $\{\varphi_j\}_{j\in\mathbb{J}}$ nach Theorem 5.7 auf Seite 185 eine RIESZ-Basis in dem HILBERT-Raum $\mathcal{H}$ darstellt, wissen wir aus Theorem 2.69 auf Seite 49, dass $\{\varphi_j\}_{j\in\mathbb{J}}$ eine eindeutig bestimmte biorthogonale Folge $\{\widetilde{\varphi}_j\}_{j\in\mathbb{J}}$ besitzt, die ebenfalls eine RIESZ-Basis in dem HILBERT-Raum $\mathcal{H}$ ist. Mithilfe des dualen Rahmens können wir nun entsprechend Gleichung 2.58 die gesuchte Signaldarstellung explizit angeben.

## 5.5 Signalrepräsentation mittels Rahmen

Die Lösung des eingangs gestellten Problems der Rekonstruktion des Signals $f \in \mathcal{H}$ aus der Koeffizientenfolge oder Momentenfolge

$$c = \{c_j\}_{j\in\mathbb{J}} = \{\langle f,\varphi_j\rangle_{\mathcal{H}}\}_{j\in\mathbb{J}} \in \ell^2(\mathbb{J})$$

wird nun mithilfe des dualen Rahmens $\{\widetilde{\varphi}_j\}_{j\in\mathbb{J}}$ explizit durch eine Reihendarstellung angegeben.

**Theorem 5.18.** *Es sei* $\{\varphi_j\}_{j\in\mathbb{J}}$ *ein Rahmen in dem* HILBERT-*Raum* $\mathcal{H}$ *und* $\{\widetilde{\varphi}_j\}_{j\in\mathbb{J}}$ *der zugehörige duale Rahmen. Dann gilt für jedes* $f\in\mathcal{H}$ *die folgende Signalrepräsentation*

$$f = \sum_{j\in\mathbb{J}} \langle f, \widetilde{\varphi}_j\rangle_{\mathcal{H}} \cdot \varphi_j = \sum_{j\in\mathbb{J}} \langle f, \varphi_j\rangle_{\mathcal{H}} \cdot \widetilde{\varphi}_j \ .$$

Dieses Theorem wird verständlich, wenn wir nachprüfen, dass

$$F^*Ff = F^*F \sum_{j\in\mathbb{J}} \langle f, \varphi_j\rangle_{\mathcal{H}} \cdot \widetilde{\varphi}_j$$

$$= \sum_{j\in\mathbb{J}} \langle f, \varphi_j\rangle_{\mathcal{H}} \cdot F^*F\widetilde{\varphi}_j$$

$$= \sum_{j\in\mathbb{J}} \langle f, \varphi_j\rangle_{\mathcal{H}} \cdot \varphi_j$$

mit Gleichung 5.5 auf Seite 187 übereinstimmt.

Nehmen wir nun an, dass $f\in\mathcal{K}$ einem Element eines HILBERT-Raums $\mathcal{K}\supseteq\mathcal{H}$ entspricht – der HILBERT-Raum $\mathcal{H}$ also ein linearer Unterraum des Signalraums $\mathcal{K}$ ist. Ferner sei $\{\varphi_j\}_{j\in\mathbb{J}}$ ein Rahmen in $\mathcal{H}$. Die Koeffizientenfolge $c = \{c_j\}_{j\in\mathbb{J}} = \{\langle f, \varphi_j\rangle_{\mathcal{K}}\}_{j\in\mathbb{J}} \in \ell^2(\mathbb{J})$ liefert dann nur einen Teil der zur Rekonstruktion von $f$ notwendigen Information. Diese Information ist jedoch hinreichend zur Bestimmung der im Sinne des Theorems 2.51 auf Seite 35 optimalen Approximation von $f$ durch ein Element des HILBERT-Raums $\mathcal{H}\subseteq\mathcal{K}$. Diese optimale Approximation wird geliefert durch den Projektionsoperator $P$ gemäß Definition 2.84 auf Seite 59. Es gilt somit das

**Lemma 5.19.** *Es sei* $\mathcal{H}\subseteq\mathcal{K}$ *ein linearer Teilraum des* HILBERT-*Raums* $\mathcal{K}$. *Ferner sei* $\{\varphi_j\}_{j\in\mathbb{J}}$ *ein Rahmen in dem* HILBERT-*Raum* $\mathcal{H}$ *und* $\{\widetilde{\varphi}_j\}_{j\in\mathbb{J}}$ *der zugehörige duale Rahmen. Dann ist für jedes* $f\in\mathcal{K}$ *die orthogonale Projektion auf* $\mathcal{H}$

$$Pf = \sum_{j\in\mathbb{J}} \langle f, \varphi_j\rangle_{\mathcal{K}} \cdot \widetilde{\varphi}_j$$

*die optimale Approximation im Sinne minimalen Abstands von* $f$ *im* HILBERT-*Raum* $\mathcal{H}$.

*Beweis.* Da $\widetilde{\varphi}_j \in \mathcal{H}$ ist, gilt auch $Pf \in \mathcal{H}$. Ferner gilt

$$\langle f - Pf, \varphi_i\rangle_{\mathcal{K}} = \langle f, \varphi_i\rangle_{\mathcal{K}} - \langle Pf, \varphi_i\rangle_{\mathcal{K}}$$

$$= \langle f, \varphi_i\rangle_{\mathcal{K}} - \sum_{j\in\mathbb{J}} \langle f, \varphi_j\rangle_{\mathcal{K}} \cdot \langle \widetilde{\varphi}_j, \varphi_i\rangle_{\mathcal{K}}$$

$$= \langle f, \varphi_i\rangle_{\mathcal{K}} - \sum_{j\in\mathbb{J}} \langle f, \varphi_j\rangle_{\mathcal{K}} \cdot \overline{\langle \varphi_i, \widetilde{\varphi}_j\rangle_{\mathcal{K}}}$$

$$= \langle f, \varphi_i\rangle_{\mathcal{K}} - \left\langle f, \sum_{j\in\mathbb{J}} \langle \varphi_i, \widetilde{\varphi}_j\rangle_{\mathcal{K}} \cdot \varphi_j \right\rangle_{\mathcal{K}}$$

$$= \langle f, \varphi_i\rangle_{\mathcal{K}} - \langle f, \varphi_i\rangle_{\mathcal{K}} = 0 \ .$$

Hier wurde von der Theorem 5.18 entsprechenden Beziehung

$$\sum_{j \in \mathbb{J}} \langle \varphi_i, \widetilde{\varphi}_j \rangle_{\mathcal{K}} \cdot \varphi_j = \varphi_i$$

Gebrauch gemacht. Der Approximationsfehler $f - Pf$ ist daher mit

$$\langle f - Pf, \varphi_j \rangle_{\mathcal{K}} = 0$$

orthogonal zu $\varphi_j$ für alle $j \in \mathbb{J}$ und damit zu dem von $\{\varphi_j\}_{j \in \mathbb{J}}$ aufgespannten HILBERT-Raum $\mathcal{H}$. Nach dem Orthogonalitätsprinzip aus Theorem 2.52 auf Seite 36 stellt $Pf$ die optimale Approximation des Signals $f \in \mathcal{K}$ im HILBERT-Raum $\mathcal{H}$ dar.

$$\square$$

Wir hatten bereits gesehen, dass Rahmen eine Verallgemeinerung von Orthonormalbasen und RIESZ-Basen darstellen und sogar die Signalrepräsentation in überbestimmten Signalfamilien gestatten. Unter der Annahme, dass $f \in \mathcal{H}$ mithilfe einer Koeffizientenfolge $c = \{c_j\}_{j \in \mathbb{J}} \in \ell^2(\mathbb{J})$ gemäß

$$f = F^* c = \sum_{j \in \mathbb{J}} c_j \cdot \varphi_j$$

repräsentiert werden kann, stellt sich die Frage, wie der Zusammenhang zwischen den Koeffizientenfolgen $c = \{c_j\}_{j \in \mathbb{J}}$ und

$$\{\langle f, \widetilde{\varphi}_j \rangle_{\mathcal{H}}\}_{j \in \mathbb{J}} \in \ell^2(\mathbb{J})$$

ist. Es stellt sich heraus, dass die Koeffizienten $\langle f, \widetilde{\varphi}_j \rangle$ eine besonders sparsame Repräsentation erlauben [10]. Es gilt nämlich das

**Lemma 5.20.** *Es sei $\{\varphi_j\}_{j \in \mathbb{J}}$ ein Rahmen in dem* HILBERT-*Raum $\mathcal{H}$ und $\{\widetilde{\varphi}_j\}_{j \in \mathbb{J}}$ der zugehörige duale Rahmen. Ferner sei*

$$f = \sum_{j \in \mathbb{J}} c_j \cdot \varphi_j$$

*mit einer Koeffizientenfolge $c = \{c_j\}_{j \in \mathbb{J}} \in \ell^2(\mathbb{J})$. Dann gilt*

$$\sum_{j \in \mathbb{J}} |c_j|^2 = \sum_{j \in \mathbb{J}} |\langle f, \widetilde{\varphi}_j \rangle_{\mathcal{H}}|^2 + \sum_{j \in \mathbb{J}} |c_j - \langle f, \widetilde{\varphi}_j \rangle_{\mathcal{H}}|^2 \ .$$

Die Norm der Koeffizientenfolge $\{\langle f, \widetilde{\varphi}_j \rangle_{\mathcal{H}}\}_{j \in \mathbb{J}}$ ist somit minimal unter allen Koeffizientenfolgen $\{c_j\}_{j \in \mathbb{J}}$, mit denen $f = f(t)$ gemäß $f = \sum_{j \in \mathbb{J}} c_j \cdot \varphi_j$ darstellbar ist.

# 5.6 Moore-Penrose-Pseudoinverse

Wie im letzten Abschnitt gezeigt ist die Norm einer $f$ repräsentierenden Koeffizientenfolge $c = \{c_j\}_{j \in \mathbb{J}} \in \ell^2(\mathbb{J})$ minimal, wenn sie mit der durch den dualen Rahmen erzeugten Koeffizientenfolge $\{\langle f, \widetilde{\varphi}_j \rangle_{\mathcal{H}}\}_{j \in \mathbb{J}}$ identisch ist. Diese Eigenschaft erinnert an die so genannte MOORE-PENROSE-Pseudoinverse, die wir nun zugeschnitten auf die hier betrachteten HILBERT-Räume $\mathcal{H}$ und $\mathcal{K} = \ell^2(\mathbb{J})$ genauer in Augenschein nehmen wollen [32].

**Lemma 5.21.** *Es sei $T : \mathcal{K} \to \mathcal{H}$ ein beschränkter surjektiver Operator. Dann existiert der beschränkte Operator $T^\dagger : \mathcal{H} \to \mathcal{K}$ – die* MOORE-PENROSE-*Pseudoinverse – und es gilt*

$$TT^\dagger f = f \quad \forall\, f \in \mathcal{H} \ .$$

Die Berechnung der MOORE-PENROSE-Pseudoinversen kann unter Verwendung des folgenden Lemmas geschehen [27].

**Lemma 5.22.** *Es sei $T : \mathcal{K} \to \mathcal{H}$ ein beschränkter surjektiver Operator und $T^\dagger : \mathcal{H} \to \mathcal{K}$ die* MOORE-PENROSE-*Pseudoinverse. Dann gilt*

$$T^\dagger = (T^*T)^{-1}T^*$$

*mit der Adjungierten $T^* : \mathcal{K} \to \mathcal{H}$.*

Stellt $T$ zum Beispiel den Rahmenoperator $F : \mathcal{H} \to \ell^2(\mathbb{J})$ dar, so erhalten wir mit

$$F^\dagger = (F^*F)^{-1}F^* \tag{5.23}$$

die zugehörige MOORE-PENROSE-Pseudoinverse

$$F^\dagger : \ell^2(\mathbb{J}) \to \mathcal{H} \ .$$

Ferner gilt für die Operatornorm der MOORE-PENROSE-Pseudoinversen des Rahmenoperators $F$ mit der unteren Rahmengrenze $A$ gemäß Definition 5.1 auf Seite 182

$$\|F^\dagger\| \le \frac{1}{\sqrt{A}} \ . \tag{5.24}$$

Die MOORE-PENROSE-Pseudoinverse besitzt die folgende wichtige Eigenschaft, die Grund für unsere Neugier ist.

**Lemma 5.23.** *Es sei $T : \mathcal{K} \to \mathcal{H}$ ein beschränkter surjektiver Operator. Dann hat die Gleichung*

$$T\zeta = f$$

*mit $f \in \mathcal{H}$ und $\zeta \in \mathcal{K}$ die eindeutig bestimmte Lösung minimaler Norm*

$$T^\dagger f$$

*mit der* MOORE-PENROSE-*Pseudoinversen $T^\dagger : \mathcal{H} \to \mathcal{K}$, das heißt*

$$\|\zeta\|_{\mathcal{K}}^2 = \|T^\dagger f\|_{\mathcal{K}}^2 + \|\zeta - T^\dagger f\|_{\mathcal{K}}^2$$

*für alle $\zeta \in \mathcal{K}$.*

Wird die zu lösende Operatorgleichung $T\zeta = f$ betrachtet, so machen wir für die Lösungen dieser Gleichung den Ansatz

$$T^\dagger f + \zeta \ ,$$

woraus mit Lemma 5.21 folgt

$$T(T^\dagger f + \zeta) = TT^\dagger f + T\zeta = f + T\zeta \overset{!}{=} f$$
$$\Rightarrow \quad T\zeta = 0 \ ,$$

das heißt $\zeta$ ist Element des Nullraums $N(T)$ des Operators $T$. Aufgrund der Eigenschaft der MOORE-PENROSE-Pseudoinversen $T^\dagger$ Lösungen minimaler Norm zu erzeugen, ist der Bildraum $T^\dagger(\mathcal{H})$ von $T^\dagger$ der (algebraische) Komplementärraum von $N(T)$. Für den Spezialfall $T = F^*$ und $\mathcal{K} = \ell^2(\mathbb{J})$ erhalten wir als Lohn unserer Mühen das

**Lemma 5.24.** *Es sei* $\{\varphi_j\}_{j \in \mathbb{J}}$ *ein Rahmen in dem* HILBERT-*Raum* $\mathcal{H}$ *und* $F^* : \ell^2(\mathbb{J}) \to \mathcal{H}$ *die Adjungierte des zugehörigen Rahmenoperators* $F : \mathcal{H} \to \ell^2(\mathbb{J})$. *Dann hat die Gleichung*

$$F^*c = f$$

*mit* $f \in \mathcal{H}$ *und* $c \in \ell^2(\mathbb{J})$ *die eindeutig bestimmte Lösung minimaler Norm*

$$(F^*)^\dagger f$$

*mit der* MOORE-PENROSE-*Pseudoinversen* $(F^*)^\dagger : \mathcal{H} \to \ell^2(\mathbb{J})$, *das heißt*

$$\|c\|^2_{\ell^2(\mathbb{J})} = \| (F^*)^\dagger f\|^2_{\ell^2(\mathbb{J})} + \|c - (F^*)^\dagger f\|^2_{\ell^2(\mathbb{J})}$$
$$\Leftrightarrow \quad \sum_{j \in \mathbb{J}} |c_j|^2 = \sum_{j \in \mathbb{J}} \left|\left((F^*)^\dagger f\right)_j\right|^2 + \sum_{j \in \mathbb{J}} \left|c_j - \left((F^*)^\dagger f\right)_j\right|^2$$

*für alle* $c = \{c_j\}_{j \in \mathbb{J}} \in \ell^2(\mathbb{J})$ *mit* $F^*c = f$.

Daraus und aus Lemma 5.20 auf Seite 202 wird ersichtlich, dass die Koeffizientenfolge $\{\langle f, \widetilde{\varphi}_j \rangle_{\mathcal{H}}\}_{j \in \mathbb{J}}$ der MOORE-PENROSE-Pseudoinversen $(F^*)^\dagger$ entspricht.

$$\boxed{(F^*)^\dagger f = \{\langle f, \widetilde{\varphi}_j \rangle_{\mathcal{H}}\}_{j \in \mathbb{J}}} \tag{5.25}$$

Mithilfe der MOORE-PENROSE-Pseudoinversen können wir das Signal $f$ entsprechend Theorem 5.18 auf Seite 201 darstellen als

$$\boxed{f = \sum_{j \in \mathbb{J}} \langle f, \widetilde{\varphi}_j \rangle_{\mathcal{H}} \cdot \varphi_j = F^* (F^*)^\dagger f \ .} \tag{5.26}$$

Als abschließendes Beispiel betrachten wir erneut den in Abbildung 5.2 auf Seite 183 dargestellten engen Rahmen

$$\varphi_1 = \begin{pmatrix} 0 \\ 1 \end{pmatrix} \quad , \quad \varphi_2 = \begin{pmatrix} -\frac{\sqrt{3}}{2} \\ -\frac{1}{2} \end{pmatrix} \quad \text{und} \quad \varphi_3 = \begin{pmatrix} \frac{\sqrt{3}}{2} \\ -\frac{1}{2} \end{pmatrix}$$

in dem zweidimensionalen Raum $\mathbb{C}^2$ mit den Rahmengrenzen $A = B = \frac{3}{2}$. Die Adjungierte $F^*$ gemäß Lemma 5.10 auf Seite 187 kann gemäß

$$f = F^*c = \sum_{j=1}^{3} c_j \cdot \varphi_j \in \mathbb{C}^2$$

als Matrix-Vektor-Multiplikation mit den Vektoren

$$c = \begin{pmatrix} c_1 \\ c_2 \\ c_3 \end{pmatrix} \in \mathbb{C}^3 \quad \text{und} \quad f = \begin{pmatrix} f_1 \\ f_2 \end{pmatrix} \in \mathbb{C}^2$$

geschrieben werden.

$$\begin{pmatrix} f_1 \\ f_2 \end{pmatrix} = \begin{pmatrix} 0 & -\frac{\sqrt{3}}{2} & \frac{\sqrt{3}}{2} \\ 1 & -\frac{1}{2} & -\frac{1}{2} \end{pmatrix} \cdot \begin{pmatrix} c_1 \\ c_2 \\ c_3 \end{pmatrix}$$

In [27] wird gezeigt, dass die Berechnungsvorschrift für die MOORE-PENROSE-Pseudoinverse der $m \times n$-Matrix $T$ mit Rang $m < n$

$$T^\dagger = T^* \left( T T^* \right)^{-1}$$

lautet. Die MOORE-PENROSE-Pseudoinverse der Matrix

$$F^* \triangleq \begin{pmatrix} 0 & -\frac{\sqrt{3}}{2} & \frac{\sqrt{3}}{2} \\ 1 & -\frac{1}{2} & -\frac{1}{2} \end{pmatrix}$$

lautet somit

$$(F^*)^\dagger = \begin{pmatrix} 0 & -\frac{\sqrt{3}}{2} & \frac{\sqrt{3}}{2} \\ 1 & -\frac{1}{2} & -\frac{1}{2} \end{pmatrix}^\dagger = \frac{2}{3} \cdot \begin{pmatrix} 0 & 1 \\ -\frac{\sqrt{3}}{2} & -\frac{1}{2} \\ \frac{\sqrt{3}}{2} & -\frac{1}{2} \end{pmatrix} \quad .$$

Hieraus lässt sich unter Berücksichtigung der Gleichung 5.25 der duale Rahmen ablesen

$$\widetilde{\varphi}_1 = \frac{2}{3} \cdot \begin{pmatrix} 0 \\ 1 \end{pmatrix} = \frac{2}{3} \cdot \varphi_1 \ ,$$

$$\widetilde{\varphi}_2 = \frac{2}{3} \cdot \begin{pmatrix} -\frac{\sqrt{3}}{2} \\ -\frac{1}{2} \end{pmatrix} = \frac{2}{3} \cdot \varphi_2 \ ,$$

$$\widetilde{\varphi}_3 = \frac{2}{3} \cdot \begin{pmatrix} \frac{\sqrt{3}}{2} \\ -\frac{1}{2} \end{pmatrix} = \frac{2}{3} \cdot \varphi_3 \ .$$

Es gilt also

$$\widetilde{\varphi}_j = \frac{2}{3} \cdot \varphi_j \quad \text{für } j \in \{1, 2, 3\} \ .$$

Es kann leicht nachgewiesen werden, dass die Bedingung

$$\varphi_j \overset{!}{=} F^* F \widetilde{\varphi}_j = \sum_{i \in \mathbb{J}} \langle \widetilde{\varphi}_j, \varphi_i \rangle_{\mathcal{H}} \cdot \varphi_i$$

erfüllt ist. Der Rahmen $\{\varphi_j\}_{j \in \{1,2,3\}}$ ist linear abhängig, da

$$\varphi_1 + \varphi_2 + \varphi_3 = 0 \ .$$

Es gilt somit mit einer beliebigen Konstanten $\alpha \in \mathbb{C}$

$$\begin{aligned}
f &= \frac{2}{3} \cdot \sum_{j=1}^{3} \langle f, \varphi_j \rangle_{\mathbb{C}^2} \cdot \varphi_j \\
&= \sum_{j=1}^{3} \langle f, \widetilde{\varphi}_j \rangle_{\mathbb{C}^2} \cdot \varphi_j \\
&= \sum_{j=1}^{3} \langle f, \widetilde{\varphi}_j \rangle_{\mathbb{C}^2} \cdot \varphi_j + \alpha \cdot \sum_{j=1}^{3} \varphi_j \\
&= \sum_{j=1}^{3} \left( \alpha + \langle f, \widetilde{\varphi}_j \rangle_{\mathbb{C}^2} \right) \cdot \varphi_j \\
&= \sum_{j=1}^{3} c_j \cdot \varphi_j \ .
\end{aligned}$$

Für die Koeffizienten

$$c_j = \alpha + \langle f, \widetilde{\varphi}_j \rangle_{\mathbb{C}^2}$$

folgt

$$\begin{aligned}
\sum_{j=1}^{3} |c_j|^2 &= \sum_{j=1}^{3} \left| \alpha + \langle f, \widetilde{\varphi}_j \rangle_{\mathbb{C}^2} \right|^2 \\
&= \sum_{j=1}^{3} \left( |\alpha|^2 + 2 \cdot \Re\{\overline{\alpha} \cdot \langle f, \widetilde{\varphi}_j \rangle_{\mathbb{C}^2}\} + |\langle f, \widetilde{\varphi}_j \rangle_{\mathbb{C}^2}|^2 \right) \\
&= 3 \cdot |\alpha|^2 + 2 \cdot \Re\left\{ \frac{2}{3} \cdot \overline{\alpha} \cdot \left\langle f, \sum_{j=1}^{3} \varphi_j \right\rangle_{\mathbb{C}^2} \right\} + \sum_{j=1}^{3} |\langle f, \widetilde{\varphi}_j \rangle_{\mathbb{C}^2}|^2 \\
&= 3 \cdot |\alpha|^2 + \sum_{j=1}^{3} |\langle f, \widetilde{\varphi}_j \rangle_{\mathbb{C}^2}|^2 \\
&\geq \sum_{j=1}^{3} |\langle f, \widetilde{\varphi}_j \rangle_{\mathbb{C}^2}|^2
\end{aligned}$$

als Bestätigung von Lemma 5.20 auf Seite 202. Die Koeffizientenfolge $\{\alpha + \langle f, \widetilde{\varphi}_j \rangle_{\mathbb{C}^2}\}_{j \in \{1,2,3\}}$ besitzt nur für $\alpha = 0$ minimale Norm.

## 5.7 Rahmenpaare

In Gleichung 5.5 auf Seite 187 hatten wir unter Verwendung des Rahmenoperators $F$ den Operator $F^*F$ mit

$$F^*Ff = \sum_{j \in \mathbb{J}} \langle f, \varphi_j \rangle_{\mathcal{H}} \cdot \varphi_j$$

kennen gelernt. Bei der signaltheoretischen Analyse der irregulären Abtastung werden wir auf Operatoren $T : \mathcal{H} \to \mathcal{H}$ der Art

$$\boxed{Tf = \sum_{j \in \mathbb{J}} \langle f, \varphi_j \rangle_{\mathcal{H}} \cdot \psi_j} \tag{5.27}$$

stoßen, die auf Basis zweier Signalfolgen $\{\varphi_j\}_{j \in \mathbb{J}}$ und $\{\psi_j\}_{j \in \mathbb{J}}$ in dem HILBERT-Raum $\mathcal{H}$ definiert sind. Die zugehörige Adjungierte $T^*$ ergibt sich aus dem

**Lemma 5.25.** *Es seien* $\{\varphi_j\}_{j \in \mathbb{J}}$ *und* $\{\psi_j\}_{j \in \mathbb{J}}$ *zwei Signalfolgen in dem* HIL-BERT-*Raum* $\mathcal{H}$. *Ferner sei der Operator* $T : \mathcal{H} \to \mathcal{H}$ *definiert durch*

$$Tf = \sum_{j \in \mathbb{J}} \langle f, \varphi_j \rangle_{\mathcal{H}} \cdot \psi_j \ .$$

*Dann ergibt sich die Adjungierte* $T^* : \mathcal{H} \to \mathcal{H}$ *aus*

$$T^*f = \sum_{j \in \mathbb{J}} \langle f, \psi_j \rangle_{\mathcal{H}} \cdot \varphi_j \ .$$

*Beweis.* Entsprechend Definition 2.76 auf Seite 55 berechnen wir zur Herleitung der Adjungierten $T^*$ das Skalarprodukt $\langle Tf, g \rangle_{\mathcal{H}}$ mit $f, g \in \mathcal{H}$. Es gilt

$$\begin{aligned}
\langle Tf, g \rangle_{\mathcal{H}} &= \left\langle \sum_{j \in \mathbb{J}} \langle f, \varphi_j \rangle_{\mathcal{H}} \cdot \psi_j, g \right\rangle_{\mathcal{H}} \\
&= \sum_{j \in \mathbb{J}} \langle f, \varphi_j \rangle_{\mathcal{H}} \cdot \langle \psi_j, g \rangle_{\mathcal{H}} \\
&= \sum_{j \in \mathbb{J}} \langle f, \varphi_j \rangle_{\mathcal{H}} \cdot \overline{\langle g, \psi_j \rangle_{\mathcal{H}}} \\
&= \left\langle f, \sum_{j \in \mathbb{J}} \langle g, \psi_j \rangle_{\mathcal{H}} \cdot \varphi_j \right\rangle_{\mathcal{H}} \\
&\overset{!}{=} \langle f, T^*g \rangle \ ,
\end{aligned}$$

das heißt

$$\boxed{T^* g = \sum_{j \in \mathbb{J}} \langle g, \psi_j \rangle_{\mathcal{H}} \cdot \varphi_j \ .} \qquad (5.28)$$

□

Wenn die Signalfolgen $\{\varphi_j\}_{j \in \mathbb{J}}$ und $\{\psi_j\}_{j \in \mathbb{J}}$ geeignete wechselseitige Bedingungen erfüllen, so stellen sie ein *Rahmenpaar* dar, wie das folgende Lemma zeigt [13].

**Lemma 5.26.** *Es seien* $\{\varphi_j\}_{j \in \mathbb{J}}$ *und* $\{\psi_j\}_{j \in \mathbb{J}}$ *zwei Signalfolgen in dem* HILBERT-*Raum* $\mathcal{H}$. *Ferner seien* $\alpha, \beta, \gamma \in \mathbb{R}$ *reelle Konstanten mit* $\alpha, \beta > 0$ *und* $0 \leq \gamma < 1$. *Es gelte für ein beliebiges Signal* $f \in \mathcal{H}$ *in dem* HILBERT-*Raum* $\mathcal{H}$

$$\sum_{j \in \mathbb{J}} |\langle f, \varphi_j \rangle_{\mathcal{H}}|^2 \leq \alpha \cdot \|f\|_{\mathcal{H}}^2$$

$$\left\| \sum_{j \in \mathbb{J}} c_j \cdot \psi_j \right\|_{\mathcal{H}}^2 \leq \beta \cdot \|c\|_{\ell^2(\mathbb{J})}^2$$

*mit einer Folge* $c = \{c_j\}_{j \in \mathbb{J}} \in \ell^2(\mathbb{J})$ *aus dem* HILBERT*schen Folgenraum* $\ell^2(\mathbb{J})$ *sowie*

$$\left\| f - \sum_{j \in \mathbb{J}} \langle f, \varphi_j \rangle_{\mathcal{H}} \cdot \psi_j \right\|_{\mathcal{H}} \leq \gamma \cdot \|f\|_{\mathcal{H}} \ .$$

*Dann ist* $\{\varphi_j\}_{j \in \mathbb{J}}$ *ein Rahmen in dem* HILBERT-*Raum* $\mathcal{H}$ *mit den Rahmengrenzen*

$$A_\varphi = \frac{(1-\gamma)^2}{\beta} \quad und \quad B_\varphi = \alpha \ ,$$

*und* $\{\psi_j\}_{j \in \mathbb{J}}$ *ist ein Rahmen in dem* HILBERT-*Raum* $\mathcal{H}$ *mit den Rahmengrenzen*

$$A_\psi = \frac{(1-\gamma)^2}{\alpha} \quad und \quad B_\psi = \beta \ .$$

*Beweis.* Es sei der Operator

$$T : \mathcal{H} \to \mathcal{H}$$

auf dem HILBERT-Raum $\mathcal{H}$ definiert durch

$$Tf = \sum_{j \in \mathbb{J}} \langle f, \varphi_j \rangle_{\mathcal{H}} \cdot \psi_j \ .$$

Dann gilt

$$\|Tf\|_{\mathcal{H}}^2 = \left\| \sum_{j \in \mathbb{J}} \langle f, \varphi_j \rangle_{\mathcal{H}} \cdot \psi_j \right\|_{\mathcal{H}}^2$$

$$\leq \beta \cdot \left\| \{\langle f, \varphi_j \rangle_{\mathcal{H}}\}_{j \in \mathbb{J}} \right\|_{\ell^2(\mathbb{J})}^2 = \beta \cdot \sum_{j \in \mathbb{J}} |\langle f, \varphi_j \rangle_{\mathcal{H}}|^2$$

$$\leq \beta \cdot \alpha \cdot \|f\|_{\mathcal{H}}^2 \ ,$$

das heißt der Operator $T$ ist beschränkt mit der zugehörigen Operatornorm

$$\|T\| = \sup_{f \in \mathcal{H} \setminus \{0\}} \frac{\|Tf\|_{\mathcal{H}}}{\|f\|_{\mathcal{H}}} \leq \sqrt{\alpha \cdot \beta} \ .$$

Wegen

$$\left\| f - \sum_{j \in \mathbb{J}} \langle f, \varphi_j \rangle_{\mathcal{H}} \cdot \psi_j \right\|_{\mathcal{H}} = \|f - Tf\|_{\mathcal{H}} = \|(Id - T)f\|_{\mathcal{H}} \leq \gamma \cdot \|f\|_{\mathcal{H}}$$

gilt für die Operatornorm des Operators $Id - T$

$$\|Id - T\| = \sup_{f \in \mathcal{H} \setminus \{0\}} \frac{\|(Id - T)f\|_{\mathcal{H}}}{\|f\|_{\mathcal{H}}} \leq \gamma \ .$$

Da $0 \leq \gamma < 1$ vorausgesetzt wurde, ist der Operator $T$ nach Theorem 2.96 auf Seite 69 invertierbar mit der NEUMANNschen Reihe

$$T^{-1} = \sum_{j=0}^{\infty} (Id - T)^j \ .$$

Die Operatornorm des inversen Operators $T^{-1}$ errechnet sich mithilfe der unendlichen geometrischen Reihe

$$\sum_{j=0}^{\infty} q^j = \frac{1}{1-q}$$

für $|q| < 1$ aus

$$\|T^{-1}\| = \left\| \sum_{j=0}^{\infty} (Id - T)^j \right\| \leq \sum_{j=0}^{\infty} \| (Id - T)^j \|$$

$$\leq \sum_{j=0}^{\infty} \| Id - T \|^j \leq \sum_{j=0}^{\infty} \gamma^j = \frac{1}{1-\gamma} \ .$$

Damit erhalten wir die folgende Ungleichungskette

$$\|f\|_{\mathcal{H}}^2 = \|T^{-1}Tf\|_{\mathcal{H}}^2 \leq \|T^{-1}\|^2 \cdot \|Tf\|_{\mathcal{H}}^2$$

$$\leq \frac{1}{(1-\gamma)^2} \cdot \|Tf\|_{\mathcal{H}}^2 \leq \frac{\beta}{(1-\gamma)^2} \cdot \sum_{j \in \mathbb{J}} |\langle f, \varphi_j \rangle_{\mathcal{H}}|^2$$

$$\leq \frac{\alpha \cdot \beta}{(1-\gamma)^2} \cdot \|f\|_{\mathcal{H}}^2 \ ,$$

beziehungsweise

$$\frac{(1-\gamma)^2}{\beta} \cdot \|f\|_{\mathcal{H}}^2 \le \sum_{j \in \mathbb{J}} |\langle f, \varphi_j \rangle_{\mathcal{H}}|^2 \le \alpha \cdot \|f\|_{\mathcal{H}}^2$$

$$\Leftrightarrow \quad A_\varphi \cdot \|f\|_{\mathcal{H}}^2 \le \sum_{j \in \mathbb{J}} |\langle f, \varphi_j \rangle_{\mathcal{H}}|^2 \le B_\varphi \cdot \|f\|_{\mathcal{H}}^2 \ .$$

Dies entspricht der Rahmenbedingung in Definition 5.1 auf Seite 182; die Signalfolge $\{\varphi_j\}_{j \in \mathbb{J}}$ ist somit ein Rahmen in dem HILBERT-Raum $\mathcal{H}$ mit den Rahmengrenzen $A_\varphi = (1-\gamma)^2/\beta$ und $B_\varphi = \alpha$.

Zur Herleitung, dass auch die Signalfolge $\{\psi_j\}_{j \in \mathbb{J}}$ ein Rahmen in dem HILBERT-Raum $\mathcal{H}$ ist, gehen wir von Lemma 2.49 auf Seite 34 aus und berechnen für ein Signal $f \in \mathcal{H}$ mithilfe der CAUCHY-SCHWARZ-BUNJAKOWSKI-Ungleichung in Lemma 2.46 auf Seite 33

$$\left| \left\langle \sum_{j \in \mathbb{J}} c_j \cdot \varphi_j, f \right\rangle_{\mathcal{H}} \right|^2 = \left| \sum_{j \in \mathbb{J}} c_j \cdot \langle \varphi_j, f \rangle_{\mathcal{H}} \right|^2$$

$$\le \sum_{j \in \mathbb{J}} |c_j|^2 \cdot \sum_{j \in \mathbb{J}} |\langle f, \varphi_j \rangle_{\mathcal{H}}|^2 \le \sum_{j \in \mathbb{J}} |c_j|^2 \cdot \alpha \cdot \|f\|_{\mathcal{H}}^2 \ ,$$

und somit

$$\left\| \sum_{j \in \mathbb{J}} c_j \cdot \varphi_j \right\|_{\mathcal{H}}^2 = \sup_{\|f\|=1} \left| \left\langle \sum_{j \in \mathbb{J}} c_j \cdot \varphi_j, f \right\rangle_{\mathcal{H}} \right|^2 \le \alpha \cdot \sum_{j \in \mathbb{J}} |c_j|^2 \ .$$

Betrachten wir die Koeffizientenfolge $\{\langle f, \psi_j \rangle_{\mathcal{H}}\}_{j \in \mathbb{J}}$, so gilt mit einer entsprechenden Anwendung des Lemmas 2.49 auf den HILBERTschen Folgenraum $\ell^2(\mathbb{J})$ mit der Folge $c = \{c_j\}_{j \in \mathbb{J}}$[5]

$$\sum_{j \in \mathbb{J}} |\langle f, \psi_j \rangle_{\mathcal{H}}|^2 = \| \{\langle f, \psi_j \rangle_{\mathcal{H}}\}_{j \in \mathbb{J}} \|_{\ell^2(\mathbb{J})}^2$$

$$= \sup_{\|c\|_{\ell^2(\mathbb{J})}=1} \left| \langle c, \{\langle f, \psi_j \rangle_{\mathcal{H}}\}_{j \in \mathbb{J}} \rangle_{\ell^2(\mathbb{J})} \right|^2 = \sup_{\|c\|_{\ell^2(\mathbb{J})}=1} \left| \sum_{j \in \mathbb{J}} c_j \cdot \overline{\langle f, \psi_j \rangle_{\mathcal{H}}} \right|^2$$

$$= \sup_{\|c\|_{\ell^2(\mathbb{J})}=1} \left| \left\langle f, \sum_{j \in \mathbb{J}} c_j \cdot \psi_j \right\rangle_{\mathcal{H}} \right|^2 \le \sup_{\|c\|_{\ell^2(\mathbb{J})}=1} \|f\|_{\mathcal{H}}^2 \cdot \left\| \sum_{j \in \mathbb{J}} c_j \cdot \psi_j \right\|_{\mathcal{H}}^2$$

$$\le \sup_{\|c\|_{\ell^2(\mathbb{J})}=1} \|f\|_{\mathcal{H}}^2 \cdot \beta \cdot \|c\|_{\ell^2(\mathbb{J})}^2 = \beta \cdot \|f\|_{\mathcal{H}}^2 \ .$$

Mit den abgeleiteten Beziehungen

---

[5] An dieser Stelle wird sehr schön der vereinheitlichende Charakter der Funktionalanalysis deutlich.

$$\sum_{j \in \mathbb{J}} |\langle f, \psi_j \rangle_{\mathcal{H}}|^2 \leq \beta \cdot \|f\|_{\mathcal{H}}^2 \ ,$$

$$\left\| \sum_{j \in \mathbb{J}} c_j \cdot \varphi_j \right\|_{\mathcal{H}}^2 \leq \alpha \cdot \|c\|_{\ell^2(\mathbb{J})}^2 \ ,$$

der Adjungierten

$$T^* = \sum_{j \in \mathbb{J}} \langle g, \psi_j \rangle_{\mathcal{H}} \cdot \varphi_j$$

sowie der Erkenntnis, dass mit $\|T^*\| = \|T\|$ und $\|Id - T^*\| = \|Id - T\|$ auch die Adjungierte $T^*$ invertierbar ist mit der Operatornorm des zugehörigen inversen Operators

$$\|(T^*)^{-1}\| \leq \frac{1}{1 - \gamma} \ ,$$

wird ersichtlich, dass dieselbe Beweisführung wie im Falle der Signalfolge $\{\varphi_j\}_{j \in \mathbb{J}}$ durchgeführt werden kann, solange $\{\varphi_j\}_{j \in \mathbb{J}}$ mit $\{\psi_j\}_{j \in \mathbb{J}}$ sowie $\alpha$ mit $\beta$ vertauscht werden. Es folgt daher

$$\frac{(1 - \gamma)^2}{\alpha} \cdot \|f\|_{\mathcal{H}}^2 \leq \sum_{j \in \mathbb{J}} |\langle f, \psi_j \rangle_{\mathcal{H}}|^2 \leq \beta \cdot \|f\|_{\mathcal{H}}^2$$

$$\Leftrightarrow \quad A_\psi \cdot \|f\|_{\mathcal{H}}^2 \leq \sum_{j \in \mathbb{J}} |\langle f, \psi_j \rangle_{\mathcal{H}}|^2 \leq B_\psi \cdot \|f\|_{\mathcal{H}}^2 \ ,$$

was wiederum der Rahmenbedingung in Definition 5.1 auf Seite 182 entspricht; die Signalfolge $\{\psi_j\}_{j \in \mathbb{J}}$ ist somit ein Rahmen in dem HILBERT-Raum $\mathcal{H}$ mit den Rahmengrenzen $A_\psi = (1 - \gamma)^2/\alpha$ und $B_\psi = \beta$.

$\square$

## 5.8 Rauschreduktion mittels Rahmen

Die in Lemma 5.20 auf Seite 202 angegebene Eigenschaft des Rahmenoperators

$$F : \mathcal{H} \to \ell^2(\mathbb{J}) , \quad f \mapsto \{\langle f, \varphi_j \rangle_{\mathcal{H}}\}_{j \in \mathbb{J}} \ ,$$

eine besonders sparsame Repräsentation eines Signals $f$ im Sinne einer minimalen Norm der $f$ repräsentierenden Koeffizientenfolge $c = \{c_j\}_{j \in \mathbb{J}}$ gemäß

$$\sum_{j \in \mathbb{J}} |c_j|^2 = \sum_{j \in \mathbb{J}} |\langle f, \widetilde{\varphi}_j \rangle_{\mathcal{H}}|^2 + \sum_{j \in \mathbb{J}} |c_j - \langle f, \widetilde{\varphi}_j \rangle_{\mathcal{H}}|^2$$

unter Verwendung des dualen Rahmens $\{\widetilde{\varphi}_j\}_{j \in \mathbb{J}}$ zu liefern, erweist sich als nützlich, wenn der Koeffizientenfolge $c = \{c_j\}_{j \in \mathbb{J}}$ ein additiver Rauschprozess überlagert ist. Es zeigt sich, dass die in Rahmen enthaltene „Redundanz" die Reduktion der entsprechenden Varianz des Rauschprozesses erlaubt. Als Vorbereitung zum Nachweis dieser kühnen Behauptung geben wir das folgende Lemma an [32].

**Lemma 5.27.** *Es sei* $\{\varphi_j\}_{j\in\mathbb{J}}$ *ein Rahmen in dem* HILBERT-*Raum* $\mathcal{H}$ *und* $\{\widetilde{\varphi}_j\}_{j\in\mathbb{J}}$ *der zugehörige duale Rahmen. Der Projektionsoperator*

$$P : \ell^2(\mathbb{J}) \to F(\mathcal{H})$$

*mit*

$$c = \{c_j\}_{j\in\mathbb{J}} \mapsto \left\{ \sum_{i\in\mathbb{J}} c_i \cdot \langle \widetilde{\varphi}_i, \varphi_j \rangle_{\mathcal{H}} \right\}_{j\in\mathbb{J}}$$

*beziehungsweise*

$$Pc = \left\{ \sum_{i\in\mathbb{J}} c_i \cdot \langle \widetilde{\varphi}_i, \varphi_j \rangle_{\mathcal{H}} \right\}_{j\in\mathbb{J}}$$

*realisiert eine orthogonale Projektion von dem* HILBERT*schen Folgenraum* $\ell^2(\mathbb{J})$ *auf den Bildraum* $F(\mathcal{H})$ *des Rahmenoperators* $F : \mathcal{H} \to \ell^2(\mathbb{J})$.

Wir nehmen nun an, dass die Rahmenkoeffizientenfolge

$$\{\langle f, \widetilde{\varphi}_j \rangle_{\mathcal{H}}\}_{j\in\mathbb{J}} \in \ell^2(\mathbb{J})$$

durch einen additiven und diskreten weißen stationären Rauschprozess $w = \{w_j\}_{j\in\mathbb{J}}$ (siehe Anhang A) mit dem Mittelwert

$$\mu_w \overset{\triangle}{=} \mathrm{E}\left\{w_j\right\}$$

und der Varianz

$$\sigma_w^2 \overset{\triangle}{=} \mathrm{E}\left\{|w_j - \mu_w|^2\right\}$$

gestört ist, das heißt

$$\boxed{c_j = \langle f, \widetilde{\varphi}_j \rangle_{\mathcal{H}} + w_j \ .} \tag{5.29}$$

Dann gilt für den Mittelwert der Koeffizientenfolge

$$\mathrm{E}\left\{c_j\right\} = \langle f, \widetilde{\varphi}_j \rangle_{\mathcal{H}} + \mu_w \ ,$$

sowie für die Varianz

$$\boxed{\mathrm{E}\left\{|\, c_j - \mathrm{E}\{c_j\}\,|^2\right\} = \sigma_w^2 \ .} \tag{5.30}$$

Die Varianz $\sigma_c^2$ der gestörten Koeffizientenfolge $c$ ist somit gegeben durch die Varianz $\sigma_w^2$ des additiven Rauschprozesses $w$. Nun betrachten wir die Koeffizientenfolge $Pc$, die sich nach Anwendung des in Lemma 5.27 definierten Projektionsoperators $P$ ergibt. Es gilt für den Mittelwert

$$\mathrm{E}\left\{(Pc)_j\right\}$$

$$= \mathrm{E}\left\{\sum_{i\in\mathbb{J}} c_i \cdot \langle\widetilde{\varphi}_i, \varphi_j\rangle_{\mathcal{H}}\right\} = \sum_{i\in\mathbb{J}} \mathrm{E}\left\{c_i\right\} \cdot \langle\widetilde{\varphi}_i, \varphi_j\rangle_{\mathcal{H}}$$

$$= \sum_{i\in\mathbb{J}} \left(\langle f, \widetilde{\varphi}_i\rangle_{\mathcal{H}} + \mu_w\right) \cdot \langle\widetilde{\varphi}_i, \varphi_j\rangle_{\mathcal{H}}$$

$$= \sum_{i\in\mathbb{J}} \langle f, \widetilde{\varphi}_i\rangle_{\mathcal{H}} \cdot \langle\widetilde{\varphi}_i, \varphi_j\rangle_{\mathcal{H}} + \mu_w \sum_{i\in\mathbb{J}} \langle\widetilde{\varphi}_i, \varphi_j\rangle_{\mathcal{H}}$$

$$= \left\langle f, \sum_{i\in\mathbb{J}} \widetilde{\varphi}_i \cdot \langle\varphi_j, \widetilde{\varphi}_i\rangle_{\mathcal{H}}\right\rangle_{\mathcal{H}} + \mu_w \sum_{i\in\mathbb{J}} \langle\widetilde{\varphi}_i, \varphi_j\rangle_{\mathcal{H}} \ .$$

Mit der Theorem 5.18 auf Seite 201 entsprechenden Beziehung

$$\sum_{i\in\mathbb{J}} \langle\varphi_j, \widetilde{\varphi}_i\rangle_{\mathcal{H}} \cdot \varphi_i = \varphi_j$$

$$\Leftrightarrow \quad (F^*F)^{-1} \sum_{i\in\mathbb{J}} \langle\varphi_j, \widetilde{\varphi}_i\rangle_{\mathcal{H}} \cdot \varphi_i = (F^*F)^{-1}\varphi_j$$

$$\Leftrightarrow \quad \sum_{i\in\mathbb{J}} \langle\varphi_j, \widetilde{\varphi}_i\rangle_{\mathcal{H}} \cdot \widetilde{\varphi}_i = \widetilde{\varphi}_j$$

gilt somit

$$\mathrm{E}\left\{(Pc)_j\right\} = \langle f, \widetilde{\varphi}_j\rangle_{\mathcal{H}} + \mu_w \sum_{i\in\mathbb{J}} \langle\widetilde{\varphi}_i, \varphi_j\rangle_{\mathcal{H}} \ .$$

Die Varianz erhalten wir mit

$$(Pc)_j - \mathrm{E}\left\{(Pc)_j\right\}$$

$$= \sum_{i\in\mathbb{J}} c_i \cdot \langle\widetilde{\varphi}_i, \varphi_j\rangle_{\mathcal{H}} - \langle f, \widetilde{\varphi}_j\rangle_{\mathcal{H}} - \mu_w \sum_{i\in\mathbb{J}} \langle\widetilde{\varphi}_i, \varphi_j\rangle_{\mathcal{H}}$$

$$= \sum_{i\in\mathbb{J}} \left(\langle f, \widetilde{\varphi}_i\rangle_{\mathcal{H}} + w_i\right) \cdot \langle\widetilde{\varphi}_i, \varphi_j\rangle_{\mathcal{H}} - \langle f, \widetilde{\varphi}_j\rangle_{\mathcal{H}} - \mu_w \sum_{i\in\mathbb{J}} \langle\widetilde{\varphi}_i, \varphi_j\rangle_{\mathcal{H}}$$

$$= \sum_{i\in\mathbb{J}} \langle f, \widetilde{\varphi}_i\rangle_{\mathcal{H}} \cdot \langle\widetilde{\varphi}_i, \varphi_j\rangle_{\mathcal{H}} - \langle f, \widetilde{\varphi}_j\rangle_{\mathcal{H}} + \sum_{i\in\mathbb{J}} (w_i - \mu_w) \cdot \langle\widetilde{\varphi}_i, \varphi_j\rangle_{\mathcal{H}}$$

$$= \underbrace{\left\langle f, \sum_{i\in\mathbb{J}} \widetilde{\varphi}_i \cdot \langle\varphi_j, \widetilde{\varphi}_i\rangle_{\mathcal{H}}\right\rangle_{\mathcal{H}} - \langle f, \widetilde{\varphi}_j\rangle_{\mathcal{H}}}_{=0}$$

$$+ \sum_{i\in\mathbb{J}} (w_i - \mu_w) \cdot \langle\widetilde{\varphi}_i, \varphi_j\rangle_{\mathcal{H}}$$

$$= \sum_{i\in\mathbb{J}} (w_i - \mu_w) \cdot \langle\widetilde{\varphi}_i, \varphi_j\rangle_{\mathcal{H}}$$

aus

$$\mathrm{E}\left\{\left|(Pc)_j - \mathrm{E}\left\{(Pc)_j\right\}\right|^2\right\}$$

$$= \mathrm{E}\left\{\left|\sum_{i\in\mathbb{J}}(w_i - \mu_w)\cdot\langle\widetilde{\varphi}_i,\varphi_j\rangle_{\mathcal{H}}\right|^2\right\}$$

$$= \mathrm{E}\left\{\left(\sum_{i\in\mathbb{J}}(w_i - \mu_w)\cdot\langle\widetilde{\varphi}_i,\varphi_j\rangle_{\mathcal{H}}\right)\cdot\overline{\left(\sum_{i'\in\mathbb{J}}(w_{i'} - \mu_w)\cdot\langle\widetilde{\varphi}_{i'},\varphi_j\rangle_{\mathcal{H}}\right)}\right\}$$

$$= \sum_{i\in\mathbb{J}}\sum_{i'\in\mathbb{J}}\underbrace{\mathrm{E}\left\{(w_i - \mu_w)\cdot\overline{(w_{i'} - \mu_w)}\right\}}_{=\,\sigma_w^2\cdot\delta_{i,i'}}\cdot\langle\widetilde{\varphi}_i,\varphi_j\rangle_{\mathcal{H}}\cdot\overline{\langle\widetilde{\varphi}_{i'},\varphi_j\rangle_{\mathcal{H}}}$$

$$= \sigma_w^2\sum_{i\in\mathbb{J}}\left|\langle\widetilde{\varphi}_i,\varphi_j\rangle_{\mathcal{H}}\right|^2 = \sigma_w^2\sum_{i\in\mathbb{J}}\left|\langle\varphi_j,\widetilde{\varphi}_i\rangle_{\mathcal{H}}\right|^2 \ .$$

Mit der Ungleichungskette

$$B^{-1}\cdot\|f\|_{\mathcal{H}}^2 \le \sum_{j\in\mathbb{J}}\left|\langle f,\widetilde{\varphi}_j\rangle_{\mathcal{H}}\right|^2 \le A^{-1}\cdot\|f\|_{\mathcal{H}}^2$$

des dualen Rahmens $\{\widetilde{\varphi}_j\}_{j\in\mathbb{J}}$ aus Gleichung 5.22 auf Seite 200 folgt

$$\boxed{\mathrm{E}\left\{\left|(Pc)_j - \mathrm{E}\left\{(Pc)_j\right\}\right|^2\right\} \le \sigma_w^2\cdot A^{-1}\cdot\|\varphi_j\|_{\mathcal{H}}^2 \ .} \qquad (5.31)$$

Für einen engen Rahmen mit den Rahmengrenzen $A = B$ gilt sogar das Gleichheitszeichen. Diese Ergebnisse halten wir in dem folgenden Lemma fest.

**Lemma 5.28.** *Es sei* $\{\varphi_j\}_{j\in\mathbb{J}}$ *ein Rahmen in dem* HILBERT-*Raum* $\mathcal{H}$ *und* $\{\widetilde{\varphi}_j\}_{j\in\mathbb{J}}$ *der zugehörige duale Rahmen. Wenn* $w = \{w_j\}_{j\in\mathbb{J}}$ *ein diskreter weißer stationärer Rauschprozess mit dem Mittelwert* $\mu_w$ *und der Varianz* $\sigma_w^2$ *sowie*

$$c = \{c_j\}_{j\in\mathbb{J}} = \{\langle f,\widetilde{\varphi}_j\rangle_{\mathcal{H}} + w_j\}_{j\in\mathbb{J}}$$

*die additiv gestörte Koeffizientenfolge* $\{\langle f,\widetilde{\varphi}_j\rangle_{\mathcal{H}}\}_{j\in\mathbb{J}}$ *sind, dann gilt für die Varianz*

$$\mathrm{E}\left\{\left|c_j - \mathrm{E}\left\{c_j\right\}\right|^2\right\} = \sigma_w^2 \ .$$

*Sei nun* $P : \ell^2(\mathbb{J}) \to F(\mathcal{H})$ *der durch*

$$Pc = \left\{\sum_{i\in\mathbb{J}}c_i\cdot\langle\widetilde{\varphi}_i,\varphi_j\rangle_{\mathcal{H}}\right\}_{j\in\mathbb{J}}$$

*definierte Projektionsoperator auf den Bildraum* $F(\mathcal{H})$ *des Rahmenoperators* $F : \mathcal{H} \to \ell^2(\mathbb{J})$. *Dann gilt für die Varianz*

$$\mathrm{E}\left\{\left|(Pc)_j - \mathrm{E}\left\{(Pc)_j\right\}\right|^2\right\} \le \sigma_w^2\cdot A^{-1}\cdot\|\varphi_j\|_{\mathcal{H}}^2 \ .$$

Das Verhältnis der Varianzen lautet somit

$$\frac{\mathrm{E}\left\{|(Pc)_j - \mathrm{E}\{(Pc)_j\}|^2\right\}}{\mathrm{E}\left\{|c_j - \mathrm{E}\{c_j\}|^2\right\}} \leq A^{-1} \cdot \|\varphi_j\|_{\mathcal{H}}^2 \ . \tag{5.32}$$

Betrachten wir einen auf die Norm 1 normierten Rahmen $\{\varphi_j\}_{j\in\mathbb{J}}$, das heißt gilt $\|\varphi_j\|_{\mathcal{H}} = 1$ für alle $j \in \mathbb{J}$, so erhalten wir

$$\frac{\mathrm{E}\left\{|(Pc)_j - \mathrm{E}\{(Pc)_j\}|^2\right\}}{\mathrm{E}\left\{|c_j - \mathrm{E}\{c_j\}|^2\right\}} \leq A^{-1} \ . \tag{5.33}$$

Ist $\{\varphi_j\}_{j\in\mathbb{J}}$ ein enger Rahmen, so gilt erneut das Gleichheitszeichen. Falls $A > 1$ ist, so gibt die Rahmengrenze $A$ wie im Falle unseres einführenden Beispiels die „Redundanz" des Rahmens an. Diese Redundanz führt zu einer Reduktion der Rauschvarianz um den Faktor $A^{-1}$.

## 5.9 Rahmentheorie der Überabtastung

Bevor wir im nächsten Kapitel zur Anwendung der Rahmentheorie auf das Problem der Signalrekonstruktion aus irregulären Abtastwertefolgen kommen, betrachten wir nun – quasi als Einstimmung – den Fall der regulären Abtastung eines Signals $f \in \mathcal{PW}_\Omega$ aus dem PALEY-WIENER-Raum $\mathcal{PW}_\Omega$ mit äquidistanten Abtastwerten, wobei die Abtastrate $T^{-1} > \Omega/\pi$ die NYQUIST-Rate $\Omega/\pi$ übersteigt. Dieser Fall der Überabtastung ist interessant, da die resultierende Basisfunktionenfolge

$$\{\varphi_j(t)\}_{j\in\mathbb{Z}} \overset{\triangle}{=} \left\{\frac{\Omega \cdot \sqrt{T}}{\pi} \cdot \mathrm{sinc}\frac{\Omega}{\pi}(t - j \cdot T)\right\}_{j\in\mathbb{Z}}$$

aus Gleichung 4.13 entsprechend der auf Seite 144 geführten Diskussion aufgrund der vorliegenden Überbestimmtheit – es liegen mehr Abtastwerte vor als zur Signalrekonstruktion eigentlich erforderlich wären – kein Orthogonal- oder Orthonormalsystem sondern einen Rahmen darstellt. Es gilt gemäß Gleichung 4.14 für $f \in \mathcal{PW}_\Omega$ die Signaldarstellung

$$f = \sum_{j\in\mathbb{Z}} \langle f, \varphi_j \rangle_{\mathcal{PW}_\Omega} \cdot \varphi_j$$

mit

$$\langle f, \varphi_j \rangle_{\mathcal{PW}_\Omega} = \sqrt{T} \cdot f(j \cdot T) \ .$$

Zur Überprüfung der Rahmenbedingung in Definition 5.1 auf Seite 182 berechnen wir

$$\sum_{j\in\mathbb{Z}} |\langle f, \varphi_j\rangle_{\mathcal{PW}_\Omega}|^2$$

$$= T\sum_{j\in\mathbb{Z}} |f(j\cdot T)|^2 = T\sum_{j\in\mathbb{Z}} f(j\cdot T)\cdot\frac{1}{2\pi}\int_{-\Omega}^{\Omega}\overline{\widehat{f}(\omega)}\cdot e^{i\omega jT}\,d\omega$$

$$= \frac{1}{2\pi}\int_{-\Omega}^{\Omega}\left(T\sum_{j\in\mathbb{Z}} f(j\cdot T)\cdot e^{-i\omega jT}\right)\cdot\overline{\widehat{f}(\omega)}\,d\omega = \frac{1}{2\pi}\int_{-\Omega}^{\Omega}\widehat{f}(\omega)\cdot\overline{\widehat{f}(\omega)}\,d\omega$$

$$= \frac{1}{2\pi}\int_{-\Omega}^{\Omega}|\widehat{f}(\omega)|^2\,d\omega = \frac{1}{2\pi}\cdot\|\widehat{f}\|^2_{L^2([-\Omega,\Omega])} = \|f\|^2_{\mathcal{PW}_\Omega}\;.$$

Bei dieser Rechnung haben wir die im Laufe unserer Diskussion der Überabtastung gefundene Beziehung

$$\widehat{f}(\omega) = T\cdot\text{rect}\left(\frac{\omega}{2\Omega}\right)\cdot\sum_{j\in\mathbb{Z}} f(j\cdot T)\cdot e^{-i\omega jT}$$

sowie die PARSEVALsche Gleichung

$$\|f\|^2_{\mathcal{PW}_\Omega} = \frac{1}{2\pi}\cdot\|\widehat{f}\|_{L^2([-\Omega,\Omega])}$$

in Theorem 3.15 auf Seite 113 benutzt. Wegen

$$\boxed{\sum_{j\in\mathbb{Z}} |\langle f, \varphi_j\rangle_{\mathcal{PW}_\Omega}|^2 = \|f\|^2_{\mathcal{PW}_\Omega}}$$

ist die Signalfolge $\{\varphi_j(t)\}_{j\in\mathbb{Z}}$ somit ein enger Rahmen gemäß Definition 5.2 auf Seite 184 mit den Rahmengrenzen $A = B = 1$. Da aber für die Norm der Signalfolge $\{\varphi_j(t)\}_{j\in\mathbb{Z}}$

$$\|\varphi_j\|_{\mathcal{PW}_\Omega} = \sqrt{\frac{\Omega\cdot T}{\pi}}$$

gilt, ist $\{\varphi_j(t)\}_{j\in\mathbb{Z}}$ gemäß Theorem 5.4 auf Seite 185 nur für die NYQUIST-Rate $T^{-1} = \Omega/\pi$ eine Orthonormalbasis des PALEY-WIENER-Raums $\mathcal{PW}_\Omega$, da dann $\|\varphi_j\|_{\mathcal{PW}_\Omega} = 1$ ist. Wird anstelle der Signalfolge

$$\{\varphi_j(t)\}_{j\in\mathbb{Z}} = \left\{\frac{\Omega\cdot\sqrt{T}}{\pi}\cdot\text{sinc}\,\frac{\Omega}{\pi}(t - j\cdot T)\right\}_{j\in\mathbb{Z}}$$

die auf die Norm 1 normierte Signalfolge

$$\left\{ \sqrt{\frac{\pi}{\Omega \cdot T}} \cdot \varphi_j(t) \right\}_{j \in \mathbb{Z}} = \left\{ \sqrt{\frac{\Omega}{\pi}} \cdot \mathrm{sinc}\frac{\Omega}{\pi}(t - j \cdot T) \right\}_{j \in \mathbb{Z}}$$

betrachtet, so ist auch diese nach einer völlig entsprechenden Rechnung ein enger Rahmen mit den Rahmengrenzen

$$A = B = \frac{\pi}{\Omega \cdot T} = \frac{T^{-1}}{\Omega/\pi} \; .$$

Entsprechend unserem einführenden Beispiel gibt die Rahmengrenze $A = T^{-1}/\frac{\Omega}{\pi}$ die „Redundanz" des Rahmens an. Diese Redundanz entspricht gerade dem so genannten Überabtastverhältnis ($OSR$ – $\underline{o}ver\underline{s}ampling\ \underline{r}atio$).

### Rauschreduktion

Wir betrachten abschließend entsprechend Lemma 5.28 auf Seite 214 die durch den Rahmenoperator

$$F : \mathcal{PW}_\Omega \to \ell^2(\mathbb{Z})$$

mit

$$f \mapsto \{\langle f, \varphi_j \rangle_{\mathcal{PW}_\Omega}\}_{j \in \mathbb{Z}} = \left\{ \sqrt{T} \cdot f(j \cdot T) \right\}_{j \in \mathbb{Z}}$$

bewirkte Rauschreduktion, falls die Koeffizientenfolge oder Momentenfolge

$$\{\langle f, \varphi_j \rangle_{\mathcal{PW}_\Omega}\}_{j \in \mathbb{Z}} = \{\sqrt{T} \cdot f(j \cdot T)\}_{j \in \mathbb{Z}}$$

durch einen additiven und diskreten weißen stationären Rauschprozess $w = \{w_j\}_{j \in \mathbb{Z}}$ mit dem Mittelwert $\mu_w$ und der Varianz $\sigma_w^2$ gestört ist. Die gestörte Koeffizientenfolge

$$c = \{c_j\}_{j \in \mathbb{Z}} = \{\langle f, \widetilde{\varphi}_j \rangle_{\mathcal{PW}_\Omega} + w_j\}_{j \in \mathbb{Z}}$$

besitzt dann die Varianz

$$\mathrm{E}\left\{ |c_j - \mathrm{E}\{c_j\}|^2 \right\} = \sigma_w^2 \; ,$$

während die durch den Projektionsoperator $P : \ell^2(\mathbb{Z}) \to F(\mathcal{PW}_\Omega)$ mit

$$Pc = \left\{ \sum_{i \in \mathbb{Z}} c_i \cdot \langle \widetilde{\varphi}_i, \varphi_j \rangle_{\mathcal{PW}_\Omega} \right\}_{j \in \mathbb{Z}}$$

auf den Bildraum $F(\mathcal{PW}_\Omega)$ des Rahmenoperators $F : \mathcal{PW}_\Omega \to \ell^2(\mathbb{Z})$ projezierte Koeffizientenfolge die Varianz

$$\mathrm{E}\left\{ |(Pc)_j - \mathrm{E}\{(Pc)_j\}|^2 \right\} = \sigma_w^2 \cdot \|\varphi_j\|_{\mathcal{PW}_\Omega}^2$$

besitzt. Hier wird durch das Gleichheitszeichen berücksichtigt, dass die Signalfolge $\{\varphi_j(t)\}_{j\in\mathbb{Z}}$ ein enger Rahmen mit $A = B = 1$ ist. Der Projektionsoperator $P$ bewirkt somit eine Rauschreduktion – gemessen durch die Reduzierung der Varianz – gemäß

$$\frac{\mathrm{E}\left\{\left|(Pc)_j - \mathrm{E}\left\{(Pc)_j\right\}\right|^2\right\}}{\mathrm{E}\left\{\left|c_j - \mathrm{E}\left\{c_j\right\}\right|^2\right\}} = \|\varphi_j\|^2_{\mathcal{PW}_\Omega} = \frac{\Omega \cdot T}{\pi} = \frac{\Omega/\pi}{T^{-1}} \; .$$

Dieses Ergebnis stimmt mit der Erkenntnis aus der digitalen Signalverarbeitung überein, dass der Störsignalanteil eines überabgetasteten Signals durch eine nachfolgende lineare zeitinvariante, zeitdiskrete Tiefpassfilterung reduziert werden kann. Dieses Prinzip wird zusammen mit einer zusätzlichen Färbung des Rauschsignalspektrums in so genannten $\Sigma$-$\Delta$-Analog/Digital-Wandlern eingesetzt [37]. Je größer die gewählte Abtastrate $T^{-1}$ gegenüber der Nyquist-Rate $\Omega/\pi$ ist, desto wirkungsvoller ist die Rauschreduktion durch den Projektionsoperator $P$.

**Periodische Signale**

Wird anstelle eines zeitlich unbegrenzten Signals ein zeitlich begrenztes Signal

$$f = f(t) \in L^2([0, N \cdot T])$$

mit endlichem Träger $\mathrm{supp}\{f\} \subseteq [0, N \cdot T]$ betrachtet, so ist es für die Beibehaltung der Forderung nach exakter Frequenzband-Begrenztheit sinnvoll dieses Signal periodisch fortzusetzen – wie wir bereits im letzten Kapitel sahen. Bei einer im Allgemeinen asymmetrischen periodischen Fortsetzung eines mit

$$\Omega = \frac{\pi}{T} \cdot \frac{M}{N}$$

Frequenzband-begrenzten Signals $f \in \mathcal{PW}_\Omega^{1-\mathrm{per}}$ mit der Periode $N \cdot T$ gilt mithilfe der in Gleichung 4.28 auf Seite 151 definierten Signalfolge

$$\{\varphi_j(t)\}_{j\in\{0,1,\dots N-1\}}$$

$$= \left\{\frac{1}{\sqrt{T}} \sum_{i=-\infty}^{\infty} \frac{M}{N} \cdot \mathrm{sinc}\frac{M}{N}\left(\frac{t}{T} - i \cdot N - j\right)\right\}_{j\in\{0,1,\dots N-1\}}$$

$$= \left\{\frac{1}{\sqrt{T}} \cdot \frac{\sin\left((2 \cdot \lfloor M/2 \rfloor + 1)\frac{\pi}{N}\left(\frac{t}{T} - j\right)\right)}{N \cdot \sin\left(\frac{\pi}{N}\left(\frac{t}{T} - j\right)\right)}\right\}_{j\in\{0,1,\dots N-1\}}$$

beziehungsweise

$$\{\varphi_j(t)\}_{j\in\{0,1,\dots N-1\}}$$

$$= \left\{\sum_{i=-\infty}^{\infty} \frac{\Omega \cdot \sqrt{T}}{\pi} \cdot \mathrm{sinc}\frac{\Omega}{\pi}(t - i \cdot N \cdot T - j \cdot T)\right\}_{j\in\{0,1,\dots N-1\}}$$

die Signaldarstellung in Gleichung 4.29 auf Seite 151

$$f(t) = \sum_{j=0}^{N-1} \langle f, \varphi_j \rangle_{\mathcal{PW}_\Omega^{1-\mathrm{per}}} \cdot \varphi_j \quad \forall\, t \in [0, N \cdot T] \quad \text{a.e.}$$

mit Gleichung 4.30

$$\langle f, \varphi_j \rangle_{\mathcal{PW}_\Omega^{1-\mathrm{per}}} = \sqrt{T} \cdot f(j \cdot T) \ .$$

Wie im Falle der Überabtastung zeitlich unbegrenzter Signale aus dem PALEY-WIENER-Raum ist die Signalfolge $\{\varphi_j\}_{j \in \{0,1,\dots N-1\}}$ für

$$\Omega = \frac{\pi}{T} \cdot \frac{M}{N} < \frac{\pi}{T}$$

– also $M < N$ – keine Orthonormalbasis mehr. Sie stellt aber erneut einen Rahmen dar. Zum Nachweis dieser Behauptung stellen wir aufgrund der für $\Omega < \pi/T$ geltenden Inklusion

$$\mathcal{PW}_\Omega^{1-\mathrm{per}} \subset \mathcal{PW}_{\pi/T}^{1-\mathrm{per}}$$

das Signal $f \in \mathcal{PW}_\Omega^{1-\mathrm{per}}$ durch die Orthonormalbasis

$$\left\{ \frac{1}{\sqrt{T}} \sum_{i=-\infty}^{\infty} \mathrm{sinc}\left( \frac{t}{T} - i \cdot N - j \right) \right\}_{j \in \{0,1,\dots N-1\}}$$

des PALEY-WIENER-Raums $\mathcal{PW}_{\pi/T}^{1-\mathrm{per}}$ dar.

$$f(t) = \sum_{j=0}^{N-1} \sqrt{T} \cdot f(j \cdot T) \cdot \frac{1}{\sqrt{T}} \sum_{i=-\infty}^{\infty} \mathrm{sinc}\left( \frac{t}{T} - i \cdot N - j \right)$$

$$= \sum_{j=0}^{N-1} f(j \cdot T) \sum_{i=-\infty}^{\infty} \mathrm{sinc}\left( \frac{t}{T} - i \cdot N - j \right) \quad \forall\, t \in [0, N \cdot T] \quad \text{a.e.}$$

Somit gilt entsprechend Gleichung 4.33 auf Seite 155

$$\|f\|^2_{\mathcal{PW}_\Omega^{1-\mathrm{per}}} = \|f\|^2_{\mathcal{PW}_{\pi/T}^{1-\mathrm{per}}} = T \sum_{j=0}^{N-1} |f(j \cdot T)|^2 \ . \tag{5.34}$$

Zur Überprüfung der Rahmenbedingung in Definition 5.1 auf Seite 182 berechnen wir

$$\sum_{j=0}^{N-1} \left| \langle f, \varphi_j \rangle_{\mathcal{PW}_\Omega^{1-\mathrm{per}}} \right|^2 = T \sum_{j=0}^{N-1} |f(j \cdot T)|^2 = \|f\|^2_{\mathcal{PW}_\Omega^{1-\mathrm{per}}} \ , \tag{5.35}$$

das heißt die Signalfolge

$$\{\varphi_j(t)\}_{j\in\{0,1,\dots N-1\}}$$
$$= \left\{ \sum_{i=-\infty}^{\infty} \frac{\Omega\cdot\sqrt{T}}{\pi}\cdot\operatorname{sinc}\frac{\Omega}{\pi}(t-i\cdot N\cdot T - j\cdot T) \right\}_{j\in\{0,1,\dots N-1\}}$$

stellt tatsächlich einen engen Rahmen mit den Rahmengrenzen $A = B = 1$ dar. Um die „Redundanz" des Rahmens $\{\varphi_j\}_{j\in\{0,1,\dots,N-1\}}$ zu bestimmen, benötigen wir die Norm der Signale $\varphi_j$. Wird in das Skalarprodukt $\langle f, \varphi_j\rangle_{\mathcal{PW}_\Omega^{1-\text{per}}}$ das Signal $f = \varphi_j$ eingesetzt, so ergibt sich die Norm

$$\|\varphi_j\|^2_{\mathcal{PW}_\Omega^{1-\text{per}}} = \langle \varphi_j, \varphi_j\rangle_{\mathcal{PW}_\Omega^{1-\text{per}}} = \sqrt{T}\cdot\varphi_j(j\cdot T)\ .$$

Der Signalwert $\varphi_j(j\cdot T)$ kann mithilfe der Regel von L'HOSPITAL ermittelt werden.

$$\lim_{t\to j\cdot T} \sqrt{T}\cdot\varphi_j(t)$$
$$= \lim_{t\to j\cdot T} \frac{\sin\left((2\cdot\lfloor M/2\rfloor + 1)\frac{\pi}{N}\left(\frac{t}{T}-j\right)\right)}{N\cdot\sin\left(\frac{\pi}{N}\left(\frac{t}{T}-j\right)\right)}$$
$$= \lim_{t\to j\cdot T} \frac{(2\cdot\lfloor M/2\rfloor + 1)\frac{\pi}{N\cdot T}\cdot\cos\left((2\cdot\lfloor M/2\rfloor + 1)\frac{\pi}{N}\left(\frac{t}{T}-j\right)\right)}{N\cdot\frac{\pi}{N\cdot T}\cdot\cos\left(\frac{\pi}{N}\left(\frac{t}{T}-j\right)\right)}$$
$$= \frac{(2\cdot\lfloor M/2\rfloor + 1)\frac{\pi}{N\cdot T}}{N\cdot\frac{\pi}{N\cdot T}} = \frac{2\cdot\lfloor M/2\rfloor + 1}{N}\ .$$

Die Norm lautet somit

$$\|\varphi_j\|^2_{\mathcal{PW}_\Omega^{1-\text{per}}} = \frac{2\cdot\lfloor M/2\rfloor + 1}{N}\ .$$

Wir setzen nun voraus, dass $M$ ungerade ist. Dann gilt mit $M = 2\cdot\lfloor M/2\rfloor + 1$ für die Norm

$$\|\varphi_j\|^2_{\mathcal{PW}_\Omega^{1-\text{per}}} = \frac{M}{N}$$
$$\Leftrightarrow \quad \|\varphi_j\|_{\mathcal{PW}_\Omega^{1-\text{per}}} = \sqrt{\frac{M}{N}}\ .$$

Wird anstelle der Signalfolge – mit $M = 2\cdot\lfloor M/2\rfloor + 1$ ungerade –

$$\{\varphi_j(t)\}_{j\in\{0,1,\dots N-1\}}$$
$$= \left\{ \frac{1}{\sqrt{T}}\sum_{i=-\infty}^{\infty} \frac{M}{N}\cdot\operatorname{sinc}\frac{M}{N}\left(\frac{t}{T}-i\cdot N - j\right) \right\}_{j\in\{0,1,\dots N-1\}}$$

$$= \left\{ \frac{1}{\sqrt{T}} \cdot \frac{\sin\left(\frac{\pi M}{N}\left(\frac{t}{T}-j\right)\right)}{N \cdot \sin\left(\frac{\pi}{N}\left(\frac{t}{T}-j\right)\right)} \right\}_{j \in \{0,1,\dots N-1\}}$$

$$= \left\{ \sum_{i=-\infty}^{\infty} \frac{\Omega \cdot \sqrt{T}}{\pi} \cdot \operatorname{sinc}\frac{\Omega}{\pi}(t - i \cdot N \cdot T - j \cdot T) \right\}_{j \in \{0,1,\dots N-1\}}$$

die auf 1 normierte Signalfolge

$$\{\varphi_j(t)\}_{j \in \{0,1,\dots N-1\}}$$

$$= \left\{ \sqrt{\frac{N}{M \cdot T}} \sum_{i=-\infty}^{\infty} \frac{M}{N} \cdot \operatorname{sinc}\frac{M}{N}\left(\frac{t}{T} - i \cdot N - j\right) \right\}_{j \in \{0,1,\dots N-1\}}$$

$$= \left\{ \sqrt{\frac{M}{N \cdot T}} \cdot \frac{\sin\left(\frac{\pi M}{N}\left(\frac{t}{T}-j\right)\right)}{M \cdot \sin\left(\frac{\pi}{N}\left(\frac{t}{T}-j\right)\right)} \right\}_{j \in \{0,1,\dots N-1\}}$$

$$= \left\{ \sqrt{\frac{N \cdot T}{M}} \sum_{i=-\infty}^{\infty} \frac{\Omega}{\pi} \cdot \operatorname{sinc}\frac{\Omega}{\pi}(t - i \cdot N \cdot T - j \cdot T) \right\}_{j \in \{0,1,\dots N-1\}}$$

definiert, so stellt diese ebenso einen engen Rahmen mit den Rahmengrenzen

$$A = B = \frac{N}{M}$$

dar. Wegen

$$\Omega = \frac{\pi}{T} \cdot \frac{M}{N}$$

gilt daher auch

$$A = B = \frac{\pi}{\Omega \cdot T} = \frac{T^{-1}}{\Omega/\pi} \ .$$

Dieser Quotient $N/M$ repräsentiert wie im Falle zeitlich unbegrenzter Signale – auch dort haben wir $A = B = T^{-1}/\frac{\Omega}{\pi}$ – die „Redundanz" des Rahmens $\{\varphi_j\}_{j \in \{0,1,\dots N-1\}}$, da er das Verhältnis aus der Zahl $N$ der zeitlichen Abtastwerte innerhalb einer Periode und der ungeraden Zahl $M$ der zur Beschreibung des Signals notwendigen Spektrallinien wiedergibt.

# 6. Die Signaltheorie der irregulären Abtastung

*Secundae cogitationes meliores.*
– CICERO

Wir sind nun – endlich – am eigentlichen Ziel unserer Bemühungen angelangt, nämlich der Signaltheorie der irregulären Abtastung. Durch die bisherigen Betrachtungen haben wir das notwendige Rüstzeug erworben, um die in diesem Kapitel besprochene Signaltheorie der irregulären Abtastung verstehen zu können. Zu diesem Zweck haben wir bereits eine Fülle von Ergebnissen in einer für die Übertragung auf den Fall der irregulären Abtastung günstigen Form zusammengestellt. Im Folgenden wollen wir uns die eingeführte Theorie der Rahmen und insbesondere die bereits kennen gelernten Rekonstruktionsalgorithmen für unsere Zwecke der signaltheoretischen Analyse sowie der Signalverarbeitung auf Basis der irregulären Abtastung zunutze machen. Wir beginnen wie bei der Behandlung der regulären Abtastung mit dem HILBERT-Raum $L^2(\mathbb{R})$ und speziell dem PALEY-WIENER-Raum $\mathcal{PW}_\Omega \subset L^2(\mathbb{R})$ bevor wir auf periodisch fortgesetzte zeitbegrenzte Signale übergehen. Da historisch in der mathematischen Literatur in diesem Zusammenhang so genannte ganze Funktionen vom exponentiellen Typ eine Rolle spielen, wagen wir vorher jedoch noch einen kleinen Ausflug in die Funktionentheorie.

## 6.1 Aufgabenstellung der irregulären Abtastung

Rückblickend auf das Kapitel über die Signaltheorie der regulären Abtastung haben wir uns die Aufgabe gestellt, aus einer regulären Folge äquidistanter Abtastzeitpunkte

$$\{j \cdot T\}_{j \in \mathbb{Z}}$$

sowie der zugehörigen regulären Abtastwertefolge

$$\{f(j \cdot T)\}_{j \in \mathbb{Z}}$$

eines Frequenzband-begrenzten Signals $f = f(t) \in \mathcal{PW}_\Omega$ im PALEY-WIENER-Raum $\mathcal{PW}_\Omega$ das Signal $f$ selbst zu rekonstruieren. Wie wir sahen, kann ein Frequenzband-begrenztes Signal $f = f(t) \in \mathcal{PW}_\Omega$ im PALEY-WIENER-Raum

$\mathcal{PW}_\Omega$ aus den regulär im äquidistanten Abstand $T$ gewonnenen Abtastwerten $f(j \cdot T)$ rekonstruiert werden, sofern die Abtastrate $T^{-1}$ die NYQUIST-Rate $\Omega/\pi$ übersteigt. Für den Fall der Abtastung mit der NYQUIST-Rate $T^{-1} = \Omega/\pi$ konnte auf Basis des SHANNON-WHITTAKER-KOTEL'NIKOV-Abtasttheorems 4.1 auf Seite 124 die Rekonstruktionsgleichung

$$f(t) = \sum_{j=-\infty}^{\infty} f(j \cdot T) \cdot \operatorname{sinc}\left(\frac{t}{T} - j\right)$$

beziehungsweise allgemeiner die Rekonstruktionsvorschrift für $T^{-1} \geq \Omega/\pi$

$$f(t) = \sum_{j=-\infty}^{\infty} f(j \cdot T) \cdot \frac{\Omega \cdot T}{\pi} \cdot \operatorname{sinc}\frac{\Omega}{\pi}(t - j \cdot T)$$

entsprechend Theorem 4.12 auf Seite 142 angegeben werden. Wir haben somit im Falle der regulären Abtastung die wesentlichen Fragen nach den Bedingungen für die *Existenz* eines Rekonstruktionsalgorithmus – im Falle $T^{-1} \geq \Omega/\pi$ – sowie nach dem *Rekonstruktionsalgorithmus* selbst – gegeben durch die Reihenentwicklung $f(t) = \sum_{j=-\infty}^{\infty} f(j \cdot T) \cdot \operatorname{sinc}\left(\frac{t}{T} - j\right)$ beziehungsweise $f(t) = \sum_{j=-\infty}^{\infty} f(j \cdot T) \cdot \frac{\Omega \cdot T}{\pi} \cdot \operatorname{sinc}\frac{\Omega}{\pi}(t - j \cdot T)$ – beantworten können.

Im Falle der irregulären Abtastung mit nichtäquidistanten Abtastwertefolgen $\{f(t_j)\}_{j \in \mathbb{Z}}$ haben die Abtastzeitpunkte $t_j$ nicht alle denselben Abstand $T$ voneinander. Die Aufgabenstellung der irregulären Abtastung lautet hier in völliger Entsprechung zur regulären Abtastung:

*Gegeben sei die irreguläre Folge nichtäquidistanter Abtastzeitpunkte*

$$\{t_j\}_{j \in \mathbb{Z}}$$

*sowie die zugehörige nichtäquidistante Abtastwertefolge*

$$\{f(t_j)\}_{j \in \mathbb{Z}}$$

*eines Frequenzband-begrenzten Signals* $f = f(t) \in \mathcal{PW}_\Omega$ *im* PALEY-WIENER-*Raum* $\mathcal{PW}_\Omega$. *Gesucht ist die exakte Rekonstruktion des Signals* $f = f(t)$.

Wir suchen also für das Frequenzband-begrenzte Signal $f \in \mathcal{PW}_\Omega$ einen Rekonstruktionsalgorithmus

$$\boxed{\left(\{t_j\}_{j \in \mathbb{Z}}, \{f(t_j)\}_{j \in \mathbb{Z}}\right) \mapsto f \,.} \tag{6.1}$$

Hier und im Folgenden setzen wir voraus, dass die irreguläre Folge $\{t_j\}_{j \in \mathbb{Z}}$ der nichtäquidistanten Abtastwerte in aufsteigender Reihenfolge angeordnet ist, das heißt es gelte

$$-\infty < \ldots < t_{j-1} < t_j < t_{j+1} < \ldots < \infty \ . \tag{6.2}$$

Ausgehend von dieser Aufgabenstellung beschäftigt sich die Signaltheorie der irregulären Abtastung im Wesentlichen mit den beiden folgenden Fragestellungen.

1. *Existenz:*
   Kann aus einer gegebenen nichtäquidistanten Abtastwertefolge $\{f(t_j)\}_{j\in\mathbb{Z}}$ mit der irregulären Folge $\{t_j\}_{j\in\mathbb{Z}}$ nichtäquidistanter Abtastzeitpunkte das Signal $f \in \mathcal{PW}_\Omega$ stabil rekonstruiert werden? Ist also das Signal $f$ durch die nichtäquidistante Abtastwertefolge $\{f(t_j)\}_{j\in\mathbb{Z}}$ vollständig und eindeutig festgelegt?
2. *Rekonstruktionsalgorithmus:*
   Auf welche Weise beziehungsweise mit welchem Algorithmus kann das Signal $f \in \mathcal{PW}_\Omega$ aus einer gegebenen nichtäquidistanten Abtastwertefolge $\{f(t_j)\}_{j\in\mathbb{Z}}$ und der irregulären Folge $\{t_j\}_{j\in\mathbb{Z}}$ nichtäquidistanter Abtastzeitpunkte stabil rekonstruiert werden?

Unter der Stabilität eines Rekonstruktionsalgorithmus verstehen wir im Sinne HADAMARDs die Eigenschaft, dass kleine Störungen der nichtäquidistanten Abtastwertefolge $\{f(t_j)\}_{j\in\mathbb{Z}}$ beziehungsweise der irregulären Folge der nichtäquidistanten Abtastzeitpunkte $\{t_j\}_{j\in\mathbb{Z}}$ nur zu kleinen Abweichungen im rekonstruierten Signal $f$ führen – eine für die praktische Anwendung eines Rekonstruktionsalgorithmus wichtige Eigenschaft. In diesem Kapitel werden wir die grundlegenden Konzepte der irregulären Abtastung kennen lernen. Hinreichende Bedingungen für die positive Beantwortung der ersten Frage werden im weiteren Verlauf angegeben werden – zum Beispiel in Form des $\frac{1}{4}$-Theorems von KADEC. Des Weiteren werden geeignete Rekonstruktionsalgorithmen hergeleitet und analysiert.

## 6.2 Ganze Funktionen vom exponentiellen Typ

Aufgrund des berühmten PALEY-WIENER-Theorems können Frequenzbandbegrenzte Funktionen mit so genannten ganzen Funktionen vom exponentiellen Typ (*entire functions of exponential type*) identifiziert werden. Zum Verständnis dieser Funktionenklasse wagen wir einen kurzen Ausflug in die Funktionentheorie [24].

### 6.2.1 Ein kurzer Ausflug in die Funktionentheorie

Die Funktionentheorie betrachtet komplexwertige Funktionen $f = u + iv$ einer komplexen Variablen $z = x + iy$. Eine wichtige und mächtige Eigenschaft solcher Funktionen ist die komplexe Differenzierbarkeit.

**Definition 6.1.** *Eine komplexwertige Funktion $f = f(z)$ heißt komplex differenzierbar in dem Punkt $z_0$ genau dann, wenn*

$$\lim_{z \to z_0} \frac{f(z) - f(z_0)}{z - z_0} = f'(z_0)$$

*existiert.*

Die so genannten CAUCHY-RIEMANNschen Differentialgleichungen geben eine notwendige und hinreichende Bedingung für die komplexe Differenzierbarkeit.

**Theorem 6.2.** *Eine komplexwertige Funktion $f = f(z)$ der komplexen Variablen $z = x + \mathrm{i}y$ mit Realteil $u(x, y) = \Re\{f(z)\}$ und Imaginärteil $v(x, y) = \Im\{f(z)\}$ ist komplex differenzierbar in dem Punkt $z_0$ genau dann, wenn*

$$\frac{\partial u}{\partial x} = \frac{\partial v}{\partial y} \quad und \quad \frac{\partial v}{\partial x} = -\frac{\partial u}{\partial y}$$

*in dem Punkt $z_0 = x_0 + \mathrm{i}y_0$ gilt.*

Mithilfe der komplexen Differenzierbarkeit können komplexwertige Funktionen klassifiziert werden.

**Definition 6.3.** *Eine in einer offenen Teilmenge $\mathcal{Z} \subseteq \mathbb{C}$ komplex differenzierbare komplexwertige Funktion $f = f(z)$ heißt holomorph.*[1]

**Definition 6.4.** *Eine auf ganz $\mathbb{C}$ holomorphe komplexwertige Funktion $f = f(z)$ heißt ganz.*

Für die komplexe Differentiation gelten die folgenden Regeln; hierbei seien $f$ und $g$ zwei in $\mathcal{Z} \subseteq \mathbb{C}$ holomorphe Funktionen.

- $f + g$ ist holomorph und es gilt $(f + g)' = f' + g'$.
- $f \cdot g$ ist holomorph und es gilt $(f \cdot g)' = f' \cdot g + f \cdot g'$.

Ein wichtiges Theorem der Funktionentheorie ist der so genannte CAUCHYsche Integralsatz.

**Theorem 6.5.** *Es sei $f = f(z)$ eine in $\mathcal{Z} \subseteq \mathbb{C}$ holomorphe komplexwertige Funktion. Dann gilt*

$$f(z_0) = \frac{1}{2\pi \mathrm{i}} \oint_C \frac{f(\zeta)}{\zeta - z_0} \, \mathrm{d}\zeta$$

*mit $z_0 \in \mathcal{Z}$ und der geschlossenen Kurve $C \subset \mathcal{Z}$.*

---

[1] Eine andere Bezeichnung für holomorphe komplexwertige Funktionen $f$ ist *analytisch*.

Aus dem CAUCHYschen Integralsatz folgt unter Verwendung eines Kreises um $z_0$ mit Radius $\rho$ als Integrationskurve $C$ das so genannte *Maximumprinzip*

$$|f(z_0)| \leq \max_{|z-z_0|=\rho} |f(z)| \ .$$

Hieraus ergibt sich mit $z = z_0 + \rho \cdot \mathrm{e}^{\mathrm{i}\theta}$ die Ungleichung

$$|f(z_0)| \leq \max_{-\pi < \theta \leq \pi} \left| f\left(z_0 + \rho \cdot \mathrm{e}^{\mathrm{i}\theta}\right) \right| \ .$$

Hinsichtlich der Integration bezüglich des Winkels $\theta$ entnehmen wir aus [4] die Ungleichung

$$|f(z_0)|^2 \leq \frac{1}{2\pi} \int_{-\pi}^{\pi} \left| f\left(z_0 + \rho \cdot \mathrm{e}^{\mathrm{i}\theta}\right) \right|^2 \, \mathrm{d}\theta \ . \tag{6.3}$$

Des Weiteren gilt für die $n$-te Ableitung das folgende Theorem.

**Theorem 6.6.** *Es sei $f = f(z)$ eine in $\mathcal{Z} \subseteq \mathbb{C}$ holomorphe komplexwertige Funktion. Dann gilt*

$$f^{(n)}(z_0) = \frac{n!}{2\pi\mathrm{i}} \oint_C \frac{f(\zeta)}{(\zeta - z_0)^{n+1}} \, \mathrm{d}\zeta$$

*mit $z_0 \in \mathcal{Z}$ und der geschlossenen Kurve $C \subset \mathcal{Z}$.*

Auf andere schöne Resultate der Funktionentheorie – zum Beispiel die LAURENT-Reihen oder der Residuensatz – , die insbesondere zum Verständnis der in Definition 4.9 auf Seite 138 eingeführten $z$-Transformation hilfreich sind, gehen wir nicht ein, da wir diese in unserem folgenden Streifzug nicht benötigen werden.

### 6.2.2 Definition ganzer Funktionen vom exponentiellen Typ

Nach diesen Vorüberlegungen aus dem Reich der Funktionentheorie geben wir nun die Definition so genannter ganzer Funktionen vom exponentiellen Typ an [53].

**Definition 6.7.** *Eine ganze Funktion $f = f(z)$ ist vom exponentiellen Typ $\gamma$ genau dann, wenn es zu jedem $\varepsilon > 0$ eine Konstante $c = c(\varepsilon)$ gibt, so dass für alle $z \in \mathbb{C}$ gilt*

$$|f(z)| \leq c \cdot \mathrm{e}^{(\gamma+\varepsilon)\cdot|z|} \ .$$

Ausgehend von dieser Definition wollen wir uns nun näher mit dem PALEY-WIENER-Theorem befassen. Das klassische – und berühmte – PALEY-WIENER-Theorem besagt, dass eine quadratisch integrierbare komplexwertige Funktion $f = f(t)$, die auf der reellen Achse mit $t \in \mathbb{R}$ definiert ist, als eine ganze Funktion $f(z)$ vom exponentiellen Typ $\Omega$ fortgesetzt werden kann mit $z \in \mathbb{C}$ genau dann, wenn die zugehörige FOURIER-Transformierte $\widehat{f}(\omega) = 0$ für alle $|\omega| > \Omega$ ist – $f = f(t)$ also Frequenzband-begrenzt mit $\Omega$ ist.

**Theorem 6.8.** *Es sei $f = f(z)$ mit $z = x + iy$ eine ganze Funktion vom exponentiellen Typ $\Omega$. Ferner gelte $f(t) \in L^2(\mathbb{R})$ mit $t \in \mathbb{R}$, also $\int_{-\infty}^{\infty} |f(t)|^2 \, dt < \infty$. Dann existiert eine Funktion $\widehat{f}(\omega) \in L^2([-\Omega, \Omega])$ mit*

$$f(z) = \frac{1}{2\pi} \int_{-\Omega}^{\Omega} \widehat{f}(\omega) \cdot e^{i\omega z} \, d\omega \ .$$

Durch Vergleich mit Definition 3.1 auf Seite 83 und unter Berücksichtigung von Gleichung 3.47 auf Seite 112 erkennen wir, dass $\widehat{f} = \widehat{f}(\omega)$ die Frequenzband-begrenzte FOURIER-Transformierte des Signals $f = f(t) \in \mathcal{PW}_\Omega$ ist. Hieraus leitet sich die übliche Bezeichnung PALEY-WIENER-Raum $\mathcal{PW}_\Omega$ für den Signalraum der mit $\Omega$ Frequenzband-begrenzten Signale ab. Ferner gilt das folgende

**Lemma 6.9.** *Es sei $f = f(z)$ mit $z = x + iy$ eine ganze Funktion vom exponentiellen Typ $\Omega$. Ferner gelte*

$$\int_{-\infty}^{\infty} |f(t)|^p \, dt < \infty$$

*für $p > 0$. Dann gilt*

$$\lim_{t \to \pm\infty} f(t) = 0 \ .$$

Entsprechend dem SHANNON-WHITTAKER-KOTEL'NIKOV-Abtasttheorem 4.1 auf Seite 124 können ganze Funktionen zum Beispiel vom exponentiellen Typ $\pi$ im PALEY-WIENER-Raum $\mathcal{PW}_\pi$ durch die so genannte Kardinalreihe (*cardinal series*) dargestellt werden.

$$\begin{aligned}
f(z) &= \sum_{j=-\infty}^{\infty} f(j) \cdot \operatorname{sinc}(z - j) \\
&= \sin(\pi z) \cdot \sum_{j=-\infty}^{\infty} (-1)^j \cdot \frac{f(j)}{\pi \cdot (z - j)}
\end{aligned} \tag{6.4}$$

Im Zusammenhang mit den im folgenden Abschnitt betrachteten nichtharmonischen FOURIER-Reihen interessieren uns insbesondere die Nullstellen ganzer Funktionen $f(z)$ vom exponentiellen Typ. Zur weiteren Verwendung geben wir den Faktorisierungssatz von WEIERSTRASS an [53].

**Theorem 6.10.** *Jede nicht identisch verschwindende ganze Funktion $f = f(z)$ kann dargestellt werden durch*

$$f(z) = z^n \cdot e^{g(z)} \cdot \prod_{j=1}^{\infty} \left(1 - \frac{z}{z_j}\right) \cdot e^{h_j(z)}$$

*mit der ganzen Funktion $g = g(z)$ sowie*

$$h_j(z) = \sum_{i=1}^{j} \frac{1}{i} \left( \frac{z}{z_j} \right)^i \ .$$

*Die Folge $\{z_j\}_{j \in \mathbb{N}}$ ist die Folge der von $0$ verschiedenen Nullstellen der ganzen Funktion $f = f(z)$; ferner ist $n \in \mathbb{N} \cup \{0\}$.*

Mithilfe des Faktorisierungssatzes von WEIERSTRASS kann die so genannte *kanonische* Darstellung

$$\sin(\pi z) \ = \ \pi z \cdot \prod_{j=1}^{\infty} \left( 1 - \frac{z^2}{j^2} \right) \tag{6.5}$$

der Sinus-Funktion abgeleitet werden [53]. Ferner folgt mit der Beziehung $\mathrm{sinc}(z) = \sin(\pi z)/\pi z$ die EULERsche Produktdarstellung [22]

$$\mathrm{sinc}(z) \ = \ \prod_{j=1}^{\infty} \left( 1 - \frac{z^2}{j^2} \right) \ . \tag{6.6}$$

Mit der Gamma-Funktion

$$\frac{1}{\Gamma(z)} = z \cdot \mathrm{e}^{\gamma \cdot z} \cdot \prod_{j=1}^{\infty} \left( 1 + \frac{z}{j} \right) \cdot \mathrm{e}^{-z/j}$$

und der EULERschen Konstanten

$$\gamma \overset{\triangle}{=} \lim_{n \to \infty} \left( 1 + \frac{1}{2} + \frac{1}{3} + \ldots + \frac{1}{n} - \log_{\mathrm{e}}(n) \right)$$

ergibt sich die Beziehung

$$\Gamma(z) \cdot \Gamma(1 - z) = \frac{\pi}{\sin(\pi z)} \ .$$

Wird mit[2]

$$N \left( \{z_j\}_{j \in \mathbb{N}}, r \right) \overset{\triangle}{=} \left| \{ z_j \mid |z_j| \le r \} \right| \tag{6.7}$$

die Anzahl der Nullstellen $z_j$ der ganzen Funktion $f = f(z)$ – also $f(z_j) = 0$ –, für die $|z_j| \le r$ ist, bezeichnet, so gilt das

**Lemma 6.11.** *Es sei $f = f(z)$ eine ganze Funktion vom exponentiellen Typ. Dann ist*

$$\lim_{r \to \infty} \frac{N \left( \{z_j\}_{j \in \mathbb{N}}, r \right)}{r} < \infty \ .$$

Dieses Lemma besagt, dass die Dichte der Nullstellen $z_j$ einer ganzen Funktion $f = f(z)$ vom exponentiellen Typ endlich ist – was aufgrund der Frequenzband-Begrenztheit von $f = f(t)$ nicht sonderlich verwunderlich ist.

---

[2] $|\mathbb{M}|$ bezeichnet die Kardinalität der Menge $\mathbb{M}$.

## 6.3 Nichtharmonische Fourier-Reihen

In Definition 3.7 auf Seite 99 hatten wir die FOURIER-Reihe eines mit der Periode $N \cdot T$ periodisch fortgesetzten Signals

$$f(t) = \sum_{j=-\infty}^{\infty} c_j \cdot \mathrm{e}^{\mathrm{i}2\pi jt/NT} \quad \forall\, t \in [0, N \cdot T] \quad \text{a.e.} \tag{6.8}$$

kennen gelernt.[3] Aufgrund von Theorem 2.62 auf Seite 46 wissen wir, dass die Signalfolge $\{\mathrm{e}^{\mathrm{i}2\pi jt/NT}\}_{j\in\mathbb{Z}}$ bis auf den konstanten Faktor $1/\sqrt{N \cdot T}$ ein vollständiges Orthonormalsystem – mithin eine Orthonormalbasis – des LE-BESGUE-Raums $L^2([0, N \cdot T])$ bildet. So ist ein Signal $f$, dessen FOURIER-Koeffizienten

$$c_j = \frac{1}{N \cdot T} \int_0^{N\cdot T} f(t) \cdot \mathrm{e}^{-\mathrm{i}2\pi jt/NT}\, \mathrm{d}t = 0$$

allesamt identisch 0 sind, ebenfalls – im Sinne der Diskussion des LEBESGUE-Raums $L^2([0, N \cdot T])$ fast überall beziehungsweise *almost everywhere* – gleich 0. Zur Vereinfachung der folgenden Betrachtungen – und um in Einklang mit der in der Literatur (siehe zum Beispiel [53]) verwendeten Bezeichnungsweise zu sein – setzen wir die Periode $N \cdot T = 2\pi$ und erhalten

$$f(t) = \sum_{j=-\infty}^{\infty} c_j \cdot \mathrm{e}^{\mathrm{i}tj} \quad \forall\, t \in [-\pi, \pi] \quad \text{a.e.}$$

Es gilt unter Ausnutzung der $2\pi$-Periodizität des Signals $f$ und damit durch den unsere späteren Betrachtungen im Frequenzbereich erleichternden Übergang vom LEBESGUE-Raum $L^2([0, 2\pi])$ zum LEBESGUE-Raum $L^2([-\pi, \pi])$ das

**Lemma 6.12.** *Die harmonische trigonometrische Signalfolge*

$$\{\frac{1}{\sqrt{2\pi}} \cdot \mathrm{e}^{\mathrm{i}tj}\}_{j\in\mathbb{Z}}$$

*stellt eine Orthonormalbasis des* LEBESGUE-*Raums* $L^2([-\pi, \pi])$ *dar.*

In Theorem 2.68 auf Seite 49 hatten wir im Zusammenhang mit RIESZ-Basen ein Stabilitätskriterium für Orthonormalbasen in einem HILBERT-Raum kennen gelernt. In diesem Sinne ist die Orthonormalbasis $\{\frac{1}{\sqrt{2\pi}} \cdot \mathrm{e}^{\mathrm{i}tj}\}_{j\in\mathbb{Z}}$ stabil gegenüber hinreichend kleinen Verschiebungen der ganzen Zahlen $j \in \mathbb{Z}$, das

---

[3] Ähnlich zu unserem Vorgehen bei der Herleitung der FOURIER-Reihe gehen wir von einem Signal $f$ mit kompaktem Träger in einem endlichen Zeitintervall aus, das wir periodisch fortsetzen. Da in den folgenden Betrachtungen unser Augenmerk auf diesem endlichen Zeitintervall liegt, werden wir anstelle von $f_{1-\mathrm{per}}$ oder $f_{2-\mathrm{per}}$ ausschließlich $f$ schreiben.

heißt dass für eine Folge $\{\omega_j\}_{j\in\mathbb{Z}}$ mit $\{\omega_j - j\}_{j\in\mathbb{Z}}$ in gewissem Sinne hinreichend klein die nichtharmonische trigonometrische Signalfolge

$$\left\{\frac{1}{\sqrt{2\pi}} \cdot e^{i\omega_j t}\right\}_{j\in\mathbb{Z}}$$

eine RIESZ-Basis des LEBESGUE-Raums $L^2([-\pi,\pi])$ bildet. Diese Erkenntnis geht auf PALEY und WIENER zurück [40, 53]. Wir lassen in den folgenden Betrachtungen den konstanten und lediglich für die Normierung wichtigen Faktor $1/\sqrt{2\pi}$ beiseite; die harmonische trigonometrische Signalfolge $\{e^{itj}\}_{j\in\mathbb{Z}}$ stellt daher nun eine Orthogonalbasis des LEBESGUE-Raums $L^2([-\pi,\pi])$ dar, während die nichtharmonische trigonometrische Signalfolge $\{e^{i\omega_j t}\}_{j\in\mathbb{Z}}$ für geeignete Folgen $\{\omega_j\}_{j\in\mathbb{Z}}$ eine RIESZ-Basis des LEBESGUE-Raums $L^2([-\pi,\pi])$ mit um den konstanten Faktor $2\pi$ vergrößerten RIESZ-Schranken $A$ und $B$ darstellt. Entsprechend kann jedes Signal $f = f(t) \in L^2([-\pi,\pi])$ in eine eindeutig bestimmte *nichtharmonische FOURIER-Reihe*

$$f(t) = \sum_{j=-\infty}^{\infty} c_j \cdot e^{i\omega_j t} \quad \forall\, t \in [-\pi,\pi] \quad \text{a.e.}$$

mit $c = \{c_j\}_{j\in\mathbb{Z}} \in \ell^2(\mathbb{Z})$ entwickelt werden. Entsprechend Theorem 2.68 auf Seite 49 lautet das PALEY-WIENER-Stabilitätskriterium nun[4]

$$\left\|\sum_{j=1}^{n} \alpha_j \cdot \left(e^{itj} - e^{i\omega_j t}\right)\right\|_{L^2([-\pi,\pi])} \leq \beta \cdot \sqrt{\sum_{j=1}^{n} |\alpha_j|^2} \ .$$

Ein praktisch handhabbareres Kriterium stellt das berühmte Theorem von KADEC – auch KADECs $\frac{1}{4}$-Theorem genannt – dar [53].

**Theorem 6.13.** *Es sei $\{\omega_j\}_{j\in\mathbb{Z}}$ eine Folge reeller Zahlen $\omega_j \in \mathbb{R}$, für die mit $\lambda \in \mathbb{R}$ gilt*

$$|\omega_j - j| \leq \lambda < \frac{1}{4} \quad \forall\, j \in \mathbb{Z} \ .$$

*Dann erfüllt die nichtharmonische trigonometrische Signalfolge $\{e^{i\omega_j t}\}_{j\in\mathbb{Z}}$ das PALEY-WIENER-Stabilitätskriterium und bildet somit eine RIESZ-Basis des LEBESGUE-Raums $L^2([-\pi,\pi])$.*

KADECs $\frac{1}{4}$-Theorem besagt, dass die Abweichung der Folge $\{\omega_j\}_{j\in\mathbb{Z}}$ von dem regulären Gitter $\{j\}_{j\in\mathbb{Z}}$ hinreichend klein sein muss. Die Ungleichung in KADECs $\frac{1}{4}$-Theorem ist streng, das heißt für ein beliebiges Signal $f \in L^2([-\pi,\pi])$ kann die Konstante $\frac{1}{4}$ nicht verbessert werden. Das PALEY-WIENER-Stabilitätskriterium kann sogar für komplexe Folgen $\{\omega_j\}_{j\in\mathbb{Z}}$ erfüllt werden, wenn mit $\lambda \in \mathbb{R}$

---

[4] Den Faktor $1/\sqrt{2\pi}$ der Orthonormalbasis $\{\frac{1}{\sqrt{2\pi}} \cdot e^{itj}\}_{j\in\mathbb{Z}}$ denken wir uns in den Koeffizienten $\alpha_j$ enthalten.

$$|\omega_j - j| \leq \lambda < \frac{\log_e(2)}{\pi} \quad \forall\, j \in \mathbb{Z}$$

gilt. Aus Theorem 5.7 auf Seite 185 ist bekannt, dass eine RIESZ-Basis in einem HILBERT-Raum einem exakten Rahmen entspricht. Die nichtharmonische trigonometrische Signalfolge $\{e^{i\omega_j t}\}_{j \in \mathbb{Z}}$ ist somit bei Einhaltung des PALEY-WIENER-Stabilitätskriteriums beziehungsweise des $\frac{1}{4}$-Theorems von KADEC ein exakter Rahmen. Die Eigenschaft der Exaktheit des Rahmens $\{e^{i\omega_j t}\}_{j \in \mathbb{Z}}$ bedeutet gemäß Definition 5.6 auf Seite 185, dass die Wegnahme eines beliebigen Elements $e^{i\omega_i t}$ mit $i \in \mathbb{Z}$ die Rahmeneigenschaft zerstört; wird also ein beliebiges Element $e^{i\omega_i t}$ weggenommen, so ist die nichtharmonische trigonometrische Signalfolge

$$\{e^{i\omega_j t}\}_{j \in \mathbb{Z}\setminus\{i\}}$$

kein Rahmen mehr. Die Repräsentation mithilfe der nichtharmonischen trigonometrischen Signalfolge $\{e^{i\omega_j t}\}_{j \in \mathbb{Z}}$ ist in diesem Sinne sparsam, da es keine überflüssigen Signale gibt, die weggelassen werden könnten.

Wir stellen zunächst die Beantwortung der Frage, auf welche Weise die Folge der Entwicklungskoeffizienten $c = \{c_j\}_{j \in \mathbb{Z}}$ gewonnen werden kann, zurück und betrachten nun die Stabilitätseigenschaften nichtharmonischer trigonometrischer FOURIER-Reihen.

### 6.3.1 Stabilität der nichtharmonischen Fourier-Reihen

Wie sieht es mit den Eigenschaften der Signalfolgen $\{e^{it j}\}_{j \in \mathbb{Z}}$ und $\{e^{i\omega_j t}\}_{j \in \mathbb{Z}}$ in Intervallen der Form $[-\tau, \tau] \subset [-\pi, \pi]$ – also mit $\tau < \pi$ – aus? Eine erstaunliche Auskunft darüber geben die beiden folgenden Lemmata [53].

**Lemma 6.14.** *Die harmonische trigonometrische Signalfolge*

$$\{e^{it j}\}_{j \in \mathbb{N}}$$

*ist vollständig in dem* LEBESGUE-*Raum* $L^2([-\tau, \tau])$, *wenn* $\tau < \pi$ *ist.*

Überraschend ist an diesem Lemma, dass wir aufgrund der Bedingung $\tau < \pi$ für die harmonische trigonometrische Signalfolge $\{e^{it j}\}_{j \in \mathbb{Z}}$ ungefähr die Hälfte der Elemente $e^{it j}$ – nämlich alle Elemente mit nichtpositivem Index $j \leq 0$ – entfernen und so anstelle der Indexmenge $\mathbb{Z}$ die Indexmenge $\mathbb{N}$ für die harmonische trigonometrische Signalfolge $\{e^{it j}\}_{j \in \mathbb{N}}$ verwenden konnten. Für die nichtharmonische trigonometrische Signalfolge gilt entsprechend das[5]

---

[5] Der *Limes supremum* lim sup einer Folge $\{\xi_j\}_{j \in \mathbb{N}}$ ist definiert als

$$\limsup_{j \to \infty} \xi_j = \lim_{j \to \infty} \sup\{\xi_i \mid i \geq j\} \ .$$

Jede Folge $\{\xi_j\}_{j \in \mathbb{N}}$ besitzt einen – eventuell unendlichen – Limes supremum, selbst wenn sie keinen Limes beziehungsweise Grenzwert hat, wie zum Beispiel die Folge $\{\xi_j\}_{j \in \mathbb{N}} = \{(-1)^j\}_{j \in \mathbb{N}}$. Existiert der Limes, so stimmt dieser mit dem

**Lemma 6.15.** *Es sei $\{\omega_j\}_{j\in\mathbb{N}}$ eine Folge positiver reeller Zahlen $\omega_j \in \mathbb{R}$ mit $\omega_j > 0$, für die*

$$\limsup_{j\to\infty}\left\{\frac{j}{\omega_j}\right\} > \frac{\tau}{\pi}$$

*gilt. Dann ist die nichtharmonische trigonometrische Signalfolge*

$$\{\mathrm{e}^{\mathrm{i}\omega_j t}\}_{j\in\mathbb{N}}$$

*vollständig in dem* LEBESGUE-*Raum $L^2([-\tau,\tau])$.*

Hier konnten wir erneut – ähnlich überraschend wie im Falle der harmonischen trigonometrischen Signalfolge $\{\mathrm{e}^{\mathrm{i}tj}\}_{j\in\mathbb{N}}$ – aufgrund der Bedingung $\limsup_{j\to\infty}\{j/\omega_j\} > \tau/\pi$ an die nichtharmonische trigonometrische Signalfolge $\{\mathrm{e}^{\mathrm{i}\omega_j t}\}_{j\in\mathbb{N}}$ unser Augenmerk auf Folgen $\{\omega_j\}_{j\in\mathbb{N}}$ positiver reeller Zahlen $\omega_j > 0$ richten. Ein weiteres Indiz für die Stabilität der (nicht)harmonischen trigonometrischen Signalfolgen ist das folgende Lemma.

**Lemma 6.16.** *Die Eigenschaft der Vollständigkeit der trigonometrischen Signalfolge $\{\mathrm{e}^{\mathrm{i}\omega_j t}\}_{j\in\mathbb{Z}}$ in dem* LEBESGUE-*Raum $L^2([-\pi,\pi])$ bleibt unbeeinflusst, wenn eine Zahl $\omega_i$ mit $i \in \mathbb{Z}$ durch eine andere Zahl $\omega_i'$ ersetzt wird.*

Wir haben anhand des $\frac{1}{4}$-Theorems von KADEC gesehen, dass die Vollständigkeit der harmonischen trigonometrischen Signalfolge $\{\mathrm{e}^{\mathrm{i}tj}\}_{j\in\mathbb{Z}}$ auch unter hinreichend kleinen Verschiebungen $|\omega_j - j| \leq \lambda < \frac{1}{4}$ für alle $j \in \mathbb{Z}$ erhalten bleibt und dass auch die Ersetzung einer Zahl $\omega_i$ mit $i \in \mathbb{Z}$ durch eine andere Zahl $\omega_i'$ die Vollständigkeit nicht beeinträchtigt. Es drängt sich die Frage auf, ob wir für eine vollständige nichtharmonische trigonometrische Signalfolge $\{\mathrm{e}^{\mathrm{i}\omega_j t}\}_{j\in\mathbb{Z}}$ eine Zahl $\varepsilon \in \mathbb{R}$ mit $\varepsilon > 0$ finden können, so dass die nichtharmonische trigonometrische Signalfolge $\{\mathrm{e}^{\mathrm{i}\omega_j' t}\}_{j\in\mathbb{Z}}$ ebenfalls vollständig ist, solange

$$|\omega_j - \omega_j'| \leq \varepsilon$$

für alle $j \in \mathbb{Z}$ gilt. Wie in [53] gezeigt, muss diese Frage leider verneint werden. Eine positive Antwort wird allerdings unter der folgenden schärferen Bedingung erhalten.

**Lemma 6.17.** *Es seien $\{\omega_j\}_{j\in\mathbb{Z}}$ und $\{\omega_j'\}_{j\in\mathbb{Z}}$ zwei Folgen reeller Zahlen $\omega_j \in \mathbb{R}$ und $\omega_j' \in \mathbb{R}$, für die*

$$\sum_{j=-\infty}^{\infty} |\omega_j - \omega_j'| < \infty$$

*gilt. Ist die nichtharmonische trigonometrische Signalfolge $\{\mathrm{e}^{\mathrm{i}\omega_j t}\}_{j\in\mathbb{Z}}$ vollständig in dem* LEBESGUE-*Raum $L^2([-\pi,\pi])$, so ist auch $\{\mathrm{e}^{\mathrm{i}\omega_j' t}\}_{j\in\mathbb{Z}}$ vollständig in $L^2([-\pi,\pi])$.*

---

Limes supremum überein. Entsprechend gilt für den *Limes infimum*

$$\liminf_{j\to\infty}\xi_j = \lim_{j\to\infty}\inf\{\xi_i \mid i \geq j\}\ .$$

Wir definieren nun den so genannten Vollständigkeitsradius einer Folge reeller Zahlen $\{\omega_j\}_{j\in\mathbb{Z}}$.

**Definition 6.18.** *Es sei $\{\omega_j\}_{j\in\mathbb{Z}}$ eine Folge reeller Zahlen $\omega_j \in \mathbb{R}$. Der Vollständigkeitsradius ist definiert als*

$$R\left(\{\omega_j\}_{j\in\mathbb{Z}}\right) = \sup\left\{\tau \mid \{e^{i\omega_j t}\}_{j\in\mathbb{Z}} \text{ ist vollständig in } L^2([-\tau,\tau])\right\} \ .$$

Entsprechend Lemma 6.11 auf Seite 229 definieren wir die Dichte einer Folge reeller Zahlen $\{\omega_j\}_{j\in\mathbb{Z}}$.

**Definition 6.19.** *Es sei $\{\omega_j\}_{j\in\mathbb{Z}}$ eine Folge reeller Zahlen $\omega_j \in \mathbb{R}$. Die Dichte ist definiert als*

$$D\left(\{\omega_j\}_{j\in\mathbb{Z}}\right) = \lim_{r\to\infty} \frac{N\left(\{\omega_j\}_{j\in\mathbb{Z}}, r\right)}{r}$$

*mit*

$$N\left(\{\omega_j\}_{j\in\mathbb{Z}}, r\right) = \left|\{\omega_j \mid |\omega_j| \le r\}\right| \ .$$

Wird $\{\omega_j\}_{j\in\mathbb{Z}}$ in nichtabsteigender Folge angeordnet, so gilt

$$D\left(\{\omega_j\}_{j\in\mathbb{Z}}\right) = \lim_{j\to\infty} \frac{j}{|\omega_j|} \ .$$

Mit diesen Begriffen können wir ein wichtiges Ergebnis festhalten [53].

**Lemma 6.20.** *Es sei $\{\omega_j\}_{j\in\mathbb{Z}}$ eine Folge positiver reeller Zahlen $\omega_j \in \mathbb{R}$ mit $\omega_j > 0$ und der Dichte $D\left(\{\omega_j\}_{j\in\mathbb{Z}}\right)$. Dann gilt für den Vollständigkeitsradius*

$$R\left(\{\omega_j\}_{j\in\mathbb{Z}}\right) \ge \pi \cdot D\left(\{\omega_j\}_{j\in\mathbb{Z}}\right) \ .$$

Dieses Lemma besagt zum Beispiel für den Fall einer Dichte $D\left(\{\omega_j\}_{j\in\mathbb{Z}}\right) = 1$, dass der Vollständigkeitsradius $R\left(\{\omega_j\}_{j\in\mathbb{Z}}\right) \ge \pi$, somit also $\{e^{i\omega_j t}\}_{j\in\mathbb{Z}}$ vollständig in $L^2([-\pi,\pi])$ ist.

### 6.3.2 Das Rekonstruktionsproblem der nichtharmonischen Fourier-Reihen

Die Folge der nichtharmonischen FOURIER-Koeffizienten $c = \{c_j\}_{j\in\mathbb{Z}}$ kann nun nicht mehr durch die Vorschrift

$$\frac{1}{2\pi} \int_{-\pi}^{\pi} f(t) \cdot e^{-i\omega_j t}\, dt$$

berechnet werden. Dies wird ersichtlich, wenn wir probeweise ansetzen

$$\frac{1}{2\pi}\int\limits_{-\pi}^{\pi} f(t)\cdot \mathrm{e}^{-\mathrm{i}\omega_j t}\,\mathrm{d}t = \frac{1}{2\pi}\int\limits_{-\pi}^{\pi}\left(\sum_{i=-\infty}^{\infty} c_i\cdot \mathrm{e}^{\mathrm{i}\omega_i t}\right)\cdot \mathrm{e}^{-\mathrm{i}\omega_j t}\,\mathrm{d}t$$

$$= \sum_{i=-\infty}^{\infty} c_i\cdot\frac{1}{2\pi}\int\limits_{-\pi}^{\pi} \mathrm{e}^{\mathrm{i}(\omega_i-\omega_j)t}\,\mathrm{d}t = \sum_{i=-\infty}^{\infty} c_i\cdot\frac{1}{\pi}\int\limits_{0}^{\pi}\cos(\omega_i-\omega_j)t\,\mathrm{d}t$$

$$= \sum_{i=-\infty}^{\infty} c_i\cdot\operatorname{sinc}(\omega_i-\omega_j)\;.$$

Da nun im Allgemeinen $\omega_i - \omega_j \neq i - j$ und damit $\operatorname{sinc}(\omega_i-\omega_j) \neq \delta_{i,j}$ gilt, reduziert sich die letzte Summe nicht mehr auf den einzelnen Term $c_j$. Das zugehörige unendliche Gleichungssystem

$$\sum_{i=-\infty}^{\infty} c_i\cdot\operatorname{sinc}(\omega_i-\omega_j) = \frac{1}{2\pi}\int\limits_{-\pi}^{\pi} f(t)\cdot \mathrm{e}^{-\mathrm{i}\omega_j t}\,\mathrm{d}t \quad \forall\, j\in\mathbb{Z}$$

mit der als bekannt angenommenen rechten Seite $\frac{1}{2\pi}\int_{-\pi}^{\pi} f(t)\cdot \mathrm{e}^{-\mathrm{i}\omega_j t}\,\mathrm{d}t$ wird daher nicht diagonalisiert. Der tiefliegende funktionalanalytische Grund liegt darin, dass die nichtharmonische trigonometrische Signalfolge $\{\mathrm{e}^{\mathrm{i}\omega_j t}\}_{j\in\mathbb{Z}}$ nun nicht mehr orthogonal ist, das heißt das Skalarprodukt

$$\left\langle \mathrm{e}^{\mathrm{i}\omega_i t}, \mathrm{e}^{\mathrm{i}\omega_j t}\right\rangle_{L^2([-\pi,\pi])}$$

ist nun für $i\neq j$ nicht notwendig gleich 0. Wir stehen daher vor der Aufgabe, einen geeigneten Algorithmus zur Auflösung des unendlichen Gleichungssystems zu finden.

Einen anderen Weg zeigt uns die Theorie der Rahmen auf. Da unter der Annahme der Gültigkeit der hinreichenden Bedingung der $\frac{1}{4}$-Regel von KADEC die nichtharmonische trigonometrische Signalfolge $\{\mathrm{e}^{\mathrm{i}\omega_j t}\}_{j\in\mathbb{Z}}$ eine RIESZ-Basis und mithin einen exakten Rahmen $\{\varphi_j\}_{j\in\mathbb{Z}}$ des LEBESGUE-Raums $L^2([-\pi,\pi])$ darstellt, existiert nach Theorem 5.17 auf Seite 200 ein dualer Rahmen $\{\widetilde{\varphi}_j\}_{j\in\mathbb{Z}}$, der biorthogonal zu $\{\varphi_j\}_{j\in\mathbb{Z}}$ beziehungsweise $\{\mathrm{e}^{\mathrm{i}\omega_j t}\}_{j\in\mathbb{Z}}$ ist. Entsprechend Theorem 5.18 kann das Signal $f$ durch die Reihendarstellung

$$f = \sum_{j\in\mathbb{Z}}\langle f,\widetilde{\varphi}_j\rangle_{L^2([-\pi,\pi])}\cdot\varphi_j = \sum_{j\in\mathbb{Z}}\langle f,\varphi_j\rangle_{L^2([-\pi,\pi])}\cdot\widetilde{\varphi}_j$$

beziehungsweise

$$f(t) = \sum_{j\in\mathbb{Z}}\langle f(t),\widetilde{\varphi}_j(t)\rangle_{L^2([-\pi,\pi])}\cdot\mathrm{e}^{\mathrm{i}\omega_j t}$$

$$= \sum_{j\in\mathbb{Z}}\langle f(t),\mathrm{e}^{\mathrm{i}\omega_j t}\rangle_{L^2([-\pi,\pi])}\cdot\widetilde{\varphi}_j(t)$$

repräsentiert werden. Setzen wir erneut die Kenntnis von

$$\frac{1}{2\pi} \int_{-\pi}^{\pi} f(t) \cdot e^{-i\omega_j t}\, dt = \frac{1}{2\pi} \cdot \langle f(t), e^{i\omega_j t}\rangle_{L^2([-\pi,\pi])} \overset{\triangle}{=} \frac{1}{2\pi} \cdot \widetilde{c}_j$$

voraus, so kann $f = f(t) \in L^2([-\pi, \pi])$ mithilfe des dualen Rahmens $\{\widetilde{\varphi}_j\}_{j\in\mathbb{Z}}$ gemäß

$$f(t) = \sum_{j\in\mathbb{Z}} \widetilde{c}_j \cdot \widetilde{\varphi}_j(t) \quad \forall\, t \in [-\pi, \pi] \quad \text{a.e.}$$

dargestellt werden. Die Bestimmung des Signals $f = f(t) \in L^2([-\pi, \pi])$ aus der Folge $\widetilde{c} = \{\widetilde{c}_j\}_{j\in\mathbb{Z}} \in \ell^2(\mathbb{Z})$ der nichtharmonischen FOURIER-Koeffizienten

$$\frac{1}{2\pi} \cdot \widetilde{c}_j = \frac{1}{2\pi} \int\limits_{-\pi}^{\pi} f(t) \cdot e^{-i\omega_j t}\, dt$$

entspricht somit als nichtharmonisches trigonometrisches Momentenproblem dem in der Theorie der Rahmen formulierten Momentenproblem, aus der Koeffizientenfolge $\{\langle f, \varphi_j\rangle_{\mathcal{H}}\}_{j\in\mathbb{J}}$ und dem bekannten Rahmen $\{\varphi_j\}_{j\in\mathbb{J}}$ das Signal $f \in \mathcal{H}$ zu rekonstruieren. Gelingt uns andererseits, die Folge der Koeffizienten

$$\langle f(t), \widetilde{\varphi}_j(t)\rangle_{L^2([-\pi,\pi])} \overset{\triangle}{=} c_j$$

zu bestimmen, so erhalten wir die Signaldarstellung

$$f(t) = \sum_{j\in\mathbb{Z}} c_j \cdot e^{i\omega_j t} \quad \forall\, t \in [-\pi, \pi] \quad \text{a.e.}$$

von $f = f(t) \in L^2([-\pi, \pi])$ als nichtharmonische trigonometrische FOURIER-Reihe. Wir übertragen nun die bisher angestellten Überlegungen auf unser eigentliches Ziel der Signaltheorie der irregulären Abtastung.

## 6.4 Nichtharmonische Fourier-Reihen und irreguläre Abtastung

In Gleichung 4.10 auf Seite 136 hatten wir das periodisch fortgesetzte Spektrum

$$\widehat{f}_{\mathrm{a}}(\omega) = \sum_{j=-\infty}^{\infty} f(j \cdot T) \cdot e^{-i\omega j T} = \sum_{j=-\infty}^{\infty} f(j \cdot T) \cdot e^{-i2\pi j \omega/(2\Omega)}$$

eines mit der NYQUIST-Rate $T^{-1} = \Omega/\pi$ äquidistant abgetasteten Signals $f \in \mathcal{PW}_\Omega$ berechnet. Wie bei der Diskussion der regulären Abtastung in Gleichung 4.12 auf Seite 139 gezeigt, stimmt dieses Spektrum $\widehat{f}_{\mathrm{a}}$ bis auf den Faktor $\Omega/\pi$ mit dem Spektrum $\widehat{f} \in L^2([-\Omega, \Omega])$ des Signals $f$ im Frequenzintervall $[-\Omega, \Omega]$ überein, so dass wir mit einer ähnlichen Argumentation wie oben für $\widehat{f} \in L^2([-\Omega, \Omega])$ schreiben können

$$\widehat{f}(\omega) = \frac{\pi}{\Omega} \sum_{j=-\infty}^{\infty} f(j \cdot T) \cdot \mathrm{e}^{-\mathrm{i}2\pi j\omega/(2\Omega)} \quad \forall\, \omega \in [-\Omega, \Omega] \quad \text{a.e.}$$

Setzen wir $c_j = \frac{\pi}{\Omega} \cdot f(j \cdot T)$ für $j \in \mathbb{Z}$, so gilt

$$\widehat{f}(\omega) = \sum_{j=-\infty}^{\infty} c_j \cdot \mathrm{e}^{-\mathrm{i}2\pi j\omega/(2\Omega)} \quad \forall\, \omega \in [-\Omega, \Omega] \quad \text{a.e.} \tag{6.9}$$

mit den FOURIER-Koeffizienten

$$c_j = \frac{1}{2\Omega} \int_{-\Omega}^{\Omega} \widehat{f}(\omega) \cdot \mathrm{e}^{\mathrm{i}2\pi j\omega/(2\Omega)} \, \mathrm{d}\omega$$

$$\Leftrightarrow \quad c_j = \frac{\pi}{\Omega} \cdot f\left(\frac{\pi j}{\Omega}\right) = \frac{\pi}{\Omega} \cdot f(j \cdot T) \;.$$

Wir erkennen die völlige – und aufgrund der bereits beobachteten Dualität der FOURIER-Transformation in Gleichung 3.2 auf Seite 84 nicht überraschende – Analogie zur FOURIER-Reihe

$$f(t) = \sum_{j=-\infty}^{\infty} c_j \cdot \mathrm{e}^{\mathrm{i}2\pi jt/NT} \quad \forall\, t \in [0, N \cdot T] \quad \text{a.e.}$$

in Gleichung 6.8 auf Seite 230 im Zeitbereich, die Ausgangspunkt unserer Betrachtungen zu nichtharmonischen FOURIER-Reihen wurde. Hier haben wir jedoch nun eine periodische Funktion im Frequenzbereich in eine FOURIER-Reihe entwickelt. Diese Schreibweise lenkt ferner unsere Aufmerksamkeit weg von der Abtastwertefolge $\{f(j \cdot T)\}_{j \in \mathbb{Z}}$ hin zur harmonischen trigonometrischen Spektralfolge $\{\mathrm{e}^{-\mathrm{i}2\pi j\omega/(2\Omega)}\}_{j \in \mathbb{Z}}$, die in Erweiterung des Theorems 6.12 bis auf den konstanten Faktor $1/\sqrt{2\pi}$ ein vollständiges Orthonormalsystem – mithin eine Orthonormalbasis – des LEBESGUE-Raums $L^2([-\Omega, \Omega])$ bildet. Wird – wie im letzten Abschnitt die Indexfolge $\{j\}_{j \in \mathbb{Z}}$ durch die Folge $\{\omega_j\}_{j \in \mathbb{Z}}$ – nun die Folge der äquidistanten Abtastzeitpunkte $\{j \cdot T\}_{j \in \mathbb{Z}} = \{j \cdot \pi/\Omega\}_{j \in \mathbb{Z}}$ durch die Folge $\{t_j\}_{j \in \mathbb{Z}}$ ersetzt, so wird aus

$$\boxed{\widehat{f}(\omega) = \sum_{j=-\infty}^{\infty} c_j \cdot \mathrm{e}^{-\mathrm{i}\omega t_j} \quad \forall\, \omega \in [-\Omega, \Omega] \quad \text{a.e.}} \tag{6.10}$$

beziehungsweise

$$\widehat{f}_{\mathrm{a}}(\omega) = \sum_{j=-\infty}^{\infty} \frac{\Omega}{\pi} \cdot c_j \cdot \mathrm{e}^{-\mathrm{i}\omega t_j}$$

$$\updownarrow$$

$$f_{\mathrm{a}}(t) = \sum_{j=-\infty}^{\infty} \frac{\Omega}{\pi} \cdot c_j \cdot \delta(t - t_j)$$

ersichtlich, dass $\{t_j\}_{j\in\mathbb{Z}}$ nun eine im Allgemeinen irreguläre Folge nichtäquidistanter Abtastzeitpunkte darstellt. Für das Signal $f \in \mathcal{PW}_\Omega$ erhalten wir mit der bekannten Korrespondenz

$$\operatorname{rect}\left(\frac{\omega}{2\Omega}\right) \quad\bullet\!\!-\!\!\circ\quad \frac{\Omega}{\pi} \cdot \operatorname{sinc}\left(\frac{\Omega \cdot t}{\pi}\right)$$

die Beziehung

$$\widehat{f}(\omega) = \frac{\pi}{\Omega} \cdot \operatorname{rect}\left(\frac{\omega}{2\Omega}\right) \cdot \widehat{f}_{\mathrm{a}}(\omega)$$

$$= \frac{\pi}{\Omega} \cdot \operatorname{rect}\left(\frac{\omega}{2\Omega}\right) \cdot \sum_{j=-\infty}^{\infty} \frac{\Omega}{\pi} \cdot c_j \cdot \mathrm{e}^{-\mathrm{i}\omega t_j}$$

$$= \operatorname{rect}\left(\frac{\omega}{2\Omega}\right) \cdot \sum_{j=-\infty}^{\infty} c_j \cdot \mathrm{e}^{-\mathrm{i}\omega t_j}$$

$$= \sum_{j=-\infty}^{\infty} c_j \cdot \operatorname{rect}\left(\frac{\omega}{2\Omega}\right) \cdot \mathrm{e}^{-\mathrm{i}\omega t_j}$$

$$\updownarrow$$

$$f(t) = \sum_{j=-\infty}^{\infty} c_j \cdot \frac{\Omega}{\pi} \cdot \operatorname{sinc}\frac{\Omega}{\pi}(t - t_j) \ ,$$

also zusammengefasst

$$\boxed{f(t) = \sum_{j=-\infty}^{\infty} c_j \cdot \frac{\Omega}{\pi} \cdot \operatorname{sinc}\frac{\Omega}{\pi}(t - t_j) \ .} \tag{6.11}$$

Die Übertragung der Resultate aus dem letzten Abschnitt ermöglicht daher Angaben darüber, unter welchen Bedingungen diese nichtäquidistante Folge $\{t_j\}_{j\in\mathbb{Z}}$ irregulärer Abtastzeitpunkte beziehungsweise die zugehörige nichtharmonische trigonometrische Spektralfolge $\{\mathrm{e}^{-\mathrm{i}\omega t_j}\}_{j\in\mathbb{Z}}$ hinreichend für die Rekonstruktion des periodischen Spektrums $\widehat{f}_{\mathrm{a}}$ ist. Wird ferner der LEBESGUE-Raum $L^2([-\Omega, \Omega])$ zugrunde gelegt, so ist hiermit direkt die Rekonstruktion des Spektrums $\widehat{f}$ verknüpft. Wir wenden uns daher den aus dem letzten Abschnitt bekannten Existenzaussagen zu, bevor wir uns der Diskussion von Algorithmen zur Bestimmung der nichtharmonischen Koeffizienten $c_j$ aus einer gegebenen nichtäquidistanten Abtastwertefolge $\{f(t_j)\}_{j\in\mathbb{Z}}$ widmen werden. Wir verwenden hierbei die NYQUIST-Rate $T^{-1} = \Omega/\pi$.

Wie oben für nichtharmonische FOURIER-Reihen und entsprechend Theorem 2.68 auf Seite 49 ist die Orthogonalbasis

$$\left\{\mathrm{e}^{-\mathrm{i}2\pi j\omega/(2\Omega)}\right\}_{j\in\mathbb{Z}} = \left\{\mathrm{e}^{-\mathrm{i}\omega jT}\right\}_{j\in\mathbb{Z}}$$

des LEBESGUE-Raums $L^2([-\Omega, \Omega])$ stabil gegenüber hinreichend kleinen Verschiebungen der Folge der äquidistanten Abtastzeitpunkte $\{j \cdot T\}_{j \in \mathbb{Z}}$. Das PALEY-WIENER-Stabilitätskriterium lautet hier[6]

$$\left\| \sum_{j=1}^{n} \alpha_j \cdot \left( e^{-i\omega jT} - e^{-i\omega t_j} \right) \right\|_{L^2([-\Omega,\Omega])} \leq \beta \cdot \sqrt{\sum_{j=1}^{n} |\alpha_j|^2} \ .$$

Das $\frac{1}{4}$-Theorem 6.13 von KADEC auf Seite 231 kann wie folgt übertragen werden.

**Theorem 6.21.** *Es sei $\{t_j\}_{j \in \mathbb{Z}}$ eine Folge irregulärer Abtastzeitpunkte, für die mit $\lambda \in \mathbb{R}$ gilt*

$$|t_j - j \cdot T| \leq \lambda < \frac{T}{4} \quad \forall \, j \in \mathbb{Z}$$

$$\Leftrightarrow \quad \left| t_j - \frac{\pi j}{\Omega} \right| \leq \lambda < \frac{\pi}{4\Omega} \quad \forall \, j \in \mathbb{Z} \ .$$

*Dann erfüllt die nichtharmonische trigonometrische Spektralfolge $\{e^{-i\omega t_j}\}_{j \in \mathbb{Z}}$ das PALEY-WIENER-Stabilitätskriterium und bildet somit eine RIESZ-Basis des LEBESGUE-Raums $L^2([-\Omega, \Omega])$.*

### 6.4.1 Stabilität der irregulären Abtastung

Wie im obigen Falle ist die nichtharmonische trigonometrische Spektralfolge $\{e^{-i\omega t_j}\}_{j \in \mathbb{Z}}$ bei Einhaltung des PALEY-WIENER-Stabilitätskriteriums beziehungsweise des $\frac{1}{4}$-Theorems von KADEC eine RIESZ-Basis und somit ein exakter Rahmen. Auch hier gilt daher, dass die Wegnahme eines beliebigen Elements $e^{-i\omega t_i}$ mit $i \in \mathbb{Z}$ die Rahmeneigenschaft zerstört; die Spektralfolge

$$\{e^{-i\omega t_j}\}_{j \in \mathbb{Z}\setminus\{i\}}$$

ist kein Rahmen im LEBESGUE-Raum $L^2([-\Omega, \Omega])$ mehr. Wir übertragen auch das folgende Lemma.

**Lemma 6.22.** *Die Eigenschaft der Vollständigkeit der trigonometrischen Spektralfolge $\{e^{-i\omega t_j}\}_{j \in \mathbb{Z}}$ in dem LEBESGUE-Raum $L^2([-\Omega, \Omega])$ bleibt unbeeinflusst, wenn ein Abtastzeitpunkt $t_i$ mit $i \in \mathbb{Z}$ durch einen anderen Abtastzeitpunkt $t_i'$ ersetzt wird.*

Erneut kann für eine vollständige nichtharmonische trigonometrische Spektralfolge $\{e^{-i\omega t_j}\}_{j \in \mathbb{Z}}$ keine Zahl $\varepsilon \in \mathbb{R}$ mit $\varepsilon > 0$ gefunden werden, so dass die nichtharmonische trigonometrische Spektralfolge $\{e^{-i\omega t_j'}\}_{j \in \mathbb{Z}}$ ebenfalls vollständig ist, solange

$$|t_j - t_j'| \leq \varepsilon$$

für alle $j \in \mathbb{Z}$ gilt. Dennoch haben wir

---

[6] Den Faktor $1/\sqrt{T}$ der Orthonormalbasis $\{\frac{1}{\sqrt{T}} \cdot e^{-i\omega jT}\}_{j \in \mathbb{Z}}$ denken wir uns erneut in den Koeffizienten $\alpha_j$ enthalten.

**Lemma 6.23.** *Es seien $\{t_j\}_{j\in\mathbb{Z}}$ und $\{t_j'\}_{j\in\mathbb{Z}}$ zwei Folgen nichtäquidistanter Abtastzeitpunkte, für die*

$$\sum_{j=-\infty}^{\infty} \left| t_j - t_j' \right| < \infty$$

*gilt. Ist die nichtharmonische trigonometrische Spektralfolge $\{\mathrm{e}^{-\mathrm{i}\omega t_j}\}_{j\in\mathbb{Z}}$ vollständig in dem* LEBESGUE*-Raum $L^2([-\Omega,\Omega])$, so ist auch $\{\mathrm{e}^{-\mathrm{i}\omega t_j'}\}_{j\in\mathbb{Z}}$ vollständig in $L^2([-\Omega,\Omega])$.*

Ferner gilt das folgende Lemma [53].

**Lemma 6.24.** *Es sei $\{t_j\}_{j\in\mathbb{Z}}$ eine Folge nichtäquidistanter Abtastzeitpunkte, für die*

$$\sum_{j=-\infty}^{\infty} \left| f(t_j) \right|^2 \le B \cdot \|f\|_{\mathcal{PW}_\Omega}^2$$

*für ein beliebiges Signal $f = f(t) \in \mathcal{PW}_\Omega$ gilt. Falls die Folge $\{t_j'\}_{j\in\mathbb{Z}}$ die Bedingung*

$$\left| t_j - t_j' \right| \le \lambda \quad \forall\, j \in \mathbb{Z}$$

*mit $\lambda \in \mathbb{R}$ erfüllt, dann gilt für ein Signal $f = f(t) \in \mathcal{PW}_\Omega$*

$$\sum_{j=-\infty}^{\infty} \left| f(t_j) - f(t_j') \right|^2 \le B \cdot \left( \mathrm{e}^{\lambda\cdot\Omega} - 1 \right)^2 \cdot \|f\|_{\mathcal{PW}_\Omega}^2 \ .$$

Mithilfe dieses Lemmas kann auf der Basis der Theorie der Rahmen noch eine weitere Stabilitätsaussage gewonnen werden.

**Lemma 6.25.** *Ist die Spektralfolge $\{\mathrm{e}^{-\mathrm{i}\omega t_j}\}_{j\in\mathbb{Z}}$ ein Rahmen in dem* LEBESGUE*-Raum $L^2([-\Omega,\Omega])$, dann existiert eine Konstante $\lambda \in \mathbb{R}$, so dass unter der Bedingung*

$$\left| t_j - t_j' \right| \le \lambda \quad \forall\, j \in \mathbb{Z}$$

*die Spektralfolge $\{\mathrm{e}^{-\mathrm{i}\omega t_j'}\}_{j\in\mathbb{Z}}$ ebenfalls ein Rahmen in $L^2([-\Omega,\Omega])$ ist.*

Wird an den Rahmen die zusätzliche Forderung der Exaktheit gestellt, so erhalten wir für die so erhaltene RIESZ-Basis natürlich ein völlig entsprechendes Lemma.

**Lemma 6.26.** *Ist die Spektralfolge $\{\mathrm{e}^{-\mathrm{i}\omega t_j}\}_{j\in\mathbb{Z}}$ eine* RIESZ*-Basis in dem* LEBESGUE*-Raum $L^2([-\Omega,\Omega])$, dann existiert eine Konstante $\lambda \in \mathbb{R}$, so dass unter der Bedingung*

$$\left| t_j - t_j' \right| \le \lambda \quad \forall\, j \in \mathbb{Z}$$

*die Spektralfolge $\{\mathrm{e}^{-\mathrm{i}\omega t_j'}\}_{j\in\mathbb{Z}}$ ebenfalls eine* RIESZ*-Basis in $L^2([-\Omega,\Omega])$ ist.*

### 6.4.2 Das Rekonstruktionsproblem der irregulären Abtastung

Wir stellen uns nun die Frage, auf welche Weise die Folge der Entwicklungskoeffizienten $c = \{c_j\}_{j\in\mathbb{Z}}$ der nichtharmonischen trigonometrischen FOURIER-Reihe

$$\widehat{f}(\omega) = \sum_{j=-\infty}^{\infty} c_j \cdot \mathrm{e}^{-\mathrm{i}\omega t_j} \quad \forall\, \omega \in [-\Omega, \Omega] \quad \text{a.e.}$$

in Gleichung 6.10 auf Seite 237 aus der nichtäquidistanten Abtastwertefolge $\{f(t_j)\}_{j\in\mathbb{Z}}$ sowie der irregulären Folge $\{t_j\}_{j\in\mathbb{Z}}$ nichtäquidistanter Abtastzeitpunkte bestimmt werden kann – und knüpfen somit an die bereits oben geführte Diskussion an. Auch hier gilt, dass die Folge der nichtharmonischen FOURIER-Koeffizienten $c = \{c_j\}_{j\in\mathbb{Z}}$ nicht mehr durch die Vorschrift

$$\frac{1}{2\Omega} \int_{-\Omega}^{\Omega} \widehat{f}(\omega) \cdot \mathrm{e}^{\mathrm{i}\omega t_j}\, \mathrm{d}\omega \quad \left(= \frac{\pi}{\Omega} \cdot f(t_j)\right)$$

berechnet werden, auch wenn sich hier unter Verwendung der FOURIER-Rücktransformation für $f = f(t) \in \mathcal{PW}_\Omega$ erfreulicherweise der gewichtete Abtastwert $\frac{\pi}{\Omega} \cdot f(t_j)$ ergibt. Es gilt vielmehr

$$\frac{1}{2\Omega} \int_{-\Omega}^{\Omega} \widehat{f}(\omega) \cdot \mathrm{e}^{\mathrm{i}\omega t_j}\, \mathrm{d}\omega = \frac{1}{2\Omega} \int_{-\Omega}^{\Omega} \left( \sum_{i=-\infty}^{\infty} c_i \cdot \mathrm{e}^{-\mathrm{i}\omega t_i} \right) \cdot \mathrm{e}^{\mathrm{i}\omega t_j}\, \mathrm{d}\omega$$

$$= \sum_{i=-\infty}^{\infty} c_i \cdot \frac{1}{2\Omega} \int_{-\Omega}^{\Omega} \mathrm{e}^{\mathrm{i}\omega(t_j - t_i)}\, \mathrm{d}\omega = \sum_{i=-\infty}^{\infty} c_i \cdot \frac{1}{\Omega} \int_{0}^{\Omega} \cos\omega(t_j - t_i)\, \mathrm{d}\omega$$

$$= \sum_{i=-\infty}^{\infty} c_i \cdot \mathrm{sinc}\frac{\Omega}{\pi}(t_j - t_i)\ .$$

Aufgrund der Irregularität der Folge $\{t_j\}_{j\in\mathbb{Z}}$ der nichtäquidistanten Abtastzeitpunkte ist nun im Allgemeinen $t_j - t_i \neq (j - i) \cdot \pi/\Omega$ und damit $\mathrm{sinc}\frac{\Omega}{\pi}(t_j - t_i) \neq \delta_{i,j}$. Die letzte Summe wird daher nicht mehr auf den einzelnen Term $c_j$ reduziert beziehungsweise das zugehörige unendliche Gleichungssystem

$$\sum_{i=-\infty}^{\infty} c_i \cdot \mathrm{sinc}\frac{\Omega}{\pi}(t_j - t_i) = \frac{\pi}{\Omega} \cdot f(t_j) \quad \forall\, j \in \mathbb{Z}$$

$$\Leftrightarrow \sum_{i=-\infty}^{\infty} c_i \cdot \frac{\Omega}{\pi} \cdot \mathrm{sinc}\frac{\Omega}{\pi}(t_j - t_i) = f(t_j) \quad \forall\, j \in \mathbb{Z} \tag{6.12}$$

nicht diagonalisiert. Erneut liegt der funktionalanalytische Grund darin, dass die nichtharmonische trigonometrische Spektralfolge $\{\mathrm{e}^{-\mathrm{i}\omega t_j}\}_{j\in\mathbb{Z}}$ nun nicht mehr orthogonal ist, das heißt das Skalarprodukt

$$\left\langle \mathrm{e}^{-\mathrm{i}\omega t_i}, \mathrm{e}^{-\mathrm{i}\omega t_j} \right\rangle_{L^2([-\Omega,\Omega])}$$

ist für $i \neq j$ nicht notwendig gleich 0. Dieses Ergebnis hätten wir auch durch direkte Verwendung von Gleichung 6.11 auf Seite 238 erhalten können; die hier gewählte Herleitung zeigt jedoch nochmals deutlich die völlige Analogie zu der obigen Behandlung nichtharmonischer trigonometrischer FOURIER-Reihen auf. Wir stehen somit erneut vor der Aufgabe, einen geeigneten Algorithmus zur Auflösung des unendlichen Gleichungssystems 6.12 zu finden – oder uns durch die Theorie der Rahmen einen alternativen Weg aufzeigen zu lassen.

Wir nehmen nun die Gültigkeit der hinreichenden Bedingung

$$\left| t_j - \frac{\pi j}{\Omega} \right| \leq \lambda < \frac{\pi}{4\Omega} \quad \forall\, j \in \mathbb{Z}$$

aus dem $\frac{1}{4}$-Theorem 6.21 von KADEC auf Seite 239 an; die nichtharmonische trigonometrische Spektralfolge $\{\mathrm{e}^{-\mathrm{i}\omega t_j}\}_{j \in \mathbb{Z}}$ im Frequenzbereich ist daher eine RIESZ-Basis beziehungsweise ein exakter Rahmen

$$\{\psi_j\}_{j \in \mathbb{Z}} = \{\psi_j(\omega)\}_{j \in \mathbb{Z}} = \left\{ \mathrm{e}^{-\mathrm{i}\omega t_j} \right\}_{j \in \mathbb{Z}} \tag{6.13}$$

des LEBESGUE-Raums $L^2([-\Omega, \Omega])$.[7] Nach Theorem 5.17 auf Seite 200 existiert ein dualer Rahmen

$$\left\{ \widetilde{\psi}_j \right\}_{j \in \mathbb{Z}} = \left\{ \widetilde{\psi}_j(\omega) \right\}_{j \in \mathbb{Z}} \ ,$$

der biorthogonal zu $\{\psi_j(\omega)\}_{j \in \mathbb{Z}}$ beziehungsweise $\{\mathrm{e}^{-\mathrm{i}\omega t_j}\}_{j \in \mathbb{Z}}$ ist. Mit Theorem 5.18 gilt daher die Reihendarstellung

$$\widehat{f} = \sum_{j \in \mathbb{Z}} \langle \widehat{f}, \widetilde{\psi}_j \rangle_{L^2([-\Omega,\Omega])} \cdot \psi_j = \sum_{j \in \mathbb{Z}} \langle \widehat{f}, \psi_j \rangle_{L^2([-\Omega,\Omega])} \cdot \widetilde{\psi}_j$$

beziehungsweise

$$\widehat{f}(\omega) = \sum_{j \in \mathbb{Z}} \langle \widehat{f}(\omega), \widetilde{\psi}_j(\omega) \rangle_{L^2([-\Omega,\Omega])} \cdot \mathrm{e}^{-\mathrm{i}\omega t_j}$$

$$= \sum_{j \in \mathbb{Z}} \langle \widehat{f}(\omega), \mathrm{e}^{-\mathrm{i}\omega t_j} \rangle_{L^2([-\Omega,\Omega])} \cdot \widetilde{\psi}_j(\omega) \ .$$

Mit Kenntnis der nichtäquidistanten Abtastwertefolge $\{f(t_j)\}_{j \in \mathbb{Z}}$ und

$$\frac{1}{2\pi} \int_{-\Omega}^{\Omega} \widehat{f}(\omega) \cdot \mathrm{e}^{\mathrm{i}\omega t_j} \, \mathrm{d}\omega = \frac{1}{2\pi} \cdot \langle \widehat{f}(\omega), \mathrm{e}^{-\mathrm{i}\omega t_j} \rangle_{L^2([-\Omega,\Omega])} = f(t_j)$$

kann $\widehat{f} = \widehat{f}(\omega) \in L^2([-\Omega, \Omega])$ mithilfe des dualen Rahmens $\left\{ \widetilde{\psi}_j(\omega) \right\}_{j \in \mathbb{Z}}$ gemäß

---

[7] Da wir uns nun im Frequenzbereich tummeln, wird zur besseren Übersichtlichkeit anstelle des Symbols $\varphi$ das Symbol $\psi$ gewählt.

$$\widehat{f}(\omega) = \sum_{j=-\infty}^{\infty} 2\pi \cdot f(t_j) \cdot \widetilde{\psi}_j(\omega) \quad \forall\, \omega \in [-\Omega, \Omega] \quad \text{a.e.} \qquad (6.14)$$

dargestellt werden. Mithilfe der inversen FOURIER-Transformation kann damit das Signal $f = f(t) \in \mathcal{PW}_\Omega$ rekonstruiert werden.

Die Bestimmung des Spektrums $\widehat{f} = \widehat{f}(\omega) \in L^2([-\Omega, \Omega])$ aus der nichtäquidistanten Abtastwertefolge

$$\left\{ \langle \widehat{f}(\omega), e^{-i\omega t_j} \rangle_{L^2([-\Omega,\Omega])} \right\}_{j \in \mathbb{Z}} = \{ 2\pi \cdot f(t_j) \}_{j \in \mathbb{Z}}$$

entspricht wiederum dem in der Rahmentheorie formulierten Momentenproblem, aus der Koeffizientenfolge $\{ \langle f, \varphi_j \rangle_{\mathcal{H}} \}_{j \in \mathbb{J}}$ und dem bekannten Rahmen $\{\varphi_j\}_{j \in \mathbb{J}}$ das Signal $f \in \mathcal{H}$ zu rekonstruieren. Zur Bestimmung einer geeigneten Spektralfolge $\{\widetilde{\psi}_j(\omega)\}_{j \in \mathbb{Z}}$ wenden wir nun die Theorie ganzer Funktionen vom exponentiellen Typ an.

### 6.4.3 Nichtharmonische Fourier-Reihen und ganze Funktionen vom exponentiellen Typ

Wir gehen nun näher auf die Verknüpfungen zwischen irregulärer Abtastung, nichtharmonischen Fourier-Reihen und ganzen Funktionen vom exponentiellen Typ ein, die über die durch das PALEY-WIENER-Theorem 6.8 auf Seite 228 angegebene Identifizierung ganzer Funktionen vom exponentiellen Typ und Frequenzband-begrenzter Funktionen hinausgehen. Unser Ziel ist, die im letzten Abschnitt eingeführte Spektralfolge $\{\widetilde{\psi}_j(\omega)\}_{j \in \mathbb{Z}}$ – oder die korrespondierende Signalfolge im Zeitbereich – genauer zu fassen. Als Vorbereitung geben wir das folgende Lemma an [53].

**Lemma 6.27.** *Es sei $\{t_j\}_{j \in \mathbb{Z}}$ eine symmetrische Folge $t_j \in \mathbb{R}$, das heißt $\{t_j\}_{j \in \mathbb{Z}} = \{-t_{-j}\}_{j \in \mathbb{Z}}$. Wenn die nichtharmonische trigonometrische Spektralfolge $\{e^{-i\omega t_j}\}_{j \in \mathbb{Z}}$ ein exakter Rahmen in dem LEBESGUE-Raum $L^2([-\Omega, \Omega])$ ist, dann konvergiert das unendliche Produkt*

$$\prod_{j=1}^{\infty} \left( 1 - \frac{z^2}{t_j^2} \right)$$

*gegen eine ganze Funktion vom exponentiellen Typ $\Omega$.*

Definieren wir nun die ganze Funktion[8]

$$g(z) \stackrel{\triangle}{=} z \cdot \prod_{j=1}^{\infty} \left( 1 - \frac{z^2}{t_j^2} \right) \,,$$

---

[8] Man beachte die Ähnlichkeit der so definierten Funktion mit den in Gleichung 6.5 und Gleichung 6.6 auf Seite 229 angegebenen Darstellungen der sin- und sinc-Funktionen!

die vollständig durch die symmetrische Folge $\{t_j\}_{j\in\mathbb{Z}} = \{-t_{-j}\}_{j\in\mathbb{Z}}$ nichtäquidistanter Abtastzeitpunkte bestimmt ist, so sind die ganzen Funktionen

$$g_j(z) \triangleq \frac{g(z)}{g'(t_j) \cdot (z - t_j)}$$

ebenfalls vom exponentiellen Typ $\Omega$. Zunächst bemerken wir, dass aufgrund der aufsteigenden Folge der nichtäquidistanten Abtastzeitpunkte

$$-\infty < \ldots < t_{j-1} < t_j < t_{j+1} < \ldots < \infty$$

gemäß Gleichung 6.2 auf Seite 225 die Abtastzeitpunkte voneinander verschieden sind, das heißt $t_i \neq t_j$ für $i \neq j$. Dann kann mithilfe der Regel von L'HOSPITAL der Wert von $g_j(z)$ an der Stelle $z = t_j$ bestimmt werden. Es gilt

$$g_j(t_j) = \lim_{z \to t_j} \frac{g(z)}{g'(t_j) \cdot (z - t_j)} = \lim_{z \to t_j} \frac{g'(z)}{g'(t_j)} = \frac{g'(t_j)}{g'(t_j)} = 1 \ .$$

Für $i \neq j$ ergibt sich entsprechend

$$g_j(t_i) = 0 \ ,$$

so dass wir allgemein erhalten

$$g_j(t_i) = \delta_{i,j} = \begin{cases} 1, & i = j \\ 0, & i \neq j \end{cases} \quad \forall\, i, j \in \mathbb{Z} \ .$$

Wir berechnen nun die FOURIER-Transformierte

$$\widehat{g}_j(\omega) = \int\limits_{-\infty}^{\infty} g_j(t) \cdot e^{-i\omega t} \, \mathrm{d}t$$

des Signals $g_j(t)$. Da $g_j(z)$ eine ganze Funktion vom exponentiellen Typ $\Omega$ ist, muss $\widehat{g}_j(\omega)$ außerhalb des Intervalls $[-\Omega, \Omega]$ gleich 0 sein. Es gilt daher für die Rücktransformation

$$g_j(t) = \frac{1}{2\pi} \int\limits_{-\Omega}^{\Omega} \widehat{g}_j(\omega) \cdot e^{i\omega t} \, \mathrm{d}\omega$$

beziehungsweise

$$g_j(t) = \frac{1}{2\pi} \cdot \langle \widehat{g}_j(\omega), e^{-i\omega t} \rangle_{L^2([-\Omega, \Omega])} \ .$$

Hieraus folgt für $t = t_i$

$$\langle \widehat{g}_j(\omega), e^{-i\omega t_i} \rangle_{L^2([-\Omega, \Omega])} = 2\pi \cdot g_j(t_i) = 2\pi \cdot \delta_{i,j} \ ,$$

das heißt die Spektralfolgen $\left\{\frac{1}{2\pi}\cdot\widehat{g}_j(\omega)\right\}_{j\in\mathbb{Z}}$ und $\left\{\mathrm{e}^{-\mathrm{i}\omega t_j}\right\}_{j\in\mathbb{Z}}$ sind biorthogonal. Aufgrund der Theoreme 2.69 auf Seite 49 und 5.17 auf Seite 200 wissen wir, dass die zu einer gegebenen RIESZ-Basis beziehungsweise einem exakten Rahmen – hier $\left\{\mathrm{e}^{-\mathrm{i}\omega t_j}\right\}_{j\in\mathbb{Z}}$ – biorthogonale Folge – hier $\left\{\frac{1}{2\pi}\cdot\widehat{g}_j(\omega)\right\}_{j\in\mathbb{Z}}$ – eindeutig bestimmt ist. Die Spektralfolge $\left\{\frac{1}{2\pi}\cdot\widehat{g}_j(\omega)\right\}_{j\in\mathbb{Z}}$ ist daher identisch zu dem von uns im letzten Abschnitt eingeführten dualen Rahmen $\left\{\widetilde{\psi}_j(\omega)\right\}_{j\in\mathbb{Z}}$, das heißt es gilt

$$\left\{\widetilde{\psi}_j(\omega)\right\}_{j\in\mathbb{Z}} = \left\{\frac{1}{2\pi}\cdot\widehat{g}_j(\omega)\right\}_{j\in\mathbb{Z}} \ .$$

Aus Gleichung 6.14 auf Seite 243 erhalten wir daher unter Berücksichtigung der Frequenzband-Begrenztheit von $\widehat{g}_j$

$$\widehat{f}(\omega) = \sum_{j=-\infty}^{\infty} f(t_j)\cdot\widehat{g}_j(\omega) \ .$$

Mithilfe der inversen FOURIER-Transformation $\widehat{g}_j(\omega) \ \bullet\!\!-\!\!\circ\ g_j(t)$ ergibt sich somit

$$f(t) = \sum_{j=-\infty}^{\infty} f(t_j)\cdot g_j(t) \tag{6.15}$$

beziehungsweise

$$\boxed{f(z) = \sum_{j=-\infty}^{\infty} f(t_j)\cdot g_j(z) = \sum_{j=-\infty}^{\infty} f(t_j)\cdot\frac{g(z)}{g'(t_j)\cdot(z-t_j)}} \tag{6.16}$$

mit den ganzen Funktionen vom exponentiellen Typ $\Omega$

$$g_j(z) = \frac{g(z)}{g'(t_j)\cdot(z-t_j)} \tag{6.17}$$

und

$$g(z) = z\cdot\prod_{j=1}^{\infty}\left(1-\frac{z^2}{t_j^2}\right) \ . \tag{6.18}$$

Man beachte die Ähnlichkeit zu der in Gleichung 1.1 auf Seite 12 angegebenen LAGRANGEschen Interpolationsformel!

Es ist uns somit gelungen, unter Annahme der Gültigkeit der hinreichenden Bedingung

$$\boxed{\left|t_j - \frac{\pi j}{\Omega}\right| \leq \lambda < \frac{\pi}{4\Omega} \quad \forall\, j\in\mathbb{Z}}$$

aus dem $\frac{1}{4}$-Theorem 6.21 von KADEC auf Seite 239 sowie einer symmetrischen Folge $\{t_{-j}\}_{j\in\mathbb{Z}} = \{-t_j\}_{j\in\mathbb{Z}}$ nichtäquidistanter Abtastzeitpunkte eine

Rekonstruktionsvorschrift für das Frequenzband-begrenzte Signal $f = f(t) \in \mathcal{PW}_\Omega$ zu gewinnen. Die in Gleichung 6.16 angegebene Vorschrift entspricht einer verallgemeinerten LAGRANGE-Interpolation. Die zugrunde gelegte ganze Funktion $g(z)$ ist vollständig durch ihre Nullstellen, die sämtlich mit den Abtastzeitpunkten $t_j$ zusammenfallen, festgelegt.

Es existieren neben der von KADEC angegebenen $\frac{1}{4}$-Regel noch weitere hinreichende Bedingungen für die irreguläre Folge nichtäquidistanter Abtastzeitpunkte, so dass für $\{t_j\}_{j\in\mathbb{Z}}$ die nichtharmonische trigonometrische Spektralfolge $\{e^{-i\omega t_j}\}_{j\in\mathbb{Z}}$ eine RIESZ-Basis des LEBESGUE-Raums $L^2([-\Omega,\Omega])$ ist – zum Beispiel wenn die Folge $\{t_j\}_{j\in\mathbb{Z}}$ die Nullstellen einer so genannten ganzen Funktion vom Sinus-Typ (*entire function of sine type*) sind. Diese werden wir jedoch nicht weiter verfolgen, sondern verweisen auf [53]. Für den Spezialfall $\Omega = \pi$ sowie die reguläre Folge $\{j\}_{j\in\mathbb{Z}}$ äquidistanter Abtastzeitpunkte erhalten wir für $g(z)$

$$g(z) = z \cdot \prod_{j=1}^{\infty} \left(1 - \frac{z^2}{j^2}\right)$$

und damit mit Gleichung 6.5 auf Seite 229

$$g(z) = \frac{\sin(\pi z)}{\pi}$$

mit der zugehörigen Ableitung

$$g'(z) = \cos(\pi z) \ .$$

Mit $g'(j) = \cos(\pi j) = (-1)^j$ erhalten wir somit aus Gleichung 6.16 die Darstellung

$$f(z) \;=\; \sin(\pi z) \cdot \sum_{j=-\infty}^{\infty} (-1)^j \cdot \frac{f(j)}{\pi \cdot (z-j)} \ ,$$

welche der bereits in Gleichung 6.4 auf Seite 228 angegebenen Kardinalreihe entspricht. Die Bedingung der Symmetrie der irregulären Folge $\{t_j\}_{j\in\mathbb{Z}} = \{-t_{-j}\}_{j\in\mathbb{Z}}$ nichtäquidistanter Abtastzeitpunkte kann fallengelassen werden, wenn für $g(z)$ die folgende Darstellung gewählt wird [22, 36]

$$g(z) \stackrel{\triangle}{=} (z - t_0) \cdot \prod_{j=1}^{\infty} \left(1 - \frac{z}{t_j}\right) \cdot \left(1 - \frac{z}{t_{-j}}\right) \ .$$

Dann erhalten wir erneut mit

$$g_j(z) = \frac{g(z)}{g'(t_j) \cdot (z - t_j)}$$

die Reihendarstellung

$$f(z) \;=\; \sum_{j=-\infty}^{\infty} f(t_j) \cdot g_j(z) \;=\; \sum_{j=-\infty}^{\infty} f(t_j) \cdot \frac{g(z)}{g'(t_j) \cdot (z - t_j)} \qquad (6.19)$$

für die ganze Funktion $f(z)$ vom exponentiellen Typ $\Omega$.

So erfolgreich die bisherige in der Rekonstruktionsvorschrift aus Gleichung 6.16 auf Seite 245 gipfelnde Analyse theoretisch auch war, ihre praktische Anwendbarkeit in der digitalen Signalverarbeitung ist aufgrund des in dem Ausdruck für $g(z)$ auftretenden numerisch schwierig handhabbaren unendlichen Produkts $\prod_{j=1}^{\infty} \left(1 - z^2/t_j^2\right)$ begrenzt. Wir werden uns daher im Folgenden mit in der digitalen Signalverarbeitung praktisch handhabbareren Methoden der Signalrekonstruktion befassen.

## 6.5 Irreguläre Abtastung im Paley-Wiener-Raum $\mathcal{PW}_\Omega$

In der bisherigen Diskussion der irregulären Abtastung haben wir mithilfe des $\frac{1}{4}$-Theorems 6.21 von KADEC auf Seite 239 eine hinreichende Bedingung angegeben, unter der die Rekonstruktion eines Frequenzband-begrenzten Signals $f = f(t) \in \mathcal{PW}_\Omega$ in dem PALEY-WIENER-Raum $\mathcal{PW}_\Omega$ auf Basis der irregulären Abtastwertefolge $\{f(t_j)\}_{j\in\mathbb{Z}}$ und der irregulären Folge $\{t_j\}_{j\in\mathbb{Z}}$ der nichtäquidistanten Abtastzeitpunkte möglich ist. Ferner haben wir mit Gleichung 6.16 auf Seite 245 eine Formel für die Rekonstruktion des Signals $f$ gefunden, die jedoch für eine Anwendung in der digitalen Signalverarbeitung nicht geeignet ist. In diesem Abschnitt wenden wir das Instrumentarium der Rahmentheorie noch konsequenter auf die Signaltheorie der irregulären Abtastung an, um einen geeigneten Rekonstruktionsalgorithmus im Frequenzbereich

$$(\{t_j\}_{j\in\mathbb{Z}}, \{f(t_j)\}_{j\in\mathbb{Z}}) \mapsto \widehat{f} \in L^2([-\Omega, \Omega])$$

beziehungsweise im Zeitbereich

$$(\{t_j\}_{j\in\mathbb{Z}}, \{f(t_j)\}_{j\in\mathbb{Z}}) \mapsto f \in \mathcal{PW}_\Omega$$

auf Basis der in der Theorie der Rahmen mittels der NEUMANNschen Reihe gefundenen Rekonstruktionsalgorithmen – zum Beispiel des relaxierten Rahmenalgorithmus oder des konjugierten Gradientenalgorithmus – zu erhalten. Die in dem $\frac{1}{4}$-Theorem 6.21 von KADEC angegebene hinreichende Bedingung

$$\left| t_j - \frac{\pi j}{\Omega} \right| \leq \lambda < \frac{\pi}{4\Omega} \quad \forall\, j \in \mathbb{Z}$$

dafür, dass die Spektralfolge $\{e^{-i\omega t_j}\}_{j\in\mathbb{Z}}$ ein Rahmen ist, erlaubt nur kleine Abweichungen der irregulären Folge $\{t_j\}_{j\in\mathbb{Z}}$ der nichtäquidistanten Abtastzeitpunkte von dem regulären äquidistanten Gitter $\{j \cdot T\}_{j\in\mathbb{Z}}$. Es existieren noch weitere interessante Bedingungen an $\{t_j\}_{j\in\mathbb{Z}}$, die zudem die Bestimmung der Rahmengrenzen $A$ und $B$ erlauben – dies ist insbesondere für die Anwendung des Rahmenalgorithmus mit optimaler Relaxationskonstante $\lambda_{\mathrm{opt}} = 2/(A+B)$ wünschenswert. Diesen hinreichenden Bedingungen wenden wir uns nun zu.

### 6.5.1 Rahmen im Paley-Wiener-Raum $\mathcal{PW}_\Omega$

Vorab benötigen wir noch zwei im weiteren Verlauf wichtige Definitionen [53].

**Definition 6.28.** *Eine Folge $\{t_j\}_{j\in\mathbb{Z}}$ ist separiert genau dann, wenn eine Konstante $\varepsilon \in \mathbb{R}$ existiert mit $\varepsilon > 0$, so dass gilt*

$$|t_j - t_i| \geq \varepsilon > 0 \quad \forall\, i \neq j \ .$$

Die folgende Definition liefert eine Charakterisierung von irregulären Folgen $\{t_j\}_{j\in\mathbb{Z}}$ nichtäquidistanter Abtastzeitpunkte durch die Betrachtung, wie weit die irregulären Abtastwerte von den äquidistanten Zeitpunkten $j\cdot T$ mit $j \in \mathbb{Z}$ entfernt liegen unter Einhaltung einer Mindestabstandbedingung [11].

**Definition 6.29.** *Eine Folge von Abtastzeitpunkten $\{t_j\}_{j\in\mathbb{Z}}$ besitzt eine gleichmäßige Dichte (uniform density) $T^{-1}$ genau dann, wenn Konstanten $\Delta \in \mathbb{R}$ und $\varepsilon \in \mathbb{R}$ existieren mit $\lambda \geq 0$ und $\varepsilon > 0$ sowie*

$$|t_j - j\cdot T| \leq \Delta \quad und \quad |t_j - t_i| \geq \varepsilon > 0 \quad \forall\, i \neq j \ .$$

Anders als in dem $\frac{1}{4}$-Theorem 6.21 von Kadec fordern wir mit dieser Definition lediglich, dass ein maximaler Abstand $\Delta$ zwischen $t_j$ und $j\cdot T$ existiert, ohne diesen jedoch wie im $\frac{1}{4}$-Theorem von Kadec zum Beispiel durch den Wert $\pi/(4\Omega)$ nach oben zu beschränken. Mithilfe dieser Definitionen gibt das folgende Theorem von Duffin und Schaeffer nun unter Zuhilfenahme der Rahmentheorie an, unter welchen Bedingungen die Rekonstruktion des auf das Frequenzintervall $[-\Omega, \Omega]$ begrenzten Spektrums $\widehat{f} \in L^2([-\Omega, \Omega])$ – und damit letztendlich auch des Signals $f \in \mathcal{PW}_\Omega$ aus dem Paley-Wiener-Raum $\mathcal{PW}_\Omega$ – aus der irregulären Folge der nichtäquidistanten Abtastzeitpunkte $\{t_j\}_{j\in\mathbb{Z}}$ und der zugehörigen Abtastwertefolge $\{f(t_j)\}_{j\in\mathbb{Z}}$ möglich ist [11].

**Theorem 6.30.** *Es sei $\{t_j\}_{j\in\mathbb{Z}}$ eine irreguläre Folge von nichtäquidistanten Abtastzeitpunkten mit der gleichmäßigen Dichte $T^{-1}$. Dann ist die Spektralfolge $\{e^{-i\omega t_j}\}_{j\in\mathbb{Z}}$ ein Rahmen für den Hilbert-Raum $L^2([-\Omega, \Omega])$ mit*

$$\Omega < \frac{\pi}{T} \ .$$

Für Dichten $T^{-1}$, die oberhalb der Nyquist-Rate $\frac{\Omega}{\pi}$ liegen,[9] ist somit die Rekonstruktion des Spektrums $\widehat{f} \in L^2([-\Omega, \Omega])$ eines Signals $f \in \mathcal{PW}_\Omega$ aus dem Paley-Wiener-Raum $\mathcal{PW}_\Omega$ auf Basis des Rahmens

$$\{e^{-i\omega t_j}\}_{j\in\mathbb{Z}}$$

möglich, der wie in Gleichung 6.10 auf Seite 237 auf nichtharmonische trigonometrische Fourier-Reihen

---

[9] Man beachte die entsprechende Aussage des Shannon-Whittaker-Kotel'nikov-Abtasttheorems 4.12 auf Seite 142 für die reguläre Abtastung mittels äquidistanter Abtastwertefolgen $\{f(j\cdot T)\}_{j\in\mathbb{Z}}$.

$$\widehat{f}(\omega) = \sum_{j=-\infty}^{\infty} c_j \cdot \mathrm{e}^{-\mathrm{i}\omega t_j} \quad \forall\, \omega \in [-\Omega, \Omega] \quad \text{a.e.}$$

führt. Wird entsprechend Definition 6.19 auf Seite 234 die Dichte der irregulären Folge $\{t_j\}_{j\in\mathbb{Z}}$ nichtäquidistanter Abtastzeitpunkte gemäß

$$D\left(\{t_j\}_{j\in\mathbb{Z}}\right) \overset{\triangle}{=} \lim_{r\to\infty} \frac{N\left(\{t_j\}_{j\in\mathbb{Z}}, r\right)}{r}$$

mit der Zahl der Abtastzeitpunkte innerhalb des Zeitintervalls $[-r, r]$

$$N\left(\{t_j\}_{j\in\mathbb{Z}}, r\right) \overset{\triangle}{=} |\{t_j \mid |t_j| \leq r\}|$$

definiert, so folgt aus Theorem 6.30 mit der NYQUIST-Rate $\Omega/\pi$

$$\boxed{D\left(\{t_j\}_{j\in\mathbb{Z}}\right) = T^{-1} \overset{!}{>} \frac{\Omega}{\pi} \; .} \tag{6.20}$$

Die Dichte der nichtäquidistanten Abtastzeitpunkte muss somit größer als die NYQUIST-Rate $\Omega/\pi$ sein. Eine ebenfalls in [11] angegebene und aufgrund der Dualität der FOURIER-Transformation entsprechende Formulierung für den Zeitbereich liefert das

**Theorem 6.31.** *Es sei $\{t_j\}_{j\in\mathbb{Z}}$ eine irreguläre Folge von nichtäquidistanten Abtastzeitpunkten mit der gleichmäßigen Dichte $T^{-1}$ und*

$$0 < \Omega < \frac{\pi}{T} \; .$$

*Dann gilt für das Signal $f = f(t) \in \mathcal{PW}_\Omega$ aus dem PALEY-WIENER-Raum $\mathcal{PW}_\Omega$*

$$A \cdot \|f\|^2_{\mathcal{PW}_\Omega} \leq \sum_{j\in\mathbb{Z}} |f(t_j)|^2 \leq B \cdot \|f\|^2_{\mathcal{PW}_\Omega}$$

*mit den Konstanten $0 < A \leq B < \infty$.*

Wie in Lemma 4.4 auf Seite 130 gilt

$$\left\langle f(t), \frac{\Omega}{\pi} \cdot \mathrm{sinc}\frac{\Omega}{\pi}(t - t_j) \right\rangle_{\mathcal{PW}_\Omega} = f(t_j) \; .$$

Definieren wir entsprechend die Signalfolge $\{\varphi_j\}_{j\in\mathbb{Z}}$ durch

$$\boxed{\{\varphi_j(t)\}_{j\in\mathbb{Z}} \overset{\triangle}{=} \left\{\frac{\Omega}{\pi} \cdot \mathrm{sinc}\frac{\Omega}{\pi}(t - t_j)\right\}_{j\in\mathbb{Z}} ,} \tag{6.21}$$

so folgt daher

$$\boxed{\langle f, \varphi_j\rangle_{\mathcal{PW}_\Omega} = f(t_j) \; .} \tag{6.22}$$

Die Bedingung

$$A \cdot \|f\|^2_{\mathcal{PW}_\Omega} \leq \sum_{j \in \mathbb{Z}} |f(t_j)|^2 \leq B \cdot \|f\|^2_{\mathcal{PW}_\Omega}$$

des letzten Theorems kann also folgendermaßen geschrieben werden

$$A \cdot \|f\|^2_{\mathcal{PW}_\Omega} \leq \sum_{j \in \mathbb{Z}} |\langle f, \varphi_j \rangle_{\mathcal{PW}_\Omega}|^2 \leq B \cdot \|f\|^2_{\mathcal{PW}_\Omega} \ .$$

Hieraus ist ersichtlich, dass die Signalfolge $\{\varphi_j\}_{j \in \mathbb{Z}} = \{\varphi_j(t)\}_{j \in \mathbb{Z}} = \{\frac{\Omega}{\pi} \cdot \mathrm{sinc}\frac{\Omega}{\pi}(t - t_j)\}_{j \in \mathbb{Z}}$ einen Rahmen mit den Rahmengrenzen $A$ und $B$ darstellt. Diese alles Bisherige in den Schatten stellende Erkenntnis halten wir in dem folgenden wichtigen Theorem fest.

**Theorem 6.32.** *Es sei* $\{t_j\}_{j \in \mathbb{Z}}$ *eine irreguläre Folge von nichtäquidistanten Abtastzeitpunkten mit der gleichmäßigen Dichte* $T^{-1}$ *und*

$$0 < \Omega < \frac{\pi}{T} \ .$$

*Dann ist die Signalfolge*

$$\{\varphi_j(t)\}_{j \in \mathbb{Z}} \triangleq \left\{ \frac{\Omega}{\pi} \cdot \mathrm{sinc}\frac{\Omega}{\pi}(t - t_j) \right\}_{j \in \mathbb{Z}}$$

*ein Rahmen für den* PALEY-WIENER-*Raum* $\mathcal{PW}_\Omega$ *mit den Rahmengrenzen* $0 < A \leq B < \infty$, *das heißt es gilt für ein Signal* $f = f(t) \in \mathcal{PW}_\Omega$ *aus dem* PALEY-WIENER-*Raum* $\mathcal{PW}_\Omega$

$$A \cdot \|f\|^2_{\mathcal{PW}_\Omega} \leq \sum_{j \in \mathbb{Z}} |\langle f, \varphi_j \rangle_{\mathcal{PW}_\Omega}|^2 \leq B \cdot \|f\|^2_{\mathcal{PW}_\Omega}$$

$$\Leftrightarrow \quad A \cdot \|f\|^2_{\mathcal{PW}_\Omega} \leq \sum_{j \in \mathbb{Z}} |f(t_j)|^2 \leq B \cdot \|f\|^2_{\mathcal{PW}_\Omega} \ .$$

Das Rahmensignal $\varphi_j(t) = \frac{\Omega}{\pi} \cdot \mathrm{sinc}\frac{\Omega}{\pi}(t - t_j)$ zeigt Abbildung 6.1. Wir haben somit herausgefunden, dass die Spektralfolge

$$\{e^{-i\omega t_j}\}_{j \in \mathbb{Z}}$$

einen Rahmen für den LEBESGUE-Raum $L^2([-\Omega, \Omega])$ darstellt, während die Signalfolge

$$\left\{ \frac{\Omega}{\pi} \cdot \mathrm{sinc}\frac{\Omega}{\pi}(t - t_j) \right\}_{j \in \mathbb{Z}}$$

ein Rahmen in dem PALEY-WIENER-Raum $\mathcal{PW}_\Omega$ ist – Letzteres lag aufgrund der Gleichung 6.11 auf Seite 238

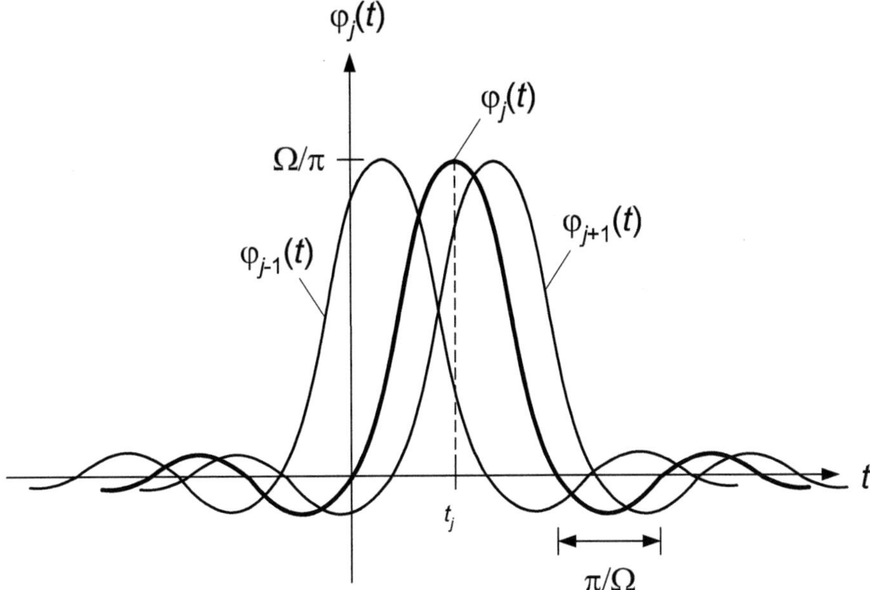



**Abb. 6.1.** Das Rahmensignal $\varphi_j(t) = \frac{\Omega}{\pi} \cdot \mathrm{sinc}\frac{\Omega}{\pi}(t-t_j)$ in dem Paley-Wiener-Raum $\mathcal{PW}_\Omega$.

$$f(t) = \sum_{j=-\infty}^{\infty} c_j \cdot \frac{\Omega}{\pi} \cdot \mathrm{sinc}\frac{\Omega}{\pi}(t - t_j) = \sum_{j=-\infty}^{\infty} c_j \cdot \varphi_j(t)$$

schon im letzten Abschnitt zum Greifen nahe. Aufgrund der Korrespondenz

$$\mathrm{rect}\left(\frac{\omega}{2\Omega}\right) \cdot \mathrm{e}^{-\mathrm{i}\omega t_j} \quad \bullet\!\!-\!\!\circ \quad \frac{\Omega}{\pi} \cdot \mathrm{sinc}\frac{\Omega}{\pi}(t - t_j)$$

stellt die explizit auf das Frequenzintervall $[-\Omega, \Omega]$ begrenzte Spektralfolge $\{\mathrm{e}^{-\mathrm{i}\omega t_j}\}_{j\in\mathbb{Z}}$ im Frequenzbereich die Fourier-Transformierte der Signalfolge $\left\{\frac{\Omega}{\pi} \cdot \mathrm{sinc}\frac{\Omega}{\pi}(t - t_j)\right\}_{j\in\mathbb{Z}}$ im Zeitbereich dar. Diese Betrachtung legt das folgende Lemma nahe.

**Lemma 6.33.** *Die* Fourier-*Transformation bilde den* Hilbert-*Raum* $\mathcal{H}_t \subseteq L^2(\mathbb{R})$ *im Zeitbereich auf den* Hilbert-*Raum* $\mathcal{H}_\omega \subseteq L^2(\mathbb{R})$ *im Frequenzbereich ab. Ferner sei*

$$\{\varphi_j\}_{j\in\mathbb{J}} = \{\varphi_j(t)\}_{j\in\mathbb{J}}$$

*ein Rahmen in dem* Hilbert-*Raum* $\mathcal{H}_t$ *mit den Rahmengrenzen* $0 < A \leq B < \infty$. *Dann ist*

$$\{\widehat{\varphi}_j\}_{j\in\mathbb{J}} = \{\widehat{\varphi}_j(\omega)\}_{j\in\mathbb{J}}$$

*mit* $\widehat{\varphi}_j(\omega) \;\bullet\!\!-\!\!\circ\; \varphi_j(t)$ *für alle* $j \in \mathbb{J}$ *ein Rahmen in dem* Hilbert-*Raum* $\mathcal{H}_\omega$ *mit den Rahmengrenzen* $2\pi A$ *und* $2\pi B$.

*Beweis.* Dies sieht man leicht mithilfe des Theorems 3.4 von PLANCHEREL auf Seite 88 sowie der PARSEVALschen Gleichung in Theorem 3.5. Es gilt mit $f \in \mathcal{H}_t \ \circ\!\!-\!\!\bullet \ \widehat{f} \in \mathcal{H}_\omega$

$$\|f\|^2_{\mathcal{H}_t} = \|f\|^2_{L^2(\mathbb{R})} = \frac{1}{2\pi} \cdot \|\widehat{f}\|^2_{L^2(\mathbb{R})} = \frac{1}{2\pi} \cdot \|\widehat{f}\|^2_{\mathcal{H}_\omega}$$

und

$$\langle f, \varphi_j \rangle_{\mathcal{H}_t} = \langle f, \varphi_j \rangle_{L^2(\mathbb{R})} = \frac{1}{2\pi} \cdot \langle \widehat{f}, \widehat{\varphi}_j \rangle_{L^2(\mathbb{R})} = \frac{1}{2\pi} \cdot \langle \widehat{f}, \widehat{\varphi}_j \rangle_{\mathcal{H}_\omega} \ .$$

Damit folgt aus der Rahmenbedingung

$$A \cdot \|f\|^2_{\mathcal{H}_t} \leq \sum_{j \in \mathbb{J}} |\langle f, \varphi_j \rangle_{\mathcal{H}_t}|^2 \leq B \cdot \|f\|^2_{\mathcal{H}_t}$$

die entsprechende Bedingung im Frequenzbereich

$$A \cdot \frac{1}{2\pi} \cdot \|\widehat{f}\|^2_{\mathcal{H}_\omega} \leq \sum_{j \in \mathbb{J}} \left| \frac{1}{2\pi} \cdot \langle \widehat{f}, \widehat{\varphi}_j \rangle_{\mathcal{H}_\omega} \right|^2 \leq B \cdot \frac{1}{2\pi} \cdot \|\widehat{f}\|^2_{\mathcal{H}_\omega}$$

$$\Leftrightarrow \quad 2\pi A \cdot \|\widehat{f}\|^2_{\mathcal{H}_\omega} \leq \sum_{j \in \mathbb{J}} |\langle f, \widehat{\varphi}_j \rangle_{\mathcal{H}_\omega}|^2 \leq 2\pi B \cdot \|\widehat{f}\|^2_{\mathcal{H}_\omega} \ .$$

$\square$

Die Rekonstruktion des Signals $f = f(t) \in \mathcal{PW}_\Omega$ aus dem PALEY-WIENER-Raum $\mathcal{PW}_\Omega$ mit der Frequenzgrenze $\Omega$ beziehungsweise des zugehörigen Spektrums $\widehat{f} = \widehat{f}(\omega) \in L^2([-\Omega, \Omega])$ aus dem LEBESGUE-Raum $L^2([-\Omega, \Omega])$ kann nun bei Kenntnis der Rahmengrenzen $A$ und $B$ auf Basis des Rahmens

$$\{\varphi_j(t)\}_{j \in \mathbb{Z}} = \left\{ \frac{\Omega}{\pi} \cdot \mathrm{sinc}\frac{\Omega}{\pi}(t - t_j) \right\}_{j \in \mathbb{Z}} \qquad \forall \, t \in \mathbb{R}$$

im Zeitbereich beziehungsweise des entsprechenden Rahmens

$$\{\widehat{\varphi}_j(\omega)\}_{j \in \mathbb{Z}} = \left\{ \mathrm{e}^{-\mathrm{i}\omega t_j} \right\}_{j \in \mathbb{Z}} \qquad \forall \, \omega \in [-\Omega, \Omega]$$

im Frequenzbereich mithilfe zum Beispiel des relaxierten Rahmenalgorithmus erfolgen. Wir haben bereits angekündigt, dass uns nun die Bestimmung der Rahmengrenzen $A$ und $B$ für den Rahmen $\{\varphi_j(t)\}_{j \in \mathbb{Z}} = \{\frac{\Omega}{\pi} \cdot \mathrm{sinc}\frac{\Omega}{\pi}(t - t_j)\}_{j \in \mathbb{Z}}$ möglich sein wird. Diesen Rahmengrenzen $A$ und $B$ widmen wir den nun folgenden Abschnitt.

### 6.5.2 Die Rahmengrenzen im Paley-Wiener-Raum $\mathcal{PW}_\Omega$

**Die obere Rahmengrenze $B$**

Im Folgenden sei das Signal $f = f(t) \in \mathcal{PW}_\Omega$ ein Signal aus dem PALEY-WIENER-Raum $\mathcal{PW}_\Omega$ – die komplexe Funktion $f(z)$ sei somit eine ganze

Funktion vom exponentiellen Typ. Ferner setzen wir voraus, dass die irreguläre Folge $\{t_j\}_{j\in\mathbb{Z}}$ von nichtäquidistanten Abtastzeitpunkten mit $\varepsilon > 0$ separiert ist, dass also

$$|t_j - t_i| \geq \varepsilon > 0 \quad \forall\, i \neq j$$

gilt. Unter Verwendung von Gleichung 6.3 auf Seite 227

$$|f(z_0)|^2 \leq \frac{1}{2\pi} \int\limits_{-\pi}^{\pi} \left|f\left(z_0 + \rho \cdot \mathrm{e}^{\mathrm{i}\theta}\right)\right|^2 \,\mathrm{d}\theta$$

berechnen wir nun zunächst [4]

$$2\pi \int\limits_{0}^{\varepsilon/2} |f(z_0)|^2 \cdot \rho\,\mathrm{d}\rho = 2\pi \cdot |f(z_0)|^2 \int\limits_{0}^{\varepsilon/2} \rho\,\mathrm{d}\rho = |f(z_0)|^2 \cdot \frac{\pi\varepsilon^2}{4}$$

$$\leq \int\limits_{0}^{\varepsilon/2}\int\limits_{-\pi}^{\pi} \left|f\left(z_0 + \rho \cdot \mathrm{e}^{\mathrm{i}\theta}\right)\right|^2 \rho\,\mathrm{d}\rho\,\mathrm{d}\theta = \int\limits_{|z|\leq\varepsilon/2} |f(z_0 + z)|^2 \,\mathrm{d}z$$

$$= \iint\limits_{\sqrt{x^2+y^2}\leq\varepsilon/2} |f(z_0 + x + \mathrm{i}y)|^2 \,\mathrm{d}x\,\mathrm{d}y \leq \int\limits_{-\varepsilon/2}^{\varepsilon/2}\int\limits_{-\varepsilon/2}^{\varepsilon/2} |f(z_0 + x + \mathrm{i}y)|^2 \,\mathrm{d}x\,\mathrm{d}y \;,$$

wobei wir im letzten Schritt die Integration über die Kreisscheibe $\sqrt{x^2 + y^2} \leq \varepsilon/2$ durch die Integration über das diese Kreisscheibe umschließende Quadrat $-\varepsilon/2 \leq x, y \leq \varepsilon/2$ nach oben hin abgeschätzt haben. Mit $z_0 = t_j$ und Summation über $j \in \mathbb{Z}$ erhalten wir unter Beachtung von $|t_j - t_i| \geq \varepsilon > 0$ für alle $i \neq j$ gemäß Definition 6.29 auf Seite 248

$$\frac{\pi\varepsilon^2}{4} \sum_{j=-\infty}^{\infty} |f(t_j)|^2 \leq \sum_{j=-\infty}^{\infty} \int\limits_{-\varepsilon/2}^{\varepsilon/2}\int\limits_{-\varepsilon/2}^{\varepsilon/2} |f(t_j + x + \mathrm{i}y)|^2 \,\mathrm{d}x\,\mathrm{d}y$$

$$= \int\limits_{-\varepsilon/2}^{\varepsilon/2} \sum_{j=-\infty}^{\infty} \int\limits_{t_j-\varepsilon/2}^{t_j+\varepsilon/2} |f(x + \mathrm{i}y)|^2 \,\mathrm{d}x\,\mathrm{d}y \leq \int\limits_{-\varepsilon/2}^{\varepsilon/2}\int\limits_{-\infty}^{\infty} |f(x + \mathrm{i}y)|^2 \,\mathrm{d}x\,\mathrm{d}y \;.$$

Unter Verwendung der – im distributionellen Sinne geltenden – FOURIER-Korrespondenz $2\pi\delta(\omega)\;$ ●—○ $\;1$ beziehungsweise

$$\int\limits_{-\infty}^{\infty} \mathrm{e}^{\mathrm{i}\omega t} \,\mathrm{d}t = 2\pi\delta(\omega)$$

folgt mit $f(t)\;$ ○—● $\;\widehat{f}(\omega) \in L^2([-\Omega, \Omega])$ die etwas längliche Rechnung

$$\int\limits_{-\infty}^{\infty} |f(t+\mathrm{i}s)|^2 \, \mathrm{d}t = \int\limits_{-\infty}^{\infty} \left| \frac{1}{2\pi} \int\limits_{-\Omega}^{\Omega} \widehat{f}(\omega) \cdot \mathrm{e}^{\mathrm{i}\omega(t+\mathrm{i}s)} \, \mathrm{d}\omega \right|^2 \mathrm{d}t$$

$$= \int\limits_{-\infty}^{\infty} \frac{1}{2\pi} \int\limits_{-\Omega}^{\Omega} \widehat{f}(\omega) \cdot \mathrm{e}^{\mathrm{i}\omega(t+\mathrm{i}s)} \, \mathrm{d}\omega \cdot \overline{\frac{1}{2\pi} \int\limits_{-\Omega}^{\Omega} \widehat{f}(\omega') \cdot \mathrm{e}^{\mathrm{i}\omega'(t+\mathrm{i}s)} \, \mathrm{d}\omega'} \, \mathrm{d}t$$

$$= \frac{1}{2\pi} \int\limits_{-\Omega}^{\Omega} \int\limits_{-\Omega}^{\Omega} \widehat{f}(\omega) \cdot \overline{\widehat{f}(\omega')} \cdot \mathrm{e}^{-(\omega+\omega')s} \cdot \underbrace{\frac{1}{2\pi} \int\limits_{-\infty}^{\infty} \mathrm{e}^{\mathrm{i}(\omega-\omega')t} \, \mathrm{d}t}_{=\delta(\omega-\omega')} \, \mathrm{d}\omega \, \mathrm{d}\omega'$$

$$= \frac{1}{2\pi} \int\limits_{-\Omega}^{\Omega} \int\limits_{-\Omega}^{\Omega} \widehat{f}(\omega) \cdot \overline{\widehat{f}(\omega')} \cdot \mathrm{e}^{-(\omega+\omega')s} \cdot \delta(\omega-\omega') \, \mathrm{d}\omega \, \mathrm{d}\omega'$$

$$= \frac{1}{2\pi} \int\limits_{-\Omega}^{\Omega} \left| \widehat{f}(\omega) \right|^2 \cdot \mathrm{e}^{-2\omega s} \, \mathrm{d}\omega \ .$$

Mithilfe der für $-\Omega \le \omega \le \Omega$ geltenden Abschätzung $\mathrm{e}^{-2\omega s} \le \mathrm{e}^{2\Omega|s|}$ erhalten wir daher unter Verwendung der PARSEVALschen Gleichung in Theorem 3.15 auf Seite 113

$$\int\limits_{-\infty}^{\infty} |f(t+\mathrm{i}s)|^2 \, \mathrm{d}t \le \mathrm{e}^{2\Omega|s|} \cdot \frac{1}{2\pi} \int\limits_{-\Omega}^{\Omega} \left| \widehat{f}(\omega) \right|^2 \, \mathrm{d}\omega$$

$$= \mathrm{e}^{2\Omega|s|} \int\limits_{-\infty}^{\infty} |f(t)|^2 \, \mathrm{d}t = \mathrm{e}^{2\Omega|s|} \cdot \|f\|_{\mathcal{PW}_\Omega}^2 \ .$$

Dies eingesetzt führt zu

$$\frac{\pi\varepsilon^2}{4} \sum_{j=-\infty}^{\infty} |f(t_j)|^2 \le \int\limits_{-\varepsilon/2}^{\varepsilon/2} \mathrm{e}^{2\Omega|y|} \cdot \|f\|_{\mathcal{PW}_\Omega}^2 \, \mathrm{d}y$$

$$= 2 \int\limits_{0}^{\varepsilon/2} \mathrm{e}^{2\Omega y} \, \mathrm{d}y \cdot \|f\|_{\mathcal{PW}_\Omega}^2 = \frac{\mathrm{e}^{\Omega\varepsilon}-1}{\Omega} \cdot \|f\|_{\mathcal{PW}_\Omega}^2 \ .$$

Nun sind wir am Ziel angelangt und erhalten

$$\sum_{j=-\infty}^{\infty} |f(t_j)|^2 \le \frac{4}{\pi\Omega\varepsilon^2} \cdot \left( \mathrm{e}^{\Omega\varepsilon}-1 \right) \cdot \|f\|_{\mathcal{PW}_\Omega}^2$$

$$\Leftrightarrow \sum_{j=-\infty}^{\infty} \left| \langle \widehat{f}, \widehat{\varphi}_j \rangle_{\mathcal{PW}_\Omega} \right|^2 \le \frac{4}{\pi\Omega\varepsilon^2} \cdot \left( \mathrm{e}^{\Omega\varepsilon}-1 \right) \cdot \|f\|_{\mathcal{PW}_\Omega}^2$$

mit der oberen Rahmengrenze

$$B = \frac{4}{\pi \Omega \varepsilon^2} \cdot \left(\mathrm{e}^{\Omega \varepsilon} - 1\right) \ . \tag{6.23}$$

Bezogen auf die NYQUIST-Rate $\Omega/\pi$ gilt daher

$$\frac{B}{\Omega/\pi} = \frac{4}{(\Omega \varepsilon)^2} \cdot \left(\mathrm{e}^{\Omega \varepsilon} - 1\right) \ .$$

Die minimale auf die NYQUIST-Rate $\Omega/\pi$ bezogene obere Rahmengrenze $B/\frac{\Omega}{\pi} = 6{,}1765\dots$ ergibt sich für $\Omega\varepsilon = 1{,}5936\dots$, wohingegen insbesondere für sehr kleine Werte $\varepsilon$ – also für das Auftreten nahe beieinander liegender Abtastwerte – der Wert für $B/\frac{\Omega}{\pi}$ sehr stark ansteigt.

## Die untere Rahmengrenze $A$

Nachdem wir die obere Rahmengrenze $B$ erfolgreich bestimmt haben, wenden wir uns der unteren Rahmengrenze $A$ zu. Wir geben hier allerdings nur das Ergebnis an; die Rechnung selbst liefern wir nach, sobald einige benötigte Werkzeuge in Form spezieller Operatoren definiert worden sind. Anstelle der Separiertheit der irregulären Folge $\{t_j\}_{j\in\mathbb{Z}}$ nichtäquidistanter Abtastzeitpunkte setzen wir nun voraus, dass eine obere Schranke $\delta$ für den Abstand der aufeinander folgenden Abtastwerte existiert.

$$\delta \stackrel{\triangle}{=} \sup_{j\in\mathbb{Z}} \{t_j - t_{j-1}\}$$

Aus ebenfalls später nachgelieferten Gründen muss $\delta$ kleiner als die NYQUIST-Periode $\pi/\Omega$ sein, also

$$\delta \stackrel{!}{<} \frac{\pi}{\Omega} \ .$$

Ebenfalls gilt, dass die oben verwendete Konstante $\varepsilon \leq \delta$ sein muss. Für die untere Rahmengrenze $A$ erhalten wir dann

$$A = \frac{\left(1 - \frac{\delta\Omega}{\pi}\right)^2}{\delta} \ , \tag{6.24}$$

beziehungsweise für die auf die NYQUIST-Rate $\Omega/\pi$ bezogene untere Rahmengrenze

$$\frac{A}{\Omega/\pi} = \frac{\left(1 - \frac{\delta\Omega}{\pi}\right)^2}{\frac{\delta\Omega}{\pi}} \ .$$

Aus dieser Gleichung wird ersichtlich, dass die untere Rahmengrenze für $\delta \to \pi/\Omega$ gegen 0 strebt. Werden das Theorem 6.32 auf Seite 250 sowie die Gleichungen 6.23 und 6.24 auf Seite 255 zusammengefasst, so ergibt sich das folgende

**Theorem 6.34.** *Es sei $\{t_j\}_{j\in\mathbb{Z}}$ eine durch*

$$|t_j - t_i| \geq \varepsilon > 0 \quad \forall\, i \neq j$$

*separierte irreguläre Folge von nichtäquidistanten Abtastzeitpunkten mit der gleichmäßigen Dichte $T^{-1}$ und*

$$0 < \Omega < \frac{\pi}{T}$$

*sowie der oberen Schranke für den Abstand aufeinander folgender Abtastzeit-punkte*

$$\delta = \sup_{j\in\mathbb{Z}}\{t_j - t_{j-1}\} \overset{!}{<} \frac{\pi}{\Omega}\ .$$

*Dann ist die Signalfolge*

$$\{\varphi_j(t)\}_{j\in\mathbb{Z}} \overset{\triangle}{=} \left\{\frac{\Omega}{\pi}\cdot\operatorname{sinc}\frac{\Omega}{\pi}(t - t_j)\right\}_{j\in\mathbb{Z}}$$

*ein Rahmen für den* PALEY-WIENER-*Raum $\mathcal{PW}_\Omega$ mit den Rahmengrenzen*

$$A = \frac{\left(1 - \frac{\delta\Omega}{\pi}\right)^2}{\delta}$$

*und*

$$B = \frac{4}{\pi\Omega\varepsilon^2}\cdot\left(\mathrm{e}^{\Omega\varepsilon} - 1\right)\ .$$

Mit diesem Theorem kann Lemma 6.24 auf Seite 240 erweitert werden zu einer Aussage über die relative Norm der Abweichung der irregulären Abtastwertefolge $\{f(t_j)\}_{j\in\mathbb{Z}}$, wenn die irreguläre Folge $\{t_j\}_{j\in\mathbb{Z}}$ der nichtäquidistanten Abtastzeitpunkte zu einer Folge $\{t_j'\}_{j\in\mathbb{Z}}$ verfälscht wird.

**Lemma 6.35.** *Es sei $\{t_j\}_{j\in\mathbb{Z}}$ eine Folge nichtäquidistanter Abtastzeitpunkte, für die*

$$A\cdot\|f\|^2_{\mathcal{PW}_\Omega} \leq \sum_{j=-\infty}^{\infty} |f(t_j)|^2 \leq B\cdot\|f\|^2_{\mathcal{PW}_\Omega}$$

*für ein beliebiges Signal $f = f(t) \in \mathcal{PW}_\Omega$ gilt. Falls die Folge $\{t_j'\}_{j\in\mathbb{Z}}$ die Bedingung*

$$|t_j' - t_j| \leq \lambda \quad \forall\, j \in \mathbb{Z}$$

*mit $\lambda \in \mathbb{R}$ erfüllt, dann gilt für ein Signal $f = f(t) \in \mathcal{PW}_\Omega$*

$$\frac{\displaystyle\sum_{j=-\infty}^{\infty} \left|f(t_j') - f(t_j)\right|^2}{\displaystyle\sum_{j=-\infty}^{\infty} |f(t_j)|^2} \leq \frac{B}{A}\cdot\left(\mathrm{e}^{\lambda\cdot\Omega} - 1\right)^2\ .$$

Mit den abgeleiteten Rahmengrenzen $A$ und $B$ folgt somit unter den Bedingungen des Lemmas 6.35

$$\frac{\sum\limits_{j=-\infty}^{\infty} \left| f(t_j') - f(t_j) \right|^2}{\sum\limits_{j=-\infty}^{\infty} |f(t_j)|^2} \leq \frac{4 \cdot \frac{\delta\Omega}{\pi}}{(\Omega\varepsilon)^2 \cdot \left(1 - \frac{\delta\Omega}{\pi}\right)^2} \cdot \left(e^{\Omega\varepsilon} - 1\right) \cdot \left(e^{\lambda \cdot \Omega} - 1\right)^2 \ .$$

**Signalrekonstruktion**

Mithilfe des Rahmens

$$\{\varphi_j(t)\}_{j\in\mathbb{Z}} = \left\{ \frac{\Omega}{\pi} \cdot \operatorname{sinc}\frac{\Omega}{\pi}(t - t_j) \right\}_{j\in\mathbb{Z}}$$

kann aufgrund der Kenntnis der Koeffizientenfolge

$$\{\langle f, \varphi_j\rangle_{\mathcal{PW}_\Omega}\}_{j\in\mathbb{Z}} = \{f(t_j)\}_{j\in\mathbb{Z}}$$

die Signalrekonstruktion des Signals $f \in \mathcal{PW}_\Omega$ entsprechend dem in der Rahmentheorie formulierten Momentenproblem gelöst werden. Zu diesem Zweck kann der relaxierte Rahmenalgorithmus 5.2 auf Seite 196 – beziehungsweise aufgrund der Kenntnis der Rahmengrenzen $A$ und $B$ auch der Rahmenalgorithmus 5.1 auf Seite 194 mit dem optimalen Relaxationsparameter

$$\lambda_{\mathrm{opt}} = \frac{2}{A + B}$$

und daher optimalem Konvergenzfaktor

$$\gamma(\lambda_{\mathrm{opt}}) = \frac{B - A}{B + A}$$

– eingesetzt werden. Entsprechend Definition 5.9 auf Seite 186 wird der dem Rahmen $\{\varphi_j\}_{j\in\mathbb{Z}}$ zugehörige Rahmenoperator

$$F : \mathcal{PW}_\Omega \to \ell^2(\mathbb{Z})$$

mit

$$f \mapsto \{\langle f, \varphi_j\rangle_{\mathcal{PW}_\Omega}\}_{j\in\mathbb{Z}} = \{f(t_j)\}_{j\in\mathbb{Z}}$$

beziehungsweise

$$(Ff)_j = \langle f, \varphi_j\rangle_{\mathcal{PW}_\Omega} = f(t_j)$$

unter Verwendung von Lemma 4.4 auf Seite 130 definiert. Die Anwendung des Rahmenalgorithmus erfolgt mit dem Operator

$$F^*Ff = \sum_{j\in\mathbb{Z}} \langle f, \varphi_j\rangle_{\mathcal{PW}_\Omega} \cdot \varphi_j$$

$$= \sum_{j\in\mathbb{Z}} f(t_j) \cdot \frac{\Omega}{\pi} \cdot \operatorname{sinc}\frac{\Omega}{\pi}(t - t_j)$$

sowie dem optimalen Relaxationsparameter $\lambda_{\mathrm{opt}} = 2/(A + B)$. Die exakte Angabe des Rekonstruktionsalgorithmus stellen wir bis zum nächsten Kapitel zurück.

## Signalrepräsentation

Eine explizite Gleichung – ähnlich der Reihendarstellung in dem SHANNON-WHITTAKER-KOTEL'NIKOV-Abtasttheorem 4.1 auf Seite 124 – für die Repräsentation eines Signals $f = f(t) \in \mathcal{PW}_\Omega$ in dem PALEY-WIENER-Raum $\mathcal{PW}_\Omega$ auf Basis der irregulären Folge $\{t_j\}_{j\in\mathbb{Z}}$ der nichtäquidistanten Abtastwerte kann mithilfe des in Definition 5.16 auf Seite 199 definierten dualen Rahmens

$$\widetilde{\varphi}_j = (F^*F)^{-1}\varphi_j$$

mit dem verketteten Operator

$$F^*Ff = \sum_{j\in\mathbb{Z}} \langle f, \varphi_j\rangle_{\mathcal{PW}_\Omega} \cdot \varphi_j$$

$$= \sum_{j\in\mathbb{Z}} f(t_j) \cdot \frac{\Omega}{\pi} \cdot \mathrm{sinc}\,\frac{\Omega}{\pi}(t - t_j)$$

angegeben werden. Unter Verwendung des Theorems 5.18 auf Seite 201 sowie der Momentenfolge $\{\langle f, \varphi_j\rangle_{\mathcal{PW}_\Omega}\}_{j\in\mathbb{Z}} = \{f(t_j)\}_{j\in\mathbb{Z}}$ ergibt sich damit die Signalrepräsentation zu

$$\boxed{f = \sum_{j=-\infty}^{\infty} f(t_j) \cdot \widetilde{\varphi}_j \; .} \tag{6.25}$$

Der hierbei benötigte duale Rahmen $\{\widetilde{\varphi}_j\}_{j\in\mathbb{Z}}$ wird durch Invertierung des verketteten Operators $F^*F$ bestimmt. Diese Berechnung kann – wie im letzten Abschnitt zur Rekonstruktion des Signals $f$ besprochen – mithilfe des Rahmenalgorithmus 5.1 auf Seite 194 geschehen. Die Ermittlung des dualen Rahmens $\{\widetilde{\varphi}_j\}_{j\in\mathbb{Z}}$ sowie die hierauf basierende Signalrepräsentation $f = \sum_{j=-\infty}^{\infty} f(t_j) \cdot \widetilde{\varphi}_j$ ist besonders dann vorteilhaft, wenn Signalrekonstruktionen für unterschiedliche Abtastwertefolgen $\{f(t_j)\}_{j\in\mathbb{Z}}$ mit einer jedoch identischen irregulären Folge $\{t_j\}_{j\in\mathbb{Z}}$ nichtäquidistanter Abtastzeitpunkte durchgeführt werden sollen, da in diesem Falle der einmal berechnete duale Rahmen zur Signalrekonstruktion wiederverwendet werden kann.

### 6.5.3 Gewichtete Rahmen im Paley-Wiener-Raum $\mathcal{PW}_\Omega$

Die auf die NYQUIST-Rate $\Omega/\pi$ bezogenen Rahmengrenzen

$$\frac{A}{\Omega/\pi} = \frac{\left(1 - \frac{\delta\Omega}{\pi}\right)^2}{\frac{\delta\Omega}{\pi}} \quad \text{und} \quad \frac{B}{\Omega/\pi} = \frac{4}{(\Omega\varepsilon)^2} \cdot \left(\mathrm{e}^{\Omega\varepsilon} - 1\right)$$

des (ungewichteten) Rahmens

$$\left\{\frac{\Omega}{\pi}\cdot\operatorname{sinc}\frac{\Omega}{\pi}(t-t_j)\right\}_{j\in\mathbb{Z}}$$

in dem PALEY-WIENER-Raum $\mathcal{PW}_\Omega$ können sich stark voneinander unterscheiden, was zum Beispiel bei Verwendung des relaxierten Rahmenalgorithmus auch bei Benutzung des optimalen Relaxationsparameters $\lambda_{\mathrm{opt}} = 2/(A+B)$ zu einem Konvergenzfaktor $\gamma(\lambda_{\mathrm{opt}}) = (B-A)/(B+A)$ nahe 1 und somit zu einer langsamen Konvergenz des Rahmenalgorithmus führt. Wir versuchen daher in diesem Abschnitt einen weiteren Rahmen im PALEY-WIENER-Raum $\mathcal{PW}_\Omega$ zu finden, der unter geeigneten Bedingungen zu einer schnelleren Konvergenz führt. Der sich ergebende gewichtete Rahmen wurde von FEICHTINGER und GRÖCHENIG vorgestellt [13, 14].

Zur Herleitung setzen wir erneut Frequenzband-Begrenztheit mit der Frequenzgrenze $\Omega$ des betrachteten Signals $f = f(t) \in \mathcal{PW}_\Omega$ voraus, das heißt für die FOURIER-Transformierte gilt wieder

$$\widehat{f}(\omega) = 0 \quad \forall\, |\omega| > \Omega \;.$$

Auf der Basis der durch das SHANNON-WHITTAKER-KOTEL'NIKOV-Abtasttheorem 4.12 auf Seite 142 im Falle der äquidistanten Überabtastung $T^{-1} \geq \Omega/\pi$ mit der NYQUIST-Rate $\Omega/\pi$ gelieferten Signaldarstellung

$$f(t) = \sum_{j=-\infty}^{\infty} f(j\cdot T)\cdot\frac{\Omega\cdot T}{\pi}\cdot\operatorname{sinc}\frac{\Omega}{\pi}(t-j\cdot T)$$

hatten wir gesehen, dass die in Gleichung 4.13 auf Seite 143 definierte Signalfolge

$$\{\varphi_j(t)\}_{j\in\mathbb{Z}} = \left\{\sqrt{T}\cdot\frac{\Omega}{\pi}\cdot\operatorname{sinc}\frac{\Omega}{\pi}(t-j\cdot T)\right\}_{j\in\mathbb{Z}}$$

einen Rahmen in dem PALEY-WIENER-Raum $\mathcal{PW}_\Omega$ darstellt, mit dessen Hilfe das Signal $f = f(t) \in \mathcal{PW}_\Omega$ wie in Gleichung 4.14 auf Seite 144 dargestellt werden kann durch

$$f = \sum_{j=-\infty}^{\infty} \langle f, \varphi_j\rangle_{\mathcal{PW}_\Omega}\cdot\varphi_j$$

mit den Entwicklungskoeffizienten gemäß Gleichung 4.15

$$\langle f, \varphi_j\rangle_{\mathcal{PW}_\Omega} = \sqrt{T}\cdot f(j\cdot T) \;.$$

Bei Betrachtung der so definierten Signalfolge $\{\varphi_j(t)\}_{j\in\mathbb{Z}}$ stellen wir uns die Frage, ob der zunächst nur zur Normierung eingeführte Faktor $\sqrt{T}$ zu einem eventuell von dem Index $j$ abhängenden Faktor $w_j$ erweitert werden kann, so dass auch im Falle der irregulären Abtastung mit der Folge $\{t_j\}_{j\in\mathbb{Z}}$ nichtäquidistanter Abtastzeitpunkte die Signalfolge

$$\{\varphi_j(t)\}_{j\in\mathbb{Z}} = \left\{ \sqrt{w_j} \cdot \frac{\Omega}{\pi} \cdot \operatorname{sinc}\frac{\Omega}{\pi}(t - t_j) \right\}_{j\in\mathbb{Z}} \quad ,$$

in der noch die äquidistanten Abtastzeitpunkte $j \cdot T$ durch die Zeitpunkte $t_j$ ersetzt wurden, einen Rahmen in dem PALEY-WIENER-Raum $\mathcal{PW}_\Omega$ ergibt.

Wir untersuchen nun die Approximation des Signals $f = f(t) \in \mathcal{PW}_\Omega$ auf Basis der nichtäquidistanten Abtastwertefolge $\{f(t_j)\}_{j\in\mathbb{Z}}$ mittels einer von der irregulären Folge $\{t_j\}_{j\in\mathbb{Z}}$ der nichtäquidistanten Abtastzeitpunkte abhängenden Rechtecksignalfolge. Für die Folge $\{t_j\}_{j\in\mathbb{Z}}$ gelte erneut:

$$-\infty < \ldots < t_{j-1} < t_j < t_{j+1} < \ldots < \infty \ . \tag{6.26}$$

Wie in Abbildung 6.2 veranschaulicht ist, wird das Signal $f = f(t)$ in dem Zeitintervall

$$\left[ \frac{t_{j-1} + t_j}{2}, \frac{t_j + t_{j+1}}{2} \right]$$

durch den innerhalb dieses Zeitintervalls liegenden irregulären Abtastwert $f(t_j)$ approximiert. Zur exakten Definition dieser Approximation führen wir

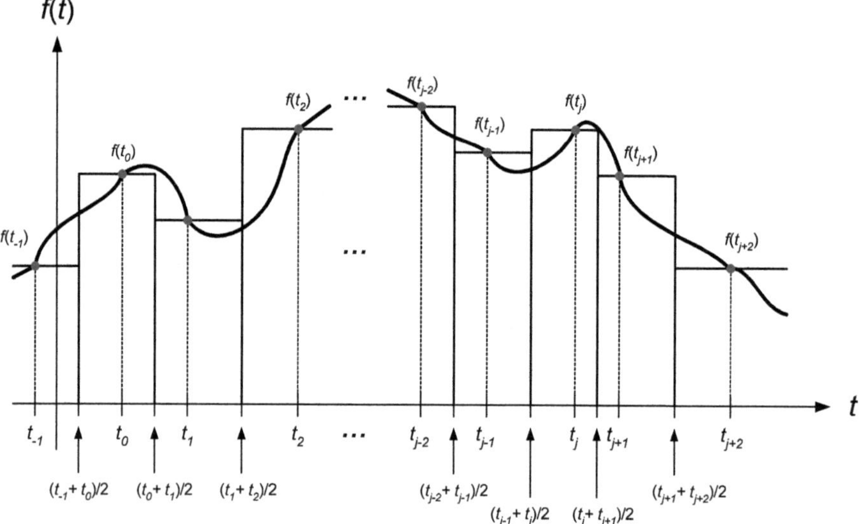


**Abb. 6.2.** Die Approximation des Signals $f = f(t) \in \mathcal{PW}_\Omega$ durch eine von der nichtäquidistanten Abtastwertefolge $\{f(t_j)\}_{j\in\mathbb{Z}}$ abhängende Rechtecksignalfolge.

die charakteristische Funktion $\chi_j$ ein.

$$\chi_j(t) \overset{\triangle}{=} \begin{cases} 1, & \frac{t_{j-1}+t_j}{2} \leq t < \frac{t_j+t_{j+1}}{2} \\ 0, & \text{sonst} \end{cases} \tag{6.27}$$

Die Signalfolge $\{\chi_j\}_{j\in\mathbb{Z}}$ stellt eine so genannte Teilung der Zeitachse dar, das heißt es gilt entsprechend Abbildung 6.3

$$\sum_{j\in\mathbb{Z}}\chi_j = 1 \ . \tag{6.28}$$

Mit der charakteristischen Funktion $\chi_j$ kann der Approximationsoperator

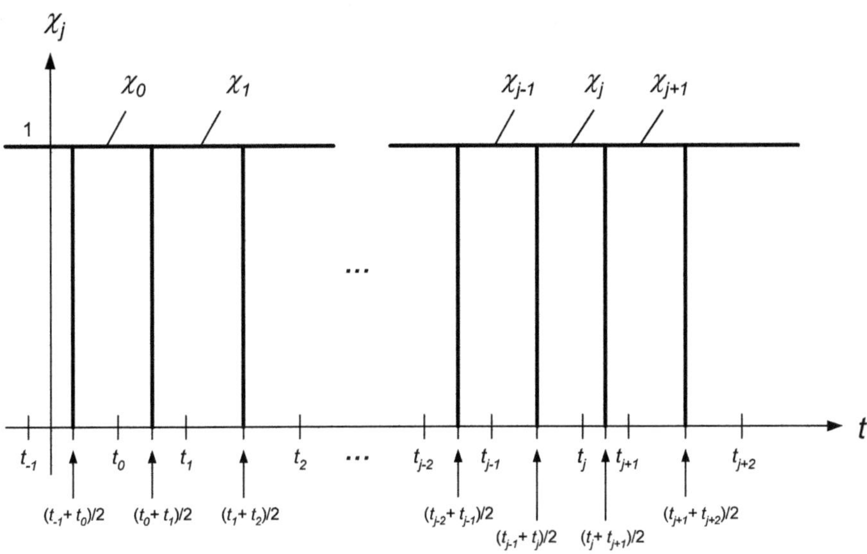

Abb. 6.3. Die Teilung der Zeitachse mit der von der irregulären Folge $\{t_j\}_{j\in\mathbb{Z}}$ der nichtäquidistanten Abtastzeitpunkte abhängenden charakteristischen Funktionenfolge $\{\chi_j\}_{j\in\mathbb{Z}}$.

$$Q : \mathcal{PW}_\Omega \to L^2(\mathbb{R}) \tag{6.29}$$

definiert werden als

$$Qf \overset{\triangle}{=} \sum_{j\in\mathbb{Z}} f(t_j) \cdot \chi_j \ . \tag{6.30}$$

Die so entstandene Rechtecksignalfolge ist sicherlich im Allgemeinen nicht mehr mit $\Omega$ Frequenzband-begrenzt, das heißt $Qf \notin \mathcal{PW}_\Omega$. Durch Projektion des Signals $Qf$ auf den PALEY-WIENER-Raum $\mathcal{PW}_\Omega$ erhalten wir jedoch eine in $\mathcal{PW}_\Omega$ liegende Approximation des Signals $f \in \mathcal{PW}_\Omega$. Hierzu definieren wir den Projektionsoperator

$$P : L^2(\mathbb{R}) \to \mathcal{PW}_\Omega$$

des LEBESGUE-Raums $L^2(\mathbb{R})$ auf den PALEY-WIENER-Raum $\mathcal{PW}_\Omega$. Der sich so ergebende Approximationsoperator

$$T : \mathcal{PW}_\Omega \to \mathcal{PW}_\Omega \tag{6.31}$$

auf dem PALEY-WIENER-Raum $\mathcal{PW}_\Omega$ lautet unter Verwendung des Projektionsoperators $P : L^2(\mathbb{R}) \to \mathcal{PW}_\Omega$ nun

$$Tf \stackrel{\triangle}{=} PQf = P \sum_{j \in \mathbb{Z}} f(t_j) \cdot \chi_j = \sum_{j \in \mathbb{Z}} f(t_j) \cdot P\chi_j \ . \tag{6.32}$$

Das Signal $Tf$ kann vollständig bei Kenntnis der nichtäquidistanten Abtastwertefolge $\{f(t_j)\}_{j \in \mathbb{Z}}$ sowie der zugehörigen irregulären Folge $\{t_j\}_{j \in \mathbb{Z}}$ der nichtäquidistanten Abtastzeitpunkte berechnet werden. Sollte es gelingen, den Operator $T$ zu invertieren, so haben wir einen Algorithmus zur Rekonstruktion des Signals $f$ gefunden. Dies erinnert stark an den bereits besprochenen Rahmenalgorithmus; im Lichte der früher gefundenen Ergebnisse bestimmen wir daher die Operatornorm von $Id - T$. Es gilt mit $f \in \mathcal{PW}_\Omega$ und damit $f = Pf$ die Abschätzung

$$\begin{aligned}
\| f - Tf \|_{\mathcal{PW}_\Omega} &= \| Pf - PQf \|_{\mathcal{PW}_\Omega} = \| P(f - Qf) \|_{\mathcal{PW}_\Omega} \\
&\leq \underbrace{\| P \|}_{=1} \cdot \| f - Qf \|_{\mathcal{PW}_\Omega} = \| f - Qf \|_{\mathcal{PW}_\Omega} \ .
\end{aligned}$$

Weiterhin gilt

$$\begin{aligned}
&\| f - Qf \|_{\mathcal{PW}_\Omega}^2 \\[1ex]
&= \left\| f \cdot \sum_{j \in \mathbb{Z}} \chi_j - \sum_{j \in \mathbb{Z}} f(t_j) \cdot \chi_j \right\|_{\mathcal{PW}_\Omega}^2 = \left\| \sum_{j \in \mathbb{Z}} (f - f(t_j)) \cdot \chi_j \right\|_{\mathcal{PW}_\Omega}^2 \\[1ex]
&= \int_{-\infty}^{\infty} \left| \sum_{j \in \mathbb{Z}} (f(t) - f(t_j)) \cdot \chi_j(t) \right|^2 dt = \sum_{j \in \mathbb{Z}} \int_{\frac{t_{j-1}+t_j}{2}}^{\frac{t_j+t_{j+1}}{2}} |f(t) - f(t_j)|^2 \, dt \ .
\end{aligned}$$

Wir wenden nun die im folgenden Lemma angegebene Ungleichung von WIRTINGER an [13].

**Lemma 6.36.** *Gegeben sei die Funktion $f \in L^2([a,b])$ mit der zugehörigen Ableitung $f' = \frac{\mathrm{d}f}{\mathrm{d}t} \in L^2([a,b])$. Ferner sei*

$$f(a) = 0 \quad oder \quad f(b) = 0 \ .$$

*Dann gilt*

$$\int_a^b |f(t)|^2 \, dt \leq \frac{4}{\pi^2} \cdot (b-a)^2 \cdot \int_a^b |f'(t)|^2 \, dt \ .$$

Hiermit folgt für den Integralausdruck

$$\int_{\frac{t_{j-1}+t_j}{2}}^{\frac{t_j+t_{j+1}}{2}} |f(t) - f(t_j)|^2 \, dt$$

$$= \int\limits_{\frac{t_{j-1}+t_j}{2}}^{t_j} |f(t) - f(t_j)|^2 \, \mathrm{d}t \; + \int\limits_{t_j}^{\frac{t_j+t_{j+1}}{2}} |f(t) - f(t_j)|^2 \, \mathrm{d}t$$

$$\leq \frac{4}{\pi^2} \cdot \left(t_j - \frac{t_{j-1}+t_j}{2}\right)^2 \cdot \int\limits_{\frac{t_{j-1}+t_j}{2}}^{t_j} |f'(t)|^2 \, \mathrm{d}t \; +$$

$$\frac{4}{\pi^2} \cdot \left(\frac{t_j+t_{j+1}}{2} - t_j\right)^2 \cdot \int\limits_{t_j}^{\frac{t_j+t_{j+1}}{2}} |f'(t)|^2 \, \mathrm{d}t$$

$$= \frac{4}{\pi^2} \cdot \left(\frac{t_j - t_{j-1}}{2}\right)^2 \cdot \int\limits_{\frac{t_{j-1}+t_j}{2}}^{t_j} |f'(t)|^2 \, \mathrm{d}t \; +$$

$$\frac{4}{\pi^2} \cdot \left(\frac{t_{j+1} - t_j}{2}\right)^2 \cdot \int\limits_{t_j}^{\frac{t_j+t_{j+1}}{2}} |f'(t)|^2 \, \mathrm{d}t$$

$$\leq \frac{4}{\pi^2} \cdot \max\left\{ \left(\frac{t_j - t_{j-1}}{2}\right)^2, \left(\frac{t_{j+1} - t_j}{2}\right)^2 \right\} \cdot$$

$$\left( \int\limits_{\frac{t_{j-1}+t_j}{2}}^{t_j} |f'(t)|^2 \, \mathrm{d}t \; + \int\limits_{t_j}^{\frac{t_j+t_{j+1}}{2}} |f'(t)|^2 \, \mathrm{d}t \right)$$

$$= \frac{4}{\pi^2} \cdot \max\left\{ \left(\frac{t_j - t_{j-1}}{2}\right)^2, \left(\frac{t_{j+1} - t_j}{2}\right)^2 \right\} \cdot \int\limits_{\frac{t_{j-1}+t_j}{2}}^{\frac{t_j+t_{j+1}}{2}} |f'(t)|^2 \, \mathrm{d}t$$

$$= \frac{1}{\pi^2} \cdot (\max\{t_j - t_{j-1}, t_{j+1} - t_j\})^2 \cdot \int\limits_{\frac{t_{j-1}+t_j}{2}}^{\frac{t_j+t_{j+1}}{2}} |f'(t)|^2 \, \mathrm{d}t \; .$$

Nun sind wir fast am Ziel unserer Ungleichungskette angelangt, denn es gilt

$$\| f - Qf \|_{\mathcal{PW}_\Omega}^2$$

$$\leq \sum_{j \in \mathbb{Z}} \frac{1}{\pi^2} \cdot (\max\{t_j - t_{j-1}, t_{j+1} - t_j\})^2 \cdot \int\limits_{\frac{t_{j-1}+t_j}{2}}^{\frac{t_j+t_{j+1}}{2}} |f'(t)|^2 \, \mathrm{d}t$$

$$\leq \frac{1}{\pi^2} \cdot \left( \sup_{j \in \mathbb{Z}} \{t_j - t_{j-1}\} \right)^2 \cdot \sum_{j \in \mathbb{Z}} \int_{\frac{t_{j-1}+t_j}{2}}^{\frac{t_j+t_{j+1}}{2}} |f'(t)|^2 \, dt$$

$$= \frac{1}{\pi^2} \cdot \left( \sup_{j \in \mathbb{Z}} \{t_j - t_{j-1}\} \right)^2 \cdot \int_{-\infty}^{\infty} |f'(t)|^2 \, dt$$

$$= \frac{1}{\pi^2} \cdot \left( \sup_{j \in \mathbb{Z}} \{t_j - t_{j-1}\} \right)^2 \cdot \|f'\|_{\mathcal{PW}_\Omega}^2 \ .$$

Wir definieren nun eine obere Schranke für den Abstand der nichtäquidistanten Abtastzeitpunkte

$$\boxed{\delta \stackrel{\triangle}{=} \sup_{j \in \mathbb{Z}} \{t_j - t_{j-1}\}} \tag{6.33}$$

und erhalten

$$\|f - Tf\|_{\mathcal{PW}_\Omega} \leq \|f - Qf\|_{\mathcal{PW}_\Omega} \leq \frac{\delta}{\pi} \cdot \|f'\|_{\mathcal{PW}_\Omega} \ . \tag{6.34}$$

Zur Herleitung einer Beziehung zwischen $\|f'\|_{\mathcal{PW}_\Omega}$ und $\|f\|_{\mathcal{PW}_\Omega}$ kommt uns die BERNSTEINsche Ungleichung aus Lemma 3.16 auf Seite 113 zu Hilfe:

$$\|f'\|_{\mathcal{PW}_\Omega} \leq \Omega \cdot \|f\|_{\mathcal{PW}_\Omega} \ .$$

Daraus folgt

$$\|f - Tf\|_{\mathcal{PW}_\Omega} \leq \|f - Qf\|_{\mathcal{PW}_\Omega} \leq \frac{\delta\Omega}{\pi} \cdot \|f\|_{\mathcal{PW}_\Omega} \ . \tag{6.35}$$

Ausgehend von der erhaltenen Abschätzung

$$\|f - Tf\|_{\mathcal{PW}_\Omega} \leq \frac{\delta\Omega}{\pi} \cdot \|f\|_{\mathcal{PW}_\Omega} \tag{6.36}$$

gilt somit für die Operatornorm

$$\|Id - T\| \stackrel{\triangle}{=} \sup_{f \in \mathcal{PW}_\Omega \setminus \{0\}} \frac{\|f - Tf\|_{\mathcal{PW}_\Omega}}{\|f\|_{\mathcal{PW}_\Omega}}$$

des Operators $Id - T$

$$\boxed{\|Id - T\| \leq \frac{\delta\Omega}{\pi}} \ . \tag{6.37}$$

Ebenso ergibt sich für die Operatornorm

$$\|Id - Q\| \stackrel{\triangle}{=} \sup_{f \in \mathcal{PW}_\Omega \setminus \{0\}} \frac{\|f - Qf\|_{\mathcal{PW}_\Omega}}{\|f\|_{\mathcal{PW}_\Omega}}$$

des Operators $Id - Q$

$$\boxed{\|Id - Q\| \leq \frac{\delta\Omega}{\pi}}\,. \tag{6.38}$$

Unter der hinreichenden Bedingung

$$\delta \overset{!}{<} \frac{\pi}{\Omega}\,, \tag{6.39}$$

das heißt der Abstand benachbarter nichtäquidistanter Abtastwerte ist kleiner als die NYQUIST-Periode $\pi/\Omega$, kann der Approximationsoperator $T$ wegen der in Theorem 2.96 auf Seite 69 angegebenen hinreichenden Bedingung $\|Id - T\| < 1$ invertiert werden. Der Approximationsoperator $T$ verdient nun etwas genauer in Augenschein genommen zu werden.

## Der Approximationsoperator $T$

Um eine über die NEUMANNsche Reihe hinausreichende Verbindung zur Rahmentheorie herzustellen, betrachten wir den Approximationsoperator $T$ genauer. Zunächst ist mithilfe der Dreiecksungleichung leicht einzusehen, dass

$$\|T\| = \|-Id + Id - T\| \leq \|Id\| + \|Id - T\| = 1 + \|Id - T\|$$

gilt. Unter Berücksichtigung von $\|Id - T\| \leq \delta\Omega/\pi$ folgt somit

$$\|T\| \leq 1 + \frac{\delta\Omega}{\pi}\,. \tag{6.40}$$

Mithilfe der Viereckungleichung 2.12 auf Seite 26 ergibt sich

$$\begin{aligned}
&\big|\,\|Id\| - \|Id - T\|\,\big| \leq \|Id - (Id - T)\| = \|T\| \\
\Leftrightarrow\quad &\big|1 - \|Id - T\|\big| \leq \|T\| \\
\Leftrightarrow\quad &-\|T\| \leq 1 - \|Id - T\| \leq \|T\| \\
\Rightarrow\quad &\|T\| \geq 1 - \|Id - T\|\,,
\end{aligned}$$

und daraus mit $\|Id - T\| \leq \delta\Omega/\pi$

$$\|T\| \geq 1 - \frac{\delta\Omega}{\pi}\,. \tag{6.41}$$

Wir erhalten somit aus Gleichung 6.40 und Gleichung 6.41 die Abschätzung für die Operatornorm

$$\boxed{1 - \frac{\delta\Omega}{\pi} \leq \|T\| \leq 1 + \frac{\delta\Omega}{\pi}}\,. \tag{6.42}$$

Des Weiteren ist unter der hinreichenden Bedingung $\delta \overset{!}{<} \pi/\Omega$ der Approximationsoperator $T$ gemäß den Betrachtungen zur NEUMANNschen Reihe invertierbar. Es gilt somit

$$1 = \|Id\| = \|T^{-1}T\| \leq \|T^{-1}\| \cdot \|T\|$$

beziehungsweise

$$\|T\| \geq \frac{1}{\|T^{-1}\|} \quad \Leftrightarrow \quad \|T^{-1}\| \geq \frac{1}{\|T\|} \ .$$

Für den inversen Operator $T^{-1}$ gilt unter Zuhilfenahme der NEUMANNschen Reihe

$$T^{-1} = \sum_{j=0}^{\infty} (Id - T)^j$$

sowie der unendlichen geometrischen Reihe

$$\sum_{j=0}^{\infty} q^j = \frac{1}{1-q}$$

für $|q| < 1$

$$\|T^{-1}\| = \left\| \sum_{j=0}^{\infty} (Id - T)^j \right\| \leq \sum_{j=0}^{\infty} \| (Id - T)^j \|$$

$$\leq \sum_{j=0}^{\infty} \| Id - T \|^j \leq \sum_{j=0}^{\infty} \left( \frac{\delta\Omega}{\pi} \right)^j = \frac{1}{1 - \frac{\delta\Omega}{\pi}} \ ,$$

also

$$\|T^{-1}\| \leq \frac{1}{1 - \frac{\delta\Omega}{\pi}} \ .$$

Auch mit dieser Abschätzung ergibt sich als untere Schranke für die Operatornorm des Approximationsoperators

$$\|T\| \geq \frac{1}{\|T^{-1}\|} \geq 1 - \frac{\delta\Omega}{\pi} \ ,$$

wie bei der Herleitung unter Verwendung der Vierecksungleichung. Ebenso erhalten wir

$$\|T^{-1}\| \geq \frac{1}{\|T\|} \geq \frac{1}{1 + \frac{\delta\Omega}{\pi}}$$

und somit insgesamt als Abschätzung der Operatornorm des inversen Approximationsoperators $T^{-1}$

$$\boxed{\frac{1}{1 + \frac{\delta\Omega}{\pi}} \leq \|T^{-1}\| \leq \frac{1}{1 - \frac{\delta\Omega}{\pi}} \ .} \tag{6.43}$$

**Der Approximationsoperator $Q$**

Da auch $\|Id - Q\| \leq \delta\Omega/\pi$ gilt, folgt unter Verwendung der Dreiecksungleichung

$$
\begin{aligned}
\|Q\| &= \| -Id + Id - Q\| \\
&\leq \|Id\| + \|Id - Q\| = 1 + \|Id - Q\| \\
&\leq 1 + \frac{\delta\Omega}{\pi}
\end{aligned}
$$

sowie unter Verwendung der Vierecksungleichung 2.12 auf Seite 26

$$
\begin{aligned}
& \big| \|Id\| - \|Id - Q\| \big| \leq \|Id - (Id - Q)\| = \|Q\| \\
\Leftrightarrow \quad & \big| 1 - \|Id - Q\| \big| \leq \|Q\| \\
\Leftrightarrow \quad & -\|Q\| \leq 1 - \|Id - Q\| \leq \|Q\| \\
\Rightarrow \quad & \|Q\| \geq 1 - \|Id - Q\| \; ,
\end{aligned}
$$

also

$$
\|Q\| \geq 1 - \frac{\delta\Omega}{\pi} \; .
$$

Insgesamt folgt somit auch für den Approximationsoperator $Q$ die folgende Abschätzung der zugehörigen Operatornorm

$$
\boxed{\; 1 - \frac{\delta\Omega}{\pi} \leq \|Q\| \leq 1 + \frac{\delta\Omega}{\pi} \; .\;}
\tag{6.44}
$$

**Der gewichtete Rahmen**

Wir erinnern uns nun an die Definition des Approximationsoperators $Q$ aus Gleichung 6.30 auf Seite 261. Es gilt

$$
Qf = \sum_{j \in \mathbb{Z}} f(t_j) \cdot \chi_j \; .
$$

Hieraus folgt

$$
\begin{aligned}
\| Qf \|^2_{\mathcal{PW}_\Omega}
&= \left\| \sum_{j \in \mathbb{Z}} f(t_j) \cdot \chi_j \right\|^2_{\mathcal{PW}_\Omega}
= \int_{-\infty}^{\infty} \left| \sum_{j \in \mathbb{Z}} f(t_j) \cdot \chi_j(t) \right|^2 \, dt \\
&= \sum_{j \in \mathbb{Z}} \int_{\frac{t_{j-1}+t_j}{2}}^{\frac{t_j+t_{j+1}}{2}} |f(t_j)|^2 \, dt
= \sum_{j \in \mathbb{Z}} \frac{t_{j+1} - t_{j-1}}{2} \cdot |f(t_j)|^2 \; .
\end{aligned}
$$

Mit dem so genannten *Gewicht*

$$\boxed{w_j \stackrel{\triangle}{=} \frac{t_{j+1} - t_{j-1}}{2}} \tag{6.45}$$

erhalten wir daraus

$$\|Qf\|^2_{\mathcal{PW}_\Omega} = \sum_{j\in\mathbb{Z}} w_j \cdot |f(t_j)|^2 \ .$$

Entsprechend Lemma 4.4 auf Seite 130 gilt

$$\left\langle f(t), \frac{\Omega}{\pi} \cdot \mathrm{sinc}\frac{\Omega}{\pi}(t-t_j) \right\rangle_{\mathcal{PW}_\Omega} = f(t_j) \ ;$$

somit folgt

$$\|Qf\|^2_{\mathcal{PW}_\Omega} = \sum_{j\in\mathbb{Z}} w_j \cdot \left| \left\langle f(t), \frac{\Omega}{\pi} \cdot \mathrm{sinc}\frac{\Omega}{\pi}(t-t_j) \right\rangle_{\mathcal{PW}_\Omega} \right|^2 \ .$$

Definieren wir nun die mit $\{w_j\}_{j\in\mathbb{Z}}$ gewichtete Signalfolge $\{\varphi_j\}_{j\in\mathbb{Z}}$ durch

$$\boxed{\{\varphi_j(t)\}_{j\in\mathbb{Z}} \stackrel{\triangle}{=} \left\{ \sqrt{w_j} \cdot \frac{\Omega}{\pi} \cdot \mathrm{sinc}\frac{\Omega}{\pi}(t-t_j) \right\}_{j\in\mathbb{Z}}} \tag{6.46}$$

beziehungsweise

$$\{\varphi_j(t)\}_{j\in\mathbb{Z}} = \left\{ \sqrt{\frac{t_{j+1}-t_{j-1}}{2}} \cdot \frac{\Omega}{\pi} \cdot \mathrm{sinc}\frac{\Omega}{\pi}(t-t_j) \right\}_{j\in\mathbb{Z}} \ ,$$

so haben wir

$$\|Qf\|^2_{\mathcal{PW}_\Omega} = \sum_{j\in\mathbb{Z}} |\langle f, \varphi_j\rangle_{\mathcal{PW}_\Omega}|^2 \ . \tag{6.47}$$

Mithilfe der Viereecksungleichung 2.12 auf Seite 26 und $\|Id - Q\| \leq \delta\Omega/\pi$ aus der Ungleichungskette 6.44 gilt

$$\begin{aligned}
& \big| \|f\|_{\mathcal{PW}_\Omega} - \|f - Qf\|_{\mathcal{PW}_\Omega} \big| \leq \|f - (f - Qf)\|_{\mathcal{PW}_\Omega} = \|Qf\|_{\mathcal{PW}_\Omega} \\
\Leftrightarrow \quad & \big| \|f\|_{\mathcal{PW}_\Omega} - \|f - Qf\|_{\mathcal{PW}_\Omega} \big| \leq \|Qf\|_{\mathcal{PW}_\Omega} \\
\Leftrightarrow \quad & -\|Qf\|_{\mathcal{PW}_\Omega} \leq \|f\|_{\mathcal{PW}_\Omega} - \|f - Qf\|_{\mathcal{PW}_\Omega} \leq \|Qf\|_{\mathcal{PW}_\Omega} \\
\Rightarrow \quad & \|Qf\|_{\mathcal{PW}_\Omega} \geq \|f\|_{\mathcal{PW}_\Omega} - \|f - Qf\|_{\mathcal{PW}_\Omega} \\
\Rightarrow \quad & \|Qf\|_{\mathcal{PW}_\Omega} \geq \|f\|_{\mathcal{PW}_\Omega} - \|Id - Q\| \cdot \|f\|_{\mathcal{PW}_\Omega} \\
\Rightarrow \quad & \|Qf\|_{\mathcal{PW}_\Omega} \geq \|f\|_{\mathcal{PW}_\Omega} - \frac{\delta\Omega}{\pi} \cdot \|f\|_{\mathcal{PW}_\Omega} \\
\Leftrightarrow \quad & \|Qf\|_{\mathcal{PW}_\Omega} \geq \left(1 - \frac{\delta\Omega}{\pi}\right) \cdot \|f\|_{\mathcal{PW}_\Omega} \ .
\end{aligned}$$

Entsprechend erhalten wir mit $\|Q\| \leq 1 + \delta\Omega/\pi$ aus der Ungleichungskette 6.44 die Abschätzung

$$\|Qf\|_{\mathcal{PW}_\Omega} \leq \|Q\| \cdot \|f\|_{\mathcal{PW}_\Omega} \leq \left(1 + \frac{\delta\Omega}{\pi}\right) \cdot \|f\|_{\mathcal{PW}_\Omega}$$

und damit insgesamt

$$\left(1 - \frac{\delta\Omega}{\pi}\right) \cdot \|f\|_{\mathcal{PW}_\Omega} \leq \|Qf\|_{\mathcal{PW}_\Omega} \leq \left(1 + \frac{\delta\Omega}{\pi}\right) \cdot \|f\|_{\mathcal{PW}_\Omega} \; .$$

Quadrieren wir diese Ungleichungskette und berücksichtigen Gleichung 6.47, so erhalten wir als Lohn unserer Mühen

$$\left(1 - \frac{\delta\Omega}{\pi}\right)^2 \cdot \|f\|_{\mathcal{PW}_\Omega}^2 \leq \sum_{j\in\mathbb{Z}} |\langle f, \varphi_j\rangle_{\mathcal{PW}_\Omega}|^2 \leq \left(1 + \frac{\delta\Omega}{\pi}\right)^2 \cdot \|f\|_{\mathcal{PW}_\Omega}^2$$

$$(6.48)$$

eine Ungleichungskette, welche der in Definition 5.1 auf Seite 182 angegebenen Bedingung

$$A \cdot \|f\|_{\mathcal{H}}^2 \leq \sum_{j\in\mathbb{J}} |\langle f, \varphi_j\rangle_{\mathcal{H}}|^2 \leq B \cdot \|f\|_{\mathcal{H}}^2$$

entspricht, dass die Signalfolge $\{\varphi_j\}_{j\in\mathbb{Z}}$ ein Rahmen in dem PALEY-WIENER-Raum $\mathcal{PW}_\Omega$ mit den Rahmengrenzen

$$A = \left(1 - \frac{\delta\Omega}{\pi}\right)^2$$

und

$$B = \left(1 + \frac{\delta\Omega}{\pi}\right)^2$$

ist. Diese wichtige und unsere bisherigen Anstrengungen krönende Erkenntnis halten wir in einem Theorem fest.

**Theorem 6.37.** *Es sei* $\{t_j\}_{j\in\mathbb{Z}}$ *eine irreguläre Folge von nichtäquidistanten Abtastzeitpunkten mit der oberen Schranke für den Abstand aufeinander folgender Abtastzeitpunkte*

$$\delta = \sup_{j\in\mathbb{Z}} \{t_j - t_{j-1}\} \stackrel{!}{<} \frac{\pi}{\Omega} \; .$$

*Dann ist die mit dem Gewicht*

$$w_j = \frac{t_{j+1} - t_{j-1}}{2}$$

*gewichtete Signalfolge*

$$\{\varphi_j(t)\}_{j\in\mathbb{Z}} = \left\{\sqrt{w_j}\cdot\frac{\Omega}{\pi}\cdot\operatorname{sinc}\frac{\Omega}{\pi}(t-t_j)\right\}_{j\in\mathbb{Z}}$$

*ein Rahmen für den* Paley-Wiener-*Raum* $\mathcal{PW}_\Omega$ *mit den durch*

$$A = \left(1-\frac{\delta\Omega}{\pi}\right)^2 \quad und \quad B = \left(1+\frac{\delta\Omega}{\pi}\right)^2$$

*gegebenen Rahmengrenzen* $0 < A \leq B < \infty$, *und es gilt für ein Signal* $f = f(t) \in \mathcal{PW}_\Omega$ *aus dem* Paley-Wiener-*Raum* $\mathcal{PW}_\Omega$ *mit der Koeffizientenfolge*

$$\{\langle f,\varphi_j\rangle_{\mathcal{PW}_\Omega}\}_{j\in\mathbb{Z}} = \{\sqrt{w_j}\cdot f(t_j)\}_{j\in\mathbb{Z}}$$

*die Rahmenbedingung*

$$A\cdot\|f\|^2_{\mathcal{PW}_\Omega} \leq \sum_{j\in\mathbb{Z}}|\langle f,\varphi_j\rangle_{\mathcal{PW}_\Omega}|^2 \leq B\cdot\|f\|^2_{\mathcal{PW}_\Omega}$$

$$\Leftrightarrow \quad A\cdot\|f\|^2_{\mathcal{PW}_\Omega} \leq \sum_{j\in\mathbb{Z}}w_j\cdot|f(t_j)|^2 \leq B\cdot\|f\|^2_{\mathcal{PW}_\Omega}\ .$$

Hierbei wurde die aufgrund des Lemmas 4.4 auf Seite 130 für $f \in \mathcal{PW}_\Omega$ geltende Beziehung

$$\boxed{\langle f,\varphi_j\rangle_{\mathcal{PW}_\Omega} = \sqrt{w_j}\cdot f(t_j)} \tag{6.49}$$

ausgenutzt. In Abbildung 6.4 ist das gewichtete Rahmensignal $\varphi_j(t) = \sqrt{w_j}\cdot\frac{\Omega}{\pi}\cdot\operatorname{sinc}\frac{\Omega}{\pi}(t-t_j)$ gezeigt. Durch die Einführung des Gewichtes $w_j = (t_{j+1} - t_{j-1})/2$ ist es somit möglich, mithilfe eines einfach zu bestimmenden Wertes – der oberen Schranke $\delta$ für den Abstand aufeinander folgender nichtäquidistanter Abtastzeitpunkte – die Rahmengrenzen $A = (1 - \delta\Omega/\pi)^2$ und $B = (1 + \delta\Omega/\pi)^2$ des gewichteten Rahmens

$$\{\varphi_j(t)\}_{j\in\mathbb{Z}} = \left\{\sqrt{w_j}\cdot\frac{\Omega}{\pi}\cdot\operatorname{sinc}\frac{\Omega}{\pi}(t-t_j)\right\}_{j\in\mathbb{Z}}$$

zu bestimmen. Das Signal $f$ kann daher unter Verwendung von $\langle f,\varphi_j\rangle_{\mathcal{PW}_\Omega} = \sqrt{w_j}\cdot f(t_j)$ mithilfe des Rahmenalgorithmus 5.1 auf Seite 194 beziehungsweise des relaxierten Rahmenalgorithmus 5.2 auf Seite 196 mit dem optimalen Relaxationsparameter $2/(A+B)$ aus der irregulären Folge $\{f(t_j)\}_{j\in\mathbb{Z}}$ nichtäquidistanter Abtastwerte rekonstruiert werden.

Die Multiplikation mit der Quadratwurzel des Gewichtes $w_j = (t_{j+1} - t_{j-1})/2$ führt an den Abtastzeitpunkten $t_j$, in deren unmittelbarer Nähe weitere Abtastzeitpunkte $t_{j-1}$ und $t_{j+1}$ mit geringem Abstand liegen, zu einer Verkleinerung der Amplitude des Rahmensignals $\varphi_j(t) = \sqrt{w_j}\cdot\frac{\Omega}{\pi}\cdot\operatorname{sinc}\frac{\Omega}{\pi}(t-t_j)$; in Zeitintervallen hoher Dichte der irregulären Abtastzeitpunkte ist der Rekonstruktionsbeitrag jedes einzelnen der in großer Zahl vorliegenden Rahmensignale $\varphi_j(t)$ somit erniedrigt gegenüber Zeitintervallen geringerer Dichte der

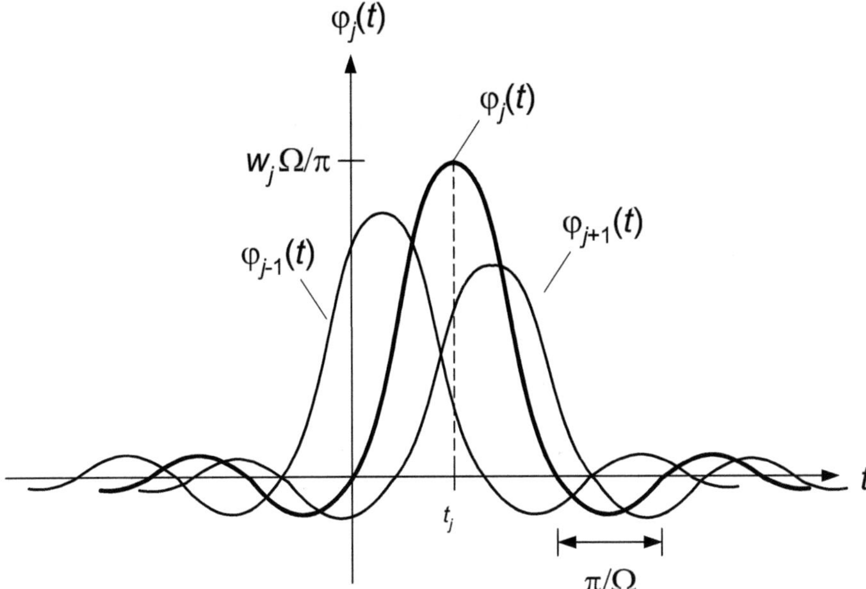


**Abb. 6.4.** Das gewichtete Rahmensignal $\varphi_j(t) = \sqrt{w_j} \cdot \frac{\Omega}{\pi} \cdot \mathrm{sinc}\frac{\Omega}{\pi}(t - t_j)$ in dem PALEY-WIENER-Raum $\mathcal{PW}_\Omega$.

irregulären Abtastzeitpunkte, so dass die mit der größeren Zahl der Rahmensignale einhergehende kleinere Amplitude den Rekonstruktionsbeitrag in Zeitintervallen hoher Abtastdichte an den Beitrag in Zeitintervallen niedrigerer Abtastdichte anpasst. Das zugehörige unendliche Gleichungssystem

$$\sum_{j=-\infty}^{\infty} c_j \cdot \sqrt{w_j} \cdot \frac{\Omega}{\pi} \cdot \mathrm{sinc}\frac{\Omega}{\pi}(t_i - t_j) = f(t_i) \ ,$$

das in ähnlicher Weise wie bei den oben betrachteten nichtharmonischen trigonometrischen FOURIER-Reihen aus der Gleichung

$$f(t) = \sum_{j=-\infty}^{\infty} \langle f, \widetilde{\varphi}_j \rangle_{\mathcal{PW}_\Omega} \cdot \varphi_j(t) = \sum_{j=-\infty}^{\infty} c_j \cdot \varphi_j(t)$$

$$= \sum_{j=-\infty}^{\infty} c_j \cdot \sqrt{w_j} \cdot \frac{\Omega}{\pi} \cdot \mathrm{sinc}\frac{\Omega}{\pi}(t - t_j)$$

durch Einsetzen von $t = t_i$ abgeleitet werden kann, wird durch die Einführung des Gewichtes $w_j = (t_{j+1} - t_{j-1})/2$ besser konditioniert. Des Weiteren ist die hinreichende Bedingung

$$\delta \overset{!}{<} \frac{\pi}{\Omega}$$

für eine gegebene irreguläre Folge $\{t_j\}_{j\in\mathbb{Z}}$ nichtäquidistanter Abtastzeitpunkte auf einfache Weise zu überprüfen; sie ist aufgrund der sich ergebenden Aussage

*Der Abstand zweier aufeinander folgender Abtastwerte muss kleiner als die* NYQUIST-*Periode $\pi/\Omega$ sein!*

im Hinblick auf das SHANNON-WHITTAKER-KOTEL'NIKOV-Abtasttheorem 4.1 auf Seite 124 einfach deutbar. Als Nebenprodukt fällt sogar die Herleitung der unteren Rahmengrenze des ungewichteten Rahmens $\left\{\frac{\Omega}{\pi} \cdot \mathrm{sinc}\frac{\Omega}{\pi}(t - t_j)\right\}_{j\in\mathbb{Z}}$ ab.

## Exkurs: Die untere Rahmengrenze $A$ des ungewichteten Rahmens

In Gleichung 6.24 auf Seite 255 hatten wir

$$A = \frac{\left(1 - \frac{\delta\Omega}{\pi}\right)^2}{\delta}$$

beziehungsweise bei Normierung auf die NYQUIST-Rate $\Omega/\pi$

$$\frac{A}{\Omega/\pi} = \frac{\left(1 - \frac{\delta\Omega}{\pi}\right)^2}{\frac{\delta\Omega}{\pi}}$$

für die untere Rahmengrenze $A$ des ungewichteten Rahmens

$$\left\{\frac{\Omega}{\pi} \cdot \mathrm{sinc}\frac{\Omega}{\pi}(t - t_j)\right\}_{j\in\mathbb{Z}}$$

in dem PALEY-WIENER-Raum $\mathcal{PW}_\Omega$ angegeben. Wir holen nun die Herleitung dieser Abschätzung unter Verwendung des oben definierten Approximationsoperators $T : \mathcal{PW}_\Omega \to \mathcal{PW}_\Omega$ mit $Tf = PQf$ und dem Projektionsoperator $P : L^2(\mathbb{R}) \to \mathcal{PW}_\Omega$ nach. Wie oben auf Seite 266 in der Ungleichungskette 6.43 abgeleitet ist die Operatornorm des inversen Approximationsoperators $T^{-1}$ nach oben beschränkt.

$$\|T^{-1}\| \leq \frac{1}{1 - \frac{\delta\Omega}{\pi}}$$

Wie wir sahen, ist der Approximationsoperator $T$ unter der Bedingung

$$\delta \overset{!}{<} \frac{\pi}{\Omega}$$

invertierbar. Dann gilt mit der Abschätzung

$$w_j = \frac{t_{j+1} - t_{j-1}}{2} = \frac{(t_{j+1} - t_j) + (t_j - t_{j-1})}{2} \leq \delta$$

die Ungleichungskette

$$\|f\|^2_{\mathcal{PW}_\Omega} = \|T^{-1}Tf\|^2_{\mathcal{PW}_\Omega}$$

$$\leq \|T^{-1}\|^2 \cdot \|PQf\|^2_{\mathcal{PW}_\Omega} \leq \frac{1}{\left(1 - \frac{\delta\Omega}{\pi}\right)^2} \cdot \|P\|^2 \cdot \|Qf\|^2_{\mathcal{PW}_\Omega}$$

$$= \frac{1}{\left(1 - \frac{\delta\Omega}{\pi}\right)^2} \cdot \|Qf\|^2_{\mathcal{PW}_\Omega} = \frac{1}{\left(1 - \frac{\delta\Omega}{\pi}\right)^2} \sum_{j\in\mathbb{Z}} w_j \cdot |f(t_j)|^2$$

$$\leq \frac{\delta}{\left(1 - \frac{\delta\Omega}{\pi}\right)^2} \sum_{j\in\mathbb{Z}} |f(t_j)|^2 \ .$$

Daraus folgt

$$\frac{\left(1 - \frac{\delta\Omega}{\pi}\right)^2}{\delta} \cdot \|f\|^2_{\mathcal{PW}_\Omega} \leq \sum_{j\in\mathbb{Z}} |f(t_j)|^2 \ ,$$

woraus sich die untere Rahmengrenze $A$ des ungewichteten Rahmens direkt ablesen lässt.

## Signalrekonstruktion

Für den in Gleichung 6.32 auf Seite 262 eingeführten Approximationsoperator

$$T = PQf = P\sum_{j\in\mathbb{Z}} f(t_j) \cdot \chi_j = \sum_{j\in\mathbb{Z}} f(t_j) \cdot P\chi_j$$

war in Gleichung 6.37 auf Seite 264 die folgende Abschätzung der Operatornorm

$$\|Id - T\| \leq \frac{\delta\Omega}{\pi} \overset{!}{<} 1$$

abgeleitet worden. Unter der Voraussetzung des Theorems 6.37 auf Seite 269 kann $T$ daher unter Verwendung der NEUMANNschen Reihe gemäß Theorem 2.96 auf Seite 69 invertiert und somit das Signal $f \in \mathcal{PW}_\Omega$ iterativ durch

$$f_n = f_{n-1} + T(f - f_{n-1})$$

mit der Initialisierung $f_0 = 0$ sowie der zugehörigen Abschätzung für die Fehlernorm entsprechend Gleichung 2.92 auf Seite 71

$$\frac{\|f_n - f\|}{\|f\|} \leq \|Id - T\|^{n+1} \leq \left(\frac{\delta\Omega}{\pi}\right)^{n+1}$$

rekonstruiert werden. Dieses direkte Vorgehen erfordert allerdings die Kenntnis der Signalfolge

$$\{P\chi_j\}_{j\in\mathbb{Z}} \ ,$$

der wir uns erst später zuwenden werden. Auf Basis des Rahmens

$$\{\varphi_j(t)\}_{j\in\mathbb{Z}} = \left\{\sqrt{w_j} \cdot \frac{\Omega}{\pi} \cdot \operatorname{sinc}\frac{\Omega}{\pi}(t - t_j)\right\}_{j\in\mathbb{Z}}$$

kommt als alternativer Kandidat für einen Rekonstruktionsalgorithmus der relaxierte Rahmenalgorithmus 5.2 auf Seite 196 – beziehungsweise aufgrund der wertvollen Kenntnis der Rahmengrenzen $A$ und $B$ auch der Rahmenalgorithmus 5.1 auf Seite 194 mit dem optimalen Relaxationsparameter

$$\lambda_{\mathrm{opt}} = \frac{2}{A+B}$$

und daher optimalem Konvergenzfaktor

$$\gamma(\lambda_{\mathrm{opt}}) = \frac{B-A}{B+A}$$

– in Betracht. Hierzu wird entsprechend Definition 5.9 auf Seite 186 der dem Rahmen $\{\varphi_j\}_{j\in\mathbb{Z}}$ zugehörige Rahmenoperator

$$F : \mathcal{PW}_\Omega \to \ell^2(\mathbb{Z})$$

mit

$$f \mapsto \{\langle f, \varphi_j\rangle_{\mathcal{PW}_\Omega}\}_{j\in\mathbb{Z}} = \{\sqrt{w_j} \cdot f(t_j)\}_{j\in\mathbb{Z}}$$

beziehungsweise

$$(Ff)_j = \langle f, \varphi_j\rangle_{\mathcal{PW}_\Omega} = \sqrt{w_j} \cdot f(t_j)$$

unter Verwendung von Gleichung 6.49 auf Seite 270 definiert. Die Anwendung des Rahmenalgorithmus erfolgt dann auf dem Operator

$$\begin{aligned}
F^*Ff &= \sum_{j\in\mathbb{Z}} \langle f, \varphi_j\rangle_{\mathcal{PW}_\Omega} \cdot \varphi_j \\
&= \sum_{j\in\mathbb{Z}} \sqrt{w_j} \cdot f(t_j) \cdot \sqrt{w_j} \cdot \frac{\Omega}{\pi} \cdot \mathrm{sinc}\frac{\Omega}{\pi}(t - t_j) \\
&= \sum_{j\in\mathbb{Z}} w_j \cdot f(t_j) \cdot \frac{\Omega}{\pi} \cdot \mathrm{sinc}\frac{\Omega}{\pi}(t - t_j)
\end{aligned}$$

mit dem optimalen Relaxationsparameter $2/(A+B)$. Wir stellen erneut die exakte Angabe des Rekonstruktionsalgorithmus bis zum nächsten Kapitel zurück und wenden uns nun der expliziten Signalrepräsentation zu.

## Signalrepräsentation

Auch für den gewichteten Rahmen kann eine explizite Gleichung ähnlich wie die Reihendarstellung in dem SHANNON-WHITTAKER-KOTEL'NIKOV-Abtasttheorem 4.1 auf Seite 124 für die Repräsentation des Signals $f = f(t) \in \mathcal{PW}_\Omega$ in dem PALEY-WIENER-Raum $\mathcal{PW}_\Omega$ auf Basis der irregulären Folge $\{t_j\}_{j\in\mathbb{Z}}$ der nichtäquidistanten Abtastwerte angegeben werden. Hierzu wird erneut auf den in Definition 5.16 auf Seite 199 definierten dualen Rahmen

$$\widetilde{\varphi}_j = (F^*F)^{-1}\varphi_j$$

mit dem verketteten Operator

$$F^*Ff = \sum_{j\in\mathbb{Z}} \langle f, \varphi_j \rangle_{\mathcal{PW}_\Omega} \cdot \varphi_j$$

$$= \sum_{j\in\mathbb{Z}} w_j \cdot f(t_j) \cdot \frac{\Omega}{\pi} \cdot \mathrm{sinc}\,\frac{\Omega}{\pi}(t - t_j)$$

zurückgegriffen. Unter Verwendung des Theorems 5.18 auf Seite 201 sowie der Momentenfolge $\{\langle f, \varphi_j \rangle_{\mathcal{PW}_\Omega}\}_{j\in\mathbb{Z}} = \{\sqrt{w_j} \cdot f(t_j)\}_{j\in\mathbb{Z}}$ ergibt sich nun die Signalrepräsentation

$$f = \sum_{j=-\infty}^{\infty} \sqrt{w_j} \cdot f(t_j) \cdot \widetilde{\varphi}_j \ , \tag{6.50}$$

die im Vergleich zur Signalrepräsentation auf Basis des ungewichteten Rahmens das Gewicht $w_j = (t_{j+1}-t_{j-1})/2$ beinhaltet. Der hierbei benötigte duale Rahmen $\{\widetilde{\varphi}_j\}_{j\in\mathbb{Z}}$ wird erneut durch Invertierung des verketteten Operators $F^*F$ bestimmt, die mithilfe des Rahmenalgorithmus 5.1 auf Seite 194 erfolgen kann. Wie im Falle des ungewichteten Rahmens ist die Bestimmung des dualen Rahmens $\{\widetilde{\varphi}_j\}_{j\in\mathbb{Z}}$ dann vorteilhaft, wenn mehrere Signalrekonstruktionen für unterschiedliche Abtastwertefolgen $\{f(t_j)\}_{j\in\mathbb{Z}}$ mit einer identischen irregulären Folge $\{t_j\}_{j\in\mathbb{Z}}$ nichtäquidistanter Abtastzeitpunkte bestimmt werden sollen.

### 6.5.4 Rahmenpaare im Paley-Wiener-Raum $\mathcal{PW}_\Omega$

Dem in Theorem 6.37 auf Seite 269 unter der Bedingung $\delta = \sup_{j\in\mathbb{Z}}\{t_j - t_{j-1}\} \overset{!}{<} \pi/\Omega$ angegebenen Rahmen

$$\{\varphi_j(t)\}_{j\in\mathbb{Z}} \overset{\triangle}{=} \left\{ \sqrt{w_j} \cdot \frac{\Omega}{\pi} \cdot \mathrm{sinc}\,\frac{\Omega}{\pi}(t - t_j) \right\}_{j\in\mathbb{Z}}$$

in dem PALEY-WIENER-Raum $\mathcal{PW}_\Omega$ mit dem Gewicht $w_j = (t_{j+1} - t_{j-1})/2$ sowie den Rahmengrenzen

$$A = \left(1 - \frac{\delta\Omega}{\pi}\right)^2 \quad \text{und} \quad B = \left(1 + \frac{\delta\Omega}{\pi}\right)^2$$

kann gemäß Lemma 5.26 auf Seite 208 ein weiterer Rahmen $\{\psi_j(t)\}_{j\in\mathbb{Z}}$ zugeordnet werden, sofern die dort vorausgesetzten Bedingungen

$$\sum_{j\in\mathbb{Z}}|\langle f,\varphi_j\rangle_{\mathcal{PW}_\Omega}|^2 \le \alpha\cdot\|f\|^2_{\mathcal{PW}_\Omega}\ ,$$

$$\left\|\sum_{j\in\mathbb{Z}}c_j\cdot\psi_j\right\|^2_{\mathcal{PW}_\Omega} \le \beta\cdot\|c\|^2_{\ell^2(\mathbb{Z})}$$

und

$$\left\|f-\sum_{j\in\mathbb{Z}}\langle f,\varphi_j\rangle_{\mathcal{PW}_\Omega}\cdot\psi_j\right\|_{\mathcal{PW}_\Omega} \le \gamma\cdot\|f\|_{\mathcal{PW}_\Omega}$$

erfüllt werden. Berücksichtigen wir entsprechend Lemma 4.4 auf Seite 130 die Beziehung

$$\langle f,\varphi_j\rangle_{\mathcal{PW}_\Omega} = \left\langle f(t),\sqrt{w_j}\cdot\frac{\Omega}{\pi}\cdot\mathrm{sinc}\frac{\Omega}{\pi}(t-t_j)\right\rangle_{\mathcal{PW}_\Omega} = \sqrt{w_j}\cdot f(t_j)\ ,$$

so lauten die Bedingungen aus Lemma 5.26 auf Seite 208

$i)$ $\quad\displaystyle\sum_{j\in\mathbb{Z}}w_j\cdot|f(t_j)|^2 \le \alpha\cdot\|f\|^2_{\mathcal{PW}_\Omega}\ ,$

$ii)$ $\quad\displaystyle\left\|\sum_{j\in\mathbb{Z}}c_j\cdot\psi_j\right\|^2_{\mathcal{PW}_\Omega} \le \beta\cdot\|c\|^2_{\ell^2(\mathbb{Z})}\ $ und

$iii)$ $\quad\displaystyle\left\|f-\sum_{j\in\mathbb{Z}}\sqrt{w_j}\cdot f(t_j)\cdot\psi_j\right\|_{\mathcal{PW}_\Omega} \le \gamma\cdot\|f\|_{\mathcal{PW}_\Omega}\ .$

Blicken wir abermals zurück auf den in Gleichung 6.32 auf Seite 262 durch

$$Tf \overset{\triangle}{=} PQf = P\sum_{j\in\mathbb{Z}}f(t_j)\cdot\chi_j = \sum_{j\in\mathbb{Z}}f(t_j)\cdot P\chi_j = \sum_{j\in\mathbb{Z}}\sqrt{w_j}\cdot f(t_j)\cdot\frac{1}{\sqrt{w_j}}\cdot P\chi_j$$

definierten Approximationsoperator $T = PQ : \mathcal{PW}_\Omega \to \mathcal{PW}_\Omega$, für den in Gleichung 6.37 auf Seite 264 die Operatornorm $\|Id-T\| \le \delta\Omega/\pi$ abgeschätzt wurde, so liegt es nahe versuchsweise die Signalfolge

$$\boxed{\{\psi_j\}_{j\in\mathbb{Z}} \overset{\triangle}{=} \left\{\frac{1}{\sqrt{w_j}}\cdot P\chi_j\right\}_{j\in\mathbb{Z}}} \tag{6.51}$$

als Kandidat für das Rahmenpaar $\{\varphi_j\}_{j\in\mathbb{Z}}$ und $\{\psi_j\}_{j\in\mathbb{Z}}$ genauer zu analysieren. Aufgrund von

$$\left\|f-\sum_{j\in\mathbb{Z}}\sqrt{w_j}\cdot f(t_j)\cdot\psi_j\right\|_{\mathcal{PW}_\Omega} = \|f-Tf\|_{\mathcal{PW}_\Omega}$$

$$\le \|Id-T\|\cdot\|f\|_{\mathcal{PW}_\Omega} \le \frac{\delta\Omega}{\pi}\cdot\|f\|_{\mathcal{PW}_\Omega}$$

lautet die Konstante $\gamma$ aus Lemma 5.26 auf Seite 208 zur Erfüllung der Bedingung *iii)*

$$\gamma = \frac{\delta\Omega}{\pi} \ .$$

Ferner ist die Bedingung *i)*

$$\sum_{j\in\mathbb{Z}} |\langle f, \varphi_j\rangle_{\mathcal{PW}_\Omega}|^2 \le \alpha \cdot \|f\|^2_{\mathcal{PW}_\Omega}$$

aufgrund der Rahmeneigenschaft der Signalfolge $\{\varphi_j\}_{j\in\mathbb{Z}}$ mit

$$\alpha = B = \left(1 + \frac{\delta\Omega}{\pi}\right)^2$$

erfüllt. Zur Überprüfung von Bedingung *ii)* berechnen wir

$$\left\| \sum_{j\in\mathbb{Z}} c_j \cdot \frac{1}{\sqrt{w_j}} \cdot P\chi_j \right\|^2_{\mathcal{PW}_\Omega} = \left\| P \sum_{j\in\mathbb{Z}} \frac{c_j}{\sqrt{w_j}} \cdot \chi_j \right\|^2_{\mathcal{PW}_\Omega}$$

$$\le \|P\|^2 \cdot \left\| \sum_{j\in\mathbb{Z}} \frac{c_j}{\sqrt{w_j}} \cdot \chi_j \right\|^2_{\mathcal{PW}_\Omega} = \left\| \sum_{j\in\mathbb{Z}} \frac{c_j}{\sqrt{w_j}} \cdot \chi_j \right\|^2_{\mathcal{PW}_\Omega}$$

$$= \int_{-\infty}^{\infty} \left| \sum_{j\in\mathbb{Z}} \frac{c_j}{\sqrt{w_j}} \cdot \chi_j(t) \right|^2 \mathrm{d}t = \sum_{j\in\mathbb{Z}} \int_{\frac{t_{j-1}+t_j}{2}}^{\frac{t_j+t_{j+1}}{2}} \frac{|c_j|^2}{w_j} \mathrm{d}t$$

$$= \sum_{j\in\mathbb{Z}} w_j \cdot \frac{|c_j|^2}{w_j} = \sum_{j\in\mathbb{Z}} |c_j|^2 = \|c\|^2_{\ell^2(\mathbb{Z})} \ .$$

Bedingung *ii)* wird daher mit

$$\beta = 1$$

erfüllt. Wie nicht anders zu erwarten war, stellt die Signalfolge $\{\varphi_j\}_{j\in\mathbb{Z}}$ einen Rahmen in dem PALEY-WIENER-Raum $\mathcal{PW}_\Omega$ dar mit den Rahmengrenzen

$$A_\varphi = \frac{(1-\gamma)^2}{\beta} = \left(1 - \frac{\delta\Omega}{\pi}\right)^2 \quad \text{und} \quad B_\varphi = \alpha = \left(1 + \frac{\delta\Omega}{\pi}\right)^2 \ .$$

Ungleich überraschender ist allerdings, dass auch $\{\psi_j\}_{j\in\mathbb{Z}} = \left\{\frac{1}{\sqrt{w_j}} \cdot P\chi_j\right\}_{j\in\mathbb{Z}}$ ein Rahmen in dem PALEY-WIENER-Raum $\mathcal{PW}_\Omega$ ist mit den Rahmengrenzen

$$A_\psi = \frac{(1-\gamma)^2}{\alpha} = \left(\frac{1 - \frac{\delta\Omega}{\pi}}{1 + \frac{\delta\Omega}{\pi}}\right)^2 \quad \text{und} \quad B_\psi = 1 \ .$$

Dieses wichtige von FEICHTINGER und GRÖCHENIG gefundene Ergebnis halten wir in dem folgenden Theorem fest [13].

**Theorem 6.38.** *Es sei $\{t_j\}_{j\in\mathbb{Z}}$ eine irreguläre Folge von nichtäquidistanten Abtastzeitpunkten mit der oberen Schranke für den Abstand aufeinander folgender Abtastzeitpunkte*

$$\delta = \sup_{j\in\mathbb{Z}} \{t_j - t_{j-1}\} \overset{!}{<} \frac{\pi}{\Omega} \ .$$

*Dann ist die mit dem Gewicht*

$$w_j = \frac{t_{j+1} - t_{j-1}}{2}$$

*gewichtete Signalfolge*

$$\{\varphi_j(t)\}_{j\in\mathbb{Z}} = \left\{ \sqrt{w_j} \cdot \frac{\Omega}{\pi} \cdot \operatorname{sinc}\frac{\Omega}{\pi}(t - t_j) \right\}_{j\in\mathbb{Z}}$$

*ein Rahmen für den* PALEY-WIENER-*Raum* $\mathcal{PW}_\Omega$ *mit den durch*

$$A_\varphi = \left(1 - \frac{\delta\Omega}{\pi}\right)^2 \quad und \quad B_\varphi = \left(1 + \frac{\delta\Omega}{\pi}\right)^2$$

*gegebenen Rahmengrenzen. Ferner ist die Signalfolge*

$$\{\psi_j(t)\}_{j\in\mathbb{Z}} = \left\{ \frac{1}{\sqrt{w_j}} \cdot P\chi_j(t) \right\}_{j\in\mathbb{Z}}$$

*ebenfalls ein Rahmen für den* PALEY-WIENER-*Raum* $\mathcal{PW}_\Omega$ *mit den Rahmengrenzen*

$$A_\psi = \left( \frac{1 - \frac{\delta\Omega}{\pi}}{1 + \frac{\delta\Omega}{\pi}} \right)^2 \quad und \quad B_\psi = 1 \ .$$

*Die Rahmen $\{\varphi_j\}_{j\in\mathbb{Z}}$ und $\{\psi_j\}_{j\in\mathbb{Z}}$ sind ein Rahmenpaar.*

Die Konvergenz des Rahmenalgorithmus 5.1 auf Seite 194 beziehungsweise des relaxierten Rahmenalgorithmus 5.2 auf Seite 196 mit optimalem Relaxationsparameter $\lambda_{\mathrm{opt}} = 2/(A + B)$ hängt wegen des Faktors

$$\frac{B - A}{B + A} = \frac{\frac{B}{A} - 1}{\frac{B}{A} + 1}$$

entscheidend von dem Quotienten $B/A$ des zugrunde gelegten Rahmens ab. Für das in Theorem 6.38 definierte Rahmenpaar $\{\varphi_j(t)\}_{j\in\mathbb{Z}}$ und $\{\psi_j(t)\}_{j\in\mathbb{Z}}$ stimmt dieses Verhältnis der Rahmengrenzen überein.

$$\frac{B_\varphi}{A_\varphi} = \frac{B_\psi}{A_\psi} = \left( \frac{1 + \frac{\delta\Omega}{\pi}}{1 - \frac{\delta\Omega}{\pi}} \right)^2$$

Vergleichen wir dies mit dem für den ungewichteten Rahmen

$$\left\{ \frac{\Omega}{\pi} \cdot \operatorname{sinc}\frac{\Omega}{\pi}(t - t_j) \right\}_{j\in\mathbb{Z}}$$

berechneten Quotienten der Rahmengrenzen – wenn wir für die Rahmengrenzen $A$ und $B$ Theorem 6.34 auf Seite 256 zurate ziehen –

$$\frac{B}{A} = \frac{4 \cdot \frac{\delta\Omega}{\pi}}{(\Omega\varepsilon)^2 \cdot \left(1 - \frac{\delta\Omega}{\pi}\right)^2} \cdot \left(e^{\Omega\varepsilon} - 1\right) \;,$$

so erkennen wir die einfachere, nur von der oberen Schranke $\delta$ für den Abstand der Abtastwerte abhängende Beziehung für das Rahmenpaar $\{\varphi_j(t)\}_{j\in\mathbb{Z}}$ und $\{\psi_j(t)\}_{j\in\mathbb{Z}}$. In beiden Fällen – gewichtet oder ungewichtet – strebt der Quotient der oberen und unteren Rahmengrenze $B/A$ für $\delta \to \pi/\Omega$ – das heißt falls sich die obere Schranke der Abstände der nichtäquidistanten Abtastwerte $t_j$ mit $j \in \mathbb{Z}$ der NYQUIST-Periode $\pi/\Omega$ nähert – gegen unendlich, und somit der optimale Konvergenzfaktor $\gamma(\lambda_{\mathrm{opt}}) = (B - A)/(B + A)$ gegen 1. Damit kommt im Rahmen der hier diskutierten Theorie die Konvergenz für $\delta \to \pi/\Omega$ zum Erliegen. Da die Bedingung $\delta \overset{!}{<} \pi/\Omega$ eine hinreichende jedoch keine notwendige Bedingung ist und die Schranken für die Rahmengrenzen $A$ und $B$ Abschätzungen für alle Signale $f \in \mathcal{PW}_\Omega$ darstellen, mag es Fälle beziehungsweise Signale $f \in \mathcal{PW}_\Omega$ geben, in denen der Rahmenalgorithmus trotz einer Verletzung der hinreichenden Bedingung $\delta \overset{!}{<} \pi/\Omega$ konvergiert. Nur können wir dessen im Rahmen der hier behandelten Theorie nicht mehr sicher sein.

Wir haben in Abbildung 6.4 auf Seite 271 bereits den Verlauf des Rahmensignals $\varphi_j(t)$ dargestellt; wie sieht nun das Rahmensignal $\psi_j(t)$ aus? Zu seiner Berechnung greifen wir auf Lemma 4.5 auf Seite 134 zurück, nach dem sich das Spektrum eines auf den PALEY-WIENER-Raum projezierten Signals aus der Filterung mithilfe eines idealen Tiefpasses ergibt. Es gilt daher

$$P\chi_j(t) = \chi_j(t) \star \frac{\Omega}{\pi} \cdot \operatorname{sinc}\left(\frac{\Omega \cdot t}{\pi}\right)$$

$$= \int_{-\infty}^{\infty} \chi_j(t') \cdot \frac{\Omega}{\pi} \cdot \operatorname{sinc}\left(\frac{\Omega \cdot (t - t')}{\pi}\right) \, \mathrm{d}t'$$

$$= \int_{\frac{t_{j-1}+t_j}{2}}^{\frac{t_j+t_{j+1}}{2}} \operatorname{sinc}\left(\frac{\Omega \cdot (t - t')}{\pi}\right) \frac{\Omega}{\pi} \, \mathrm{d}t'$$

$$= \int_{\frac{\Omega}{\pi}\left(t - \frac{t_{j-1}+t_j}{2}\right)}^{\frac{\Omega}{\pi}\left(t - \frac{t_j+t_{j+1}}{2}\right)} \operatorname{sinc}\left(t''\right) \left(-\mathrm{d}t''\right)$$

$$= \mathrm{Sinc}\frac{\Omega}{\pi}\left(t - \frac{t_{j-1} + t_j}{2}\right) - \mathrm{Sinc}\frac{\Omega}{\pi}\left(t - \frac{t_j + t_{j+1}}{2}\right)$$

mit dem so genannten *Integralsinus*

$$\mathrm{Sinc}(t) \stackrel{\triangle}{=} \int\limits_0^t \mathrm{sinc}(t')\,dt' \ . \tag{6.52}$$

Dieses Signal entspricht gerade dem Ausgangssignal eines idealen Tiefpasses, welcher mit einem rechteckförmigen Eingangssignal gespeist wird [30]. Zusammengefasst haben wir

$$\psi_j(t) = \frac{1}{\sqrt{w_j}} \cdot P\chi_j(t)$$

$$= \frac{1}{\sqrt{w_j}} \cdot \left\{ \mathrm{Sinc}\frac{\Omega}{\pi}\left(t - \frac{t_{j-1} + t_j}{2}\right) - \mathrm{Sinc}\frac{\Omega}{\pi}\left(t - \frac{t_j + t_{j+1}}{2}\right)\right\} \ .$$

Dieses Rahmensignal $\psi_j$ ist in Abbildung 6.5 skizziert.

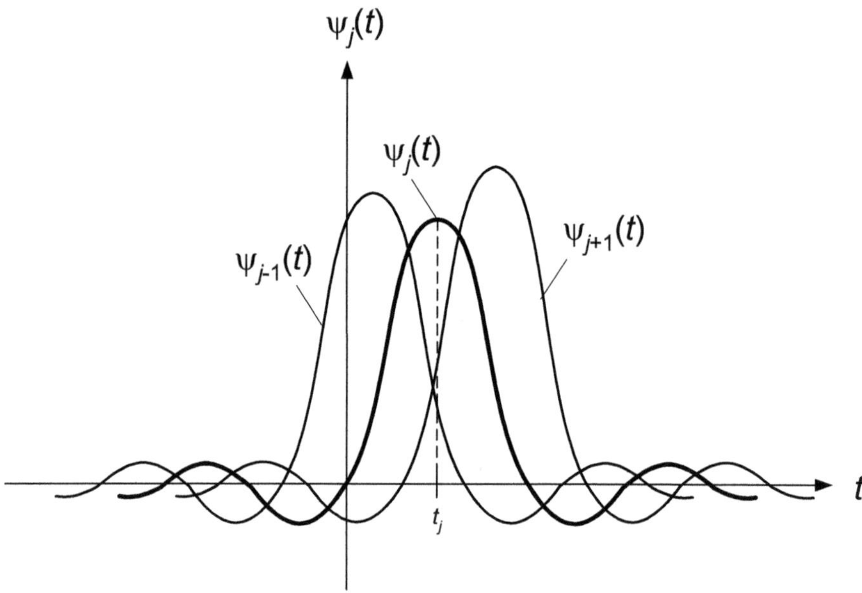


**Abb. 6.5.** Das Rahmensignal $\psi_j(t) = \frac{1}{\sqrt{w_j}} \cdot P\chi_j(t)$ in dem PALEY-WIENER-Raum $\mathcal{PW}_\Omega$.

### 6.5.5 Lokale Mittelwerte im Paley–Wiener-Raum $\mathcal{PW}_\Omega$

Mit dem so definierten Rahmenpaar $\{\varphi_j\}_{j\in\mathbb{Z}}$ und $\{\psi_j\}_{j\in\mathbb{Z}}$ kann der Approximationsoperator $T = PQ$ geschrieben werden als

$$Tf = PQf = P\sum_{j\in\mathbb{Z}} f(t_j)\cdot\chi_j$$

$$= \sum_{j\in\mathbb{Z}} \sqrt{w_j}\cdot f(t_j)\cdot\frac{1}{\sqrt{w_j}}\cdot P\chi_j = \sum_{j\in\mathbb{Z}}\langle f,\varphi_j\rangle_{\mathcal{PW}_\Omega}\cdot\psi_j\ .$$

Wie wir mit Lemma 5.25 auf Seite 207 gezeigt haben lautet die zugehörige Adjungierte

$$T^*f = \sum_{j\in\mathbb{Z}}\langle f,\psi_j\rangle_{\mathcal{PW}_\Omega}\cdot\varphi_j$$

beziehungsweise ausführlich

$$T^*f(t) = \sum_{j\in\mathbb{Z}}\left\langle f,\frac{1}{\sqrt{w_j}}\cdot P\chi_j\right\rangle_{\mathcal{PW}_\Omega}\cdot\sqrt{w_j}\cdot\frac{\Omega}{\pi}\cdot\mathrm{sinc}\frac{\Omega}{\pi}(t-t_j)$$

$$= \sum_{j\in\mathbb{Z}}\langle f,P\chi_j\rangle_{\mathcal{PW}_\Omega}\cdot\frac{\Omega}{\pi}\cdot\mathrm{sinc}\frac{\Omega}{\pi}(t-t_j)\ .$$

Die Adjungierte $T^*$ ist Grundlage der Signalrekonstruktion, der wir uns nun zuwenden.

## Signalrekonstruktion

Da die Norm $\|T^*\| = \|T\|$ der Adjungierten $T^*$ mit der Norm des Approximationsoperators $T$ übereinstimmt, gilt auch

$$\|Id - T^*\| = \|Id - T\| \le \frac{\delta\Omega}{\pi}\overset{!}{<}1$$

unter der Voraussetzung des Theorems 6.38 auf Seite 278; die Adjungierte kann daher ebenso wie der Approximationsoperator $T$ unter Verwendung der NEUMANNschen Reihe gemäß Theorem 2.96 auf Seite 69 invertiert werden. Somit kann das Signal $f$ bei Kenntnis der Koeffizientenfolge

$$\{\langle f,P\chi_j\rangle_{\mathcal{PW}_\Omega}\}_{j\in\mathbb{Z}}$$

sowie der irregulären Folge $\{t_j\}_{j\in\mathbb{Z}}$ der nichtäquidistanten Abtastzeitpunkte und damit von

$$T^*f(t) = \sum_{j\in\mathbb{Z}}\langle f,P\chi_j\rangle_{\mathcal{PW}_\Omega}\cdot\frac{\Omega}{\pi}\cdot\mathrm{sinc}\frac{\Omega}{\pi}(t-t_j)$$

direkt mithilfe der bei der Diskussion der NEUMANNschen Reihe aus Theorem 2.96 hergeleiteten Inversionsformel

$$f_n = f_{n-1} + T^*(f - f_{n-1})$$

mit der Initialisierung $f_0 = 0$ sowie der zugehörigen Abschätzung für die Fehlernorm entsprechend Gleichung 2.92 auf Seite 71

$$\frac{\|f_n - f\|}{\|f\|} \leq \|Id - T^*\|^{n+1} \leq \left(\frac{\delta\Omega}{\pi}\right)^{n+1}$$

rekonstruiert werden. Alternativ kann auch auf Basis des Rahmens $\{\psi_j\}_{j\in\mathbb{Z}}$ zum Beispiel der relaxierte Rahmenalgorithmus 5.2 auf Seite 196 – beziehungsweise aufgrund der unschätzbar wertvollen Kenntnis der Rahmengrenzen $A_\psi$ und $B_\psi$ auch der Rahmenalgorithmus 5.1 auf Seite 194 mit dem optimalen Relaxationsparameter

$$\lambda_{\mathrm{opt}} = \frac{2}{A_\psi + B_\psi}$$

und daher optimalem Konvergenzfaktor

$$\gamma(\lambda_{\mathrm{opt}}) = \frac{B_\psi - A_\psi}{B_\psi + A_\psi}$$

– verwendet werden. Hierzu wird entsprechend Definition 5.9 auf Seite 186 der dem Rahmen $\{\psi_j\}_{j\in\mathbb{Z}}$ zugehörige Rahmenoperator

$$F_\psi : \mathcal{PW}_\Omega \to \ell^2(\mathbb{Z})$$

mit

$$f \mapsto \{\langle f, \psi_j\rangle_{\mathcal{PW}_\Omega}\}_{j\in\mathbb{Z}} = \left\{\left\langle f, \frac{1}{\sqrt{w_j}}\cdot P\chi_j\right\rangle_{\mathcal{PW}_\Omega}\right\}_{j\in\mathbb{Z}}$$

beziehungsweise

$$(F_\psi f)_j = \langle f, \psi_j\rangle_{\mathcal{PW}_\Omega} = \left\langle f, \frac{1}{\sqrt{w_j}}\cdot P\chi_j\right\rangle_{\mathcal{PW}_\Omega}$$

definiert. Die Anwendung des Rahmenalgorithmus 5.1 erfolgt dann auf dem Operator $F_\psi^* F_\psi$ mit

$$F_\psi^* F_\psi f = \sum_{j\in\mathbb{Z}} \langle f, \psi_j\rangle_{\mathcal{PW}_\Omega}\cdot\psi_j$$

mit dem optimalen Relaxationsparameter $2/(A_\psi + B_\psi)$.

Es fehlt nun noch die Koeffizientenfolge

$$\{\langle f, P\chi_j\rangle_{\mathcal{PW}_\Omega}\}_{j\in\mathbb{Z}} = \{\sqrt{w_j}\cdot\langle f, \psi_j\rangle_{\mathcal{PW}_\Omega}\}_{j\in\mathbb{Z}} \, ,$$

deren Berechnung wir uns nun zuwenden. Es gilt für ein Signal $f \in \mathcal{PW}_\Omega$ – also $f = Pf$ – unter Verwendung von Lemma 4.7 auf Seite 135

$$\langle f, P\chi_j\rangle_{\mathcal{PW}_\Omega} = \langle Pf, \chi_j\rangle_{\mathcal{PW}_\Omega} = \langle f, \chi_j\rangle_{\mathcal{PW}_\Omega}$$

$$= \int_{-\infty}^{\infty} f(t) \cdot \chi_j(t)\,\mathrm{d}t = \int_{\frac{t_{j-1}+t_j}{2}}^{\frac{t_j+t_{j+1}}{2}} f(t)\,\mathrm{d}t \ .$$

Wird dieser Term auf die Länge des Intervalls

$$\frac{t_j + t_{j+1}}{2} - \frac{t_{j-1} + t_j}{2} = \frac{t_{j+1} - t_{j-1}}{2} = w_j$$

normiert, so stellt der resultierende Ausdruck

$$\frac{1}{w_j} \cdot \langle f, P\chi_j\rangle_{\mathcal{PW}_\Omega} = \frac{1}{w_j} \int_{\frac{t_{j-1}+t_j}{2}}^{\frac{t_j+t_{j+1}}{2}} f(t)\,\mathrm{d}t$$

den *lokalen Mittelwert* des Signals $f$ über dem Intervall $\left[\frac{t_{j-1}+t_j}{2}, \frac{t_j+t_{j+1}}{2}\right]$ dar. Wir erhalten daher für die Koeffizientenfolge

$$\boxed{\{\langle f, \psi_j\rangle_{\mathcal{PW}_\Omega}\}_{j\in\mathbb{Z}} = \left\{\frac{1}{\sqrt{w_j}} \int_{\frac{t_{j-1}+t_j}{2}}^{\frac{t_j+t_{j+1}}{2}} f(t)\,\mathrm{d}t\right\}_{j\in\mathbb{Z}}} \tag{6.53}$$

und für die Adjungierte $T^*$ des Approximationsoperators $T$

$$T^* f(t) = \sum_{j\in\mathbb{Z}} \left(\frac{1}{w_j} \int_{\frac{t_{j-1}+t_j}{2}}^{\frac{t_j+t_{j+1}}{2}} f(t)\,\mathrm{d}t\right) \cdot w_j \cdot \frac{\Omega}{\pi} \cdot \operatorname{sinc}\frac{\Omega}{\pi}(t - t_j)$$

$$= \sum_{j\in\mathbb{Z}} \left(\int_{\frac{t_{j-1}+t_j}{2}}^{\frac{t_j+t_{j+1}}{2}} f(t)\,\mathrm{d}t\right) \cdot \frac{\Omega}{\pi} \cdot \operatorname{sinc}\frac{\Omega}{\pi}(t - t_j) \ .$$

Die Rekonstruktion des Signals $f$ aus der Koeffizientenfolge $\langle f, P\chi_j\rangle_{\mathcal{PW}_\Omega}$ heißt nach [13] auch Signalrekonstruktion auf der Basis lokaler Mittelwerte (*signal reconstruction from local averages*). Entsprechend Theorem 6.37 auf Seite 269 kann zusammenfassend das folgende Theorem angegeben werden.

**Theorem 6.39.** *Es sei $\{t_j\}_{j\in\mathbb{Z}}$ eine irreguläre Folge von nichtäquidistanten Abtastzeitpunkten mit der oberen Schranke für den Abstand aufeinander folgender Abtastzeitpunkte*

$$\delta = \sup_{j \in \mathbb{Z}} \{t_j - t_{j-1}\} \overset{!}{<} \frac{\pi}{\Omega} \ .$$

*Dann ist die mit dem Gewicht*

$$w_j = \frac{t_{j+1} - t_{j-1}}{2}$$

*gewichtete Signalfolge*

$$\{\psi_j\}_{j \in \mathbb{Z}} = \left\{ \frac{1}{\sqrt{w_j}} \cdot P\chi_j \right\}_{j \in \mathbb{Z}}$$

*ein Rahmen für den* PALEY-WIENER-*Raum* $\mathcal{PW}_\Omega$ *mit den durch*

$$A_\psi = \left( \frac{1 - \frac{\delta\Omega}{\pi}}{1 + \frac{\delta\Omega}{\pi}} \right)^2 \quad und \quad B_\psi = 1$$

*gegebenen Rahmengrenzen* $0 < A_\psi \leq B_\psi < \infty$, *und es gilt für ein Signal* $f = f(t) \in \mathcal{PW}_\Omega$ *aus dem* PALEY-WIENER-*Raum* $\mathcal{PW}_\Omega$ *mit der Koeffizientenfolge*

$$\{\langle f, \psi_j \rangle_{\mathcal{PW}_\Omega}\}_{j \in \mathbb{Z}} = \left\{ \frac{1}{\sqrt{w_j}} \int_{\frac{t_{j-1}+t_j}{2}}^{\frac{t_j+t_{j+1}}{2}} f(t)\,dt \right\}_{j \in \mathbb{Z}}$$

*die Rahmenbedingung*

$$A_\psi \cdot \|f\|^2_{\mathcal{PW}_\Omega} \leq \sum_{j \in \mathbb{Z}} |\langle f, \psi_j \rangle_{\mathcal{PW}_\Omega}|^2 \leq B_\psi \cdot \|f\|^2_{\mathcal{PW}_\Omega}$$

$$\Leftrightarrow \quad A_\psi \cdot \|f\|^2_{\mathcal{PW}_\Omega} \leq \sum_{j \in \mathbb{Z}} \frac{1}{w_j} \cdot \left| \int_{\frac{t_{j-1}+t_j}{2}}^{\frac{t_j+t_{j+1}}{2}} f(t)\,dt \right|^2 \leq B_\psi \cdot \|f\|^2_{\mathcal{PW}_\Omega} \ .$$

Wir haben nun drei verschiedene Rahmen mitsamt den zugehörigen Rahmengrenzen für den PALEY-WIENER-Raum $\mathcal{PW}_\Omega$ gefunden – den ungewichteten Rahmen

$$\left\{ \frac{\Omega}{\pi} \cdot \operatorname{sinc} \frac{\Omega}{\pi}(t - t_j) \right\}_{j \in \mathbb{Z}} \ ,$$

den gewichteten Rahmen

$$\left\{ \sqrt{w_j} \cdot \frac{\Omega}{\pi} \cdot \operatorname{sinc} \frac{\Omega}{\pi}(t - t_j) \right\}_{j \in \mathbb{Z}}$$

sowie den Rahmen

$$\left\{ \frac{1}{\sqrt{w_j}} \cdot P\chi_j(t) \right\}_{j\in\mathbb{Z}} \ .$$

Die vorausgesetzte exakte Frequenzband-Begrenztheit des Spektrums $\widehat{f}$ bedingt allerdings aufgrund der Eigenschaften der FOURIER-Transformation eine unendliche Ausdehnung des Zeitsignals $f$. Die in der Praxis auftretenden Signale sind jedoch vielfach zeitlich begrenzt. Wenn wir die Forderung nach exakter Frequenzband-Begrenztheit nicht aufgegeben wollen, springt uns helfend das bereits besprochene Konzept der periodischen Fortsetzung eines zeitlich begrenzten Signals zur Seite. Dieses Konzept werden wir in der nun folgenden Diskussion der irregulären Abtastung zeitbegrenzter Signale verfolgen. Wir legen dabei unser Augenmerk auf eine Anpassung des in diesem Abschnitt definierten Rahmenpaars

$$\{\varphi_j(t)\}_{j\in\mathbb{Z}} \ = \ \left\{ \sqrt{w_j} \cdot \frac{\Omega}{\pi} \cdot \operatorname{sinc}\frac{\Omega}{\pi}(t - t_j) \right\}_{j\in\mathbb{Z}}$$

und

$$\{\psi_j(t)\}_{j\in\mathbb{Z}} \ = \ \left\{ \frac{1}{\sqrt{w_j}} \cdot P\chi_j(t) \right\}_{j\in\mathbb{Z}} \ .$$

## 6.6 Irreguläre Abtastung zeitbegrenzter Signale

Nach der Betrachtung der irregulären Abtastung zeitlich unbegrenzter Signale im PALEY-WIENER-Raum $\mathcal{PW}_\Omega$ wenden wir uns nun dem in der Praxis wichtigen Fall zeitlich auf das Zeitintervall $[0, N \cdot T]$ begrenzter Signale zu, das heißt

$$f = f(t) \in L^2([0, N \cdot T]) \ .$$

$T$ kennzeichnet hier eine Bezugszeiteinheit – zum Beispiel die Abtastperiode einer geeigneten regulären Abtastung mit äquidistanten Abtastwertefolgen. Des Weiteren setzen wir erneut Frequenzband-Begrenztheit der betrachteten (periodisch fortgesetzten) Signale $f$ voraus; die Signale $f$ sind somit Elemente des PALEY-WIENER-Raums $\mathcal{PW}_\Omega \subset L^2(\mathbb{R})$. Aufgrund der vorausgesetzten exakten Frequenzband-Begrenztheit kann nicht einfach angenommen werden, dass das Signal $f$ außerhalb des Zeitintervalls $[0, N\cdot T]$ identisch 0 ist – dies widerspräche den Eigenschaften der FOURIER-Transformation in Lemma 3.3 auf Seite 84, nach denen ein zeitlich begrenztes Signal nicht exakt Frequenzbandbegrenzt sein kann. Es muss also eine geeignete – zum Beispiel asymmetrische oder symmetrische periodische – Fortsetzung des Signals $f$ über das Zeitintervall $[0, N \cdot T]$ hinaus festgelegt werden. Diese Fortsetzung definiert unter Berücksichtigung der Forderung nach Frequenzband-Begrenztheit einen HILBERT-Raum, den wir entsprechend der bereits eingeführten Notation als

PALEY-WIENER-Raum $\mathcal{PW}_{\Omega}^{1-\mathrm{per}}$ beziehungsweise $\mathcal{PW}_{\Omega}^{2-\mathrm{per}}$ bezeichnen wollen. Wir unterscheiden daher wieder die im Allgemeinen asymmetrische periodische Fortsetzung mit Periode $N \cdot T$ von der symmetrischen periodischen Fortsetzung mit Periode $2 \cdot N \cdot T$.

### 6.6.1 Periodische Fortsetzung

Wir gehen von dem auf das Zeitintervall $[0, N \cdot T]$ begrenzten Signal

$$f = f(t) \in L^2([0, N \cdot T])$$

mit endlichem Träger $\mathrm{supp}\{f\} \subseteq [0, N \cdot T]$ aus, dessen periodische Fortsetzung zudem mit

$$\boxed{\Omega \overset{\triangle}{=} \frac{\pi}{T} \cdot \frac{M}{N}} \tag{6.54}$$

Frequenzband-begrenzt ist.[10] Sollte dies bei gegebener Frequenzgrenze $\Omega$ nicht der Fall sein, so wählen wir statt dieser erneut wie auf Seite 146 die erhöhte Frequenzgrenze[11]

$$\Omega \mapsto \frac{\pi}{N \cdot T} \left\lceil \frac{\Omega \cdot N \cdot T}{\pi} \right\rceil .$$

Ferner setzen wir ohne Beschränkung der Allgemeinheit voraus, dass $M = 2 \cdot \lfloor M/2 \rfloor + 1$ ungerade ist. Das mit der Periode $N \cdot T$ periodisch fortgesetzte Signal $f_{1-\mathrm{per}}(t) = f_{1-\mathrm{per}}(t + N \cdot T)$ lautet dann

$$f_{1-\mathrm{per}}(t) = \sum_{j=-\infty}^{\infty} f(t - j \cdot N \cdot T) \; ;$$

es kann durch die endliche FOURIER-Reihe beziehungsweise das *trigonometrischen Polynom*

$$f_{1-\mathrm{per}}(t) = \sum_{j=-\lfloor M/2 \rfloor}^{\lfloor M/2 \rfloor} c_j \cdot \mathrm{e}^{\mathrm{i}2\pi j t/NT}$$

$$\Leftrightarrow \quad f(t) = \sum_{j=-\lfloor M/2 \rfloor}^{\lfloor M/2 \rfloor} c_j \cdot \mathrm{e}^{\mathrm{i}2\pi j t/NT} \quad \forall\, t \in [0, N \cdot T] \quad \text{a.e.}$$

mit den FOURIER-Koeffizienten

$$c_j = \frac{1}{N \cdot T} \int_0^{N \cdot T} f(t) \cdot \mathrm{e}^{-\mathrm{i}2\pi j t/NT} \, \mathrm{d}t$$

---

[10] Hieraus wird wiederum ersichtlich, dass $T$ nicht die dem PALEY-WIENER-Raum zuordenbare NYQUIST-Periode ist.

[11] $\lceil \xi \rceil$ bezeichnet die kleinste ganze Zahl, die größer oder gleich $\xi$ ist.

sowie dem Linienspektrum mit der ungeraden Zahl $M$ von Spektrallinien

$$\widehat{f}_{1-\mathrm{per}}(\omega) = 2\pi \sum_{j=-\lfloor M/2 \rfloor}^{\lfloor M/2 \rfloor} c_j \cdot \delta\left(\omega - \frac{2\pi}{T} \cdot \frac{j}{N}\right)$$

dargestellt werden. Wir betrachten damit also den PALEY-WIENER-Raum

$$\mathcal{PW}_\Omega^{1-\mathrm{per}} \triangleq \left\{ f \in L^2([0, N \cdot T]) \,\middle|\, \widehat{f}_{1-\mathrm{per}}(\omega) = 0 \quad \forall\, |\omega| > \Omega \right\} \ .$$

Das SHANNON-WHITTAKER-KOTEL'NIKOV-Abtasttheorem 4.1 auf Seite 124 beziehungsweise seine Erweiterung auf periodische Signale in Theorem 4.12 auf Seite 142 lieferte im Falle der äquidistanten Überabtastung $T^{-1} > \Omega/\pi$ mit der NYQUIST-Rate $\Omega/\pi$ die Signaldarstellung aus Gleichung 4.29 auf Seite 151

$$f(t) = \sum_{j=0}^{N-1} \sqrt{T} \cdot f(j \cdot T) \cdot \varphi_j(t) \quad \forall\, t \in [0, N \cdot T] \quad \text{a.e.}$$

mit dem engen Rahmen

$$\begin{aligned}
&\{\varphi_j(t)\}_{j \in \{0,1,\ldots N-1\}} \\
&= \left\{ \frac{1}{\sqrt{T}} \sum_{i=-\infty}^{\infty} \frac{M}{N} \cdot \operatorname{sinc} \frac{M}{N}\left(\frac{t}{T} - i \cdot N - j\right) \right\}_{j \in \{0,1,\ldots N-1\}} \\
&= \left\{ \frac{1}{\sqrt{T}} \cdot \frac{\sin\left((2 \cdot \lfloor M/2 \rfloor + 1)\frac{\pi}{N}\left(\frac{t}{T} - j\right)\right)}{N \cdot \sin\left(\frac{\pi}{N}\left(\frac{t}{T} - j\right)\right)} \right\}_{j \in \{0,1,\ldots N-1\}}
\end{aligned}$$

sowie der Folge der Entwicklungskoeffizienten

$$\left\{ \langle f, \varphi_j \rangle_{\mathcal{PW}_\Omega^{1-\mathrm{per}}} \right\}_{j \in \{0,1,\ldots,N-1\}} = \left\{ \sqrt{T} \cdot f(j \cdot T) \right\}_{j \in \{0,1,\ldots,N-1\}} \ .$$

Bei Betrachtung der auf diese Weise definierten Signalfolge $\{\varphi_j\}_{j \in \{0,1,\ldots N-1\}}$ stellen wir uns in völliger Analogie zur Diskussion des gewichteten Rahmens für zeitlich unbegrenzte Signale die Frage, ob im Falle der irregulären Abtastung mit der Folge $\{t_j\}_{j \in \mathbb{J}}$ nichtäquidistanter Abtastzeitpunkte durch

1. Ersetzung der regulären Folge $\{j \cdot T\}_{j \in \{0,1,\ldots N-1\}}$ der äquidistanten Abtastzeitpunkte $j \cdot T$ durch die irreguläre Folge $\{t_j\}_{j \in \mathbb{J}}$ der nichtäquidistanten Abtastzeitpunkte $t_j$ sowie
2. Ersetzung des bei dem Faktor

$$\frac{1}{\sqrt{T}} \cdot \frac{M}{N} = \sqrt{T} \cdot \frac{\Omega}{\pi} \quad \mapsto \quad \sqrt{w_j} \cdot \frac{\Omega}{\pi}$$

zur Normierung eingeführten Terms $\sqrt{T}$ durch einen von dem Index $j$ abhängenden Term $\sqrt{w_j}$

eine Signalfolge

$$\{\varphi_j(t)\}_{j\in\mathbb{J}}$$

$$= \left\{\frac{\sqrt{w_j}}{T} \sum_{i=-\infty}^{\infty} \frac{M}{N} \cdot \operatorname{sinc}\frac{M}{N}\left(\frac{t-t_j}{T} - i\cdot N\right)\right\}_{j\in\mathbb{J}}$$

$$= \left\{\frac{\sqrt{w_j}}{T} \cdot \frac{\sin\left((2\cdot\lfloor M/2\rfloor + 1)\frac{\pi}{N}\frac{t-t_j}{T}\right)}{N\cdot\sin\left(\frac{\pi}{N}\frac{t-t_j}{T}\right)}\right\}_{j\in\mathbb{J}}$$

erzeugt werden kann, die ein Rahmen in dem PALEY-WIENER-Raum $\mathcal{PW}_\Omega^{1-\mathrm{per}}$ ist.

Wir nehmen zur Analyse der irregulären Abtastung wieder eine abzählbare Abtastwertefolge $\{f(t_j)\}_{j\in\mathbb{J}}$ mit nun jedoch endlicher Indexmenge $\mathbb{J}$ der Kardinalität $|\mathbb{J}| \stackrel{\triangle}{=} J$ an. Die irreguläre Folge $\{t_j\}_{j\in\mathbb{J}}$ besteht aus $J$ nichtäquidistanten Abtastzeitpunkten $t_j$. Wir stellen uns erneut die Frage wie und unter welchen Bedingungen das Signal $f \in \mathcal{PW}_\Omega^{1-\mathrm{per}}$ aus einer gegebenen endlichen nichtäquidistanten Abtastwertefolge $\{f(t_j)\}_{j\in\mathbb{J}}$ sowie der irregulären Folge $\{t_j\}_{j\in\mathbb{J}}$ nichtäquidistanter Abtastzeitpunkte gemäß

$$(\{t_j\}_{j\in\mathbb{J}}, \{f(t_j)\}_{j\in\mathbb{J}}) \mapsto f \in \mathcal{PW}_\Omega^{1-\mathrm{per}}$$

stabil rekonstruiert werden kann. Wir nehmen hierbei an, dass für die Abtastwertefolge $\{t_j\}_{j\in\mathbb{J}}$ die Ungleichungskette

$$0 < t_1 < t_2 < \ldots < t_{j-1} < t_j < t_{j+1} < \ldots < t_{J-1} < t_J < N\cdot T \qquad (6.55)$$

gilt. Völlig entsprechend der Behandlung zeitlich unbegrenzter Signale untersuchen wir die Approximation des Signals $f = f(t) \in \mathcal{PW}_\Omega^{1-\mathrm{per}}$ auf Basis der nichtäquidistanten Abtastwertefolge $\{f(t_j)\}_{j\in\mathbb{J}}$ mittels einer von der irregulären Folge $\{t_j\}_{j\in\mathbb{J}}$ der nichtäquidistanten Abtastzeitpunkte abhängenden Rechtecksignalfolge. Wie Abbildung 6.6 zeigt wird das Signal $f = f(t)$ in dem Zeitintervall

$$\left[\frac{t_{j-1}+t_j}{2}, \frac{t_j+t_{j+1}}{2}\right]$$

durch den innerhalb dieses Zeitintervalls liegenden irregulären Abtastwert $f(t_j)$ approximiert. Die charakteristische Funktion $\chi_j$ dieses Zeitintervalls ist gegeben durch

$$\chi_j(t) \stackrel{\triangle}{=} \begin{cases} 1, & \frac{t_{j-1}+t_j}{2} \leq t < \frac{t_j+t_{j+1}}{2} \\ 0, & \text{sonst} \end{cases} \qquad (6.56)$$

für $j = 2,\ldots, J-1$. An den Rändern des begrenzten Zeitintervalls $[0, N\cdot T]$ lauten für $j = 1$ und $j = J = |\mathbb{J}|$ die charakteristischen Funktionen

$$\chi_1(t) \stackrel{\triangle}{=} \begin{cases} 1, & 0 \leq t < \frac{t_1+t_2}{2} \\ 0, & \text{sonst} \end{cases}$$

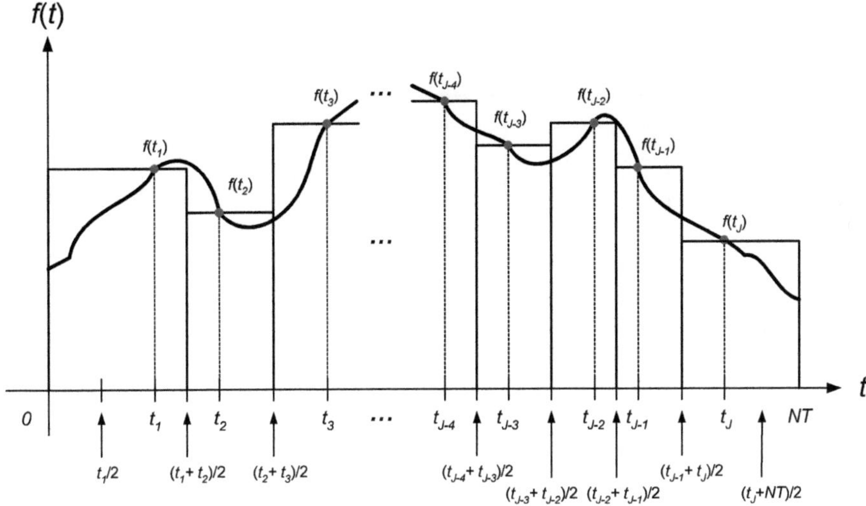


**Abb. 6.6.** Die Approximation des zeitbegrenzten Signals $f = f(t) \in \mathcal{PW}_\Omega^{1-\mathrm{per}}$ durch eine von der nichtäquidistanten Abtastwertefolge $\{f(t_j)\}_{j\in\mathbb{J}}$ abhängende Rechtecksignalfolge im Zeitintervall $[0, N \cdot T]$.

und

$$\chi_J(t) \triangleq \begin{cases} 1, & \frac{t_{J-1}+t_J}{2} \leq t < N \cdot T \\ 0, & \text{sonst} \end{cases} .$$

Zur Verkürzung und Vereinheitlichung der Schreibweise definieren wir die Hilfszeitpunkte

$$t_0 \triangleq -t_1 \ , \tag{6.57}$$

$$t_{J+1} \triangleq 2 \cdot N \cdot T - t_J \ . \tag{6.58}$$

Mit diesen Hilfszeitpunkten kann Gleichung 6.56 zur Definition der charakteristischen Funktionen für $j = 1, 2, \ldots, J$ beziehungsweise $j \in \mathbb{J}$ verwendet werden. Die Signalfolge $\{\chi_j\}_{j\in\mathbb{J}}$ stellt entsprechend Abbildung 6.7 wiederum eine Teilung des Zeitintervalls $[0, N \cdot T]$ dar; es gilt

$$\sum_{j\in\mathbb{J}} \chi_j = 1 \quad \forall\, t \in [0, N \cdot T] \ . \tag{6.59}$$

Mit der charakteristischen Funktion $\chi_j$ definieren wir wie oben in Gleichung 6.30 auf Seite 261 den Approximationsoperator

$$Q : \mathcal{PW}_\Omega^{1-\mathrm{per}} \to L^2([0, N \cdot T]) \tag{6.60}$$

durch

$$Qf \triangleq \sum_{j\in\mathbb{J}} f(t_j) \cdot \chi_j \ . \tag{6.61}$$

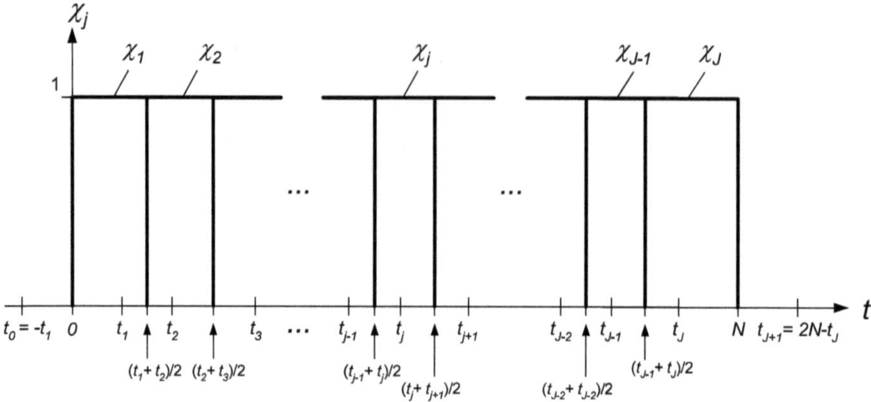



**Abb. 6.7.** Die Teilung des Zeitintervalls $[0, N \cdot T]$ für ein zeitlich begrenztes Signal mit der von der irregulären Abtastzeitfolge $\{t_j\}_{j \in \mathbb{J}}$ abhängenden charakteristischen Funktionenfolge $\{\chi_j\}_{j \in \mathbb{J}}$.

Da die Rechtecksignalfolge $Qf$ im Allgemeinen nicht mit $\Omega$ Frequenzbandbegrenzt ist, definieren wir erneut einen Projektionsoperator

$$P : L^2(\mathbb{R}) \to \mathcal{PW}_{\Omega}^{1-\mathrm{per}} \ ,$$

der den LEBESGUE-Raum $L^2(\mathbb{R})$ der periodisch fortgesetzten Signale auf den PALEY-WIENER-Raum $\mathcal{PW}_{\Omega}^{1-\mathrm{per}}$ projeziert. [12] Der durch die Verkettung der Operatoren $P$ und $Q$ erzeugte Approximationsoperator

$$T : \mathcal{PW}_{\Omega}^{1-\mathrm{per}} \to \mathcal{PW}_{\Omega}^{1-\mathrm{per}} \tag{6.62}$$

auf dem PALEY-WIENER-Raum $\mathcal{PW}_{\Omega}^{1-\mathrm{per}}$ ist gegeben durch

$$Tf \overset{\triangle}{=} PQf = P \sum_{j \in \mathbb{J}} f(t_j) \cdot \chi_j = \sum_{j \in \mathbb{J}} f(t_j) \cdot P\chi_j \ . \tag{6.63}$$

Gelingt die Invertierung des Approximationsoperators $T$, so kann wie oben aus dem bei Kenntnis der nichtäquidistanten Abtastwertefolge $\{f(t_j)\}_{j \in \mathbb{J}}$ sowie der zugehörigen irregulären Folge $\{t_j\}_{j \in \mathbb{J}}$ der nichtäquidistanten Abtastzeitpunkte vollständig bekannten Signal $Tf$ das gesuchte Signal $f \in \mathcal{PW}_{\Omega}^{1-\mathrm{per}}$ rekonstruiert werden. Zur Sicherstellung der Invertierbarkeit bestimmen wir erneut die Operatornorm von $Id - T$. Für $Pf = f \in \mathcal{PW}_{\Omega}^{1-\mathrm{per}}$ ergibt sich

$$\| f - Tf \|_{\mathcal{PW}_{\Omega}^{1-\mathrm{per}}} = \| Pf - PQf \|_{\mathcal{PW}_{\Omega}^{1-\mathrm{per}}} = \| P(f - Qf) \|_{\mathcal{PW}_{\Omega}^{1-\mathrm{per}}}$$

$$\leq \underbrace{\| P \|}_{=1} \cdot \| f - Qf \|_{\mathcal{PW}_{\Omega}^{1-\mathrm{per}}} = \| f - Qf \|_{\mathcal{PW}_{\Omega}^{1-\mathrm{per}}}$$

---

[12] Anstelle der exakten Schreibweise $Pf_{1-\mathrm{per}}$ für ein periodisch fortgesetztes Signal $f$ werden wir im Folgenden verkürzt $Pf$ schreiben. Bei der tatsächlichen Berechnung eines projizierten Signals muss aber die Periodisierung berücksichtigt werden!

und somit unter Verwendung der Norm im PALEY-WIENER-Raum $\mathcal{PW}_\Omega^{1-\mathrm{per}}$ sowie der Hilfszeitpunkte $t_0 = -t_1$ und $t_{J+1} = 2 \cdot N \cdot T - t_J$

$$\| f - Qf \|_{\mathcal{PW}_\Omega^{1-\mathrm{per}}}^2$$

$$= \left\| f \cdot \sum_{j \in \mathbb{J}} \chi_j - \sum_{j \in \mathbb{J}} f(t_j) \cdot \chi_j \right\|_{\mathcal{PW}_\Omega^{1-\mathrm{per}}}^2 = \left\| \sum_{j \in \mathbb{J}} (f - f(t_j)) \cdot \chi_j \right\|_{\mathcal{PW}_\Omega^{1-\mathrm{per}}}^2$$

$$= \int_0^{N \cdot T} \left| \sum_{j \in \mathbb{J}} (f(t) - f(t_j)) \cdot \chi_j(t) \right|^2 \mathrm{d}t = \sum_{j \in \mathbb{J}} \int_{\frac{t_{j-1}+t_j}{2}}^{\frac{t_j+t_{j+1}}{2}} |f(t) - f(t_j)|^2 \, \mathrm{d}t \ .$$

Mit der in Lemma 6.36 angegebenen Ungleichung von WIRTINGER folgt wie auf Seite 262

$$\int_{\frac{t_{j-1}+t_j}{2}}^{\frac{t_j+t_{j+1}}{2}} |f(t) - f(t_j)|^2 \, \mathrm{d}t$$

$$\leq \frac{1}{\pi^2} \cdot (\max\{t_j - t_{j-1}, t_{j+1} - t_j\})^2 \cdot \int_{\frac{t_{j-1}+t_j}{2}}^{\frac{t_j+t_{j+1}}{2}} |f'(t)|^2 \, \mathrm{d}t \ ,$$

woraus durch Einsetzen folgt

$$\| f - Qf \|_{\mathcal{PW}_\Omega^{1-\mathrm{per}}}^2$$

$$\leq \sum_{j \in \mathbb{J}} \frac{1}{\pi^2} \cdot (\max\{t_j - t_{j-1}, t_{j+1} - t_j\})^2 \cdot \int_{\frac{t_{j-1}+t_j}{2}}^{\frac{t_j+t_{j+1}}{2}} |f'(t)|^2 \, \mathrm{d}t$$

$$\leq \frac{1}{\pi^2} \cdot \left( \max_{j \in \mathbb{J} \cup \{0\}} \{t_{j+1} - t_j\} \right)^2 \cdot \sum_{j \in \mathbb{J}} \int_{\frac{t_{j-1}+t_j}{2}}^{\frac{t_j+t_{j+1}}{2}} |f'(t)|^2 \, \mathrm{d}t$$

$$= \frac{1}{\pi^2} \cdot \left( \max_{j \in \mathbb{J} \cup \{0\}} \{t_{j+1} - t_j\} \right)^2 \cdot \int_0^{N \cdot T} |f'(t)|^2 \, \mathrm{d}t$$

$$= \frac{1}{\pi^2} \cdot \left( \max_{j \in \mathbb{J} \cup \{0\}} \{t_{j+1} - t_j\} \right)^2 \cdot \|f'\|_{\mathcal{PW}_\Omega^{1-\mathrm{per}}}^2 \ .$$

Mit der Definition des maximalen Abstands der nichtäquidistanten Abtastzeitpunkte[13]

$$\delta \overset{\triangle}{=} \max_{j \in \mathbb{J} \cup \{0\}} \{t_{j+1} - t_j\} \tag{6.64}$$

oder ausführlicher mit den Hilfszeitpunkten $t_0 = -t_1$ und $t_{J+1} = 2 \cdot N \cdot T - t_J$

$$\delta = \max\{t_1 - t_0, t_2 - t_1, \ldots, t_J - t_{J-1}, t_{J+1} - t_J\}$$
$$= \max\{2 \cdot t_1, t_2 - t_1, \ldots, t_J - t_{J-1}, 2 \cdot (N \cdot T - t_J)\}$$

erhalten wir

$$\|f - Tf\|_{\mathcal{PW}_\Omega^{1-\text{per}}} \leq \|f - Qf\|_{\mathcal{PW}_\Omega^{1-\text{per}}} \leq \frac{\delta}{\pi} \cdot \|f'\|_{\mathcal{PW}_\Omega^{1-\text{per}}} \ . \tag{6.65}$$

Wiederum kommt uns die BERNSTEINsche Ungleichung

$$\|f'\|_{\mathcal{PW}_\Omega^{1-\text{per}}} \leq \frac{2\pi}{T} \cdot \frac{\lfloor M/2 \rfloor}{N} \cdot \|f\|_{\mathcal{PW}_\Omega^{1-\text{per}}} \leq \frac{\pi}{T} \cdot \frac{M}{N} \cdot \|f\|_{\mathcal{PW}_\Omega^{1-\text{per}}}$$

aus Lemma 3.19 auf Seite 117 zu Hilfe, um eine Beziehung zwischen den Normen $\|f'\|_{\mathcal{PW}_\Omega^{1-\text{per}}}$ und $\|f\|_{\mathcal{PW}_\Omega^{1-\text{per}}}$ zu erhalten. Dann gilt mit $\Omega/\pi = M/NT$

$$\|f - Tf\|_{\mathcal{PW}_\Omega^{1-\text{per}}} \leq \|f - Qf\|_{\mathcal{PW}_\Omega^{1-\text{per}}}$$
$$\leq \frac{\delta}{T} \cdot \frac{M}{N} \cdot \|f\|_{\mathcal{PW}_\Omega^{1-\text{per}}} = \frac{\delta\Omega}{\pi} \cdot \|f\|_{\mathcal{PW}_\Omega^{1-\text{per}}} \ . \tag{6.66}$$

Mit dieser Abschätzung gilt für die Operatornorm

$$\|Id - T\| \overset{\triangle}{=} \sup_{f \in \mathcal{PW}_\Omega^{1-\text{per}} \setminus \{0\}} \frac{\|f - Tf\|_{\mathcal{PW}_\Omega^{1-\text{per}}}}{\|f\|_{\mathcal{PW}_\Omega^{1-\text{per}}}}$$

des Operators $Id - T$

$$\|Id - T\| \leq \frac{\delta\Omega}{\pi} = \frac{\delta}{T} \cdot \frac{M}{N} \ . \tag{6.67}$$

Ebenso ergibt sich für die Operatornorm

$$\|Id - Q\| \overset{\triangle}{=} \sup_{f \in \mathcal{PW}_\Omega^{1-\text{per}} \setminus \{0\}} \frac{\|f - Qf\|_{\mathcal{PW}_\Omega^{1-\text{per}}}}{\|f\|_{\mathcal{PW}_\Omega^{1-\text{per}}}}$$

des Operators $Id - Q$

---

[13] Aufgrund der endlichen Kardinalität $J$ der Indexmenge $\mathbb{J}$ ist die Existenz des Maximums sicher. Wir können daher anstelle des oben benutzten Supremums das Maximum verwenden.

$$\boxed{\|Id - Q\| \leq \frac{\delta\Omega}{\pi} = \frac{\delta}{T} \cdot \frac{M}{N} \,.} \tag{6.68}$$

Wie bei der Behandlung zeitlich unbegrenzter Signale kann der Approximationsoperator $T$ unter der hinreichenden Bedingung

$$\delta \overset{!}{<} \frac{\pi}{\Omega} \quad \Leftrightarrow \quad \frac{\delta}{T} \overset{!}{<} \frac{N}{M} \,, \tag{6.69}$$

wegen der in Theorem 2.96 für die NEUMANNsche Reihe auf Seite 69 angegebenen hinreichenden Bedingung $\|Id - T\| < 1$ invertiert werden. Der Abstand benachbarter nichtäquidistanter Abtastwerte muss somit erneut kleiner als die NYQUIST-Periode $\pi/\Omega$ sein!

## Die Approximationsoperatoren $T$ und $Q$

Ohne Rechnung übernehmen wir aufgrund der wörtlichen Übereinstimmung aus den Gleichungen 6.42 auf Seite 265 und 6.43 auf Seite 266 die folgenden Abschätzungen der Operatornormen für $T$ und $T^{-1}$

$$1 - \frac{\delta\Omega}{\pi} \leq \|T\| \leq 1 + \frac{\delta\Omega}{\pi}$$
$$\Leftrightarrow \quad 1 - \frac{\delta}{T} \cdot \frac{M}{N} \leq \|T\| \leq 1 + \frac{\delta}{T} \cdot \frac{M}{N} \tag{6.70}$$

und

$$\frac{1}{1 + \frac{\delta\Omega}{\pi}} \leq \|T^{-1}\| \leq \frac{1}{1 - \frac{\delta\Omega}{\pi}}$$
$$\Leftrightarrow \quad \frac{1}{1 + \frac{\delta}{T} \cdot \frac{M}{N}} \leq \|T^{-1}\| \leq \frac{1}{1 - \frac{\delta}{T} \cdot \frac{M}{N}} \,. \tag{6.71}$$

Entsprechend gilt mit Gleichung 6.44 auf Seite 267 für die Operatornorm des Approximationsoperators $Q$

$$1 - \frac{\delta\Omega}{\pi} \leq \|Q\| \leq 1 + \frac{\delta\Omega}{\pi}$$
$$\Leftrightarrow \quad 1 - \frac{\delta}{T} \cdot \frac{M}{N} \leq \|Q\| \leq 1 + \frac{\delta}{T} \cdot \frac{M}{N} \,. \tag{6.72}$$

## Der gewichtete Rahmen

Zur Herleitung des gewichteten Rahmens $\{\varphi_j\}_{j \in \mathbb{J}}$ im PALEY-WIENER-Raum $\mathcal{PW}_\Omega^{1-\mathrm{per}}$ – dass dies unser Ziel ist sollte nicht mehr überraschen – betrachten wir die bereits oben versuchsweise angegebene Signalfolge

$$\{\varphi_j(t)\}_{j\in\mathbb{J}}$$

$$= \left\{ \frac{\sqrt{w_j}}{T} \sum_{i=-\infty}^{\infty} \frac{M}{N} \cdot \operatorname{sinc}\frac{M}{N}\left(\frac{t-t_j}{T}-i\cdot N\right)\right\}_{j\in\mathbb{J}}$$

$$= \left\{ \sqrt{w_j} \sum_{i=-\infty}^{\infty} \frac{\Omega}{\pi} \cdot \operatorname{sinc}\frac{\Omega}{\pi}\left(t-t_j-i\cdot N\cdot T\right)\right\}_{j\in\mathbb{J}}$$

$$= \left\{ \frac{\sqrt{w_j}}{T} \cdot \frac{\sin\left((2\cdot\lfloor M/2\rfloor+1)\frac{\pi}{N}\frac{t-t_j}{T}\right)}{N\cdot\sin\left(\frac{\pi}{N}\frac{t-t_j}{T}\right)}\right\}_{j\in\mathbb{J}}$$

mit $\Omega/\pi = M/NT$ und berechnen die Momentenfolge $\{\langle f,\varphi_j\rangle_{\mathcal{PW}_\Omega^{1-\mathrm{per}}}\}_{j\in\mathbb{J}}$. Es gilt mit Lemma 4.4 auf Seite 130

$$\langle f,\varphi_j\rangle_{\mathcal{PW}_\Omega^{1-\mathrm{per}}} = \int_0^{N\cdot T} f(t)\cdot\overline{\varphi_j(t)}\,\mathrm{d}t$$

$$= \int_0^{N\cdot T} f(t)\cdot\overline{\sqrt{w_j}\sum_{i=-\infty}^{\infty}\frac{\Omega}{\pi}\cdot\operatorname{sinc}\frac{\Omega}{\pi}\left(t-t_j-i\cdot N\cdot T\right)}\,\mathrm{d}t$$

$$= \sqrt{w_j}\sum_{i=-\infty}^{\infty}\int_{-i\cdot N\cdot T}^{-i\cdot N\cdot T+N\cdot T} f_{1-\mathrm{per}}(t)\cdot\frac{\Omega}{\pi}\cdot\operatorname{sinc}\frac{\Omega}{\pi}\left(t-t_j\right)\,\mathrm{d}t$$

$$= \sqrt{w_j}\int_{-\infty}^{\infty} f_{1-\mathrm{per}}(t)\cdot\frac{\Omega}{\pi}\cdot\operatorname{sinc}\frac{\Omega}{\pi}\left(t-t_j\right)\,\mathrm{d}t$$

$$= \sqrt{w_j}\cdot f(t_j)\ ,$$

also

$$\boxed{\langle f,\varphi_j\rangle_{\mathcal{PW}_\Omega^{1-\mathrm{per}}} = \sqrt{w_j}\cdot f(t_j)\ .} \tag{6.73}$$

Wir betrachten erneut den Approximationsoperator

$$Qf = \sum_{j\in\mathbb{J}} f(t_j)\cdot\chi_j\ .$$

Entsprechend der Behandlung zeitlich unbegrenzter Signale ergibt sich hier mit den Hilfszeitpunkten $t_0 = -t_1$ und $t_{J+1} = 2\cdot N\cdot T - t_J$

$$\|Qf\|_{\mathcal{PW}_\Omega^{1-\mathrm{per}}}^2$$

$$= \left\|\sum_{j\in\mathbb{J}} f(t_j)\cdot\chi_j\right\|_{\mathcal{PW}_\Omega^{1-\mathrm{per}}}^2 = \int_0^{N\cdot T}\left|\sum_{j\in\mathbb{J}} f(t_j)\cdot\chi_j(t)\right|^2\,\mathrm{d}t$$

$$= \sum_{j \in \mathbb{J}} \int_{\frac{t_{j-1}+t_j}{2}}^{\frac{t_j+t_{j+1}}{2}} |f(t_j)|^2 \, \mathrm{d}t = \sum_{j \in \mathbb{J}} \frac{t_{j+1}-t_{j-1}}{2} \cdot |f(t_j)|^2 \ .$$

Wie oben definieren wir das *Gewicht*

$$\boxed{w_j \triangleq \frac{t_{j+1}-t_{j-1}}{2}} \tag{6.74}$$

und erhalten

$$\| Qf \|^2_{\mathcal{PW}^{1-\mathrm{per}}_\Omega} = \sum_{j \in \mathbb{J}} w_j \cdot |f(t_j)|^2 \ .$$

Mit dem Skalarprodukt $\langle f, \varphi_j \rangle_{\mathcal{PW}^{1-\mathrm{per}}_\Omega} = \sqrt{w_j} \cdot f(t_j)$ folgt somit

$$\| Qf \|^2_{\mathcal{PW}^{1-\mathrm{per}}_\Omega} = \sum_{j \in \mathbb{J}} \left| \langle f, \varphi_j \rangle_{\mathcal{PW}^{1-\mathrm{per}}_\Omega} \right|^2 \ . \tag{6.75}$$

Entsprechend ergibt sich mithilfe der Abschätzung der Operatornorm von $Q$ sowie der Vierecksungleichung 2.12 auf Seite 26

$$\left(1 - \frac{\delta\Omega}{\pi}\right) \cdot \|f\|_{\mathcal{PW}^{1-\mathrm{per}}_\Omega} \leq \|Qf\|_{\mathcal{PW}^{1-\mathrm{per}}_\Omega} \leq \left(1 + \frac{\delta\Omega}{\pi}\right) \cdot \|f\|_{\mathcal{PW}^{1-\mathrm{per}}_\Omega}$$

beziehungsweise quadriert und mit Gleichung 6.75

$$\left(1 - \frac{\delta\Omega}{\pi}\right)^2 \cdot \|f\|^2_{\mathcal{PW}^{1-\mathrm{per}}_\Omega} \leq \sum_{j \in \mathbb{J}} \left| \langle f, \varphi_j \rangle_{\mathcal{PW}^{1-\mathrm{per}}_\Omega} \right|^2$$

$$\leq \left(1 + \frac{\delta\Omega}{\pi}\right)^2 \cdot \|f\|^2_{\mathcal{PW}^{1-\mathrm{per}}_\Omega} \ . \tag{6.76}$$

Diese Ungleichungskette besitzt die in Definition 5.1 auf Seite 182 angegebene Gestalt

$$A \cdot \|f\|^2_{\mathcal{H}} \leq \sum_{j \in \mathbb{J}} |\langle f, \varphi_j \rangle_{\mathcal{H}}|^2 \leq B \cdot \|f\|^2_{\mathcal{H}} \ ,$$

woraus ersichtlich ist, dass die Signalfolge $\{\varphi_j\}_{j \in \mathbb{J}}$ ein Rahmen in dem PALEY-WIENER-Raum $\mathcal{PW}^{1-\mathrm{per}}_\Omega$ mit den Rahmengrenzen

$$A = \left(1 - \frac{\delta\Omega}{\pi}\right)^2 = \left(1 - \frac{\delta}{T} \cdot \frac{M}{N}\right)^2$$

und

$$B = \left(1 + \frac{\delta\Omega}{\pi}\right)^2 = \left(1 + \frac{\delta}{T} \cdot \frac{M}{N}\right)^2$$

ist. Dieses Ergebnis verdient ein eigenes Theorem.

**Theorem 6.40.** *Es sei $\{t_j\}_{j\in\mathbb{J}}$ eine irreguläre Folge von nichtäquidistanten Abtastzeitpunkten mit dem maximalen Abstand aufeinander folgender Abtastzeitpunkte*

$$\delta = \max_{j\in\mathbb{J}\cup\{0\}} \{t_{j+1} - t_j\} \overset{!}{<} \frac{\pi}{\Omega} \quad \Leftrightarrow \quad \frac{\delta}{T} \overset{!}{<} \frac{N}{M} \ .$$

*Dann ist die mit dem Gewicht*

$$w_j = \frac{t_{j+1} - t_{j-1}}{2}$$

*gewichtete Signalfolge*

$$\{\varphi_j(t)\}_{j\in\mathbb{J}}$$

$$= \left\{ \frac{\sqrt{w_j}}{T} \sum_{i=-\infty}^{\infty} \frac{M}{N} \cdot \operatorname{sinc} \frac{M}{N} \left( \frac{t-t_j}{T} - i \cdot N \right) \right\}_{j\in\mathbb{J}}$$

$$= \left\{ \sqrt{w_j} \sum_{i=-\infty}^{\infty} \frac{\Omega}{\pi} \cdot \operatorname{sinc} \frac{\Omega}{\pi} (t - t_j - i \cdot N \cdot T) \right\}_{j\in\mathbb{J}}$$

$$= \left\{ \frac{\sqrt{w_j}}{T} \cdot \frac{\sin\left( (2 \cdot \lfloor M/2 \rfloor + 1) \frac{\pi}{N} \frac{t-t_j}{T} \right)}{N \cdot \sin\left( \frac{\pi}{N} \frac{t-t_j}{T} \right)} \right\}_{j\in\mathbb{J}}$$

*mit $\Omega/\pi = M/NT$ ein Rahmen für den* PALEY-WIENER-*Raum $\mathcal{PW}_{\Omega}^{1-\mathrm{per}}$ mit den durch*

$$A = \left( 1 - \frac{\delta\Omega}{\pi} \right)^2 \quad und \quad B = \left( 1 + \frac{\delta\Omega}{\pi} \right)^2$$

$$\Leftrightarrow \quad A = \left( 1 - \frac{\delta}{T} \cdot \frac{M}{N} \right)^2 \quad und \quad B = \left( 1 + \frac{\delta}{T} \cdot \frac{M}{N} \right)^2$$

*gegebenen Rahmengrenzen $0 < A \leq B < \infty$, und es gilt für ein Signal $f = f(t) \in \mathcal{PW}_{\Omega}^{1-\mathrm{per}}$ aus dem* PALEY-WIENER-*Raum $\mathcal{PW}_{\Omega}^{1-\mathrm{per}}$ mit der Koeffizientenfolge*

$$\{ \langle f, \varphi_j \rangle_{\mathcal{PW}_{\Omega}^{1-\mathrm{per}}} \}_{j\in\mathbb{J}} = \{ \sqrt{w_j} \cdot f(t_j) \}_{j\in\mathbb{J}}$$

*die Rahmenbedingung*

$$A \cdot \| f \|_{\mathcal{PW}_{\Omega}^{1-\mathrm{per}}}^2 \leq \sum_{j\in\mathbb{J}} \left| \langle f, \varphi_j \rangle_{\mathcal{PW}_{\Omega}^{1-\mathrm{per}}} \right|^2 \leq B \cdot \| f \|_{\mathcal{PW}_{\Omega}^{1-\mathrm{per}}}^2$$

$$\Leftrightarrow \quad A \cdot \| f \|_{\mathcal{PW}_{\Omega}^{1-\mathrm{per}}}^2 \leq \sum_{j\in\mathbb{J}} w_j \cdot |f(t_j)|^2 \leq B \cdot \| f \|_{\mathcal{PW}_{\Omega}^{1-\mathrm{per}}}^2 \ .$$

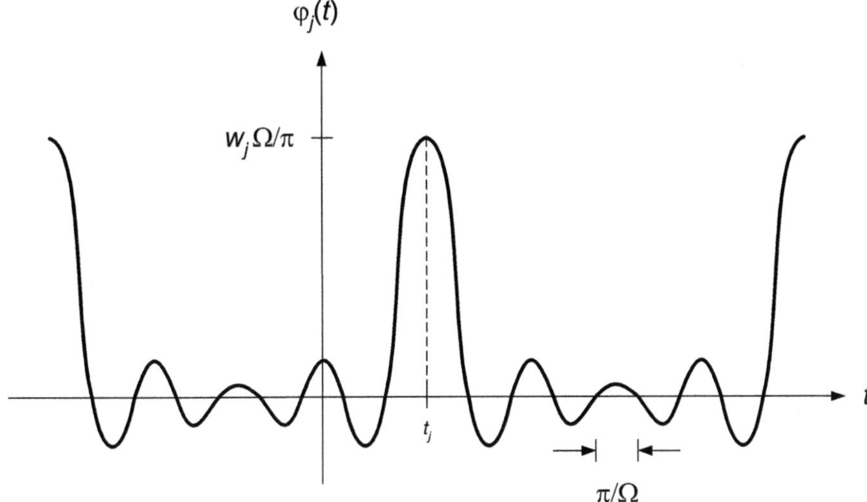



**Abb. 6.8.** Das gewichtete Rahmensignal $\varphi_j$ für ungerades $M = 2 \cdot \lfloor M/2 \rfloor + 1$ in dem PALEY-WIENER-Raum $\mathcal{PW}_\Omega^{1-\mathrm{per}}$.

Abbildung 6.8 zeigt das gewichtete Rahmensignal $\varphi_j$. Wieder wurde es durch Einführung des Gewichtes $w_j = (t_{j+1} - t_{j-1})/2$ auf einfache Weise möglich, die Rahmengrenzen $A = (1 - \delta\Omega/\pi)^2$ und $B = (1 + \delta\Omega/\pi)^2$ des gewichteten Rahmens zu bestimmen. Das Signal $f$ kann daher erneut unter Verwendung von $\langle f, \varphi_j \rangle_{\mathcal{PW}_\Omega^{1-\mathrm{per}}} = \sqrt{w_j} \cdot f(t_j)$ mithilfe des Rahmenalgorithmus 5.1 auf Seite 194 beziehungsweise des relaxierten Rahmenalgorithmus 5.2 auf Seite 196 mit dem optimalen Relaxationsparameter $2/(A + B)$ aus der irregulären Folge $\{f(t_j)\}_{j\in\mathbb{J}}$ nichtäquidistanter Abtastwerte rekonstruiert werden. Die für zeitlich unbegrenzte Signale geführte Diskussion der durch die Einführung des Gewichtes bewirkten Effekte kann wörtlich übernommen werden. Auch die Aussage

*Der Abstand zweier aufeinander folgender Abtastwerte muss kleiner als die* NYQUIST-*Periode $\pi/\Omega$ sein!*

ist weiterhin gültig.

### Signalrepräsentation

Die explizite Repräsentation des Signals $f = f(t) \in \mathcal{PW}_\Omega^{1-\mathrm{per}}$ in dem PALEY-WIENER-Raum $\mathcal{PW}_\Omega^{1-\mathrm{per}}$ auf Basis der irregulären Folge $\{t_j\}_{j\in\mathbb{J}}$ der nichtäquidistanten Abtastwerte – ähnlich wie die Reihendarstellung in dem SHANNON-WHITTAKER-KOTEL'NIKOV-Abtasttheorem 4.1 auf Seite 124 – kann wieder durch Rückgriff auf den in Definition 5.16 auf Seite 199 definierten dualen Rahmen

$$\widetilde{\varphi}_j = (F^*F)^{-1}\varphi_j$$

mit dem verketteten Operator

$$F^*Ff = \sum_{j\in\mathbb{J}} \langle f, \varphi_j\rangle_{\mathcal{PW}_\Omega^{1-\mathrm{per}}} \cdot \varphi_j$$

$$= \sum_{j\in\mathbb{J}} \sqrt{w_j} \cdot f(t_j) \cdot \varphi_j$$

gefunden werden. Mit der Momentenfolge $\{\langle f, \varphi_j\rangle_{\mathcal{PW}_\Omega^{1-\mathrm{per}}}\}_{j\in\mathbb{J}} = \{\sqrt{w_j} \cdot f(t_j)\}_{j\in\mathbb{J}}$ ergibt sich unter Verwendung des Theorems 5.18 auf Seite 201 die Signalrepräsentation

$$\boxed{f = \sum_{j\in\mathbb{J}} \sqrt{w_j} \cdot f(t_j) \cdot \widetilde{\varphi}_j} \quad . \tag{6.77}$$

Der duale Rahmen $\{\widetilde{\varphi}_j\}_{j\in\mathbb{J}}$ wird durch Invertierung des verketteten Operators $F^*F$ mittels des Rahmenalgorithmus 5.1 auf Seite 194 bestimmt.

### Rahmenpaare im Paley-Wiener-Raum $\mathcal{PW}_\Omega^{1-\mathrm{per}}$

Dem in Theorem 6.40 unter der Bedingung $\delta \overset{!}{<} \pi/\Omega$ beziehungsweise $\delta/T \overset{!}{<} N/M$ angegebenen Rahmen $\{\varphi_j\}_{j\in\mathbb{J}}$ in dem PALEY-WIENER-Raum $\mathcal{PW}_\Omega^{1-\mathrm{per}}$ kann erneut gemäß Lemma 5.26 auf Seite 208 ein weiterer Rahmen $\{\psi_j\}_{j\in\mathbb{J}}$ zugeordnet werden. Aufgrund des Approximationsoperators $T : \mathcal{PW}_\Omega^{1-\mathrm{per}} \to \mathcal{PW}_\Omega^{1-\mathrm{per}}$ mit

$$Tf = PQf = P\sum_{j\in\mathbb{J}} f(t_j) \cdot \chi_j = \sum_{j\in\mathbb{J}} f(t_j) \cdot P\chi_j$$

$$= \sum_{j\in\mathbb{J}} \sqrt{w_j} \cdot f(t_j) \cdot \frac{1}{\sqrt{w_j}} \cdot P\chi_j = \sum_{j\in\mathbb{J}} \langle f, \varphi_j\rangle_{\mathcal{PW}_\Omega^{1-\mathrm{per}}} \cdot \frac{1}{\sqrt{w_j}} \cdot P\chi_j$$

sowie der Operatornorm $\|Id - T\| \leq \delta\Omega/\pi$ liegt es erneut nahe, die Signalfolge

$$\boxed{\{\psi_j\}_{j\in\mathbb{J}} \overset{\triangle}{=} \left\{\frac{1}{\sqrt{w_j}} \cdot P\chi_j\right\}_{j\in\mathbb{J}}} \tag{6.78}$$

als Kandidat für das Rahmenpaar $\{\varphi_j\}_{j\in\mathbb{J}}$ und $\{\psi_j\}_{j\in\mathbb{J}}$ genauer zu untersuchen. Tatsächlich gilt das folgende Theorem als Erweiterung des von FEICHTINGER und GRÖCHENIG für zeitlich unbegrenzte Signale gefundenen Ergebnisses in Theorem 6.38 auf Seite 278.

**Theorem 6.41.** *Es sei $\{t_j\}_{j\in\mathbb{J}}$ eine irreguläre Folge von nichtäquidistanten Abtastzeitpunkten mit dem maximalen Abstand aufeinander folgender Abtastzeitpunkte*

$$\delta = \max_{j\in\mathbb{J}\cup\{0\}}\{t_{j+1} - t_j\} \overset{!}{<} \frac{\pi}{\Omega} \quad \Leftrightarrow \quad \frac{\delta}{T} \overset{!}{<} \frac{N}{M} \quad .$$

*Dann ist die mit dem Gewicht*

$$w_j = \frac{t_{j+1} - t_{j-1}}{2}$$

*gewichtete Signalfolge*

$$\{\varphi_j(t)\}_{j \in \mathbb{J}}$$

$$= \left\{ \frac{\sqrt{w_j}}{T} \sum_{i=-\infty}^{\infty} \frac{M}{N} \cdot \operatorname{sinc} \frac{M}{N} \left( \frac{t-t_j}{T} - i \cdot N \right) \right\}_{j \in \mathbb{J}}$$

$$= \left\{ \sqrt{w_j} \sum_{i=-\infty}^{\infty} \frac{\Omega}{\pi} \cdot \operatorname{sinc} \frac{\Omega}{\pi} (t - t_j - i \cdot N \cdot T) \right\}_{j \in \mathbb{J}}$$

$$= \left\{ \frac{\sqrt{w_j}}{T} \cdot \frac{\sin \left( (2 \cdot \lfloor M/2 \rfloor + 1) \frac{\pi}{N} \frac{t-t_j}{T} \right)}{N \cdot \sin \left( \frac{\pi}{N} \frac{t-t_j}{T} \right)} \right\}_{j \in \mathbb{J}}$$

*mit* $\Omega/\pi = M/NT$ *ein Rahmen für den* PALEY-WIENER-*Raum* $\mathcal{PW}_\Omega^{1-\mathrm{per}}$ *mit den durch*

$$A_\varphi = \left( 1 - \frac{\delta \Omega}{\pi} \right)^2 \quad und \quad B_\varphi = \left( 1 + \frac{\delta \Omega}{\pi} \right)^2$$

$$\Leftrightarrow \quad A_\varphi = \left( 1 - \frac{\delta}{T} \cdot \frac{M}{N} \right)^2 \quad und \quad B_\varphi = \left( 1 + \frac{\delta}{T} \cdot \frac{M}{N} \right)^2$$

*gegebenen Rahmengrenzen. Ferner ist die Signalfolge*

$$\{\psi_j(t)\}_{j \in \mathbb{J}} = \left\{ \frac{1}{\sqrt{w_j}} \cdot P\chi_j(t) \right\}_{j \in \mathbb{J}}$$

*ebenfalls ein Rahmen für den* PALEY-WIENER-*Raum* $\mathcal{PW}_\Omega^{1-\mathrm{per}}$ *mit den Rahmengrenzen*

$$A_\psi = \left( \frac{1 - \frac{\delta \Omega}{\pi}}{1 + \frac{\delta \Omega}{\pi}} \right)^2 \quad und \quad B_\psi = 1$$

$$\Leftrightarrow \quad A_\psi = \left( \frac{N \cdot T - M \cdot \delta}{N \cdot T + M \cdot \delta} \right)^2 \quad und \quad B_\psi = 1$$

*Die Rahmen* $\{\varphi_j\}_{j \in \mathbb{J}}$ *und* $\{\psi_j\}_{j \in \mathbb{J}}$ *sind ein Rahmenpaar.*

Die zu den Rahmengrenzen für zeitlich unbegrenzte Signale gemachten Bemerkungen auf Seite 279 gelten wörtlich auch im Falle zeitlich begrenzter beziehungsweise periodisch fortgesetzter Signale.

Abschließend berechnen wir nun noch als Ergänzung zu dem in Abbildung 6.8 auf Seite 297 gezeigten Rahmensignal $\varphi_j$ das Rahmensignal $\psi_j$. Hierzu greifen wir erneut auf Lemma 4.5 auf Seite 134 zurück, nach dem sich das Spektrum eines auf den PALEY-WIENER-Raum projezierten Signals aus der Filterung mithilfe eines idealen Tiefpasses ergibt. Zuvor muss jedoch das zu projezierende zeitlich begrenzte Signal – hier ist es gerade $\chi_j$ – mit der Periode $N \cdot T$ periodisch fortgesetzt werden. Es folgt

$$
\begin{aligned}
P\chi_j(t) &= \left( \sum_{i=-\infty}^{\infty} \chi_j(t - i \cdot N \cdot T) \right) \star \frac{\Omega}{\pi} \cdot \mathrm{sinc}\left( \frac{\Omega \cdot t}{\pi} \right) \\
&= \sum_{i=-\infty}^{\infty} \int_{-\infty}^{\infty} \chi_j(t' - i \cdot N \cdot T) \cdot \frac{\Omega}{\pi} \cdot \mathrm{sinc}\frac{\Omega}{\pi}(t - t')\, \mathrm{d}t' \\
&= \sum_{i=-\infty}^{\infty} \int_{i \cdot N \cdot T + \frac{t_{j-1}+t_j}{2}}^{i \cdot N \cdot T + \frac{t_j+t_{j+1}}{2}} \mathrm{sinc}\frac{\Omega}{\pi}(t - t')\,\frac{\Omega}{\pi}\, \mathrm{d}t' \\
&= \sum_{i=-\infty}^{\infty} \int_{\frac{\Omega}{\pi}\left(t - i \cdot N \cdot T - \frac{t_{j-1}+t_j}{2}\right)}^{\frac{\Omega}{\pi}\left(t - i \cdot N \cdot T - \frac{t_j+t_{j+1}}{2}\right)} \mathrm{sinc}(t'')\,(-\mathrm{d}t'') \\
&= \sum_{i=-\infty}^{\infty} \left\{ \mathrm{Sinc}\frac{\Omega}{\pi}\left( t - i \cdot N \cdot T - \frac{t_{j-1}+t_j}{2} \right) - \right. \\
&\qquad\qquad \left. \mathrm{Sinc}\frac{\Omega}{\pi}\left( t - i \cdot N \cdot T - \frac{t_j+t_{j+1}}{2} \right) \right\}
\end{aligned}
$$

mit dem Integralsinus $\mathrm{Sinc}(t) = \int_0^t \mathrm{sinc}(t')\,\mathrm{d}t'$ gemäß Gleichung 6.52 auf Seite 280, also

$$
\begin{aligned}
\psi_j(t) &= \frac{1}{\sqrt{w_j}} \cdot P\chi_j(t) \\
&= \frac{1}{\sqrt{w_j}} \cdot \sum_{i=-\infty}^{\infty} \left\{ \mathrm{Sinc}\frac{\Omega}{\pi}\left( t - i \cdot N \cdot T - \frac{t_{j-1}+t_j}{2} \right) - \right. \\
&\qquad\qquad \left. \mathrm{Sinc}\frac{\Omega}{\pi}\left( t - i \cdot N \cdot T - \frac{t_j+t_{j+1}}{2} \right) \right\}\ .
\end{aligned}
$$

Abbildung 6.9 zeigt eine Skizze des Rahmensignals $\psi_j$.

### Lokale Mittelwerte im Paley-Wiener-Raum $\mathcal{PW}_\Omega^{1-\mathrm{per}}$

Der unter Verwendung des Rahmenpaars $\{\varphi_j\}_{j \in \mathbb{J}}$ und $\{\psi_j\}_{j \in \mathbb{J}}$ definierte Approximationsoperator

$$
Tf = PQf = P\sum_{j \in \mathbb{J}} f(t_j) \cdot \chi_j = \sum_{j \in \mathbb{J}} \langle f, \varphi_j \rangle_{\mathcal{PW}_\Omega^{1-\mathrm{per}}} \cdot \psi_j
$$

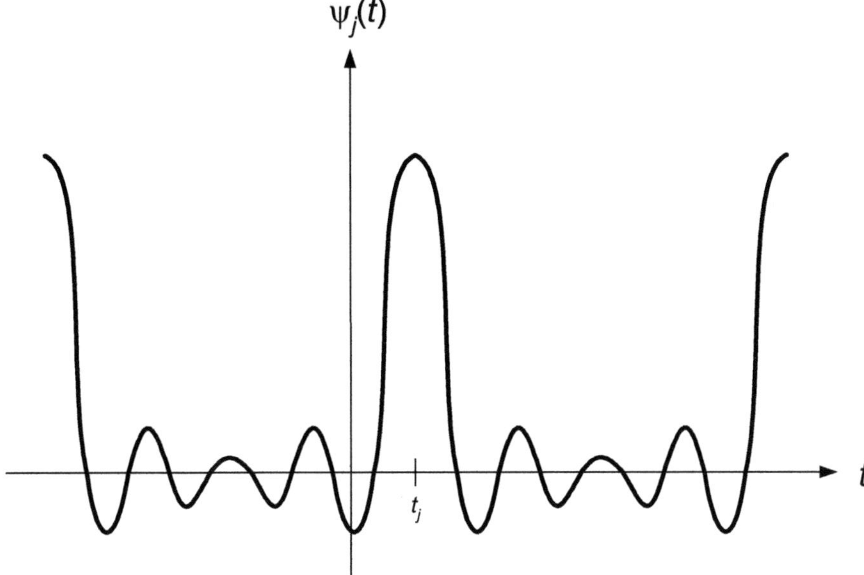


**Abb. 6.9.** Das Rahmensignal $\psi_j$ in dem PALEY-WIENER-Raum $\mathcal{PW}_{\Omega}^{1-\mathrm{per}}$.

besitzt gemäß Lemma 5.25 auf Seite 207 die Adjungierte

$$T^*f = \sum_{j\in\mathbb{J}} \langle f, \psi_j\rangle_{\mathcal{PW}_{\Omega}^{1-\mathrm{per}}} \cdot \varphi_j \ .$$

Da auch für die Adjungierte $T^*$ beziehungsweise $Id - T^*$ für die Operatornorm

$$\|Id - T^*\| = \|Id - T\| \leq \frac{\delta\Omega}{\pi} = \frac{\delta}{T}\cdot\frac{M}{N} \overset{!}{<} 1$$

gilt, kann die Adjungierte $T^*$ ebenso wie $T$ unter Verwendung der NEU-MANNschen Reihe gemäß Theorem 2.96 auf Seite 69 invertiert und somit das Signal $f$ bei Kenntnis der Koeffizientenfolge

$$\left\{\langle f, P\chi_j\rangle_{\mathcal{PW}_{\Omega}^{1-\mathrm{per}}}\right\}_{j\in\mathbb{J}}$$

sowie der irregulären Folge $\{t_j\}_{j\in\mathbb{J}}$ der nichtäquidistanten Abtastzeitpunkte mithilfe der für die NEUMANNschen Reihe aus Theorem 2.96 gewonnenen Inversionsformel

$$f_n = f_{n-1} + T^*(f - f_{n-1})$$

mit der Initialisierung $f_0 = 0$ rekonstruiert werden. Alternativ steht auch mit dem Rahmen $\{\psi_j\}_{j\in\mathbb{J}}$ mit den bekannten Rahmengrenzen $A_\psi$ und $B_\psi$ der Rahmenalgorithmus 5.1 auf Seite 194 mit dem optimalen Relaxations-parameter $\lambda_{\mathrm{opt}} = 2/(A_\psi + B_\psi)$ und daher optimalem Konvergenzfaktor

$\gamma(\lambda_{\text{opt}}) = (B_\psi - A_\psi)/(B_\psi + A_\psi)$ zur Verfügung. Wie bei der Behandlung zeitlich unbegrenzter Signale wird entsprechend Definition 5.9 auf Seite 186 der Rahmenoperator

$$F_\psi : \mathcal{PW}_\Omega^{1-\text{per}} \to \ell^2(\mathbb{J})$$

mit

$$f \mapsto F_\psi f = \{\langle f, \psi_j\rangle_{\mathcal{PW}_\Omega^{1-\text{per}}}\}_{j\in\mathbb{J}} = \left\{\left\langle f, \frac{1}{\sqrt{w_j}} \cdot P\chi_j\right\rangle_{\mathcal{PW}_\Omega^{1-\text{per}}}\right\}_{j\in\mathbb{J}}$$

definiert. Da der Rahmenalgorithmus 5.1 auf dem Operator $F_\psi^* F_\psi$ gegeben durch

$$F_\psi^* F_\psi f = \sum_{j\in\mathbb{J}} \langle f, \psi_j\rangle_{\mathcal{PW}_\Omega^{1-\text{per}}} \cdot \psi_j$$

arbeitet, fehlt noch die Ermittlung der Koeffizientenfolge

$$\left\{\langle f, P\chi_j\rangle_{\mathcal{PW}_\Omega^{1-\text{per}}}\right\}_{j\in\mathbb{J}} = \left\{\sqrt{w_j} \cdot \langle f, \psi_j\rangle_{\mathcal{PW}_\Omega^{1-\text{per}}}\right\}_{j\in\mathbb{J}} \quad .$$

Mit dem Signal $f \in \mathcal{PW}_\Omega^{1-\text{per}}$ erhalten wir unter Verwendung der projezierten – periodisch fortgesetzten – charakteristischen Funktion

$$P\chi_j(t) = \left(\sum_{i=-\infty}^{\infty} \chi_j(t - i \cdot N \cdot T)\right) \star \frac{\Omega}{\pi} \cdot \text{sinc}\left(\frac{\Omega \cdot t}{\pi}\right)$$

$$= \sum_{i=-\infty}^{\infty} \int_{-\infty}^{\infty} \chi_j(t') \cdot \frac{\Omega}{\pi} \cdot \text{sinc}\frac{\Omega}{\pi}(t - i \cdot N \cdot T - t')\, \mathrm{d}t'$$

und $f = Pf$ für das Skalarprodukt

$$\langle f, P\chi_j\rangle_{\mathcal{PW}_\Omega^{1-\text{per}}} = \int_0^{N\cdot T} f(t) \cdot \overline{P\chi_j(t)}\, \mathrm{d}t$$

$$= \int_0^{N\cdot T} f(t) \cdot \sum_{i=-\infty}^{\infty} \int_{-\infty}^{\infty} \chi_j(t') \cdot \frac{\Omega}{\pi} \cdot \text{sinc}\frac{\Omega}{\pi}(t - i \cdot N \cdot T - t')\, \mathrm{d}t'\, \mathrm{d}t$$

$$= \int_{-\infty}^{\infty} \chi_j(t') \sum_{i=-\infty}^{\infty} \int_0^{N\cdot T} f(t) \cdot \frac{\Omega}{\pi} \cdot \text{sinc}\frac{\Omega}{\pi}(t - i \cdot N \cdot T - t')\, \mathrm{d}t\, \mathrm{d}t'$$

$$= \int_{-\infty}^{\infty} \chi_j(t') \sum_{i=-\infty}^{\infty} \int_{-i\cdot N\cdot T}^{-i\cdot N\cdot T + N\cdot T} f_{1-\text{per}}(t) \cdot \frac{\Omega}{\pi} \cdot \text{sinc}\frac{\Omega}{\pi}(t - t')\, \mathrm{d}t\, \mathrm{d}t'$$

$$= \int_{-\infty}^{\infty} \chi_j(t') \int_{-\infty}^{\infty} f_{1-\text{per}}(t) \cdot \frac{\Omega}{\pi} \cdot \text{sinc}\frac{\Omega}{\pi}(t - t')\, \mathrm{d}t\, \mathrm{d}t'$$

$$= \int\limits_{-\infty}^{\infty} \chi_j(t') \cdot f_{1-\mathrm{per}}(t')\, \mathrm{d}t' = \int\limits_{\frac{t_{j-1}+t_j}{2}}^{\frac{t_j+t_{j+1}}{2}} f(t)\, \mathrm{d}t \ .$$

Wird dieser Term wieder auf die Länge des Intervalls – die mit dem Gewicht $w_j$ identisch ist – normiert, so stellt der resultierende Ausdruck

$$\frac{1}{w_j} \cdot \langle f, P\chi_j \rangle_{\mathcal{PW}_{\Omega}^{1-\mathrm{per}}} = \frac{1}{w_j} \int\limits_{\frac{t_{j-1}+t_j}{2}}^{\frac{t_j+t_{j+1}}{2}} f(t)\, \mathrm{d}t$$

erneut den *lokalen Mittelwert* des Signals $f$ dar. Die Folge der Entwicklungs-koeffizienten lautet

$$\boxed{\left\{ \langle f, \psi_j \rangle_{\mathcal{PW}_{\Omega}^{1-\mathrm{per}}} \right\}_{j \in \mathbb{J}} = \left\{ \frac{1}{\sqrt{w_j}} \int\limits_{\frac{t_{j-1}+t_j}{2}}^{\frac{t_j+t_{j+1}}{2}} f(t)\, \mathrm{d}t \right\}_{j \in \mathbb{J}}} \ . \qquad (6.79)$$

Damit folgt das

**Theorem 6.42.** *Es sei $\{t_j\}_{j \in \mathbb{J}}$ eine irreguläre Folge von nichtäquidistanten Abtastzeitpunkten mit dem maximalen Abstand aufeinander folgender Abtastzeitpunkte*

$$\delta = \max_{j \in \mathbb{J} \cup \{0\}} \{t_{j+1} - t_j\} \overset{!}{<} \frac{\pi}{\Omega} \quad \Leftrightarrow \quad \frac{\delta}{T} \overset{!}{<} \frac{N}{M} \ .$$

*Dann ist die mit dem Gewicht*

$$w_j = \frac{t_{j+1} - t_{j-1}}{2}$$

*gewichtete Signalfolge*

$$\{\psi_j\}_{j \in \mathbb{J}} = \left\{ \frac{1}{\sqrt{w_j}} \cdot P\chi_j \right\}_{j \in \mathbb{J}}$$

*ein Rahmen für den* PALEY-WIENER-*Raum* $\mathcal{PW}_{\Omega}^{1-\mathrm{per}}$ *mit den durch*

$$A_{\psi} = \left( \frac{1 - \frac{\delta\Omega}{\pi}}{1 + \frac{\delta\Omega}{\pi}} \right)^2 \quad und \quad B_{\psi} = 1$$

$$\Leftrightarrow \quad A_{\psi} = \left( \frac{N \cdot T - M \cdot \delta}{N \cdot T + M \cdot \delta} \right)^2 \quad und \quad B_{\psi} = 1$$

*gegebenen Rahmengrenzen $0 < A_{\psi} \le B_{\psi} < \infty$, und es gilt für ein Signal $f = f(t) \in \mathcal{PW}_{\Omega}^{1-\mathrm{per}}$ aus dem* PALEY-WIENER-*Raum* $\mathcal{PW}_{\Omega}^{1-\mathrm{per}}$ *mit der Koeffizientenfolge*

$$\left\{ \langle f, \psi_j \rangle_{\mathcal{PW}_\Omega^{1-\mathrm{per}}} \right\}_{j \in \mathbb{J}} = \left\{ \frac{1}{\sqrt{w_j}} \int\limits_{\frac{t_{j-1}+t_j}{2}}^{\frac{t_j+t_{j+1}}{2}} f(t)\,\mathrm{d}t \right\}_{j \in \mathbb{J}}$$

*die Rahmenbedingung*

$$A_\psi \cdot \|f\|_{\mathcal{PW}_\Omega^{1-\mathrm{per}}}^2 \leq \sum_{j \in \mathbb{J}} |\langle f, \psi_j \rangle_{\mathcal{PW}_\Omega^{1-\mathrm{per}}}|^2 \leq B_\psi \cdot \|f\|_{\mathcal{PW}_\Omega^{1-\mathrm{per}}}^2$$

$$\Leftrightarrow \quad A_\psi \cdot \|f\|_{\mathcal{PW}_\Omega^{1-\mathrm{per}}}^2 \leq \sum_{j \in \mathbb{J}} \frac{1}{w_j} \cdot \left| \int\limits_{\frac{t_{j-1}+t_j}{2}}^{\frac{t_j+t_{j+1}}{2}} f(t)\,\mathrm{d}t \right|^2 \leq B_\psi \cdot \|f\|_{\mathcal{PW}_\Omega^{1-\mathrm{per}}}^2 \; .$$

## 6.6.2 Symmetrische periodische Fortsetzung

Bei der nun zugrunde gelegten symmetrischen periodischen Fortsetzung gehen wir erneut von dem auf das Zeitintervall $[0, N \cdot T]$ begrenzten Signal

$$f = f(t) \in L^2([0, N \cdot T])$$

mit endlichem Träger $\mathrm{supp}\{f\} \subseteq [0, N \cdot T]$ aus, dessen symmetrische periodische Fortsetzung Frequenzband-begrenzt mit der Frequenzgrenze

$$\boxed{\Omega \stackrel{\triangle}{=} \frac{\pi}{T} \cdot \frac{M}{N}} \tag{6.80}$$

ist. Der zugrunde liegende PALEY-WIENER-Raum ist gegeben durch

$$\mathcal{PW}_\Omega^{2-\mathrm{per}} \stackrel{\triangle}{=} \left\{ f \in L^2([0, N \cdot T]) \;\middle|\; \widehat{f}_{2-\mathrm{per}}(\omega) = 0 \quad \forall\, |\omega| > \Omega \right\} \; ;$$

hierbei haben wir für das Linienspektrum der symmetrischen periodischen Fortsetzung

$$\widehat{f}_{2-\mathrm{per}}(\omega)$$
$$= 2\pi \cdot c_0 \cdot \delta(\omega) + 2\pi \sum_{j=1}^{M} c_j \cdot \left\{ \delta\left( \omega - \frac{\pi}{T} \cdot \frac{j}{N} \right) + \delta\left( \omega + \frac{\pi}{T} \cdot \frac{j}{N} \right) \right\}$$

sowie für die zugehörige FOURIER-Reihe

$$f_{2-\mathrm{per}}(t) = \sum_{j=-M}^{M} c_j \cdot \mathrm{e}^{\mathrm{i}\pi j t / NT} = c_0 + 2 \sum_{j=1}^{M} c_j \cdot \cos\left( \frac{\pi j}{N} \cdot \frac{t}{T} \right)$$

mit den FOURIER-Koeffizienten

$$c_j = \frac{1}{N \cdot T} \int\limits_{0}^{N \cdot T} f(t) \cdot \cos\left(\frac{\pi j}{N} \cdot \frac{t}{T}\right) \, \mathrm{d}t \ .$$

Völlig entsprechend zur gewählten Vorgehensweise bei der Diskussion der periodischen Fortsetzung mit der Periode $N \cdot T$ gehen wir nun aus von der Signaldarstellung in Gleichung 4.36 auf Seite 159

$$f = \sum_{j=0}^{N} \langle f, \varphi_j \rangle_{\mathcal{PW}_\Omega^{2-\mathrm{per}}} \cdot \varphi_j \quad \forall\, t \in [0, N \cdot T] \quad \text{a.e.}$$

mit der Signalfolge $\{\varphi_j\}_{j \in \{0,1,\ldots,N\}}$ bestehend aus den in Gleichung 4.37 auf Seite 160 angegebenen $N+1$ Basissignalen

$$\varphi_0(t) = \sqrt{\frac{2}{T}} \cdot \frac{\sin\left((2 \cdot M + 1)\frac{\pi}{2 \cdot N} \cdot \frac{t}{T}\right)}{2 \cdot N \cdot \sin\left(\frac{\pi}{2 \cdot N} \cdot \frac{t}{T}\right)} \ ,$$

$$\varphi_j(t) = \sqrt{\frac{1}{T}} \cdot \frac{\sin\left((2 \cdot M + 1)\frac{\pi}{2 \cdot N} \cdot \left(\frac{t}{T} - j\right)\right)}{2 \cdot N \cdot \sin\left(\frac{\pi}{2 \cdot N} \cdot \left(\frac{t}{T} - j\right)\right)} +$$

$$\sqrt{\frac{1}{T}} \cdot \frac{\sin\left((2 \cdot M + 1)\frac{\pi}{2 \cdot N} \cdot \left(\frac{t}{T} + j\right)\right)}{2 \cdot N \cdot \sin\left(\frac{\pi}{2 \cdot N} \cdot \left(\frac{t}{T} + j\right)\right)}$$

$$\text{für} \quad j = 1, 2, \ldots, N - 1 \ ,$$

$$\varphi_N(t) = \sqrt{\frac{2}{T}} \cdot \frac{\sin\left((2 \cdot M + 1)\frac{\pi}{2 \cdot N} \cdot \left(\frac{t}{T} - N\right)\right)}{2 \cdot N \cdot \sin\left(\frac{\pi}{2 \cdot N} \cdot \left(\frac{t}{T} - N\right)\right)}$$

sowie den Entwicklungskoeffizienten

$$\langle f, \varphi_0 \rangle_{\mathcal{PW}_\Omega^{2-\mathrm{per}}} = \sqrt{\frac{T}{2}} \cdot f(0) \ ,$$

$$\langle f, \varphi_j \rangle_{\mathcal{PW}_\Omega^{2-\mathrm{per}}} = \sqrt{T} \cdot f(j \cdot T) \quad \text{für} \quad j = 1, 2, \ldots, N - 1 \ ,$$

$$\langle f, \varphi_N \rangle_{\mathcal{PW}_\Omega^{2-\mathrm{per}}} = \sqrt{\frac{T}{2}} \cdot f(N \cdot T) \ .$$

Es kann auf die gleiche Weise wie bei der Anwendung der Rahmentheorie auf die Überabtastung mit der Periode $N \cdot T$ periodisch fortgesetzter Signale gezeigt werden, dass die Signalfolge $\{\varphi_j\}_{j \in \{0,1,\ldots,N\}}$ einen engen Rahmen darstellt. Wir gehen nun den bereits bekannten Weg, durch Ersetzung der regulären Folge $\{j \cdot T\}_{j \in \{0,1,\ldots N\}}$ der äquidistanten Abtastzeitpunkte $j \cdot T$ durch die irreguläre Folge $\{t_j\}_{j \in \mathbb{J}}$ der nichtäquidistanten Abtastzeitpunkte $t_j$ sowie des Faktors $M/\sqrt{T}N = \sqrt{T} \cdot \Omega/\pi$ durch den vom Index $j$ abhängenden Faktor $\sqrt{w_j} \cdot \Omega/\pi$ einen für die irreguläre Abtastung geeigneten gewichteten Rahmen versuchsweise anzusetzen, so dass das Rekonstruktionsproblem

$$\left(\{t_j\}_{j \in \mathbb{J}}, \{f(t_j)\}_{j \in \mathbb{J}}\right) \mapsto f \in \mathcal{PW}_\Omega^{2-\mathrm{per}}$$

numerisch stabil lösbar ist. Besondere Beachtung erfordern jedoch die Basissignale an den Rändern des Zeitintervalls $[0, N \cdot T]$; diese sind im Falle der
regulären Abtastung mittels einer äquidistanten Abtastwertefolge $\{j \cdot T\}_{j \in \mathbb{J}}$
anders definiert als die Basissignale im Inneren des Zeitintervalls. Ausgehend
von der abzählbaren Abtastwertefolge $\{f(t_j)\}_{j \in \mathbb{J}}$ mit der endlichen Indexmen-
ge $\mathbb{J}$ der Kardinalität $|\mathbb{J}| \triangleq J$ sowie der irregulären Folge $\{t_j\}_{j \in \mathbb{J}}$ nichtäquidi-
stanter Abtastzeitpunkte $t_j$ setzen wir erneut die Ungleichungskette

$$0 < t_1 < t_2 < \ldots < t_{j-1} < t_j < t_{j+1} < \ldots < t_{J-1} < t_J < N \cdot T$$

voraus. Da wir die Fälle $t_1 = 0$ und $t_J = N \cdot T$ ausschließen, kann die versuchsweise angesetzte Signalfolge durch Modifizierung der für die reguläre
Abtastung gewonnenen Basissignale im Inneren des Zeitintervalls $[0, N \cdot T]$
gewählt werden.

$$\{\varphi_j(t)\}_{j \in \mathbb{J}} = \left\{ \frac{\sqrt{w_j}}{T} \sum_{i=-\infty}^{\infty} \frac{M}{N} \cdot \operatorname{sinc} \frac{M}{N}\left(\frac{t - t_j}{T} - i \cdot 2 \cdot N\right) + \right.$$

$$\left. \frac{\sqrt{w_j}}{T} \sum_{i=-\infty}^{\infty} \frac{M}{N} \cdot \operatorname{sinc} \frac{M}{N}\left(\frac{t + t_j}{T} - i \cdot 2 \cdot N\right) \right\}_{j \in \mathbb{J}}$$

$$= \left\{ \frac{\sqrt{w_j}}{T} \cdot \frac{\sin\left((2 \cdot M + 1)\frac{\pi}{2 \cdot N} \cdot \left(\frac{t - t_j}{T}\right)\right)}{2 \cdot N \cdot \sin\left(\frac{\pi}{2 \cdot N} \cdot \left(\frac{t - t_j}{T}\right)\right)} + \right.$$

$$\left. \frac{\sqrt{w_j}}{T} \cdot \frac{\sin\left((2 \cdot M + 1)\frac{\pi}{2 \cdot N} \cdot \left(\frac{t + t_j}{T}\right)\right)}{2 \cdot N \cdot \sin\left(\frac{\pi}{2 \cdot N} \cdot \left(\frac{t + t_j}{T}\right)\right)} \right\}_{j \in \mathbb{J}}$$

Wir gehen nun völlig entsprechend wie bei der Behandlung von mit der Periode $N \cdot T$ periodisch fortgesetzten Signalen vor. Das Signal $f = f(t) \in$
$\mathcal{PW}_\Omega^{2-\mathrm{per}}$ wird auf Basis der nichtäquidistanten Abtastwertefolge $\{f(t_j)\}_{j \in \mathbb{J}}$
mittels der von der irregulären Folge $\{t_j\}_{j \in \mathbb{J}}$ der nichtäquidistanten Abtastzeitpunkte abhängenden Rechtecksignalfolge wie in Abbildung 6.6 auf Seite
289 approximiert. Die charakteristischen Funktionen $\chi_j$ lauten

$$\chi_j(t) \triangleq \begin{cases} 1, & \frac{t_{j-1} + t_j}{2} \leq t < \frac{t_j + t_{j+1}}{2} \\ 0, & \text{sonst} \end{cases}$$

für $j \in \mathbb{J} = \{1, 2, \ldots, J\}$ mit den bereits bekannten Hilfszeitpunkten

$$t_0 \triangleq -t_1 \; ,$$

$$t_{J+1} \triangleq 2 \cdot N \cdot T - t_J \; .$$

Die Signalfolge $\{\chi_j\}_{j \in \mathbb{J}}$ stellt wie in Abbildung 6.7 auf Seite 290 gezeigt eine
Teilung des Zeitintervalls $[0, N \cdot T]$ mit

$$\sum_{j\in\mathbb{J}}\chi_j = 1 \quad \forall\, t \in [0, N\cdot T]$$

dar. Wir definieren erneut den Approximationsoperator

$$Q : \mathcal{PW}_\Omega^{2-\mathrm{per}} \to L^2([0, N\cdot T])$$

durch

$$Qf \stackrel{\triangle}{=} \sum_{j\in\mathbb{J}} f(t_j) \cdot \chi_j \ , \tag{6.81}$$

sowie den Projektionsoperator

$$P : L^2(\mathbb{R}) \to \mathcal{PW}_\Omega^{2-\mathrm{per}} \ .$$

Der durch die Verkettung der Operatoren $P$ und $Q$ erzeugte Approximationsoperator

$$T : \mathcal{PW}_\Omega^{2-\mathrm{per}} \to \mathcal{PW}_\Omega^{2-\mathrm{per}}$$

auf dem PALEY-WIENER-Raum $\mathcal{PW}_\Omega^{2-\mathrm{per}}$ lautet dann wiederum

$$Tf \stackrel{\triangle}{=} PQf = P\sum_{j\in\mathbb{J}} f(t_j) \cdot \chi_j = \sum_{j\in\mathbb{J}} f(t_j) \cdot P\chi_j \ . \tag{6.82}$$

Da die Invertierung des Approximationsoperators $T$ die Rekonstruktion des Signals $f \in \mathcal{PW}_\Omega^{2-\mathrm{per}}$ aus der nichtäquidistanten Abtastwertefolge $\{f(t_j)\}_{j\in\mathbb{J}}$ sowie der zugehörigen irregulären Folge $\{t_j\}_{j\in\mathbb{J}}$ der nichtäquidistanten Abtastzeitpunkte ermöglicht, berechnen wir erneut in völliger Analogie zur obigen Herleitung

$$\| f - Tf \|_{\mathcal{PW}_\Omega^{2-\mathrm{per}}} = \| Pf - PQf \|_{\mathcal{PW}_\Omega^{2-\mathrm{per}}} = \| P(f - Qf) \|_{\mathcal{PW}_\Omega^{2-\mathrm{per}}}$$

$$\leq \underbrace{\|P\|}_{=1} \cdot \| f - Qf \|_{\mathcal{PW}_\Omega^{2-\mathrm{per}}} = \| f - Qf \|_{\mathcal{PW}_\Omega^{2-\mathrm{per}}} \ .$$

Mithilfe der Ungleichung von WIRTINGER in Lemma 6.36 auf Seite 262 sowie des maximalen Abstands der nichtäquidistanten Abtastzeitpunkte

$$\boxed{\delta \stackrel{\triangle}{=} \max_{j\in\mathbb{J}\cup\{0\}} \{t_{j+1} - t_j\}} \tag{6.83}$$

beziehungsweise

$$\delta = \max\{t_1 - t_0, t_2 - t_1, \ldots, t_J - t_{J-1}, t_{J+1} - t_J\}$$

$$= \max\{2\cdot t_1, t_2 - t_1, \ldots, t_J - t_{J-1}, 2\cdot(N\cdot T - t_J)\}$$

erhalten wir erneut wie in Gleichung 6.65 auf Seite 292

$$\| f - Tf \|_{\mathcal{PW}_\Omega^{2-\mathrm{per}}} \leq \| f - Qf \|_{\mathcal{PW}_\Omega^{2-\mathrm{per}}} \leq \frac{\delta}{\pi} \cdot \| f' \|_{\mathcal{PW}_\Omega^{2-\mathrm{per}}} \ .$$

Die Anwendung der BERNSTEINschen Ungleichung aus Theorem 3.22 auf Seite
120[14]

$$\|f'\|_{\mathcal{PW}_\Omega^{2-\mathrm{per}}} \leq \frac{\pi}{T} \cdot \frac{M}{N} \cdot \|f\|_{\mathcal{PW}_\Omega^{2-\mathrm{per}}} \leq \Omega \cdot \|f\|_{\mathcal{PW}_\Omega^{2-\mathrm{per}}}$$

liefert dann

$$\|f - Tf\|_{\mathcal{PW}_\Omega^{2-\mathrm{per}}} \leq \|f - Qf\|_{\mathcal{PW}_\Omega^{2-\mathrm{per}}}$$
$$\leq \frac{\delta}{T} \cdot \frac{M}{N} \cdot \|f\|_{\mathcal{PW}_\Omega^{2-\mathrm{per}}} = \frac{\delta\Omega}{\pi} \cdot \|f\|_{\mathcal{PW}_\Omega^{2-\mathrm{per}}} \; .$$

Daraus ergeben sich die Operatornormen

$$\boxed{\|Id - T\| \leq \frac{\delta\Omega}{\pi} = \frac{\delta}{T} \cdot \frac{M}{N}} \tag{6.84}$$

und

$$\boxed{\|Id - Q\| \leq \frac{\delta\Omega}{\pi} = \frac{\delta}{T} \cdot \frac{M}{N}} \; . \tag{6.85}$$

Der Approximationsoperator $T$ kann wieder unter der hinreichenden Bedingung

$$\delta \overset{!}{<} \frac{\pi}{\Omega} \quad \Leftrightarrow \quad \frac{\delta}{T} \overset{!}{<} \frac{N}{M} \tag{6.86}$$

invertiert werden; der Abstand benachbarter nichtäquidistanter Abtastwerte
muss auch hier kleiner als die NYQUIST-Periode $\pi/\Omega$ sein. Die Gleichungen
6.70 und 6.71 auf Seite 293 für die Operatornormen $\|T\|$ und $\|T^{-1}\|$ sowie
Gleichung 6.72 für die Operatornorm $\|Q\|$ können unverändert übernommen
werden.

### Der gewichtete Rahmen

Zur Herleitung des gewichteten Rahmens $\{\varphi_j\}_{j\in\mathbb{J}}$ im PALEY-WIENER-Raum
$\mathcal{PW}_\Omega^{2-\mathrm{per}}$ untersuchen wir die bereits angegebene Signalfolge

$$\{\varphi_j(t)\}_{j\in\mathbb{J}} = \left\{ \frac{\sqrt{w_j}}{T} \sum_{i=-\infty}^{\infty} \frac{M}{N} \cdot \mathrm{sinc}\,\frac{M}{N}\left(\frac{t-t_j}{T} - i\cdot 2\cdot N\right) + \right.$$
$$\left. \frac{\sqrt{w_j}}{T} \sum_{i=-\infty}^{\infty} \frac{M}{N} \cdot \mathrm{sinc}\,\frac{M}{N}\left(\frac{t+t_j}{T} - i\cdot 2\cdot N\right) \right\}_{j\in\mathbb{J}}$$
$$= \left\{ \sqrt{w_j} \sum_{i=-\infty}^{\infty} \frac{\Omega}{\pi} \cdot \mathrm{sinc}\,\frac{\Omega}{\pi}\left(t - t_j - i\cdot 2\cdot N\cdot T\right) + \right.$$

---

[14] Es ist zu beachten, dass hier die Frequenzgrenze $\Omega$ durch Verwendung der Zahl
$M$ definiert wurde, so dass die Summationsgrenze $\lfloor M/2\rfloor$ durch $M$ ersetzt werden
muss.

$$\sqrt{w_j} \sum_{i=-\infty}^{\infty} \frac{\Omega}{\pi} \cdot \mathrm{sinc}\, \frac{\Omega}{\pi}(t + t_j - i \cdot 2 \cdot N \cdot T) \Bigg\}_{j \in \mathbb{J}}$$

$$= \left\{ \frac{\sqrt{w_j}}{T} \cdot \frac{\sin\left((2 \cdot M + 1)\frac{\pi}{2 \cdot N} \cdot \left(\frac{t - t_j}{T}\right)\right)}{2 \cdot N \cdot \sin\left(\frac{\pi}{2 \cdot N} \cdot \left(\frac{t - t_j}{T}\right)\right)} + \right.$$

$$\left. \frac{\sqrt{w_j}}{T} \cdot \frac{\sin\left((2 \cdot M + 1)\frac{\pi}{2 \cdot N} \cdot \left(\frac{t + t_j}{T}\right)\right)}{2 \cdot N \cdot \sin\left(\frac{\pi}{2 \cdot N} \cdot \left(\frac{t + t_j}{T}\right)\right)} \right\}_{j \in \mathbb{J}}$$

mit $\Omega/\pi = M/NT$. Die Berechnung der Momentenfolge $\{\langle f, \varphi_j \rangle_{\mathcal{PW}_\Omega^{2-\mathrm{per}}}\}_{j \in \mathbb{J}}$ unter Verwendung von Lemma 4.4 auf Seite 130 liefert hier[15]

$$2 \cdot \langle f, \varphi_j \rangle_{\mathcal{PW}_\Omega^{2-\mathrm{per}}} = 2 \int_0^{N \cdot T} f(t) \cdot \overline{\varphi_j(t)} \, dt = \int_0^{2 \cdot N \cdot T} f_{2-\mathrm{per}}(t) \cdot \overline{\varphi_j(t)} \, dt$$

$$= \int_0^{2 \cdot N \cdot T} f_{2-\mathrm{per}}(t) \cdot \overline{\sqrt{w_j} \sum_{i=-\infty}^{\infty} \frac{\Omega}{\pi} \cdot \mathrm{sinc}\, \frac{\Omega}{\pi}(t - t_j - i \cdot 2 \cdot N \cdot T)} \, dt +$$

$$\int_0^{2 \cdot N \cdot T} f_{2-\mathrm{per}}(t) \cdot \overline{\sqrt{w_j} \sum_{i=-\infty}^{\infty} \frac{\Omega}{\pi} \cdot \mathrm{sinc}\, \frac{\Omega}{\pi}(t + t_j - i \cdot 2 \cdot N \cdot T)} \, dt$$

$$= \sqrt{w_j} \sum_{i=-\infty}^{\infty} \int_{-i \cdot 2 \cdot N \cdot T}^{-i \cdot 2 \cdot N \cdot T + 2 \cdot N \cdot T} f_{2-\mathrm{per}}(t) \cdot \frac{\Omega}{\pi} \cdot \mathrm{sinc}\, \frac{\Omega}{\pi}(t - t_j) \, dt +$$

$$\sqrt{w_j} \sum_{i=-\infty}^{\infty} \int_{-i \cdot 2 \cdot N \cdot T}^{-i \cdot 2 \cdot N \cdot T + 2 \cdot N \cdot T} f_{2-\mathrm{per}}(t) \cdot \frac{\Omega}{\pi} \cdot \mathrm{sinc}\, \frac{\Omega}{\pi}(t + t_j) \, dt$$

$$= \sqrt{w_j} \int_{-\infty}^{\infty} f_{2-\mathrm{per}}(t) \cdot \frac{\Omega}{\pi} \cdot \mathrm{sinc}\, \frac{\Omega}{\pi}(t - t_j) \, dt +$$

$$\sqrt{w_j} \int_{-\infty}^{\infty} f_{2-\mathrm{per}}(t) \cdot \frac{\Omega}{\pi} \cdot \mathrm{sinc}\, \frac{\Omega}{\pi}(t + t_j) \, dt$$

$$= \sqrt{w_j} \cdot f_{2-\mathrm{per}}(t_j) + \sqrt{w_j} \cdot f_{2-\mathrm{per}}(-t_j)$$

$$= 2 \cdot \sqrt{w_j} \cdot f(t_j) \, ,$$

also

$$\boxed{\langle f, \varphi_j \rangle_{\mathcal{PW}_\Omega^{2-\mathrm{per}}} = \sqrt{w_j} \cdot f(t_j) \, .} \tag{6.87}$$

---

[15] Das Signal $\varphi_j = \varphi_j(t)$ ist ebenfalls symmetrisch periodisch!

Die Norm des Approximationsoperators

$$Qf = \sum_{j \in \mathbb{J}} f(t_j) \cdot \chi_j$$

lautet mit dem Gewicht

$$\boxed{w_j \triangleq \frac{t_{j+1} - t_{j-1}}{2}} \tag{6.88}$$

daher

$$\|Qf\|^2_{\mathcal{PW}^{2-\mathrm{per}}_\Omega} = \sum_{j \in \mathbb{J}} w_j \cdot |f(t_j)|^2 = \sum_{j \in \mathbb{J}} \left| \langle f, \varphi_j \rangle_{\mathcal{PW}^{2-\mathrm{per}}_\Omega} \right|^2 .$$

Daraus ergibt sich wieder die für Rahmen kennzeichnende Ungleichungskette

$$\left(1 - \frac{\delta\Omega}{\pi}\right)^2 \cdot \|f\|^2_{\mathcal{PW}^{2-\mathrm{per}}_\Omega} \leq \sum_{j \in \mathbb{J}} \left| \langle f, \varphi_j \rangle_{\mathcal{PW}^{2-\mathrm{per}}_\Omega} \right|^2$$

$$\leq \left(1 + \frac{\delta\Omega}{\pi}\right)^2 \cdot \|f\|^2_{\mathcal{PW}^{2-\mathrm{per}}_\Omega} , \tag{6.89}$$

so dass die Signalfolge $\{\varphi_j\}_{j \in \mathbb{J}}$ tatsächlich ein Rahmen in dem PALEY-WIENER-Raum $\mathcal{PW}^{2-\mathrm{per}}_\Omega$ ist.

**Theorem 6.43.** *Es sei $\{t_j\}_{j \in \mathbb{J}}$ eine irreguläre Folge von nichtäquidistanten Abtastzeitpunkten mit dem maximalen Abstand aufeinander folgender Abtastzeitpunkte*

$$\delta = \max_{j \in \mathbb{J} \cup \{0\}} \{t_{j+1} - t_j\} \overset{!}{<} \frac{\pi}{\Omega} \quad \Leftrightarrow \quad \frac{\delta}{T} \overset{!}{<} \frac{N}{M} .$$

*Dann ist die mit dem Gewicht*

$$w_j = \frac{t_{j+1} - t_{j-1}}{2}$$

*gewichtete Signalfolge*

$$\{\varphi_j(t)\}_{j \in \mathbb{J}} = \left\{ \frac{\sqrt{w_j}}{T} \sum_{i=-\infty}^{\infty} \frac{M}{N} \cdot \mathrm{sinc}\, \frac{M}{N} \left( \frac{t - t_j}{T} - i \cdot 2 \cdot N \right) + \right.$$

$$\left. \frac{\sqrt{w_j}}{T} \sum_{i=-\infty}^{\infty} \frac{M}{N} \cdot \mathrm{sinc}\, \frac{M}{N} \left( \frac{t + t_j}{T} - i \cdot 2 \cdot N \right) \right\}_{j \in \mathbb{J}}$$

$$= \left\{ \sqrt{w_j} \sum_{i=-\infty}^{\infty} \frac{\Omega}{\pi} \cdot \mathrm{sinc}\, \frac{\Omega}{\pi} (t - t_j - i \cdot 2 \cdot N \cdot T) + \right.$$

$$\left. \sqrt{w_j} \sum_{i=-\infty}^{\infty} \frac{\Omega}{\pi} \cdot \mathrm{sinc}\, \frac{\Omega}{\pi} (t + t_j - i \cdot 2 \cdot N \cdot T) \right\}_{j \in \mathbb{J}}$$

$$= \left\{ \frac{\sqrt{w_j}}{T} \cdot \frac{\sin\left((2 \cdot M + 1)\frac{\pi}{2 \cdot N} \cdot \left(\frac{t-t_j}{T}\right)\right)}{2 \cdot N \cdot \sin\left(\frac{\pi}{2 \cdot N} \cdot \left(\frac{t-t_j}{T}\right)\right)} + \right.$$

$$\left. \frac{\sqrt{w_j}}{T} \cdot \frac{\sin\left((2 \cdot M + 1)\frac{\pi}{2 \cdot N} \cdot \left(\frac{t+t_j}{T}\right)\right)}{2 \cdot N \cdot \sin\left(\frac{\pi}{2 \cdot N} \cdot \left(\frac{t+t_j}{T}\right)\right)} \right\}_{j \in \mathbb{J}}$$

*mit $\Omega/\pi = M/NT$ ein Rahmen für den* PALEY-WIENER-*Raum $\mathcal{PW}_\Omega^{2-\mathrm{per}}$ mit den durch*

$$A = \left(1 - \frac{\delta\Omega}{\pi}\right)^2 \quad und \quad B = \left(1 + \frac{\delta\Omega}{\pi}\right)^2$$

$$\Leftrightarrow \quad A = \left(1 - \frac{\delta}{T} \cdot \frac{M}{N}\right)^2 \quad und \quad B = \left(1 + \frac{\delta}{T} \cdot \frac{M}{N}\right)^2$$

*gegebenen Rahmengrenzen $0 < A \leq B < \infty$, und es gilt für ein Signal $f = f(t) \in \mathcal{PW}_\Omega^{2-\mathrm{per}}$ aus dem* PALEY-WIENER-*Raum $\mathcal{PW}_\Omega^{2-\mathrm{per}}$ mit der Koeffizientenfolge*

$$\{\langle f, \varphi_j \rangle_{\mathcal{PW}_\Omega^{2-\mathrm{per}}}\}_{j \in \mathbb{J}} = \{\sqrt{w_j} \cdot f(t_j)\}_{j \in \mathbb{J}}$$

*die Rahmenbedingung*

$$A \cdot \|f\|^2_{\mathcal{PW}_\Omega^{2-\mathrm{per}}} \leq \sum_{j \in \mathbb{J}} \left| \langle f, \varphi_j \rangle_{\mathcal{PW}_\Omega^{2-\mathrm{per}}} \right|^2 \leq B \cdot \|f\|^2_{\mathcal{PW}_\Omega^{2-\mathrm{per}}}$$

$$\Leftrightarrow \quad A \cdot \|f\|^2_{\mathcal{PW}_\Omega^{2-\mathrm{per}}} \leq \sum_{j \in \mathbb{J}} w_j \cdot |f(t_j)|^2 \leq B \cdot \|f\|^2_{\mathcal{PW}_\Omega^{2-\mathrm{per}}} \ .$$

Unter Verwendung der Momentenfolge $\{\langle f, \varphi_j \rangle_{\mathcal{PW}_\Omega^{1-\mathrm{per}}}\}_{j \in \mathbb{J}} = \{\sqrt{w_j} \cdot f(t_j)\}_{j \in \mathbb{J}}$ kann das gesuchte Signal $f$ mithilfe des Rahmenalgorithmus 5.1 auf Seite 194 beziehungsweise des relaxierten Rahmenalgorithmus 5.2 auf Seite 196 mit dem optimalen Relaxationsparameter $2/(A + B)$ aus der irregulären Folge $\{f(t_j)\}_{j \in \mathbb{J}}$ nichtäquidistanter Abtastwerte rekonstruiert werden. Abbildung 6.10 zeigt das symmetrische gewichtete Rahmensignal $\varphi_j$ innerhalb des Intervalls $[-N \cdot T, N \cdot T]$.

## Signalrepräsentation

Wie im Falle der periodischen Fortsetzung mit der Periode $N \cdot T$ ergibt sich die explizite Repräsentation des Signals $f = f(t) \in \mathcal{PW}_\Omega^{2-\mathrm{per}}$ in dem PALEY-WIENER-Raum $\mathcal{PW}_\Omega^{2-\mathrm{per}}$ auf Basis der irregulären Folge $\{f(t_j)\}_{j \in \mathbb{J}}$ der nichtäquidistanten Abtastwerte mithilfe des in Definition 5.16 auf Seite 199 definierten dualen Rahmens

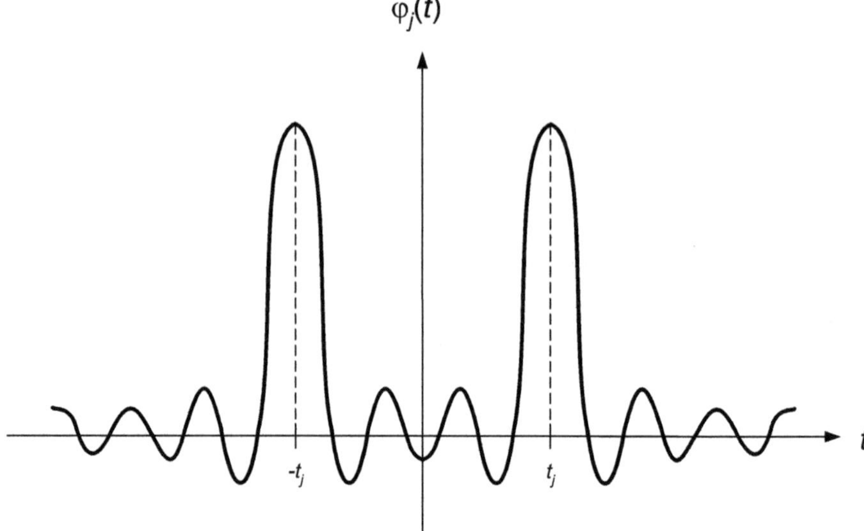


**Abb. 6.10.** Das gewichtete Rahmensignal $\varphi_j$ in dem PALEY-WIENER-Raum $\mathcal{PW}_\Omega^{2-\mathrm{per}}$.

$$\widetilde{\varphi}_j = (F^*F)^{-1}\varphi_j$$

sowie des verketteten Operators

$$F^*Ff = \sum_{j\in\mathbb{J}} \langle f, \varphi_j\rangle_{\mathcal{PW}_\Omega^{2-\mathrm{per}}} \cdot \varphi_j$$

$$= \sum_{j\in\mathbb{J}} \sqrt{w_j} \cdot f(t_j) \cdot \varphi_j \ .$$

Es gilt mit der Momentenfolge $\{\langle f, \varphi_j\rangle_{\mathcal{PW}_\Omega^{2-\mathrm{per}}}\}_{j\in\mathbb{J}} = \{\sqrt{w_j} \cdot f(t_j)\}_{j\in\mathbb{J}}$ und Theorem 5.18 auf Seite 201 die Signalrepräsentation

$$\boxed{f = \sum_{j\in\mathbb{J}} \sqrt{w_j} \cdot f(t_j) \cdot \widetilde{\varphi}_j \ ,} \qquad (6.90)$$

wobei der duale Rahmen $\{\widetilde{\varphi}_j\}_{j\in\mathbb{J}}$ erneut durch Invertierung des verketteten Operators $F^*F$ mittels des Rahmenalgorithmus 5.1 auf Seite 194 berechnet werden kann.

## Rahmenpaare im Paley-Wiener-Raum $\mathcal{PW}_\Omega^{2-\mathrm{per}}$

Dem Rahmen $\{\varphi_j\}_{j\in\mathbb{J}}$ in dem PALEY-WIENER-Raum $\mathcal{PW}_\Omega^{2-\mathrm{per}}$ kann wieder gemäß Lemma 5.26 auf Seite 208 der Rahmen

$$\boxed{\{\psi_j\}_{j\in\mathbb{J}} \stackrel{\triangle}{=} \left\{\frac{1}{\sqrt{w_j}} \cdot P\chi_j\right\}_{j\in\mathbb{J}}} \tag{6.91}$$

als Kandidat für das Rahmenpaar $\{\varphi_j\}_{j\in\mathbb{J}}$ und $\{\psi_j\}_{j\in\mathbb{J}}$ zugeordnet werden. Tatsächlich gilt wieder das Theorem 6.41 auf Seite 298, das wir der Vollständigkeit halber sowie zur späteren Verwendung angeben.

**Theorem 6.44.** *Es sei $\{t_j\}_{j\in\mathbb{J}}$ eine irreguläre Folge von nichtäquidistanten Abtastzeitpunkten mit dem maximalen Abstand aufeinander folgender Abtastzeitpunkte*

$$\delta = \max_{j\in\mathbb{J}\cup\{0\}} \{t_{j+1} - t_j\} \stackrel{!}{<} \frac{\pi}{\Omega} \quad\Leftrightarrow\quad \frac{\delta}{T} \stackrel{!}{<} \frac{N}{M} \ .$$

*Dann ist die mit dem Gewicht*

$$w_j = \frac{t_{j+1} - t_{j-1}}{2}$$

*gewichtete Signalfolge*

$$\{\varphi_j(t)\}_{j\in\mathbb{J}} = \left\{\frac{\sqrt{w_j}}{T} \sum_{i=-\infty}^{\infty} \frac{M}{N} \cdot \operatorname{sinc}\frac{M}{N}\left(\frac{t-t_j}{T} - i\cdot 2\cdot N\right) + \right.$$

$$\left. \frac{\sqrt{w_j}}{T} \sum_{i=-\infty}^{\infty} \frac{M}{N} \cdot \operatorname{sinc}\frac{M}{N}\left(\frac{t+t_j}{T} - i\cdot 2\cdot N\right)\right\}_{j\in\mathbb{J}}$$

$$= \left\{\sqrt{w_j} \sum_{i=-\infty}^{\infty} \frac{\Omega}{\pi} \cdot \operatorname{sinc}\frac{\Omega}{\pi}(t - t_j - i\cdot 2\cdot N\cdot T) + \right.$$

$$\left. \sqrt{w_j} \sum_{i=-\infty}^{\infty} \frac{\Omega}{\pi} \cdot \operatorname{sinc}\frac{\Omega}{\pi}(t + t_j - i\cdot 2\cdot N\cdot T)\right\}_{j\in\mathbb{J}}$$

$$= \left\{\frac{\sqrt{w_j}}{T} \cdot \frac{\sin\left((2\cdot M+1)\frac{\pi}{2\cdot N}\cdot\left(\frac{t-t_j}{T}\right)\right)}{2\cdot N\cdot \sin\left(\frac{\pi}{2\cdot N}\cdot\left(\frac{t-t_j}{T}\right)\right)} + \right.$$

$$\left. \frac{\sqrt{w_j}}{T} \cdot \frac{\sin\left((2\cdot M+1)\frac{\pi}{2\cdot N}\cdot\left(\frac{t+t_j}{T}\right)\right)}{2\cdot N\cdot \sin\left(\frac{\pi}{2\cdot N}\cdot\left(\frac{t+t_j}{T}\right)\right)}\right\}_{j\in\mathbb{J}}$$

*mit $\Omega/\pi = M/NT$ ein Rahmen für den* PALEY-WIENER-*Raum $\mathcal{PW}_{\Omega}^{2-\mathrm{per}}$ mit den durch*

$$A_\varphi = \left(1 - \frac{\delta\Omega}{\pi}\right)^2 \quad und \quad B_\varphi = \left(1 + \frac{\delta\Omega}{\pi}\right)^2$$

$$\Leftrightarrow\quad A_\varphi = \left(1 - \frac{\delta}{T}\cdot\frac{M}{N}\right)^2 \quad und \quad B_\varphi = \left(1 + \frac{\delta}{T}\cdot\frac{M}{N}\right)^2$$

*gegebenen Rahmengrenzen. Ferner ist die Signalfolge*

$$\{\psi_j(t)\}_{j\in\mathbb{J}} = \left\{\frac{1}{\sqrt{w_j}} \cdot P\chi_j(t)\right\}_{j\in\mathbb{J}}$$

*ebenfalls ein Rahmen für den* PALEY-WIENER-*Raum* $\mathcal{PW}_\Omega^{2-\mathrm{per}}$ *mit den Rahmengrenzen*

$$A_\psi = \left(\frac{1-\frac{\delta\Omega}{\pi}}{1+\frac{\delta\Omega}{\pi}}\right)^2 \quad und \quad B_\psi = 1$$

$$\Leftrightarrow \quad A_\psi = \left(\frac{N\cdot T - M\cdot\delta}{N\cdot T + M\cdot\delta}\right)^2 \quad und \quad B_\psi = 1$$

*Die Rahmen* $\{\varphi_j\}_{j\in\mathbb{J}}$ *und* $\{\psi_j\}_{j\in\mathbb{J}}$ *sind ein Rahmenpaar.*

Das Rahmensignal $\psi_j$ folgt aus der Projektion des symmetrisch periodisch fortgesetzten Signals $\chi_j$

$$P\chi_j(t)$$

$$= \left(\sum_{i=-\infty}^{\infty} \chi_j(t-i\cdot 2\cdot N\cdot T) + \sum_{i=-\infty}^{\infty} \chi_j(-t-i\cdot 2\cdot N\cdot T)\right) \star$$

$$\frac{\Omega}{\pi}\cdot\mathrm{sinc}\left(\frac{\Omega\cdot t}{\pi}\right)$$

$$= \sum_{i=-\infty}^{\infty} \int_{i\cdot 2\cdot N\cdot T+\frac{t_{j-1}+t_j}{2}}^{i\cdot 2\cdot N\cdot T+\frac{t_j+t_{j+1}}{2}} \mathrm{sinc}\frac{\Omega}{\pi}(t-t')\frac{\Omega}{\pi}\,\mathrm{d}t' +$$

$$\sum_{i=-\infty}^{\infty} \int_{i\cdot 2\cdot N\cdot T+\frac{t_{j-1}+t_j}{2}}^{i\cdot 2\cdot N\cdot T+\frac{t_j+t_{j+1}}{2}} \mathrm{sinc}\frac{\Omega}{\pi}(t+t')\frac{\Omega}{\pi}\,\mathrm{d}t'$$

$$= \sum_{i=-\infty}^{\infty} \int_{\frac{\Omega}{\pi}\left(t-i\cdot 2\cdot N\cdot T-\frac{t_{j-1}+t_j}{2}\right)}^{\frac{\Omega}{\pi}\left(t-i\cdot 2\cdot N\cdot T-\frac{t_j+t_{j+1}}{2}\right)} \mathrm{sinc}\,(t'')\,(-\mathrm{d}t'') +$$

$$\sum_{i=-\infty}^{\infty} \int_{\frac{\Omega}{\pi}\left(t+i\cdot 2\cdot N\cdot T+\frac{t_{j-1}+t_j}{2}\right)}^{\frac{\Omega}{\pi}\left(t+i\cdot 2\cdot N\cdot T+\frac{t_j+t_{j+1}}{2}\right)} \mathrm{sinc}\,(t'')\,\mathrm{d}t''$$

$$= \sum_{i=-\infty}^{\infty} \left\{\mathrm{Sinc}\frac{\Omega}{\pi}\left(t-i\cdot 2\cdot N\cdot T - \frac{t_{j-1}+t_j}{2}\right) - \right.$$

$$\mathrm{Sinc}\frac{\Omega}{\pi}\left(t - i \cdot 2 \cdot N \cdot T - \frac{t_j + t_{j+1}}{2}\right) +$$

$$\mathrm{Sinc}\frac{\Omega}{\pi}\left(t + i \cdot 2 \cdot N \cdot T + \frac{t_j + t_{j+1}}{2}\right) -$$

$$\mathrm{Sinc}\frac{\Omega}{\pi}\left(t + i \cdot 2 \cdot N \cdot T + \frac{t_{j-1} + t_j}{2}\right)\Bigg\}$$

mit dem in Gleichung 6.52 auf Seite 280 gegebenen Integralsinus $\mathrm{Sinc}(t) = \int_0^t \mathrm{sinc}(t')\,\mathrm{d}t'$, also

$$\psi_j(t) = \frac{1}{\sqrt{w_j}} \cdot P\chi_j(t)$$

$$= \frac{1}{\sqrt{w_j}} \cdot \sum_{i=-\infty}^{\infty} \left\{\mathrm{Sinc}\frac{\Omega}{\pi}\left(t - i \cdot 2 \cdot N \cdot T - \frac{t_{j-1} + t_j}{2}\right) - \right.$$

$$\mathrm{Sinc}\frac{\Omega}{\pi}\left(t - i \cdot 2 \cdot N \cdot T - \frac{t_j + t_{j+1}}{2}\right) +$$

$$\mathrm{Sinc}\frac{\Omega}{\pi}\left(t + i \cdot 2 \cdot N \cdot T + \frac{t_j + t_{j+1}}{2}\right) -$$

$$\left.\mathrm{Sinc}\frac{\Omega}{\pi}\left(t + i \cdot 2 \cdot N \cdot T + \frac{t_{j-1} + t_j}{2}\right)\right\}\ .$$

In Abbildung 6.11 ist das Rahmensignal $\psi_j$ im Zeitintervall $[-N \cdot T, N \cdot T]$ skizziert.

## Lokale Mittelwerte im Paley-Wiener-Raum $\mathcal{PW}_\Omega^{2-\mathrm{per}}$

Durch Invertierung der Adjungierten $T^*$ des Approximationsoperators $T$

$$T^*f = \sum_{j\in\mathbb{J}} \langle f, \psi_j\rangle_{\mathcal{PW}_\Omega^{2-\mathrm{per}}} \cdot \varphi_j\ ,$$

für die ebenfalls die Operatornorm $\|Id - T^*\| = \|Id - T\| \leq \delta\Omega/\pi \overset{!}{<} 1$ gilt, kann das Signal $f$ bei Kenntnis der Koeffizientenfolge

$$\left\{\langle f, P\chi_j\rangle_{\mathcal{PW}_\Omega^{2-\mathrm{per}}}\right\}_{j\in\mathbb{J}}$$

sowie der irregulären Folge $\{t_j\}_{j\in\mathbb{J}}$ der nichtäquidistanten Abtastzeitpunkte mithilfe der NEUMANNschen Reihe aus Theorem 2.96 auf Seite 69 rekonstruiert werden. Ebenso kann der Rahmenalgorithmus 5.1 auf Seite 194 auf den Rahmen $\{\psi_j\}_{j\in\mathbb{J}}$ mit dem durch

$$f \mapsto F_\psi f = \{\langle f, \psi_j\rangle_{\mathcal{PW}_\Omega^{2-\mathrm{per}}}\}_{j\in\mathbb{J}} = \left\{\left\langle f, \frac{1}{\sqrt{w_j}} \cdot P\chi_j\right\rangle_{\mathcal{PW}_\Omega^{2-\mathrm{per}}}\right\}_{j\in\mathbb{J}}$$

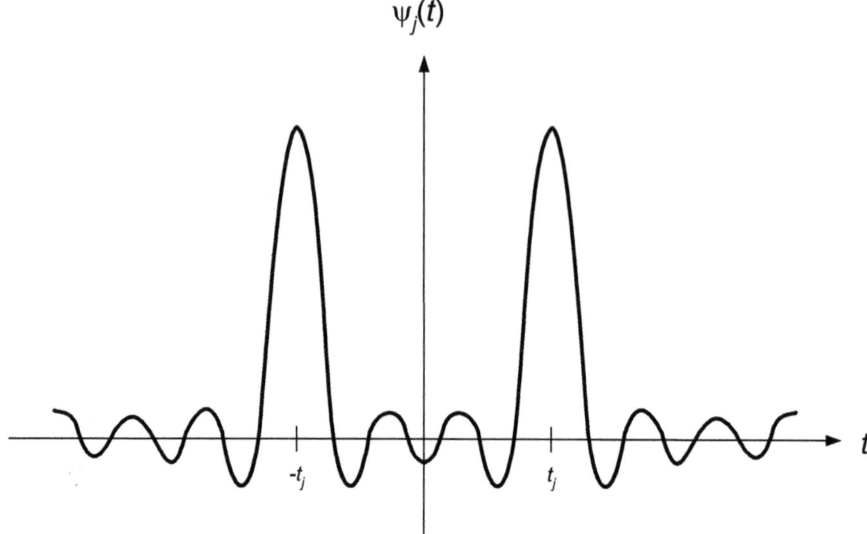


**Abb. 6.11.** Das Rahmensignal $\psi_j$ in dem PALEY-WIENER-Raum $\mathcal{PW}_\Omega^{2-\text{per}}$.

definierten Rahmenoperator $F_\psi : \mathcal{PW}_\Omega^{2-\text{per}} \to \ell^2(\mathbb{J})$ angewendet werden. Für den verketteten Operator $F_\psi^* F_\psi$ mit

$$F_\psi^* F_\psi f = \sum_{j\in\mathbb{J}} \langle f, \psi_j \rangle_{\mathcal{PW}_\Omega^{2-\text{per}}} \cdot \psi_j$$

ist die Kenntnis der Koeffizientenfolge

$$\left\{ \langle f, P\chi_j \rangle_{\mathcal{PW}_\Omega^{2-\text{per}}} \right\}_{j\in\mathbb{J}} = \left\{ \sqrt{w_j} \cdot \langle f, \psi_j \rangle_{\mathcal{PW}_\Omega^{2-\text{per}}} \right\}_{j\in\mathbb{J}}$$

notwendig. Für das Skalarprodukt $\langle f, P\chi_j \rangle_{\mathcal{PW}_\Omega^{2-\text{per}}}$ erhalten wir auch hier mit einer ähnlichen – aber länglichen – Rechnung wie oben auf Seite 302

$$\langle f, P\chi_j \rangle_{\mathcal{PW}_\Omega^{2-\text{per}}} = \int_0^{N\cdot T} f(t) \cdot \overline{P\chi_j(t)} \, \mathrm{d}t = \int_{\frac{t_{j-1}+t_j}{2}}^{\frac{t_j+t_{j+1}}{2}} f(t) \, \mathrm{d}t$$

beziehungsweise für den auf die Länge des Intervalls $w_j$ normierten Ausdruck

$$\frac{1}{w_j} \cdot \langle f, P\chi_j \rangle_{\mathcal{PW}_\Omega^{2-\text{per}}} = \frac{1}{w_j} \int_{\frac{t_{j-1}+t_j}{2}}^{\frac{t_j+t_{j+1}}{2}} f(t) \, \mathrm{d}t \ .$$

Dieser stellt erneut den *lokalen Mittelwert* des Signals $f$ dar. Die Folge der Entwicklungskoeffizienten ergibt sich entsprechend aus

$$\Leftrightarrow \quad \left\{ \langle f, \psi_j \rangle_{\mathcal{PW}_\Omega^{2-\mathrm{per}}} \right\}_{j \in \mathbb{J}} = \left\{ \frac{1}{\sqrt{w_j}} \int\limits_{\frac{t_{j-1}+t_j}{2}}^{\frac{t_j+t_{j+1}}{2}} f(t)\, \mathrm{d}t \right\}_{j \in \mathbb{J}} . \tag{6.92}$$

Damit folgt wieder ein

**Theorem 6.45.** *Es sei $\{t_j\}_{j \in \mathbb{J}}$ eine irreguläre Folge von nichtäquidistanten Abtastzeitpunkten mit dem maximalen Abstand aufeinander folgender Abtastzeitpunkte*

$$\delta = \max_{j \in \mathbb{J} \cup \{0\}} \{t_{j+1} - t_j\} \overset{!}{<} \frac{\pi}{\Omega} \quad \Leftrightarrow \quad \frac{\delta}{T} \overset{!}{<} \frac{N}{M} .$$

*Dann ist die mit dem Gewicht*

$$w_j = \frac{t_{j+1} - t_{j-1}}{2}$$

*gewichtete Signalfolge*

$$\{\psi_j\}_{j \in \mathbb{J}} = \left\{ \frac{1}{\sqrt{w_j}} \cdot P\chi_j \right\}_{j \in \mathbb{J}}$$

*ein Rahmen für den* PALEY-WIENER*-Raum $\mathcal{PW}_\Omega^{2-\mathrm{per}}$ mit den durch*

$$A_\psi = \left( \frac{1 - \frac{\delta\Omega}{\pi}}{1 + \frac{\delta\Omega}{\pi}} \right)^2 \quad und \quad B_\psi = 1$$

$$\Leftrightarrow \quad A_\psi = \left( \frac{N \cdot T - M \cdot \delta}{N \cdot T + M \cdot \delta} \right)^2 \quad und \quad B_\psi = 1$$

*gegebenen Rahmengrenzen $0 < A_\psi \leq B_\psi < \infty$, und es gilt für ein Signal $f = f(t) \in \mathcal{PW}_\Omega^{2-\mathrm{per}}$ aus dem* PALEY-WIENER*-Raum $\mathcal{PW}_\Omega^{2-\mathrm{per}}$ mit der Koeffizientenfolge*

$$\left\{ \langle f, \psi_j \rangle_{\mathcal{PW}_\Omega^{2-\mathrm{per}}} \right\}_{j \in \mathbb{J}} = \left\{ \frac{1}{\sqrt{w_j}} \int\limits_{\frac{t_{j-1}+t_j}{2}}^{\frac{t_j+t_{j+1}}{2}} f(t)\, \mathrm{d}t \right\}_{j \in \mathbb{J}}$$

*die Rahmenbedingung*

$$A_\psi \cdot \|f\|_{\mathcal{PW}_\Omega^{2-\mathrm{per}}}^2 \leq \sum_{j \in \mathbb{J}} |\langle f, \psi_j \rangle_{\mathcal{PW}_\Omega^{2-\mathrm{per}}}|^2 \leq B_\psi \cdot \|f\|_{\mathcal{PW}_\Omega^{2-\mathrm{per}}}^2$$

$$\Leftrightarrow \quad A_\psi \cdot \|f\|_{\mathcal{PW}_\Omega^{2-\mathrm{per}}}^2 \leq \sum_{j \in \mathbb{J}} \frac{1}{w_j} \cdot \left| \int\limits_{\frac{t_{j-1}+t_j}{2}}^{\frac{t_j+t_{j+1}}{2}} f(t)\, \mathrm{d}t \right|^2 \leq B_\psi \cdot \|f\|_{\mathcal{PW}_\Omega^{2-\mathrm{per}}}^2 .$$

### 6.6.3 Verschobene symmetrische periodische Fortsetzung

Für die um $-T/2$ verschobene symmetrische periodische Fortsetzung des auf das Zeitintervall $[-T/2, N \cdot T - T/2]$ begrenzten Signals

$$f = f(t) \in L^2([-T/2, N \cdot T - T/2])$$

mit endlichem Träger $\text{supp}\{f\} \subseteq [-T/2, N \cdot T - T/2]$ fordern wir wie immer in diesem Kapitel Frequenzband-Begrenztheit mit der Frequenzgrenze

$$\boxed{\Omega \overset{\triangle}{=} \frac{\pi}{T} \cdot \frac{M}{N} \cdot} \tag{6.93}$$

Der zugrunde liegende PALEY-WIENER-Raum ist gegeben durch

$$\mathcal{PW}_{\Omega}^{2-\text{per}} \overset{\triangle}{=}$$

$$\left\{ f \in L^2([-T/2, N \cdot T - T/2]) \,\middle|\, \widehat{f}_{2-\text{per}}(\omega) = 0 \quad \forall \, |\omega| > \Omega \right\} \ .$$

Das Linienspektrum der verschobenen symmetrischen periodischen Fortsetzung lautet

$$\widehat{f}_{2-\text{per}}(\omega) = 2\pi \cdot c_0 \cdot \delta(\omega) +$$

$$2\pi \sum_{j=1}^{M} c_j \cdot \left\{ e^{i\pi j/2N} \cdot \delta\left(\omega - \frac{\pi}{T} \cdot \frac{j}{N}\right) + e^{-i\pi j/2N} \cdot \delta\left(\omega + \frac{\pi}{T} \cdot \frac{j}{N}\right) \right\} \ ;$$

die FOURIER-Reihe ist dementsprechend gegeben durch Gleichung 4.40 auf Seite 162

$$f_{2-\text{per}}(t) = \sum_{j=-M}^{M} c_j \cdot e^{i\pi j(t+T/2)/NT}$$

$$= c_0 + 2 \sum_{j=1}^{M} c_j \cdot \cos\left(\frac{\pi j}{N} \cdot \frac{t + \frac{T}{2}}{T}\right) \tag{6.94}$$

mit den FOURIER-Koeffizienten

$$c_j = \frac{1}{N \cdot T} \int_{-\frac{T}{2}}^{N \cdot T - \frac{T}{2}} f(t) \cdot \cos\left(\frac{\pi j}{N} \cdot \frac{t + \frac{T}{2}}{T}\right) \, dt \ .$$

Mit der Signaldarstellung in Gleichung 4.44 auf Seite 165

$$f = \sum_{j=0}^{N-1} \langle f, \varphi_j \rangle_{\mathcal{PW}_{\Omega}^{2-\text{per}}} \cdot \varphi_j \quad \forall \, t \in [-T/2, N \cdot T - T/2] \quad \text{a.e.}$$

hatten wir die Signalfolge $\{\varphi_j\}_{j\in\{0,1,\dots,N-1\}}$ bestehend aus den $N$ Basissignalen

$$\varphi_j(t) = \sqrt{\frac{1}{T}} \cdot \frac{\sin\left((2\cdot M+1)\frac{\pi}{2\cdot N}\cdot\left(\frac{t}{T}-j\right)\right)}{2\cdot N\cdot\sin\left(\frac{\pi}{2\cdot N}\cdot\left(\frac{t}{T}-j\right)\right)} +$$
$$\sqrt{\frac{1}{T}} \cdot \frac{\sin\left((2\cdot M+1)\frac{\pi}{2\cdot N}\cdot\left(\frac{t}{T}+j+1\right)\right)}{2\cdot N\cdot\sin\left(\frac{\pi}{2\cdot N}\cdot\left(\frac{t}{T}+j+1\right)\right)}$$

sowie den zugehörigen Entwicklungskoeffizienten

$$\langle f, \varphi_j\rangle_{\mathcal{PW}_\Omega^{2-\mathrm{per}}} = \sqrt{T}\cdot f(j\cdot T)$$

gefunden. Zur numerisch stabilen Lösung des Rekonstruktionsproblems

$$\left(\{t_j\}_{j\in\mathbb{J}}, \{f(t_j)\}_{j\in\mathbb{J}}\right) \mapsto f \in \mathcal{PW}_\Omega^{2-\mathrm{per}}$$

mit der irregulären Folge $\{t_j\}_{j\in\mathbb{J}}$ der nichtäquidistanten Abtastzeitpunkte $t_j$, welche die Ungleichungskette

$$0 < t_1 < t_2 < \dots < t_{j-1} < t_j < t_{j+1} < \dots < t_{J-1} < t_J < N\cdot T$$

erfüllen, setzen wir versuchsweise die Folge der – vermuteten – Rahmensignale an.

$$\{\varphi_j(t)\}_{j\in\mathbb{J}} = \left\{ \frac{\sqrt{w_j}}{T} \sum_{i=-\infty}^{\infty} \frac{M}{N}\cdot\mathrm{sinc}\frac{M}{N}\left(\frac{t-t_j}{T}-i\cdot 2\cdot N\right) + \right.$$
$$\left. \frac{\sqrt{w_j}}{T} \sum_{i=-\infty}^{\infty} \frac{M}{N}\cdot\mathrm{sinc}\frac{M}{N}\left(\frac{t+t_j+T}{T}-i\cdot 2\cdot N\right)\right\}_{j\in\mathbb{J}}$$

$$= \left\{ \frac{\sqrt{w_j}}{T} \cdot \frac{\sin\left((2\cdot M+1)\frac{\pi}{2\cdot N}\cdot\left(\frac{t-t_j}{T}\right)\right)}{2\cdot N\cdot\sin\left(\frac{\pi}{2\cdot N}\cdot\left(\frac{t-t_j}{T}\right)\right)} + \right.$$
$$\left. \frac{\sqrt{w_j}}{T} \cdot \frac{\sin\left((2\cdot M+1)\frac{\pi}{2\cdot N}\cdot\left(\frac{t+t_j+T}{T}\right)\right)}{2\cdot N\cdot\sin\left(\frac{\pi}{2\cdot N}\cdot\left(\frac{t+t_j+T}{T}\right)\right)}\right\}_{j\in\mathbb{J}}$$

Wir übernehmen nun wieder die obige Vorgehensweise und approximieren wie in Abbildung 6.6 auf Seite 289 das Signal $f = f(t) \in \mathcal{PW}_\Omega^{2-\mathrm{per}}$ mittels der von der irregulären Folge $\{t_j\}_{j\in\mathbb{J}}$ der nichtäquidistanten Abtastzeitpunkte abhängenden Rechtecksignalfolge, wobei die charakteristischen Funktionen $\chi_j$

$$\chi_j(t) \triangleq \begin{cases} 1, & \frac{t_{j-1}+t_j}{2} \le t < \frac{t_j+t_{j+1}}{2} \\ 0, & \text{sonst} \end{cases}$$

mit den bereits bekannten Hilfszeitpunkten

$$t_0 \stackrel{\triangle}{=} -t_1 \; ,$$

$$t_{J+1} \stackrel{\triangle}{=} 2 \cdot N \cdot T - t_J$$

verwendet werden. Mit dem durch

$$Qf \stackrel{\triangle}{=} \sum_{j \in \mathbb{J}} f(t_j) \cdot \chi_j$$

definierten Approximationsoperator $Q : \mathcal{PW}_\Omega^{2-\mathrm{per}} \to L^2([-T/2, N \cdot T - T/2])$ sowie dem Projektionsoperator $P : L^2(\mathbb{R}) \to \mathcal{PW}_\Omega^{2-\mathrm{per}}$ kann die Verkettung der Operatoren $P$ und $Q$ zur Erzeugung des Approximationsoperators $T :$ $\mathcal{PW}_\Omega^{2-\mathrm{per}} \to \mathcal{PW}_\Omega^{2-\mathrm{per}}$ auf dem PALEY-WIENER-Raum $\mathcal{PW}_\Omega^{2-\mathrm{per}}$ gemäß

$$Tf \stackrel{\triangle}{=} PQf = P \sum_{j \in \mathbb{J}} f(t_j) \cdot \chi_j = \sum_{j \in \mathbb{J}} f(t_j) \cdot P\chi_j$$

verwendet werden. Mithilfe der Ungleichung von WIRTINGER in Lemma 6.36 auf Seite 262 sowie des maximalen Abstands der nichtäquidistanten Abtastzeitpunkte

$$\boxed{\; \delta \stackrel{\triangle}{=} \max_{j \in \mathbb{J} \cup \{0\}} \{t_{j+1} - t_j\} \;}$$

beziehungsweise

$$\delta = \max \{t_1 - t_0, t_2 - t_1, \ldots, t_J - t_{J-1}, t_{J+1} - t_J\}$$
$$= \max \{2 \cdot t_1, t_2 - t_1, \ldots, t_J - t_{J-1}, 2 \cdot (N \cdot T - t_J)\}$$

erhalten wir erneut wie in Gleichung 6.65 auf Seite 292

$$\| f - Tf \|_{\mathcal{PW}_\Omega^{2-\mathrm{per}}} \le \| f - Qf \|_{\mathcal{PW}_\Omega^{2-\mathrm{per}}} \le \frac{\delta}{\pi} \cdot \| f' \|_{\mathcal{PW}_\Omega^{2-\mathrm{per}}} \; .$$

Die Anwendung der BERNSTEINschen Ungleichung aus Theorem 3.25 auf Seite $122^{16}$

$$\| f' \|_{\mathcal{PW}_\Omega^{2-\mathrm{per}}} \le \frac{\pi}{T} \cdot \frac{M}{N} \cdot \| f \|_{\mathcal{PW}_\Omega^{2-\mathrm{per}}} \le \Omega \cdot \| f \|_{\mathcal{PW}_\Omega^{2-\mathrm{per}}}$$

liefert dann wieder

$$\| f - Tf \|_{\mathcal{PW}_\Omega^{2-\mathrm{per}}} \le \| f - Qf \|_{\mathcal{PW}_\Omega^{2-\mathrm{per}}}$$
$$\le \frac{\delta}{T} \cdot \frac{M}{N} \cdot \| f \|_{\mathcal{PW}_\Omega^{2-\mathrm{per}}} = \frac{\delta\Omega}{\pi} \cdot \| f \|_{\mathcal{PW}_\Omega^{2-\mathrm{per}}} \; ,$$

woraus sich die Operatornormen

---

[16] Es ist erneut zu beachten, dass hier die Frequenzgrenze $\Omega$ durch Verwendung der Zahl $M$ definiert wurde, so dass die Summationsgrenze $\lfloor M/2 \rfloor$ durch $M$ ersetzt werden muss.

$$\boxed{\|Id - T\| \leq \frac{\delta\Omega}{\pi} = \frac{\delta}{T} \cdot \frac{M}{N}}$$

und

$$\boxed{\|Id - Q\| \leq \frac{\delta\Omega}{\pi} = \frac{\delta}{T} \cdot \frac{M}{N}}$$

abschätzen lassen. Unter der hinreichenden Bedingung

$$\delta \overset{!}{<} \frac{\pi}{\Omega} \quad \Leftrightarrow \quad \frac{\delta}{T} \overset{!}{<} \frac{N}{M}$$

kann der Approximationsoperator $T$ invertiert werden.

**Der gewichtete Rahmen**

Wir weisen nun nach, dass die Signalfolge

$$\{\varphi_j(t)\}_{j \in \mathbb{J}} = \left\{ \frac{\sqrt{w_j}}{T} \sum_{i=-\infty}^{\infty} \frac{M}{N} \cdot \operatorname{sinc} \frac{M}{N} \left( \frac{t-t_j}{T} - i \cdot 2 \cdot N \right) + \right.$$
$$\left. \frac{\sqrt{w_j}}{T} \sum_{i=-\infty}^{\infty} \frac{M}{N} \cdot \operatorname{sinc} \frac{M}{N} \left( \frac{t+t_j+T}{T} - i \cdot 2 \cdot N \right) \right\}_{j \in \mathbb{J}}$$

$$= \left\{ \sqrt{w_j} \sum_{i=-\infty}^{\infty} \frac{\Omega}{\pi} \cdot \operatorname{sinc} \frac{\Omega}{\pi} (t - t_j - i \cdot 2 \cdot N \cdot T) + \right.$$
$$\left. \sqrt{w_j} \sum_{i=-\infty}^{\infty} \frac{\Omega}{\pi} \cdot \operatorname{sinc} \frac{\Omega}{\pi} (t + t_j + T - i \cdot 2 \cdot N \cdot T) \right\}_{j \in \mathbb{J}}$$

$$= \left\{ \frac{\sqrt{w_j}}{T} \cdot \frac{\sin\left( (2 \cdot M + 1) \frac{\pi}{2 \cdot N} \cdot \left( \frac{t-t_j}{T} \right) \right)}{2 \cdot N \cdot \sin\left( \frac{\pi}{2 \cdot N} \cdot \left( \frac{t-t_j}{T} \right) \right)} + \right.$$
$$\left. \frac{\sqrt{w_j}}{T} \cdot \frac{\sin\left( (2 \cdot M + 1) \frac{\pi}{2 \cdot N} \cdot \left( \frac{t+t_j+T}{T} \right) \right)}{2 \cdot N \cdot \sin\left( \frac{\pi}{2 \cdot N} \cdot \left( \frac{t+t_j+T}{T} \right) \right)} \right\}_{j \in \mathbb{J}}$$

ein Rahmen in dem PALEY-WIENER-Raum $\mathcal{PW}_\Omega^{2-\mathrm{per}}$ mit $\Omega/\pi = M/NT$ ist. Die Momentenfolge $\{\langle f, \varphi_j \rangle_{\mathcal{PW}_\Omega^{2-\mathrm{per}}}\}_{j \in \mathbb{J}}$ kann erneut mithilfe des Lemmas 4.4 auf Seite 130 bestimmt werden.

$$\boxed{\langle f, \varphi_j \rangle_{\mathcal{PW}_\Omega^{2-\mathrm{per}}} = \sqrt{w_j} \cdot f(t_j)} \tag{6.95}$$

Mit dem Gewicht

$$\boxed{w_j \overset{\triangle}{=} \frac{t_{j+1} - t_{j-1}}{2}} \tag{6.96}$$

ergibt sich die Norm des Approximationsoperators $Qf = \sum\limits_{j\in\mathbb{J}} f(t_j) \cdot \chi_j$ zu

$$\| Qf \|^2_{\mathcal{PW}^{2-\mathrm{per}}_\Omega} = \sum_{j\in\mathbb{J}} w_j \cdot |f(t_j)|^2 = \sum_{j\in\mathbb{J}} \left| \langle f, \varphi_j \rangle_{\mathcal{PW}^{2-\mathrm{per}}_\Omega} \right|^2 ,$$

und daraus die zum Nachweis der Rahmeneigenschaft notwendige Unglei-chungskette gemäß Definition 5.1 auf Seite 182

$$\left(1 - \frac{\delta\Omega}{\pi}\right)^2 \cdot \|f\|^2_{\mathcal{PW}^{2-\mathrm{per}}_\Omega} \leq \sum_{j\in\mathbb{J}} \left| \langle f, \varphi_j \rangle_{\mathcal{PW}^{2-\mathrm{per}}_\Omega} \right|^2$$

$$\leq \left(1 + \frac{\delta\Omega}{\pi}\right)^2 \cdot \|f\|^2_{\mathcal{PW}^{2-\mathrm{per}}_\Omega} . \qquad (6.97)$$

Dies halten wir wieder zur späteren Verwendung in einem Theorem fest.

**Theorem 6.46.** *Es sei $\{t_j\}_{j\in\mathbb{J}}$ eine irreguläre Folge von nichtäquidistanten Abtastzeitpunkten mit dem maximalen Abstand aufeinander folgender Abtast-zeitpunkte*

$$\delta = \max_{j\in\mathbb{J}\cup\{0\}} \{t_{j+1} - t_j\} \overset{!}{<} \frac{\pi}{\Omega} \quad \Leftrightarrow \quad \frac{\delta}{T} \overset{!}{<} \frac{N}{M} .$$

*Dann ist die mit dem Gewicht*

$$w_j = \frac{t_{j+1} - t_{j-1}}{2}$$

*gewichtete Signalfolge*

$$\{\varphi_j(t)\}_{j\in\mathbb{J}} = \left\{ \frac{\sqrt{w_j}}{T} \sum_{i=-\infty}^{\infty} \frac{M}{N} \cdot \mathrm{sinc}\,\frac{M}{N}\left(\frac{t-t_j}{T} - i\cdot 2\cdot N\right) + \right.$$

$$\left. \frac{\sqrt{w_j}}{T} \sum_{i=-\infty}^{\infty} \frac{M}{N} \cdot \mathrm{sinc}\,\frac{M}{N}\left(\frac{t+t_j+T}{T} - i\cdot 2\cdot N\right) \right\}_{j\in\mathbb{J}}$$

$$= \left\{ \sqrt{w_j} \sum_{i=-\infty}^{\infty} \frac{\Omega}{\pi} \cdot \mathrm{sinc}\,\frac{\Omega}{\pi}(t - t_j - i\cdot 2\cdot N\cdot T) + \right.$$

$$\left. \sqrt{w_j} \sum_{i=-\infty}^{\infty} \frac{\Omega}{\pi} \cdot \mathrm{sinc}\,\frac{\Omega}{\pi}(t + t_j + T - i\cdot 2\cdot N\cdot T) \right\}_{j\in\mathbb{J}}$$

$$= \left\{ \frac{\sqrt{w_j}}{T} \cdot \frac{\sin\left((2\cdot M+1)\frac{\pi}{2\cdot N} \cdot \left(\frac{t-t_j}{T}\right)\right)}{2\cdot N\cdot \sin\left(\frac{\pi}{2\cdot N} \cdot \left(\frac{t-t_j}{T}\right)\right)} + \right.$$

$$\left. \frac{\sqrt{w_j}}{T} \cdot \frac{\sin\left((2\cdot M+1)\frac{\pi}{2\cdot N} \cdot \left(\frac{t+t_j+T}{T}\right)\right)}{2\cdot N\cdot \sin\left(\frac{\pi}{2\cdot N} \cdot \left(\frac{t+t_j+T}{T}\right)\right)} \right\}_{j\in\mathbb{J}}$$

*mit $\Omega/\pi = M/NT$ ein Rahmen für den* PALEY-WIENER-*Raum* $\mathcal{PW}_\Omega^{2-\mathrm{per}}$ *mit den durch*

$$A = \left(1 - \frac{\delta\Omega}{\pi}\right)^2 \quad und \quad B = \left(1 + \frac{\delta\Omega}{\pi}\right)^2$$

$$\Leftrightarrow \quad A = \left(1 - \frac{\delta}{T}\cdot\frac{M}{N}\right)^2 \quad und \quad B = \left(1 + \frac{\delta}{T}\cdot\frac{M}{N}\right)^2$$

*gegebenen Rahmengrenzen $0 < A \leq B < \infty$, und es gilt für ein Signal $f = f(t) \in \mathcal{PW}_\Omega^{2-\mathrm{per}}$ aus dem* PALEY-WIENER-*Raum $\mathcal{PW}_\Omega^{2-\mathrm{per}}$ mit der Koeffizientenfolge*

$$\{\langle f, \varphi_j\rangle_{\mathcal{PW}_\Omega^{2-\mathrm{per}}}\}_{j\in\mathbb{J}} = \{\sqrt{w_j}\cdot f(t_j)\}_{j\in\mathbb{J}}$$

*die Rahmenbedingung*

$$A\cdot\|f\|^2_{\mathcal{PW}_\Omega^{2-\mathrm{per}}} \leq \sum_{j\in\mathbb{J}}\left|\langle f, \varphi_j\rangle_{\mathcal{PW}_\Omega^{2-\mathrm{per}}}\right|^2 \leq B\cdot\|f\|^2_{\mathcal{PW}_\Omega^{2-\mathrm{per}}}$$

$$\Leftrightarrow \quad A\cdot\|f\|^2_{\mathcal{PW}_\Omega^{2-\mathrm{per}}} \leq \sum_{j\in\mathbb{J}} w_j\cdot|f(t_j)|^2 \leq B\cdot\|f\|^2_{\mathcal{PW}_\Omega^{2-\mathrm{per}}} .$$

Zur Rekonstruktion eines zeitlich begrenzten Signals $f$ aus der Momentenfolge $\{\langle f, \varphi_j\rangle_{\mathcal{PW}_\Omega^{1-\mathrm{per}}}\}_{j\in\mathbb{J}} = \{\sqrt{w_j}\cdot f(t_j)\}_{j\in\mathbb{J}}$ kann erneut der Rahmenalgorithmus 5.1 auf Seite 194 beziehungsweise der relaxierte Rahmenalgorithmus 5.2 auf Seite 196 mit dem optimalen Relaxationsparameter $2/(A+B)$ verwendet werden. Der Verlauf des Rahmensignals $\varphi_j = \varphi_j(t)$ ist ähnlich wie in Abbildung 6.10 auf Seite 312 gezeigt.

## Signalrepräsentation

Ganz entsprechend der symmetrischen periodischen Fortsetzung lautet die explizite Repräsentation des Signals $f = f(t) \in \mathcal{PW}_\Omega^{2-\mathrm{per}}$ in dem PALEY-WIENER-Raum $\mathcal{PW}_\Omega^{2-\mathrm{per}}$ auf Basis der irregulären Folge $\{t_j\}_{j\in\mathbb{J}}$ der nichtäquidistanten Abtastwerte

$$\boxed{f = \sum_{j\in\mathbb{J}} \sqrt{w_j}\cdot f(t_j)\cdot\widetilde{\varphi}_j .} \tag{6.98}$$

Der in Definition 5.16 auf Seite 199 definierte duale Rahmen

$$\widetilde{\varphi}_j = (F^*F)^{-1}\varphi_j$$

wird durch Invertierung des verketteten Operators

$$F^*Ff = \sum_{j\in\mathbb{J}}\langle f, \varphi_j\rangle_{\mathcal{PW}_\Omega^{2-\mathrm{per}}}\cdot\varphi_j$$

$$= \sum_{j\in\mathbb{J}} \sqrt{w_j}\cdot f(t_j)\cdot\varphi_j$$

unter Verwendung des Rahmenalgorithmus 5.1 auf Seite 194 berechnet.

## Rahmenpaare im Paley-Wiener-Raum $\mathcal{PW}_\Omega^{2-\text{per}}$

Das Rahmenpaar $\{\varphi_j\}_{j\in\mathbb{J}}$ und $\{\psi_j\}_{j\in\mathbb{J}}$ im PALEY-WIENER-Raum $\mathcal{PW}_\Omega^{2-\text{per}}$ gemäß Lemma 5.26 auf Seite 208 wird vervollständigt durch die Signalfolge

$$\boxed{\{\psi_j\}_{j\in\mathbb{J}} \triangleq \left\{\frac{1}{\sqrt{w_j}}\cdot P\chi_j\right\}_{j\in\mathbb{J}}} \qquad (6.99)$$

Das Theorem 6.44 auf Seite 313 entsprechende Theorem lautet daher wie folgt.

**Theorem 6.47.** *Es sei $\{t_j\}_{j\in\mathbb{J}}$ eine irreguläre Folge von nichtäquidistanten Abtastzeitpunkten mit dem maximalen Abstand aufeinander folgender Abtastzeitpunkte*

$$\delta = \max_{j\in\mathbb{J}\cup\{0\}}\{t_{j+1}-t_j\} \overset{!}{<} \frac{\pi}{\Omega} \quad\Leftrightarrow\quad \frac{\delta}{T} \overset{!}{<} \frac{N}{M}\ .$$

*Dann ist die mit dem Gewicht*

$$w_j = \frac{t_{j+1}-t_{j-1}}{2}$$

*gewichtete Signalfolge*

$$\{\varphi_j(t)\}_{j\in\mathbb{J}} = \left\{\frac{\sqrt{w_j}}{T}\sum_{i=-\infty}^{\infty}\frac{M}{N}\cdot\operatorname{sinc}\frac{M}{N}\left(\frac{t-t_j}{T}-i\cdot 2\cdot N\right)+\right.$$

$$\left.\frac{\sqrt{w_j}}{T}\sum_{i=-\infty}^{\infty}\frac{M}{N}\cdot\operatorname{sinc}\frac{M}{N}\left(\frac{t+t_j+T}{T}-i\cdot 2\cdot N\right)\right\}_{j\in\mathbb{J}}$$

$$=\left\{\sqrt{w_j}\sum_{i=-\infty}^{\infty}\frac{\Omega}{\pi}\cdot\operatorname{sinc}\frac{\Omega}{\pi}(t-t_j-i\cdot 2\cdot N\cdot T)+\right.$$

$$\left.\sqrt{w_j}\sum_{i=-\infty}^{\infty}\frac{\Omega}{\pi}\cdot\operatorname{sinc}\frac{\Omega}{\pi}(t+t_j+T-i\cdot 2\cdot N\cdot T)\right\}_{j\in\mathbb{J}}$$

$$=\left\{\frac{\sqrt{w_j}}{T}\cdot\frac{\sin\left((2\cdot M+1)\frac{\pi}{2\cdot N}\cdot\left(\frac{t-t_j}{T}\right)\right)}{2\cdot N\cdot\sin\left(\frac{\pi}{2\cdot N}\cdot\left(\frac{t-t_j}{T}\right)\right)}+\right.$$

$$\left.\frac{\sqrt{w_j}}{T}\cdot\frac{\sin\left((2\cdot M+1)\frac{\pi}{2\cdot N}\cdot\left(\frac{t+t_j+T}{T}\right)\right)}{2\cdot N\cdot\sin\left(\frac{\pi}{2\cdot N}\cdot\left(\frac{t+t_j+T}{T}\right)\right)}\right\}_{j\in\mathbb{J}}$$

*mit $\Omega/\pi = M/NT$ ein Rahmen für den PALEY-WIENER-Raum $\mathcal{PW}_\Omega^{2-\text{per}}$ mit den durch*

$$A_\varphi = \left(1-\frac{\delta\Omega}{\pi}\right)^2 \quad und \quad B_\varphi = \left(1+\frac{\delta\Omega}{\pi}\right)^2$$

$$\Leftrightarrow\quad A_\varphi = \left(1-\frac{\delta}{T}\cdot\frac{M}{N}\right)^2 \quad und \quad B_\varphi = \left(1+\frac{\delta}{T}\cdot\frac{M}{N}\right)^2$$

*gegebenen Rahmengrenzen. Ferner ist die Signalfolge*

$$\{\psi_j(t)\}_{j\in\mathbb{J}} = \left\{\frac{1}{\sqrt{w_j}}\cdot P\chi_j(t)\right\}_{j\in\mathbb{J}}$$

*ebenfalls ein Rahmen für den* PALEY-WIENER-*Raum* $\mathcal{PW}_\Omega^{2-\mathrm{per}}$ *mit den Rahmengrenzen*

$$A_\psi = \left(\frac{1-\frac{\delta\Omega}{\pi}}{1+\frac{\delta\Omega}{\pi}}\right)^2 \quad und \quad B_\psi = 1$$

$$\Leftrightarrow \quad A_\psi = \left(\frac{N\cdot T - M\cdot\delta}{N\cdot T + M\cdot\delta}\right)^2 \quad und \quad B_\psi = 1$$

*Die Rahmen* $\{\varphi_j\}_{j\in\mathbb{J}}$ *und* $\{\psi_j\}_{j\in\mathbb{J}}$ *sind ein Rahmenpaar.*

Das Rahmensignal $\psi_j$ folgt aus der Projektion des verschobenen symmetrisch periodisch fortgesetzten Signals $\chi_j$

$$P\chi_j(t)$$

$$= \left(\sum_{i=-\infty}^{\infty} \chi_j(t - i\cdot 2\cdot N\cdot T) + \sum_{i=-\infty}^{\infty} \chi_j(-t - T - i\cdot 2\cdot N\cdot T)\right)\star$$

$$\frac{\Omega}{\pi}\cdot\mathrm{sinc}\left(\frac{\Omega\cdot t}{\pi}\right)$$

$$= \sum_{i=-\infty}^{\infty} \int_{i\cdot 2\cdot N\cdot T+\frac{t_{j-1}+t_j}{2}}^{i\cdot 2\cdot N\cdot T+\frac{t_j+t_{j+1}}{2}} \mathrm{sinc}\frac{\Omega}{\pi}(t-t')\frac{\Omega}{\pi}\,\mathrm{d}t' +$$

$$\sum_{i=-\infty}^{\infty} \int_{i\cdot 2\cdot N\cdot T+\frac{t_{j-1}+t_j}{2}}^{i\cdot 2\cdot N\cdot T+\frac{t_j+t_{j+1}}{2}} \mathrm{sinc}\frac{\Omega}{\pi}(t+T+t')\frac{\Omega}{\pi}\,\mathrm{d}t'$$

$$= \sum_{i=-\infty}^{\infty} \int_{\frac{\Omega}{\pi}\left(t-i\cdot 2\cdot N\cdot T-\frac{t_{j-1}+t_j}{2}\right)}^{\frac{\Omega}{\pi}\left(t-i\cdot 2\cdot N\cdot T-\frac{t_j+t_{j+1}}{2}\right)} \mathrm{sinc}\,(t'')\,(-\mathrm{d}t'') +$$

$$\sum_{i=-\infty}^{\infty} \int_{\frac{\Omega}{\pi}\left(t+T+i\cdot 2\cdot N\cdot T+\frac{t_{j-1}+t_j}{2}\right)}^{\frac{\Omega}{\pi}\left(t+T+i\cdot 2\cdot N\cdot T+\frac{t_j+t_{j+1}}{2}\right)} \mathrm{sinc}\,(t'')\,\mathrm{d}t''$$

$$= \sum_{i=-\infty}^{\infty} \left\{\mathrm{Sinc}\frac{\Omega}{\pi}\left(t - i\cdot 2\cdot N\cdot T - \frac{t_{j-1}+t_j}{2}\right) - \right.$$

$$\operatorname{Sinc}\frac{\Omega}{\pi}\left(t - i\cdot 2\cdot N\cdot T - \frac{t_j + t_{j+1}}{2}\right) +$$

$$\operatorname{Sinc}\frac{\Omega}{\pi}\left(t + T + i\cdot 2\cdot N\cdot T + \frac{t_j + t_{j+1}}{2}\right) -$$

$$\operatorname{Sinc}\frac{\Omega}{\pi}\left(t + T + i\cdot 2\cdot N\cdot T + \frac{t_{j-1} + t_j}{2}\right)\bigg)\bigg\}$$

mit dem bereits mehrfach verwendeten Integralsinus $\operatorname{Sinc}(t) = \int_0^t \operatorname{sinc}(t')\,\mathrm{d}t'$, so dass gilt

$$\psi_j(t) = \frac{1}{\sqrt{w_j}}\cdot P\chi_j(t)$$

$$= \frac{1}{\sqrt{w_j}}\cdot \sum_{i=-\infty}^{\infty}\left\{\operatorname{Sinc}\frac{\Omega}{\pi}\left(t - i\cdot 2\cdot N\cdot T - \frac{t_{j-1} + t_j}{2}\right) - \right.$$

$$\operatorname{Sinc}\frac{\Omega}{\pi}\left(t - i\cdot 2\cdot N\cdot T - \frac{t_j + t_{j+1}}{2}\right) +$$

$$\operatorname{Sinc}\frac{\Omega}{\pi}\left(t + T + i\cdot 2\cdot N\cdot T + \frac{t_j + t_{j+1}}{2}\right) -$$

$$\left.\operatorname{Sinc}\frac{\Omega}{\pi}\left(t + T + i\cdot 2\cdot N\cdot T + \frac{t_{j-1} + t_j}{2}\right)\right\} \ .$$

Der Verlauf des Rahmensignals $\psi_j$ ist ähnlich wie in Abbildung 6.11 auf Seite 316 skizziert.

## Lokale Mittelwerte im Paley-Wiener-Raum $\mathcal{PW}_\Omega^{2-\mathrm{per}}$

Für die Adjungierte

$$T^* f = \sum_{j\in\mathbb{J}} \langle f, \psi_j\rangle_{\mathcal{PW}_\Omega^{2-\mathrm{per}}}\cdot \varphi_j$$

des Approximationsoperators $T$ sowie den Rahmenoperator

$$F_\psi f = \{\langle f, \psi_j\rangle_{\mathcal{PW}_\Omega^{2-\mathrm{per}}}\}_{j\in\mathbb{J}} = \left\{\left\langle f, \frac{1}{\sqrt{w_j}}\cdot P\chi_j\right\rangle_{\mathcal{PW}_\Omega^{2-\mathrm{per}}}\right\}_{j\in\mathbb{J}}$$

des Rahmens $\{\psi_j\}_{j\in\mathbb{J}}$ beziehungsweise den verketteten Operator $F_\psi^* F_\psi$ gegeben durch

$$F_\psi^* F_\psi f = \sum_{j\in\mathbb{J}} \langle f, \psi_j\rangle_{\mathcal{PW}_\Omega^{2-\mathrm{per}}}\cdot \psi_j$$

wird die Koeffizientenfolge

$$\left\{\langle f, P\chi_j\rangle_{\mathcal{PW}_\Omega^{2-\mathrm{per}}}\right\}_{j\in\mathbb{J}} = \left\{\sqrt{w_j}\cdot \langle f, \psi_j\rangle_{\mathcal{PW}_\Omega^{2-\mathrm{per}}}\right\}_{j\in\mathbb{J}}$$

benötigt. Das auf die Länge $w_j$ des Zeitintervalls $\left[\frac{t_{j-1}+t_j}{2}, \frac{t_j+t_{j+1}}{2}\right]$ normierte Skalarprodukt

$$\frac{1}{w_j} \cdot \langle f, P\chi_j \rangle_{\mathcal{PW}_\Omega^{2-\mathrm{per}}} = \frac{1}{w_j} \int\limits_{\frac{t_{j-1}+t_j}{2}}^{\frac{t_j+t_{j+1}}{2}} f(t)\,\mathrm{d}t$$

ergibt wieder den *lokalen Mittelwert* des Signals $f$, so dass die Folge der Entwicklungskoeffizienten lautet

$$\left\{\langle f, \psi_j \rangle_{\mathcal{PW}_\Omega^{2-\mathrm{per}}}\right\}_{j\in\mathbb{J}} = \left\{\frac{1}{\sqrt{w_j}} \int\limits_{\frac{t_{j-1}+t_j}{2}}^{\frac{t_j+t_{j+1}}{2}} f(t)\,\mathrm{d}t\right\}_{j\in\mathbb{J}} .$$

Wir schreiben daher Theorem 6.45 auf Seite 317 wörtlich ab.

**Theorem 6.48.** *Es sei* $\{t_j\}_{j\in\mathbb{J}}$ *eine irreguläre Folge von nichtäquidistanten Abtastzeitpunkten mit dem maximalen Abstand aufeinander folgender Abtastzeitpunkte*

$$\delta = \max_{j\in\mathbb{J}\cup\{0\}}\{t_{j+1}-t_j\} \stackrel{!}{<} \frac{\pi}{\Omega} \quad\Leftrightarrow\quad \frac{\delta}{T} \stackrel{!}{<} \frac{N}{M} .$$

*Dann ist die mit dem Gewicht*

$$w_j = \frac{t_{j+1}-t_{j-1}}{2}$$

*gewichtete Signalfolge*

$$\{\psi_j\}_{j\in\mathbb{J}} = \left\{\frac{1}{\sqrt{w_j}} \cdot P\chi_j\right\}_{j\in\mathbb{J}}$$

*ein Rahmen für den* PALEY-WIENER-*Raum* $\mathcal{PW}_\Omega^{2-\mathrm{per}}$ *mit den durch*

$$A_\psi = \left(\frac{1-\frac{\delta\Omega}{\pi}}{1+\frac{\delta\Omega}{\pi}}\right)^2 \quad und \quad B_\psi = 1$$

$$\Leftrightarrow\quad A_\psi = \left(\frac{N\cdot T - M\cdot\delta}{N\cdot T + M\cdot\delta}\right)^2 \quad und \quad B_\psi = 1$$

*gegebenen Rahmengrenzen* $0 < A_\psi \leq B_\psi < \infty$, *und es gilt für ein Signal* $f = f(t) \in \mathcal{PW}_\Omega^{2-\mathrm{per}}$ *aus dem* PALEY-WIENER-*Raum* $\mathcal{PW}_\Omega^{2-\mathrm{per}}$ *mit der Koeffizientenfolge*

$$\left\{\langle f, \psi_j \rangle_{\mathcal{PW}_\Omega^{2-\mathrm{per}}}\right\}_{j\in\mathbb{J}} = \left\{\frac{1}{\sqrt{w_j}} \int\limits_{\frac{t_{j-1}+t_j}{2}}^{\frac{t_j+t_{j+1}}{2}} f(t)\,\mathrm{d}t\right\}_{j\in\mathbb{J}}$$

*die Rahmenbedingung*

$$A_\psi \cdot \|f\|^2_{\mathcal{PW}_\Omega^{2-\mathrm{per}}} \leq \sum_{j \in \mathbb{J}} |\langle f, \psi_j \rangle_{\mathcal{PW}_\Omega^{2-\mathrm{per}}}|^2 \leq B_\psi \cdot \|f\|^2_{\mathcal{PW}_\Omega^{2-\mathrm{per}}}$$

$$\Leftrightarrow \quad A_\psi \cdot \|f\|^2_{\mathcal{PW}_\Omega^{2-\mathrm{per}}} \leq \sum_{j \in \mathbb{J}} \frac{1}{w_j} \cdot \left| \int_{\frac{t_{j-1}+t_j}{2}}^{\frac{t_j+t_{j+1}}{2}} f(t)\,\mathrm{dt} \right|^2 \leq B_\psi \cdot \|f\|^2_{\mathcal{PW}_\Omega^{2-\mathrm{per}}} \ .$$

## 6.7 Rahmen und Rahmenpaare in Paley-Wiener-Räumen

In den folgenden Tabellen sind abschließend die in diesem Kapitel gefundenen Rahmen und Rahmenpaare in den betrachteten PALEY-WIENER-Räumen $\mathcal{PW}_\Omega$, $\mathcal{PW}_\Omega^{1-\mathrm{per}}$ und $\mathcal{PW}_\Omega^{2-\mathrm{per}}$ mit den zugehörigen Rahmengrenzen zusammengestellt. Bis auf den ersten ungewichteten Rahmen gilt mit geeigneter Indexmenge $\mathbb{J}$ – zum Beispiel $\mathbb{J} = \mathbb{Z}$ oder $\mathbb{J} = \{1, 2, \ldots, J\}$ – für alle Rahmen $\{\varphi_j(t)\}_{j \in \mathbb{J}}$ in dem jeweiligen HILBERT-Raum

$$\{\langle f, \varphi_j \rangle_{\mathcal{H}}\}_{j \in \mathbb{J}} = \left\{ \sqrt{w_j} \cdot f(t_j) \right\}_{j \in \mathbb{J}}$$

mit dem Gewicht

$$w_j = \frac{t_{j+1} - t_{j-1}}{2} \ .$$

Für die Rahmen $\{\psi_j(t)\}_{j \in \mathbb{J}}$ der Rahmenpaare $\{\varphi_j(t)\}_{j \in \mathbb{J}}$ und $\{\psi_j(t)\}_{j \in \mathbb{J}}$ gilt entsprechend

$$\{\langle f, \psi_j \rangle_{\mathcal{H}}\}_{j \in \mathbb{J}} = \left\{ \frac{1}{\sqrt{w_j}} \int_{\frac{t_{j-1}+t_j}{2}}^{\frac{t_j+t_{j+1}}{2}} f(t)\,\mathrm{dt} \right\}_{j \in \mathbb{J}} \ .$$

Erneut bis auf den ersten ungewichteten Rahmen lautet die hinreichende Bedingung für die Rahmeneigenschaft

$$\delta = \sup_{j \in \mathbb{Z}} \{t_j - t_{j-1}\} \overset{!}{<} \frac{\pi}{\Omega}$$

für den PALEY-WIENER-Raum $\mathcal{PW}_\Omega$ sowie

$$\delta = \max_{j \in \mathbb{J} \cup \{0\}} \{t_{j+1} - t_j\} \overset{!}{<} \frac{\pi}{\Omega}$$

für die PALEY-WIENER-Räume $\mathcal{PW}_\Omega^{1-\mathrm{per}}$ und $\mathcal{PW}_\Omega^{2-\mathrm{per}}$.

**Tabelle 6.1.** Rahmen und Rahmenpaare in dem PALEY-WIENER-Raum $\mathcal{PW}_\Omega$.

| Rahmen | Rahmengrenzen |
|---|---|
| $\{\varphi_j(t)\}_{j\in\mathbb{Z}} = \{\frac{\Omega}{\pi}\cdot\mathrm{sinc}\frac{\Omega}{\pi}(t-t_j)\}_{j\in\mathbb{Z}}$ | $A = \left(1-\frac{\delta\Omega}{\pi}\right)^2/\delta$ |
| | $B = \frac{4}{\pi\Omega\varepsilon^2}\cdot\left(\mathrm{e}^{\Omega\varepsilon}-1\right)$ |
| $\{\varphi_j(t)\}_{j\in\mathbb{Z}} = \{\sqrt{w_j}\cdot\frac{\Omega}{\pi}\cdot\mathrm{sinc}\frac{\Omega}{\pi}(t-t_j)\}_{j\in\mathbb{Z}}$ | $A = \left(1-\frac{\delta\Omega}{\pi}\right)^2$ |
| | $B = \left(1+\frac{\delta\Omega}{\pi}\right)^2$ |
| $\{\psi_j(t)\}_{j\in\mathbb{Z}} = \left\{\frac{1}{\sqrt{w_j}}\cdot P\chi_j(t)\right\}_{j\in\mathbb{Z}} =$ | $A = \left(\frac{1-\frac{\delta\Omega}{\pi}}{1+\frac{\delta\Omega}{\pi}}\right)^2$ |
| $\left\{\frac{1}{\sqrt{w_j}}\cdot\left[\mathrm{Sinc}\frac{\Omega}{\pi}\left(t-\frac{t_{j-1}+t_j}{2}\right) - \mathrm{Sinc}\frac{\Omega}{\pi}\left(t-\frac{t_j+t_{j+1}}{2}\right)\right]\right\}_{j\in\mathbb{Z}}$ | $B = 1$ |

**Tabelle 6.2.** Rahmen und Rahmenpaare in dem PALEY-WIENER-Raum $\mathcal{PW}_\Omega^{1-\mathrm{per}}$ mit $\Omega/\pi = M/NT$.

| Rahmen | Rahmengrenzen |
|---|---|
| $\{\varphi_j(t)\}_{j\in\mathbb{J}} = \left\{\frac{\sqrt{w_j}}{T}\cdot\frac{\sin\left((2\cdot\lfloor M/2\rfloor+1)\frac{\pi}{N}\frac{t-t_j}{T}\right)}{N\cdot\sin\left(\frac{\pi}{N}\frac{t-t_j}{T}\right)}\right\}_{j\in\mathbb{J}}$ | $A = \left(1-\frac{\delta\Omega}{\pi}\right)^2$ |
| | $B = \left(1+\frac{\delta\Omega}{\pi}\right)^2$ |
| $\{\psi_j(t)\}_{j\in\mathbb{J}} = \left\{\frac{1}{\sqrt{w_j}}\cdot P\chi_j(t)\right\}_{j\in\mathbb{J}} =$ | $A = \left(\frac{1-\frac{\delta\Omega}{\pi}}{1+\frac{\delta\Omega}{\pi}}\right)^2$ |
| $\left\{\frac{1}{\sqrt{w_j}}\cdot\sum_{i=-\infty}^{\infty}\left[\mathrm{Sinc}\frac{\Omega}{\pi}\left(t-i\cdot N\cdot T-\frac{t_{j-1}+t_j}{2}\right) - \mathrm{Sinc}\frac{\Omega}{\pi}\left(t-i\cdot N\cdot T-\frac{t_j+t_{j+1}}{2}\right)\right]\right\}_{j\in\mathbb{J}}$ | $B = 1$ |

**Tabelle 6.3.** Symmetrische Rahmen und Rahmenpaare in dem PALEY-WIENER-Raum $\mathcal{PW}_\Omega^{2-\mathrm{per}}$ mit $\Omega/\pi = M/NT$.

| Rahmen | Rahmengrenzen |
|---|---|
| $\{\varphi_j(t)\}_{j\in\mathbb{J}} = \left\{ \dfrac{\sqrt{w_j}}{T} \cdot \dfrac{\sin\left((2\cdot M+1)\frac{\pi}{2\cdot N}\cdot\left(\frac{t-t_j}{T}\right)\right)}{2\cdot N\cdot\sin\left(\frac{\pi}{2\cdot N}\cdot\left(\frac{t-t_j}{T}\right)\right)} + \right.$ | $A = \left(1 - \frac{\delta\Omega}{\pi}\right)^2$ |
| $\left. \dfrac{\sqrt{w_j}}{T} \cdot \dfrac{\sin\left((2\cdot M+1)\frac{\pi}{2\cdot N}\cdot\left(\frac{t+t_j}{T}\right)\right)}{2\cdot N\cdot\sin\left(\frac{\pi}{2\cdot N}\cdot\left(\frac{t+t_j}{T}\right)\right)} \right\}_{j\in\mathbb{J}}$ | $B = \left(1 + \frac{\delta\Omega}{\pi}\right)^2$ |
| $\{\psi_j(t)\}_{j\in\mathbb{J}} = \left\{ \dfrac{1}{\sqrt{w_j}} \cdot P\chi_j(t) \right\}_{j\in\mathbb{J}} =$ | $A = \left(\dfrac{1-\frac{\delta\Omega}{\pi}}{1+\frac{\delta\Omega}{\pi}}\right)^2$ |
| $\left\{ \dfrac{1}{\sqrt{w_j}} \cdot \displaystyle\sum_{i=-\infty}^{\infty} \left[ \mathrm{Sinc}\frac{\Omega}{\pi}\left(t - i\cdot 2\cdot N\cdot T - \frac{t_{j-1}+t_j}{2}\right) - \right.\right.$ $\mathrm{Sinc}\frac{\Omega}{\pi}\left(t - i\cdot 2\cdot N\cdot T - \frac{t_j+t_{j+1}}{2}\right) +$ $\mathrm{Sinc}\frac{\Omega}{\pi}\left(t + i\cdot 2\cdot N\cdot T + \frac{t_j+t_{j+1}}{2}\right) -$ $\left.\left.\mathrm{Sinc}\frac{\Omega}{\pi}\left(t + i\cdot 2\cdot N\cdot T + \frac{t_{j-1}+t_j}{2}\right)\right]\right\}_{j\in\mathbb{J}}$ | $B = 1$ |

**Tabelle 6.4.** Verschobene symmetrische Rahmen und Rahmenpaare in dem PALEY-WIENER-Raum $\mathcal{PW}_\Omega^{2-\mathrm{per}}$ mit $\Omega/\pi = M/NT$.

| Rahmen | Rahmengrenzen |
|---|---|
| $\{\varphi_j(t)\}_{j\in\mathbb{J}} = \left\{ \dfrac{\sqrt{w_j}}{T} \cdot \dfrac{\sin\left((2\cdot M+1)\frac{\pi}{2\cdot N}\cdot\left(\frac{t-t_j}{T}\right)\right)}{2\cdot N\cdot\sin\left(\frac{\pi}{2\cdot N}\cdot\left(\frac{t-t_j}{T}\right)\right)} + \right.$ | $A = \left(1 - \frac{\delta\Omega}{\pi}\right)^2$ |
| $\left. \dfrac{\sqrt{w_j}}{T} \cdot \dfrac{\sin\left((2\cdot M+1)\frac{\pi}{2\cdot N}\cdot\left(\frac{t+t_j+T}{T}\right)\right)}{2\cdot N\cdot\sin\left(\frac{\pi}{2\cdot N}\cdot\left(\frac{t+t_j+T}{T}\right)\right)} \right\}_{j\in\mathbb{J}}$ | $B = \left(1 + \frac{\delta\Omega}{\pi}\right)^2$ |
| $\{\psi_j(t)\}_{j\in\mathbb{J}} = \left\{ \dfrac{1}{\sqrt{w_j}} \cdot P\chi_j(t) \right\}_{j\in\mathbb{J}} =$ | $A = \left(\dfrac{1-\frac{\delta\Omega}{\pi}}{1+\frac{\delta\Omega}{\pi}}\right)^2$ |
| $\left\{ \dfrac{1}{\sqrt{w_j}} \cdot \displaystyle\sum_{i=-\infty}^{\infty} \left[ \mathrm{Sinc}\frac{\Omega}{\pi}\left(t - i\cdot 2\cdot N\cdot T - \frac{t_{j-1}+t_j}{2}\right) - \right.\right.$ $\mathrm{Sinc}\frac{\Omega}{\pi}\left(t - i\cdot 2\cdot N\cdot T - \frac{t_j+t_{j+1}}{2}\right) +$ $\mathrm{Sinc}\frac{\Omega}{\pi}\left(t + T + i\cdot 2\cdot N\cdot T + \frac{t_j+t_{j+1}}{2}\right) -$ $\left.\left.\mathrm{Sinc}\frac{\Omega}{\pi}\left(t + T + i\cdot 2\cdot N\cdot T + \frac{t_{j-1}+t_j}{2}\right)\right]\right\}_{j\in\mathbb{J}}$ | $B = 1$ |

# Teil IV

## Coda

# 7. Signalverarbeitung auf der Basis irregulärer Abtastung



Im letzten Kapitel haben wir die Signaltheorie der irregulären Abtastung unter Verwendung nichtäquidistanter Abtastwertefolgen ausführlich für zeitlich unbegrenzte und zeitlich begrenzte Signale in PALEY-WIENER-Räumen behandelt. Durch Bezugnahme auf die NEUMANNsche Reihe und den zugehörigen Rekursionsalgorithmus zur Invertierung geeignet gewählter Approximationsoperatoren sowie durch das begriffliche Gerüst der Theorie der Rahmen konnten wir mit den dort definierten Rahmen geeignete Signalfolgen zur Repräsentation der Signale in PALEY-WIENER-Räumen angeben. In diesem Kapitel widmen wir uns dem algorithmischen Aspekt der Signaltheorie der irregulären Abtastung – also der Signalverarbeitung auf der Basis der Rahmentheorie der irregulären Abtastung. Wir formulieren die bereits mehrfach an geeigneter Stelle durchscheinenden Rekonstruktionsalgorithmen in exakter Form. Eine für die digitale Signalverarbeitung besonders interessante Variante auf der Basis zeitdiskreter irregulärer Abtastung wird hergeleitet. Mithilfe der im nächsten Kapitel abschließend dargestellten Anwendungen der in diesem Buch zusammengetragenen Konzepte der nichtäquidistanten Abtastung wird der Bezug zur modernen Signalverarbeitung weiter vertieft. Wir beginnen nun mit der Diskussion der Rekonstruktionsalgorithmen Frequenzband-begrenzter Signale aus irregulären Folgen nichtäquidistanter Abtastwerte.

## 7.1 Rekonstruktionsalgorithmen

Die nun diskutierten Rekonstruktionsalgorithmen basieren auf der in Theorem 2.96 auf Seite 69 vorgestellten NEUMANNschen Reihe zur Lösung einer linearen Operatorgleichung auf einem BANACH-Raum – und somit natürlich auch auf einem HILBERT-Raum $\mathcal{H}$. Die normkonvergente NEUMANNsche Reihe zur Berechnung der Inversen $T^{-1}$ eines linearen Operators $T$ auf dem HILBERT-Raum $\mathcal{H}$ lautete

$$T^{-1} = \sum_{j=0}^{\infty} (Id - T)^j \ .$$

Zur Lösung der Operatorgleichung

$$Tf = g$$

mit den Signalen $f \in \mathcal{H}$ und $g \in \mathcal{H}$ kann mit

$$f = T^{-1}g = \sum_{j=0}^{\infty}(Id - T)^j g$$

die in Abbildung 2.20 auf Seite 70 veranschaulichte Iterationsvorschrift

$$\boxed{f_n = (Id - T)f_{n-1} + g = f_{n-1} + T(f - f_{n-1})} \qquad (7.1)$$

mit dem Startsignal $f_0 = 0$ zur iterativen Rekonstruktion des Signals $f$ für $n \in \mathbb{N}$ hergeleitet werden. Für $n \to \infty$ konvergiert das Signal $f_n$ gegen das gesuchte Signal $f$, das heißt es gilt

$$\lim_{n \to \infty} f_n = f \ .$$

Die relative Norm des Rekonstruktionsfehlers

$$e_n \overset{\triangle}{=} f_n - f$$

in der $n$-ten Iteration ist begrenzt durch Gleichung 2.92 auf Seite 71

$$\frac{\|e_n\|_{\mathcal{H}}}{\|f\|_{\mathcal{H}}} = \frac{\|f_n - f\|_{\mathcal{H}}}{\|f\|_{\mathcal{H}}} \leq \|Id - T\|^{n+1} \ ,$$

woraus ersichtlich ist, dass der solcherart definierte Rekonstruktionsalgorithmus für die bereits vielfach angewendete hinreichende Bedingung $0 \leq \|Id - T\| \overset{!}{<} 1$ exponentiell gegen das Signal $f$ konvergiert, also in der üblichen logarithmischen Schreibweise unter Verwendung der (Pseudo-)Einheit „dB"

$$20 \cdot \log_{10}\left(\frac{\|e_n\|_{\mathcal{H}}}{\|f\|_{\mathcal{H}}}\right) = 20 \cdot \log_{10}\left(\frac{\|f_n - f\|_{\mathcal{H}}}{\|f\|_{\mathcal{H}}}\right)$$
$$\leq (n + 1) \cdot 20 \cdot \log_{10}\left(\|Id - T\|\right) \quad [\text{dB}] \ .$$

Wir geben nun im Folgenden die auf der NEUMANNschen Reihe beziehungsweise der zugehörigen Iterationsvorschrift zur Lösung der Operatorgleichung $Tf = g$ basierenden Algorithmen zur Rekonstruktion eines Frequenzbandbegrenzten Signals $f$ aus einer irregulären Folge $\{f(t_j)\}_{j \in \mathbb{J}}$ nichtäquidistanter Abtastwerte mit einer geeigneten Indexmenge $\mathbb{J}$ an. Hierbei greifen wir auf die im letzten Kapitel gefundenen Rahmen $\{\varphi_j\}_{j \in \mathbb{J}}$ und $\{\psi_j\}_{j \in \mathbb{J}}$ ausgiebig zurück. Wir wiederholen die auf Seite 224 formulierte Aufgabe und beziehen nun explizit die Suche nach Rekonstruktionsalgorithmen ein.

*Gegeben sei die Folge nichtäquidistanter Abtastzeitpunkte*

$$\{t_j\}_{j\in\mathbb{J}}$$

*sowie die zugehörige nichtäquidistante Abtastwertefolge*

$$\{f(t_j)\}_{j\in\mathbb{J}}$$

*eines Frequenzband-begrenzten Signals $f = f(t) \in \mathcal{PW}_\Omega$ im* PALEY-WIENER-*Raum $\mathcal{PW}_\Omega$. Gesucht ist ein Algorithmus zur exakten Rekonstruktion des Signals $f = f(t)$.*

## 7.2 Rekonstruktion zeitlich unbegrenzter Signale

Wir beginnen wieder wie im letzten Kapitel mit der irregulären Abtastung von mit der Frequenzgrenze $\Omega$ Frequenzband-begrenzten und zeitlich unbegrenzten Signalen $f = f(t) \in \mathcal{PW}_\Omega$ aus dem PALEY-WIENER-Raum $\mathcal{PW}_\Omega$.

### Der ungewichtete Rahmen

Mit Theorem 6.31 auf Seite 249 und Theorem 6.34 auf Seite 256 hatten wir gefunden, dass die Signalfolge

$$\{\varphi_j(t)\}_{j\in\mathbb{Z}} = \left\{ \frac{\Omega}{\pi} \cdot \operatorname{sinc}\frac{\Omega}{\pi}(t - t_j) \right\}_{j\in\mathbb{Z}}$$

ein Rahmen für den PALEY-WIENER-Raum $\mathcal{PW}_\Omega$ ist mit der unteren beziehungsweise oberen Rahmengrenze

$$A = \frac{\left(1 - \frac{\delta\Omega}{\pi}\right)^2}{\delta} \quad \text{und} \quad B = \frac{4}{\pi\Omega\varepsilon^2} \cdot \left(e^{\Omega\varepsilon} - 1\right) \ ,$$

sofern die irreguläre Folge von nichtäquidistanten Abtastzeitpunkten $\{t_j\}_{j\in\mathbb{Z}}$ mit

$$|t_j - t_i| \geq \varepsilon > 0 \quad \forall\, i \neq j$$

separiert und von gleichmäßige Dichte

$$T^{-1} \overset{!}{>} \Omega/\pi$$

gemäß Definition 6.29 auf Seite 248 ist. Ferner laute die hinreichende Bedingung für die obere Schranke des Abstands aufeinander folgender Abtastzeitpunkte

$$\delta = \sup_{j\in\mathbb{Z}}\{t_j - t_{j-1}\} \overset{!}{<} \frac{\pi}{\Omega} \ .$$

Die zugehörige Momentenfolge

$$\{\langle f, \varphi_j\rangle_{\mathcal{PW}_\Omega}\}_{j\in\mathbb{Z}} = \{f(t_j)\}_{j\in\mathbb{Z}}$$

ist gegeben durch die irreguläre Folge $\{f(t_j)\}_{j\in\mathbb{Z}}$ nichtäquidistanter Abtastwerte $f(t_j)$. Der Rahmenoperator $F : \mathcal{PW}_\Omega \to \ell^2(\mathbb{Z})$ lautet

$$F f = \{\langle f, \varphi_j\rangle_{\mathcal{PW}_\Omega}\}_{j\in\mathbb{Z}} = \{f(t_j)\}_{j\in\mathbb{Z}} \ ,$$

woraus sich der zur Herleitung des Rahmenalgorithmus erforderliche verkettete Operator

$$F^*F f = \sum_{j\in\mathbb{Z}} f(t_j) \cdot \frac{\Omega}{\pi} \cdot \operatorname{sinc}\frac{\Omega}{\pi}(t - t_j)$$

ergibt. Da die Rahmengrenzen $A$ und $B$ bekannt sind, verwenden wir den Rahmenalgorithmus 5.1 auf Seite 194 mit dem optimalen Relaxationsparameter

$$\lambda_{\mathrm{opt}} = \frac{2 \cdot \delta(\Omega\varepsilon)^2}{(\Omega\varepsilon)^2 \cdot \left(1 - \frac{\delta\Omega}{\pi}\right)^2 + 4 \cdot \frac{\delta\Omega}{\pi} \cdot (e^{\Omega\varepsilon} - 1)}$$

und somit optimalem Konvergenzfaktor

$$\gamma(\lambda_{\mathrm{opt}}) = \frac{4 \cdot \frac{\delta\Omega}{\pi} \cdot \left(e^{\Omega\varepsilon} - 1\right) - (\Omega\varepsilon)^2 \cdot \left(1 - \frac{\delta\Omega}{\pi}\right)^2}{4 \cdot \frac{\delta\Omega}{\pi} \cdot (e^{\Omega\varepsilon} - 1) + (\Omega\varepsilon)^2 \cdot \left(1 - \frac{\delta\Omega}{\pi}\right)^2} \ .$$

Damit können wir den folgenden Rekonstruktionsalgorithmus unter Verwendung des ungewichteten Rahmens $\{\varphi_j(t)\}_{j\in\mathbb{Z}}$ angeben.

**Algorithmus 7.1** *Es sei* $\{t_j\}_{j\in\mathbb{Z}}$ *eine durch*

$$|t_j - t_i| \geq \varepsilon > 0 \quad \forall \, i \neq j$$

*separierte irreguläre Folge von nichtäquidistanten Abtastzeitpunkten mit der gleichmäßigen Dichte* $T^{-1}$ *und*

$$0 < \Omega < \frac{\pi}{T}$$

*sowie der oberen Schranke für den Abstand aufeinander folgender Abtastzeitpunkte*

$$\delta = \sup_{j\in\mathbb{Z}} \{t_j - t_{j-1}\} \stackrel{!}{<} \frac{\pi}{\Omega} \ .$$

*Das Signal* $f \in \mathcal{PW}_\Omega$ *kann aus der irregulären Folge* $\{f(t_j)\}_{j\in\mathbb{Z}}$ *nichtäquidistanter Abtastwerte rekursiv mit der Initialisierung* $f_0 = 0$ *und der Iteration*

$$f_n(t) = f_{n-1}(t) + \lambda \cdot \sum_{j=-\infty}^{\infty} (f(t_j) - f_{n-1}(t_j)) \cdot \frac{\Omega}{\pi} \cdot \operatorname{sinc}\frac{\Omega}{\pi}(t - t_j)$$

*mit dem Relaxationsparameter*

$$\lambda = \frac{2 \cdot \delta(\Omega\varepsilon)^2}{(\Omega\varepsilon)^2 \cdot \left(1 - \frac{\delta\Omega}{\pi}\right)^2 + 4 \cdot \frac{\delta\Omega}{\pi} \cdot (e^{\Omega\varepsilon} - 1)}$$

*rekonstruiert werden. Die Konvergenz ist exponentiell entsprechend*

$$\frac{\|e_n\|_{\mathcal{PW}_\Omega}}{\|f\|_{\mathcal{PW}_\Omega}} = \frac{\|f_n - f\|_{\mathcal{PW}_\Omega}}{\|f\|_{\mathcal{PW}_\Omega}} \leq \gamma^{n+1}$$

*mit dem Konvergenzfaktor*

$$\gamma = \frac{4 \cdot \frac{\delta\Omega}{\pi} \cdot \left(e^{\Omega\varepsilon} - 1\right) - (\Omega\varepsilon)^2 \cdot \left(1 - \frac{\delta\Omega}{\pi}\right)^2}{4 \cdot \frac{\delta\Omega}{\pi} \cdot \left(e^{\Omega\varepsilon} - 1\right) + (\Omega\varepsilon)^2 \cdot \left(1 - \frac{\delta\Omega}{\pi}\right)^2} \ .$$

Neben der Kenntnis der Frequenzgrenze $\Omega$ – und natürlich der Einhaltung der angegebenen Bedingungen – erfordert die Anwendung dieses Rekonstruktionsalgorithmus die Kenntnis sowohl einer unteren Schranke ($\varepsilon$) sowie einer oberen Schranke ($\delta$) des Abstands aufeinander folgender Abtastwerte, um den optimalen Relaxationsparameter $\lambda$ zu bestimmen. Abbildung 7.1 veranschaulicht diesen bereits von MARVASTI [35] für $\lambda = 1$ angegebenen Rekonstruktionsalgorithmus unter Verwendung des ungewichteten Rahmens $\{\varphi_j(t)\}_{j\in\mathbb{Z}}$. Hierbei kennzeichnet

$$h(t) = \frac{\Omega}{\pi} \cdot \text{sinc}\left(\frac{\Omega \cdot t}{\pi}\right)$$

die Impulsantwort eines idealen Tiefpasses mit der Übertragungsfunktion

$$\widehat{h}(\omega) = \text{rect}\left(\frac{\omega}{2\Omega}\right) \ .$$

Systemtheoretisch kann eine Iteration des Rekonstruktionsalgorithmus 7.1 somit interpretiert werden als eine lineare zeitinvariante Filterung einer irregulären Folge nichtäquidistanter Abtastwerte – dargestellt durch den nichtäquidistanten und gewichteten DIRAC-Kamm

$$\sum_{j=-\infty}^{\infty} f(t_j) \cdot \delta(t - t_j)$$

– mithilfe eines idealen Tiefpasses mit Frequenzgrenze $\Omega$.

Anstelle der hinreichenden Bedingungen der Separiertheit der irregulären Folge $\{t_j\}_{j\in\mathbb{Z}}$ der nichtäquidistanten Abtastwerte – $|t_j - t_i| \geq \varepsilon > 0$ für alle $i \neq j$ –, der gleichmäßigen Dichte $T^{-1}$ sowie einer oberen Schranke des Abstands aufeinander folgender Abtastwerte – $\delta = \sup_{j\in\mathbb{Z}}\{t_j - t_{j-1}\} \overset{!}{<} \frac{\pi}{\Omega}$ – kann auch die hinreichende Bedingung

$$\left|t_j - \frac{\pi j}{\Omega}\right| \leq \lambda < \frac{\pi}{4\Omega} \quad \forall\, j \in \mathbb{Z}$$

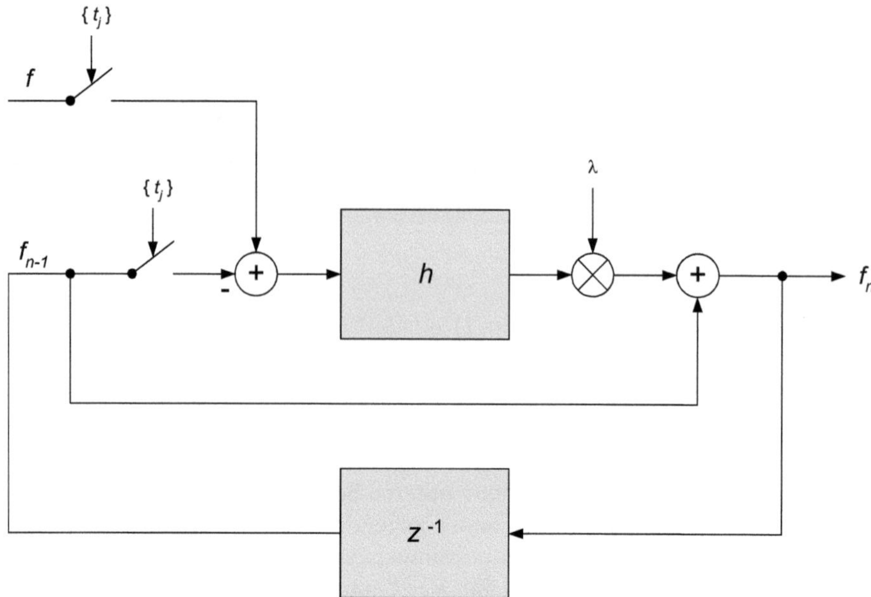

**Abb. 7.1.** Der rekursive Rekonstruktionsalgorithmus zur iterativen Berechnung des Signals $f \in \mathcal{PW}_\Omega$ in dem PALEY-WIENER-Raum $\mathcal{PW}_\Omega$ aus der irregulären Folge $\{f(t_j)\}_{j \in \mathbb{Z}}$ der nichtäquidistanten Abtastwerte auf Basis des ungewichteten Rahmens $\{\varphi_j(t)\}_{j \in \mathbb{Z}}$. $z^{-1}$ kennzeichnet hier die Verzögerung bezüglich einer Iteration in dem iterativen Rekonstruktionsalgorithmus.

aus KADECs $\frac{1}{4}$-Theorem 6.21 auf Seite 239 für den ungewichteten Rahmen $\{\varphi_j(t)\}_{j \in \mathbb{Z}}$ zugrunde gelegt werden. In diesem Falle sind jedoch die Rahmengrenzen $A$ und $B$ (zumindest dem Autor) nicht bekannt; der für die Anwendung des relaxierten Rahmenalgorithmus notwendige Relaxationsparameter $\lambda$ muss somit experimentell ermittelt werden – ein wesentlicher Nachteil aufgrund der dann theoretisch nicht gesicherten Konvergenz des Algorithmus.

**Der gewichtete Rahmen**

Wir wenden uns nun dem gewichteten Rahmen

$$\{\varphi_j(t)\}_{j \in \mathbb{Z}} = \left\{ \sqrt{w_j} \cdot \frac{\Omega}{\pi} \cdot \operatorname{sinc} \frac{\Omega}{\pi} (t - t_j) \right\}_{j \in \mathbb{Z}}$$

mit dem Gewicht

$$w_j = \frac{t_{j+1} - t_{j-1}}{2}$$

zu. Für diesen hatten wir in Theorem 6.37 auf Seite 269 die Rahmeneigenschaft mit den Rahmengrenzen

$$A = \left(1 - \frac{\delta\Omega}{\pi}\right)^2 \quad \text{und} \quad B = \left(1 + \frac{\delta\Omega}{\pi}\right)^2$$

hergeleitet unter der Bedingung

$$\delta = \sup_{j\in\mathbb{Z}} \{t_j - t_{j-1}\} \stackrel{!}{<} \frac{\pi}{\Omega} \ ,$$

dass der maximale Abstand aufeinander folgender nichtäquidistanter Abtast-werte kleiner als die NYQUIST-Periode $\pi/\Omega$ sein muss. Für die durch den zugehörigen Rahmenoperator $F : \mathcal{PW}_\Omega \to \ell^2(\mathbb{Z})$ gebildete Momentenfolge $\{\langle f, \varphi_j\rangle_{\mathcal{PW}_\Omega}\}_{j\in\mathbb{Z}}$ erhielten wir die irreguläre Folge der mit $\sqrt{w_j}$ gewichteten nichtäquidistanten Abtastwerte $f(t_j)$.

$$Ff = \{\langle f, \varphi_j\rangle_{\mathcal{PW}_\Omega}\}_{j\in\mathbb{Z}} = \{\sqrt{w_j} \cdot f(t_j)\}_{j\in\mathbb{Z}}$$

Unter Verwendung des verketteten Operators

$$F^*Ff = \sum_{j\in\mathbb{Z}} f(t_j) \cdot w_j \cdot \frac{\Omega}{\pi} \cdot \operatorname{sinc}\frac{\Omega}{\pi}(t - t_j)$$

ergibt sich dann aufgrund der Kenntnis der Rahmengrenzen $A$ und $B$ und dem daraus berechenbaren im Sinne der Konvergenzgeschwindigkeit optima-len Relaxationsparameter

$$\lambda_{\text{opt}} = \frac{1}{1 + \left(\frac{\delta\Omega}{\pi}\right)^2}$$

sowie dem zugehörigen Konvergenzfaktor

$$\gamma(\lambda_{\text{opt}}) = \frac{2 \cdot \frac{\delta\Omega}{\pi}}{1 + \left(\frac{\delta\Omega}{\pi}\right)^2}$$

der folgende – von FEICHTINGER und GRÖCHENIG „Methode der adaptiven Gewichte" (*Adaptive Weights Method*) getaufte [13] – Rekonstruktionsalgo-rithmus für den gewichteten Rahmen $\{\varphi_j(t)\}_{j\in\mathbb{Z}}$.

**Algorithmus 7.2** *Es sei $\{t_j\}_{j\in\mathbb{Z}}$ eine irreguläre Folge von nichtäquidistan-ten Abtastzeitpunkten mit der oberen Schranke für den Abstand aufeinander folgender Abtastzeitpunkte*

$$\delta = \sup_{j\in\mathbb{Z}} \{t_j - t_{j-1}\} \stackrel{!}{<} \frac{\pi}{\Omega} \ .$$

*Das Signal $f \in \mathcal{PW}_\Omega$ kann aus der irregulären Folge $\{f(t_j)\}_{j\in\mathbb{Z}}$ nichtäquidi-stanter Abtastwerte rekursiv mit der Initialisierung $f_0 = 0$ und der Iteration*

$$f_n(t) = f_{n-1}(t) + \lambda \cdot \sum_{j=-\infty}^{\infty} w_j \cdot (f(t_j) - f_{n-1}(t_j)) \cdot \frac{\Omega}{\pi} \cdot \operatorname{sinc}\frac{\Omega}{\pi}(t - t_j)$$

*mit dem Gewicht*

$$w_j = \frac{t_{j+1} - t_{j-1}}{2}$$

*sowie dem Relaxationsparameter*

$$\lambda = \frac{1}{1 + \left(\frac{\delta\Omega}{\pi}\right)^2}$$

*rekonstruiert werden. Die Konvergenz ist exponentiell entsprechend*

$$\frac{\|e_n\|_{\mathcal{PW}_\Omega}}{\|f\|_{\mathcal{PW}_\Omega}} = \frac{\|f_n - f\|_{\mathcal{PW}_\Omega}}{\|f\|_{\mathcal{PW}_\Omega}} \leq \gamma^{n+1}$$

*mit dem Konvergenzfaktor*

$$\gamma = \frac{2 \cdot \frac{\delta\Omega}{\pi}}{1 + \left(\frac{\delta\Omega}{\pi}\right)^2} \ .$$

In Abbildung 7.2 ist der Rekonstruktionsalgorithmus auf Basis des gewichteten Rahmens $\{\varphi_j(t)\}_{j\in\mathbb{Z}}$ gezeigt. Erneut kann die Iterationsvorschrift des

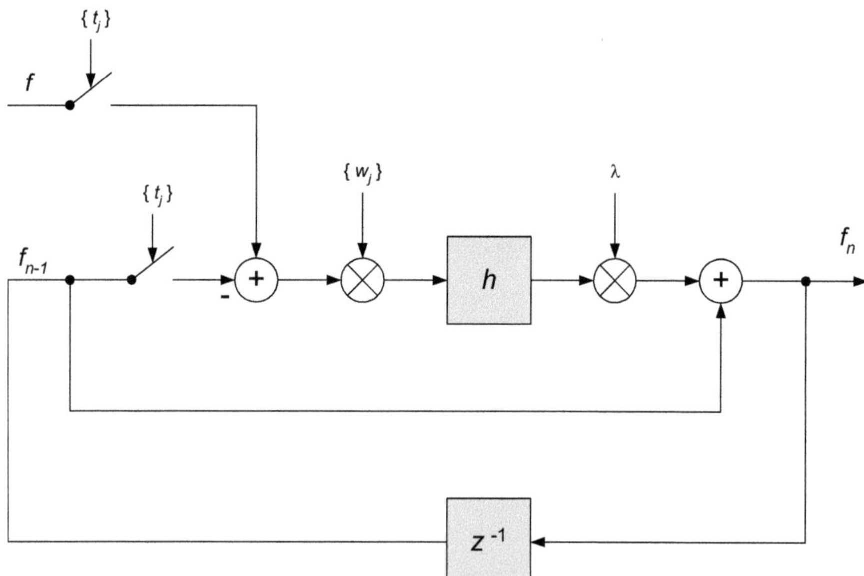


**Abb. 7.2.** Der rekursive Rekonstruktionsalgorithmus zur iterativen Berechnung des Signals $f \in \mathcal{PW}_\Omega$ in dem PALEY-WIENER-Raum $\mathcal{PW}_\Omega$ aus der irregulären Folge $\{f(t_j)\}_{j\in\mathbb{Z}}$ der nichtäquidistanten Abtastwerte auf Basis des gewichteten Rahmens $\{\varphi_j(t)\}_{j\in\mathbb{Z}}$. $z^{-1}$ kennzeichnet hier die Verzögerung bezüglich einer Iteration in dem iterativen Rekonstruktionsalgorithmus.

rekursiven Rekonstruktionsalgorithmus mithilfe des idealen Tiefpasses

$$h(t) = \frac{\Omega}{\pi} \cdot \text{sinc}\left(\frac{\Omega \cdot t}{\pi}\right) \quad \circ\!\!-\!\!\bullet \quad \widehat{h}(\omega) = \text{rect}\left(\frac{\omega}{2\Omega}\right)$$

als lineare zeitinvariante Filterung der gewichteten irregulären Folge nichtäquidistanter Abtastwerte – dargestellt durch den nichtäquidistanten und nun zusätzlich mit der Folge der Gewichte $\{w_j\}_{j\in\mathbb{Z}}$ gewichteten DIRAC-Kamm

$$\sum_{j=-\infty}^{\infty} w_j \cdot f(t_j) \cdot \delta(t - t_j)$$

– systemtheoretisch gedeutet werden.

Die Betrachtungen zu Rahmenpaaren in dem PALEY-WIENER-Raum $\mathcal{PW}_\Omega$ liefern noch einen weiteren interessanten Algorithmus, dem wir uns nun zuwenden wollen.

## Lokale Mittelwerte

Basierend auf dem Rahmenpaar

$$\{\varphi_j(t)\}_{j\in\mathbb{Z}} = \left\{\sqrt{w_j} \cdot \frac{\Omega}{\pi} \cdot \text{sinc}\frac{\Omega}{\pi}(t - t_j)\right\}_{j\in\mathbb{Z}}$$

mit den Rahmengrenzen

$$A_\varphi = \left(1 - \frac{\delta\Omega}{\pi}\right)^2 \quad \text{und} \quad B_\varphi = \left(1 + \frac{\delta\Omega}{\pi}\right)^2$$

sowie

$$\{\psi_j(t)\}_{j\in\mathbb{Z}} =$$
$$\left\{\frac{1}{\sqrt{w_j}} \cdot \left[\text{Sinc}\frac{\Omega}{\pi}\left(t - \frac{t_{j-1} + t_j}{2}\right) - \text{Sinc}\frac{\Omega}{\pi}\left(t - \frac{t_j + t_{j+1}}{2}\right)\right]\right\}_{j\in\mathbb{Z}}$$

mit den Rahmengrenzen

$$A_\psi = \left(\frac{1 - \frac{\delta\Omega}{\pi}}{1 + \frac{\delta\Omega}{\pi}}\right)^2 \quad \text{und} \quad B_\psi = 1$$

in dem PALEY-WIENER-Raum $\mathcal{PW}_\Omega$ mit dem Gewicht

$$w_j = \frac{t_{j+1} - t_{j-1}}{2}$$

hatten wir gesehen, dass ein Signal $f \in \mathcal{PW}_\Omega$ aus einer Folge von lokalen Mittelwerten

$$\{\langle f, \psi_j \rangle_{\mathcal{PW}_\Omega}\}_{j \in \mathbb{Z}} = \left\{ \frac{1}{\sqrt{w_j}} \int_{\frac{t_{j-1}+t_j}{2}}^{\frac{t_j+t_{j+1}}{2}} f(t)\, dt \right\}_{j \in \mathbb{Z}}$$

rekonstruiert werden kann. Hierzu muss die Inverse der Adjungierten

$$T^* f(t) = \sum_{j \in \mathbb{Z}} \langle f, \psi_j \rangle_{\mathcal{PW}_\Omega} \cdot \sqrt{w_j} \cdot \frac{\Omega}{\pi} \cdot \operatorname{sinc} \frac{\Omega}{\pi}(t - t_j)$$

$$= \sum_{j \in \mathbb{Z}} \left( \int_{\frac{t_{j-1}+t_j}{2}}^{\frac{t_j+t_{j+1}}{2}} f(t)\, dt \right) \cdot \frac{\Omega}{\pi} \cdot \operatorname{sinc} \frac{\Omega}{\pi}(t - t_j)$$

des Approximationsoperators $T$ bestimmt werden, die unter der hinreichenden Bedingung

$$\delta = \sup_{j \in \mathbb{Z}} \{t_j - t_{j-1}\} \overset{!}{<} \frac{\pi}{\Omega}$$

existiert. Diese Inversion kann mithilfe der NEUMANNschen Reihe aus Theorem 2.96 auf Seite 69 durchgeführt werden, wobei für den zugehörigen Konvergenzfaktor

$$\|Id - T^*\| \leq \gamma = \frac{\delta \Omega}{\pi} \overset{!}{<} 1$$

gilt. Wir erhalten somit den folgenden Rekonstruktionsalgorithmus aus lokalen Mittelwerten (*Reconstruction Algorithm from Local Averages*) von FEICHTINGER und GRÖCHENIG [13].

**Algorithmus 7.3** *Es sei $\{t_j\}_{j \in \mathbb{Z}}$ eine irreguläre Folge von nichtäquidistanten Abtastzeitpunkten mit der oberen Schranke für den Abstand aufeinander folgender Abtastzeitpunkte*

$$\delta = \sup_{j \in \mathbb{Z}} \{t_j - t_{j-1}\} \overset{!}{<} \frac{\pi}{\Omega}\ .$$

*Das Signal $f \in \mathcal{PW}_\Omega$ kann aus der irregulären Folge der lokalen Mittelwerte*

$$\left\{ \int_{\frac{t_{j-1}+t_j}{2}}^{\frac{t_j+t_{j+1}}{2}} f(t)\, dt \right\}_{j \in \mathbb{Z}}$$

*rekursiv mit der Initialisierung $f_0 = 0$ und der Iteration*

$$f_n(t) =$$

$$f_{n-1}(t) + \sum_{j=-\infty}^{\infty} \left\{ \int_{\frac{t_{j-1}+t_j}{2}}^{\frac{t_j+t_{j+1}}{2}} (f(t) - f_{n-1}(t))\, dt \right\} \cdot \frac{\Omega}{\pi} \cdot \operatorname{sinc} \frac{\Omega}{\pi}(t - t_j)$$

*rekonstruiert werden. Die Konvergenz ist exponentiell entsprechend*

$$\frac{\|e_n\|_{\mathcal{PW}_\Omega}}{\|f\|_{\mathcal{PW}_\Omega}} = \frac{\|f_n - f\|_{\mathcal{PW}_\Omega}}{\|f\|_{\mathcal{PW}_\Omega}} \leq \gamma^{n+1}$$

*mit dem Konvergenzfaktor*

$$\gamma = \frac{\delta\Omega}{\pi} \ .$$

Systemtheoretisch kann die Bildung des lokalen Mittelwerts als Kurzzeitintegration über das Zeitintervall der Länge $(t_{j+1} - t_{j-1})/2 = w_j$ gedeutet werden. Die Rekonstruktion aus lokalen Mittelwerten ist insbesondere für Anwendungen interessant, bei denen anstelle einer Abtastwertefolge $\{f(t_j)\}_{j\in\mathbb{Z}}$ eine Folge aus lokal bestimmten Mittelwerten vorliegt.

## 7.3 Rekonstruktion zeitlich begrenzter Signale

Für zeitbegrenzte Signale $f$ mit kompaktem Träger $\mathrm{supp}\{f\} \subseteq [0, N \cdot T]$ nehmen wir wie bisher an, dass sie durch eine geeignete periodische Fortsetzung einem mit

$$\Omega = \frac{\pi}{T} \cdot \frac{M}{N}$$

Frequenzband-begrenzten periodischen Signal entsprechen. Wir unterscheiden erneut die periodische Fortsetzung mit der Periode $N \cdot T$ von der eventuell verschobenen symmetrischen periodischen Fortsetzung mit der Periode $2 \cdot N \cdot T$. Die endliche Indexmenge der irregulären Abtastwertefolge lautet wie sonst auch

$$\mathbb{J} = \{1, 2, \ldots, J\} \ ;$$

sie besitzt die Kardinalität $|\mathbb{J}| = J$ .

### 7.3.1 Periodisch fortgesetzte Signale

**Der gewichtete Rahmen**

Für periodisch mit der Periode $N \cdot T$ fortgesetzte Signale aus dem PALEY-WIENER-Raum $\mathcal{PW}_\Omega^{1-\mathrm{per}}$ hatten wir in Analogie zur Behandlung zeitlich unbegrenzter Signale in Theorem 6.40 auf Seite 296 unter der hinreichenden Bedingung

$$\delta = \max_{j\in\mathbb{J}\cup\{0\}} \{t_{j+1} - t_j\} \stackrel{!}{<} \frac{\pi}{\Omega}$$

den gewichteten Rahmen

$$\{\varphi_j(t)\}_{j\in\mathbb{J}} = \left\{ \frac{\sqrt{w_j}}{T} \cdot \frac{\sin\left((2 \cdot \lfloor M/2 \rfloor + 1)\frac{\pi}{N}\frac{t-t_j}{T}\right)}{N \cdot \sin\left(\frac{\pi}{N}\frac{t-t_j}{T}\right)} \right\}_{j\in\mathbb{J}}$$

mit dem Gewicht

$$w_j = \frac{t_{j+1} - t_{j-1}}{2}$$

sowie den Rahmengrenzen

$$A = \left(1 - \frac{\delta\Omega}{\pi}\right)^2 \quad \text{und} \quad B = \left(1 + \frac{\delta\Omega}{\pi}\right)^2$$

gefunden. Mit dem zugehörigen Rahmenoperator $F : \mathcal{PW}_\Omega^{1-\text{per}} \to \ell^2(\mathbb{J})$

$$Ff = \{\langle f, \varphi_j\rangle_{\mathcal{PW}_\Omega^{1-\text{per}}}\}_{j\in\mathbb{J}} = \{\sqrt{w_j} \cdot f(t_j)\}_{j\in\mathbb{J}}$$

sowie dem daraus gebildeten verketteten Operator

$$F^*Ff = \sum_{j\in\mathbb{J}} f(t_j) \cdot \frac{w_j}{T} \cdot \frac{\sin\left((2 \cdot \lfloor M/2\rfloor + 1)\frac{\pi}{N}\frac{t-t_j}{T}\right)}{N \cdot \sin\left(\frac{\pi}{N}\frac{t-t_j}{T}\right)}$$

kann der Rahmenalgorithmus 5.1 auf Seite 194 aufgrund der Kenntnis der Rahmengrenzen $A$ und $B$ und dem daraus berechenbaren im Sinne der Konvergenzgeschwindigkeit optimalen Relaxationsparameter

$$\lambda_{\text{opt}} = \frac{1}{1 + \left(\frac{\delta\Omega}{\pi}\right)^2}$$

sowie dem zugehörigen Konvergenzfaktor

$$\gamma(\lambda_{\text{opt}}) = \frac{2 \cdot \frac{\delta\Omega}{\pi}}{1 + \left(\frac{\delta\Omega}{\pi}\right)^2}$$

angewendet werden.

**Algorithmus 7.4** *Es sei $\{t_j\}_{j\in\mathbb{J}}$ eine irreguläre Folge von nichtäquidistanten Abtastzeitpunkten mit dem maximalen Abstand aufeinander folgender Abtastzeitpunkte*

$$\delta = \max_{j\in\mathbb{J}\cup\{0\}} \{t_{j+1} - t_j\} \overset{!}{<} \frac{\pi}{\Omega} .$$

*Das Signal $f \in \mathcal{PW}_\Omega^{1-\text{per}}$ kann aus der irregulären Folge $\{f(t_j)\}_{j\in\mathbb{J}}$ nichtäquidistanter Abtastwerte rekursiv mit der Initialisierung $f_0 = 0$ und der Iteration*

$$f_n(t) =$$

$$f_{n-1}(t) + \lambda \cdot \sum_{j\in\mathbb{J}} (f(t_j) - f_{n-1}(t_j)) \cdot \frac{w_j}{T} \cdot \frac{\sin\left((2 \cdot \lfloor M/2\rfloor + 1)\frac{\pi}{N}\frac{t-t_j}{T}\right)}{N \cdot \sin\left(\frac{\pi}{N}\frac{t-t_j}{T}\right)}$$

*mit dem Gewicht*

$$w_j = \frac{t_{j+1} - t_{j-1}}{2}$$

*sowie dem Relaxationsparameter*

$$\lambda = \frac{1}{1 + \left(\frac{\delta\Omega}{\pi}\right)^2}$$

*rekonstruiert werden. Die Konvergenz ist exponentiell entsprechend*

$$\frac{\|e_n\|_{\mathcal{PW}_\Omega^{1-\mathrm{per}}}}{\|f\|_{\mathcal{PW}_\Omega^{1-\mathrm{per}}}} = \frac{\|f_n - f\|_{\mathcal{PW}_\Omega^{1-\mathrm{per}}}}{\|f\|_{\mathcal{PW}_\Omega^{1-\mathrm{per}}}} \leq \gamma^{n+1}$$

*mit dem Konvergenzfaktor*

$$\gamma = \frac{2 \cdot \frac{\delta\Omega}{\pi}}{1 + \left(\frac{\delta\Omega}{\pi}\right)^2} \; .$$

Wird in Abbildung 7.2 auf Seite 340 die periodische Impulsantwort

$$h(t) = \frac{1}{T} \cdot \frac{\sin\left((2 \cdot \lfloor M/2 \rfloor + 1)\frac{\pi}{N}\frac{t}{T}\right)}{N \cdot \sin\left(\frac{\pi}{N}\frac{t}{T}\right)}$$

für das auftretende lineare zeitinvariante Filter gewählt, so kann die Iterationsvorschrift wiederum als lineare zeitinvariante Filterung der gewichteten irregulären Folge nichtäquidistanter Abtastwerte – dargestellt durch den nichtäquidistanten und nun zusätzlich mit der Folge der Gewichte $\{w_j\}_{j\in\mathbb{J}}$ gewichteten DIRAC-Kamm

$$\sum_{j\in\mathbb{J}} w_j \cdot f(t_j) \cdot \delta(t - t_j)$$

– systemtheoretisch gedeutet werden.

## Beispiele

Wir betrachten nun als Beispiel die Rekonstruktion eines Frequenzbandbegrenzten Signals mit $N = 32$ und $M = 23$; die wesentlichen Rekonstruktionsparameter sind in Tabelle 7.1 angegeben. Abbildung 7.3 zeigt das zu rekonstruierende Signal $f \in \mathcal{PW}_\Omega^{1-\mathrm{per}}$ aus dem PALEY-WIENER-Raum $\mathcal{PW}_\Omega^{1-\mathrm{per}}$ mitsamt der irregulären Folge $\{f(t_j)\}_{j\in\mathbb{J}}$ nichtäquidistanter Abtastwerte mit $J = |\mathbb{J}| = 47$. Zusätzlich ist das nach $n = 100$ Iterationen des Algorithmus 7.4 unter Verwendung von Matlab[1] erhaltene rekonstruierte Signal $f_n = f_n(t)$ sowie der Rekonstruktionsfehler

$$e_n \overset{\triangle}{=} f_n - f$$

---

[1] Matlab ist ein eingetragenes Warenzeichen der Mathworks, Inc.

**Tabelle 7.1.** Signalparameter für die Rekonstruktion eines Signals $f \in \mathcal{PW}_\Omega^{1-\mathrm{per}}$.

| $N$ | $M$ | $J$ | $\delta/T$ | $\lambda$ | $\gamma$ |
|---|---|---|---|---|---|
| 32 | 23 | 47 | 1,15 | 0,59 | 0,98 |

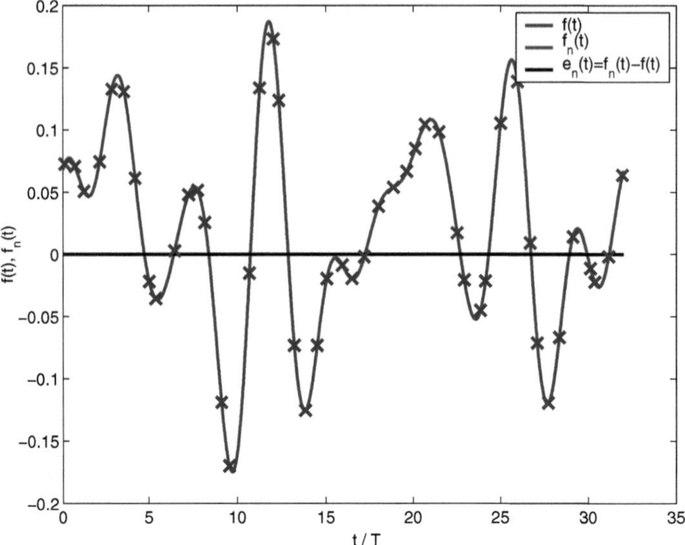

**Abb. 7.3.** Das zu rekonstruierende Signal $f \in \mathcal{PW}_\Omega^{1-\mathrm{per}}$ mitsamt der irregulären Folge $\{f(t_j)\}_{j \in \mathbb{J}}$ nichtäquidistanter Abtastwerte im PALEY-WIENER-Raum $\mathcal{PW}_\Omega^{1-\mathrm{per}}$.

gezeigt. Hieraus und anhand der relativen Norm des Rekonstruktionsfehlersignals $e_n = e_n(t)$ in Abbildung 7.4 ist die exakte Rekonstruktion ersichtlich.[2] Ferner bestätigt sich die exponentielle Konvergenz des Rekonstruktionsalgorithmus. Entsprechend ist in Abbildung 7.5 die irreguläre Folge $\{f(t_j)\}_{j \in \mathbb{J}}$ nichtäquidistanter Abtastwerte sowie die rekonstruierte Folge $\{f_n(t_j)\}_{j \in \mathbb{J}}$ mit der Fehlerfolge

$$\{e_n(t_j)\}_{j \in \mathbb{J}} = \{f_n(t_j) - f(t_j)\}_{j \in \mathbb{J}}$$

dargestellt. Abbildung 7.6 zeigt die relative Norm der Rekonstruktionsfehlersignalfolge $\{e_n(t_j)\}_{j \in \mathbb{J}} = \{f_n(t_j) - f(t_j)\}_{j \in \mathbb{J}}$. Für ein ähnliches Beispiel mit denselben Parametern $M$, $N$ und $J$ zeigen die Abbildungen 7.7 und 7.8 die durch den Rekonstruktionsalgorithmus 7.4 rekonstruierten Signale $f_n$ für die

---

[2] Die minimal erreichbare Fehlernorm von etwa -300dB entspricht der mit Matlab erreichbaren numerischen Genauigkeit.

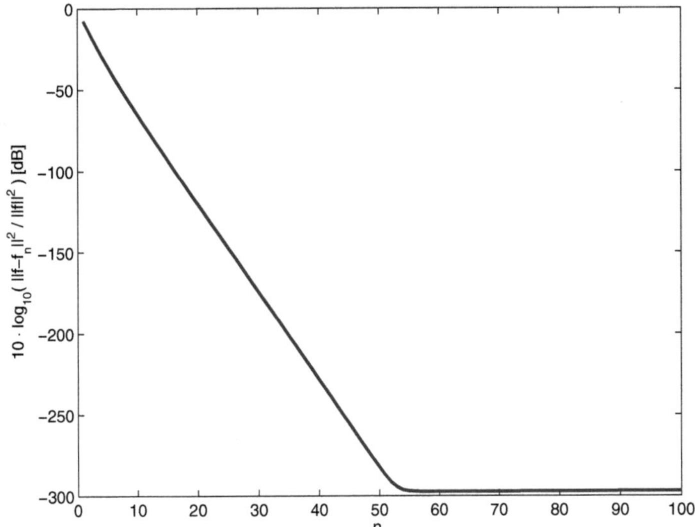

**Abb. 7.4.** Die relative Norm des Rekonstruktionsfehlersignals $e_n = e_n(t)$ als Funktion der Iterationszahl $n$ des Rekonstruktionsalgorithmus im PALEY-WIENER-Raum $\mathcal{PW}_\Omega^{1-\mathrm{per}}$.

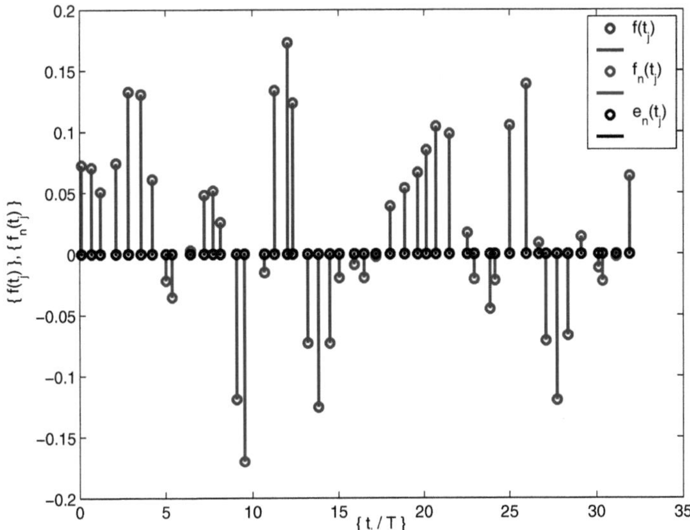


**Abb. 7.5.** Die irreguläre Folge $\{f(t_j)\}_{j\in\mathbb{J}}$ nichtäquidistanter Abtastwerte des zu rekonstruierenden Signals zusammen mit der rekonstruierten Folge $\{f_n(t_j)\}_{j\in\mathbb{J}}$ und der Fehlerfolge $\{e_n(t_j)\}_{j\in\mathbb{J}} = \{f_n(t_j) - f(t_j)\}_{j\in\mathbb{J}}$ im PALEY-WIENER-Raum $\mathcal{PW}_\Omega^{1-\mathrm{per}}$.

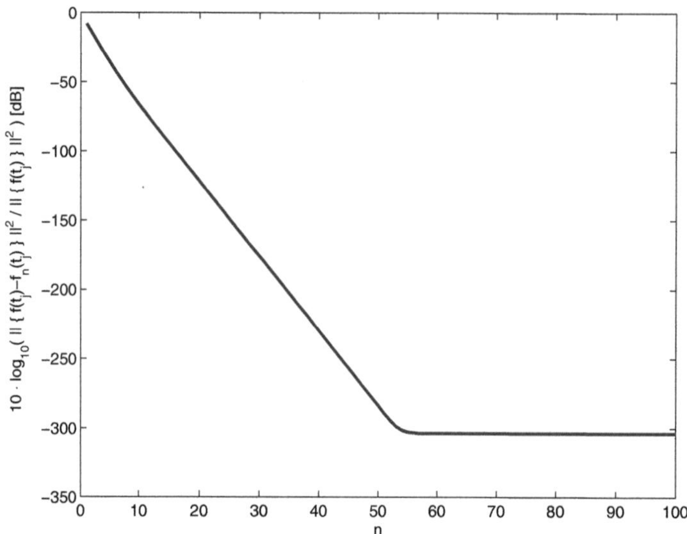

**Abb. 7.6.** Die relative Norm der Rekonstruktionsfehlersignalfolge $\{e_n(t_j)\}_{j\in\mathbb{J}} = \{f_n(t_j)-f(t_j)\}_{j\in\mathbb{J}}$ als Funktion der Iterationszahl $n$ des Rekonstruktionsalgorithmus im PALEY-WIENER-Raum $\mathcal{PW}_\Omega^{1-\mathrm{per}}$.

ersten vier Iterationen $n \in \{1,2,3,4\}$ zusammen mit der irregulären Folge $\{f(t_j)\}_{j\in\mathbb{J}}$ nichtäquidistanter Abtastwerte.

Ein weiteres Beispiel eines zu rekonstruierenden Signals aus dem PALEY-WIENER-Raum $\mathcal{PW}_\Omega^{1-\mathrm{per}}$ für dieselben Parameter $M$, $N$ und $J$ wie in Tabelle 7.1 angegeben ist in Abbildung 7.9 gezeigt, während Abbildung 7.10 die irreguläre Folge $\{f(t_j)\}_{j\in\mathbb{J}}$ nichtäquidistanter Abtastwerte darstellt. Die relative Norm des Rekonstruktionsfehlersignals $e_n = e_n(t)$ ist in Abbildung 7.11 als Funktion der Iterationszahl $n$ des Rekonstruktionsalgorithmus 7.4 veranschaulicht. Eine noch schnellere Konvergenz – jedoch auf Kosten eines höheren Berechnungsaufwands je Iteration – ermöglicht der von FEICHTINGER, GRÖCHENIG und STROHMER angegebene ACT-Algorithmus, bei dem neben dem konjugierten Gradientenalgorithmus 5.3 auf Seite 198 ferner noch die TOEPLITZ-Struktur der zu invertierenden Matrix des auf Seite 372 (siehe unten) angegebenen linearen Gleichungssystems berücksichtigt wird [14].[3] Die zugehörige relative Norm des Rekonstruktionsfehlersignals $e_n = e_n(t)$ zeigt Abbildung 7.12. Anhand der Norm des Rekonstruktionsfehlersignals ist die deutliche Beschleunigung der Konvergenz durch den ACT-Algorithmus ersichtlich; diese Konvergenzbeschleunigung wird jedoch mit einer größeren Berechnungskomplexität je Iteration erkauft.

---

[3] Das Kürzel „ACT" kennzeichnet die Verknüpfung der _adaptive weights method_, des _conjugate gradient algorithm_ sowie der TOEPLITZ-Struktur der Matrix des zugrunde liegenden Gleichungssystems.

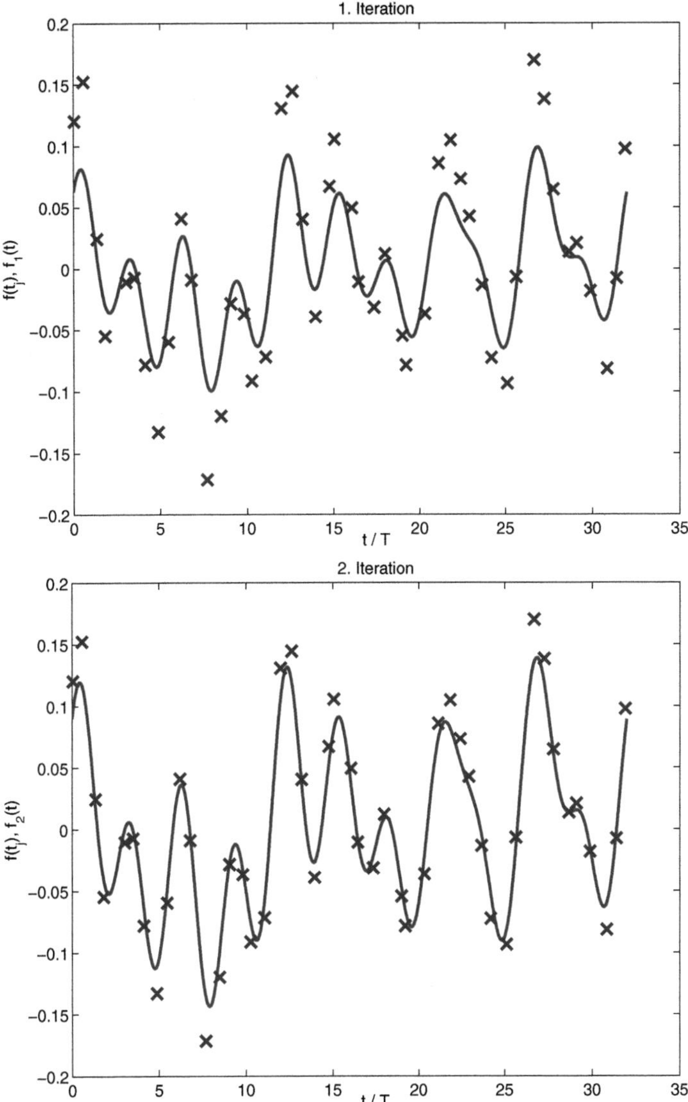


**Abb. 7.7.** Die in den Iterationen $n \in \{1, 2\}$ des Rekonstruktionsalgorithmus rekonstruierten Signale $f_n$ mitsamt der irregulären Folge $\{f(t_j)\}_{j \in \mathbb{J}}$ nichtäquidistanter Abtastwerte im PALEY-WIENER-Raum $\mathcal{PW}_{\Omega}^{1-\mathrm{per}}$.

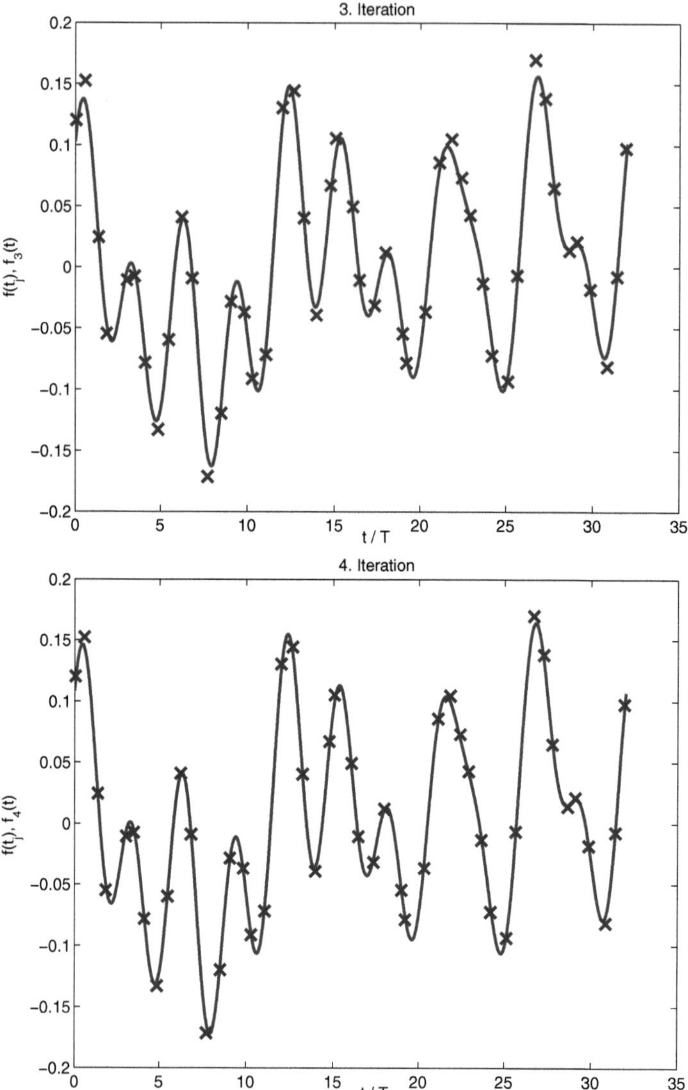

**Abb. 7.8.** Die in den Iterationen $n \in \{3, 4\}$ des Rekonstruktionsalgorithmus rekonstruierten Signale $f_n$ mitsamt der irregulären Folge $\{f(t_j)\}_{j \in \mathbb{J}}$ nichtäquidistanter Abtastwerte im PALEY-WIENER-Raum $\mathcal{PW}_\Omega^{1-\mathrm{per}}$.

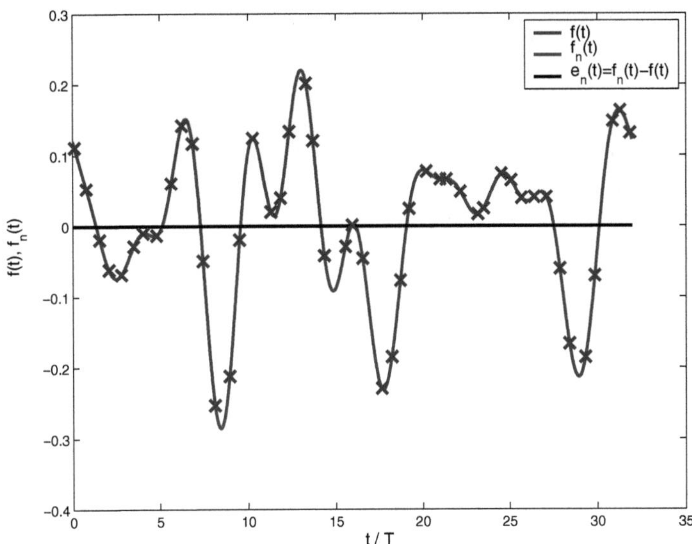



**Abb. 7.9.** Das zu rekonstruierende Signal $f \in \mathcal{PW}_\Omega^{1-\mathrm{per}}$ mitsamt der irregulären Folge $\{f(t_j)\}_{j \in \mathbb{J}}$ nichtäquidistanter Abtastwerte im Paley-Wiener-Raum $\mathcal{PW}_\Omega^{1-\mathrm{per}}$.

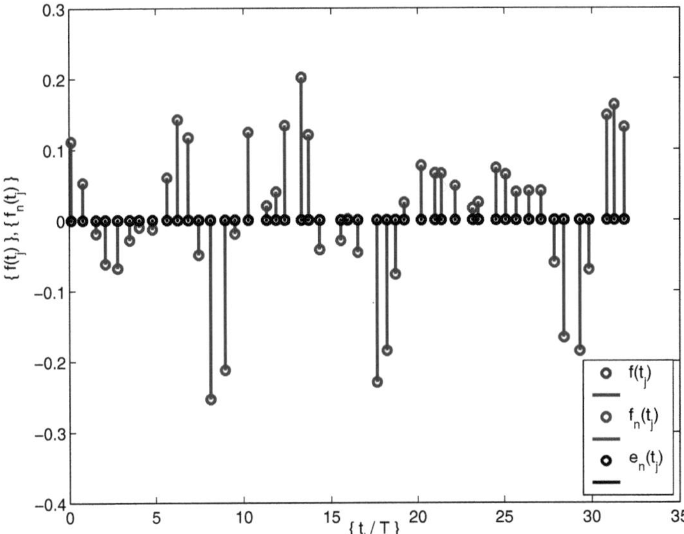



**Abb. 7.10.** Die irreguläre Folge $\{f(t_j)\}_{j \in \mathbb{J}}$ nichtäquidistanter Abtastwerte des zu rekonstruierenden Signals zusammen mit der rekonstruierten Folge $\{f_n(t_j)\}_{j \in \mathbb{J}}$ und der Fehlerfolge $\{e_n(t_j)\}_{j \in \mathbb{J}} = \{f_n(t_j) - f(t_j)\}_{j \in \mathbb{J}}$ im Paley-Wiener-Raum $\mathcal{PW}_\Omega^{1-\mathrm{per}}$.

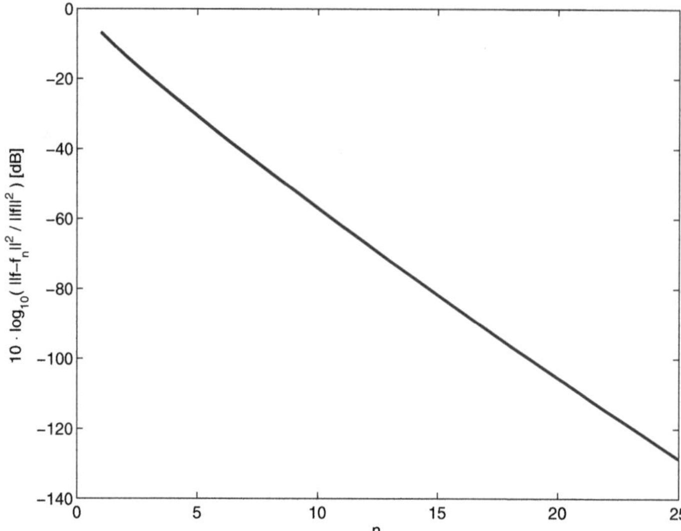

**Abb. 7.11.** Die relative Norm des Rekonstruktionsfehlersignals $e_n = e_n(t)$ als Funktion der Iterationszahl $n$ des Rekonstruktionsalgorithmus im PALEY-WIENER-Raum $\mathcal{PW}_\Omega^{1-\mathrm{per}}$.

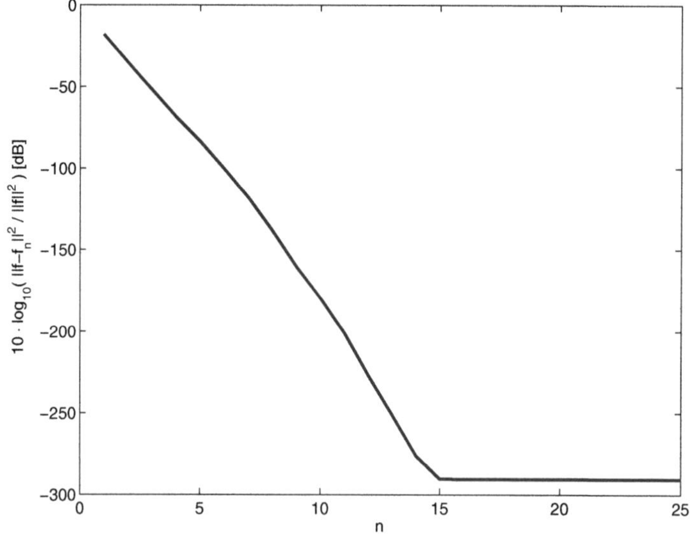

**Abb. 7.12.** Die relative Norm des Rekonstruktionsfehlersignals $e_n = e_n(t)$ als Funktion der Iterationszahl $n$ des ACT-Rekonstruktionsalgorithmus im PALEY-WIENER-Raum $\mathcal{PW}_\Omega^{1-\mathrm{per}}$.

Für $N = 32$, $M = 5$ und $J = 11$ zeigt Abbildung 7.13 exemplarisch für eine gegebene Abtastwertefolge $\{t_j\}_{j \in \mathbb{J}}$ die Signale des Rahmens $\{\varphi_j\}_{j \in \mathbb{J}}$ sowie des dualen Rahmens $\{\widetilde{\varphi}_j\}_{j \in \mathbb{J}}$ im PALEY-WIENER-Raum $\mathcal{PW}_{\Omega}^{1-\mathrm{per}}$.

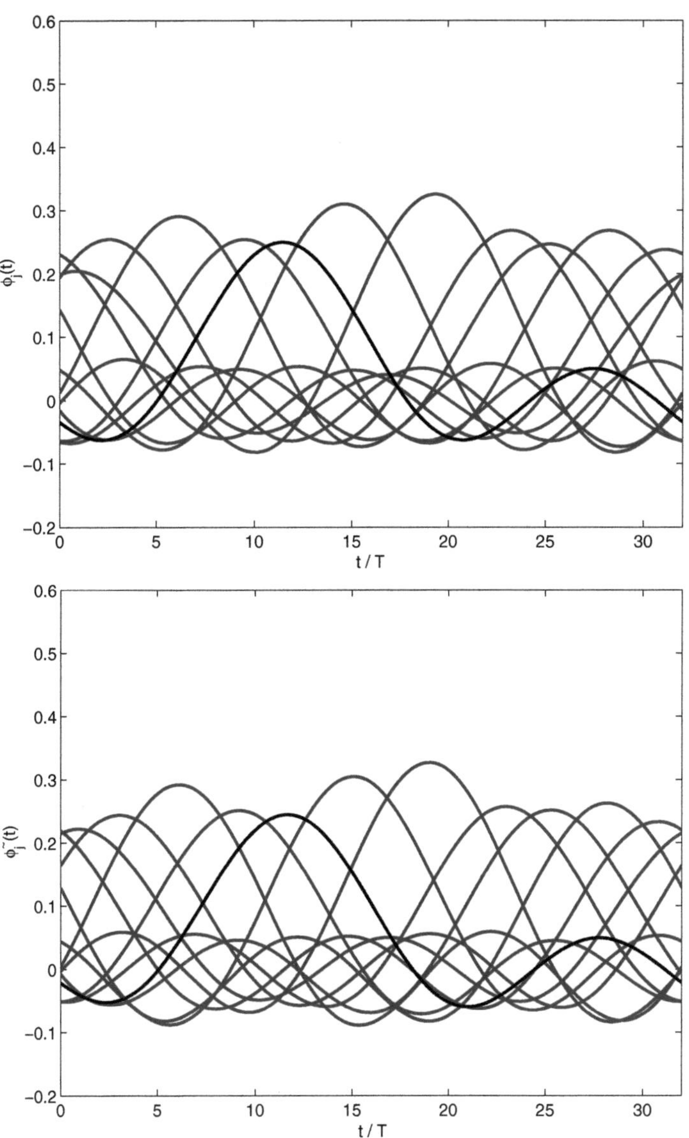

**Abb. 7.13.** Die Signale des Rahmens $\{\varphi_j\}_{j \in \mathbb{J}}$ (oben) sowie des dualen Rahmens $\{\widetilde{\varphi}_j\}_{j \in \mathbb{J}}$ (unten) für eine gegebene Abtastwertefolge $\{t_j\}_{j \in \mathbb{J}}$ im PALEY-WIENER-Raum $\mathcal{PW}_{\Omega}^{1-\mathrm{per}}$ mit $N = 32$, $M = 5$ und $J = 11$.

**Lokale Mittelwerte**

Das Rahmenpaar

$$\{\varphi_j(t)\}_{j\in\mathbb{J}} = \left\{\frac{\sqrt{w_j}}{T}\cdot\frac{\sin\left((2\cdot\lfloor M/2\rfloor+1)\frac{\pi}{N}\frac{t-t_j}{T}\right)}{N\cdot\sin\left(\frac{\pi}{N}\frac{t-t_j}{T}\right)}\right\}_{j\in\mathbb{J}}$$

mit den Rahmengrenzen

$$A_\varphi = \left(1-\frac{\delta\Omega}{\pi}\right)^2 \quad\text{und}\quad B_\varphi = \left(1+\frac{\delta\Omega}{\pi}\right)^2$$

sowie

$$\{\psi_j(t)\}_{j\in\mathbb{J}} = \left\{\frac{1}{\sqrt{w_j}}\cdot\sum_{i=-\infty}^{\infty}\left[\operatorname{Sinc}\frac{\Omega}{\pi}\left(t-i\cdot N\cdot T-\frac{t_{j-1}+t_j}{2}\right)-\right.\right.$$
$$\left.\left.\operatorname{Sinc}\frac{\Omega}{\pi}\left(t-i\cdot N\cdot T-\frac{t_j+t_{j+1}}{2}\right)\right]\right\}_{j\in\mathbb{J}}$$

mit den Rahmengrenzen

$$A_\psi = \left(\frac{1-\frac{\delta\Omega}{\pi}}{1+\frac{\delta\Omega}{\pi}}\right)^2 \quad\text{und}\quad B_\psi = 1$$

in dem PALEY-WIENER-Raum $\mathcal{PW}_\Omega^{1-\text{per}}$ führte auch im Falle periodisch fortgesetzter Signale $f\in\mathcal{PW}_\Omega^{1-\text{per}}$ zu einer Rekonstruktionsvorschrift aus einer Folge von lokalen Mittelwerten

$$\left\{\langle f,\psi_j\rangle_{\mathcal{PW}_\Omega^{1-\text{per}}}\right\}_{j\in\mathbb{J}} = \left\{\frac{1}{\sqrt{w_j}}\int_{\frac{t_{j-1}+t_j}{2}}^{\frac{t_j+t_{j+1}}{2}}f(t)\,\mathrm{d}t\right\}_{j\in\mathbb{J}}.$$

Daraus ergibt sich wie in Algorithmus 7.3 auf Seite 342 der zugehörige Rekonstruktionsalgorithmus aus lokalen Mittelwerten.

**Algorithmus 7.5** *Es sei $\{t_j\}_{j\in\mathbb{J}}$ eine irreguläre Folge von nichtäquidistanten Abtastzeitpunkten mit dem maximalen Abstand aufeinander folgender Abtastzeitpunkte*

$$\delta = \max_{j\in\mathbb{J}\cup\{0\}}\{t_{j+1}-t_j\} \overset{!}{<} \frac{\pi}{\Omega}.$$

*Das Signal $f\in\mathcal{PW}_\Omega^{1-\text{per}}$ kann aus der irregulären Folge der lokalen Mittelwerte*

$$\left\{ \int\limits_{\frac{t_{j-1}+t_j}{2}}^{\frac{t_j+t_{j+1}}{2}} f(t)\,\mathrm{d}t \right\}_{j\in\mathbb{J}}$$

*rekursiv mit der Initialisierung $f_0 = 0$ und der Iteration*

$$f_n(t) = f_{n-1}(t) +$$

$$\sum_{j\in\mathbb{J}} \left\{ \frac{1}{T} \int\limits_{\frac{t_{j-1}+t_j}{2}}^{\frac{t_j+t_{j+1}}{2}} (f(t) - f_{n-1}(t))\,\mathrm{d}t \right\} \cdot \frac{\sin\left((2\cdot\lfloor M/2\rfloor + 1)\frac{\pi}{N}\frac{t-t_j}{T}\right)}{N\cdot\sin\left(\frac{\pi}{N}\frac{t-t_j}{T}\right)}$$

*rekonstruiert werden. Die Konvergenz ist exponentiell entsprechend*

$$\frac{\|e_n\|_{\mathcal{PW}_\Omega^{1-\mathrm{per}}}}{\|f\|_{\mathcal{PW}_\Omega^{1-\mathrm{per}}}} = \frac{\|f_n - f\|_{\mathcal{PW}_\Omega^{1-\mathrm{per}}}}{\|f\|_{\mathcal{PW}_\Omega^{1-\mathrm{per}}}} \leq \gamma^{n+1}$$

*mit dem Konvergenzfaktor*

$$\gamma = \frac{\delta\Omega}{\pi} \ .$$

### 7.3.2 Symmetrisch periodisch fortgesetzte Signale

**Der gewichtete Rahmen**

Wird das Signal $f$ mit der Periode $2\cdot N\cdot T$ symmetrisch periodisch fortgesetzt, so hatten wir auch in diesem Falle des PALEY-WIENER-Raums $\mathcal{PW}_\Omega^{2-\mathrm{per}}$ unter der hinreichenden Bedingung

$$\delta = \max_{j\in\mathbb{J}\cup\{0\}} \{t_{j+1} - t_j\} \overset{!}{<} \frac{\pi}{\Omega}$$

in Theorem 6.43 auf Seite 310 einen gewichteten Rahmen

$$\{\varphi_j(t)\}_{j\in\mathbb{J}} = \left\{ \frac{\sqrt{w_j}}{T} \cdot \frac{\sin\left((2\cdot M + 1)\frac{\pi}{2\cdot N}\cdot\left(\frac{t-t_j}{T}\right)\right)}{2\cdot N\cdot\sin\left(\frac{\pi}{2\cdot N}\cdot\left(\frac{t-t_j}{T}\right)\right)} + \right.$$

$$\left. \frac{\sqrt{w_j}}{T} \cdot \frac{\sin\left((2\cdot M + 1)\frac{\pi}{2\cdot N}\cdot\left(\frac{t+t_j}{T}\right)\right)}{2\cdot N\cdot\sin\left(\frac{\pi}{2\cdot N}\cdot\left(\frac{t+t_j}{T}\right)\right)} \right\}_{j\in\mathbb{J}}$$

mit dem Gewicht

$$w_j = \frac{t_{j+1} - t_{j-1}}{2}$$

sowie den Rahmengrenzen

$$A = \left(1 - \frac{\delta\Omega}{\pi}\right)^2 \quad \text{und} \quad B = \left(1 + \frac{\delta\Omega}{\pi}\right)^2$$

hergeleitet. Der zugehörige Rahmenoperator $F : \mathcal{PW}_\Omega^{2-\mathrm{per}} \to \ell^2(\mathbb{J})$ lautet

$$Ff = \{\langle f, \varphi_j\rangle_{\mathcal{PW}_\Omega^{2-\mathrm{per}}}\}_{j\in\mathbb{J}} = \{\sqrt{w_j} \cdot f(t_j)\}_{j\in\mathbb{J}} \ ;$$

der verkettete Operator $F^*F$ ergibt sich aus

$$F^*Ff = \sum_{j\in\mathbb{J}} f(t_j) \cdot \frac{w_j}{T} \cdot \left\{ \frac{\sin\left((2 \cdot M + 1)\frac{\pi}{2\cdot N} \cdot \left(\frac{t-t_j}{T}\right)\right)}{2 \cdot N \cdot \sin\left(\frac{\pi}{2\cdot N} \cdot \left(\frac{t-t_j}{T}\right)\right)} + \right.$$
$$\left. \frac{\sin\left((2 \cdot M + 1)\frac{\pi}{2\cdot N} \cdot \left(\frac{t+t_j}{T}\right)\right)}{2 \cdot N \cdot \sin\left(\frac{\pi}{2\cdot N} \cdot \left(\frac{t+t_j}{T}\right)\right)} \right\} \ .$$

Hieraus folgt wie in Algorithmus 7.4 auf Seite 344 der entsprechende Rekonstruktionsalgorithmus.

**Algorithmus 7.6** *Es sei $\{t_j\}_{j\in\mathbb{J}}$ eine irreguläre Folge von nichtäquidistanten Abtastzeitpunkten mit dem maximalen Abstand aufeinander folgender Abtastzeitpunkte*

$$\delta = \max_{j\in\mathbb{J}\cup\{0\}} \{t_{j+1} - t_j\} \overset{!}{<} \frac{\pi}{\Omega} \ .$$

*Das Signal $f \in \mathcal{PW}_\Omega^{2-\mathrm{per}}$ kann aus der irregulären Folge $\{f(t_j)\}_{j\in\mathbb{J}}$ nichtäquidistanter Abtastwerte rekursiv mit der Initialisierung $f_0 = 0$ und der Iteration*

$$f_n(t) = f_{n-1}(t) + \lambda \cdot \sum_{j\in\mathbb{J}} (f(t_j) - f_{n-1}(t_j)) \cdot \frac{w_j}{T} \cdot$$
$$\left\{ \frac{\sin\left((2 \cdot M + 1)\frac{\pi}{2\cdot N} \cdot \left(\frac{t-t_j}{T}\right)\right)}{2 \cdot N \cdot \sin\left(\frac{\pi}{2\cdot N} \cdot \left(\frac{t-t_j}{T}\right)\right)} + \frac{\sin\left((2 \cdot M + 1)\frac{\pi}{2\cdot N} \cdot \left(\frac{t+t_j}{T}\right)\right)}{2 \cdot N \cdot \sin\left(\frac{\pi}{2\cdot N} \cdot \left(\frac{t+t_j}{T}\right)\right)} \right\}$$

*mit dem Gewicht*

$$w_j = \frac{t_{j+1} - t_{j-1}}{2}$$

*sowie dem Relaxationsparameter*

$$\lambda = \frac{1}{1 + \left(\frac{\delta\Omega}{\pi}\right)^2}$$

*rekonstruiert werden. Die Konvergenz ist exponentiell entsprechend*

$$\frac{\|e_n\|_{\mathcal{PW}_\Omega^{2-\mathrm{per}}}}{\|f\|_{\mathcal{PW}_\Omega^{2-\mathrm{per}}}} = \frac{\|f_n - f\|_{\mathcal{PW}_\Omega^{2-\mathrm{per}}}}{\|f\|_{\mathcal{PW}_\Omega^{2-\mathrm{per}}}} \leq \gamma^{n+1}$$

*mit dem Konvergenzfaktor*

$$\gamma = \frac{2 \cdot \frac{\delta\Omega}{\pi}}{1 + \left(\frac{\delta\Omega}{\pi}\right)^2} \ .$$

## Beispiele

Wird wiederum die Rekonstruktion eines Frequenzband-begrenzten Signals mit $N = 32$ und $M = 23$ betrachtet, so erhalten wir für ein exemplarisches Signal die in Tabelle 7.2 angegebenen wesentlichen Rekonstruktionsparameter. Abbildung 7.14 zeigt das zu rekonstruierende Signal $f \in \mathcal{PW}_\Omega^{2-\mathrm{per}}$ aus

**Tabelle 7.2.** Signalparameter für die Rekonstruktion eines Signals $f \in \mathcal{PW}_\Omega^{2-\mathrm{per}}$.

| $N$ | $M$ | $J$ | $\delta/T$ | $\lambda$ | $\gamma$ |
|-----|-----|-----|------------|-----------|----------|
| 32 | 23 | 47 | 1,23 | 0,56 | 0,99 |

dem PALEY-WIENER-Raum $\mathcal{PW}_\Omega^{2-\mathrm{per}}$ zusammen mit der irregulären Folge $\{f(t_j)\}_{j \in \mathbb{J}}$ nichtäquidistanter Abtastwerte; ferner ist das nach $n = 100$ Iterationen des Algorithmus 7.6 erhaltene rekonstruierte Signal $f_n = f_n(t)$ sowie der Rekonstruktionsfehler $e_n = f_n - f$ gezeigt. Die exakte Rekonstruktion

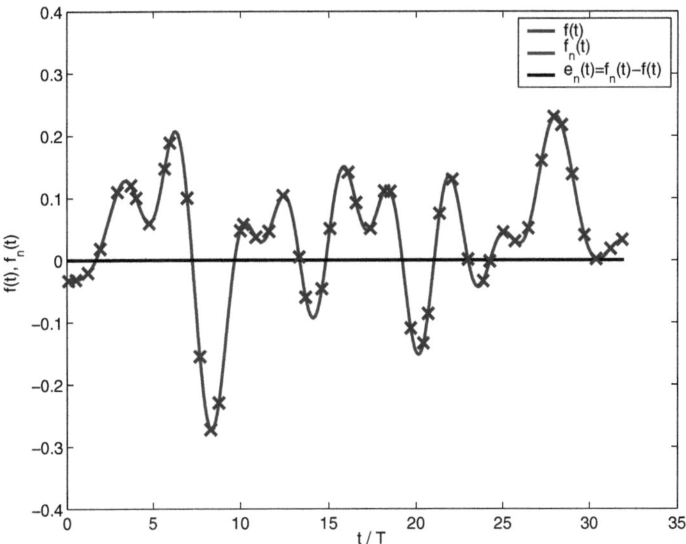


**Abb. 7.14.** Das zu rekonstruierende Signal $f \in \mathcal{PW}_\Omega^{2-\mathrm{per}}$ mitsamt der irregulären Folge $\{f(t_j)\}_{j \in \mathbb{J}}$ nichtäquidistanter Abtastwerte im PALEY-WIENER-Raum $\mathcal{PW}_\Omega^{2-\mathrm{per}}$.

sowie die exponentielle Konvergenz des Rekonstruktionsalgorithmus sind anhand der relativen Norm des Rekonstruktionsfehlersignals $e_n = e_n(t)$ in Abbildung 7.15 ersichtlich. Entsprechend ist in Abbildung 7.16 die irreguläre Folge

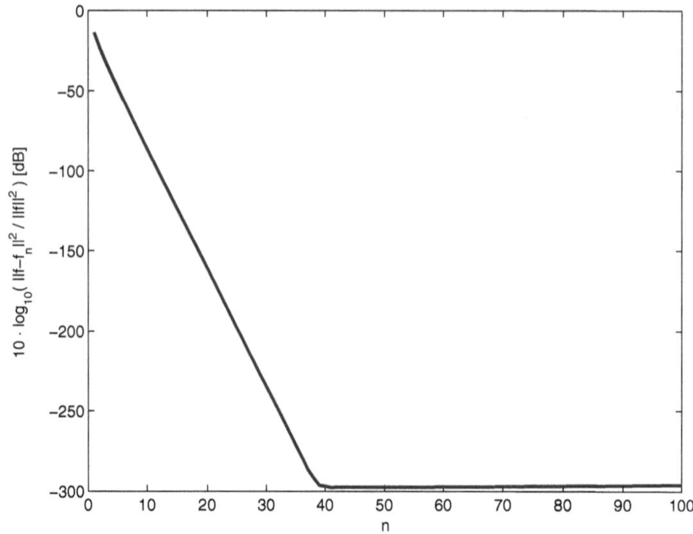

**Abb. 7.15.** Die relative Norm des Rekonstruktionsfehlersignals $e_n = e_n(t)$ als Funktion der Iterationszahl $n$ des Rekonstruktionsalgorithmus im PALEY-WIENER-Raum $\mathcal{PW}_\Omega^{2-\mathrm{per}}$.

$\{f(t_j)\}_{j \in \mathbb{J}}$ nichtäquidistanter Abtastwerte zusammen mit der rekonstruierten Folge $\{f_n(t_j)\}_{j \in \mathbb{J}}$ sowie der Fehlerfolge $\{e_n(t_j)\}_{j \in \mathbb{J}} = \{f_n(t_j) - f(t_j)\}_{j \in \mathbb{J}}$ dargestellt. Abbildung 7.17 zeigt wiederum die relative Norm der Rekonstruktionsfehlersignalfolge $\{e_n(t_j)\}_{j \in \mathbb{J}}$.

Die Motivation für die Einführung symmetrisch mit der Periode $2 \cdot N \cdot T$ periodisch fortgesetzter Signale lag in den möglicherweise bei einer periodischen Fortsetzung mit der Periode $N \cdot T$ an den Rändern des Zeitintervalls $[0, N \cdot T]$ auftretenden Sprüngen des Signals, die zu hohen Frequenzanteilen im zugehörigen Spektrum beziehungsweise zum GIBBSchen Phänomen führen. Während das in Abbildung 7.3 auf Seite 346 zugrunde gelegte zeitbegrenzte Signal zu einem stetigen periodisch fortgesetzten Signal führte, treten nun für das Signal in Abbildung 7.14 bei einer periodischen Fortsetzung mit der Periode $N \cdot T$ Sprünge an ganzzahligen Vielfachen von $N \cdot T$ auf. Dies beeinträchtigt das Rekonstruktionsergebnis bei einer periodischen Fortsetzung mit der Periode $N \cdot T$ erheblich, wie Abbildung 7.18 für das rekonstruierte Signal $f$ und Abbildung 7.19 für die zugehörige relative Fehlernorm zeigt. Der signaltheoretische Grund für die nur schlechte Rekonstruktion liegt darin, dass das – unsymmetrisch – periodisch fortgesetzte Signal $f_{1-\mathrm{per}} = f_{1-\mathrm{per}}(t)$ nicht exakt Frequenzband-begrenzt ist, also nicht in dem PALEY-WIENER-Raum $\mathcal{PW}_\Omega^{1-\mathrm{per}}$ liegt.

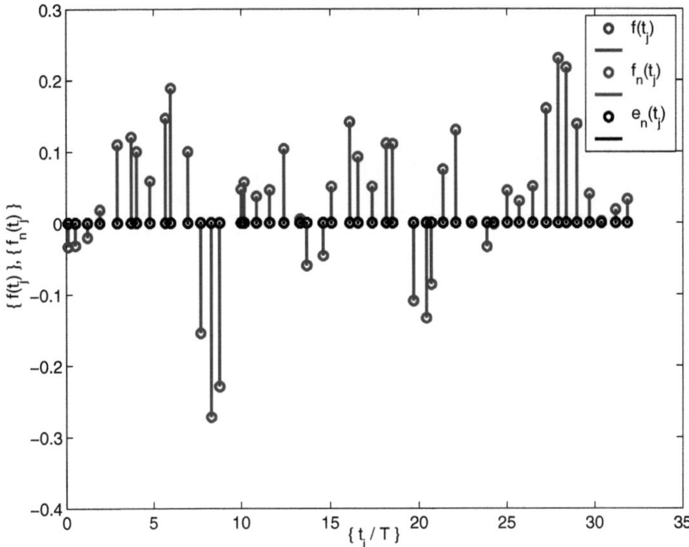

**Abb. 7.16.** Die irreguläre Folge $\{f(t_j)\}_{j\in\mathbb{J}}$ nichtäquidistanter Abtastwerte des zu rekonstruierenden Signals zusammen mit der rekonstruierten Folge $\{f_n(t_j)\}_{j\in\mathbb{J}}$ und der Fehlerfolge $\{e_n(t_j)\}_{j\in\mathbb{J}} = \{f_n(t_j) - f(t_j)\}_{j\in\mathbb{J}}$ im PALEY-WIENER-Raum $\mathcal{PW}_\Omega^{2-\mathrm{per}}$.

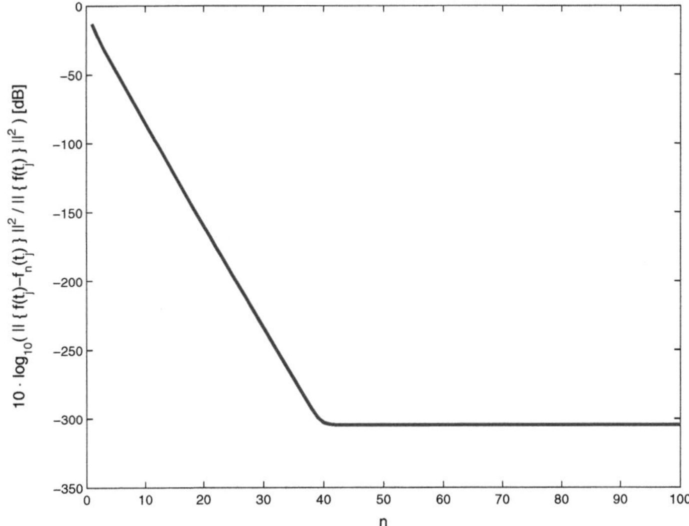

**Abb. 7.17.** Die relative Norm der Rekonstruktionsfehlersignalfolge $\{e_n(t_j)\}_{j\in\mathbb{J}} = \{f_n(t_j) - f(t_j)\}_{j\in\mathbb{J}}$ als Funktion der Iterationszahl $n$ des Rekonstruktionsalgorithmus im PALEY-WIENER-Raum $\mathcal{PW}_\Omega^{2-\mathrm{per}}$.

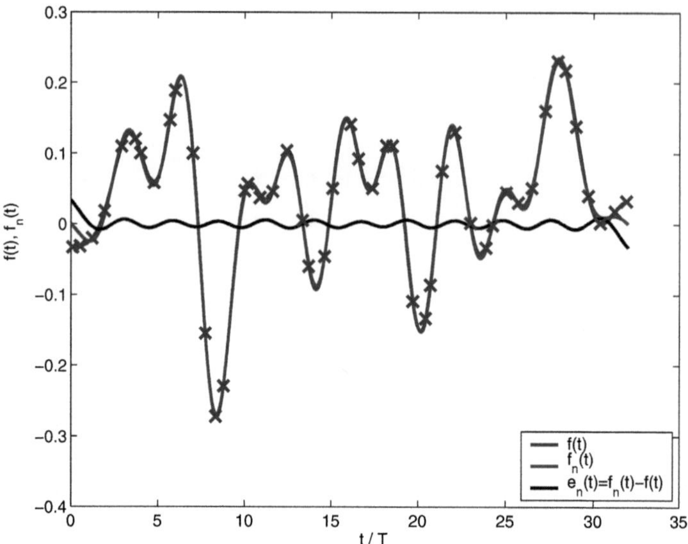

**Abb. 7.18.** Das zu rekonstruierende Signal $f \in \mathcal{PW}_\Omega^{2-\mathrm{per}}$ mitsamt der irregulären Folge $\{f(t_j)\}_{j \in \mathbb{J}}$ nichtäquidistanter Abtastwerte im Paley-Wiener-Raum $\mathcal{PW}_\Omega^{2-\mathrm{per}}$ sowie das rekonstruierte Signal $f_n \in \mathcal{PW}_\Omega^{1-\mathrm{per}}$.

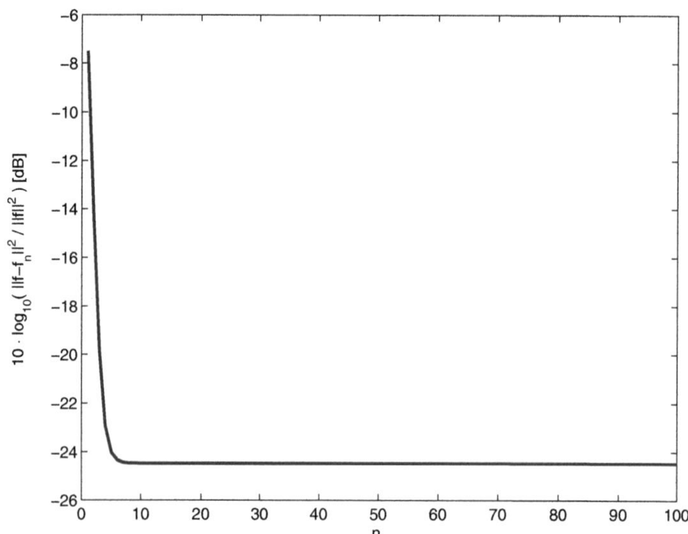

**Abb. 7.19.** Die relative Norm des Rekonstruktionsfehlersignals $e_n = e_n(t)$ als Funktion der Iterationszahl $n$ des Rekonstruktionsalgorithmus im Paley-Wiener-Raum $\mathcal{PW}_\Omega^{1-\mathrm{per}}$.

Abbildung 7.20 zeigt beispielhaft für eine Abtastwertefolge $\{t_j\}_{j\in\mathbb{J}}$ die Signale des Rahmens $\{\varphi_j\}_{j\in\mathbb{J}}$ sowie des dualen Rahmens $\{\widetilde{\varphi}_j\}_{j\in\mathbb{J}}$ im PALEY-WIENER-Raum $\mathcal{PW}_\Omega^{2-\mathrm{per}}$ für die Parameter $N = 32$, $M = 5$ und $J = 11$.

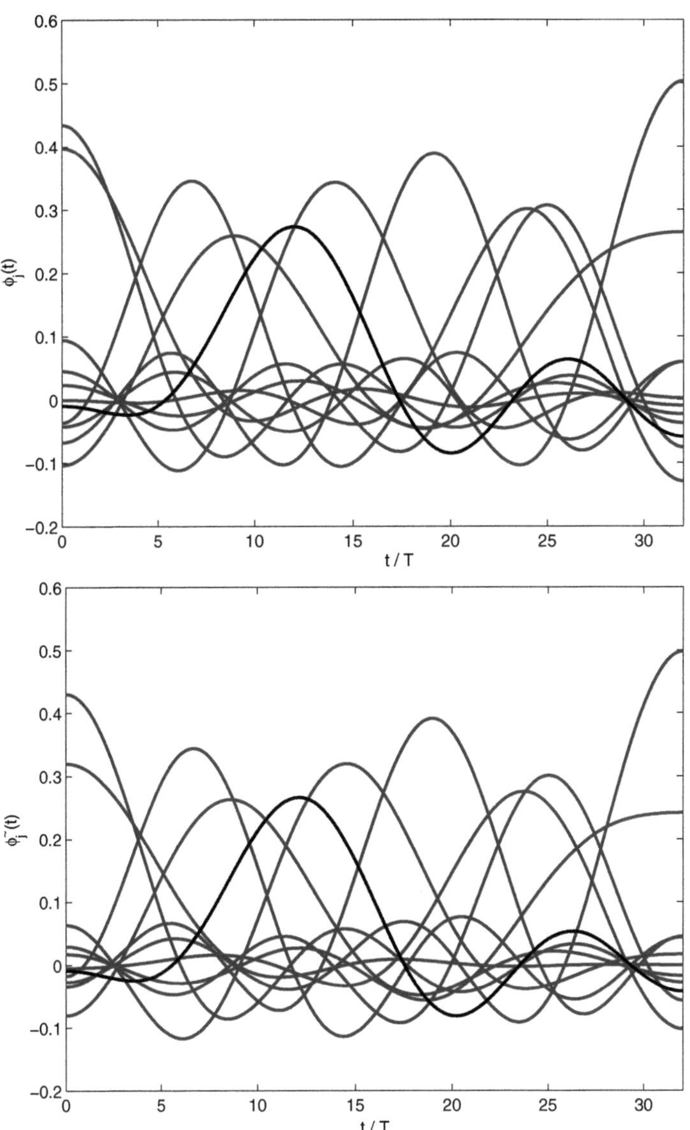

**Abb. 7.20.** Die Signale des Rahmens $\{\varphi_j\}_{j\in\mathbb{J}}$ (oben) sowie des dualen Rahmens $\{\widetilde{\varphi}_j\}_{j\in\mathbb{J}}$ (unten) für eine gegebene Abtastwertefolge $\{t_j\}_{j\in\mathbb{J}}$ im PALEY-WIENER-Raum $\mathcal{PW}_\Omega^{2-\mathrm{per}}$ mit $N = 32$, $M = 5$ und $J = 11$.

## Lokale Mittelwerte

Mit dem für den PALEY-WIENER-Raum $\mathcal{PW}_\Omega^{2-\mathrm{per}}$ hergeleiteten Rahmenpaar $\{\varphi_j\}_{j\in\mathbb{J}}$ und $\{\psi_j\}_{j\in\mathbb{J}}$ ergibt sich auch im Falle symmetrisch periodisch fortgesetzter Signale $f \in \mathcal{PW}_\Omega^{2-\mathrm{per}}$ eine Rekonstruktionsvorschrift aus einer Folge von lokalen Mittelwerten

$$\left\{ \langle f, \psi_j \rangle_{\mathcal{PW}_\Omega^{2-\mathrm{per}}} \right\}_{j\in\mathbb{J}} = \left\{ \frac{1}{\sqrt{w_j}} \int\limits_{\frac{t_{j-1}+t_j}{2}}^{\frac{t_j+t_{j+1}}{2}} f(t)\,\mathrm{d}t \right\}_{j\in\mathbb{J}}$$

entsprechend dem folgenden Rekonstruktionsalgorithmus.

**Algorithmus 7.7** *Es sei $\{t_j\}_{j\in\mathbb{J}}$ eine irreguläre Folge von nichtäquidistanten Abtastzeitpunkten mit dem maximalen Abstand aufeinander folgender Abtastzeitpunkte*

$$\delta = \max_{j\in\mathbb{J}\cup\{0\}} \{t_{j+1} - t_j\} \overset{!}{<} \frac{\pi}{\Omega} \ .$$

*Das Signal $f \in \mathcal{PW}_\Omega^{2-\mathrm{per}}$ kann aus der irregulären Folge der lokalen Mittelwerte*

$$\left\{ \int\limits_{\frac{t_{j-1}+t_j}{2}}^{\frac{t_j+t_{j+1}}{2}} f(t)\,\mathrm{d}t \right\}_{j\in\mathbb{J}}$$

*rekursiv mit der Initialisierung $f_0 = 0$ und der Iteration*

$$f_n(t) = f_{n-1}(t) + \sum_{j\in\mathbb{J}} \left\{ \frac{1}{T} \int\limits_{\frac{t_{j-1}+t_j}{2}}^{\frac{t_j+t_{j+1}}{2}} (f(t) - f_{n-1}(t))\,\mathrm{d}t \right\} \cdot$$

$$\left\{ \frac{\sin\left((2\cdot M+1)\frac{\pi}{2\cdot N}\cdot\left(\frac{t-t_j}{T}\right)\right)}{2\cdot N\cdot\sin\left(\frac{\pi}{2\cdot N}\cdot\left(\frac{t-t_j}{T}\right)\right)} + \frac{\sin\left((2\cdot M+1)\frac{\pi}{2\cdot N}\cdot\left(\frac{t+t_j}{T}\right)\right)}{2\cdot N\cdot\sin\left(\frac{\pi}{2\cdot N}\cdot\left(\frac{t+t_j}{T}\right)\right)} \right\}$$

*rekonstruiert werden. Die Konvergenz ist exponentiell entsprechend*

$$\frac{\|e_n\|_{\mathcal{PW}_\Omega^{2-\mathrm{per}}}}{\|f\|_{\mathcal{PW}_\Omega^{2-\mathrm{per}}}} = \frac{\|f_n - f\|_{\mathcal{PW}_\Omega^{2-\mathrm{per}}}}{\|f\|_{\mathcal{PW}_\Omega^{2-\mathrm{per}}}} \leq \gamma^{n+1}$$

*mit dem Konvergenzfaktor*

$$\gamma = \frac{\delta\Omega}{\pi} \ .$$

### 7.3.3 Verschoben symmetrisch periodisch fortgesetzte Signale

**Der gewichtete Rahmen**

Abschließend geben wir noch der Vollständigkeit halber den Algorithmus 7.6 auf Seite 356 entsprechenden Rekonstruktionsalgorithmus für verschobene symmetrisch periodisch fortgesetzte Signale an.

**Algorithmus 7.8** *Es sei $\{t_j\}_{j\in\mathbb{J}}$ eine irreguläre Folge von nichtäquidistanten Abtastzeitpunkten mit dem maximalen Abstand aufeinander folgender Abtastzeitpunkte*

$$\delta = \max_{j\in\mathbb{J}\cup\{0\}} \{t_{j+1} - t_j\} \overset{!}{<} \frac{\pi}{\Omega} \ .$$

*Das Signal $f \in \mathcal{PW}_\Omega^{2-\mathrm{per}}$ kann aus der irregulären Folge $\{f(t_j)\}_{j\in\mathbb{J}}$ nichtäquidistanter Abtastwerte rekursiv mit der Initialisierung $f_0 = 0$ und der Iteration*

$$f_n(t) = f_{n-1}(t) + \lambda \cdot \sum_{j\in\mathbb{J}} \left(f(t_j) - f_{n-1}(t_j)\right) \cdot \frac{w_j}{T} \cdot$$

$$\left\{ \frac{\sin\left((2\cdot M + 1)\frac{\pi}{2\cdot N} \cdot \left(\frac{t-t_j}{T}\right)\right)}{2\cdot N \cdot \sin\left(\frac{\pi}{2\cdot N} \cdot \left(\frac{t-t_j}{T}\right)\right)} + \frac{\sin\left((2\cdot M + 1)\frac{\pi}{2\cdot N} \cdot \left(\frac{t+t_j+T}{T}\right)\right)}{2\cdot N \cdot \sin\left(\frac{\pi}{2\cdot N} \cdot \left(\frac{t+t_j+T}{T}\right)\right)} \right\}$$

*mit dem Gewicht*

$$w_j = \frac{t_{j+1} - t_{j-1}}{2}$$

*sowie dem Relaxationsparameter*

$$\lambda = \frac{1}{1 + \left(\frac{\delta\Omega}{\pi}\right)^2}$$

*rekonstruiert werden. Die Konvergenz ist exponentiell entsprechend*

$$\frac{\|e_n\|_{\mathcal{PW}_\Omega^{2-\mathrm{per}}}}{\|f\|_{\mathcal{PW}_\Omega^{2-\mathrm{per}}}} = \frac{\|f_n - f\|_{\mathcal{PW}_\Omega^{2-\mathrm{per}}}}{\|f\|_{\mathcal{PW}_\Omega^{2-\mathrm{per}}}} \leq \gamma^{n+1}$$

*mit dem Konvergenzfaktor*

$$\gamma = \frac{2 \cdot \frac{\delta\Omega}{\pi}}{1 + \left(\frac{\delta\Omega}{\pi}\right)^2} \ .$$

**Beispiele**

Wir untersuchen erneut die Rekonstruktion eines Frequenzband-begrenzten Signals mit $N = 32$ und $M = 23$; für ein exemplarisches Signal erhalten wir die in Tabelle 7.3 angegebenen Rekonstruktionsparameter. Abbildung 7.21 zeigt

**Tabelle 7.3.** Signalparameter für die Rekonstruktion eines Signals $f \in \mathcal{PW}_\Omega^{2-\mathrm{per}}$.

| $N$ | $M$ | $J$ | $\delta/T$ | $\lambda$ | $\gamma$ |
|---|---|---|---|---|---|
| 32 | 23 | 47 | 1,13 | 0,60 | 0,49 |

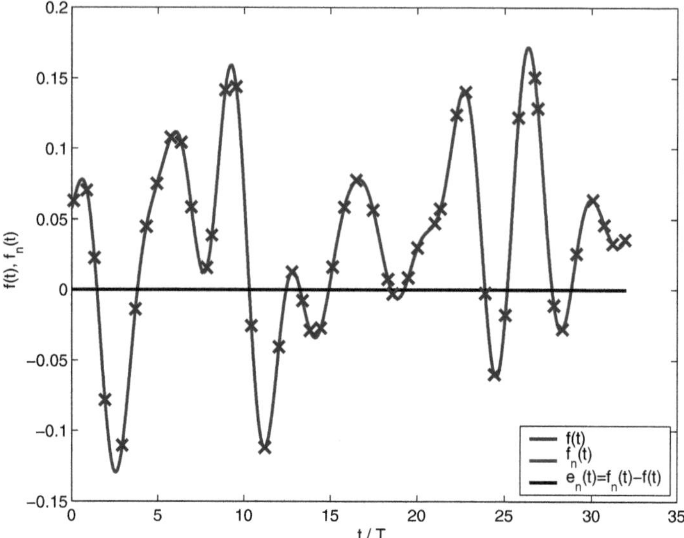

**Abb. 7.21.** Das zu rekonstruierende Signal $f \in \mathcal{PW}_\Omega^{2-\mathrm{per}}$ mitsamt der irregulären Folge $\{f(t_j)\}_{j \in \mathbb{J}}$ nichtäquidistanter Abtastwerte im PALEY-WIENER-Raum $\mathcal{PW}_\Omega^{2-\mathrm{per}}$.

das zu rekonstruierende Signal $f \in \mathcal{PW}_\Omega^{2-\mathrm{per}}$ aus dem PALEY-WIENER-Raum $\mathcal{PW}_\Omega^{2-\mathrm{per}}$, die irreguläre Folge $\{f(t_j)\}_{j \in \mathbb{J}}$ nichtäquidistanter Abtastwerte sowie das nach $n = 100$ Iterationen des Algorithmus 7.8 erhaltene rekonstruierte Signal $f_n = f_n(t)$ mit dem Rekonstruktionsfehlersignal $e_n = f_n - f$. Die relative Norm des Rekonstruktionsfehlersignals $e_n = e_n(t)$ in Abbildung 7.22 demonstriert erneut die exponentielle Konvergenz des Rekonstruktionsalgorithmus. Abbildung 7.23 zeigt die irreguläre Folge $\{f(t_j)\}_{j \in \mathbb{J}}$ nichtäquidistanter Abtastwerte zusammen mit der rekonstruierten Folge $\{f_n(t_j)\}_{j \in \mathbb{J}}$ und der Rekonstruktionsfehlersignalfolge $\{e_n(t_j)\}_{j \in \mathbb{J}} = \{f_n(t_j) - f(t_j)\}_{j \in \mathbb{J}}$. Die relative Norm der Rekonstruktionsfehlersignalfolge $\{e_n(t_j)\}_{j \in \mathbb{J}}$ ist in Abbildung 7.24 dargestellt.

In Abbildung 7.25 sind für eine gegebene Abtastwertefolge $\{t_j\}_{j \in \mathbb{J}}$ die Signale des Rahmens $\{\varphi_j\}_{j \in \mathbb{J}}$ sowie des dualen Rahmens $\{\widetilde{\varphi}_j\}_{j \in \mathbb{J}}$ im PALEY-WIENER-Raum $\mathcal{PW}_\Omega^{2-\mathrm{per}}$ für die Parameter $N = 32$, $M = 5$ und $J = 11$ dargestellt.

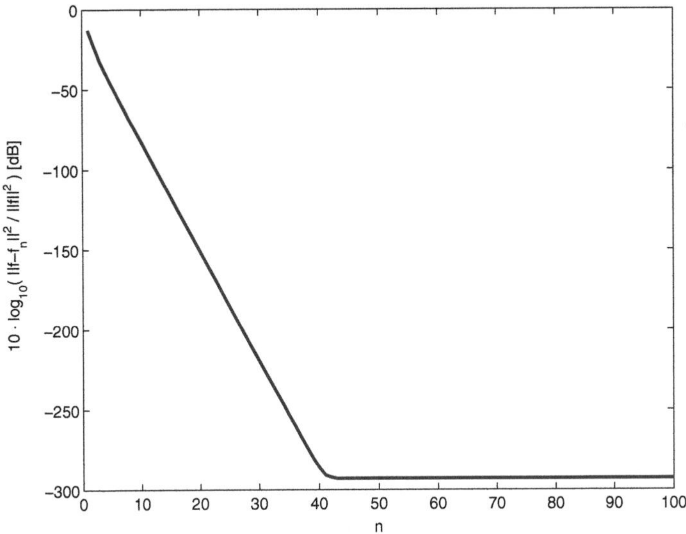

**Abb. 7.22.** Die relative Norm des Rekonstruktionsfehlersignals $e_n = e_n(t)$ als Funktion der Iterationszahl $n$ des Rekonstruktionsalgorithmus im PALEY-WIENER-Raum $\mathcal{PW}_\Omega^{2-\mathrm{per}}$.

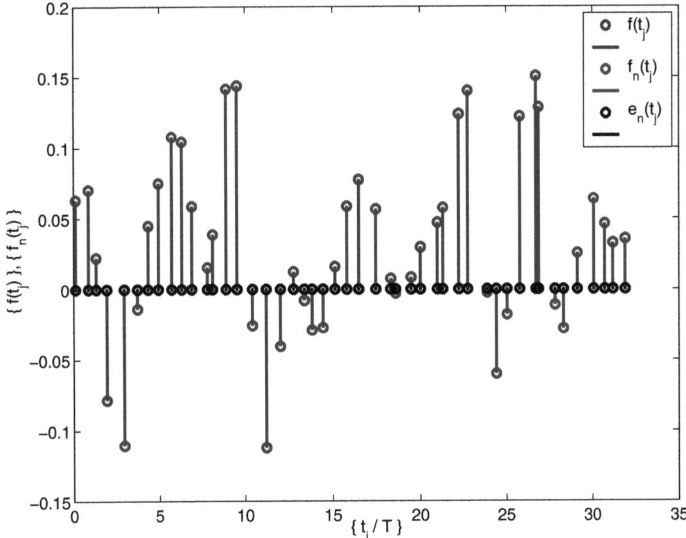

**Abb. 7.23.** Die irreguläre Folge $\{f(t_j)\}_{j\in\mathbb{J}}$ nichtäquidistanter Abtastwerte des zu rekonstruierenden Signals zusammen mit der rekonstruierten Folge $\{f_n(t_j)\}_{j\in\mathbb{J}}$ und der Fehlersignalfolge $\{e_n(t_j)\}_{j\in\mathbb{J}} = \{f_n(t_j) - f(t_j)\}_{j\in\mathbb{J}}$ im PALEY-WIENER-Raum $\mathcal{PW}_\Omega^{2-\mathrm{per}}$.

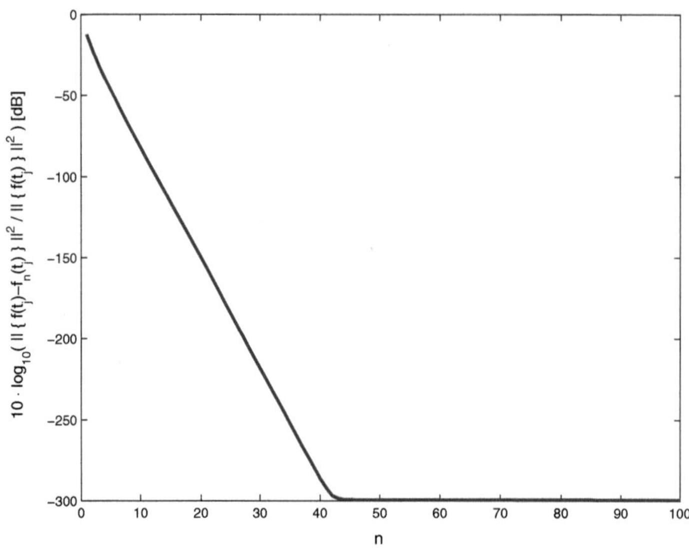

**Abb. 7.24.** Die relative Norm der Rekonstruktionsfehlersignalfolge $\{e_n(t_j)\}_{j\in\mathbb{J}} = \{f_n(t_j)-f(t_j)\}_{j\in\mathbb{J}}$ als Funktion der Iterationszahl $n$ des Rekonstruktionsalgorithmus im PALEY-WIENER-Raum $\mathcal{PW}_\Omega^{2-\mathrm{per}}$.


## Lokale Mittelwerte

Entsprechend lautet der Rekonstruktionsalgorithmus zur Rekonstruktion aus lokalen Mittelwerten wie folgt.

**Algorithmus 7.9** *Es sei $\{t_j\}_{j\in\mathbb{J}}$ eine irreguläre Folge von nichtäquidistanten Abtastzeitpunkten mit dem maximalen Abstand aufeinander folgender Abtastzeitpunkte*

$$\delta = \max_{j\in\mathbb{J}\cup\{0\}}\{t_{j+1}-t_j\} \overset{!}{<} \frac{\pi}{\Omega}\ .$$

*Das Signal $f \in \mathcal{PW}_\Omega^{2-\mathrm{per}}$ kann aus der irregulären Folge der lokalen Mittelwerte*

$$\left\{ \int_{\frac{t_{j-1}+t_j}{2}}^{\frac{t_j+t_{j+1}}{2}} f(t)\,\mathrm{d}t \right\}_{j\in\mathbb{J}}$$

*rekursiv mit der Initialisierung $f_0 = 0$ und der Iteration*

$$f_n(t) = f_{n-1}(t) + \sum_{j\in\mathbb{J}}\left\{ \frac{1}{T} \int_{\frac{t_{j-1}+t_j}{2}}^{\frac{t_j+t_{j+1}}{2}} (f(t)-f_{n-1}(t))\,\mathrm{d}t \right\}\ .$$

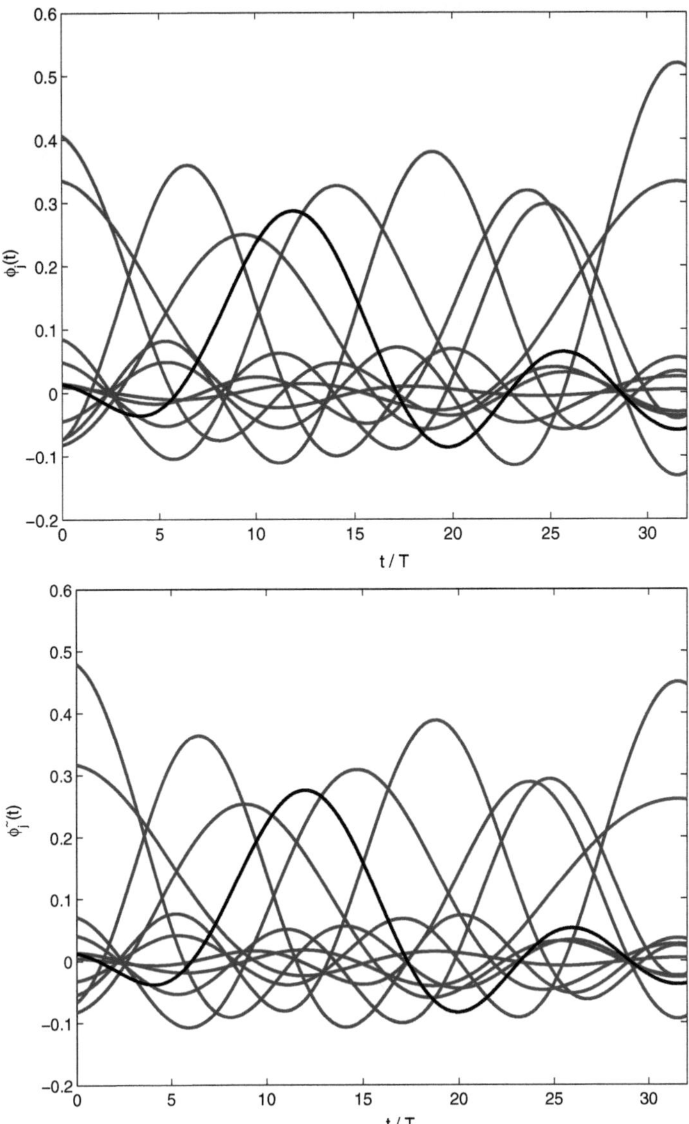

**Abb. 7.25.** Die Signale des Rahmens $\{\varphi_j\}_{j\in\mathbb{J}}$ (oben) sowie des dualen Rahmens $\{\widetilde{\varphi}_j\}_{j\in\mathbb{J}}$ (unten) für eine gegebene Abtastwertefolge $\{t_j\}_{j\in\mathbb{J}}$ im PALEY-WIENER-Raum $\mathcal{PW}_\Omega^{2-\mathrm{per}}$ mit $N=32$, $M=5$ und $J=11$.

$$\left\{ \frac{\sin\left((2 \cdot M + 1)\frac{\pi}{2 \cdot N} \cdot \left(\frac{t-t_j}{T}\right)\right)}{2 \cdot N \cdot \sin\left(\frac{\pi}{2 \cdot N} \cdot \left(\frac{t-t_j}{T}\right)\right)} + \frac{\sin\left((2 \cdot M + 1)\frac{\pi}{2 \cdot N} \cdot \left(\frac{t+t_j+T}{T}\right)\right)}{2 \cdot N \cdot \sin\left(\frac{\pi}{2 \cdot N} \cdot \left(\frac{t+t_j+T}{T}\right)\right)} \right\}$$

*rekonstruiert werden. Die Konvergenz ist exponentiell entsprechend*

$$\frac{\|e_n\|_{\mathcal{PW}_\Omega^{2-\mathrm{per}}}}{\|f\|_{\mathcal{PW}_\Omega^{2-\mathrm{per}}}} = \frac{\|f_n - f\|_{\mathcal{PW}_\Omega^{2-\mathrm{per}}}}{\|f\|_{\mathcal{PW}_\Omega^{2-\mathrm{per}}}} \leq \gamma^{n+1}$$

*mit dem Konvergenzfaktor*

$$\gamma = \frac{\delta\Omega}{\pi} \ .$$

## 7.4 Trigonometrische Polynome

### Der gewichtete Rahmen

In Algorithmus 7.4 auf Seite 344 hatten wir ein Verfahren zur Rekonstruktion eines mit

$$\Omega = \frac{\pi}{T} \cdot \frac{M}{N}$$

Frequenzband-begrenzten und mit der Periode $N \cdot T$ periodisch fortgesetzten Signals $f \in \mathcal{PW}_\Omega^{1-\mathrm{per}}$ angegeben. Der Rekonstruktionsalgorithmus liefert in der $n$-ten Iteration

$$f_n(t) = f_{n-1}(t)+$$

$$\lambda \cdot \sum_{j \in \mathbb{J}} (f(t_j) - f_{n-1}(t_j)) \cdot \frac{w_j}{T} \cdot \frac{\sin\left((2 \cdot \lfloor M/2 \rfloor + 1)\frac{\pi}{N}\frac{t-t_j}{T}\right)}{N \cdot \sin\left(\frac{\pi}{N}\frac{t-t_j}{T}\right)}$$

direkt eine Approximation $f_n = f_n(t)$ des zu rekonstruierenden Signals $f$. Da das in der Iteration $n$ vorliegende periodisch mit der Periode $N \cdot T$ fortgesetzte approximierende Signal $f_n \in \mathcal{PW}_\Omega^{1-\mathrm{per}}$ durch die endliche FOURIER-Reihe

$$f_n(t) = \sum_{i=-\lfloor M/2 \rfloor}^{\lfloor M/2 \rfloor} c_{i,n} \cdot e^{i2\pi it/NT} \quad \forall\, t \in [0, N \cdot T] \quad \mathrm{a.e.}$$

mit den FOURIER-Koeffizienten

$$c_{i,n} = \frac{1}{N \cdot T} \int_0^{N \cdot T} f_n(t) \cdot e^{-i2\pi it/NT}\, \mathrm{d}t$$

darstellbar ist, kann der Rekonstruktionsalgorithmus auch auf Basis der Folge $\{c_{i,n}\}_{i \in \mathbb{I}}$ der FOURIER-Koeffizienten mit der Indexmenge

$$\mathbb{I} \overset{\triangle}{=} \{-\lfloor M/2 \rfloor, \ldots, \lfloor M/2 \rfloor\} \tag{7.2}$$

formuliert werden. In Gleichung 4.24 auf Seite 149 hatten wir gezeigt, dass – mit $t$ ersetzt durch $t/T$ – der skalierte DIRICHLET-Kern geschrieben werden kann als

$$\frac{\sin\left((2 \cdot \lfloor M/2 \rfloor + 1)\frac{\pi}{N}\frac{t}{T}\right)}{N \cdot \sin\left(\frac{\pi}{N}\frac{t}{T}\right)} = \sum_{i=-\infty}^{\infty} \frac{M}{N} \cdot \operatorname{sinc} \frac{M}{N}\left(\frac{t}{T} - i \cdot N\right) \;,$$

woraus mit $\Omega/\pi = M/NT$ folgt

$$\frac{\sin\left((2 \cdot \lfloor M/2 \rfloor + 1)\frac{\pi}{N}\frac{t}{T}\right)}{N \cdot \sin\left(\frac{\pi}{N}\frac{t}{T}\right)} = T \sum_{i=-\infty}^{\infty} \frac{\Omega}{\pi} \cdot \operatorname{sinc} \frac{\Omega}{\pi}(t - i \cdot N \cdot T) \;.$$

Der in der Iterationsvorschrift auftretende skalierte DIRICHLET-Kern ist ein mit der Periode $N{\cdot}T$ periodisches Signal; die zugehörigen FOURIER-Koeffizienten lauten

$$\frac{1}{N \cdot T} \int_{0}^{N\cdot T} \frac{\sin\left((2 \cdot \lfloor M/2 \rfloor + 1)\frac{\pi}{N}\frac{t-t_j}{T}\right)}{N \cdot \sin\left(\frac{\pi}{N}\frac{t-t_j}{T}\right)} \cdot e^{-\mathrm{i}2\pi i t/NT} \, \mathrm{d}t$$

$$= \frac{1}{N} \sum_{i=-\infty}^{\infty} \int_{0}^{N\cdot T} \frac{\Omega}{\pi} \cdot \operatorname{sinc}\frac{\Omega}{\pi}(t - t_j - i \cdot N \cdot T) \cdot e^{-\mathrm{i}2\pi i t/NT} \, \mathrm{d}t$$

$$= \frac{1}{N} \sum_{i=-\infty}^{\infty} \int_{t_j+i\cdot N\cdot T}^{t_j+i\cdot N\cdot T+N\cdot T} \frac{\Omega}{\pi} \cdot \operatorname{sinc}\left(\frac{\Omega \cdot t}{\pi}\right) \cdot e^{-\mathrm{i}2\pi i(t+t_j+i\cdot N\cdot T)/NT} \, \mathrm{d}t$$

$$= \frac{1}{N} \cdot e^{-\mathrm{i}2\pi i t_j/NT} \int_{-\infty}^{\infty} \frac{\Omega}{\pi} \cdot \operatorname{sinc}\left(\frac{\Omega \cdot t}{\pi}\right) \cdot e^{-\mathrm{i}2\pi i t/NT} \, \mathrm{d}t$$

$$= \frac{1}{N} \cdot e^{-\mathrm{i}2\pi i t_j/NT} \cdot \operatorname{rect}\left(\frac{2\pi i/NT}{2\Omega}\right)$$

$$= \frac{1}{N} \cdot e^{-\mathrm{i}2\pi i t_j/NT} \cdot \operatorname{rect}\left(\frac{i}{M}\right)$$

$$= \begin{cases} \frac{1}{N} \cdot e^{-\mathrm{i}2\pi i t_j/NT} \;, & |i| \leq \lfloor M/2 \rfloor \\ 0 & , \quad \text{sonst} \end{cases} \;.$$

Hiermit folgt aus der Iterationsvorschrift des Rekonstruktionsalgorithmus 7.4 auf Seite 344 für die FOURIER-Koeffizienten mit $|i| \leq \lfloor M/2 \rfloor$

$$\boxed{c_{i,n} = c_{i,n-1} + \lambda \cdot \sum_{j \in \mathbb{J}} (f(t_j) - f_{n-1}(t_j)) \cdot \frac{w_j}{N \cdot T} \cdot e^{-\mathrm{i}2\pi i t_j/NT} \;,}$$

woraus sich der folgende Rekonstruktionsalgorithmus auf Basis der Folge $\{c_{i,n}\}_{i\in\mathbb{I}}$ der FOURIER-Koeffizienten ergibt.

**Algorithmus 7.10** *Es sei $\{t_j\}_{j\in\mathbb{J}}$ eine irreguläre Folge von nichtäquidistanten Abtastzeitpunkten mit dem maximalen Abstand aufeinander folgender Abtastzeitpunkte*

$$\delta = \max_{j\in\mathbb{J}\cup\{0\}} \{t_{j+1} - t_j\} \overset{!}{<} \frac{\pi}{\Omega} \ .$$

*Das Signal $f \in \mathcal{PW}_\Omega^{1-\mathrm{per}}$ kann aus der irregulären Folge $\{f(t_j)\}_{j\in\mathbb{J}}$ nichtäquidistanter Abtastwerte iterativ mit der Initialisierung $f_0 = 0$ und dem trigonometrischen Polynom*

$$f_n(t) = \sum_{i=-\lfloor M/2\rfloor}^{\lfloor M/2\rfloor} c_{i,n} \cdot \mathrm{e}^{\mathrm{i}2\pi it/NT} \quad \forall\, t \in [0, N\cdot T] \quad a.e.$$

*unter Verwendung der für $|i| \leq \lfloor M/2\rfloor$ rekursiv berechneten* FOURIER*-Koeffizienten*

$$c_{i,n} = c_{i,n-1} + \lambda \cdot \sum_{j\in\mathbb{J}} (f(t_j) - f_{n-1}(t_j)) \cdot \frac{w_j}{N\cdot T} \cdot \mathrm{e}^{-\mathrm{i}2\pi it_j/NT}$$

*mit dem Gewicht*

$$w_j = \frac{t_{j+1} - t_{j-1}}{2}$$

*sowie dem Relaxationsparameter*

$$\lambda = \frac{1}{1 + \left(\frac{\delta\Omega}{\pi}\right)^2}$$

*rekonstruiert werden. Die Konvergenz ist exponentiell entsprechend*

$$\frac{\|e_n\|_{\mathcal{PW}_\Omega^{1-\mathrm{per}}}}{\|f\|_{\mathcal{PW}_\Omega^{1-\mathrm{per}}}} = \frac{\|f_n - f\|_{\mathcal{PW}_\Omega^{1-\mathrm{per}}}}{\|f\|_{\mathcal{PW}_\Omega^{1-\mathrm{per}}}} \leq \gamma^{n+1}$$

*mit dem Konvergenzfaktor*

$$\gamma = \frac{2 \cdot \frac{\delta\Omega}{\pi}}{1 + \left(\frac{\delta\Omega}{\pi}\right)^2} \ .$$

Das durch die FOURIER-Reihe

$$f(t) = \sum_{i=-\lfloor M/2\rfloor}^{\lfloor M/2\rfloor} c_i \cdot \mathrm{e}^{\mathrm{i}2\pi it/NT} \quad \forall\, t \in [0, N\cdot T] \quad a.e.$$

darstellbare zu rekonstruierende Frequenzband-begrenzte periodisch fortgesetzte Signal $f \in \mathcal{PW}_\Omega^{1-\mathrm{per}}$ kann als so genanntes *trigonometrisches Polynom* mit der Folge $\{c_i\}_{i\in\mathbb{I}}$ der Koeffizienten aufgefasst werden. Wird berücksichtigt, dass für $n \to \infty$ mit dem approximierenden Signal $f_n \to f$ auch die

Folge der approximierenden FOURIER-Koeffizienten $\{c_{i,n}\}_{i\in\mathbb{I}}$ gegen die wahren FOURIER-Koeffizienten $\{c_i\}_{i\in\mathbb{I}}$ streben, das heißt

$$\lim_{n\to\infty}\{c_{i,n}\}_{i\in\mathbb{I}} = \{c_i\}_{i\in\mathbb{I}}\ ,$$

so erhalten wir aus der Iterationsvorschrift

$$c_{i,n} = c_{i,n-1} +$$
$$\lambda \cdot \sum_{j\in\mathbb{J}}\left(f(t_j) - \sum_{k=-\lfloor M/2\rfloor}^{\lfloor M/2\rfloor} c_{k,n-1}\cdot \mathrm{e}^{\mathrm{i}2\pi k t_j/NT}\right)\cdot \frac{w_j}{N\cdot T}\cdot \mathrm{e}^{-\mathrm{i}2\pi i t_j/NT}$$

für $n\to\infty$

$$c_i = c_i +$$
$$\lambda \cdot \sum_{j\in\mathbb{J}}\left(f(t_j) - \sum_{k=-\lfloor M/2\rfloor}^{\lfloor M/2\rfloor} c_k\cdot \mathrm{e}^{\mathrm{i}2\pi k t_j/NT}\right)\cdot \frac{w_j}{N\cdot T}\cdot \mathrm{e}^{-\mathrm{i}2\pi i t_j/NT}\ ,$$

also nach Umformung

$$\sum_{k=-\lfloor M/2\rfloor}^{\lfloor M/2\rfloor}\left(\sum_{j\in\mathbb{J}} w_j\cdot \mathrm{e}^{-\mathrm{i}2\pi(i-k)t_j/NT}\right)\cdot c_k = \sum_{j\in\mathbb{J}} f(t_j)\cdot w_j\cdot \mathrm{e}^{-\mathrm{i}2\pi i t_j/NT}$$

für $i\in\mathbb{I} = \{-\lfloor M/2\rfloor,\ldots,\lfloor M/2\rfloor\}$. Werden die Spaltenvektoren

$$c = \begin{pmatrix} c_{-\lfloor M/2\rfloor} \\ \vdots \\ c_{-1} \\ c_0 \\ c_1 \\ \vdots \\ c_{\lfloor M/2\rfloor} \end{pmatrix}$$

und

$$b = \begin{pmatrix} \sum\limits_{j\in\mathbb{J}} f(t_j)\cdot w_j\cdot \mathrm{e}^{\mathrm{i}2\pi\lfloor M/2\rfloor t_j/NT} \\ \vdots \\ \sum\limits_{j\in\mathbb{J}} f(t_j)\cdot w_j\cdot \mathrm{e}^{\mathrm{i}2\pi t_j/NT} \\ \sum\limits_{j\in\mathbb{J}} f(t_j)\cdot w_j \\ \sum\limits_{j\in\mathbb{J}} f(t_j)\cdot w_j\cdot \mathrm{e}^{-\mathrm{i}2\pi t_j/NT} \\ \vdots \\ \sum\limits_{j\in\mathbb{J}} f(t_j)\cdot w_j\cdot \mathrm{e}^{-\mathrm{i}2\pi\lfloor M/2\rfloor t_j/NT} \end{pmatrix}$$

sowie die $(2 \cdot \lfloor M/2 \rfloor + 1) \times (2 \cdot \lfloor M/2 \rfloor + 1)$ Matrix

$$A = \begin{pmatrix} a_{-\lfloor M/2 \rfloor, -\lfloor M/2 \rfloor} & a_{-\lfloor M/2 \rfloor, -\lfloor M/2 \rfloor + 1} & \cdots & a_{-\lfloor M/2 \rfloor, \lfloor M/2 \rfloor} \\ a_{-\lfloor M/2 \rfloor + 1, -\lfloor M/2 \rfloor} & a_{-\lfloor M/2 \rfloor + 1, -\lfloor M/2 \rfloor + 1} & \cdots & a_{-\lfloor M/2 \rfloor + 1, \lfloor M/2 \rfloor} \\ \vdots & \vdots & \ddots & \vdots \\ a_{\lfloor M/2 \rfloor, -\lfloor M/2 \rfloor} & a_{\lfloor M/2 \rfloor, -\lfloor M/2 \rfloor + 1} & \cdots & a_{\lfloor M/2 \rfloor, \lfloor M/2 \rfloor} \end{pmatrix}$$

mit den Matrixelementen

$$a_{i,k} = \sum_{j \in \mathbb{J}} w_j \cdot e^{-i2\pi(i-k)t_j/NT}$$

für $i, k \in \mathbb{I} = \{-\lfloor M/2 \rfloor, \ldots, \lfloor M/2 \rfloor\}$ definiert, so erhalten wir die Matrixgleichung

$$\boxed{A \cdot c = b} \tag{7.3}$$

zur Bestimmung der gesuchten Folge $\{c_i\}_{i \in \mathbb{I}}$ der FOURIER-Koeffizienten beziehungsweise der Entwicklungskoeffizienten des zugehörigen trigonometrischen Polynoms. Diese Matrixgleichung entspricht der so genannten *Normalenglei-chung*, die sich bei der Lösung des mit der Gewichtsfolge $\{w_j\}_{j \in \mathbb{J}}$ gewichteten Kleinste-Quadrate-Problems (*weighted least squares*)

$$\sum_{j \in \mathbb{J}} w_j \cdot \left| f(t_j) - \sum_{i=-\lfloor M/2 \rfloor}^{\lfloor M/2 \rfloor} c_i \cdot e^{i2\pi i t_j/NT} \right|^2 \to \text{Minimum} \tag{7.4}$$

ergibt. Wir können somit den in Algorithmus 7.10 auf Seite 370 angegebenen Rekonstruktionsalgorithmus als iterative Vorschrift zur Lösung des gewichteten Kleinste-Quadrate-Problems auffassen. Diese Erkenntnis verknüpft mit den besonderen Eigenschaften der Matrix $A$ – sie besitzt zum Beispiel eine TOEPLITZ-Struktur – sowie mit dem in Algorithmus 5.3 auf Seite 198 angegebenen konjugierten Gradientenalgorithmus erlaubt die Formulierung weiterer effizienter Rekonstruktionsalgorithmen [14]. Aus Gleichung 7.4 wird des Weiteren deutlich, dass die zur Erzeugung des gewichteten Rahmens

$$\{\varphi_j(t)\}_{j \in \mathbb{J}} = \left\{ \frac{\sqrt{w_j}}{T} \cdot \frac{\sin\left((2 \cdot \lfloor M/2 \rfloor + 1)\frac{\pi}{N}\frac{t-t_j}{T}\right)}{N \cdot \sin\left(\frac{\pi}{N}\frac{t-t_j}{T}\right)} \right\}_{j \in \mathbb{J}}$$

verwendete Gewichtsfolge $\{w_j\}_{j \in \mathbb{J}}$ einer Modifikation der zu invertierenden Matrix $A$ entspricht. Gegenüber einer ungewichteten Matrix mit den Matrix-elementen $a_{i,k} = \sum_{j \in \mathbb{J}} e^{-i2\pi(i-k)t_j/NT}$ – welche der ungewichteten Signalfolge

$$\left\{ \frac{\sin\left((2 \cdot \lfloor M/2 \rfloor + 1)\frac{\pi}{N}\frac{t-t_j}{T}\right)}{N \cdot \sin\left(\frac{\pi}{N}\frac{t-t_j}{T}\right)} \right\}_{j \in \mathbb{J}}$$

entspricht – führt die Verwendung der Gewichtsfolge $\{w_j\}_{j\in\mathbb{J}}$ zu einer kleineren Konditionszahl

$$\kappa = \frac{\lambda_{\max}}{\lambda_{\min}} \le \left(\frac{1 + \frac{\delta\Omega}{\pi}}{1 - \frac{\delta\Omega}{\pi}}\right)^2$$

der zu invertierenden Matrix $A$ und damit zu einem numerisch stabileren Rekonstruktionsalgorithmus.[4]

## Lokale Mittelwerte

Wird der auf lokalen Mittelwerten operierende Algorithmus 7.5 auf Seite 354 für Frequenzband-begrenzte und mit der Periode $N \cdot T$ periodisch fortgesetzte Signale $f \in \mathcal{PW}_\Omega^{1-\mathrm{per}}$ in dem PALEY-WIENER-Raum $\mathcal{PW}_\Omega^{1-\mathrm{per}}$ mit der Iterationsvorschrift

$$f_n(t) = f_{n-1}(t) +$$
$$\sum_{j\in\mathbb{J}} \left\{ \frac{1}{T} \int_{\frac{t_{j-1}+t_j}{2}}^{\frac{t_j+t_{j+1}}{2}} (f(t) - f_{n-1}(t))\, \mathrm{d}t \right\} \cdot \frac{\sin\left((2\cdot\lfloor M/2\rfloor + 1)\frac{\pi}{N}\frac{t-t_j}{T}\right)}{N\cdot\sin\left(\frac{\pi}{N}\frac{t-t_j}{T}\right)}$$

betrachtet, so kann auch dieser Rekonstruktionsalgorithmus mithilfe des trigonometrischen Polynoms beziehungsweise der endlichen FOURIER-Reihe

$$f_n(t) = \sum_{i=-\lfloor M/2\rfloor}^{\lfloor M/2\rfloor} c_{i,n} \cdot \mathrm{e}^{\mathrm{i}2\pi it/NT} \quad \forall\, t \in [0, N\cdot T] \quad \text{a.e.}$$

mit den zugehörigen FOURIER-Koeffizienten

$$c_{i,n} = \frac{1}{N\cdot T} \int_0^{N\cdot T} f_n(t)\cdot \mathrm{e}^{-\mathrm{i}2\pi it/NT}\, \mathrm{d}t$$

formuliert werden. Unter Verwendung der gerade hergeleiteten FOURIER-Koeffizienten des skalierten DIRICHLET-Kerns

$$\frac{1}{N\cdot T} \int_0^{N\cdot T} \frac{\sin\left((2\cdot\lfloor M/2\rfloor + 1)\frac{\pi}{N}\frac{t-t_j}{T}\right)}{N\cdot\sin\left(\frac{\pi}{N}\frac{t-t_j}{T}\right)} \cdot \mathrm{e}^{-\mathrm{i}2\pi it/NT}\, \mathrm{d}t$$
$$= \begin{cases} \frac{1}{N}\cdot \mathrm{e}^{-\mathrm{i}2\pi it_j/NT}, & |i| \le \lfloor M/2\rfloor \\ 0, & \text{sonst} \end{cases}$$

gilt für die Iterationsvorschrift mit $i \in \mathbb{I} = \{-\lfloor M/2\rfloor, \dots, \lfloor M/2\rfloor\}$

---

[4] $\lambda_{\max}$ und $\lambda_{\min}$ bezeichnen den maximalen beziehungsweise minimalen Eigenwert der Matrix $A$.

$$c_{i,n} = c_{i,n-1} +$$

$$\sum_{j\in\mathbb{J}} \left\{ \frac{1}{N\cdot T} \int\limits_{\frac{t_{j-1}+t_j}{2}}^{\frac{t_j+t_{j+1}}{2}} (f(t) - f_{n-1}(t))\, \mathrm{d}t \right\} \cdot \mathrm{e}^{-\mathrm{i}2\pi \mathrm{i} t_j/NT} \quad .$$

Bei bekannter Folge $\{\int_{(t_{j-1}+t_j)/2}^{(t_j+t_{j+1})/2} f(t)\,\mathrm{d}t\}_{j\in\mathbb{J}}$ der lokalen Mittelwerte des zu rekonstruierenden Signals $f = f(t)$ wird noch die entsprechende Folge der lokalen Mittelwerte des approximierenden Signals $f_n = f_n(t)$ in Iteration $n$ benötigt. Mit der zugehörigen FOURIER-Reihe ergibt sich mit dem Gewicht $w_j = (t_{j+1} - t_{j-1})/2$

$$\int\limits_{\frac{t_{j-1}+t_j}{2}}^{\frac{t_j+t_{j+1}}{2}} f_{n-1}(t)\, \mathrm{d}t$$

$$= \sum_{k=-\lfloor M/2\rfloor}^{\lfloor M/2\rfloor} c_{k,n-1} \int\limits_{\frac{t_{j-1}+t_j}{2}}^{\frac{t_j+t_{j+1}}{2}} \mathrm{e}^{\mathrm{i}2\pi kt/NT}\, \mathrm{d}t$$

$$= \sum_{k=-\lfloor M/2\rfloor}^{\lfloor M/2\rfloor} c_{k,n-1} \cdot \mathrm{e}^{\mathrm{i}\pi k\left(\frac{t_{j-1}+t_j}{2} + \frac{t_j+t_{j+1}}{2}\right)/NT} \quad .$$

$$\int\limits_{\frac{t_{j-1}+t_j}{2}}^{\frac{t_j+t_{j+1}}{2}} \mathrm{e}^{\mathrm{i}2\pi k\left(t - \frac{1}{2}\cdot\left(\frac{t_{j-1}+t_j}{2} + \frac{t_j+t_{j+1}}{2}\right)\right)/NT}\, \mathrm{d}t$$

$$= \sum_{k=-\lfloor M/2\rfloor}^{\lfloor M/2\rfloor} c_{k,n-1} \cdot \mathrm{e}^{\mathrm{i}\pi k\left(\frac{t_{j-1}+t_j}{2} + \frac{t_j+t_{j+1}}{2}\right)/NT} \int\limits_{-w_j/2}^{w_j/2} \mathrm{e}^{\mathrm{i}2\pi kt/NT}\, \mathrm{d}t$$

$$= \sum_{k=-\lfloor M/2\rfloor}^{\lfloor M/2\rfloor} c_{k,n-1} \cdot \mathrm{e}^{\mathrm{i}\pi k\left(\frac{t_{j-1}+t_j}{2} + \frac{t_j+t_{j+1}}{2}\right)/NT} \cdot 2 \int\limits_{0}^{w_j/2} \cos\left(\frac{2\pi kt}{NT}\right)\, \mathrm{d}t$$

$$= \sum_{k=-\lfloor M/2\rfloor}^{\lfloor M/2\rfloor} c_{k,n-1} \cdot \mathrm{e}^{\mathrm{i}\pi k\left(\frac{t_{j-1}+t_j}{2} + \frac{t_j+t_{j+1}}{2}\right)/NT} \cdot 2 \cdot \left[\frac{\sin\left(\frac{2\pi kt}{NT}\right)}{\frac{2\pi k}{NT}}\right]_{0}^{w_j/2}$$

$$= \sum_{k=-\lfloor M/2\rfloor}^{\lfloor M/2\rfloor} c_{k,n-1} \cdot \mathrm{e}^{\mathrm{i}\pi k\left(\frac{t_{j-1}+t_j}{2} + \frac{t_j+t_{j+1}}{2}\right)/NT} \cdot \frac{\sin\left(\frac{\pi k w_j}{NT}\right)}{\frac{\pi k}{NT}}$$

$$= \sum_{k=-\lfloor M/2\rfloor}^{\lfloor M/2\rfloor} c_{k,n-1} \cdot \mathrm{e}^{\mathrm{i}\pi k\left(\frac{t_{j-1}+t_j}{2} + \frac{t_j+t_{j+1}}{2}\right)/NT} \cdot w_j \cdot \mathrm{sinc}\left(\frac{k}{N} \cdot \frac{w_j}{T}\right) \quad .$$

Somit erhalten wir den folgenden Rekonstruktionsalgorithmus aus lokalen Mittelwerten auf der Basis der FOURIER-Koeffizienten.

**Algorithmus 7.11** *Es sei $\{t_j\}_{j\in\mathbb{J}}$ eine irreguläre Folge von nichtäquidistanten Abtastzeitpunkten mit dem maximalen Abstand aufeinander folgender Abtastzeitpunkte*

$$\delta = \max_{j\in\mathbb{J}\cup\{0\}} \{t_{j+1} - t_j\} \overset{!}{<} \frac{\pi}{\Omega} \ .$$

*Das Signal $f \in \mathcal{PW}_\Omega^{1-\mathrm{per}}$ kann aus der irregulären Folge der lokalen Mittelwerte*

$$Lf = \left\{ \frac{1}{N\cdot T} \int_{\frac{t_{j-1}+t_j}{2}}^{\frac{t_j+t_{j+1}}{2}} f(t)\,\mathrm{dt} \right\}_{j\in\mathbb{J}}$$

*iterativ mit der Initialisierung $f_0 = 0$ und dem trigonometrischen Polynom*

$$f_n(t) = \sum_{i=-\lfloor M/2\rfloor}^{\lfloor M/2\rfloor} c_{i,n} \cdot \mathrm{e}^{\mathrm{i}2\pi it/NT} \quad \forall\, t \in [0, N\cdot T] \quad a.e.$$

*unter Verwendung der für $|i| \leq \lfloor M/2 \rfloor$ rekursiv berechneten FOURIER-Koeffizienten*

$$c_{i,n} = c_{i,n-1} + \sum_{j\in\mathbb{J}} \left[(Lf)_j - (L_{n-1}f)_j\right] \cdot \mathrm{e}^{-\mathrm{i}2\pi it_j/NT}$$

*mit*

$$L_n f =$$
$$\left\{ \sum_{k=-\lfloor M/2\rfloor}^{\lfloor M/2\rfloor} c_{k,n} \cdot \mathrm{e}^{\mathrm{i}\pi k\left(\frac{t_{j-1}+t_j}{2}+\frac{t_j+t_{j+1}}{2}\right)/NT} \cdot \frac{w_j}{N\cdot T} \cdot \mathrm{sinc}\left(\frac{k}{N}\cdot\frac{w_j}{T}\right) \right\}_{j\in\mathbb{J}}$$

*und dem Gewicht*

$$w_j = \frac{t_{j+1} - t_{j-1}}{2}$$

*rekonstruiert werden. Die Konvergenz ist exponentiell entsprechend*

$$\frac{\|e_n\|_{\mathcal{PW}_\Omega^{1-\mathrm{per}}}}{\|f\|_{\mathcal{PW}_\Omega^{1-\mathrm{per}}}} = \frac{\|f_n - f\|_{\mathcal{PW}_\Omega^{1-\mathrm{per}}}}{\|f\|_{\mathcal{PW}_\Omega^{1-\mathrm{per}}}} \leq \gamma^{n+1}$$

*mit dem Konvergenzfaktor*

$$\gamma = \frac{\delta\Omega}{\pi} \ .$$

**Tabelle 7.4.** Signalparameter für die Rekonstruktion eines Signals $f \in \mathcal{PW}_\Omega^{1-\mathrm{per}}$ aus lokalen Mittelwerten auf der Basis der FOURIER-Koeffizienten.

| $N$ | $M$ | $J$ | $\delta/T$ | $\gamma$ |
|---|---|---|---|---|
| 32 | 23 | 47 | 1,16 | 0,83 |

## Beispiel

Als Beispiel betrachten wir die Rekonstruktion eines Frequenzband-begrenzten Signals mithilfe des Algorithmus 7.11 und $N = 32$ und $M = 23$. Die zugehörigen Rekonstruktionsparameter sind in Tabelle 7.4 angegeben. Abbildung 7.26 zeigt das zu rekonstruierende Signal $f \in \mathcal{PW}_\Omega^{1-\mathrm{per}}$ aus dem PALEY-WIENER-Raum $\mathcal{PW}_\Omega^{1-\mathrm{per}}$ mitsamt der irregulären Folge $\{t_j\}_{j\in\mathbb{J}}$ der nichtäquidistanten Abtastzeitpunkte. Die Kardinalität der Indexmenge beträgt wiederum $J = |\mathbb{J}| = 47$. Ebenso ist das nach $n = 25$ Iterationen des

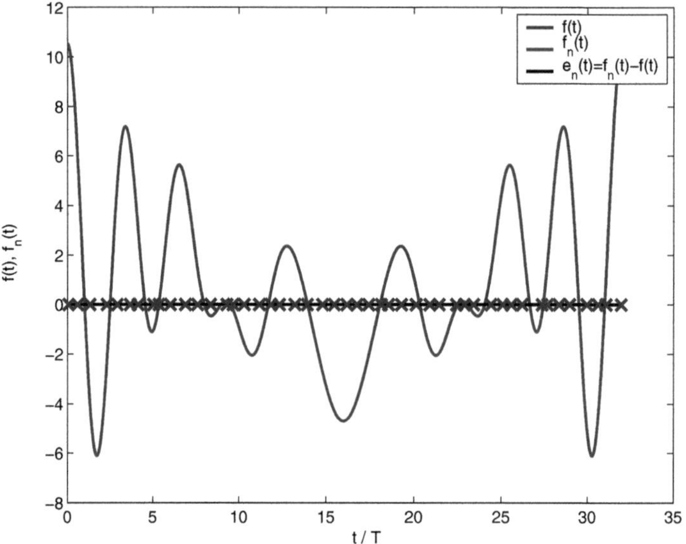


**Abb. 7.26.** Das zu rekonstruierende Signal $f \in \mathcal{PW}_\Omega^{1-\mathrm{per}}$ mitsamt der irregulären Folge $\{t_j\}_{j\in\mathbb{J}}$ nichtäquidistanter Abtastzeitpunkte im PALEY-WIENER-Raum $\mathcal{PW}_\Omega^{1-\mathrm{per}}$.

Algorithmus 7.11 erhaltene rekonstruierte Signal $f_n = f_n(t)$ sowie der Rekonstruktionsfehler $e_n = f_n - f$ gezeigt. Aus dieser Abbildung sowie aus der in Abbildung 7.27 dargestellten relativen Norm des Rekonstruktionsfehlersignals $e_n = e_n(t)$ ist ersichtlich, dass sowohl die Rekonstruktion – im Rahmen der numerischen Genauigkeit – exakt ist, als auch der Rekonstruktionsalgorithmus exponentiell konvergiert.

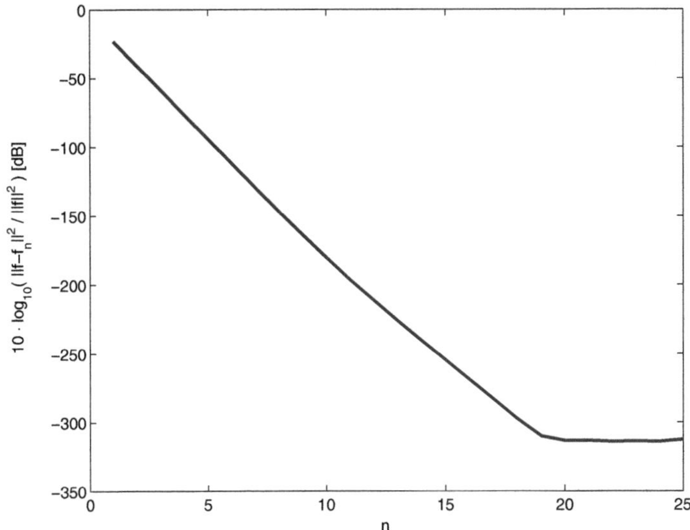

**Abb. 7.27.** Die relative Norm des Rekonstruktionsfehlersignals $e_n = e_n(t)$ als Funktion der Iterationszahl $n$ des Rekonstruktionsalgorithmus aus lokalen Mittelwerten auf der Basis der FOURIER-Koeffizienten im PALEY-WIENER-Raum $\mathcal{PW}_\Omega^{1-\text{per}}$.

## 7.5 Finite irreguläre Abtastung

Unter so genannten *finiten Signalen* werden zeitdiskrete Signale mit einer endlichen Anzahl von Abtastwerten verstanden, zum Beispiel

$$\{f_k\}_{k\in\{0,1,\dots,N-1\}} \stackrel{\triangle}{=} \{f(k\cdot T)\}_{k\in\{0,1,\dots,N-1\}}$$

mit der Abtastrate $T^{-1}$ und der Indexmenge

$$\mathbb{I} \stackrel{\triangle}{=} \{0,1,\dots,N-1\}$$

endlicher Kardinalität $N$. Entsprechend der Diskussion zur Herleitung der diskreten FOURIER-Transformation beziehungsweise DFT in Definition 4.16 auf Seite 168 können finite Signale als Entwicklungskoeffizienten von periodisch fortgesetzten zeitlich begrenzten und zeitdiskreten Signalen aufgefasst werden. Finite Signale stellen die in der digitalen Signalverarbeitung besonders interessante Signalklasse dar, da hier im Allgemeinen zeitdiskrete Signale endlicher Länge verarbeitet werden. Wir werden daher in diesem Abschnitt die irreguläre – also nichtäquidistante – Abtastung finiter Signale sowie die zugehörigen Rekonstruktionsalgorithmen der zugrunde liegenden zeitdiskreten beziehungsweise der zuordenbaren Frequenzband-begrenzten, periodisch fortgesetzten Signale behandeln. Hierzu ist es erforderlich, dass auch die nichtäquidistanten Abtastwerte $t_j$ in der irregulären Folge $\{t_j\}_{j\in\mathbb{J}}$ mit der endlichen Kardinalität $|\mathbb{J}| = J$ Vielfache der Abtastperiode $T$ sind, das heißt es gelte

$$\{t_j\}_{j\in\mathbb{J}} \overset{\triangle}{=} \{k_j \cdot T\}_{j\in\mathbb{J}} \tag{7.5}$$

mit $k_j \in \{0, 1, \ldots, N-1\}$.

Werden in dem für periodisch mit der Periode $N\cdot T$ fortgesetzte Signale $f \in \mathcal{PW}_\Omega^{1-\mathrm{per}}$ in dem PALEY-WIENER-Raum $\mathcal{PW}_\Omega^{1-\mathrm{per}}$ hergeleiteten Algorithmus 7.4 auf Seite 344 die kontinuierliche Zeitvariable $t$ durch die diskrete Variable $k \cdot T$ sowie die nichtäquidistanten Abtastzeitpunkte $t_j$ durch $k_j \cdot T$ ersetzt, so erhalten wir mit

$$f_{k_j} \overset{\triangle}{=} f(k_j \cdot T)$$

und

$$f_{k_j,n} \overset{\triangle}{=} f_n(k_j \cdot T)$$

die Iterationsvorschrift

$$f_{k,n} \overset{\triangle}{=} f_n(k \cdot T) = f_{k,n-1} + \lambda \cdot \sum_{j\in\mathbb{J}} \left(f_{k_j} - f_{k_j,n-1}\right) \cdot$$

$$\frac{k_{j+1} - k_{j-1}}{2} \cdot \frac{\sin\left((2 \cdot \lfloor M/2 \rfloor + 1)\frac{\pi(k-k_j)}{N}\right)}{N \cdot \sin\left(\frac{\pi(k-k_j)}{N}\right)} \cdot$$

$$\tag{7.6}$$

Der Relaxationsparameter $\lambda$ lautet nun wegen $\Omega/\pi = M/NT$ entsprechend

$$\lambda = \frac{1}{1 + \left(\varDelta \cdot \frac{M}{N}\right)^2}$$

mit dem unter Verwendung der diskreten Hilfszeitpunkte

$$k_0 \overset{\triangle}{=} -k_1 \; ,$$

$$k_{J+1} \overset{\triangle}{=} 2 \cdot N - k_J$$

definierten maximalen Abstand $\varDelta = \delta/T$ der nichtäquidistanten diskreten Abtastzeitpunkte

$$\boxed{\varDelta \overset{\triangle}{=} \max_{j\in\mathbb{J}\cup\{0\}} \{k_{j+1} - k_j\} \; .} \tag{7.7}$$

Wird die zeitdiskrete periodische Impulsantwort

$$h_k \triangleq \frac{\sin\left((2 \cdot \lfloor M/2 \rfloor + 1)\frac{\pi k}{N}\right)}{N \cdot \sin\left(\frac{\pi k}{N}\right)} \tag{7.8}$$

definiert, so gilt

$$f_{k,n} = f_{k,n-1} + \lambda \cdot \sum_{j \in \mathbb{J}} \left(f_{k_j} - f_{k_j,n-1}\right) \cdot \frac{k_{j+1} - k_{j-1}}{2} \cdot h_{k-k_j} \ .$$

Mit dem finiten Hilfssignal

$$g_{k,n} \triangleq \begin{cases} \frac{k_{j+1}-k_{j-1}}{2} \cdot \left(f_{k_j} - f_{k_j,n}\right) \ , & \exists j \in \mathbb{J} : k_j = k \\ 0 \ , & \text{sonst} \end{cases} ,$$

welches für die auch in der irregulären Folge $\{k_j\}_{j \in \mathbb{J}}$ auftretenden diskreten Abtastzeitpunkte gleich der gewichteten Differenz der entsprechenden Abtastwerte $f_{k_j} - f_{k_j,n}$ und sonst 0 ist – somit also das Signal $\{f_{k_j} - f_{k_j,n}\}_{j \in \mathbb{J}}$ mit Nullen auf die Länge $N$ auffüllt – ergibt sich aufgrund der Periodizität der Impulsantwort $\{h_k\}_{k \in \mathbb{Z}}$ eine Beziehung mithilfe der zyklischen Faltung aus Definition 4.19 auf Seite 170

$$f_{k,n} = f_{k,n-1} + \lambda \cdot \sum_{i=0}^{N-1} g_i \cdot h_{k-i} = f_{k,n-1} + \lambda \cdot \sum_{i=0}^{N-1} g_i \cdot h_{k-i \bmod N}$$

$$\Leftrightarrow \quad \{f_{k,n}\}_{k \in \mathbb{I}} = \{f_{k,n-1}\}_{k \in \mathbb{I}} + \lambda \cdot \{g_{k,n}\}_{k \in \mathbb{I}} \star \{h_k\}_{k \in \mathbb{I}}$$

mit der Indexmenge $\mathbb{I} = \{0, 1, \ldots, N-1\}$. Wegen Gleichung 4.51 beziehungsweise Gleichung 4.52 auf Seite 171 kann die zyklische Faltung mithilfe der Multiplikation der über die diskrete FOURIER-Transformation aus Definition 4.16 auf Seite 168 zugeordneten Spektralfolgen berechnet werden.

$$\boxed{\{f_{k,n}\}_{k \in \mathbb{I}} = \{f_{k,n-1}\}_{k \in \mathbb{I}} + \lambda \cdot \text{IDFT}[\, \text{DFT}[\{g_{k,n}\}_{k \in \mathbb{I}}] \cdot \text{DFT}[\{h_k\}_{k \in \mathbb{I}}]\,]}$$

$$\tag{7.9}$$

Für $n \to \infty$ konvergiert das finite Signal $\{f_{k,n}\}_{k \in \mathbb{I}}$ gegen das gesuchte finite Signal $\{f_k\}_{k \in \mathbb{I}}$, das heißt

$$\lim_{n \to \infty} \{f_{k,n}\}_{k \in \mathbb{I}} = \{f_k\}_{k \in \mathbb{I}} \ .$$

Um zur Berechnung der relativen Norm des finiten Rekonstruktionsfehlersignals

$$\{e_{k,n}\}_{k \in \mathbb{I}} \triangleq \{f_{k,n} - f_k\}_{k \in \mathbb{I}} \tag{7.10}$$

in der Iteration $n$ auf die bereits hergeleiteten Beziehungen für die irreguläre Abtastung zeitkontinuierlicher Signale zurückgreifen zu können beachten wir, dass mit $\Omega/\pi = M/NT$ und $M \leq N$ der PALEY-WIENER-Raum $\mathcal{PW}_\Omega^{1-\text{per}} \subseteq \mathcal{PW}_{\pi/T}^{1-\text{per}}$ Teilmenge des PALEY-WIENER-Raums $\mathcal{PW}_{\pi/T}^{1-\text{per}}$ ist. Für die Norm in dem PALEY-WIENER-Raum $\mathcal{PW}_{\pi/T}^{1-\mathrm{per}}$ war in Gleichung 4.33 auf Seite 155 eine Beziehung zwischen dem mit der Periode $N \cdot T$ periodisch fortgesetzten zeitkontinuierlichen Signal $f$ sowie der zugehörigen Abtastwertefolge $\{f(k \cdot T)\}_{k \in \mathbb{I}} = \{f_k\}_{k \in \mathbb{I}}$ gefunden worden. Es gilt

$$\|f\|_{\mathcal{PW}_{\pi/T}^{1-\mathrm{per}}}^2 = T \sum_{k=0}^{N-1} |f(k \cdot T)|^2 = T \sum_{k=0}^{N-1} |f_k|^2 = T \cdot \|\{f_k\}_{k \in \mathbb{I}}\|_{\ell^2(\mathbb{I})}^2 \ .$$

Hiermit kann die relative Rekonstruktionsfehlersignalnorm in der Iteration $n$ aus den regulären Folgen $\{f_k\}_{k \in \mathbb{I}}$ und $\{f_{k,n}\}_{k \in \mathbb{I}}$ äquidistanter Abtastwerte berechnet werden gemäß

$$\frac{\|e_n\|_{\mathcal{PW}_{\pi/T}^{1-\mathrm{per}}}}{\|f\|_{\mathcal{PW}_{\pi/T}^{1-\mathrm{per}}}} = \frac{\|\{e_{k,n}\}_{k \in \mathbb{I}}\|_{\ell^2(\mathbb{I})}}{\|\{f_k\}_{k \in \mathbb{I}}\|_{\ell^2(\mathbb{I})}} = \frac{\|\{f_{k,n} - f_k\}_{k \in \mathbb{I}}\|_{\ell^2(\mathbb{I})}}{\|\{f_k\}_{k \in \mathbb{I}}\|_{\ell^2(\mathbb{I})}} \le \gamma^{n+1}$$

mit dem Konvergenzfaktor

$$\gamma = \frac{2 \cdot \Delta \cdot \frac{M}{N}}{1 + \left(\Delta \cdot \frac{M}{N}\right)^2} \ .$$

Hier wurde erneut $\Omega/\pi = M/NT$ beachtet.

Da die Spektralfolge $\{\widehat{h}_i\}_{i \in \mathbb{I}} = \mathrm{DFT}[\{h_j\}_{j \in \mathbb{I}}]$ in jedem Iterationsschritt unverändert verwendet wird, bestimmen wir sie aus der zeitdiskreten periodischen Impulsantwort. Es gilt mit der endlichen geometrischen Reihe

$$h_j = \frac{\sin\left((2 \cdot \lfloor M/2 \rfloor + 1)\frac{\pi j}{N}\right)}{N \cdot \sin\left(\frac{\pi j}{N}\right)}$$

$$= \frac{1}{N} \cdot \mathrm{e}^{-\mathrm{i}2\pi\lfloor M/2 \rfloor j/N} \cdot \frac{1 - \mathrm{e}^{\mathrm{i}2\pi(2\cdot\lfloor M/2 \rfloor+1)j/N}}{1 - \mathrm{e}^{\mathrm{i}2\pi j/N}}$$

$$= \frac{1}{N} \cdot \mathrm{e}^{-\mathrm{i}2\pi\lfloor M/2 \rfloor j/N} \sum_{i=0}^{2\cdot\lfloor M/2 \rfloor} \mathrm{e}^{\mathrm{i}2\pi i j/N}$$

$$= \frac{1}{N} \sum_{i=-\lfloor M/2 \rfloor}^{\lfloor M/2 \rfloor} \mathrm{e}^{\mathrm{i}2\pi i j/N}$$

$$= \frac{1}{N} \sum_{i=0}^{\lfloor M/2 \rfloor} \mathrm{e}^{\mathrm{i}2\pi i j/N} + \frac{1}{N} \sum_{i=N-\lfloor M/2 \rfloor}^{N-1} \mathrm{e}^{\mathrm{i}2\pi i j/N}$$

$$\stackrel{!}{=} \frac{1}{N} \sum_{i=0}^{N-1} \widehat{h}_i \cdot \mathrm{e}^{\mathrm{i}2\pi i j/N} \ .$$

Hieraus kann die Spektralfolge $\{\widehat{h}_i\}_{i \in \mathbb{I}}$ abgelesen werden.

$$\widehat{h}_i = \begin{cases} 1 \, , & i = 0,1,\ldots,\lfloor M/2\rfloor \vee i = N - \lfloor M/2\rfloor,\ldots,N-1 \\ 0 \, , & \text{sonst} \end{cases} \qquad (7.11)$$

Diese Spektralfolge entspricht – nicht überraschend angesichts der Vorgeschichte – der Übertragungsfunktion eines zeitdiskreten idealen Tiefpasses. Die in der Iterationsvorschrift auftretende Multiplikation der Spektralfolge $\mathrm{DFT}[\{g_{k,n}\}_{k\in\mathbb{I}}]$ mit $\{\widehat{h}_i\}_{i\in\mathbb{I}}$ kann daher einfach durch Nullsetzen der „hohen" Spektralanteile erfolgen.

Die Berechnung der DFT sowie der IDFT kann effizient mithilfe des bereits besprochenen schnellen FOURIER-Transformationsalgorithmus (*FFT – fast FOURIER transform*) erfolgen. Wir erhalten somit den folgenden effizienten Rekonstruktionsalgorithmus für irregulär abgetastete finite Signale.

**Algorithmus 7.12** *Es sei $\{k_j\}_{j\in\mathbb{J}}$ mit $k_j \in \mathbb{I} = \{0,1,\ldots,N-1\}$ eine irreguläre Folge von nichtäquidistanten Abtastzeitpunkten mit dem maximalen Abstand aufeinander folgender Abtastzeitpunkte*

$$\Delta \stackrel{\triangle}{=} \max_{j\in\mathbb{J}\cup\{0\}} \{k_{j+1} - k_j\} \stackrel{!}{<} \frac{N}{M} \, .$$

*Das mit der normierten Frequenzgrenze $\pi M/N$ Frequenzband-begrenzte finite Signal $\{f_k\}_{k\in\mathbb{I}}$ kann aus der irregulären Folge der nichtäquidistanten Abtastwerte*

$$\left\{f_{k_j}\right\}_{j\in\mathbb{J}}$$

*rekursiv mit der Initialisierung $\{f_{k,0}\}_{k\in\mathbb{I}} = 0$ und der Iteration*

$$\{f_{k,n}\}_{k\in\mathbb{I}} = \{f_{k,n-1}\}_{k\in\mathbb{I}} + \lambda \cdot \mathrm{IDFT}[\, \mathrm{DFT}[\{g_{k,n}\}_{k\in\mathbb{I}}] \cdot \mathrm{DFT}[\{h_k\}_{k\in\mathbb{I}}] \,]$$

*mit dem finiten Hilfssignal*

$$g_{k,n} = \begin{cases} \frac{k_{j+1}-k_{j-1}}{2} \cdot \left(f_{k_j} - f_{k_j,n}\right) \, , & \exists j \in \mathbb{J} : k_j = k \\ 0 & , \qquad \text{sonst} \end{cases}$$

*sowie dem Relaxationsparameter*

$$\lambda = \frac{1}{1 + \left(\Delta \cdot \frac{M}{N}\right)^2}$$

*rekonstruiert werden. Hierbei ist $\mathrm{DFT}[\{h_k\}_{k\in\mathbb{I}}] = \{\widehat{h}_i\}_{i\in\mathbb{I}}$ die Spektralfolge der Impulsantwort eines zeitdiskreten idealen Tiefpasses mit*

$$\widehat{h}_i = \begin{cases} 1 \, , & i = 0,1,\ldots,\lfloor M/2\rfloor \vee i = N - \lfloor M/2\rfloor,\ldots,N-1 \\ 0 \, , & \text{sonst} \end{cases} \, .$$

*Die Konvergenz ist exponentiell entsprechend*

$$\frac{\|\{e_{k,n}\}_{k\in\mathbb{I}}\|_{\ell^2(\mathbb{I})}}{\|\{f_k\}_{k\in\mathbb{I}}\|_{\ell^2(\mathbb{I})}} = \frac{\|\{f_{k,n} - f_k\}_{k\in\mathbb{I}}\|_{\ell^2(\mathbb{I})}}{\|\{f_k\}_{k\in\mathbb{I}}\|_{\ell^2(\mathbb{I})}} = \sqrt{\frac{\sum_{k=0}^{N-1} |f_{k,n} - f_k|^2}{\sum_{k=0}^{N-1} |f_k|^2}} \leq \gamma^{n+1}$$

*mit dem Konvergenzfaktor*

$$\gamma = \frac{2 \cdot \Delta \cdot \frac{M}{N}}{1 + \left(\Delta \cdot \frac{M}{N}\right)^2} \ .$$

In Abbildung 7.28 ist der Rekonstruktionsalgorithmus für finite Signale unter Verwendung der diskreten FOURIER-Transformation systemtheoretisch veranschaulicht.

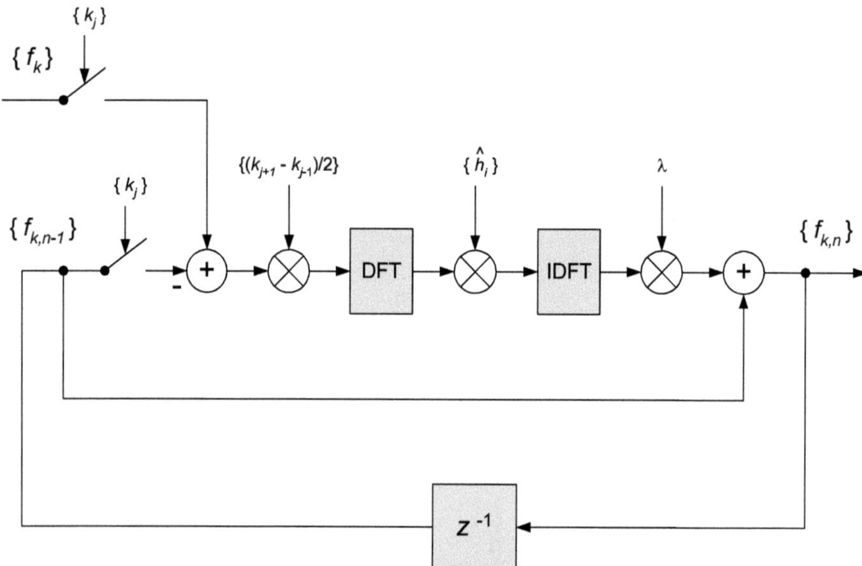


**Abb. 7.28.** Der rekursive Rekonstruktionsalgorithmus zur iterativen Berechnung des finiten Signals $\{f_k\}_{k\in\mathbb{I}}$ aus der irregulären Folge $\{f_{k_j}\}_{j\in\mathbb{J}}$ der nichtäquidistanten Abtastwerte unter Verwendung der diskreten FOURIER-Transformation (DFT), die effizient mithilfe des schnellen FOURIER-Transformationsalgorithmus (FFT) berechnet werden kann. $z^{-1}$ kennzeichnet hier die Verzögerung bezüglich einer Iteration in dem iterativen Rekonstruktionsalgorithmus.

## 7.6 Statistische Fehleranalyse

In der bisherigen Diskussion der vorgestellten Rekonstruktionsalgorithmen gingen wir von der exakten Kenntnis der irregulären Folge $\{t_j\}_{j\in\mathbb{J}}$ der nichtäquidistanten Abtastzeitpunkte sowie der Abtastwertefolge $\{f(t_j)\}_{j\in\mathbb{J}}$ aus. In der praktischen Anwendung sind diese Folgen jedoch lediglich mit einer endlichen Genauigkeit bekannt, das heißt anstelle der exakten irregulären Folgen $\{t_j\}_{j\in\mathbb{J}}$ und $\{f(t_j)\}_{j\in\mathbb{J}}$ liegen die gestörten beziehungsweise verrauschten irregulären Folgen

$$\{t_j'\}_{j\in\mathbb{J}} = \{t_j + \epsilon_j\}_{j\in\mathbb{J}}$$

mit $t_j' = t_j + \epsilon_j$ sowie

$$\{f'(t_j)\}_{j\in\mathbb{J}} = \{f(t_j) + w_j\}_{j\in\mathbb{J}}$$

mit $f'(t_j) = f(t_j) + w_j$ vor.[5] Hierbei kennzeichnen $\{\epsilon_j\}_{j\in\mathbb{J}}$ sowie $\{w_j\}_{j\in\mathbb{J}}$ die zugehörigen additiven Störprozesse, die wir in der nun folgenden Diskussion entsprechend einer statistischen Fehleranalyse als Zufallsprozesse ansehen wollen. In Abbildung 7.29 ist das zugrunde gelegte Fehlermodell veranschaulicht. Werden das mit $\Omega$ Frequenzband-begrenzte Signal $f \in \mathcal{PW}_\Omega$ aus dem

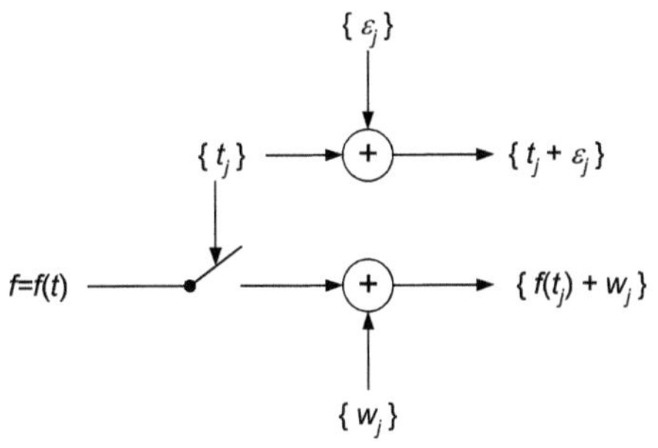


**Abb. 7.29.** Das Fehlermodell bei nicht exakter Kenntnis der irregulären Folge $\{t_j\}_{j\in\mathbb{J}}$ der nichtäquidistanten Abtastzeitpunkte beziehungsweise der zugehörigen Abtastwertefolge $\{f(t_j)\}_{j\in\mathbb{J}}$.

PALEY-WIENER-Raum $\mathcal{PW}_\Omega$ sowie die Indexmenge $\mathbb{J} = \mathbb{Z}$ zugrunde gelegt, so führt die Rekonstruktion auf der Basis der exakten irregulären Folgen $\{t_j\}_{j\in\mathbb{Z}}$ und $\{f(t_j)\}_{j\in\mathbb{Z}}$ zu dem gesuchten Signal $f$, also

$$\left(\{t_j\}_{j\in\mathbb{Z}}, \{f(t_j)\}_{j\in\mathbb{Z}}\right) \mapsto f \ .$$

Gemäß Theorem 5.18 auf Seite 201 kann das Signal $f \in \mathcal{PW}_\Omega$ mit dem von der irregulären Folge $\{t_j\}_{j\in\mathbb{Z}}$ abhängenden (zum Beispiel gewichteten) Rahmen

$$\{\varphi_j(t)\}_{j\in\mathbb{Z}} = \left\{ \sqrt{\frac{t_{j+1} - t_{j-1}}{2}} \cdot \frac{\Omega}{\pi} \cdot \text{sinc}\frac{\Omega}{\pi}(t - t_j) \right\}_{j\in\mathbb{Z}}$$

beziehungsweise dem zugehörigen dualen Rahmen $\{\widetilde{\varphi}_j\}_{j\in\mathbb{Z}}$ dargestellt werden.

$$f = \sum_{j\in\mathbb{Z}} \langle f, \widetilde{\varphi}_j \rangle_{\mathcal{PW}_\Omega} \cdot \varphi_j = \sum_{j\in\mathbb{Z}} c_j \cdot \varphi_j$$

---

[5] Der hochgestellte Strich symbolisiert hier nicht die zeitliche Ableitung, sondern dass der zugehörige Term gestört vorliegt.

Dagegen führt die Rekonstruktion unter Verwendung der gestörten irregulären Folgen $\{t_j'\}_{j\in\mathbb{Z}}$ und $\{f'(t_j)\}_{j\in\mathbb{Z}}$ zu einem von dem Originalsignal $f = f(t)$ um das Fehlersignal $e = e(t)$ abweichenden Signal

$$\left(\{t_j'\}_{j\in\mathbb{Z}}, \{f'(t_j)\}_{j\in\mathbb{Z}}\right) \mapsto f + e \ .$$

Wir nehmen nun an, dass beide irreguläre Folgen $\{t_j\}_{j\in\mathbb{Z}}$ und $\{t_j'\}_{j\in\mathbb{Z}}$ der nichtäquidistanten Abtastzeitpunkte bei exakter Kenntnis der zugehörigen Abtastwertefolgen $\{f(t_j)\}_{j\in\mathbb{Z}}$ und $\{f(t_j')\}_{j\in\mathbb{Z}}$ die exakte Rekonstruktion des Signals $f$ ermöglichen, das heißt es gelte[6]

$$\left(\{t_j'\}_{j\in\mathbb{Z}}, \{f(t_j')\}_{j\in\mathbb{Z}}\right) \mapsto f \ .$$

Das Signal $f \in \mathcal{PW}_\Omega$ kann nun erneut gemäß Theorem 5.18 mithilfe des von der gestörten irregulären Folge $\{t_j'\}_{j\in\mathbb{Z}}$ abhängenden (zum Beispiel gewichteten) Rahmens

$$\{\varphi_j'(t)\}_{j\in\mathbb{Z}} = \left\{ \sqrt{\frac{t_{j+1}' - t_{j-1}'}{2}} \cdot \frac{\Omega}{\pi} \cdot \mathrm{sinc}\frac{\Omega}{\pi}\left(t - t_j'\right) \right\}_{j\in\mathbb{Z}}$$

repräsentiert werden.

$$f = \sum_{j\in\mathbb{Z}} c_j' \cdot \varphi_j'$$

Nach diesen Überlegungen muss somit in der Fehleranalyse lediglich der Fehler in der Abtastwertefolge $\{f(t_j)\}_{j\in\mathbb{Z}}$ beziehungsweise $\{f'(t_j)\}_{j\in\mathbb{Z}}$ berücksichtigt werden, da der Fehler in der irregulären Folge $\{t_j'\}_{j\in\mathbb{Z}}$ der Abtastzeitpunkte auf einen Fehler in der Abtastwertefolge $\{f'(t_j)\}_{j\in\mathbb{Z}}$ zurückgeführt werden kann.

### 7.6.1 Statistisches Fehlermodell

Als spezielles Fehlermodell betrachten wir nun den in Abbildung 7.30 dargestellten Fall, dass das Frequenzband-begrenzte Signal $f$ mit der gestörten irregulären Folge $\{t_j'\}_{j\in\mathbb{Z}} = \{t_j + \epsilon_j\}_{j\in\mathbb{Z}}$ abgetastet wird, diesen gestörten Abtastzeitpunkten jedoch fälschlicherweise die ungestörten Abtastwerte $f(t_j)$ zugeordnet werden. Der Rekonstruktionsalgorithmus führt dann auf das gestörte Signal

$$f + e = \sum_{j\in\mathbb{Z}} (c_j' + e_j') \cdot \varphi_j'$$

mit dem gemäß

---

[6] Man beachte die Anordnung des hochgestellten Striches zur Kennzeichnung, welcher Term gestört angenommen wird!

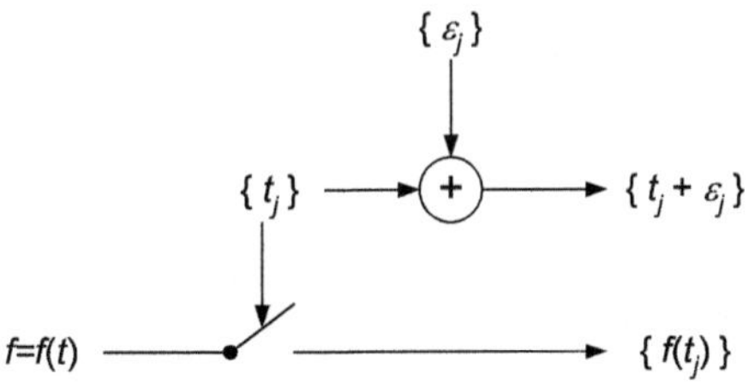

Abb. 7.30. Das Fehlermodell bei nicht exakter Kenntnis der irregulären Folge $\{t_j\}_{j\in\mathbb{Z}}$ der nichtäquidistanten Abtastzeitpunkte.

$$\left(\{t_j'\}_{j\in\mathbb{Z}}, \{f(t_j) - f(t_j')\}_{j\in\mathbb{Z}}\right) \stackrel{\triangle}{=} \left(\{t_j'\}_{j\in\mathbb{Z}}, \{e(t_j')\}_{j\in\mathbb{Z}}\right) \mapsto e$$

rekonstruierten Fehlersignal $e = e(t)$. Unter der Annahme, dass das Signal $f = f(t)$ eine Realisierung eines stationären mit der Frequenzgrenze $\Omega$ Frequenzband-begrenzten Rauschprozesses ist, gilt für den bedingten Erwartungswert für eine gegebene Realisierung der irregulären Fehlerfolge $\{\epsilon_j\}_{j\in\mathbb{Z}}$

$$\mathrm{E}\left\{e(t_j') \,|\, \{\epsilon_j\}_{j\in\mathbb{Z}}\right\} = \mathrm{E}\left\{f(t_j) - f(t_j') \,|\, \{\epsilon_j\}_{j\in\mathbb{Z}}\right\} = 0 \ .$$

Entsprechend ergibt sich für die bedingte Fehlervarianz

$$\begin{aligned}
&\mathrm{E}\left\{|e(t_j')|^2 \,|\, \{\epsilon_j\}_{j\in\mathbb{Z}}\right\} \\
&= \mathrm{E}\left\{|f(t_j) - f(t_j')|^2 \,|\, \{\epsilon_j\}_{j\in\mathbb{Z}}\right\} \\
&= \mathrm{E}\left\{|f(t_j)|^2 \,|\, \{\epsilon_j\}_{j\in\mathbb{Z}}\right\} - \mathrm{E}\left\{f(t_j) \cdot \overline{f(t_j + \epsilon_j)} \,|\, \{\epsilon_j\}_{j\in\mathbb{Z}}\right\} - \\
&\quad \mathrm{E}\left\{\overline{f(t_j)} \cdot f(t_j + \epsilon_j) \,|\, \{\epsilon_j\}_{j\in\mathbb{Z}}\right\} + \mathrm{E}\left\{|f(t_j + \epsilon_j)|^2 \,|\, \{\epsilon_j\}_{j\in\mathbb{Z}}\right\} \ .
\end{aligned}$$

Definieren wir die Autokorrelationsfunktion des stationären Rauschprozesses (siehe Anhang A)

$$r_{ff}(\tau) \stackrel{\triangle}{=} \mathrm{E}\left\{f(t) \cdot \overline{f(t+\tau)}\right\} \ , \tag{7.12}$$

so erhalten wir unter Ausnutzung der geltenden Symmetriebedingung $r_{ff}(\tau) = \overline{r_{ff}(-\tau)}$ für die bedingte Fehlervarianz

$$\begin{aligned}
\mathrm{E}\left\{|e(t_j')|^2 \,|\, \{\epsilon_j\}_{j\in\mathbb{Z}}\right\} &= r_{ff}(0) - r_{ff}(\epsilon_j) - \overline{r_{ff}(\epsilon_j)} + r_{ff}(0) \\
&= 2 \cdot (r_{ff}(0) - \Re\{r_{ff}(\epsilon_j)\}) \ .
\end{aligned}$$

Wir setzen nun des Weiteren voraus, dass die Fehlerfolge $\{\epsilon_j\}_{j\in\mathbb{Z}}$ in dem Intervall $[-\Delta/2, \Delta/2]$ gleichverteilt mit der in Abbildung 7.31 gezeigten Wahrscheinlichkeitsdichtefunktion

$$\frac{1}{\Delta} \cdot \mathrm{rect}\left(\frac{\epsilon_j}{\Delta}\right)$$

mit dem Mittelwert 0 und der Varianz $\Delta^2/12$ ist. Dann folgt für die Fehlervarianz

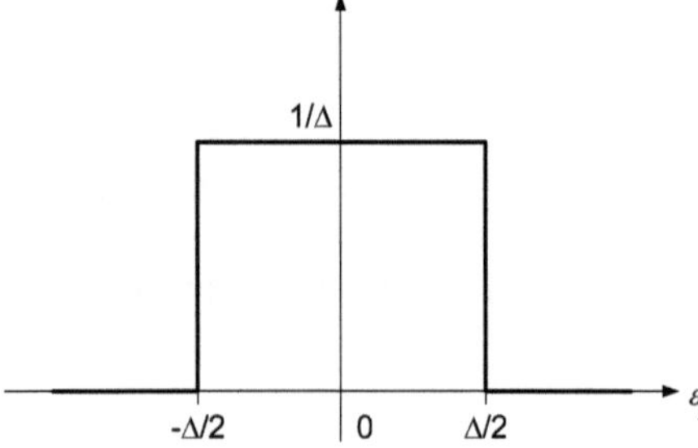


**Abb. 7.31.** Die Wahrscheinlichkeitsdichtefunktion der im Intervall $[-\Delta/2, \Delta/2]$ gleichverteilten Fehlerfolge $\{\epsilon_j\}_{j\in\mathbb{Z}}$ der irregulären Folge $\{t'_j\}_{j\in\mathbb{Z}}$ nichtäquidistanter Abtastzeitpunkte.

$$\mathrm{E}\left\{|e(t'_j)|^2\right\} = \frac{1}{\Delta} \int\limits_{-\Delta/2}^{\Delta/2} \mathrm{E}\left\{|e(t'_j)|^2 \,\big|\, \{\epsilon_j\}_{j\in\mathbb{Z}}\right\}\, \mathrm{d}\epsilon_j$$

$$= \frac{1}{\Delta} \int\limits_{-\Delta/2}^{\Delta/2} 2\cdot\left(r_{ff}(0) - \Re\left\{r_{ff}(\epsilon_j)\right\}\right)\, \mathrm{d}\epsilon_j \ .$$

Nehmen wir ferner mit der Frequenzgrenze $\Omega$ Frequenzband-begrenztes weißes Rauschen mit der zugehörigen Autokorrelationsfunktion

$$r_{ff}(\tau) = \sigma^2 \cdot \mathrm{sinc}\left(\frac{\Omega\cdot\tau}{\pi}\right)$$

beziehungsweise der mithilfe der FOURIER-Transformation unter Verwendung des WIENER-KHINTCHINE-Theorems [30] gewonnenen so genannten spektralen Leistungsdichte

$$\widehat{r}_{ff}(\omega) = \frac{\sigma^2}{\Omega/\pi}\cdot\mathrm{rect}\left(\frac{\omega}{2\Omega}\right)$$

an, so gilt

$$\mathrm{E}\left\{|e(t'_j)|^2\right\} = \frac{1}{\Delta} \int\limits_{-\Delta/2}^{\Delta/2} 2\cdot\left(r_{ff}(0) - \Re\left\{r_{ff}(\epsilon_j)\right\}\right)\, \mathrm{d}\epsilon_j$$

$$= \frac{1}{\Delta} \int\limits_{-\Delta/2}^{\Delta/2} 2\cdot\left[\sigma^2 - \sigma^2\cdot\mathrm{sinc}\left(\frac{\Omega\cdot\epsilon_j}{\pi}\right)\right]\, \mathrm{d}\epsilon_j$$

$$= 2\cdot\sigma^2\cdot\left[1 - \frac{2}{\Delta}\int\limits_{0}^{\Delta/2} \mathrm{sinc}\left(\frac{\Omega\cdot\epsilon_j}{\pi}\right)\, \mathrm{d}\epsilon_j\right]$$

$$= 2\cdot\sigma^2\cdot\left[1 - \frac{2\pi}{\Omega\cdot\Delta}\int\limits_{0}^{\Omega\cdot\Delta/2\pi} \mathrm{sinc}(\zeta)\, \mathrm{d}\zeta\right]$$

$$= 2 \cdot \sigma^2 \cdot \left[ 1 - \frac{2\pi}{\Omega \cdot \Delta} \cdot \mathrm{Sinc}\left( \frac{\Omega \cdot \Delta}{2\pi} \right) \right]$$

mit dem in Gleichung 6.52 auf Seite 280 definierten Integralsinus $\mathrm{Sinc}(t) \triangleq \int_0^t \mathrm{sinc}(t')\,\mathrm{d}t'$. Mit der NYQUIST-Periode $T = \pi/\Omega$ gilt somit für die relative Fehlervarianz

$$\boxed{ \frac{\mathrm{E}\left\{ |e(t'_j)|^2 \right\}}{\sigma^2} = 2 \cdot \left[ 1 - \frac{2}{\Delta/T} \cdot \mathrm{Sinc}\left( \frac{\Delta/T}{2} \right) \right] \cdot } \qquad (7.13)$$

Tabelle 7.5 beziehungsweise Abbildung 7.32 geben für einige Werte von $\Delta/T$ die zugehörige relative Fehlervarianz logarithmisch an. Deutlich ist die bei

**Tabelle 7.5.** Relative Fehlervarianz eines mit einer verfälschten irregulären Folge $\{t'_j\}_{j\in\mathbb{Z}}$ nichtäquidistanter Abtastzeitpunkte rekonstruierten Signals $f \in \mathcal{PW}_\Omega$.

| $\Delta/T$ | $10 \cdot \log_{10}\left( \mathrm{E}\left\{ |e(t'_j)|^2 \right\}/\sigma^2 \right)$ |
|---|---|
| 0,001 | $-65,62$  [dB] |
| 0,002 | $-59,60$  [dB] |
| 0,005 | $-51,64$  [dB] |
| 0,01 | $-45,62$  [dB] |
| 0,02 | $-39,60$  [dB] |
| 0,05 | $-31,64$  [dB] |
| 0,1 | $-25,62$  [dB] |
| 0,2 | $-19,61$  [dB] |
| 0,1 | $-11,72$  [dB] |

zunehmender Varianz $\Delta^2/12$ der Fehlerfolge $\{\epsilon_j\}_{j\in\mathbb{Z}}$ größer werdende relative Fehlervarianz $\mathrm{E}\left\{ |e(t'_j)|^2 \right\}/\sigma^2$ zu erkennen.

Dieses Ergebnis kann auf den Fall der regulären Abtastung mit einer regulären Folge $\{j \cdot T\}_{j\in\mathbb{Z}}$ äquidistanter Abtastzeitpunkte angewendet werden. Ein nicht korrigierter Fehler in den Abtastzeitpunkten – ein so genannter *Apertur-Jitter*, den wir im nächsten Kapitel noch etwas detaillierter studieren werden – begrenzt somit die mögliche Genauigkeit der Darstellung eines Frequenzband-begrenzten Signals. Glücklicherweise stehen uns mit den

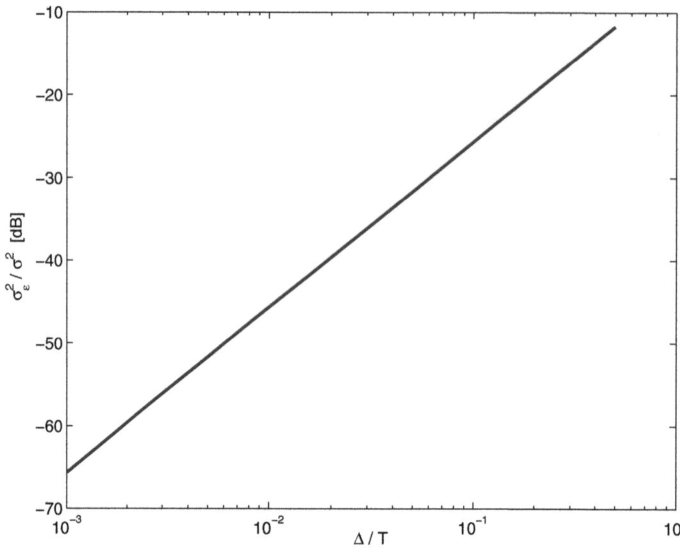

**Abb. 7.32.** Relative Fehlervarianz eines mit einer verfälschten irregulären Folge $\{t_j'\}_{j\in\mathbb{Z}}$ nichtäquidistanter Abtastzeitpunkte rekonstruierten Signals $f \in \mathcal{PW}_\Omega$.

in diesem Kapitel abgeleiteten Rekonstruktionsalgorithmen geeignete Werkzeuge zur Korrektur eines auftretenden Apertur-Jitters zur Verfügung. Mit diesen Bemerkungen sind wir bereits bei den Anwendungen der irregulären Abtastung angelangt, die wir im nächsten Kapitel anhand einiger Beispiele diskutieren werden.

# 8. Anwendungen der irregulären Abtastung

Longum iter est per praecepta,<br>
breve et efficax per exempla.<br>
– SENECA

Die Signaltheorie und Signalverarbeitung der irregulären Abtastung ist immer dann von Nutzen, wenn Signale lediglich als irreguläre Folgen nichtäquidistanter Abtastwerte vorliegen oder eine Signalverarbeitungsaufgabe im Sinne der nichtäquidistanten Abtastung interpretiert werden kann. In [35] und [36] ist eine Vielzahl von Anwendungen der irregulären Abtastung zusammengestellt. Diese umfassen Anwendungen in den folgenden Bereichen:

1. Regelungstechnik
   - Identifikation eines Systems unter Verwendung irregulärer Folgen nichtäquidistanter Abtastwerte des Ausgangssignals
   - Adaptive Abtastung für die Optimierung einer gegebenen Zielfunktion
   - Multiraten-Systeme
2. Kommunikationstechnik
   - Analyse des so genannten *Apertur-Jitters* bei Analog-Digital-Wandlern
   - Adaptive Antennen
   - Phasenregelkreise (*PLL – phase locked loop*)
   - Demodulation und Estimation
3. Digitale Signalverarbeitung
   - Entwurf digitaler Filter auf der Basis nichtäquidistanter Stützstellen im Frequenzbereich
   - Multiraten-Filter
   - Filter mit nichtganzzahliger Verzögerungszeit
4. Sprachsignal- und Bildsignalverarbeitung
   - Datenkompression
   - Interpolation fehlender Abtastwerte
5. Biomedizinische Anwendungen

In den folgenden Abschnitten werden wir exemplarisch drei Beispielapplikationen genauer betrachten. Zunächst diskutieren wir die für die digitale Signalverarbeitung grundlegende Analog-Digital-Wandlung. Anschließend wird als Beispiel aus der Kommunikationstechnik die Demodulation winkelmodulierter Signale aus der Folge der Nulldurchgänge des empfangenen Signals besprochen. Das abschließende Beispiel kehrt zu den in der Entwicklung der irregulären Abtastung wichtigen nichtharmonischen FOURIER-Reihen zurück und schließt somit den von uns begangenen Diskussionskreis.

## 8.1 Analog-Digital-Wandler

Die Analog-Digital-Wandlung ermöglicht den Übergang von der analogen – also zeitkontinuierlichen und wertkontinuierlichen – in die digitale – das heißt zeitdiskrete und wertdiskrete – Welt. Dies ist in Abbildung 8.1 veranschaulicht. Entsprechend dem Thema dieses Buches betrachten wir den Prozess der

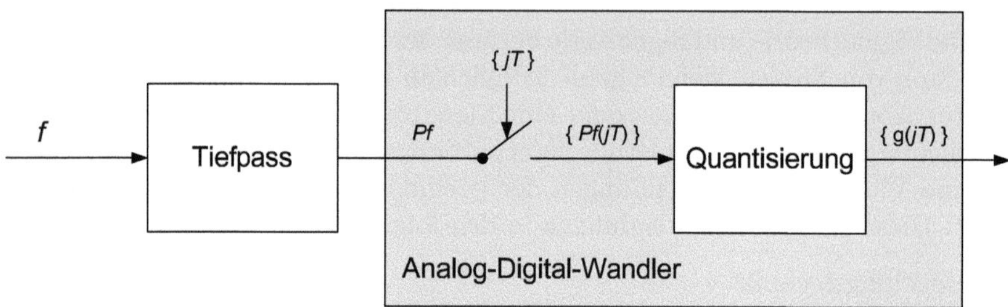


**Abb. 8.1.** Die grundlegende Systemarchitektur eines Analog-Digital-Wandlers umfasst nach der Filterung durch einen *Anti-Aliasing*-Tiefpass einen Abtaster sowie einen Quantisierer.

Abtastung als Übergang von der zeitkontinuierlichen in die zeitdiskrete Signaldarstellung genauer. Bei der schaltungstechnischen Realisierung herkömm-

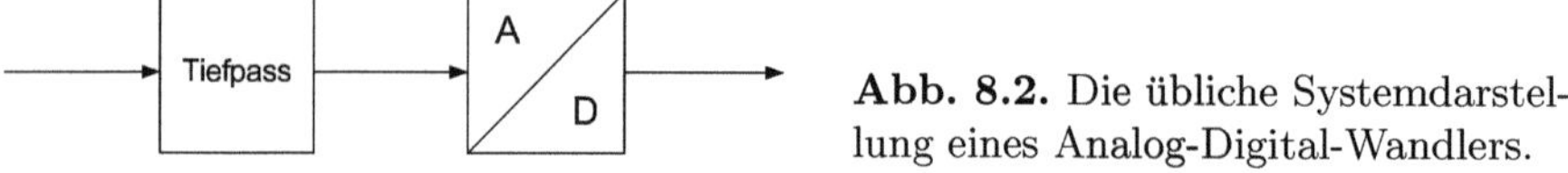


**Abb. 8.2.** Die übliche Systemdarstellung eines Analog-Digital-Wandlers.

licher Analog-Digital-Wandler – auch wie in Abbildung 8.2 gezeigt als Analog-Digital-Konverter oder ADC für *analog-to-digital converter* bezeichnet – beziehungsweise der zugehörigen Abtastschaltungen wie zum Beispiel dem so genannten *Sample & Hold*-Glied oder dem *Track & Hold*-Glied ist man bestrebt, die reguläre Abtastung mithilfe äquidistanter Abtastwerte zu implementieren. Aufgrund von Bauelementetoleranzen und Technologieschwankungen kann die Abtastung zu exakt äquidistanten Zeitpunkten jedoch lediglich näherungsweise realisiert werden. Der regulären Folge $\{j \cdot T\}_{j\in\mathbb{Z}}$ äquidistanter Abtastzeitpunkte ist eine im Allgemeinen zufällige Fehlerfolge $\{\epsilon_j\}_{j\in\mathbb{Z}}$ überlagert. Die resultierende irreguläre Folge $\{t_j\}_{j\in\mathbb{Z}}$ ergibt sich aus den nichtäquidistanten Abtastzeitpunkten

$$t_j = j \cdot T + \epsilon_j \ .$$

Diese irreguläre Abtastung ist in Abbildung 8.3 dargestellt. Die Fehlerfol-

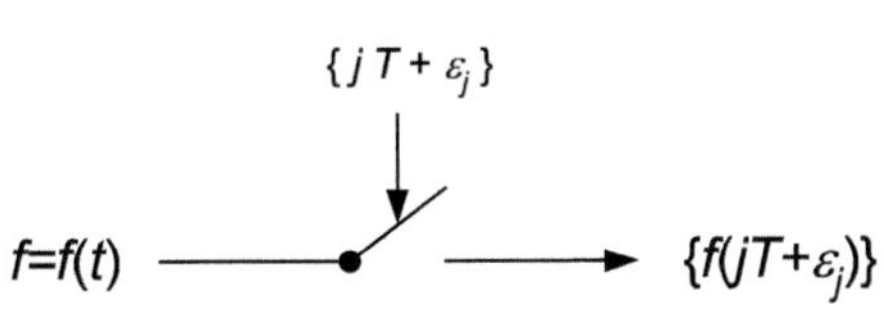



**Abb. 8.3.** Die Verfälschung der regulären Folge $\{j \cdot T\}_{j\in\mathbb{Z}}$ äquidistanter Abtastzeitpunkte durch den Apertur-Jitter $\{\epsilon_j\}_{j\in\mathbb{Z}}$ zu einer irregulären Folge $\{t_j\}_{j\in\mathbb{Z}} = \{j \cdot T + \epsilon_j\}_{j\in\mathbb{Z}}$ nichtäquidistanter Abtastzeitpunkte.

ge $\{\epsilon_j\}_{j\in\mathbb{Z}}$ heißt *Apertur-Jitter*. In der herkömmlichen Analyse von Analog-Digital-Wandlern wird als Eingangssignal eines für Frequenzband-begrenzte Signale mit der Frequenzgrenze $\Omega = \pi/T$ ausgelegten Analog-Digital-Wandlers ein sinusförmiges Eingangssignal

$$f(t) = A \cdot \sin(\Omega \cdot t)$$

mit der Frequenz $\Omega$ und der Amplitude $A$ angenommen [45]. Wird dieses Signal um den idealen Abtastzeitpunkt $j \cdot T$ in eine TAYLOR-Reihe entwickelt und nach dem ersten Glied abgebrochen, das heißt

$$f(t) = f(j \cdot T) + f'(j \cdot T) \cdot (t - j \cdot T) + \ldots$$
$$= A \cdot \sin(\Omega \cdot j \cdot T) + f'(j \cdot T) \cdot (t - j \cdot T) + \ldots \ ,$$

so lautet mit

$$f'(t) = \frac{\mathrm{d}}{\mathrm{d}t} f(t) = A \cdot \Omega \cdot \cos(\Omega \cdot t)$$

das Differenzsignal

$$f(t) - f(j \cdot T) = A \cdot \Omega \cdot \cos(\Omega \cdot j \cdot T) \cdot (t - j \cdot T) + \ldots \ .$$

Mithilfe des Apertur-Jitters $\{\epsilon_j\}_{j\in\mathbb{Z}}$ erhalten wir somit das zeitdiskrete Fehlersignal

$$e(j \cdot T) \stackrel{\triangle}{=} f(j \cdot T + \epsilon_j) - f(j \cdot T)$$
$$= A \cdot \Omega \cdot \cos(\Omega \cdot j \cdot T) \cdot \epsilon_j + \ldots$$
$$\approx A \cdot \Omega \cdot \epsilon_j \cdot \cos(\Omega \cdot j \cdot T) \ .$$

Das Fehlersignal kann also näherungsweise als ein mit der Abtastperiode $T$ abgetastetes cosinusförmiges Signal

$$e(t) = A \cdot \Omega \cdot \epsilon(t) \cdot \cos(\Omega \cdot t)$$

mit der zufälligen Amplitude $A \cdot \Omega \cdot \epsilon(t)$ und $\epsilon(j \cdot T) = \epsilon_j$ aufgefasst werden. Wir nehmen an, dass der Apertur-Jitter $\{\epsilon_j\}_{j \in \mathbb{Z}}$ einen stationären Rauschprozess mit Mittelwert

$$\mathrm{E}\left\{\epsilon(t)\right\} = \mathrm{E}\left\{\epsilon_j\right\} = \mu_\epsilon = 0$$

und Varianz

$$\mathrm{E}\left\{\epsilon^2(t)\right\} = \mathrm{E}\left\{\epsilon_j^2\right\} = \sigma_\epsilon^2$$

darstellt. Die in der Signaltheorie übliche Definition der Leistung $P$ eines Signals $f$ lautet[1]

$$P \stackrel{\triangle}{=} \lim_{\Delta t \to \infty} \frac{1}{2 \cdot \Delta t} \int\limits_{-\Delta t}^{\Delta t} |f(t)|^2 \, \mathrm{d}t \; ; \tag{8.1}$$

die solchermaßen definierte Leistung stellt somit die relative Energie des Signals $f$ je Zeiteinheit innerhalb des mit $\Delta t \to \infty$ unbeschränkt anwachsenden Zeitintervalls $[-\Delta t, \Delta t]$ dar. Für periodische Signale – zum Beispiel sinus- beziehungsweise cosinusförmige Signale – ist die Leistung proportional zur Energie innerhalb einer Periode und damit proportional dem Quadrat der Amplituden. Damit ergibt sich für das Verhältnis der erwarteten Fehlersignalleistung zur Nutzsignalleistung

$$\rho \approx \frac{\mathrm{E}\left\{\lim\limits_{\Delta t \to \infty} \frac{1}{2 \cdot \Delta t} \int\limits_{-\Delta t}^{\Delta t} [A \cdot \Omega \cdot \epsilon(t) \cdot \cos(\Omega \cdot t)]^2 \, \mathrm{d}t\right\}}{\lim\limits_{\Delta t \to \infty} \frac{1}{2 \cdot \Delta t} \int\limits_{-\Delta t}^{\Delta t} [A \cdot \sin(\Omega \cdot t)]^2 \, \mathrm{d}t}$$

$$= \frac{\lim\limits_{\Delta t \to \infty} \frac{A^2 \cdot \Omega^2}{2 \cdot \Delta t} \int\limits_{-\Delta t}^{\Delta t} \mathrm{E}\left\{\epsilon^2(t)\right\} \cdot \cos^2(\Omega \cdot t) \, \mathrm{d}t}{\lim\limits_{\Delta t \to \infty} \frac{A^2}{2 \cdot \Delta t} \int\limits_{-\Delta t}^{\Delta t} \sin^2(\Omega \cdot t) \, \mathrm{d}t}$$

$$= \frac{\lim\limits_{\Delta t \to \infty} \frac{A^2 \cdot \Omega^2 \cdot \sigma_\epsilon^2}{2 \cdot \Delta t} \int\limits_{-\Delta t}^{\Delta t} \cos^2(\Omega \cdot t) \, \mathrm{d}t}{\lim\limits_{\Delta t \to \infty} \frac{A^2}{2 \cdot \Delta t} \int\limits_{-\Delta t}^{\Delta t} \sin^2(\Omega \cdot t) \, \mathrm{d}t}$$

$$= \frac{A^2 \cdot \Omega^2 \cdot \sigma_\epsilon^2 / 2}{A^2 / 2} = \Omega^2 \cdot \sigma_\epsilon^2 \; .$$

Nach diesem vereinfachten Modell wächst die relative erwartete Fehlersignalleistung $\rho \approx \Omega^2 \cdot \sigma_\epsilon^2$ mit der Frequenzgrenze $\Omega$ sowie mit der Varianz $\sigma_\epsilon^2$ des Apertur-Jitters – ein intuitiv zu erwartendes Ergebnis, da einerseits

---

[1] Nicht zu verwechseln mit der von uns gebrauchten Notation $P$ für den Projektionsoperator!

größere Streuungen $\sigma^2$ in den Abtastzeitpunkten eine größere Verfälschung des Abtastwertes zur Folge haben und andererseits bei sich schnell ändernden Signalen entsprechend einer hohen Frequenzgrenze $\Omega$ die Signaländerung des Nutzsignals innerhalb des Zeitraums $\epsilon_j$ entsprechend groß sein kann. Nehmen

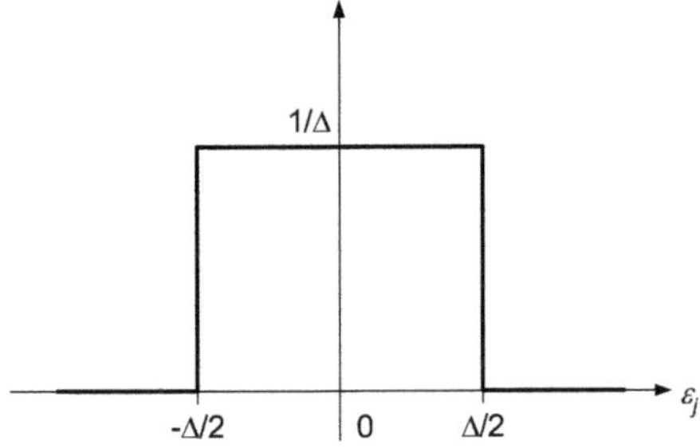



**Abb. 8.4.** Die Wahrscheinlichkeitsdichtefunktion des im Intervall $[-\Delta/2, \Delta/2]$ gleichverteilten Apertur-Jitters $\{\epsilon_j\}_{j\in\mathbb{Z}}$.

wir an, dass die Fehlerfolge $\{\epsilon_j\}_{j\in\mathbb{Z}}$ in dem Intervall $[-\Delta/2, \Delta/2]$ gleichverteilt mit der in Abbildung 8.4 gezeigten Wahrscheinlichkeitsdichtefunktion

$$\frac{1}{\Delta} \cdot \mathrm{rect}\left(\frac{\epsilon_j}{\Delta}\right)$$

ist, so lautet die zugehörige Varianz

$$\sigma_\epsilon^2 = \frac{\Delta^2}{12}$$

und damit unter Verwendung der NYQUIST-Rate $T^{-1} = \Omega/\pi$ die relative erwartete Fehlersignalleistung

$$\rho \approx \frac{\Omega^2 \cdot \Delta^2}{12} = \frac{\pi^2}{12} \cdot \left(\frac{\Delta}{T}\right)^2 .$$

Die Einhaltung des idealen äquidistanten Abtastzeitpunktes $j \cdot T$ mit einer Genauigkeit von $\Delta/T = 1\%$ führt somit nach diesem vereinfachten Modell zu einem maximalen Signal-Störleistungsverhältnis

$$\mathrm{SNR} \stackrel{\triangle}{=} -10 \cdot \log_{10} \rho$$

(*SNR* – *signal-to-noise ratio*) von 51,64[dB]. Für eine Genauigkeit von $\Delta/T = 0{,}1\%$ ergibt sich ein Signal-Störleistungsverhältnis von 71,64[dB]. Diese durch den Apertur-Jitter begrenzte Auflösung des Analog-Digital-Wandlers führt zu der Frage, ob durch eine geeignete Signalverarbeitungsmethodik unter Verwendung der irregulären Folge $\{f(t_j)\}_{j\in\mathbb{Z}}$ der nichtäquidistanten Abtastwerte der aufgrund des Apertur-Jitters entstehende Wandlungsfehler nicht vollständig vermieden werden kann.

## Der ungewichtete Rahmen

Zu diesem Zweck greifen wir nun auf die bereits besprochenen Rekonstruktionsalgorithmen auf Basis der Signaltheorie der irregulären Abtastung zurück.
So sind zum Beispiel in Theorem 6.34 auf Seite 256 für den Fall der Überabtastung $\Omega < \pi/T$ die Bedingungen

$$|t_j - t_i| \geq \varepsilon > 0 \quad \forall\, i \neq j$$

sowie

$$\delta = \sup_{j \in \mathbb{Z}} \{t_j - t_{j-1}\} \overset{!}{<} \frac{\pi}{\Omega}$$

für die irreguläre Folge $\{t_j\}_{j \in \mathbb{Z}}$ der nichtäquidistanten Abtastzeitpunkte angegeben, unter denen die Signalfolge

$$\{\varphi_j(t)\}_{j \in \mathbb{Z}} \overset{\triangle}{=} \left\{ \frac{\Omega}{\pi} \cdot \operatorname{sinc} \frac{\Omega}{\pi}(t - t_j) \right\}_{j \in \mathbb{Z}}$$

ein Rahmen für den PALEY-WIENER-Raum $\mathcal{PW}_\Omega$ mit der unteren beziehungsweise oberen Rahmengrenze

$$A = \frac{\left(1 - \frac{\delta \Omega}{\pi}\right)^2}{\delta}$$

und

$$B = \frac{4}{\pi \Omega \varepsilon^2} \cdot \left(\mathrm{e}^{\Omega \varepsilon} - 1\right)$$

ist. Dieser Rahmen kann zum Beispiel in dem Rahmenalgorithmus 5.1 auf
Seite 194 zur Rekonstruktion des zugrunde liegenden Signals $f = f(t) \in \mathcal{PW}_\Omega$
und somit der exakten äquidistanten Abtastwertefolge $\{f(j \cdot T)\}_{j \in \mathbb{Z}}$ verwendet
werden. Aufgrund des vorausgesetzten gleichverteilten Apertur-Jitters $\{\epsilon_j\}_{j \in \mathbb{Z}}$
gilt unter der sinnvollen Annahme $\Delta < T/2$

$$\inf_{i,j \in \mathbb{Z}} |t_j - t_i| = \inf_{j \in \mathbb{Z}} \{t_j - t_{j-1}\} = \inf_{j \in \mathbb{Z}} \{T + \epsilon_j - \epsilon_{j-1}\} \geq T - \Delta \ ,$$

also $\varepsilon = T - \Delta$ sowie

$$\sup_{j \in \mathbb{Z}} \{t_j - t_{j-1}\} = \sup_{j \in \mathbb{Z}} \{T + \epsilon_j - \epsilon_{j-1}\} \leq T + \Delta$$

beziehungsweise $\delta = T + \Delta$. Daraus ergeben sich die für den Rahmenalgorithmus 5.1 erforderlichen Rahmengrenzen zu

$$A = \frac{\left(1 - \frac{(T+\Delta) \cdot \Omega}{\pi}\right)^2}{T + \Delta}$$

und

$$B = \frac{4}{\pi \cdot \Omega \cdot (T - \Delta)^2} \cdot \left( e^{\Omega \cdot (T - \Delta)} - 1 \right) \ .$$

Wird zur Einhaltung der hinreichenden Bedingung $\delta = T + \Delta \overset{!}{<} \pi/\Omega$ die Frequenzgrenze der zu verarbeitenden Signale auf

$$\Omega = \kappa \cdot \frac{\pi}{T + \Delta}$$

mit $\kappa < 1$ begrenzt, so ergibt sich für die Rahmengrenzen

$$A \cdot (T + \Delta) = (1 - \kappa)^2$$

und

$$B \cdot (T + \Delta) = \frac{4}{\kappa \cdot \pi^2} \cdot \left( \frac{T + \Delta}{T - \Delta} \right)^2 \cdot \left( e^{\pi \cdot \kappa \cdot (T - \Delta)/(T + \Delta)} - 1 \right) \ .$$

Für den Fall einer hohen Überabtastung mit $\kappa \ll 1$ gilt näherungsweise

$$A \cdot (T + \Delta) \approx 1 - 2 \cdot \kappa \quad \text{und} \quad B \cdot (T + \Delta) \approx \frac{4}{\pi} \cdot \frac{T + \Delta}{T - \Delta} \ .$$

**Der gewichtete Rahmen**

Alternativ kann entsprechend Theorem 6.37 auf Seite 269 die mit dem Gewicht

$$w_j = \frac{t_{j+1} - t_{j-1}}{2}$$

gewichtete Signalfolge

$$\{\varphi_j(t)\}_{j \in \mathbb{Z}} = \left\{ \sqrt{w_j} \cdot \frac{\Omega}{\pi} \cdot \mathrm{sinc}\frac{\Omega}{\pi}(t - t_j) \right\}_{j \in \mathbb{Z}}$$

verwendet werden, welche unter der Bedingung

$$\delta = \sup_{j \in \mathbb{Z}} \{t_j - t_{j-1}\} \overset{!}{<} \frac{\pi}{\Omega}$$

einen Rahmen für den PALEY-WIENER-Raum $\mathcal{PW}_\Omega$ darstellt. Die zugehörigen Rahmengrenzen lauten nun

$$A = \left( 1 - \frac{\delta\Omega}{\pi} \right)^2 \quad \text{und} \quad B = \left( 1 + \frac{\delta\Omega}{\pi} \right)^2 \ .$$

Mit der bereits hergeleiteten oberen Schranke $\delta = T + \Delta$ für den Abstand aufeinander folgender irregulärer Abtastwerte sowie der maximalen Frequenzgrenze $\Omega = \kappa \cdot \pi/(T + \Delta)$ mit $\kappa < 1$ ergeben sich die Rahmengrenzen aus

$$A = (1 - \kappa)^2 \quad \text{und} \quad B = (1 + \kappa)^2 \ .$$

Wird der Rahmenalgorithmus 5.1 auf Seite 194 zur Rekonstruktion des Frequenzband-begrenzten Signals $f$ verwendet, so lauten der Relaxationsfaktor

$$\lambda = \frac{2}{A + B} = \frac{1}{1 + \kappa^2}$$

und der zugehörige optimale Konvergenzfaktor

$$\gamma = \frac{B - A}{B + A} = \frac{2 \cdot \kappa}{1 + \kappa^2} \ .$$

Für eine hohe Überabtastung mit $\kappa \ll 1$ folgt hier näherungsweise

$$A \approx 1 - 2 \cdot \kappa \quad \text{und} \quad B \approx 1 + 2 \cdot \kappa$$

und damit

$$\lambda \approx 1$$

sowie

$$\gamma \approx 2 \cdot \kappa \ .$$

Die hier besprochenen Verfahren setzen natürlich voraus, dass die irreguläre Folge $\{t_j\}_{j \in \mathbb{Z}}$ der nichtäquidistanten Abtastzeitpunkte $t_j = j \cdot T + \epsilon_j$ zum Beispiel messtechnisch ermittelt werden kann.

Abschließend sei bemerkt, dass zur Realisierung besonders energiesparender signaladaptiver Analog-Digital-Wandler derzeit in der Forschung die irreguläre Abtastung mitsamt den zugehörigen Rekonstruktionsalgorithmen untersucht wird.

## 8.2 Nulldurchgangsdemodulatoren

Eine interessante Anwendung der irregulären Abtastung in der Kommunikationstechnik ist die Signalrekonstruktion von so genannten winkelmodulierten Bandpass-Signalen aus den zugehörigen Nulldurchgängen [52]. Unter einem Bandpass-Signal mit der (einseitigen) Frequenzbandbreite $\Omega_2 - \Omega_1$ wird dabei in Analogie zu den bislang vornehmlich betrachteten Tiefpass-Signalen ein Signal verstanden, dessen Spektrum außerhalb eines Frequenzintervalls $\Omega_1 \leq |\omega| \leq \Omega_2$ identisch 0 ist. Ein wichtiges Beispiel für die Winkelmodulation – die noch unterteilt werden kann in die Frequenzmodulation und Phasenmodulation [30] – stellt die in digitalen drahtlosen Kommunikationssystemen wie GSM (*Global System for Mobile Communications*), DECT (*Digital Enhanced Cordless Telecommunications*) oder Bluetooth verwendete Modulationsart CPFSK (*Continuous Phase Frequency Shift Keying*) dar. Bei dieser Frequenzumtastung mit stetiger Phase wird die zu übertragende digitale binäre Symbolfolge $\{d_k\}_{k \in \mathbb{Z}}$ mit $d_k \in \{-1, 1\}$ einem Bandpass-Signal $s = s(t)$ gemäß der Vorschrift

$$s(t) = \cos\left(\Omega_0 \cdot t + \phi_0 + \pi \cdot \eta \sum_{k=-\infty}^{\infty} d_k \cdot q\left(t - k \cdot T_{\mathrm{sym}}\right)\right)$$

aufmoduliert [44]. Hierbei bezeichnet $\Omega_0$ eine geeignet gewählte Bandmitten-frequenz, $\phi_0$ einen im Allgemeinen nicht bekannten Nullphasenwinkel, $\eta$ den so genannten Modulationsindex und $T_{\mathrm{sym}}$ die Symboldauer eines einzelnen Symbols $d_k$. Das Signal $q = q(t)$ ist definiert über ein impulsförmiges Signal $p = p(t)$ gemäß

$$q(t) = \frac{1}{T_{\mathrm{sym}}} \int_{-\infty}^{t} p(t')\,\mathrm{d}t' \ .$$

Das impulsförmige Signal $p = p(t)$ lautet für die bei GSM, DECT oder Blue-tooth eingesetzte Modulationsart GMSK (<u>G</u>aussian <u>M</u>inimum <u>S</u>hift <u>K</u>eying) beziehungsweise GFSK (<u>G</u>aussian <u>F</u>requency <u>S</u>hift <u>K</u>eying)

$$p(t) = \frac{1}{2} \cdot \mathrm{erf}\left(\alpha \cdot \frac{t + \frac{T_{\mathrm{sym}}}{2}}{T_{\mathrm{sym}}}\right) - \frac{1}{2} \cdot \mathrm{erf}\left(\alpha \cdot \frac{t - \frac{T_{\mathrm{sym}}}{2}}{T_{\mathrm{sym}}}\right)$$

mit dem Parameter $\alpha \in \mathbb{R}$ – für DECT gilt zum Beispiel $\alpha = \pi / \sqrt{2 \cdot \log_e 2}$ – sowie der Fehlerfunktion erf. Mit der so genannten Augenblicksphase

$$\phi_\mathrm{i}(t) = \pi \cdot \eta \sum_{k=-\infty}^{\infty} d_k \cdot q\left(t - k \cdot T_{\mathrm{sym}}\right)$$

kann das Bandpass-Signal $s = s(t)$ geschrieben werden als

$$s(t) = \cos\left(\Omega_0 \cdot t + \phi_0 + \phi_\mathrm{i}(t)\right) \ .$$

Die Augenblicksphase ist aufgrund der üblichen Impulsformen $p = p(t)$ in gu-ter Näherung mit $\Omega$ Frequenzband-begrenzt. Aus der Augenblicksphase $\phi_\mathrm{i}(t)$ kann die Augenblicksfrequenz

$$\Omega_\mathrm{i}(t) = \frac{\mathrm{d}}{\mathrm{d}t}\,\phi_\mathrm{i}(t) = \Delta\Omega \sum_{k=-\infty}^{\infty} d_k \cdot p\left(t - k \cdot T_{\mathrm{sym}}\right)$$

mit dem so genannten Frequenzhub

$$\Delta\Omega = \frac{\pi \cdot \eta}{T_{\mathrm{sym}}}$$

durch Differentiation gewonnen werden. Abbildung 8.5 zeigt exemplarisch für ein CPFSK-moduliertes Signal die in drahtlosen Kommunikationssystemen wie GSM, DECT oder Bluetooth auftretende Augenblicksfrequenz $\Omega_\mathrm{i} = \Omega_\mathrm{i}(t)$ des reellen Bandpass-Signals $s = s(t)$.

Eine in kurzreichweitigen drahtlosen Kommunikationssystemen wie DECT oder Bluetooth häufig in Empfängerarchitekturen eingesetzte Methodik zur

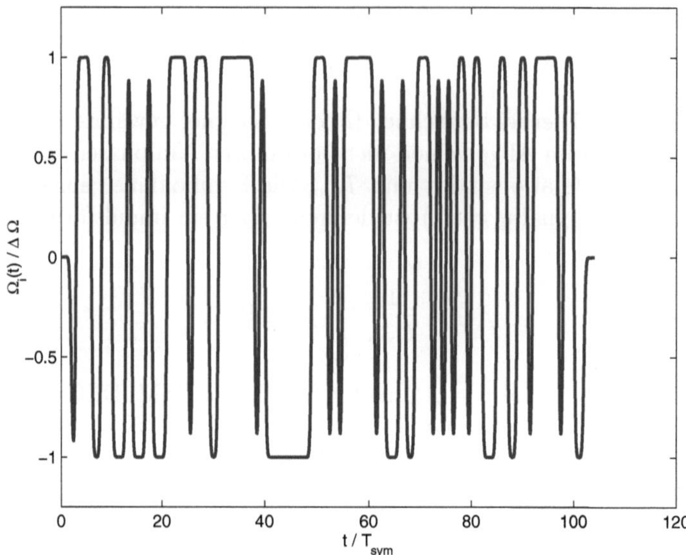

**Abb. 8.5.** Die Augenblicksfrequenz $\Omega_i = \Omega_i(t)$ des reellen Bandpass-Signals $s = s(t)$ in drahtlosen Kommunikationssystemen wie GSM, DECT oder Bluetooth.

Detektion der gesendeten Symbolfolge $\{d_k\}_{k\in\mathbb{Z}}$ besteht in der Demodulation der Augenblicksfrequenz $\Omega_i = \Omega_i(t)$ und einem nachfolgenden Schwellenwertvergleich. Wir betrachten nun die Rekonstruktion der Augenblicksphase $\phi_i = \phi_i(t)$ beziehungsweise der Augenblicksfrequenz $\Omega_i = \Omega_i(t)$ winkelmodulierter Bandpass-Signale aus der Sicht der irregulären Abtastung. Die Demodulation entspricht in diesem Fall der Signalrekonstruktion der Augenblicksfrequenz.

### 8.2.1 Rekonstruktion der Augenblicksphase

Für winkelmodulierte Signale mit – nahezu – konstanter Hüllkurve ist die wesentliche Information über die Augenblicksphase beziehungsweise die gesendete Symbolfolge $\{d_k\}_{k\in\mathbb{Z}}$ in den Nulldurchgängen des Bandpass-Signals enthalten. Wird angenommen, dass die Nulldurchgänge des Bandpass-Signals $s = s(t)$ zu den Zeitpunkten $\tau_j$ mit $j \in \mathbb{J}$ auftreten, so gilt

$$s(\tau_j) = \cos\left(\Omega_0 \cdot \tau_j + \phi_0 + \phi_i(\tau_j)\right) = 0$$

$$\Leftrightarrow \Omega_0 \cdot \tau_j + \phi_0 + \phi_i(\tau_j) = (2 \cdot j - 1) \cdot \frac{\pi}{2} \ .$$

Abbildung 8.6 zeigt ein winkelmoduliertes Signal $s = s(t)$ mit den zugehörigen Nulldurchgängen. Die Demodulation der Frequenzband-begrenzten Augenblicksphase kann somit als Rekonstruktion des Signals $\phi_i = \phi_i(t)$ aus der irregulären Folge

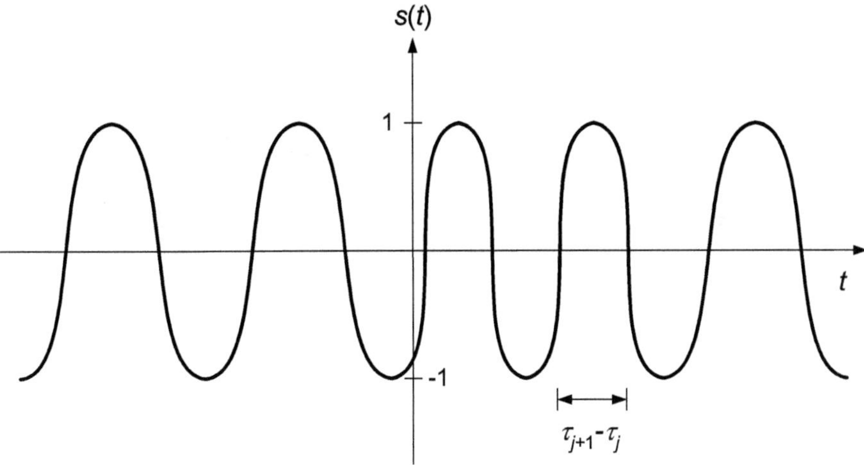


**Abb. 8.6.** Ein winkelmoduliertes Signal $s = s(t)$ mit Nulldurchgängen zu den Zeitpunkten $\tau_j$.

$$\{t_j\}_{j\in\mathbb{J}} = \{\tau_j\}_{j\in\mathbb{J}}$$

der nichtäquidistanten Abtastzeitpunkte mit der zugehörigen Abtastwertefolge

$$\{\phi_\mathrm{i}(t_j)\}_{j\in\mathbb{J}} = \left\{(2\cdot j - 1)\cdot\frac{\pi}{2} - \Omega_0\cdot t_j - \phi_0\right\}_{j\in\mathbb{J}}$$

mit der als bekannt vorausgesetzten Bandmittenfrequenz $\Omega_0$ und dem Nullphasenwinkel $\phi_0$ aufgefasst werden. Ein solcher Prozess, bei dem die Abtastzeitpunkte durch eine implizite Gleichung bestimmt sind, wird manchmal implizite Abtastung genannt [25]. Die zugehörige Augenblicksfrequenz $\Omega_\mathrm{i} = \Omega_\mathrm{i}(t)$ kann dann durch zeitliche Ableitung der Augenblicksphase gewonnen werden – wodurch auch der zumeist unbekannte Nullphasenwinkel $\phi_0$ wegfällt.

## Beispiel

Als Beispiel betrachten wir das in Abbildung 8.7 gezeigte Signal $f = f(t)$, das der Frequenzband-begrenzten Augenblicksfrequenz $\Omega_\mathrm{i}(t)/2\pi$ entspricht. Die Rekonstruktion der Augenblicksphase $\phi_\mathrm{i} = \phi_\mathrm{i}(t)$ erfolgt wie beschrieben durch die Interpretation der Nulldurchgänge des zugehörigen Bandpass-Signals als nichtäquidistante Abtastzeitpunkte. Die resultierende irreguläre Folge der nichtäquidistanten Abtastwerte ist in Abbildung 8.8 dargestellt.[2] In den Abbildungen ist auch das Rekonstruktionsergebnis in dem PALEY-

---

[2] Da in der numerischen Simulation die Nulldurchgänge nur mit endlicher Genauigkeit ermittelt werden können, wurde zur Bestimmung der irregulären Folge der nichtäquidistanten Abtastwerte der Augenblicksphase der exakt berechenbare Signalwert an dem näherungsweise bestimmten Nulldurchgangszeitpunkt verwendet.

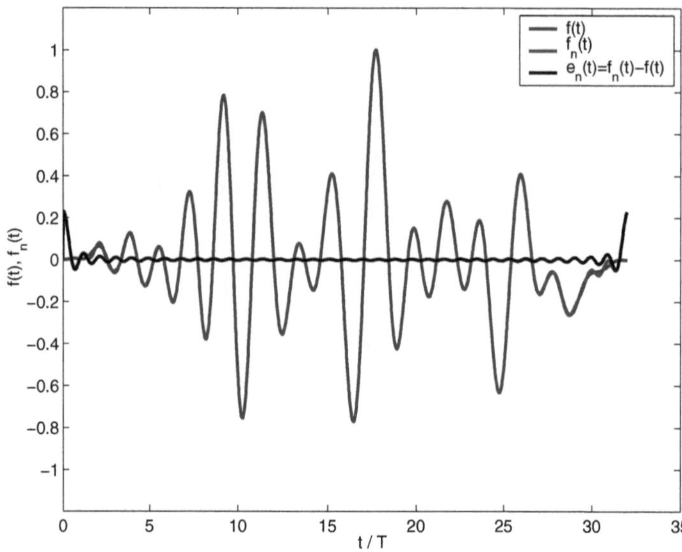

**Abb. 8.7.** Die rekonstruierte Augenblicksfrequenz $f = f(t) = \Omega_{\mathrm{i}}(t)/2\pi$ aus dem PALEY-WIENER-Raum $\mathcal{PW}_{\Omega}^{1-\mathrm{per}}$.

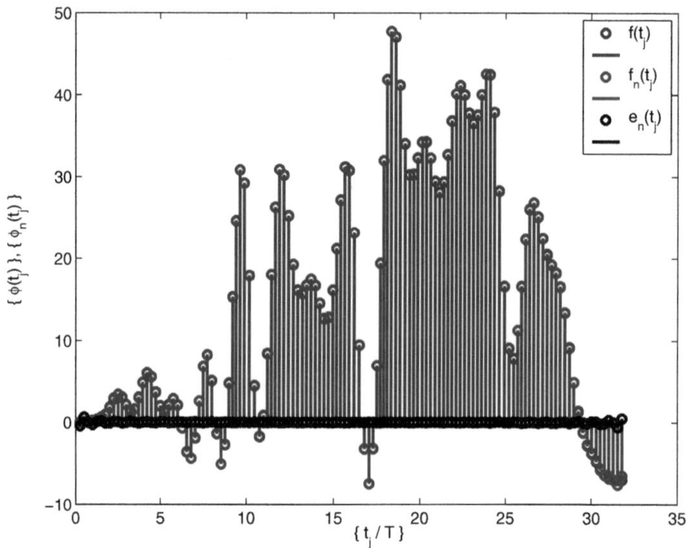

**Abb. 8.8.** Die rekonstruierte irreguläre Folge der nichtäquidistanten Abtastwerte der Augenblicksphase aus dem PALEY-WIENER-Raum $\mathcal{PW}_{\Omega}^{1-\mathrm{per}}$.

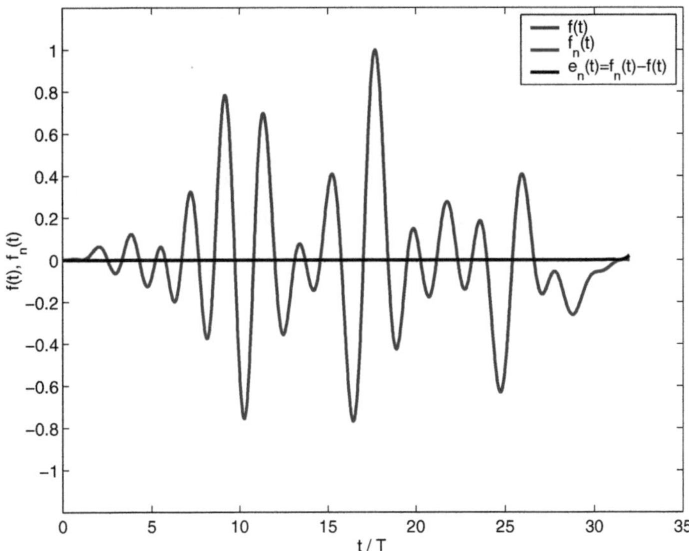

**Abb. 8.9.** Die rekonstruierte Augenblicksfrequenz $f = f(t) = \Omega_\mathrm{i}(t)/2\pi$ aus dem PALEY-WIENER-Raum $\mathcal{PW}_\Omega^{2-\mathrm{per}}$.

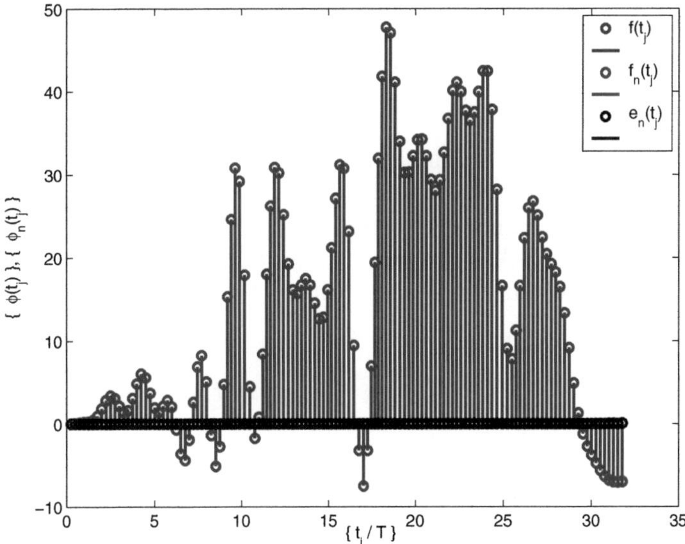

**Abb. 8.10.** Die rekonstruierte irreguläre Folge der nichtäquidistanten Abtastwerte der Augenblicksphase aus dem PALEY-WIENER-Raum $\mathcal{PW}_\Omega^{2-\mathrm{per}}$.

WIENER-Raum $\mathcal{PW}_{\Omega}^{1-\mathrm{per}}$ – also für eine mit der Periode $N \cdot T$ mit $N = 32$ periodische Fortsetzung der Augenblicksphase dargestellt. Auffällig ist das stark schwankende Fehlersignal an den Rändern des betrachteten Zeitintervalls. Wie wir bereits kennen gelernt haben, kann dieser große Fehler durch Rekonstruktion eines mit der Periode $2 \cdot N \cdot T$ symmetrisch periodisch fortgesetzten Signals in dem PALEY-WIENER-Raum $\mathcal{PW}_{\Omega}^{2-\mathrm{per}}$ deutlich verringert werden. Die zugehörigen Ergebnisse sind in den Abbildungen 8.9 und 8.10 gezeigt. Es ist ersichtlich, dass die symmetrische periodische Fortsetzung zu einer erheblichen Verringerung des Rekonstruktionsfehlers insbesondere an den Rändern des Zeitintervalls führt.

## 8.2.2 Rekonstruktion der Augenblicksfrequenz

Ausgehend von der im letzten Abschnitt angegebenen Bedingung für die Augenblicksphase an den Nulldurchgangszeitpunkten

$$\phi_{\mathrm{i}}(\tau_j) \overset{!}{=} (2 \cdot j - 1) \cdot \frac{\pi}{2} - \Omega_0 \cdot \tau_j - \phi_0$$

kann eine äquivalente Beziehung für die Augenblicksfrequenz $\Omega_{\mathrm{i}} = \Omega_{\mathrm{i}}(t)$ hergeleitet werden. Es gilt für die Phasendifferenz zwischen zwei aufeinander folgenden Nulldurchgängen

$$\phi_{\mathrm{i}}(\tau_{j+1}) - \phi_{\mathrm{i}}(\tau_j) = \int\limits_{\tau_j}^{\tau_{j+1}} \Omega_{\mathrm{i}}(t)\,\mathrm{d}t = \pi - \Omega_0 \cdot (\tau_{j+1} - \tau_j) \ ,$$

das heißt bei bekannter Bandmittenfrequenz $\Omega_0$ ist der lokale Mittelwert $\int_{\tau_j}^{\tau_{j+1}} \Omega_{\mathrm{i}}(t)\,\mathrm{d}t$ aus den Nulldurchgangszeitpunkten berechenbar. Die Rekonstruktion der Frequenzband-begrenzten Augenblicksfrequenz kann somit zum Beispiel mithilfe des in Algorithmus 7.11 auf Seite 375 angegebenen Rekonstruktionsalgorithmus aus den lokalen Mittelwerten

$$\int\limits_{\frac{t_{j-1}+t_j}{2}}^{\frac{t_j+t_{j+1}}{2}} f(t)\,\mathrm{d}t = \frac{1}{2\pi} \int\limits_{\tau_j}^{\tau_{j+1}} \Omega_{\mathrm{i}}(t)\,\mathrm{d}t$$

rekonstruiert werden. Hierzu ist die Ermittlung der irregulären Folge $\{t_j\}_{j \in \mathbb{J}}$ nichtäquidistanter Abtastwerte aus der Folge $\{\tau_j\}_{j \in \mathbb{J}}$ der Nulldurchgänge mit

$$\tau_j = \frac{t_j + t_{j-1}}{2}$$

beziehungsweise

$$t_j = 2 \cdot \tau_j - t_{j-1}$$

notwendig. Dies geschieht bei einer endlichen Indexmenge $\mathbb{J}$ iterativ ausgehend von einem geeignet gewählten Anfangszeitpunkt $t_0$. Dieser Anfangszeitpunkt

$t_0$ kann beispielsweise derart gewählt werden, dass der maximale Abstand $\delta$ aufeinander folgender Abtastzeitpunkte minimal wird, so dass die Konvergenz des zur Rekonstruktion eingesetzten Algorithmus 7.11 möglichst schnell ist.

**Beispiel**

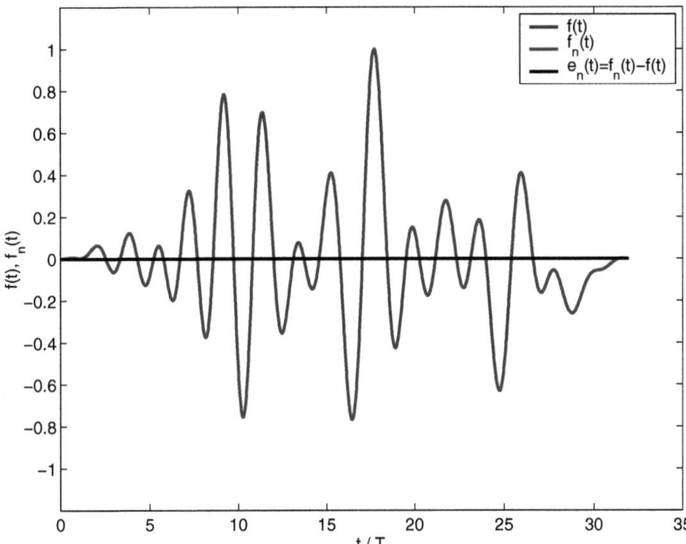


**Abb. 8.11.** Die aus den lokalen Mittelwerten rekonstruierte Augenblicksfrequenz $f = f(t) = \Omega_i(t)/2\pi$ in dem PALEY-WIENER-Raum $\mathcal{PW}_\Omega^{2-\mathrm{per}}$ bei exakter Kenntnis der Nulldurchgänge.

Abschließend betrachten wir erneut das im letzten Abschnitt diskutierte Beispiel eines winkelmodulierten Signals. Die aus den lokalen Mittelwerten rekonstruierte Augenblicksfrequenz $f = f(t) = \Omega_i(t)/2\pi$ in dem PALEY-WIENER-Raum $\mathcal{PW}_\Omega^{2-\mathrm{per}}$ ist für den Fall der exakten Kenntnis der Nulldurchgänge in Abbildung 8.11 dargestellt. Sind die Nulldurchgänge nur näherungsweise bekannt, so kann das Rekonstruktionsergebnis deutlich von dem Originalsignal abweichen, wie Abbildung 8.12 zeigt. Dies ist in Einklang mit der gegen Ende des letzten Kapitels in Gleichung 7.13 auf Seite 387 mündenden statistischen Fehleranalyse.

Die Signaltheorie auf der Basis der irregulären Abtastung ist neben der Anwendung auf die Demodulation winkelmodulierter Signale ferner von Nutzen zum Verständnis und zur Analyse der Pulsweitenmodulation [36] sowie der so genannten *Click Modulation* [29].

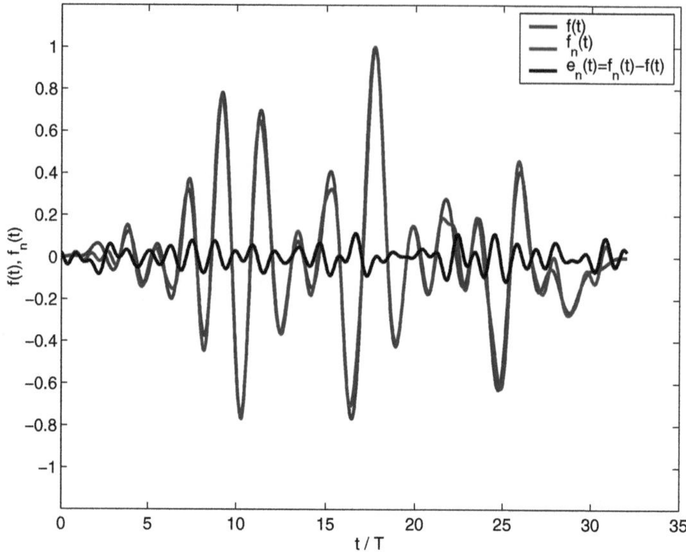

**Abb. 8.12.** Die aus den lokalen Mittelwerten rekonstruierte Augenblicksfrequenz $f = f(t) = \Omega_{\mathrm{i}}(t)/2\pi$ in dem PALEY-WIENER-Raum $\mathcal{PW}_{\Omega}^{2-\mathrm{per}}$ bei näherungsweiser Kenntnis der Nulldurchgänge.

## 8.3 Spektralschätzung

Die Signaltheorie der irregulären Abtastung wurde durch die Arbeiten von DUFFIN und SCHAFFER zu nichtharmonischen FOURIER-Reihen maßgeblich beeinflusst [11]. In diesen Arbeiten wurde insbesondere die uns so überaus nützliche Theorie der Rahmen begründet. Wir kehren in diesem abschließenden Anwendungsbeispiel zur Spektralschätzung mittels nichtharmonischer FOURIER-Reihen und somit zu einem historischen Kernthema der irregulären Abtastung zurück. Setzen wir ein mit der Frequenzgrenze $\Omega$ Frequenzband-begrenztes Signal $f = f(t)$ mit dem Spektrum

$$\widehat{f}(\omega) = 0 \quad \forall \, |\omega| > \Omega$$

voraus, so besteht die Aufgabe der Spektralschätzung darin, aus einer irregulären Folge $\{\widehat{f}(\omega_j)\}_{j \in \mathbb{J}}$ von Spektralwerten an den im Allgemeinen nicht äquidistanten Stützstellen $\omega_j$ mit $j \in \mathbb{J}$ das zugrunde liegende Spektrum $\widehat{f} = \widehat{f}(\omega)$ zu schätzen beziehungsweise zu rekonstruieren.

$$\left( \{\omega_j\}_{j \in \mathbb{J}} , \left\{ \widehat{f}(\omega_j) \right\}_{j \in \mathbb{J}} \right) \mapsto \widehat{f}$$

So wie bei der Behandlung zeitbegrenzter Signale in dem PALEY-WIENER-Raum $\mathcal{PW}_{\Omega}^{1-\mathrm{per}}$ von einer periodischen Fortsetzung des mit der Frequenzgrenze $\Omega$ Frequenzband-begrenzten Signals ausgegangen wurde, nehmen wir nun aufgrund der Dualität der FOURIER-Transformation (siehe Gleichung 3.2 auf Seite 84) eine periodische Fortsetzung $\widehat{f}_{\text{per}}$ des Spektrums $\widehat{f}$ vor. Ferner wird wegen der Dualität der FOURIER-Transformation als Entsprechung zur Frequenzband-Begrenzung ein mit der periodischen Fortsetzung $\widehat{f}_{\text{per}} = \widehat{f}_{\text{per}}(\omega)$ im Frequenzbereich korrespondierendes zeitlich auf das Zeitintervall $[-\tau, \tau]$ begrenztes Signal $f_{\text{per}} = f_{\text{per}}(t)$ vorausgesetzt. Die mit dem Gewicht

$$w_j = \frac{\omega_{j+1} - \omega_{j-1}}{2}$$

gewichtete Signalfolge

$$\{\widehat{\varphi}_j(\omega)\}_{j \in \mathbb{J}} = \left\{ \sqrt{w_j} \sum_{i=-\infty}^{\infty} \frac{\tau}{\pi} \cdot \operatorname{sinc}\frac{\tau}{\pi}(\omega - \omega_j - i \cdot 2 \cdot \Omega) \right\}_{j \in \mathbb{J}}$$

stellt nun einen Rahmen für den hier betrachteten Signalraum dar. Es gilt mit einer völlig der Betrachtung im Zeitbereich entsprechenden Rechnung mit $-\Omega < \omega_j < \Omega$

$$\left\langle \widehat{f}, \widehat{\varphi}_j \right\rangle_{L^2([-\Omega, \Omega])} = \int_{-\Omega}^{\Omega} \widehat{f}(\omega) \cdot \overline{\widehat{\varphi}_j(\omega)} \, d\omega$$

$$= \int_{-\Omega}^{\Omega} \widehat{f}(\omega) \cdot \overline{\sqrt{w_j} \sum_{i=-\infty}^{\infty} \frac{\tau}{\pi} \cdot \operatorname{sinc}\frac{\tau}{\pi}(\omega - \omega_j - i \cdot 2 \cdot \Omega)} \, d\omega$$

$$= \sqrt{w_j} \sum_{i=-\infty}^{\infty} \int_{-i \cdot 2 \cdot \Omega - \Omega}^{-i \cdot 2 \cdot \Omega + \Omega} \widehat{f}_{\text{per}}(\omega) \cdot \frac{\tau}{\pi} \cdot \operatorname{sinc}\frac{\tau}{\pi}(\omega - \omega_j) \, d\omega$$

$$= \sqrt{w_j} \cdot \frac{1}{2\pi} \int_{-\infty}^{\infty} \widehat{f}_{\text{per}}(\omega) \cdot 2\tau \cdot \operatorname{sinc}\frac{\tau}{\pi}(\omega - \omega_j) \, d\omega$$

$$= \sqrt{w_j} \cdot \int_{-\infty}^{\infty} f_{\text{per}}(t) \cdot \overline{e^{i\omega_j t} \cdot \operatorname{rect}\left(\frac{t}{2\tau}\right)} \, dt$$

$$= \sqrt{w_j} \cdot \int_{-\tau}^{\tau} f_{\text{per}}(t) \cdot e^{-i\omega_j t} \, dt$$

$$= \sqrt{w_j} \cdot \widehat{f}_{\text{per}}(\omega_j) = \sqrt{w_j} \cdot \widehat{f}(\omega_j) \ ,$$

also

$$\boxed{\left\langle \widehat{f}, \widehat{\varphi}_j \right\rangle_{L^2([-\Omega, \Omega])} = \sqrt{w_j} \cdot \widehat{f}(\omega_j) \ .} \qquad (8.2)$$

Die Rahmeneigenschaft der Signalfolge $\{\widehat{\varphi}_j(\omega)\}_{j \in \mathbb{J}}$ kann ebenso wie im Zeitbereich in Theorem 6.40 auf Seite 296 mithilfe des maximalen Abstands aufeinander folgender Frequenzstützstellen

$$\delta = \max_{j \in \mathbb{J} \cup \{0\}} \{\omega_{j+1} - \omega_j\} \overset{!}{<} \frac{\pi}{\tau}$$

unter Verwendung der Hilfsfrequenzstützstellen

$$\omega_0 \overset{\triangle}{=} -2 \cdot \Omega - \omega_1 \ ,$$

$$\omega_{J+1} \overset{\triangle}{=} 2 \cdot \Omega - \omega_J$$

gezeigt werden. Die zugehörigen Rahmengrenzen lauten

$$A = \left(1 - \frac{\delta \tau}{\pi}\right)^2 \quad \text{und} \quad B = \left(1 + \frac{\delta \tau}{\pi}\right)^2 \ .$$

Dieses Ergebnis verdient in völliger Entsprechung zu Theorem 6.40 das letzte Theorem in diesem Buch.

**Theorem 8.1.** *Es sei $\{\omega_j\}_{j \in \mathbb{J}}$ eine irreguläre Folge von nichtäquidistanten Frequenzstützstellen mit dem maximalen Abstand aufeinander folgender Frequenzstützstellen*

$$\delta = \max_{j \in \mathbb{J} \cup \{0\}} \{\omega_{j+1} - \omega_j\} \overset{!}{<} \frac{\pi}{\tau} \ .$$

*Dann ist die mit dem Gewicht*

$$w_j = \frac{\omega_{j+1} - \omega_{j-1}}{2}$$

*gewichtete Signalfolge*

$$\{\widehat{\varphi}_j(\omega)\}_{j \in \mathbb{J}}$$

$$= \left\{ \sqrt{w_j} \sum_{i=-\infty}^{\infty} \frac{\tau}{\pi} \cdot \operatorname{sinc} \frac{\tau}{\pi} (\omega - \omega_j - i \cdot 2 \cdot \Omega) \right\}_{j \in \mathbb{J}}$$

$$= \left\{ \sqrt{w_j} \cdot \frac{\sin\left((2 \cdot \lfloor \Omega \cdot \tau / \pi \rfloor + 1) \frac{\pi}{2} \frac{\omega - \omega_j}{\Omega}\right)}{2 \cdot \Omega \cdot \sin\left(\frac{\pi}{2} \frac{\omega - \omega_j}{\Omega}\right)} \right\}_{j \in \mathbb{J}}$$

*ein Rahmen in dem* HILBERT-*Raum der mit $\Omega$ Frequenzband-begrenzten Spektren $\widehat{f} = \widehat{f}(\omega)$, deren mit der Periode $2 \cdot \Omega$ periodische Fortsetzung $\widehat{f}_{\mathrm{per}} = \widehat{f}_{\mathrm{per}}(\omega)$ mit einem auf das Zeitintervall $[-\tau, \tau]$ begrenzten Signal $f_{\mathrm{per}} = f_{\mathrm{per}}(t)$ korrespondiert. Die Rahmengrenzen $0 < A \leq B < \infty$ lauten*

$$A = \left(1 - \frac{\delta \tau}{\pi}\right)^2 \quad \text{und} \quad B = \left(1 + \frac{\delta \tau}{\pi}\right)^2 \ ,$$

*und es gilt für ein Spektrum mit der Koeffizientenfolge*

$$\left\langle \widehat{f}, \widehat{\varphi}_j \right\rangle_{L^2([-\Omega, \Omega])} = \sqrt{w_j} \cdot \widehat{f}(\omega_j)$$

*die Rahmenbedingung*

$$A \cdot \|\widehat{f}\|^2_{L^2([-\Omega,\Omega])} \leq \sum_{j \in \mathbb{J}} \left| \langle \widehat{f}, \widehat{\varphi}_j \rangle_{L^2([-\Omega,\Omega])} \right|^2 \leq B \cdot \|\widehat{f}\|^2_{L^2([-\Omega,\Omega])}$$

$$\Leftrightarrow \quad A \cdot \|\widehat{f}\|^2_{L^2([-\Omega,\Omega])} \leq \sum_{j \in \mathbb{J}} w_j \cdot \left| \widehat{f}(\omega_j) \right|^2 \leq B \cdot \|\widehat{f}\|^2_{L^2([-\Omega,\Omega])} \ .$$

Entsprechend dem in Algorithmus 7.4 auf Seite 344 angegebenen Rekonstruktionsalgorithmus für Zeitsignale kann der folgende Rekonstruktionsalgorithmus für Frequenzspektren angegeben werden.

**Algorithmus 8.1** *Es sei $\{\omega_j\}_{j \in \mathbb{J}}$ eine irreguläre Folge von nichtäquidistanten Frequenzstützstellen mit dem maximalen Abstand aufeinander folgender Frequenzstützstellen*

$$\delta = \max_{j \in \mathbb{J} \cup \{0\}} \{\omega_{j+1} - \omega_j\} \overset{!}{<} \frac{\pi}{\tau} \ .$$

*Das Spektrum $\widehat{f} \in L^2([-\Omega, \Omega])$ kann aus der irregulären Folge $\{\widehat{f}(\omega_j)\}_{j \in \mathbb{J}}$ nichtäquidistanter Frequenzstützstellen rekursiv mit der Initialisierung $\widehat{f}_0 = 0$ und der Iteration*

$$\widehat{f}_n(\omega) = \widehat{f}_{n-1}(\omega) +$$

$$\lambda \cdot \sum_{j \in \mathbb{J}} \left( \widehat{f}(\omega_j) - \widehat{f}_{n-1}(\omega_j) \right) \cdot \sqrt{w_j} \cdot \frac{\sin\left( (2 \cdot \lfloor \Omega \cdot \tau/\pi \rfloor + 1) \frac{\pi}{2} \frac{\omega - \omega_j}{\Omega} \right)}{2 \cdot \Omega \cdot \sin\left( \frac{\pi}{2} \frac{\omega - \omega_j}{\Omega} \right)}$$

*mit dem Gewicht*

$$w_j = \frac{\omega_{j+1} - \omega_{j-1}}{2}$$

*sowie dem Relaxationsparameter*

$$\lambda = \frac{1}{1 + \left( \frac{\delta \tau}{\pi} \right)^2}$$

*rekonstruiert werden. Die Konvergenz ist exponentiell entsprechend*

$$\frac{\|\widehat{e}_n\|_{L^2([-\Omega,\Omega])}}{\|\widehat{f}\|_{L^2([-\Omega,\Omega])}} = \frac{\|\widehat{f}_n - \widehat{f}\|_{L^2([-\Omega,\Omega])}}{\|\widehat{f}\|_{L^2([-\Omega,\Omega])}} \leq \gamma^{n+1}$$

*mit dem Konvergenzfaktor*

$$\gamma = \frac{2 \cdot \frac{\delta \tau}{\pi}}{1 + \left( \frac{\delta \tau}{\pi} \right)^2} \ .$$

## Beispiel

Als abschließendes Beispiel betrachten wir die Schätzung eines mit der Frequenzgrenze $\Omega$ Frequenzband-begrenzten Spektrums, dessen mit der Periode $2 \cdot \Omega$ periodische Fortsetzung mit einem auf das Zeitintervall $[-\tau, \tau]$ mit $\tau = 13/2 \cdot \pi/\Omega$ begrenzten Zeitsignal korrespondiert. Die Anzahl der Stützstellen beträgt $J = |\mathbb{J}| = 27$. Abbildung 8.13 zeigt das zu rekonstruierende Spektrum $\widehat{f} \in L^2([-\Omega, \Omega])$ mitsamt der irregulären Folge $\{\widehat{f}(\omega_j)\}_{j \in \mathbb{J}}$ nichtäquidistanter Frequenzstützstellen. Zusätzlich ist das nach $n = 25$ Iterationen des

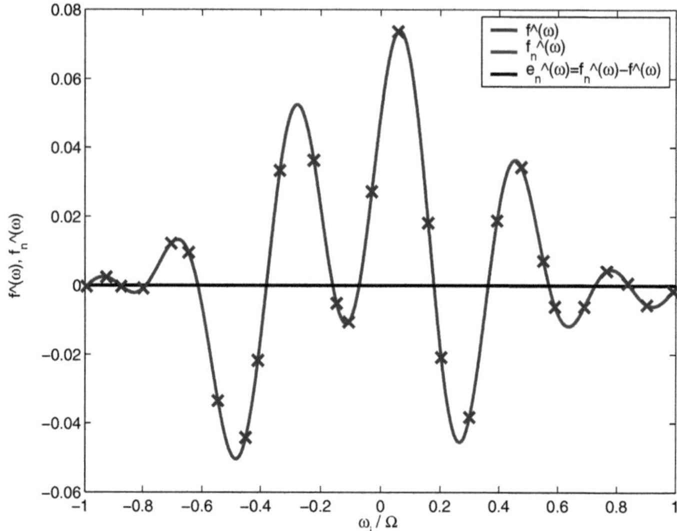


**Abb. 8.13.** Das zu rekonstruierende Spektrum $\widehat{f} = \widehat{f}(\omega) \in L^2([-\Omega, \Omega])$ mitsamt der irregulären Folge $\{\widehat{f}(\omega_j)\}_{j \in \mathbb{J}}$ nichtäquidistanter Frequenzstützstellen.

Algorithmus 7.4 entsprechenden Rekonstruktionsalgorithmus 8.1 erhaltene rekonstruierte Spektrum $\widehat{f}_n = \widehat{f}_n(\omega)$ sowie das Rekonstruktionsfehlerspektrum

$$\widehat{e}_n = \widehat{f}_n - \widehat{f}$$

gezeigt. Hieraus und anhand der relativen Norm des Rekonstruktionsfehlerspektrums $\widehat{e}_n = \widehat{e}_n(\omega)$ in Abbildung 8.14 ist die genaue Rekonstruktion mit exponentieller Konvergenz des Rekonstruktionsalgorithmus ersichtlich. Entsprechend ist in Abbildung 8.15 die irreguläre Folge $\{\widehat{f}(\omega_j)\}_{j \in \mathbb{J}}$ nichtäquidistanter Frequenzstützstellen sowie die rekonstruierte Folge $\{\widehat{f}_n(\omega_j)\}_{j \in \mathbb{J}}$ mit der Rekonstruktionsfehlerspektralfolge

$$\{\widehat{e}_n(\omega_j)\}_{j \in \mathbb{J}} = \{\widehat{f}_n(\omega_j) - \widehat{f}(\omega_j)\}_{j \in \mathbb{J}}$$

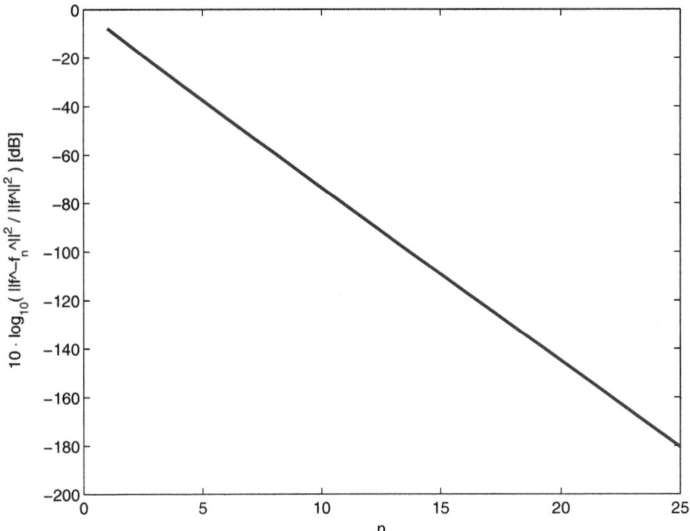

**Abb. 8.14.** Die relative Norm des Rekonstruktionsfehlerspektrums $\widehat{e}_n = \widehat{e}_n(\omega)$ als Funktion der Iterationszahl $n$ des Rekonstruktionsalgorithmus.

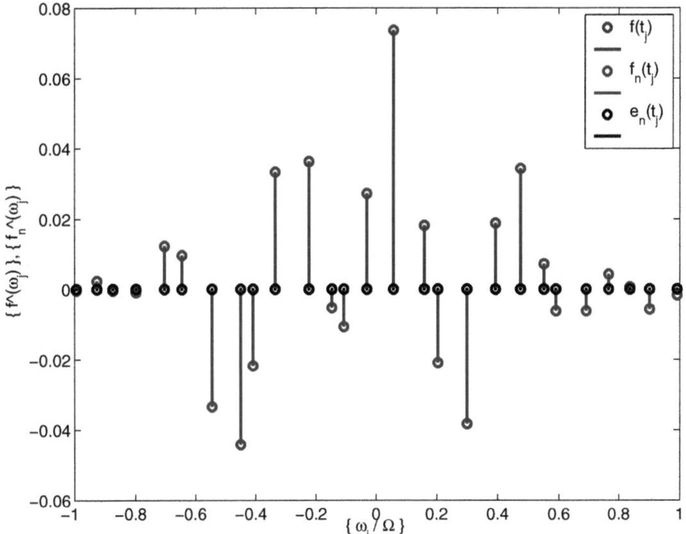

**Abb. 8.15.** Die irreguläre Folge $\{\widehat{f}(\omega_j)\}_{j\in\mathbb{J}}$ nichtäquidistanter Frequenzstützstellen des zu rekonstruierenden Spektrums zusammen mit der rekonstruierten Folge $\{\widehat{f}_n(\omega_j)\}_{j\in\mathbb{J}}$ und der spektralen Fehlerfolge $\{\widehat{e}_n(\omega_j)\}_{j\in\mathbb{J}} = \{\widehat{f}_n(\omega_j) - \widehat{f}(\omega_j)\}_{j\in\mathbb{J}}$.

gezeigt. Abbildung 8.16 zeigt die relative Norm der Rekonstruktionsfehler-spektralfolge $\{\widehat{e}_n(\omega_j)\}_{j\in\mathbb{J}} = \{\widehat{f}_n(\omega_j) - \widehat{f}(\omega_j)\}_{j\in\mathbb{J}}$.

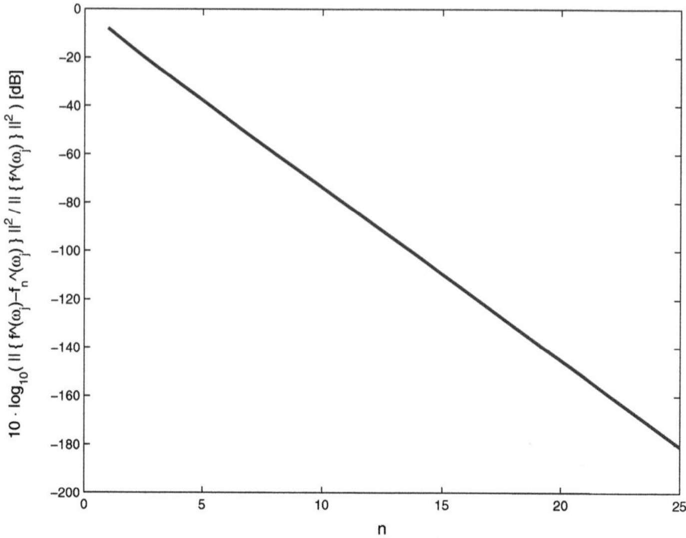

**Abb. 8.16.** Die relative Norm der Rekonstruktionsfehlerspektralfolge $\{\widehat{e}_n(\omega_j)\}_{j\in\mathbb{J}} = \{\widehat{f}_n(\omega_j) - \widehat{f}(\omega_j)\}_{j\in\mathbb{J}}$ als Funktion der Iterationszahl $n$ des Rekonstruktionsalgorithmus.

## Teil V

---

# Anhang

# A. Grundbegriffe der statistischen Signaltheorie



In diesem Anhang geben wir einen kurzen Abriss über die in diesem Buch verwendeten Konzepte der statistischen Signaltheorie. Für ein weitergehendes Studium verweisen wir auf [2, 20, 28, 41, 42]. Wir beginnen mit einem Ausflug in die Wahrscheinlichkeitstheorie.

## A.1 Wahrscheinlichkeitstheorie

Unter einem Zufallsexperiment wird ein Experiment mit zufälligem Ausgang verstanden. Bekannte Zufallsexperimente stellen zum Beispiel das Werfen eines Würfels oder das Werfen einer Münze dar – Letzteres entspricht einem so genannten BERNOULLI-Experiment. Die von KOLMOGOROFF begründete axiomatische Wahrscheinlichkeitstheorie liefert ein mathematisches Modell zur Beschreibung von Zufallsexperimenten und den zugehörigen zufälligen Ausgängen – den so genannten Ereignissen. Ausgegangen wird von einem Wahrscheinlichkeitsraum $\Omega$, dessen Elemente die Elementarereignisse sind. Durch die Zusammenfassung von Elementarereignissen können (zusammengesetzte) Ereignisse $\mathcal{A} \subseteq \Omega$ gebildet werden. Den Ereignissen $\mathcal{A}$ wird als Maß die Wahrscheinlichkeit $\Pr\{\mathcal{A}\}$ (*probability*) mit den folgenden Eigenschaften zugeordnet.

1. Die Wahrscheinlichkeit $\Pr\{\mathcal{A}\}$ ist nichtnegativ.

$$\Pr\{\mathcal{A}\} \geq 0 \ .$$

2. Die Wahrscheinlichkeit des sicheren Ereignisses $\Omega$ ist 1.

$$\Pr\{\Omega\} = 1 \ .$$

3. Haben zwei Ereignisse $\mathcal{A}$ und $\mathcal{B}$ keine gemeinsamen Elemente $\mathcal{A} \cap \mathcal{B} = \emptyset$ – besitzen sie also keine gemeinsamen Elementarereignisse – , so hat das Ereignis $\mathcal{A} \cup \mathcal{B}$ die Wahrscheinlichkeit

$$\Pr\{\mathcal{A} \cup \mathcal{B}\} = \Pr\{\mathcal{A}\} + \Pr\{\mathcal{B}\} \ .$$

Auf der Basis dieser Axiome kann die Wahrscheinlichkeit von Ereignissen berechnet werden. So besitzt zum Beispiel das unmögliche Ereignis $\emptyset$ die Wahrscheinlichkeit

$$\Pr\{\emptyset\} = 0 \ .$$

Die Wahrscheinlichkeit des Komplements

$$\overline{\mathcal{A}} = \Omega \setminus \mathcal{A}$$

des Ereignisses $\mathcal{A}$ in dem Wahrscheinlichkeitsraum $\Omega$ errechnet sich aus

$$\Pr\{\overline{\mathcal{A}}\} = 1 - \Pr\{\mathcal{A}\} \ .$$

Die so genannte bedingte Wahrscheinlichkeit $\Pr\{\mathcal{A}|\mathcal{B}\}$ gibt die Wahrscheinlichkeit des Ereignisses $\mathcal{A}$ unter der Bedingung an, dass das Ereignis $\mathcal{B}$ eingetreten ist. Sie ist definiert durch

$$\Pr\{\mathcal{A}|\mathcal{B}\} \stackrel{\triangle}{=} \frac{\Pr\{\mathcal{A} \cap \mathcal{B}\}}{\Pr\{\mathcal{B}\}} \ .$$

Auch für bedingte Wahrscheinlichkeiten gelten die Axiome der Wahrscheinlichkeitstheorie. Eine wichtige Eigenschaft bedingter Wahrscheinlichkeiten gibt das Theorem von BAYES an. Es gilt

$$\Pr\{\mathcal{A}|\mathcal{B}\} = \frac{\Pr\{\mathcal{B}|\mathcal{A}\} \cdot \Pr\{\mathcal{A}\}}{\Pr\{\mathcal{B}\}} \ .$$

Zwei Ereignisse $\mathcal{A}$ und $\mathcal{B}$ heißen statistisch unabhängig genau dann, wenn gilt

$$\Pr\{\mathcal{A} \cap \mathcal{B}\} = \Pr\{\mathcal{A}\} \cdot \Pr\{\mathcal{B}\}$$

beziehungsweise äquivalent

$$\Pr\{\mathcal{A}|\mathcal{B}\} = \Pr\{\mathcal{A}\}$$

und

$$\Pr\{\mathcal{B}|\mathcal{A}\} = \Pr\{\mathcal{B}\} \ .$$

Eine anschauliche grafische Darstellung von Ereignissen in einem Wahrscheinlichkeitsraum $\Omega$ und ihren zugehörigen Wahrscheinlichkeiten liefern die so genannten VENN-Diagramme . In den Abbildungen A.1, A.2 und A.3 sind die VENN-Diagramme zweier Ereignisse $\mathcal{A}$ und $\mathcal{B}$ in dem Wahrscheinlichkeitsraum $\Omega$ mit $\mathcal{A} \cap \mathcal{B} = \emptyset$ beziehungsweise $\mathcal{A} \cap \mathcal{B} \neq \emptyset$ sowie eines Ereignisses $\mathcal{A}$ und seines Komplements $\overline{\mathcal{A}} = \Omega \setminus \mathcal{A}$ veranschaulicht.

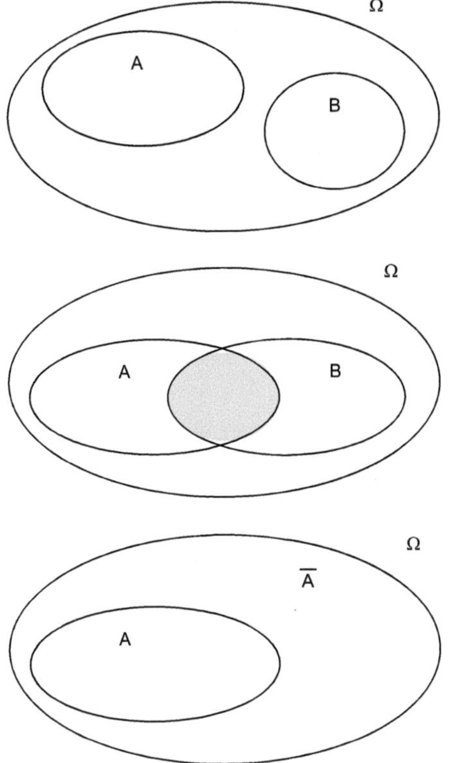

**Abb. A.1.** Das Venn-Diagramm zweier Ereignisse $\mathcal{A}$ und $\mathcal{B}$ in dem Wahrscheinlichkeitsraum $\Omega$ mit $\mathcal{A} \cap \mathcal{B} = \emptyset$.

**Abb. A.2.** Das Venn-Diagramm zweier Ereignisse $\mathcal{A}$ und $\mathcal{B}$ in dem Wahrscheinlichkeitsraum $\Omega$ mit $\mathcal{A} \cap \mathcal{B} \neq \emptyset$.

**Abb. A.3.** Das Venn-Diagramm eines Ereignisses $\mathcal{A}$ und seines Komplements $\overline{\mathcal{A}} = \Omega \setminus \mathcal{A}$ in dem Wahrscheinlichkeitsraum $\Omega$.

## A.2 Zufallsvariable

Werden den Ereignissen $\mathcal{A}$ reelle Zahlen $\mathbf{x}(\mathcal{A}) \in \mathbb{R}$ zugeordnet, so heißt $\mathbf{x}$ Zufallsvariable.[1] Diese Zufallsvariable stellt somit eine Abbildung von der Menge der Ereignisse auf die reellen Zahlen dar. In Übereinstimmung mit den im letzten Abschnitt angegebenen Axiomen der Wahrscheinlichkeitstheorie kann dem Ereignis $\{\mathbf{x} \leq x\}$ eine Wahrscheinlichkeit $\Pr\{\mathbf{x} \leq x\}$ zugeordnet werden. Diese Wahrscheinlichkeit

$$P_{\mathbf{x}}(x) \overset{\triangle}{=} \Pr\{\mathbf{x} \leq x\}$$

heißt Wahrscheinlichkeitsfunktion; sie hängt von der reellen Zahl $x$ ab. Die Wahrscheinlichkeitsfunktion ist eine monoton steigende nichtnegative Funkti-

---

[1] In diesem Anhang werden wir zur besseren Unterscheidung von Zufallsvariablen $\mathbf{x}$ und den von diesen realisierten Werten $x$ Erstere in fetten Buchstaben schreiben. Um eine Überfrachtung der Nomenklatur zu vermeiden wird diese exakte Darstellung im Verlaufe des Textes selbst nicht weiter verfolgt, sondern durch Hinweise auf den Zufallsvariablencharakter im Text die notwendige Unterscheidung zwischen einer Zufallsvariablen und den von ihr angenommenen beziehungsweise realisierten Werten vorgenommen.

on $P_{\mathbf{x}}(x) \geq 0$. Da das Ereignis $\{\mathbf{x} \leq \infty\}$ dem sicheren Ereignis $\Omega$ entspricht, gilt

$$\lim_{x \to \infty} P_{\mathbf{x}}(x) = 1 \; ;$$

ebenso ist, da das Ereignis $\{\mathbf{x} \leq -\infty\}$ dem unmöglichen Ereignis $\emptyset$ entspricht,

$$\lim_{x \to -\infty} P_{\mathbf{x}}(x) = 0 \; .$$

Mithilfe der Wahrscheinlichkeitsfunktion $P_{\mathbf{x}}(x)$ kann des Weiteren zum Beispiel die Wahrscheinlichkeit für das Ereignis $\{a < \mathbf{x} \leq b\}$ mit den reellen Zahlen $a < b$ ermittelt werden. Es gilt

$$\Pr\{a < \mathbf{x} \leq b\} = P_{\mathbf{x}}(b) - P_{\mathbf{x}}(a) \; .$$

Wird die Ableitung der Wahrscheinlichkeitsfunktion $P_{\mathbf{x}}(x)$ nach $x$ gebildet, so ergibt sich die so genannte Wahrscheinlichkeitsdichtefunktion

$$p_{\mathbf{x}}(x) \stackrel{\triangle}{=} \frac{\mathrm{d}}{\mathrm{d}x} P_{\mathbf{x}}(x) \; .$$

Umgekehrt gilt

$$P_{\mathbf{x}}(x) = \int\limits_{-\infty}^{x} p_{\mathbf{x}}(\xi) \, \mathrm{d}\xi \; .$$

Die Wahrscheinlichkeitsdichtefunktion $p_{\mathbf{x}}(x)$ besitzt die Eigenschaften

$$\int\limits_{-\infty}^{\infty} p_{\mathbf{x}}(x) \, \mathrm{d}x = 1$$

sowie

$$\Pr\{a < \mathbf{x} \leq b\} = \int\limits_{a}^{b} p_{\mathbf{x}}(x) \, \mathrm{d}x \; .$$

## A.3 Erwartungswert

Der Erwartungswert einer Zufallsvariablen $\mathbf{x}$ ist gegeben durch

$$\mathrm{E}\{\mathbf{x}\} = \int\limits_{-\infty}^{\infty} x \cdot p_{\mathbf{x}}(x) \, \mathrm{d}x \; .$$

Da einer Zufallsvariablen $\mathbf{x}$ über eine Abbildung $f : \mathbb{R} \to \mathbb{R}$ eine weitere Zufallsvariable $\mathbf{y} = f(\mathbf{x})$ zugeordnet werden kann, lautet der zugehörige Erwartungswert allgemein

$$E\{f(\mathbf{x})\} = \int_{-\infty}^{\infty} f(x) \cdot p_{\mathbf{x}}(x)\,\mathrm{d}x \ .$$

Wichtige Erwartungswerte stellen die so genannten Momente

$$E\{\mathbf{x}^k\} = \int_{-\infty}^{\infty} x^k \cdot p_{\mathbf{x}}(x)\,\mathrm{d}x$$

sowie die zentralen Momente

$$E\{(\mathbf{x} - \mu)^k\} = \int_{-\infty}^{\infty} (x - \mu)^k \cdot p_{\mathbf{x}}(x)\,\mathrm{d}x$$

dar. Hierbei kennzeichnet $\mu$ den Mittelwert

$$\mu = E\{\mathbf{x}\} = \int_{-\infty}^{\infty} x \cdot p_{\mathbf{x}}(x)\,\mathrm{d}x \ .$$

Von besonderer Bedeutung ist ferner die Streuung $\sigma$ beziehungsweise die Varianz $\sigma^2$, die gegeben ist durch

$$\sigma^2 = E\{(\mathbf{x} - \mu)^2\} = \int_{-\infty}^{\infty} (x - \mu)^2 \cdot p_{\mathbf{x}}(x)\,\mathrm{d}x \ .$$

## A.4 Wahrscheinlichkeitsverteilungen

Wichtige Verteilungen einer Zufallsvariablen $\mathbf{x}$ stellen die Gleichverteilung sowie die GAUSS- oder Normalverteilung dar.

### A.4.1 Gleichverteilung

Die Gleichverteilung im Intervall $[a, b]$ ist definiert durch die zugehörige Wahrscheinlichkeitsdichtefunktion

$$p_{\mathbf{x}}(x) = \frac{1}{b - a} \cdot \mathrm{rect}\left(\frac{x - \frac{a+b}{2}}{b - a}\right) \ .$$

Der zugehörige Mittelwert $\mu$ ist gegeben durch den Erwartungswert

$$\mu = E\{\mathbf{x}\} = \frac{a + b}{2} \ .$$

Die Varianz $\sigma^2$ lautet

$$\sigma^2 = E\{(\mathbf{x} - \mu)^2\} = \frac{(b - a)^2}{12} \ .$$

Abbildung A.4 zeigt die Wahrscheinlichkeitsdichtefunktion $p_{\mathbf{x}}(x)$ der Gleichverteilung im Intervall $[a, b]$.

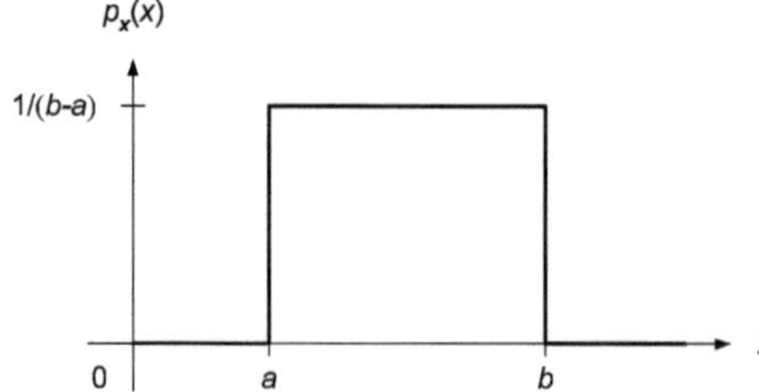

**Abb. A.4.** Die Wahrscheinlichkeitsdichtefunktion $p_\mathbf{x}(x)$ der Gleichverteilung im Intervall $[a, b]$.

### A.4.2 Normalverteilung

Die GAUSS- oder Normalverteilung ist definiert durch die Wahrscheinlichkeitsdichtefunktion

$$p_\mathbf{x}(x) = \frac{1}{\sqrt{2\pi \cdot \sigma}} \cdot e^{-(x-\mu)^2/2\sigma^2}$$

mit dem Mittelwert $\mu = E\{\mathbf{x}\}$ und der Varianz $\sigma^2 = E\{(\mathbf{x} - \mu)^2\}$. Die Wahrscheinlichkeitsdichtefunktion $p_\mathbf{x}(x)$ der GAUSS- oder Normalverteilung ist in Abbildung A.5 dargestellt.

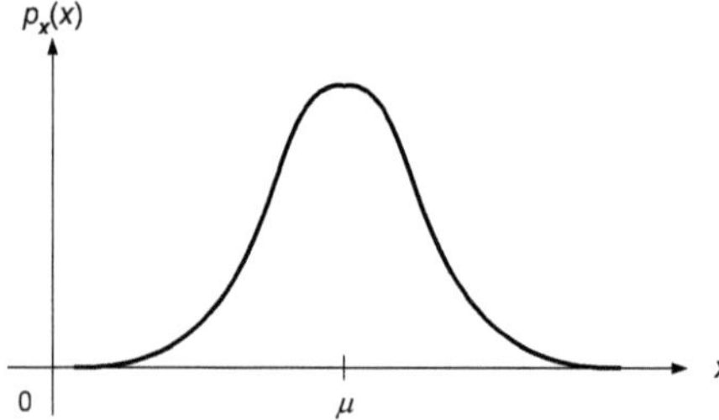

**Abb. A.5.** Die Wahrscheinlichkeitsdichtefunktion $p_\mathbf{x}(x)$ der GAUSS- oder Normalverteilung mit Mittelwert $\mu$ und Varianz $\sigma^2$.

Weitere wichtige Verteilungen sind die Exponentialverteilung, die CAUCHY-Verteilung sowie die LAPLACE-Verteilung.

## A.5 Verbundwahrscheinlichkeiten

Werden zwei verschiedene Abbildungen $\mathbf{x}(\mathcal{A}) \in \mathbb{R}$ und $\mathbf{y}(\mathcal{A}) \in \mathbb{R}$ von dem Wahrscheinlichkeitsraum $\Omega$ bestehend aus den Ereignissen $\mathcal{A}$ auf die Menge der reellen Zahlen $\mathbb{R}$ betrachtet, so kann den Zufallsvariablen $\mathbf{x}$ und $\mathbf{y}$ die Verbundwahrscheinlichkeitsfunktion

$$P_{\mathbf{x},\mathbf{y}}(x, y) \triangleq \Pr\{\mathbf{x} \leq x, \mathbf{y} \leq y\}$$

sowie die Verbundwahrscheinlichkeitsdichtefunktion

$$p_{\mathbf{x},\mathbf{y}}(x, y) \triangleq \frac{\partial^2}{\partial x \partial y} P_{\mathbf{x},\mathbf{y}}(x, y)$$

zugeordnet werden. Es gilt

$$P_{\mathbf{x},\mathbf{y}}(x,y) = \int\limits_{-\infty}^{x} \int\limits_{-\infty}^{y} p_{\mathbf{x},\mathbf{y}}(\xi,\eta)\, \mathrm{d}\xi\, \mathrm{d}\eta \ .$$

Entsprechend lauten die Erwartungswerte

$$\mathrm{E}\{f(\mathbf{x},\mathbf{y})\} = \int\limits_{-\infty}^{\infty} \int\limits_{-\infty}^{\infty} f(x,y)\cdot p_{\mathbf{x},\mathbf{y}}(x,y)\, \mathrm{d}x\, \mathrm{d}y \ .$$

Als Randverteilungen ergeben sich die bereits bekannten eindimensionalen Wahrscheinlichkeitsfunktionen

$$P_{\mathbf{x}}(x) = \int\limits_{-\infty}^{\infty} p_{\mathbf{x},\mathbf{y}}(x,y)\, \mathrm{d}y$$

und

$$P_{\mathbf{y}}(y) = \int\limits_{-\infty}^{\infty} p_{\mathbf{x},\mathbf{y}}(x,y)\, \mathrm{d}x \ .$$

Entsprechend der Wahrscheinlichkeitstheorie sind zwei Zufallsvariablen $\mathbf{x}$ und $\mathbf{y}$ statistisch unabhängig, wenn

$$\mathrm{Pr}\{\mathbf{x} \le x, \mathbf{y} \le y\} = \mathrm{Pr}\{\mathbf{x} \le x\} \cdot \mathrm{Pr}\{\mathbf{y} \le y\}$$

beziehungsweise

$$P_{\mathbf{x},\mathbf{y}}(x,y) = P_{\mathbf{x}}(x) \cdot P_{\mathbf{y}}(y)$$

gilt. Für die zugehörigen Wahrscheinlichkeitsdichtefunktionen ergibt sich entsprechend

$$p_{\mathbf{x},\mathbf{y}}(x,y) = p_{\mathbf{x}}(x) \cdot p_{\mathbf{y}}(y) \ .$$

Zwei Zufallsvariablen $\mathbf{x}$ und $\mathbf{y}$ heißen unkorreliert, wenn

$$\mathrm{E}\{\mathbf{x} \cdot \mathbf{y}\} = \mathrm{E}\{\mathbf{x}\} \cdot \mathrm{E}\{\mathbf{y}\}$$

ist; sie sind orthogonal genau dann, wenn

$$\mathrm{E}\{\mathbf{x} \cdot \mathbf{y}\} = 0$$

gilt. Zwei Zufallsvariablen $\mathbf{x}$ und $\mathbf{y}$ mit den zugehörigen Mittelwerten $\mu_{\mathbf{x}}$ beziehungsweise $\mu_{\mathbf{y}}$ kann ferner die so genannte Kovarianz

$$c_{\mathbf{x},\mathbf{y}} \stackrel{\triangle}{=} \mathrm{E}\{(\mathbf{x} - \mu_{\mathbf{x}}) \cdot (\mathbf{y} - \mu_{\mathbf{y}})\}$$

zugeordnet werden. Die Kovarianz macht eine Aussage über die statistische Bindung der Zufallsvariablen $\mathbf{x}$ und $\mathbf{y}$. Die hier beschriebenen Konzepte können einfach auf den Fall von mehr als zwei Zufallsvariablen erweitert werden.

## A.6 Zufallsprozesse

Während eine Zufallsvariable $\mathbf{x}$ die Abbildung der Ereignisse $\mathcal{A}$ eines Wahrscheinlichkeitsraums $\Omega$ auf die Menge $\mathbb{R}$ der reellen Zahlen darstellt, sind stochastische Zufallsprozesse definiert als Abbildung der Ereignisse $\mathcal{A}$ eines Wahrscheinlichkeitsraums $\Omega$ auf die Menge der zeitkontinuierlichen oder zeitdiskreten Signale $\mathbf{x} = \mathbf{x}(t)$ beziehungsweise $\mathbf{x} = \{\mathbf{x}_j\}_{j \in \mathbb{Z}}$. Hier nehmen wir als weitere Verallgemeinerung an, dass die zeitkontinuierlichen Signale oder zeitdiskreten Signalfolgen komplex sein können. Für einen festen Zeitpunkt $t = t'$ beziehungsweise $j = j'$ stellen $\mathbf{x}(t')$ beziehungsweise $\mathbf{x}_{j'}$ Zufallsvariable dar, die durch die zugehörige Wahrscheinlichkeitsfunktion oder Wahrscheinlichkeitsdichtefunktion statistisch mit den oben zusammengefassten Methoden beschrieben werden können. Zur vollständigen Beschreibung eines Zufallsprozesses ist jedoch die Angabe aller möglichen Verbundwahrscheinlichkeitsfunktionen beziehungsweise Verbundwahrscheinlichkeitsdichtefunktionen erforderlich. In der praktischen Anwendung beschränkt man sich im Rahmen der Theorie der zweiten Momente häufig auf die ersten und zweiten Momente. Der im Allgemeinen zeitabhängige Mittelwert eines zeitkontinuierlichen stochastischen Prozesses lautet

$$\mu_{\mathbf{x}}(t) = \mathrm{E}\{\mathbf{x}(t)\} \ .$$

Von besonderer Bedeutung zur Beschreibung der statistischen Bindung zweier Zufallsvariablen $\mathbf{x}(t_1)$ und $\mathbf{x}(t_2)$ zu den Zeitpunkten $t_1$ und $t_2$ des stochastischen Zufallsprozesses ist die bereits bekannte Kovarianz, die nun als Kovarianzfunktion

$$c_{\mathbf{x},\mathbf{x}}(t_1, t_2) \stackrel{\triangle}{=} \mathrm{E}\{(\mathbf{x}(t_1) - \mu_{\mathbf{x}}(t_1)) \cdot \overline{(\mathbf{x}(t_2) - \mu_{\mathbf{x}}(t_2))}\}$$

von den Zeitpunkten $t_1$ und $t_2$ abhängt. Die entsprechende Autokorrelationsfunktion lautet

$$r_{\mathbf{x},\mathbf{x}}(t_1, t_2) \stackrel{\triangle}{=} \mathrm{E}\{\mathbf{x}(t_1) \cdot \overline{\mathbf{x}(t_2)}\} \ .$$

Ein Zufallsprozess heißt stationär genau dann, wenn die Verbundwahrscheinlichkeitsdichtefunktionen nicht von einer zeitlichen Verschiebung des Prozesses abhängen. Demgegenüber heißt ein Zufallsprozess schwach stationär oder im weiteren Sinne stationär, wenn der Mittelwert

$$\mu_{\mathbf{x}} = \mathrm{E}\{\mathbf{x}(t)\}$$

nicht von der Zeit $t$ abhängt sowie die Autokorrelationsfunktion nur von dem Abstand $\tau = t_2 - t_1$ der Zeitpunkte $t_1$ und $t_2$ abhängt. Für schwach stationäre stochastische Zufallsprozesse gilt daher

$$r_{\mathbf{x},\mathbf{x}}(\tau) \stackrel{\triangle}{=} \mathrm{E}\{\mathbf{x}(t) \cdot \overline{\mathbf{x}(t + \tau)}\} \ .$$

Die Leistung des Zufallsprozesses lautet dann

$$E\{|\mathbf{x}(t)|^2\} = r_{\mathbf{x},\mathbf{x}}(0) \ .$$

Der Autokorrelationsfunktion kann aufgrund des WIENER-KHINTCHINE-Theorems [30] über die FOURIER-Transformation die spektrale Leistungsdichte $\widehat{r}_{\mathbf{x},\mathbf{x}}(\omega)$ zugeordnet werden.

$$\widehat{r}_{\mathbf{x},\mathbf{x}}(\omega) = \int\limits_{-\infty}^{\infty} r_{\mathbf{x},\mathbf{x}}(\tau) \cdot \mathrm{e}^{-\mathrm{i}\omega\tau}\,\mathrm{d}\tau$$

$$\bullet\!\!-\!\!\circ \qquad r_{\mathbf{x},\mathbf{x}}(\tau) = \frac{1}{2\pi} \int\limits_{-\infty}^{\infty} \widehat{r}_{\mathbf{x},\mathbf{x}}(\omega) \cdot \mathrm{e}^{\mathrm{i}\omega\tau}\,\mathrm{d}\omega$$

Ein für die Modellbildung in der Signaltheorie besonderer – wenn auch phy-

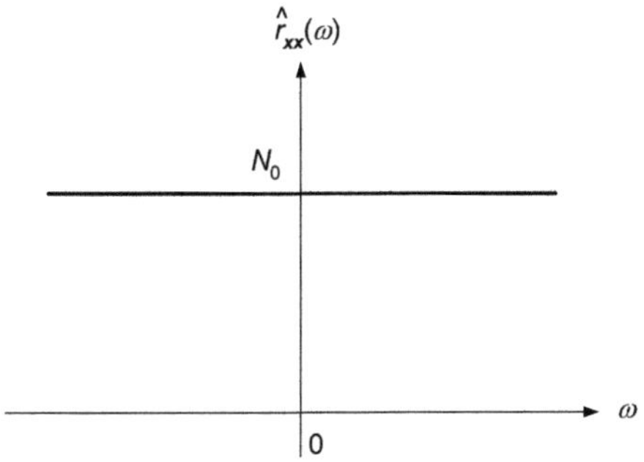

Abb. A.6. Die spektrale Leistungsdichte $\widehat{r}_{\mathbf{x},\mathbf{x}}(\omega) = N_0$ eines weißen stochastischen Zufallsprozesses.

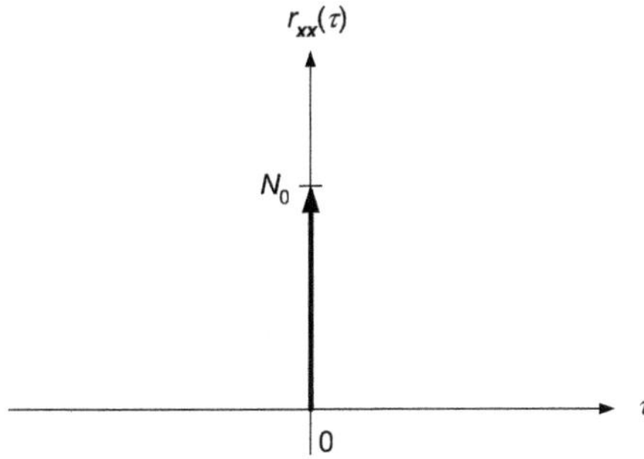

Abb. A.7. Die Autokorrelationsfunktion $r_{\mathbf{x},\mathbf{x}}(\tau)$ eines weißen stochastischen Zufallsprozesses.

sikalisch nicht realisierbarer – stochastischer Prozess stellt das so genannte weiße Rauschen dar. Dieser stochastische Prozess ist definiert durch eine konstante spektrale Leistungsdichte

$$\widehat{r}_{\mathbf{x},\mathbf{x}}(\omega) = N_0$$

mit der zugehörigen Autokorrelationsfunktion

$$r_{\mathbf{x},\mathbf{x}}(\tau) = N_0 \cdot \delta(\tau) \ .$$

Hierbei stellt $\delta$ die DIRAC-Distribution dar. Die spektrale Leistungsdichte $\widehat{r}_{\mathbf{x},\mathbf{x}}(\omega)$ sowie die zugehörige Autokorrelationsfunktion $r_{\mathbf{x},\mathbf{x}}(\tau)$ eines weißen stochastischen Zufallsprozesses sind in den Abbildungen A.6 und A.7 veranschaulicht.

# Literaturverzeichnis

Die Angabe der Literaturstellen ist im Text der besseren Übersichtlichkeit wegen knapp gehalten. Das folgende Literaturverzeichnis umfasst daher neben den im Text referenzierten Büchern und Artikeln weitere Literaturstellen, die für ein vertiefendes Studium geeignet sind. Hinsichtlich der irregulären Abtastung sei ferner auf die in [36] angegebenen Literaturstellen verwiesen.


1. BAGCHI, S.; MITRA, S.K.: *The Nonuniform Discrete Fourier Transform and its Applications in Signal Processing.* Boston: Kluwer Academic Publisher, 1999
2. BAUER, H.: *Wahrscheinlichkeitstheorie und Grundzüge der Maßtheorie.* 3. Auflage, Berlin: Walter de Gruyter, 1978
3. BELLANGER, M.G.: *Digital Processing of Signals: Theory and Practice.* 2nd Edition, Chichester: John Wiley & Sons, 1989
4. BENEDETTO, J.J.: *Irregular Sampling and Frames.* In: CHUI, C.K. (Ed.): *Wavelets – A Tutorial in Theory and Applications.* San Diego: Academic Press, pp. 445-507, 1992
5. BENEDETTO, J.J.; FERREIRA, P.J.S.G. (Eds.): *Modern Sampling Theory – Mathematics and Applications.* Boston: Birkhäuser, 2001
6. BENEDETTO, S.; BIGLIERI, E.: *Principles of Digital Transmission with Wireless Applications.* New York: Kluwer Academic Publisher, 1999
7. BETH, T.: *Verfahren der schnellen Fourier-Transformation.* Stuttgart: B.G. Teubner Verlag, 1984
8. BRIGHAM, E.O.: *FFT – Schnelle Fourier-Transformation.* 4. Auflage, München: R. Oldenbourg Verlag, 1989
9. BUTZER, P.L.; SPLETTSTÖSSER, W.; STENS, R.L.: *The Sampling Theorem and Linear Prediction in Signal Analysis.* In: *Jahresbericht der Deutschen Mathematiker-Vereinigung.* Vol. 90, pp. 1-70, Stuttgart: B.G. Teubner Verlag, 1988
10. DAUBECHIES, I.: *Ten Lectures on Wavelets.* Philadelphia: Society for Industrial and Applied Mathematics, 1992
11. DUFFIN, R.J.; SCHAEFFER, A.C.: *A Class of Nonharmonic Fourier Series.* In: *Transactions of the American Mathematical Society.* Vol. 72, pp. 341-366, 1952
12. FAIRES, J.D.; BURDEN, R.L.: *Numerische Methoden – Näherungsverfahren und ihre praktische Anwendung.* Heidelberg: Spektrum Akademischer Verlag, 1994
13. FEICHTINGER, H.G.; GRÖCHENIG, K.: *Theory and Practice of Irregular Sampling.* In: BENEDETTO, J.J.; FRAZIER, M. (Eds.): *Wavelets – Mathematics and Applications.* Boca Raton: CRC Press, pp. 305-363, 1994
14. FEICHTINGER, H.G.; GRÖCHENIG, K.; STROHMER, T.: *Efficient Numerical Methods in Non-Uniform Sampling Theory.* In: *Numerische Mathematik.* Vol. 69, pp. 423-440, 1995

15. FETTWEIS, A.: *Elemente nachrichtentechnischer Systeme*. Stuttgart: B.G. Teubner Verlag, 1990

16. GRABMÜLLER, H.: *Grundlagen der angewandten Analysis*. Vorlesung an der Friedrich-Alexander-Universität, Erlangen: Sommersemester 1990

17. GRÖCHENIG, K.: *Acceleration of the Frame Algorithm*. In: *IEEE Transactions on Signal Processing*. Vol. 41, No. 12, pp. 3331-3340, 1993

18. HAF, H.: *Höhere Mathematik für Ingenieure – Band V: Funktionalanalysis und Partielle Differentialgleichungen*. 2. Auflage, Stuttgart: B.G. Teubner Verlag, 1993

19. HÄMMERLEIN, G.; HOFFMANN, K.-H.: *Numerische Mathematik*. 2. Auflage, Berlin: Spinger-Verlag, 1991

20. HÄNSLER, E.: *Statistische Signale: Grundlagen und Anwendungen*. Berlin: Springer-Verlag, 1991

21. HEUSER, H.: *Funktionalanalysis*. 3rd edition, Stuttgart: B.G. Teubner Verlag, 1992

22. HIGGINS, J.R.: *Sampling Theory in Fourier and Signal Analysis: Foundations*. Oxford: Clarendon Press, 1996

23. HIGGINS, J.R.; STENS, R.L. (Ed.): *Sampling Theory in Fourier and Signal Analysis: Advanced Topics*. Oxford: University Press, 1999

24. JÄNICH, K.: *Einführung in die Funktionentheorie*. 2. Auflage, Berlin: Spinger-Verlag, 1980

25. JERRI, A.J.: *The Shannon Sampling Theorem – Its Various Extensions and Applications: A Tutorial Review*. In: *Proceedings of the IEEE*. Vol. 68, No. 11, pp. 1565-1596, November 1977

26. KAMMEYER, K.D.; KROSCHEL, K.: *Digitale Signalverarbeitung – Filterung und Spektralanalyse mit MATLAB-Übungen*. Stuttgart: B.G. Teubner Verlag, 1998

27. KOHONEN, T.: *Self-Organization and Associative Memory*. 3rd edition, Berlin: Spinger-Verlag, 1989

28. KROSCHEL, K.: *Statistische Nachrichtentheorie – Signal- und Mustererkennung, Parameter- und Signalschätzung*. 3. Auflage, Berlin: Spinger-Verlag, 1996

29. LOGAN, B.F.: *Click Modulation*. In: *AT & T Bell Laboratories Technical Journal*. Vol. 63, No. 3, pp. 401-423, March 1984

30. LÜKE, H.D.: *Signalübertragung*. 3. Auflage, Berlin: Springer-Verlag, 1988

31. LÜKE, H.D.: *The Origins of the Sampling Theorem*. In: *IEEE Communications Magazine*. pp. 106-108, April 1999

32. MALLAT, S.: *A Wavelet Tour of Signal Processing*. San Diego: Academic Press, 1998

33. MARKO, H.: *Methoden der Systemtheorie – Die Spektraltransformationen und ihre Anwendungen*. 2. überarbeitete Auflage, Berlin: Springer-Verlag, 1986

34. MARVASTI, F.A.: *The Reconstruction of a Signal from the Zero Crossings of an FM Signal*. In: *The Transactions of the IECE of Japan*. Vol. E 68, No. 10, pp. 650-650, October 1985

35. MARVASTI, F.A.: *A Unified Approach to Zero-Crossings and Nonuniform Sampling of Single and Multidimensional Signals and Systems*. Princeton: Nonuniform Publication, 1987

36. MARVASTI, F.A. (Ed.): *Nonuniform Sampling: Theory and Practice*. New York: Kluwer Academic Publisher, 2001

37. NORSWORTHY, S.R.; SCHREIER, R.; TEMES, G.C.: *Delta-Sigma Data Converters – Theory, Design, and Simulation*. New York: IEEE Press, 1997

38. OPPENHEIM, A.V.; SCHAFER, R.W.: *Zeitdiskrete Signalverarbeitung.* München: R. Oldenbourg Verlag, 1992
39. OPPENHEIM, A.V.; WILLSKY, A.S.: *Signals and Systems.* Englewood Cliffs: Prentice Hall, 1983
40. PALEY, R.E.A.; WIENER, N.: *Fourier Transforms in the Complex Domain.* New York: American Mathematical Society Colloquium Publications, Vol. 19, 1934
41. PAPOULIS, A.: *Probability & Statistics.* Englewood Cliffs: Prentice Hall, 1990
42. PAPOULIS, A.: *Probability, Random Variables, and Stochastic Processes.* New York: McGraw-Hill, 1991
43. PRESS, W.H.; TEUKOLSKY, S.A.; VETTERLING, W.T.; FLANNERY, B.P.: *Numerical Recipes in C – The Art of Scientific Computing.* 2nd edition, Cambridge: University Press, 1992
44. PROAKIS, J.G.: *Digital Communications.* 3rd edition, New York: McGraw-Hill, 1983
45. RAZAVI, B.: *Principles of Data Conversion System Design.* New York: IEEE Press, 1995
46. SCHOENBERG, I.J.: *Cardinal Interpolation and Spline Functions.* In: *Journal of Approximation Theory.* Vol. 2, pp. 167-206, 1969
47. SCHWARZ, H.R.: *Numerische Mathematik.* 2. Auflage, Stuttgart: B.G. Teubner Verlag, 1988
48. STÖSSEL, W.: *Fourier-Optik.* Berlin: Springer-Verlag, 1993
49. UNSER, M.: *Splines: A Perfect Fit for Signal and Image Processing.* In: *IEEE Signal Processing Magazine.* pp. 22-38, November 1999
50. UNSER, M.: *Sampling – 50 Years after Shannon.* In: *Proceedings of the IEEE.* Vol. 88, No. 4, pp. 569-587, April 2000
51. VAIDYANATHAN, P.P.: *Multirate Systems and Filter Banks.* Englewood Cliffs: Prentice Hall, 1993
52. WILEY, R.G.; SCHWARZLANDER, H.; WEINER, D.D.: *Demodulation Procedure for Very Wide-Band FM.* In: *IEEE Transactions on Communications.* Vol. COM-25, No. 3, pp. 318-327, March 1977
53. YOUNG, R.: *Introduction to Nonharmonic Fourier Series.* New York: Academic Press, 1980

# Index